U0208362

# 固体废物处理工程

## （第三版）

王敦球　主编

杨国清　刘康怀

成官文　肖　瑜　　副主编

科学出版社

北京

# 内 容 简 介

本书是环境科学与工程类专业核心教材之一，根据教育部高等学校环境科学与工程类专业教学指导委员会制定的环境工程专业核心课程教学基本内容之六"固体废物处理与处置教学基本内容"的基本要求编写而成。本书紧密结合固体废物处理工程项目论证、固体废物管理、固体废物处理与处置行业专业技术人才的实际需求，突出了教材基础理论的系统性、工程设备与处理处置技术的实用性，体现了固体废物处理与处置新技术的发展方向。

本书共分两篇、十章，第一篇为总论（第一至三章），包括概论、固体废物处理与处置系统工程、固体废物处理工程项目论证；第二篇为各论（第四至十章），包括矿业与冶金工业固体废物处理工程、电力工业固体废物处理工程、化学化工与石油化工固废处理工程、城市生活垃圾处理工程、建筑垃圾处理工程、农业固体废物处理工程、特殊危险废物管理与处置。

本书是一本集知识性、系统性和实用性于一体的大学环境保护类本科教学用书和研究生参考书，同时也适合环境卫生管理部门及各企事业单位从事固体废物处理与处置的工程技术人员及管理人员参考。

**图书在版编目（CIP）数据**

固体废物处理工程/王敦球主编. —3 版. —北京：科学出版社，2016
ISBN 978-7-03-047259-5

Ⅰ.①固⋯　Ⅱ.①王⋯　Ⅲ.①固体废物处理-教材　Ⅳ.①X705

中国版本图书馆 CIP 数据核字（2016）第 024068 号

责任编辑：童安齐　王杰琼 / 责任校对：刘玉靖
责任印制：吕春珉 / 封面设计：耕者设计工作室

科学出版社 出版
北京东黄城根北街 16 号
邮政编码：100717
http://www.sciencep.com

三河市骏杰印刷有限公司印刷
科学出版社发行　各地新华书店经销

\*

2000 年 6 月第　一　版　　　2017 年 8 月第八次印刷
2007 年 12 月第　二　版　　　开本：787×1092　1/16
2016 年 3 月第　三　版　　　印张：27 1/2
字数：622 000

**定价：60.00 元**
（如有印装质量问题，我社负责调换〈骏杰〉）
销售部电话　010-62136230　　编辑部电话　010-62130750

# 本书编写人员

主　　编　　王敦球

副 主 编　　杨国清　　刘康怀　　成官文　　肖　瑜

编写人员　　孙晓杰　　张　军　　覃礼堂　　舒小华

# 序

　　固体废物（以下简称"固废"）是指人类在生产、生活活动中丢弃的固体和泥状物质。随着人类文明社会的发展，固废的发生量越来越大，世界各国都遇到了固废成灾、污染环境的挑战。早在 20 世纪初，许多有识之士就预见到与工业化结伴而来的资源危机和人类生存环境日益恶化的发展趋势，因而他们曾大声疾呼，逐步引起了公众的普遍关注。特别是 20 世纪下半叶，各工业发达国家出于对资源危机和治理环境的考虑，加强了固废资源化——再生资源开发利用事业的研究。当前，各发达国家已将固废的开发利用视为第二矿业，把固废综合回收纳入到能源和资源开发设计之中，给予了高度重视，进而逐步形成了一个新兴的工业体系。我国在固废开发领域虽然起步较晚，但 20 世纪 80 年代以来，已制定了一系列固废资源化的方针、政策和法规；90 年代初，又把八大固废的综合回收利用（资源化）列入国家的重大技术经济政策之中。

　　长期的实践证明，固废弃之为害，用之为宝。因此，大力发展固废的综合回收利用和循环使用，对我们这样一个人口众多、工业基础薄弱、能源供应紧张、资金严重匮缺的发展中国家来说，是十分重要的。同时，充分挖掘再生资源开发潜力，开辟多种利用途径，用较低的消耗换取最大的经济经济效益和广泛的社会效益，为国家节约投资，降低生产成本和能耗，减少自然资源的开采，维持生态平衡，无疑将是开拓我国经济建设新局面的重要途径和实现经济可持续发展战略的必由之路。

　　开发利用固废资源，需要有一系列之有效的开发技术和手段，并有与之配套的设施。我国在这一领域与国外存在的较大的差距，不少地方或工矿企业，不是找不到合适的开发技术，就是技术或设施过不了关，或者还停留于乱排乱堆的盲目状态。因此，加强对固废开发、治理技术的研究和推广，交流综合回收利用和开发技术的信息，为固废的资源化、最小量化和无害化提供技术支持，具有特别重要现实意义和实用价值。杨国清教授等 有为了适应固废资源化和环境教育事业的需要，在全国研究和总结国内外固废开发研究最新技术方法和成果的基础上，结合自己的研究实践，撰写了《固体废物处理工程》一书。该书分两篇共十二章，第一至四章为总论（第一篇），分别介绍了固废的基本知识、处理工程技术、基本方法和处理工程效益分析；第五至十二章为分论（第二篇），详尽阐述了各类固废处理工程的原理、工艺流程、技术和设施，最后提出了固废处理工程现代化的建议。书中概念严谨，结构合理，层次分明，内容丰富，前后连贯，自成体系。文字深入浅出，通俗易懂，适合各层次人士阅读。该书除适合高等院校环境工程专业作为教材外，对环保、环卫部门的广大科技干部和从事再生资源化事业是一个促进，并将产生明显的经济和环境、社会效益。值此该书付梓之际，谨书数言为序。

中国科学院院士

袁道先

1998 年 4 月

# 第三版前言

《固体废物处理工程》一书自 2007 年再版以来，受到了读者的普遍喜爱。随着我国城镇化进程的加快、城市规模的扩大、城市人口的不断增加以及大批流动人口的涌入，城市垃圾污染问题日益尖锐，矿业与冶金工业固体废物、工农渔业固体废物、危险废物等污染环境的问题日益凸显，因而固体废物处理处置技术方法也在不断更新。我国在逐步完善环境保护领域相关的法律法规，2014 年，被称为"史上最严厉"的新《中华人民共和国环境保护法》自 2015 年 1 月 1 日起施行，2013 年陆续颁布了《固体废物处理处置工程技术导则》、《水泥窑协同处置固体废物污染控制标准》、《水泥窑协同处置固体废物环境保护技术规范》，2010 年发布了《危险废物（含医疗废物）焚烧处置设施性能测试技术规范》，2009 年发布了《地震灾区活动板房拆解处置环境保护技术指南》，2008 年颁布了《生活垃圾填埋场污染控制标准》和《医疗废物专用包装袋、容器和警示标志标准》。因此，作为环境科学与工程类核心课程之一的《固体废物处理工程》更要适应新形势和新政策的发展，要结合党的十八大报告提出的走中国特色新型城镇化道路，把生态文明理念全面融入城镇化进程中，用优化处理处置固体废物的全新观念来解决我国现代化建设进程中产生的固体废物污染问题。

在改编时，我们保持了本书第一版和第二版所具有的政策性、新颖性、实用性和系统性的特点。为了适应社会经济可持续发展和环境保护的需要，根据教育部高等学校环境科学与工程类专业教学指导委员会制定的环境工程专业核心课程教学基本内容之六"固体废物处理与处置教学基本内容"的基本要求，编写《固体废物处理工程》这一环境工程专业本科核心教材，既体现了教育部的本科教学要求，又较系统地反映了当前固体废物和危险废物处理与处置技术的国内外研究进展。

本书在改编过程中，桂林理工大学环境科学与工程学院给予了大力支持，桂林理工大学教材建设基金、广西矿冶与环境科学实验中心、广西环境污染控制理论与技术重点实验室、广西危险废物处置产业化人才小高地更给予了鼎力资助，在此深表谢意。

由于编者知识水平有限，经验不足，书中不当之处在所难免，热忱欢迎各位读者和同行专家批评指正。

王敦球

2015 年 8 月

# 第二版前言

进入 21 世纪后，随着科学技术的进步、生产力的迅猛发展和人民生活水平的不断提高，城镇化进程在加快，大批流动人口涌入城镇，城市人口在增加，在城市规模的扩大，城市垃圾的产生量在逐年攀升，最后导致了城市垃圾污染问题日益尖锐，固体废物处理任务更为繁重，因而固体废物处理技术方法也在不断更新。作为环境工程科学分支学科之一的"固体废物处理工程"更要紧跟时代步伐，适应形势发展，更换处理观念，用优化处理城市垃圾的全新观念来解决城市现代化进程中产生的垃圾污染问题。

《固体废物处理工程》一书自 2000 年初版以来，已重印了两次，发行量已近万册，但仍不能满足广大读者的需要。2003 年，本书获利广西高校优秀教材一等奖，得到 了众多同仁的支持和广大读者的厚爱，出版 6 年多来，随着科学技术的进步，国内外城市垃圾潮热治理的理论和技术有了较大发展，垃圾的成分在变化，垃圾中可资源化成分在增多、垃圾处理的新技术、新工艺层出不穷，一座座资源化工厂拔地而起，再生资源产品不断增加，很多过去被当作废物的垃圾已从垃圾堆里重新走上市场。

近几年来，我院先后在有机堆肥深加工、污水污泥的开发利用、废旧塑料回收的改性研究、废旧建材的新开发、农业有机固废的资源化开发等优化处理固废领域开展了一系列的试验研究，并取得了较多的科研成果和专利，有的已经转化为新产品，产生的较好的市场经济效益。面对这一新的形势，作为环境科学教育工作者的责任就是要站在学科的前沿，用新观念、新思路武装头脑，总结、宣传和推广新技术、新经验。因此，本书也必须推陈出新，适应形势的要求，再版也就势在必行了。

再版时，我们保持了第一版所具有的政策性、新颖性、实用性和系统性的优点：

（1）自始至终都把坚持科学发展观和建设资源循环型、经济节约型和环境友好型和谐社会的指导思想放在首位，把科学处理、资源循环和能源节约的观点融会贯通于各类固体废物的处理工程之中。

（2）在内容上坚持推陈出新，瞄准学科发展前沿，充分反映人类进入 21 世纪以来国内外固体废物处理处置领域发展起来的新技术、新方法、新工艺、新动向，把资料查询时间跟踪到了 2007 年 8 月，并补充融入了我院教学科研人员历年来在固体废物资源化领域所取得的研究成果和专利技术等内容。

（3）根据我国政府提出的 21 世纪再生资源的战略目标，固体废物资源化被作为本书改写的重点，当中引入了大量国内外科技含量高、发展潜力大、经济效益高的资源化处理工艺技术的成功经验，突出了各类固废处理产业化的开发利用实例，提高了本书的实用性。

（4）本书在编排体系上分为总论和各论两个部分：第一章至第三章为总论，除保留有所发展中基本理论和处理方法的完整系统外，根据我国国务院、国家环保总局、建设部和国土资源部等颁布的有关命令、法规和政策的有关规定，增加了固体废物处理工程建设项目论证和评价方面的内容，把工程建设项目的可行性论证、建设用地的地质灾害危险性评估和环境影响评价作为固体废物处理工程建设项目申请立项前期工作的一部分，增加人们对工程项目立项中科学性、严肃性、安全性和经济性观念，以避免经济建设项目中盲目性、灾难性悲剧事件的发生。第四章至第十四章为各论，除较全面地介绍了有开发实用价值的各种固体废物资源化处理技术外，还增加了在我国盛行和占有世界优势的农业有机固废处理工程的内容，这是具有我国特色的固体废物处理工程项目，应该加以发扬光大。由于我国是一个人口大国，又是一个自然资源紧缺的发展中国家，随着改革开放的深入和城镇化的扩大，环境污染和资源匮乏的矛盾日益加剧。解决这一矛盾的最好办法就是实现垃圾的资源化，建筑垃圾的循环利用，并使之资源化，对我国的垃圾处理行业和建筑行业不具有重要的现实意义。我国在建筑垃圾处理方面已经有了良好的开端，处理技术和处理设备基本成型，石家庄市用建筑垃圾生产建筑砖材的成功经验就是一个很好的实例。建筑垃圾资源化的发展潜力很大，关键是今后如何推而广之，所以本书改编时增加了建筑垃圾处理工程一章、使本书的内容更加全面，系统更为完善。因此，本书除适合作高等院校环境科学、环境工程及相关专业师生的教学参考书外，对于城市环保环卫管理部门、研究设计单位等的相关人员以及从事环保产业的企业界人士均具有实用的参考价值。

参加本书的编写人员分工如下：前言由杨国清教授编写，第一章由肖瑜副教授（博士）、杨国清教授编写，第二章由赵文玉副教授（博士，桂林电子科技大学）、杨国清教授编写，第三章由迟国东讲师、杨国清教授、曹长春副教授编写，第四、五章由刘康怀教授编写，第六、七、十三、十四章由成官文教授（博士）编写，第八、九、十一章由王敦球教授（博士）、张学洪教授（博士）编写，第十章由肖瑜副教授（博士）、杨国清教授、喻泽斌副教授（博士）、肖文高级工程师编写，第十二章由杨国清教授、喻泽斌副教授（博士）编写。胡澄硕士参加了第八、九、十一章的编写，朱宗强硕士、梁斌硕士参加了十三、十四章的编写。全书由杨国清负责统稿，陈红、申妮两助理工程师负责目录的编辑和电子文档稿的校对。

本书在改编过程中，我院各级领导、尤其是教务处教材科、资源与环境工程系给予了大力支持，并得到了桂林工学院专著出版基金和桂林工学院环境工程学科建设基金在经费上的资助。桂林信科工程咨询公司总经理花蔡瑞申高级经济师、桂林市环卫科研所所长赵梦高级工程师、桂林市环境保护科研所副所长王芬梅高级工程师给予了帮助，并提供了部分资料，在此深表谢意。

由于时间紧迫，加上编者水平有限，书中难免有不妥之处，恳请广大读者赐教。以便再版时修正。

谨以本书第二版作为桂林工学院成立 50 周年的献礼。

杨国清
于桂林工学院
2007 年 8 月 20 日

# 第一版前言

　　人类社会的发展，特别是近百年来大工业的发展和科学技术的突飞猛进，虽然给人类社会创造了文明和财富，但也给人类的生存环境带来了威胁和灾难，因而引起了全世界的关注。作为四大污染源之一的固体废物和废气、废水、噪声一样，是造成目前环境污染的重要原因之一。长期以来，人们对废水废气所造成的环境污染及其带来的危害已有足够认识和重视，并且在科研、治理等方面已投入了较大的人力、物力和财力，然而人们对于固体废物所造成的环境污染和认识还很不够，因此无论财力、物力和人力的投入都还不够。直到 20 世纪 70 年代以后，世界各国城市的发展遇到了能源不足和垃圾过剩两大难题，这才引起发达国家的重视，并把固体废物污染治理作为环境污染治理的主要内容之一，有的国家还设立了专门机构或行业协会来处理固体废物。经过 20 多年的工作，固体废物污染已经得到一定程度的控制，固体废物已纳入资源和能源开发计划之中，并在综合利用、资源再生方面取得了明显成绩。

　　我国是一个发展中国家，在加速改革开放、发展经济的新形势下，乡镇企业异军突起，固体废物产出量在急速增加。据 1996 年统计，中国工业固体废物年产生量 $6.4 \times 10^8$t，其中危险废物约占 3%，城市生活垃圾已达 $1.46 \times 10^8$t。固体废物产生量如此之大，而处理处置设施却严重不足，综合利用率很低，多数固体废物仍处于简单堆放、任意排放状态，致使工业固体废物历年堆存量已达 $64 \times 10^8$t 多，全国 2/3 以上城市陷于垃圾重围之中。固体废物污染的农田已达 30 多万亩，仅 1990 年污染事故就发生了 100 多起，损失巨大。预计到 2000 年，我国工业固体废物年产量将达到 $10 \times 10^8$t，生活垃圾近 $2 \times 10^8$t。由于我国在固体废物治理方面起步较晚，相对于废气、废液污染控制而言，其治理还是个冷门，加上技术比较落后，投入资金又不足，固体废物污染的防治工作面临严峻的形势。

　　基于上述状况，作为环境专业主要课程之一的本书的重要性是可想而知。根据我国高等教育环境工程专业的现状和我国固体废物处理技术的需要，新编一本适合于我国国情的固体废物处理系统工程的教材或参考书也势在必行。为此，我们于 1995 年成立了以杨国清任主编、刘康怀任副主编的《固体废物处理工程》教材编写组，即着手本教材的编写工作，在充分收集了国内外固体废物处理技术资料和参阅了目前车内外相近教材的基础上，开始了本教材的撰写工作。本书分两部分共十二章，其中第一到第四章为总论，第五章以后为分论。

　　编写时，编者们尽量注意以下四点。一是政策性。本书自始至终把我国保护环境、治理固体废物的政策放在重要位置，并作为编写教材的依据。二是新颖性。我国固体废物治理工作起步较晚，而国外已做了大量研究和开发工作，因此在取材时尽力介绍力外一些较成熟的工艺和先进的技术，特别是突出了固体废物处理过程中物质再循环的指导思想，使本书在内容上具有较好的新颖性。三是实用性。根据我国政府提出的 21 世纪再生资源的战略目标，把再生资源领域的重点项目和关键技术编入了教材，因此我们参阅了国家环保局编的《工业污染治理技术丛书》固体废物卷中《钢铁工业固体废物治理》、《化学工业固体废物治理》、《石油化学工业固体废物治理》等分册的资料，引用并突出了各种工业固废的开发利用实例，使本书具有很强的实用性。四是系统性。因以教材作为主要目的，编写时注意了内容的完整性知识的系统性，以便于学生学习，并为其日后应用打下扎实的基础。

为了方便工程技术人员参考，编写中对处理工程的一些设计参数、工艺特点、施工要求及具体实例等都作了简单的交代，这可供有关人员在实际工作中参考。

在本书的编写过程中，得到了我院各级领导尤其是教务处、资源与环境工程系领导的大力支持和帮助，在此特表谢意。

杨国清教授编写前言、第一、二、九、十、十二章；刘康怀编写第六、七章；张学洪编写第八章；曹长春编写第四章；成官文编写第五、十一章；第三章由刘康怀、张学洪合写；肖文参加了第十章第10-3节的编写工作。插图由朱爱华、苏采芳清绘。肖瑜、李纯两硕士参与了稿件校对。杨车清、刘康怀负责全书的统稿。

在本书中，我们引用了许多书刊的图、表、公式、定义等，由于编书的目的主要是作教材，考虑篇幅关系，没能全都注明出处，但都把这些书刊名列入了参考文献，希望得到被引用者的谅解。在这里，我们再一次向有关作者致以深深的谢意。

由于本书为初稿，还有不少问题尚需完善和探索，加上编者水平有限，缺点和错误在所难免，敬请同行专家不吝指教。

桂林工学院资源与环境工程系
《固体废物处理工程》编写组
1998 年 12 月于桂林

# 目　　录

## 第一篇　总　　论

## 第二篇　各　　论

# 第一篇　总　论

# 第一章 概 论

## 1.1 固体废物的概念

固体废物污染是当今世界各国所共同面临的一个重大环境问题，早在 20 世纪初，许多有识之士就已预见到与工业化社会结伴而来的资源危机和环境恶化的发展趋势，因而大声疾呼，逐步引起了公众的普通关注。特别是 20 世纪下半叶，各工业发达国家迫于资源危机和环境恶化的巨大压力，开展了固体废物开发利用的研究，并把它视为第二矿业，使其成为一个新兴工业体系。固体废物处理工程就是在这种开发回收、利用废旧物资的基础上建立和发展起来的一门新兴应用技术型学科，即再生资源工程学。

固体废物（solid wastes）：城市垃圾、废纸、废塑料、废玻璃等，是人们所共知的固体废物，人畜粪便、污泥等半固体物质以及废酸、废碱、废油、废有机溶剂等液态物质也被很多国家列入固体废物之列。其实，废与不废也是相对的，它与技术水平和经济条件密切相关，在有些地方或国家被看作废物的东西，在另一个地方可能就是原料或资源。过去认为是废物的东西，由于技术的发展，可能已不再是废物。因此，按照 2005 年 4 月 1 日开始实施的《中华人民共和国固体废物污染环境防治法》的规定，固体废物，是指在生产、生活和其他活动中产生的丧失原有利用价值或者虽未丧失利用价值但被抛弃或者放弃的固态、半固态和置于容器中的气态的物品、物质以及法律、行政法规规定纳入固体废物管理的物品、物质。

固体废物处理（treatment of solid wastes）：这是通过物理、化学、生物等不同方法，使固体废物转化为适于运输、贮存、资源化利用以及最终处置的一种过程。固体废物的物理处理包括破碎、分选、沉淀、过滤、离心等处理方式，其化学处理包括焚烧、焙浇、浸出等处理方法，生物处理包括好氧和厌氧分解等处理方式。

固体废物处置（disposal of soild wastes）：采取能将已无回收价值或确属不能再利用的固体废物（包括对自然界及人身健康危害性极大的危险废物）长期置于与生物圈隔离地带的技术措施，也是解决固体废物最终归宿的手段，故亦称最终处置技术。包括堆置、填埋、海洋投弃等。

固体废物减量化（minimization of soild wastes）：通过实施适当的技术，一方面减少固体废物的排出量（如在废物产生之前，采取改革生产工艺、产品设计、改变物资能源消费结构等措施）；另一方面减少固体废物容量，例如在废物排出之后，对废物进行分选、压缩、焚烧等加工工艺。

固体废物资源化（resourse of soild wastes）：通过各种方法从固体废物中回收有用组分和能源，旨在减少资源消耗、加速资源循环，保护环境。广义的资源化包括物质回收、物质转换和能量转换三个部分。

固体废物无害化（innocuity of soild wastes）：通过采用适当的工程技术对废物进行处理（如热解技术、分离技术、焚烧技术、生化好氧或厌氧分解技术等），使其不对环境产生污染，不致对人体健康产生影响。

固体废物的减量化、资源化和无害化是我国 20 世纪 80 年代中期提出的控制固体废物污染的三大技术政策。今后的发展趋势是从无害化走向资源化，资源化又以无害化为前提。无害化和减量化应以资源化为条件。这就是三者间的辩证关系。国家对固体废物污染环境的防治，实行减少固体废物的产生量和危害性、充分合理利用固体废物和无害化处置固体废物的原则，促进清洁生产和循环经济的发展。

# 1.2　固体废物的鉴别、来源及分类

## 1.2.1　固体废物的鉴别

固体废物与非固体废物的鉴别首先应根据《中华人民共和国固体废物污染环境防治法》中的定义进行判断。根据上述定义仍难以鉴别的，可根据图 1.1 进行判断。

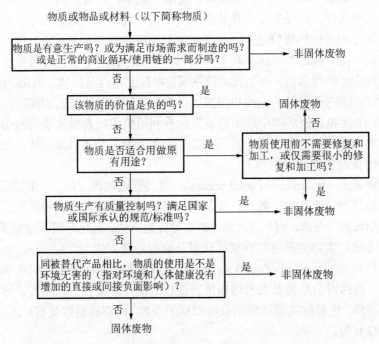

图 1.1　固体废物与非固体废物判别流程图

## 1.2.2　固体废物的来源及分类

固体废物的来源分为以下两类。

一是生产过程中所产生的废物（不包括废气和废水），称为生产废物。工业发达国家城市工业垃圾产生量以每年 2%～4%的速度增长，其主要发生源是冶金、煤炭、火力发电三大部门，其次是化工、石油、原子能等工业部门。工业固体废物的污染具有隐蔽性、滞后性和持续性，给环境和人类健康带来巨大危害。对工业固体废物的妥善处置已成为我国在快速经济发展中不可回避的重要环境问题之一。《大宗工业固体废物综合利用"十二五"规划》（工信部规〔2011〕600号）指出，我国各工业领域在生产活动中年产生量在1000万t以上、对环境和安全影响较大的固体废物，主要包括：尾矿、煤矸石、粉煤灰、冶炼渣、工业副产石膏、赤泥和电石渣。其中电石渣综合利用率接近100%。"十二五"期间，大宗工业固体废物综合利用量达到70亿t；减少土地占用35万亩①，有效缓解生态环境的恶化趋势。通过现有企业生产过程进行协同资源化处理，可以提高我国废弃物无害化处理能力，有利于化解我国废弃物处理处置的难题，是循环经济的重要领域。

二是在产品进入市场后在流动过程中或使用消费后产生的固体废物，称生活废物（sanitary waste）。生活废物发生的量随季节、生活水平、生活习惯、生活能源结构、城市规模和地理环境等因素而变化。随着工业化国家的都市化发展和居民的消费水平提高，城市生活垃圾增长率也十分迅速，估计发达、发展中国家分别为3.2%～4.5%和2%～3%。日本最近10年平均日产垃圾量增加1倍，英国城市垃圾排出量15年增加了1倍，美国生活垃圾增长率达到5%。欧盟各国生活垃圾平均增长率为3%，德国为4%，瑞典为2%。韩国近几年经济发展较快，生活垃圾增长率达11%。从各国情况看，城市垃圾量的增长明显高于人口的增长速度，在国民经济复苏时期，垃圾量增长特别快。我国现在就处在这个时期，垃圾增长率以每年8%～10%的速度递增，全国城市垃圾年产量已达1.6亿t，城市人口的人均日产垃圾量已超过1kg，接近工业发达国家的水平。我国城市垃圾组成的基本特点是：经济价值较低，无机成分多于有机成分（有机成分约为27%，无机成分约为67%），不可燃成分高于可燃成分，热值低，垃圾含水率较高，又因我国城市垃圾是混合收集，故成分复杂。因此，我国城市垃圾处理方法与国外垃圾处理方法不同，有其特殊性和更大的难度。

固体废物分类方法很多：按化学组成可分为有机废物和无机废物；按其危害状况可分为有害废物（腐蚀、腐败、剧毒、传染、自燃、锋刺、爆炸、放射性等废物）和一般废物；按其形状分可为固体废物（粉状、粒状、块状）和泥状废物（污泥）；我国的《固体废物污染防治法》将固体废物分为城市生活垃圾、工业固体废物和危险废物三类进行管理。

通常按其来源分为工业固体废物、城市生活垃圾、农林渔业固体废物和危险废物四类。本书按固体废物的来源进行分类（表1.1）。工业固体废物，是指在工业生产活动中产生的固体废物。产生废物的主要生产部门有矿业、冶金、化工、煤炭、电力、交通、轻工、石油等。城市生活垃圾，是指在日常生活中或者为日常生活提供服务的活动中产生的固体废物以及法律、行政法规规定视为生活垃圾的固体废物。农林渔业固体废物是指来自农林渔业生产和禽畜饲养过程中所产生的废物。危险废物，是指列入国家危险废物名录或者根据国家规定的危险废物鉴别标准和鉴别方法认定的具有危险特性的固体废物。

---

① 1亩=666.7m²，下同。

表 1.1　固体废物的分类、来源和主要组成

| 分类 | 来源 | 主要组成物 |
|---|---|---|
| 一、工业固体废物 | 1. 矿业、电力工业 | 废石、尾砂、煤矸石、粉煤灰、炉渣金属、废木料、砖瓦、灰石、水泥、沙石等 |
| | 2. 黑色冶金工业 | 金属、矿渣、模具、边角料、陶瓷、橡胶、塑料、烟尘 |
| | 3. 化学工业 | 金属填料、陶瓷、沥青、化学药剂、油毡、石棉、烟道灰、涂料等 |
| | 4. 石油化工 | 催化剂、沥青、还原剂、橡胶、炼制渣、塑料等 |
| | 5. 有色冶金工业 | 废渣、赤泥、尾矿、炉渣、烟道灰、化学药剂、金属等 |
| | 6. 交通、机械、运输 | 涂料、木料、金属、橡胶、轮胎、塑料、陶瓷、边角料等 |
| | 7. 食品加工工业 | 肉类、谷物、果类、蔬菜、烟草、油脂、纸类等 |
| | 8. 橡胶、皮革、塑料工业 | 橡胶、皮革、塑料、布、线、纤维、染料、金属等 |
| | 9. 造纸、木材、印刷工业 | 刨花、锯木、碎木、化学药剂、金属填料、塑料填料、塑料等 |
| | 10. 电器、仪器仪表等工业 | 金属、玻璃、木材、橡胶、塑料、化学药剂、研磨料、陶瓷、绝缘材料 |
| | 11. 纺织服装业 | 布头、纤维、橡胶、塑料、金属等 |
| | 12. 建筑垃圾 | 废金属、水泥、黏土、陶瓷、石膏、石楠、砂石、纸、纤维、废旧砖瓦、废旧混凝土、余土等 |
| 二、城市生活垃圾 | 1. 居民生活垃圾 | 食物垃圾、纸屑、布料、庭院植物修剪物、金属、玻璃、塑料、陶瓷、燃料、灰渣、碎砖瓦、人畜粪便、家用电器、家庭用具、杂物等 |
| | 2. 商业、机关 | 纸屑、园林垃圾、金属管道、烟灰渣、建筑材料、橡胶玻璃、办公杂品、废汽车、金属管道、轮胎、电器等 |
| | 3. 市政维护、管理部门 | 碎砖瓦、树叶、死禽畜、金属锅炉灰渣、污泥、脏土等 |
| 三、农林渔业废物[①] | 1. 农林牧业 | 稻草、秸秆、蔬菜、水果、果树枝条、糠税、落叶、废塑料、人畜粪便、禽类尸体、农药、污泥、塑料等 |
| | 2. 水产业 | 腥臭死禽畜、腐烂鱼、虾、贝类、水产加工污水、污泥等 |
| 四、危险废物 | 1. 核工业、核电站、放射性医疗单位、科研单位 | 金属、含放射性废渣、粉尘、同位素实验室废物、核电站废物、含放射性劳保用品等 |
| | 2. 其他有关单位 | 含有易燃、易爆和有毒性、腐蚀性、反应性、传染性的固体废物 |

① 有关来自此方面的生产、养殖、加工及农民生活所排出固体废物多在城郊以外，一般就地加以综合利用，或作沤肥，或作燃料处理，在《固体废物污染防治法》中，对此未作单列规定。

# 1.3　固体废物的污染与控制

## 1.3.1　固体废物的污染途径

　　与废水、废气相比，固体废物具有几个显著的特点。首先，固体废物是各种污染物的终态，特别是从污染控制设施排出的固体废物，浓集了许多污染物成分。人们却往往对这类污染物产生一种稳定、污染慢的错觉；第二，在自然条件影响下，固体废物中的

一些有害成分会转入大气、水体和土壤，参与生态系统的物质循环，具有潜在的、长期的危害性。因此，固体废物，特别是有害固体废物处理、处置不当时，其中的有毒有害物质如化学物质、病原微生物等可以通过环境介质——大气、土壤、地表或地下水体进入生态系统形成化学物质型污染和病原体型污染，对人体产生危害，同时破坏生态环境，导致不可逆的生态变化。其具体途径取决于固体废物本身的物理、化学和生物性质，而且与固体废物处置所在场地的水质、水文条件有关。图 1.2 和图 1.3 分别给出了固体废物中化学物质型污染途径和病原体型污染途径。

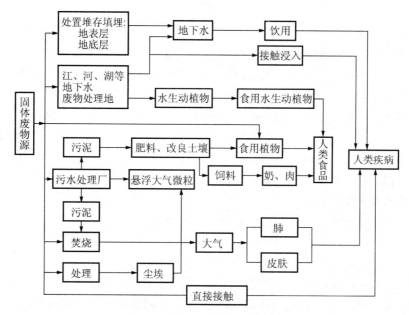

图 1.2　固体废物中化学物质致人疾病的途径

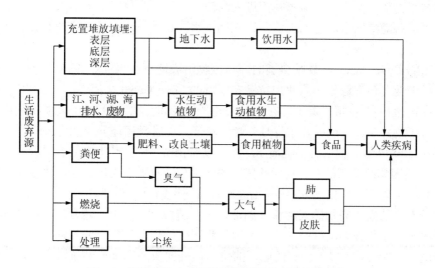

图 1.3　固体废物中病原体型微生物传播疾病的途径

### 1.3.2　固体废物的污染危害

固体废物对人类环境的危害表现在以下五个方面。

（1）侵占土地

固体废物产生以后，须占地堆放，堆积量越大，占地越多。据估算，每堆积 $1\times10^4$t 渣约需占地 1 亩。土地是十分宝贵的资源，尤其是耕地，我国虽幅员辽阔，耕地却十分紧张，人均土地是世界平均值的 1/3。随着生产的发展和消费的增长，固体废物占地的矛盾日益尖锐。

（2）污染土壤

废物堆置，其中的有害组分容易污染土壤。如果直接利用来自医院、肉类联合厂、生物制品厂的废渣作为肥料施入农田，其中的病菌、寄生虫等，就会使土壤污染。人与污染的土壤直接接触，或生吃此类土壤上种植的蔬菜、瓜果，就会致病。

工业固体废物还会破坏土壤内的生态平衡。土壤是许多细菌、真菌等微生物聚居的场所。这些微生物形成了一个生态系统，在大自然的物质循环中，担负着碳循环和氮循环的一部分重要任务。工业固体废物，特别是有害固体废物，经过风化、雨雪淋溶、地表径流的侵蚀，能杀灭土壤中的微生物，使土壤丧失腐解能力，导致草木不生。来自大气层核爆炸实验产生的散落物，以及来自工业或科研单位的放射性固体废物，也能在土壤中积累，并被植物吸收，进而通过食物进入人体。

20 世纪 70 年代，美国在密苏里州，为了控制道路粉尘，曾把混有四氯二苯-对二噁英（2,3,7,8-TCDD）的淤泥废渣当作沥青铺洒路面，造成土壤中 TCDD 浓度高达 300 ppb[①]，污染深度达 60cm，致使牲畜大批死亡，人们备受多种疾病折磨。美国环保局同意全市居民搬迁，花 3300 万美元买下该城镇的全部地产，赔偿市民的一切损失。

（3）污染水体

固体废物随天然降水或地表径流进入河流，湖泊，或随风飘迁落入河流、湖泊、污染地表水，并随渗沥水渗透到土壤，进入地下水，使地下水污染；废渣直接排入河流，湖泊或海洋，能造成更大的水体污染。

美国的 Love canal 事件是典型的固体废物污染地下水事件。1930～1935 年，美国胡克化学工业公司在纽约州尼亚加拉瀑布附近的 Love Canal 废河谷填埋了 2800 多吨桶装有害废物，1953 年填平覆土，在上面兴建了学校和住宅。1978 年大雨和融化的雪水造成有害废物外溢，该地区井水变臭，婴儿畸形，居民身患怪异疾病，大气中有害物质浓度超标 500 多倍，测出有毒物质 82 种，致癌物质 11 种，其中包括剧毒的二噁英。1978 年，美国总统颁布法令，封闭住宅，关闭学校，两千多居民迁移，使该地区成为禁区。为此，美国政府拨出了 85 亿美元进行该填埋场的补救治理。

即使无害的固体废物排入河流、湖泊，也会造成河床淤塞，水面减小，水体污染，甚至导致水利工程设施的效益减少或废弃。我国仅燃煤电厂每年向长江、黄河等水系排放灰渣就达 $5.0\times10^6$t 以上。有的电厂的排污口外的灰滩已延伸到航道中心，灰渣在河道中大量淤积，从长远看对其下游的大型水利工程是一种潜在的威胁。

---

① 1ppb=$1\times10^{-9}$，下同。

（4）污染大气

在大量垃圾露天堆放的场区，臭气冲天，老鼠成灾，蚊蝇孳生，有大量的氨、硫化物等污染物向大气释放。仅有机挥发性气体就多达一百多种，其中含有许多致癌致畸物。一些有机固体废物在适宜的温度和温度下被微生物分解，能释放出有害气体，以细粒状存在的废渣和垃圾，在大风吹动下会随风飘逸，扩散到远处；固体废物在运输和处理过程中，也能产生有害气体和粉尘。例如，煤矸石自燃会散发大量的二氧化硫。辽宁、山东、江苏三省的 112 座矸石堆中，自燃起火的有 42 座。陕西铜川市由于煤矸石自燃产生的二氧化硫量达 37 t/d。

（5）影响环境卫生

我国工业固体废物的综合利用率很低。2013 年，261 个大、中城市的统计数据表明，工业危险废物综合利用量占利用处置总量的 53.84%，处置、贮存分别占比 40.97% 和 5.19%；生活垃圾产生量 16 148.81 万 t，处置量 15 730.65 万 t，处置率达 97.41%。固体废物在城市大量堆放而又处理不当，严重影响城市容貌和环境卫生，对人类的健康构成潜在威胁。

### 1.3.3 固体废物的污染控制

固体废物对环境的污染主要是通过水、气和土壤进行的。它往往是许多污染成分的终极状态。一些有害气体或飘尘，通过治理最终富集成为废渣；一些有害物质和悬浮物，通过治理最终被分离出来成为污泥或残渣；一些含重金属的可燃固体废物，通过烧浇处理，有害金属浓集于灰烬中。这些"终态"物质中的有害成分，在长期的自然因素作用下又会转入大气、水体和土壤，故又成为大气、水体和土壤环境的污染"源头"。因此，控制"源头"，转化"中间"，处置好"终态物"是固体废物污染控制的关键。固体废物污染控制需从三方面着手：一是抓住首端控制，减少固体废物产生量；二是综合开发利用废物资源，减少固体废物产生量；三是严防末端污染。主要控制措施如下。

（1）改革生产工艺，实现清洁生产，减少固体废物产生量，控制生产首端

1）采用清洁生产。清洁生产是将整体预防的环境战略持续应用于生产过程、产品和服务中，以增加生态效益和减少人类及环境的风险。其含义是：对生产过程，要求节约原材料和能源，淘汰有毒原材料，减少和降低所有废弃物的数量和毒性；对产品，要求减少从原材料提炼到产品最终处置的全生命周期的不利影响；对服务，要求将环境因素纳入设计和所提供的服务中。生产工艺落后是产生固体废物的主要原因，因而首先应当结合技术改造，从工艺入手，采用无废或少废的清洁生产技术，从发生源消除或减少污染物的产生。

2）采用精料。原料品位低、质量差，也是造成固体废物大量产生的主要原因。如一些选矿技术落后、缺乏烧结能力的中小型炼铁厂，渣铁比相当高，如果在选矿过程提高矿石品位，便可少加造渣熔剂和焦炭，并大大降低高炉渣铁产生量。一些工业先进国家采用精料炼铁，高炉渣产生量可减少一半以上。因此，应当进行原料精选，采用精料，以减少固体废物的产量。

3）提高产品质量和使用寿命，以使不过快地变成废物。任何产品都有其使用寿命，

寿命的长短取决于产品的质量。质量越高的产品，使用寿命越长，废弃的废物量越少。也可通过提高物品重复利用次数减少固体废物数量，以使其不过快地变成废物。

（2）加大固体废物的资源化力度，进行多方位的综合回收利用

1）发展物质循环利用工艺。使第一种产品的废物成为第二种产品的原料，使第二种产品的废物又成为第三种产品的原料等，最后只剩下少量废物进入环境，以取得经济的、环境的和社会的综合效益。

2）广辟资源化途径，加大资源化力度，提高资源化技术水平。实践证明，很多固体废物是可以开发为再生资源的，有些固体废物含有很大的一部分未起变化的原料或副产物，可以回收利用。如有色金属冶炼渣、废胶片、废催化剂中含有 Au、Ag、Pt 等贵金属，只要采用适当的物理、化学熔炼等加工方法，就可以将其中有价值的金属回收利用。

3）进行无害化处置。对无回收价值的末端固体废物进行安全填埋处置；对有害危险固体废物可采用焚烧、热解、氧化—还原等方式，改变废物中有害物质的性质，可使之转化为无害物质或使有害物质含量达到国家规定的排放标准，最后达到完全安全处置的目的。

### 1.3.4　我国城市固体废物污染防治现状

中华人民共和国环境保护部发布了《2014 年全国大、中城市固体废物污染环境防治年报》，主要依据 2013 年《中国环境统计年报》及全国 261 个大中城市发布的固体废物污染防治信息汇总编制而成。

（1）城市生活垃圾

2013 年，261 个大、中城市中，生活垃圾产生量 16 148.81 万 t，处置量 15 730.65 万 t，处置率达 97.41%。各省（自治区、直辖市）大、中城市发布的 2013 年城市生活垃圾产生情况见图 1.4。

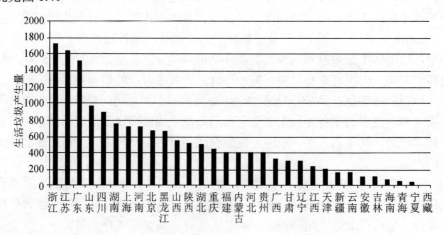

图 1.4　城市生活垃圾产生情况（单位：万 t）

（2）一般工业固体废物

一般工业固体废物综合利用量占利用处置总量的 61.79%，处置、贮存和倾倒丢弃

分别占比 29.86%、8.33%和 0.02%,综合利用仍然是处理一般工业固体废物的主要途径,部分城市对历史堆存的固体废物进行了有效的利用和处置。一般工业固体废物产生量较大的地区主要集中在华北地区,河北、山西、内蒙古分列前 3 位。2013 年各省(自治区、直辖市)大、中城市发布的一般工业固体废物产生情况见图 1.5。

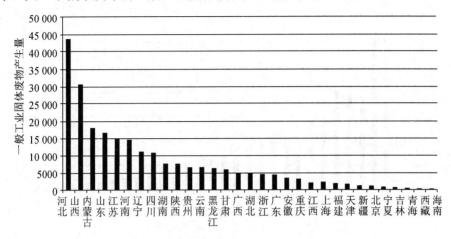

图 1.5 一般工业固体废物产生情况(单位:万 t)

(3)工业危险废物

2013 年,261 个大、中城市工业危险废物产生量达 2937.05 万 t。其中,综合利用量 1589.02 万 t,处置量 1209.31 万 t,贮存量 153.29 万。工业危险废物综合利用量占利用处置总量的 53.84%,处置、贮存分别占比 40.97%和 5.19%,有效地利用和处置是处理工业危险废物的主要途径。工业危险废物产生量较大的省份主要集中在东部地区,山东、湖南、江苏分列前 3 位。2013 年各省(自治区、直辖市)大、中城市发布的工业危险废物产生情况见图 1.6。

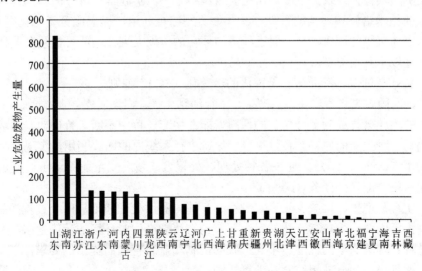

图 1.6 工业危险废物产生情况(单位:万 t)

（4）医疗废物

医疗废物产生量 54.75 万 t，处置量 54.21 万 t，大部分城市的医疗废物处置率都达到了 100%。产生量较大的省份主要集中在东部地区，浙江、广东、山东分列前 3 位。各省（自治区、直辖市）大、中城市发布的 2013 年医疗废物产生情况见图 1.7。

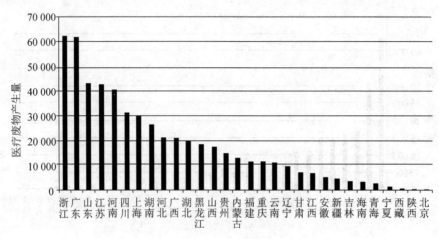

图 1.7　医疗废物产生情况（单位：万 t）

# 1.4　固体废物的管理

## 1.4.1　固体废物管理的基本原则

对固体废物实行管理，就是运用环境管理的理论和方法，结合我国实际情况，通过法律、经济、教育和行政等手段，在相关政策指导下，实施具体可行的行动计划，采用行之有效的技术措施和适当的管理办法（如奖励综合利用、提倡服务资源化等），多方位地控制固体废物的环境污染，促进经济与环境的协调发展，保证可持续发展战略的实施。要遵循以下几条原则。

（1）实行减量化、资源化和无害化的"三化（3C）"原则

首先，使固体废物不产生、少产生，实行清洁生产，实现首端控制（clean）；其次，使已产生的固体废物成为多种生产的原料，即在生产过程中不断进行回收、循环、再利用或作为另一种生产的原料的良性循环，尽量进行系统内的回收利用，实现废物的资源化综合利用（cycle）；最后，通过各种处理、处置方式使之安全而不至于再度进入环境造成二次污染，即安全处置（control）。

（2）实行从产生、排放、收集、贮存、运输、利用处理和处置的全过程控制原则

这是由于固体废物在其上述的每个环节均有可能产生对环境的污染危害，因而必须进行全过程各环节的不同程度、不同形式的控制和监督管理而提出的要求。

（3）实行集中和分散相结合的处置原则

由于固体废物特别是危险废物的产生源（单位或企业）分布较分散，而所产生的废

物种类繁多，但数量并不很大，若分别建厂治理，不仅所需投资过大，而且其管理复杂，效果欠佳，因此以集中进行处理和处置为宜，但对单一或少数废物品种产生量较大的企业，则可根据个别情况分散治理。

（4）实行固体废物分类管理的原则

由于固体废物类型复杂，对环境危害程度各不相同，在污染防治上则应有所区别地考虑采取不同的治理要求和管理制度。

### 1.4.2 控制固体废物污染的技术政策

20 世纪 60 年代中期以后，环境保护受到重视，污染治理技术迅速发展，形成了一系列处理方法。20 世纪 70 年代以来，一些工业发达国家由于资源缺乏，提出了"资源循环"的口号，开始从固体废物中回收资源和能源，逐步发展成为控制废物污染的途径 —— 资源化。当前，各发达国家已经将再生资源的开发利用视为"第二矿业"，给予了高度重视，形成了一个新兴工业体系。

我国于 20 世纪 80 年代中期提出了以"资源化"、"无害化"、"减量化"作为控制固体废物污染的技术政策。《中国 21 世纪议程》指出："中国认识到固体废物问题的严重性，认识到解决该问题是改变传统发展模式和消费模式的重要组成部分……总目标是完善固体废物法规体系和管理制度；实施废物最小量化；为废物最小量化、资源化和无害化提供技术支持，分别建成废物最小量化、资源化和无害化示范工程"。

（1）无害化

目前，固废"无害化"处理工程已经发展成为一门崭新的工程技术，如垃圾的焚烧、卫生填埋、堆肥、粪便的厌氧发酵、有害废物的热处理和解毒处理等，其中"高温快速堆肥处理工艺"、"高温厌氧发酵处理工艺"，在我国都已达到实用程度，"厌氧发酵工艺"用于废物"无害化"处理工程的理论已经成熟，具有我国特点的"粪便高温厌氧发酵处理工艺"在国际上一直处于领先地位。

在对固废进行"无害化"处理时，必须认识到各种"无害化"处理工程技术的通用性是有限的，它们的优劣程度往往不是由技术、设备条件本身所决定。以生活垃圾处理为例，焚烧处理确实不失为一种先进的"无害化"处理方法，但它必须以垃圾含有高热值和可能的经济投入为条件，否则便没有引用的意义。根据我国大多数城市生活垃圾的特点，在近期内，着重发展卫生填埋和高温堆肥处理技术是适宜的。至于焚烧处理方法，只能有条件地采用。

（2）减量化

固体废物"减量化"是通过适宜的手段减少和减小固体废物的数量和容积。这需要从两个方面着手，一是对固体废物进行处理利用，二是减少固体废物的产生。必须从"固体废物资源化"延伸到"资源综合利用"上来，其工作重点包括采用经济合理的综合利用工艺和技术，制定科学的资源消耗定额等。

生活垃圾采用焚烧法处理后，体积可减小 80%～90%，余烬则便于运输和处置。固体废物采用压实、破碎等方法处理也可以达到减量和方便运输、处理的目的。

（3）资源化

1）资源危机问题。近40年来，世界资源正以惊人的速度被开发和消耗，有些资源已经濒于枯竭。根据推算，世界石油资源按已探明的贮量和消耗量的增长，只需五六十年就可耗尽，即短于一代人寿命的时间，将耗去全部贮量的80%；世界煤炭资源按已探明的贮量的消耗推算，到公元2350年，也将耗去贮量的80%左右。能源危机增强了人们对固体废物资源化的紧迫感。欧洲国家把固体废物资源化作为解决固体废物污染和能源紧张的方式之一，将其列入国民经济政策的一部分，投入巨资进行开发。日本由于资源贫乏，将固体废物资源化列为国家的重要政策。

我国资源形势也十分严峻。首先，我国资源总量丰富，但人均资源不足。从世界45种主要矿产贮量总计来看，我国居第3位，但人均占有量仅为世界人均水平的1/2。其次我国资源利用率低，浪费严重，很大一部分资源没有发挥效益，变成了废物。几十年来，我国走的是一条资源消耗型发展经济的道路。第三，我国废物资源利用率很低，与发达国家比尚有很大的差距。如此下去，固体废物将造成大量的积存，给环境带来巨大的威胁。

2）资源危机的出路——开发再生资源。众所周知，固体废物属于"二次资源"或"再生资源"，虽然它一般不再具有它原有的使用价值，但是通过回收、加工等途径，可以获得新的使用价值。概括起来，目前固体废物主要用于生产建材，回收能源，回收原材料，提取金属、化工产品、农用生产资源、肥料、饲料等多种用途。据我国有关资料表明，在国民经济周转中，社会需要的最终产品仅占原料的20%～30%，即70%～80%成为废物。

目前我国工业废渣和尾矿的年排出量高达 $6.4 \times 10^8$ t，其累计量则已高达60多亿t。这些废物中含有大量的黑色金属、有色金属和稀有金属，规模之大已完全具备了开采的价值。我国城市生活垃圾年排放量已达 $1.5 \times 10^8$ t，其中含有大量可循环再用的纸类、纤维、塑料、金属、玻璃等，且回收率低，流失量大。生活垃圾中可燃物的发热量只要达到 $3.6 \times 10^3$ kJ/kg 以上，便具有燃烧回收热能的价值，有些国家的垃圾变能已在其全部能耗中占一定比例。联邦德国 4%～5% 的能耗由垃圾焚烧获得，法国巴黎垃圾发电可满足全市能量的20%，日本在全国各大、中、小城市推广垃圾发电技术。

3）资源化是我国强国富民的有效措施。再生资源和原生资源相比，可以省去开矿、采掘、选矿、富集等一系列复杂程序，保护和延长原生资源寿命，弥补资源不足，保证资源永续，且可以节省大量的投资，降低成本，减少环境污染，保持生态平衡，具有显著的社会效益。

综上所述，可知固体废物资源化具有下列优势：环境效益高。固体废物资源化可以从环境中除去某些潜在的有毒性废物，减少废物堆置场地和废物贮放量；生产成本低，有人计算过，用废铝炼铝比用铝矾土炼铝能减少能源90%～97%，减少空气污染95%，减少水质污染97%，用废钢炼钢可减少资源47%～70%，减少空气污染85%，减少矿山垃圾97%；生产效率高，例如用铁矿石炼1t 钢需8个工时，而用废铁炼1t 电炉钢只需要2～3个工时；能耗低，用废钢炼钢比用铁矿石炼钢可节约能耗74%，用铁矿石炼钢的能耗为 $2.2 \times 10^7$ kJ/（kg·t），用废钢炼钢只需 $6.0 \times 10^3$ kJ/（kg·t）。

我国是一个发展中国家，面对经济建设的巨大需求与资源、能源供应严重不足的严峻局面，推行固体废物资源化，不但可为国家节约投资、降低能耗和生产成本，减少自然资源的开采，还可治理环境，维持生态系统良性循环，是一项强国富民的有效措施。

从以上固体废物污染控制技术政策的发展演化过程可以看出，固体废物的污染控制经历了从简单处理到全面管理的发展过程。在初期，世界各国都把注意力放在末端治理上，提出了资源化、无害化、减量化的"三化"作为控制固体废物污染的基本原则。在经历了众多的污染事故教训后，人们才逐渐意识到对固体废物实行首端控制的重要性，于是才有了"从摇篮到坟墓"（cradle-to-grave）的固体废物全过程管理的新概念。目前，在世界范围内取得共识的解决固体废物污染控制问题的基本对策就是：首端控制（clean）、综合利用（cycle）、安全处置（control）的所谓"三化"原则。

### 1.4.3 固体废物管理法规与标准体系

解决固体废物污染控制问题的关键之一是建立和健全相应的法规、标准体系。我国全面开展环境立法的工作始于 20 世纪 70 年代末期。在 1978 年的宪法中，首次提出了"国家保护环境和自然资源，防治污染和其他公害"的规定，1979 年颁布了《中华人民共和国环境保护法》，这是我国环境保护的基本法，对我国环境保护工作起着重要的指导工作。2014 年 4 月 24 日，由中华人民共和国第十二届全国人民代表大会常务委员会第八次会议修订通过，被称为"史上最严厉"的新《中华人民共和国环境保护法》自2015 年 1 月 1 日起施行。1995 年 10 月 30 日颁布了《中华人民共和国固体废物污染环境防治法》，并于 2004 年 12 月 29 日对此法进行了修订，修订后的《中华人民共和国固体废物污染环境防治法》于 2005 年 4 月 1 日正式实施。除此之外，国家环境保护总局和有关部门还单独颁布或联合颁布了一系列的行政法规。例如《城市市容和环境卫生管理条例》、《城市生活垃圾管理办法》、《关于严格控制境外有害废物转移到我国的通知》、《防治尾矿污染管理办法》、《关于防治铬化废物生产建设中环境污染的若干规定》等。1990 年 3 月，我国政府签署了《控制危险废物越境转移及其处置巴塞尔公约》。

我国固体废物污染控制标准主要由中华人民共和国环境保护部和建设部在各自的管理范围内制定。我国已初步建立了固体废物污染控制标准体系，固体废物污染控制标准目录见表 1.2，与固体废物污染控制相关的其他标准见表 1.3。

**表 1.2　固体废物污染控制标准**

| 标准名称 | 标准编号 | 发布时间<br>/年-月-日 | 实施时间<br>/年-月-日 |
|---|---|---|---|
| 水泥窑协同处置固体废物污染控制标准 | GB 30485—2013 | 2013-12-27 | 2014-3-1 |
| 生活垃圾填埋场污染控制标准 | GB 16889—2008 | 2008-4-2 | 2008-7-1 |
| 进口可用作原料的固体废物环境保护控制标准——骨废料 | GB 16487.1—2005 | 2005-12-14 | 2006-2-1 |
| 进口可用作原料的固体废物环境保护控制标准——冶炼渣 | GB 16487.2—2005 | 2005-12-14 | 2006-2-1 |
| 进口可用作原料的固体废物环境保护控制标准——木、木制品废料 | GB 16487.3—2005 | 2005-12-14 | 2006-2-1 |
| 进口可用作原料的固体废物环境保护控制标准——废纸或纸板 | GB 16487.4—2005 | 2005-12-14 | 2006-2-1 |
| 进口可用作原料的固体废物环境保护控制标准——废纤维 | GB 16487.5—2005 | 2005-12-14 | 2006-2-1 |

| 标准名称 | 标准编号 | 发布时间<br>/年-月-日 | 实施时间<br>/年-月-日 |
|---|---|---|---|
| 进口可用作原料的固体废物环境保护控制标准——废钢铁 | GB 16487.6—2005 | 2005-12-14 | 2006-2-1 |
| 进口可用作原料的固体废物环境保护控制标准——废有色金属 | GB 16487.7—2005 | 2005-12-14 | 2006-2-1 |
| 进口可用作原料的固体废物环境保护控制标准——废电机 | GB 16487.8—2005 | 2005-12-14 | 2006-2-1 |
| 进口可用作原料的固体废物环境保护控制标准——废电线电缆 | GB 16487.9—2005 | 2005-12-14 | 2006-2-1 |
| 进口可用作原料的固体废物环境保护控制标准——废五金电器 | GB 16487.10—2005 | 2005-12-14 | 2006-2-1 |
| 进口可用作原料的固体废物环境保护控制标准——供拆卸的船舶及其他浮动结构体 | GB 16487.11—2005 | 2005-12-14 | 2006-2-1 |
| 进口可用作原料的固体废物环境保护控制标准——废塑料 | GB 16487.12—2005 | 2005-12-14 | 2006-2-1 |
| 进口可用作原料的固体废物环境保护控制标准——废汽车压件 | GB 16487.13—2005 | 2005-12-14 | 2006-2-1 |
| 医疗废物集中处置技术规范（试行） | 环发 [2003] 206 号 | 2003-12-26 | 2003-12-26 |
| 医疗废物转运车技术要求（试行） | GB 19217—2003 | 2003-6-30 | 2003-6-30 |
| 医疗废物焚烧炉技术要求（试行） | GB 19218—2003 | 2003-6-30 | 2003-6-30 |
| 危险废物焚烧污染控制标准 | GB 18484—2001 | 2001-11-12 | 2002-1-1 |
| 生活垃圾焚烧污染控制标准 | GB 18485—2001 | 2001-11-12 | 2002-1-1 |
| 危险废物贮存污染控制标准 | GB 18597—2001 | 2001-12-28 | 2002-7-1 |
| 危险废物填埋污染控制标准 | GB 18598—2001 | 2001-12-28 | 2002-7-1 |
| 一般工业固体废物贮存、处置场污染控制标准 | GB 18599—2001 | 2001-12-28 | 2002-7-1 |
| 含多氯联苯废物污染控制标准 | GB 13015—91 | 1991-6-27 | 1992-3-1 |
| 城镇垃圾农用控制标准 | GB 8172—87 | 1987-10-5 | 1988-2-1 |
| 农用粉煤灰中污染物控制标准 | GB 8173—87 | 1987-10-5 | 1988-2-1 |
| 农用污泥中污染物控制标准 | GB 4284—84 | 1984-5-18 | 1985-3-1 |

**表 1.3　与固体废物污染控制相关的其他标准**

| 标准名称 | 标准编号 | 发布时间<br>/年-月-日 | 实施时间<br>/年-月-日 |
|---|---|---|---|
| 水泥窑协同处置固体废物环境保护技术规范 | HJ 662—2013 | 2013-12-27 | 2014-3-1 |
| 固体废物处理处置工程技术导则 | HJ 2035—2013 | 2013-9-26 | 2013-12-1 |
| 危险废物（含医疗废物）焚烧处置设施性能测试技术规范 | HJ 561—2010 | 2010-2-22 | 2010-6-1 |
| 地震灾区活动板房拆解处置环境保护技术指南 | 2009 年第 52 号 | 2009-10-12 | 2009-10-12 |
| 新化学物质申报类名编制导则 | HJ/T 420—2008 | 2008-1-15 | 2008-4-1 |
| 医疗废物专用包装袋、容器和警示标志标准 | HJ 421—2008 | 2008-2-27 | 2008-4-1 |
| 铬渣污染治理环境保护技术规范（暂行） | HJ/T 301—2007 | 2007-4-13 | 2007-5-1 |
| 报废机动车拆解环境保护技术规范 | HJ 348—2007 | 2007-4-9 | 2007-4-9 |
| 废塑料回收与再生利用污染控制技术规范（试行） | HJ/T 364—2007 | 2007-9-30 | 2007-12-1 |
| 固体废物鉴别导则（试行） | 2006 年第 11 号 | 2006-3-9 | 2006-4-1 |
| 长江三峡水库库底固体废物清理技术规范 | HJ/T 85—2005 | 2005-6-13 | 2005-6-13 |
| 危险废物集中焚烧处置工程建设技术规范 | HJ/T 176—2005 | 2005-5-24 | 2005-5-24 |

续表

| 标准名称 | 标准编号 | 发布时间/年-月-日 | 实施时间/年-月-日 |
|---|---|---|---|
| 医疗废物集中焚烧处置工程技术规范 | HJ/T 177—2005 | 2005-5-24 | 2005-5-24 |
| 废弃机电产品集中拆解利用处置区环境保护技术规范（试行） | HJ/T 181—2005 | 2005-8-15 | 2005-9-1 |
| 化学品测试导则 | HJ/T 153—2004 | 2004-4-13 | 2004-6-1 |
| 新化学物质危害评估导则 | HJ/T 154—2004 | 2004-4-13 | 2004-6-1 |
| 化学品测试合格实验室导则 | HJ/T 155—2004 | 2004-4-13 | 2004-6-1 |
| 环境镉污染健康危害区判定标准 | GB/T 17221—1998 | 1998-1-21 | 1998-10-1 |
| 工业固体废物采样制样技术规范 | HJ/T 20—1998 | 1998-1-8 | 1998-7-1 |
| 船舶散装运输液体化学品危害性评价规范水生生物急性毒性试验方法 | GB/T 16310.1—1996 | 1996-5-16 | 1996-12-1 |
| 船舶散装运输液体化学品危害性评价规范水生生物积累性试验方法 | GB/T 16310.2—1996 | 1996-5-16 | 1996-12-1 |
| 船舶散装运输液体化学品危害性评价规范水生生物沾染试验方法 | GB/T 16310.3—1996 | 1996-5-16 | 1996-12-1 |
| 船舶散装运输液体化学品危害性评价规范哺乳动物毒性试验方法 | GB/T 16310.4—1996 | 1996-5-16 | 1996-12-1 |
| 船舶散装运输液体化学品危害性评价规范危害性评价程序与污染分类方法 | GB/T 16310.5—1996 | 1996-5-16 | 1996-12-1 |
| 环境保护图形标志—固体废物贮存（处置）场 | GB 15562.2—1995 | 1995-11-20 | 1996-7-1 |
| 农药安全使用标准 | GB 4285—89 | 1989-9-6 | 1990-2-1 |

### 1.4.4 我国固体废物管理制度

根据我国国情，并借鉴国外的经验和教训，《中华人民共和国固体废物污染环境防治法》制定了一些行之有效的管理制度。

（1）排污收费制度

排污收费制度是我国环境保护法中所规定的一项基本制度。《中华人民共和国固体废物污染环境防治法》第五十五条规定：产生危险废物的单位，必须按照国家有关规定处置危险废物，不得擅自倾倒、堆放；不处置的，由所在地县级以上地方人民政府环境保护行政主管部门责令限期改正；逾期不处置或者处置不符合国家有关规定的，由所在地县级以上地方人民政府环境保护行政主管部门指定单位按照国家有关规定代为处置，处置费用由产生危险废物的单位承担。第五十六条规定：以填埋方式处置危险废物不符合国务院环境保护行政主管部门规定的，应当缴纳危险废物排污费。第三十五条规定：对本法施行前已经终止的单位未处置的工业固体废物及其贮存、处置的设施、场所进行安全处置的费用，由有关人民政府承担；但是，该单位享有的土地使用权依法转让的，应当由土地使用权受让人承担处置费用。当事人另有约定的，从其约定；但是，不得免除当事人的污染防治义务。

（2）分类管理制度

《中华人民共和国固体废物污染环境防治法》第四十二条规定：对城市生活垃圾应

当及时清运，逐步做到分类收集和运输，并积极开展合理利用和实施无害化处置。第五十八条规定：收集、贮存危险废物，必须按照危险废物特性分类进行。禁止混合收集、贮存、运输、处置性质不相容而未经安全性处置的危险废物。禁止将危险废物混入非危险废物中贮存。

（3）工业固体废物的申报登记制度

《中华人民共和国固体废物污染环境防治法》第三十二条规定：国家实行工业固体废物申报登记制度。产生工业固体废物的单位必须按照国务院环境保护行政主管部门的规定，向所在地县级以上地方人民政府环境保护行政主管部门提供工业固体废物的种类、产生量、流向、贮存、处置等有关资料。前款规定的申报事项有重大改变的，应当及时申报。

（4）固体废物的污染环境影响评价制度与其污染防治设施"三同时"制度

《中华人民共和国固体废物污染环境防治法》第十四条规定："建设项目的环境影响评价文件确定需要配套建设的固体废物污染环境防治设施，必须与主体工程同时设计、同时施工、同时投入使用。固体废物污染环境防治设施必须经原审批环境影响评价文件的环境保护行政主管部门验收合格后，该建设项目方可投入生产或者使用。对固体废物污染环境防治设施的验收应当与对主体工程的验收同时进行"。

（5）固体废物污染环境的限期治理制度

《中华人民共和国固体废物污染环境防治法》第二十八条规定：生产者、销售者、进口者、使用者必须在国务院经济综合宏观调控部门会同国务院有关部门规定的期限内分别停止生产、销售、进口或者使用列入前款规定的名录中的设备。生产工艺的采用者必须在国务院经济综合宏观调控部门会同国务院有关部门规定的期限内停止采用列入前款规定的名录中的工艺。第五十五条也有责令"限期改正"的规定。

（6）固体废物的进口审批制度

《中华人民共和国固体废物污染环境防治法》第二十四条规定：禁止中华人民共和国境外的固体废物进境倾倒、堆放、处置。第二十五条规定：禁止进口不能用作原料或者不能以无害化方式利用的固体废物；对可以用作原料的固体废物实行限制进口和自动许可进口分类管理。禁止进口列入禁止进口目录的固体废物。进口列入限制进口目录的固体废物，应当经国务院环境保护行政主管部门会同国务院对外贸易主管部门审查许可。进口列入自动许可进口目录的固体废物，应当依法办理自动许可手续。

（7）危险废物的行政代执行制度

《中华人民共和国固体废物污染环境防治法》第五十五条规定：产生危险废物的单位，必须按照国家有关规定处置危险废物，不得擅自倾倒、堆放；不处置的，由所在地县级以上地方人民政府环境保护行政主管部门责令限期改正；逾期不处置或者处置不符合国家有关规定的，由所在地县级以上地方人民政府环境保护行政主管部门指定单位按照国家有关规定代为处置，处置费用由产生危险废物的单位承担。

（8）危险废物经营单位许可证制度

《中华人民共和国固体废物污染环境防治法》第五十七条规定：从事收集、贮存、处置危险废物经营活动的单位，必须向县级以上人民政府环境保护行政主管部门申请领取经营许可证；从事利用危险废物经营活动的单位，必须向国务院环境保护行政主管部门或者省、自治区、直辖市人民政府环境保护行政主管部门申请领取经营许可证。

（9）危险废物的转移报告单制度

《中华人民共和国固体废物污染环境防治法》第五十九条规定：转移危险废物的，必须按照国家有关规定填写危险废物转移联单，并向危险废物移出地设区的市级以上地方人民政府环境保护行政主管部门提出申请。

# 主要参考文献

国家环境保护总局污染控制司，国家环境保护总局危险废物管理培训与技术转让中心. 2006. 危险废物管理政策与处理处置技术. 北京：中国环境科学出版社.

国家环境保护总局污染控制司. 2001. 城市固体废物管理与处理处置技术. 北京：中国石油化工出版社.

韩宝平. 2010. 固体废物处理与利用. 武汉：华中科技大学出版社.

李国鼎. 2003. 环境工程手册——固体废物污染防治卷. 北京：高等教育出版社.

莫祥银. 2009. 环境科学概论. 北京：化学工业出版社.

聂永丰. 2000. 三废处理技术手册——固体废物卷. 北京：化学工业出版社.

宋化民，杨昌炎. 2011. 环境管理基础及管理体系标准教程. 武汉：中国地质大学出版社.

汪群慧，叶暾昱，谷庆宝，等. 2004. 固体废物处理及资源化. 北京：化学工业出版社环境科学与工程出版中心.

王新，沈欣军. 2009. 资源与环境保护概论. 北京：化学工业出版社.

杨慧芬，张强. 2013. 固体废物资源化. 2版. 北京：化学工业出版社.

杨军. 2011. 城市固体废物综合管理规划. 成都：西南交通大学出版社.

中国环境保护产业协会固体废物处理利用专业委员. 2009. 我国固体废物处理利用行业2008年发展综述. 中国环保产业，（9）：19-23.

周雪飞，张亚雷. 2010. 图说环境保护. 上海：同济大学出版社.

# 第二章 固体废物处理与处置系统工程

固体废物的处理处置是一个系统工程，它包括处理和处置两个阶段，其中处理阶段包括了预处理系统工程和处理系统工程两个系统。垃圾收集、运输、压实、破碎、分选、浓缩、脱水及固化等属预处理系统；在预处理的基础上采用综合再生利用、焚烧、热分解和微生物分解等转化技术对其进行深加工属处理系统工程；最后对残余废物或有害废物进行最终处置而使得固体废物稳定化而得到最终归宿为处置系统工程。

## 2.1 固体废物预处理系统工程

固体废物类型繁多而组成复杂，其形状、大小、结构，特别是性质均有很大的差别。因此，为了使预处理的固体废物性质满足后续处理或最终处理的工艺要求，提高固体废物再生利用的效率，需要在被再生利用或最终处理前对其进行预先处理。固体废物预处理的方法很多。它包括了物理处理、化学处理等一系列方法，其中物理处理是最常用的方法，当物理处理方法不能实现循环利用的目标时才采用其他的预处理方法。

（1）物理处理

物理处理是通过浓缩或相变化改变固体废物的结构，但不破坏其组成的一种处理方法，包括压实、破碎、分选、粉磨、蒸发、增稠、吸附、萃取等工序，使之成为便于运输、贮存、利用或处置的形态。物理处理方法作为资源化回收固体废物中有价物质的重要手段。

（2）化学处理

化学处理是采用化学方法破坏固体废物中的有害成分或通过化学转换而回收物质和能源，从而使其达到无害化和资源化。化学处理方法包括氧化、还原、中和、化学溶出以及煅烧、焙烧、热分解、焚烧等系列方法。有些有害固体废物，经过化学处理还可能产生富含毒性成分的残渣，还须对残渣进行解毒处理或安全处置。

（3）固化处理

固化处理是采用固化基材将废物固定或包覆起来以降低其对环境的危害，从而能较安全地运输和处置。固化处理的主要对象是危险固体废物。

固体废物预处理技术主要包括对固体废物收运、压实、破碎、筛分、分选、固化/稳定化等单元操作。由于后续处理与处置工艺不同，预处理目的和方法也有所差异。

在固体废物的收运过程中，有必要对其进行破碎、压实处理，减小废物所占容积，提高运输效率。为实现固体废物的回收再利用，需对废物进行破碎、分选等预处理操作，而在分选作业之前通过筛分和破碎等预处理工序，使废物单体分离或分成适当的级别，以利于下一步工序的进行，提高分离效果，增加再生利用的经济价值。固体废物焚烧处理时，破碎和分选处理后的可燃废物燃烧稳定，热效率提高，且可防止大块废物进入炉体对其造成损伤等影响。固体废物堆肥化时，适宜的破碎和分选处理、可使堆肥物料粒度均匀，大小适宜，增加透气性，增加物料中易堆肥物比例，从而满足堆肥工艺条件。当以土地填埋作为固体废物最终处置方式时，通常将固体废物进行压实处理，使其容重增加，体积减小。废物在填埋时可占据较小的空间，提高填埋场库容效率，延长填埋场使用年限。对于危险废物必须经过固化/稳定化预处理后才能进行最终处置或加以利用，以减少其对环境造成的潜在危害。

### 2.1.1　固体废物的收集、运输

固体废物的收集是一项困难而复杂的工作，本节将从工业废物和城市垃圾两方面讨论固体废物的收集、运输问题。

（1）工业固体废物的收集、运输系统

《中华人民共和国固体废物污染环境防治法》第五条规定，国家对固体废物污染环境防治实行污染者依法负责的原则。产品的生产者、销售者、进口者、使用者对其产生的固体废物依法承担污染防治责任。企业事业单位应当根据经济、技术条件对其产生的工业固体废物加以利用；对暂时不利用或者不能利用的，必须按照国务院环境保护行政主管部门的规定建设贮存设施、场所，安全分类存放，或者采取无害化处置措施。建设工业固体废物贮存、处置的设施、场所，必须符合国家环境保护标准。

一般产生废物较多的工厂在厂内外都建有自己的堆场，收集、运输工作由工厂负责。零星、分散的固体废物（工业下脚废料及居民废弃的日常生活用品）则由商业部门所属废旧物资系统负责收集。此外，有关部门还组织城市居民、农村基层供销合作社收购站代收废旧物资。对大型工厂回收公司到厂内回收，中型工厂则定人定期回收，小型工厂划片包干巡回回收，并配备管理人员，设置废料仓库，建立各类废物"积攒"资料卡，开展经常性的收集和分类存放活动。收集的品种有黑色金属、有色金属、橡胶、塑料、纸张、破布、麻、棉、化纤下脚、牲骨、人发、玻璃、料瓶、机电五金、化工下脚、废油脂等16大类、1000多个品种。

（2）城市垃圾的收集、运输

城市垃圾的收集更加复杂。由于产生垃圾的地点分散在每个街道、每幢住宅和每个家庭，并且垃圾的产生不仅有固定源，也有移动源，因此给垃圾收集工作带来许多困难。目前所采用的城市垃圾收运包括三个阶段，即搬运和贮存、清运、转运。其中清运和转运需要最优化技术，将垃圾源分配到不同处置场，以降低成本。

我国城市生活垃圾收集方式基本为混合收集（医院垃圾除外），主要有三种方式。一是将收集容器放置于固定的地点，如居民小区、街道两侧，以及其他公共场所。每天有专门的环卫人员负责收集这些容器里的垃圾。二是在居民小区建有固定的垃圾收集站，居民每天可以把生活垃圾扔到垃圾站。三是垃圾道，在中国高层住宅楼中，垃圾道在建楼时就已经设计好了，从一层直通到顶层，居民可以把垃圾扔进垃圾道，环卫人员从底层拿走。通过垃圾道收集居民生活垃圾曾经是居民生活区垃圾最常见的收集方式。但在2003年发生"非典"之后，因垃圾道利于细菌传播，被许多城市禁用了。北京、广州和上海等城市相继规定新建住宅楼不设垃圾道，一些城市还将已建住宅楼的垃圾道封闭停用。

2002 年政府提倡分类收集以来，分类收集取得了较大的进展，为配合资源化利用，中国将把城市垃圾细分为四组，分别为材料垃圾组（包括玻璃、磁性或非磁性金属、废纸、橡胶、塑料）、有机垃圾组（厨房垃圾、生物垃圾）、无机垃圾组（炉灰渣、砖瓦、陶瓷等）、有毒有害垃圾组（废旧电池、废荧光灯管、杀虫剂容器、过期药物、医疗废物以及废电视机、电话、电脑等废旧电器的电子垃圾）。在有些国家，垃圾收集和加工处理系统已经成为拥有现代化技术装备的重要工业部门。美、英、德、法、芬兰和瑞士等国，在垃圾分类收集都有着成功的经验，由居民从垃圾中分出玻璃、黑色金属、织物、废纸、纸板等物。为此，曾使用专用箱，内盛装有不同垃圾的箱子，也用过不同色别的垃圾袋等。不同成分的垃圾装入容器后，分别直接运往垃圾处理厂。

目前比较先进的收集和运输垃圾的方法是采用管道输送。例如巴塞罗那市的气动垃圾收运系统，该系统通过一个地下运送网络，把从遍布该市的垃圾投弃口收到的垃圾直接运送到一个处理和再循环中心。在瑞典、日本和美国，有的城市就是采用管道输送垃圾的，并已取消了部分垃圾车，这是最有前途的垃圾输送方法。利用气流系统，可将垃圾从多层住宅楼运出 20km 之外。

收集和输送垃圾的费用很大，发达国家目前已达到处理总费用的 80%左右。运输费用与填埋、销毁或处理厂的距离成正比，由于处理场必须与居民区保持足够的距离，就必然会增加运费。但应看到，今后若采取垃圾分选的方法，需焚烧或运往处理厂的垃圾数量必将大为减少，故运输费用会有降低的趋势。

## 2.1.2 固体废物的压实工程

### 1. 压实的目的、原理

压实又称压缩，它的原理是利用机械的方法增加固体废物的聚集程度，增大容重和减少表观体积的过程。其实质可以认为是消耗一定的压力能，提高废物容重的过程。

压实目的有二：一是增大容重和减小体积，便于装卸和运输，确保运输安全与卫生，降低运输成本，提高效率；二是制取高密度惰性块料，便于贮存，填埋或作建筑材料。无论可燃、不可燃或放射性废物都可压缩处理。

固体废物压实处理后，体积减小的程度叫压缩比。废物压缩比决定于废物的种类及施加的压力。一般压缩比为 3～5。同时采用破碎与压实两技术可使压缩比增加到 5～10。压缩比与固体废物的可塑性、弹性物质、可压缩性有关。有些弹性废物在解除压力后体积可能膨胀 20%～50%，而可塑性废物压实后可能不再恢复原状。因此，压实适合压缩性能大而复原性小的物质，如洗衣机、纤维、废金属细丝等，而木头、玻璃、金属块等已经很紧实的固体或者焦油、污泥等半固体废物不适合进行压实处理。

### 2. 压实设备与处理工艺流程

（1）设备

固体废物的压缩机有多种类型。以城市垃圾压缩机为例，小型的家用压缩机可安装在橱柜下面；大型的可以压缩整辆汽车，每日可压缩成千吨的垃圾。不论何种用途的压缩机，其构造主要由容器单元和压实单元两部分组成。容器单元接受废物；压实单元具有液压或气压操作之分，利用高压使废物致密化。压实器有固定及移动两种形式。移动式压实器一般安装在收集垃圾的车上，接受废物后即行压缩，随后送往处理处置场地。固定式压缩器一般设在废物转运站、高层住宅垃圾滑道底部以及其他需要压实废物的场合。按固体废物种类不同，它可分为金属类废物压实器和城市垃圾压实器两类。

1）金属类废物压实器。金属类废物压实器主要有三向联合式和回转式两种。

三向联合式压实器是适合于压实松散金属废物（图2.1）。它具有三个互相垂直的压头，金属等被置于容器单元内，而后依次启动1、2、3三个压头，逐渐使固体废物的空间体积缩小，容重增大，最终达到一定尺寸。压后尺寸一般在200～1000mm。

回转式压实器如图2.2所示。废物装入容器单元后，先按水平式压头1的方向压缩，然后按箭头的运动方向驱动旋动压头2，最后按水平压头3的运动方向将废物压至一定尺寸排出。

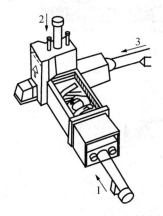

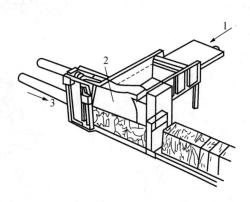

图2.1　三向联合压实器　　　　　　　　　图2.2　回转式压实器

2）城市垃圾压实器。高层住宅垃圾压实器工作的示意图如图2.3所示，图（a）为开始压缩，从滑道中落下的垃圾进入料斗。图（b）为压缩臂全部缩回处于起始状态，垃圾充入压缩室内。压臂全部伸展，垃圾被压入容器中，如图（c）所示，垃圾不断充入最后在容器中压实，将压实的垃圾装入袋内。

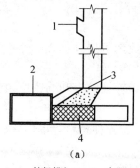
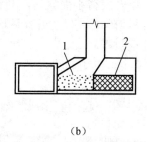
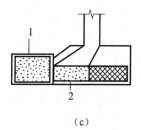

（a）　　　　　　　　　　　　　（b）　　　　　　　　　　　　　（c）

1. 垃圾投入口　2. 容器　　　　1. 垃圾　2. 压臂全部缩回　　　　1. 已压实的垃圾　2. 压臂
3. 垃圾　4. 压臂

图2.3　高层住宅垃圾压实器

城市垃圾压实器常采用与金属类废物压实器构造相似的三向联合式压实器及水平式压实器。其他装在垃圾收集车辆上的压实器、废纸包装机、塑料热压机等结构基本相似，原理相同。

（2）处理工艺流程

城市垃圾压缩处理工艺流程如图 2.4 所示。工艺流程分为倒入垃圾、压缩、推出贮存、再压缩、提升和装车等六个步骤，然后进入下一循环操作。将压实后的垃圾压缩块装入汽车集装箱运往垃圾填埋场。压缩污水经油水分离器进入活性污泥处理系统，处理水灭菌后排放。

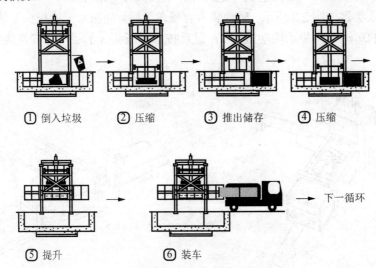

① 倒入垃圾　　② 压缩　　③ 推出储存　　④ 压缩

⑤ 提升　　⑥ 装车　　→ 下一循环

图 2.4　城市垃圾压缩处理工艺流程

## 2.1.3　固体废物的破碎

### 1. 破碎的目的、原理

固体废物破碎就是利用外力克服固体废物质点间的内聚力而使大块固体废物分裂成小块的过程。使小块固体废物颗粒分裂成细粉的过程称为磨碎。

固体废物经破碎和磨碎后，粒度变得小而均匀，其目的如下。

1）原来不均匀的固体废物经破碎或粉磨之后容易均匀一致，可提高焚烧、热解、熔烧、压缩等作业的稳定性和处理效率。

2）固体废物粉碎后假比重减少，容量减少，便于压缩、运输、贮存和高密度填埋和加速复土还原。

3）固体废物粉碎后，原来联生在一起的矿物或联结在一起的异种材料等单体分离，便于从中分选、拣选回收有价物质和材料。

4）防止粗大、锋利废物损坏分选、焚烧、热解等设备或炉腔。

5）为固体废物的下一步加工和资源化作准备。

在破碎过程中，原废物粒度与破碎产物粒度的比值称为破碎比。破碎比表示废物粒度在破碎过程中减少的倍数，也就是表征了废物被破碎的程度。破碎机的能量消耗和处理能力都与破碎比有关。一般破碎机的平均破碎比为 3～30；磨碎机破碎比可达 40～100 以上。破碎比的计算方法有以下两种。

（1）极限破碎比

$$i = \frac{废物破碎前最大粒度 D_{max}}{破碎产物最大粒度 d_{max}}$$

在工程设计中常被采用，根据最大物料直径来选择破碎机给料口的宽度。

（2）真实破碎比

$$i = \frac{废物破碎前平均粒度 D_{cp}}{破碎产物平均粒度 d_{cp}}$$

用该法确定的破碎比能较真实地反映破碎程度，在科研和理论研究中常被采用。

固体废物每经过一次破碎机或磨碎机称为一个破碎段。如若要求的破碎比不大，则一段破碎即可。但对有些固体废物的分选工艺，例如浮达、磁选而言，由于要求入料的粒度很细，破碎比很大，所以往往根据实际需要，将几台破碎机或磨碎机依次串联起来组成破碎流程，对固体废物进行多次（段）破碎，其总破碎比等于各段破碎比（$i_1$, $i_2$, …, $i_n$）的乘积。

破碎段数是决定破碎工艺流程的基本指标. 它主要取决于破碎废物的原始粒度和最终粒度。破碎段数越多，破碎流程就越复杂，工程投资相应增加。因此，如果条件允许的话，应尽量减少破碎段数。

**2. 破碎方法及处理工艺流程**

固体废物的破碎按原理通常有两类方法：物理方法和机械方法。

（1）物理方法

物理方法有低温冷冻粉碎、超声波粉碎法两种。后者目前还处于实验室或半工业性试验级阶段，低温冷冻破碎已用于废塑料及其制品、废橡胶及其制品、废电线（塑料橡胶被覆）等的破碎。

（2）机械方法

机械方法有挤压、劈裂、弯曲、冲击、磨剥、冲击和剪切破碎等方法（图 2.5）。

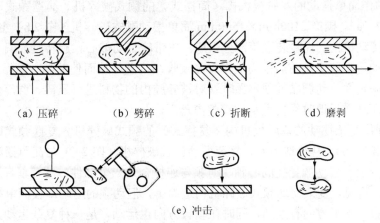

(a) 压碎　　(b) 劈碎　　(c) 折断　　(d) 磨剥

(e) 冲击

图 2.5　机械破碎方法

破碎方法的选择通常由固体废物的机械强度特别是废物的硬度而定。对于脆硬性废物，如各种废石和废渣等多采用挤压、劈裂、弯曲、冲击和磨剥破碎；对于柔硬性废物，如废钢铁、废汽车、废器材和废塑料等多采用冲击和剪切破碎。对于含有大量废纸的城市垃圾，近几年来有些国家已经采用半湿式和湿式破碎。对于一般粗大固体废物，往往不是直接将它们送下破碎机，而是先剪切，压缩成形状，再送入破碎机。

根据固体废物的性质、颗粒的大小、要求达到的破碎比来选择适宜的破碎机类型。图 2.6 为石料破碎处理工艺流程图。

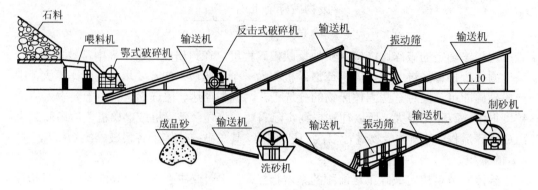

图 2.6　石料破碎处理工艺流程

### 3. 破碎设备

破碎固体废物常用的破碎机类型有颚式破碎机、锤式破碎机、冲击式破碎机、剪切式破碎机、辊式破碎机、磨机及特殊破碎设备等，下面分别进行介绍。

（1）颚式破碎机

颚式破碎机出现于 1858 年。它虽然是一种古老的破碎设备，但是由于具有构造简单、工作可靠、制造容易、维修方便等优点，所以至今仍获得广泛应用。它适用于坚硬和中硬废物的破碎。颚式破碎机通常都是按照可动颚板（动颚）的运动特性来进行分类的，工业中应用最广的主要有以下类型。

1）动颚作简单摆动的双肘板机构（简摆式）的颚式破碎机。简摆颚式破碎机基本构造见图 2.7（a）。国产 2100mm×1500mm 简单摆动颚式破碎机（图 2.8）主要由机架、工作机构、传动机构、保险装置等部分组成。皮带轮带动偏心轴旋转时，偏心顶点牵动连杆上下运动，也就牵动前后推力板作舒张及收缩运动，从而使动颚时而靠近固定颚，时而又离开固定颚。动颚靠近固定颚时就对破碎腔内的物料进行压碎、劈碎及折断。破碎后的物料在动颚后退时靠自重从破碎腔内落下。

2）动颚作复杂摆动的单肘板机构（复摆式）的颚式破碎机。复摆颚式破碎机的基本构造见图 2.7（b）。从构造上看，复杂摆动颚式破碎机（图 2.9）与简单摆动颚式破碎机的区别是少了一根动颚悬挂的心轴，动颚与连杆合为一个部件，没有垂直连杆，肘板也只有一块。可见，复杂摆动式破碎机构造简单，但动颚的运动却较简单摆颚式破碎机复杂，动颚在水平方向有摆动，同时在垂直方向也运动，是一种复杂运动，故称复杂摆动颚式破碎机。

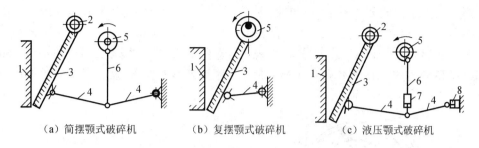

（a）简摆颚式破碎机　　　（b）复摆颚式破碎机　　　（c）液压颚式破碎机

图 2.7　颚式破碎机的主要类型

1. 固定颚板　2. 动颚悬挂轴　3. 可动颚板　4. 前（后）推力板　5. 偏心轴

6. 连杆　7. 连杆液压油缸　8. 调整液压油缺

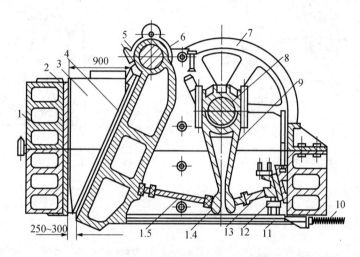

图 2.8　2100mm×1500mm 简单摆动颚式破碎机

1. 机架　2. 破碎齿板　3. 侧面衬板　4. 破碎齿板　5. 可动颚板　6. 心轴　7. 飞轮　8. 偏心轴　9. 连杆

10. 弹簧　11. 拉杆　12模块　13. 后推力板　14. 肘板支座　15. 前推力板

复杂摆动颚式破碎机的优点是破碎产品较细，破碎比大（一般可达 4～8，简摆只能达 3～6）。规格相同时，复摆型比简摆型破碎能力高 20%～30%。

3）液压颚式破碎机。液压颚式破碎机的基本结构见图 2.7（c）。

（2）冲击式破碎机

冲击式破碎机大多是旋转式，主要利用冲击作用进行破碎的。工作原理是：给入破碎机空间的物料块被绕中心轴高速旋转的转子猛烈冲击后，受到第一次破碎，然后从转子获得能量高速飞向坚硬的机壁，受到第二次破碎。在冲击过程中弹回的物料再次被转子击碎，难于破碎的物料被转子和固定板挟持而剪断。破碎产品由下部排出。

冲击式破碎机的主要类型有反击式破碎机、锤式破碎机和笼式破碎机。这三类破碎机的规格都是以转子的直径 $D$ 和长度 $L$ 表示的。下面介绍目前国内外应用较多的、适用于破碎各种固体废物的冲击式破碎机。

1）反击式破碎机。Hazemag 式反击式破碎机（图 2.10）装有两块反击板，形成两个破碎腔。转子上安装有两个坚硬的板锤。机体内表面装有特殊钢制衬板，用以保护机体不受损坏。固体废物从上部给入，在冲击和剪切作用下破碎。

　　该机主要用来破碎家具、器具、电视机、草垫等大型固体废物。处理能力为 50～60 m³/h，碎块为30cm。其也可用来破碎瓶类、罐头等不燃废物，处理能力 15～90 m³/h。

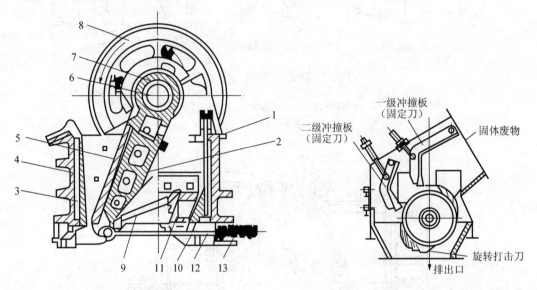

图 2.9　复杂摆动颚式破碎机　　　　　图 2.10　Hazemag 型冲击式破碎机

1. 机架　2. 可动颚板　3. 固定颚板　4、5. 破碎齿板
6. 偏心传动轴　7. 轴孔　8. 飞轮　9. 肘板　10. 调节楔
11. 楔块　12. 水平拉杆　13. 弹簧

　　2）锤式破碎机。锤式破碎机可分为单转子和双转子两种。单转子又分为可逆和不可逆式两种（图 2.11）。目前普遍采用可逆式单转子锤碎机。其工作原理是固体废物自上部给料口给入机内，立即遭受高速旋转的锤子的打击、冲击、剪切、研磨等作用而被破碎。锤子以铰链方式装在各圆盘之间的销轴上，可以在销轴上摆动。电动机带动主轴、圆盘、销轴及锤子以高速旋转。这个包括主轴、圆盘、销轴和锤子的部件称为转子。在转子的下部设有筛板，破碎物料中小于筛孔尺寸的细粒通过筛板排出；大于筛孔尺寸的粗粒被阻留在筛板上并继续受到锤子的打击和研磨，最后通过筛板排出。

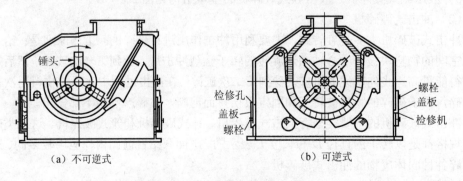

（a）不可逆式　　　　　　（b）可逆式

图 2.11　单转子锤式破碎机示意图

图 2.11（a）是不可逆式锤式破碎机，转子的转动方向如箭头所示。图 2.11（b）是可逆式锤式破碎机。转子首先向某一个方向转动。该方向的衬板、筛板和锤子端部就受到磨损。磨损到一定程度后，转子改为另一个方向旋转，利用锤子的另一端及另一个方向的衬板和筛板继续工作，从而连续工作的寿命几乎提高一倍。

锤子是破碎机的工作机件，通常用高锰钢或其他合金钢等制成。由于锤子前端磨损较快，设计时应考虑到锤子磨损后能上下或前后调头。目前专用于破碎固体废物的锤式破碎机有以下几种类型。

BJD 型普通锤式破碎机的构造图如图 2.12 所示。该机主要用于破碎废旧家具、厨房用具、床垫、电视机、冰箱、洗衣机等大型废物，可以破碎到 50mm 左右，不能破碎的废物从旁路排除。

BJD 型破碎金属切屑式破碎机的构造图如图 2.13 所示。经该机破碎后，金属切屑的松散体积减小 3～8 倍，便于运输至冶炼厂冶炼。锤子呈钩形，对金属切屑施加剪切、拉撕等作用而破碎。

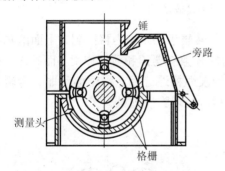

图 2.12　BJD 式普通大型废物破碎机

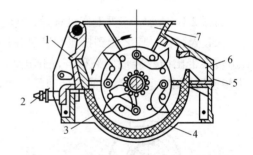

图 2.13　BJD 型破碎金属切屑的锤式破碎机

1. 衬板　2. 弹簧　3. 锤子　4. 筛条　5. 小门
6. 非破碎物收集区　7. 给料口

Hammer Mills 型锤式破碎机的构型如图 2.14 所示。机体由压缩机和锤碎机两部分组成。大型固体废物先经压缩机压缩，再给入锤碎机破碎。转子由大小两种锤子组成。大锤子磨损后可转用小锤子破碎。锤子铰接悬挂在绕中心旋转的转子上作高速旋转，转子半周下方装有筛板，筛板两端装有固定反击板起二次破碎和剪切作用。该机主要用于破碎废汽车等粗大固体废物。

Novorotor 型双转子锤式破碎机破碎机（图 2.15）具有两个旋转方向的转子，转子下方均装研磨板。物料自右方给料口送入机内，经右方转子破碎后排至左方破碎腔，经左方研磨板运动 3/4 圆周后借风力排至上部旋转式风力分级机，分级后的细粒产品自上方排出机外。粗粒产品返回破碎机再度破碎。该机破碎比可达 30。

（3）辊式破碎机

辊式破碎机又称对辊破碎机，具有结构简单、紧凑、轻便、工作可靠、价格低廉等优点，广泛用于处理脆性物料和含泥黏性物料，作为中、细碎之用。辊式破碎机的特点是能耗低、产品过度粉碎程度小、构造简单、工作可靠等。

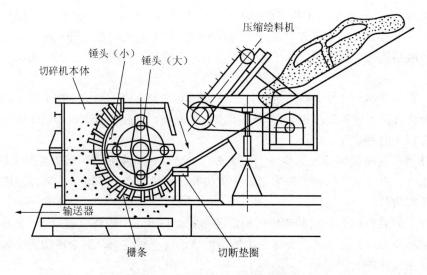

图 2.14　Hammer Mills 型锤式破碎机

如图 2.16 所示，该机工作过程是：旋转的工作转辊借助摩擦力将给到它上面的物料块拉入破碎腔内，使之受到挤压和磨剥作用（有时还兼有劈碎和剪切作用）而破碎，最后由转辊带出破碎腔成为破碎产品排出。按辊子表面构造分为光滑辊面和非光滑辊面（齿辊或沟槽辊）两大类，前者处理硬性物料；后者处理脆性物料。

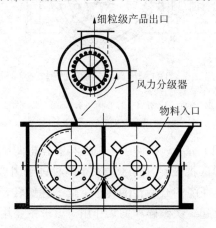

图 2.15　Novorotor 型双转子锤式破碎机

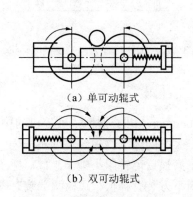

图 2.16　辊式破碎机示意图

图 2.17 为较常见的双辊式（光面）破碎机结构图，它由破碎辊、调整装置、弹簧保险装置、传动装置和机架等组成。

光滑辊面只能是双辊机，非光滑辊面者可以是单辊、双辊和三辊机。各种对辊机又可分为固定轴承、单可动和双可动轴承三种。前者因异物落入时易于破坏，现已不用；后者优点是机座不受破碎力的影响，但因构造复杂也不用。对辊机按两个辊的转速可分为快速（周速 4～7.5m/s）、慢速（周速 2～3m/s）和差速三种，其中快速的生产率高。辊式破碎机传动装置分单式传动和复式传动两种，规格用辊子直径 $D \times$ 长度 $L$ 表示。

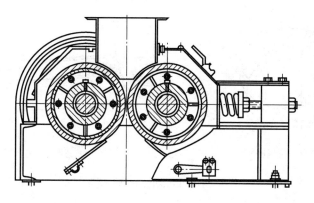

图 2.17　双辊式破碎机

（4）剪切式破碎机

这类破碎机安装固定刃和可动刃，可动刃又分为往复刃和回转刃，将固体废物剪切成段或块。

1）往复剪切破碎机。往复剪切破碎机结构构造见图 2.18，固定刃和可动刃通过下端活动铰轴连结，犹似一把无柄剪刀。开口时侧面呈 V 字形破碎腔，固体废物投入后，通过液压装置缓缓将活动刃推向固定刃，将固体废物剪成碎片（块）。该机由 7 片固定刃和 6 片活动刃构成，宽度为 30mm。由特殊钢制成，磨损后可以更换。液压油泵最高压力为 130kgf/cm$^2$，功率为 37kW，电压 220V，可将厚度达 200mm 的普通钢板剪至 30mm，其处理量为 80～150m$^3$/h（因废物种类而异），适用于城市垃圾焚烧厂的废物破碎。

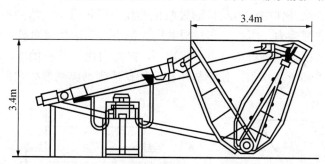

图 2.18　Von Roll 型往复剪切式破碎机

2）Lindemann 式剪切破碎机。如图 2.19 所示，该机分为预备压缩机和剪切机两部分。固体废物送入后先压缩，再剪切。预备压缩机通过一对钳形压块开闭将固体废物压缩。压块一端固定在机座上，另一端由液压杆推进或拉回。剪切机由送料器、压紧器和剪切刀片组成。送料将固体废物每向前推进一次，压块即将废物压紧定位，剪刀从上往下将废物剪断，如此往返工作。

3）旋转剪切破碎机。其结构构造示于图 2.20，该机由固定刃（1～2 片）和旋转刃（3～5 片）及投入装置等构成，固体废物在固定刃和旋转刃之间被剪断。该机的缺点是当混进硬度大的杂物时，易发生操作事故。

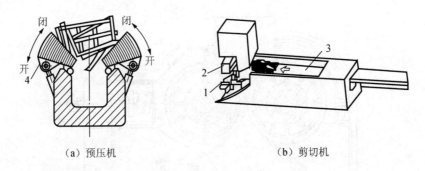

（a）预压机　　　　　　　　　　　（b）剪切机

图 2.19　Lindemann 破碎机

1. 夯锤　2. 刀具　3. 推料杆　4. 压块

（5）磨机

磨机在固体废物处理与利用中占有重要地位。磨机对废物有三个作用，即粉碎、混合均匀、制造大比表面积的粉末。例如，用煤矸石生产水泥、砖瓦、矸石棉、化肥和提取化工原料等，用钢渣生产水泥、砖瓦、化肥、溶剂以及对垃圾堆肥深加工等等过程都离不开磨机对固体废物的磨碎。磨机的种类很多，有球磨机、棒磨机、砾磨机、自磨机（无介质磨）等。常用主要有球磨机和自磨机两种。

图 2.21 是球磨机的构造示意图。其主要由圆柱形筒体、端盖、中空轴颈、轴承和传动大齿圈等部件组成。筒体内装有直径为 25～150mm 的钢球。筒体两端的中空轴颈有两个作用：一是起轴颈的支承作用，使球磨机全部重量经中空轴颈传给轴承和机座；二是起给料和排料的漏斗作用，电动机通过联轴器和小齿轮带动大齿圈和筒体缓缓转动。当筒体转动时，在摩擦力、离心力和衬板共同作用下，钢球和物料被衬板提升，当提升到一定高度后，在钢球和物料本身重力作用下，产生自由泻落和抛落，对筒体内底脚区内的物料产生冲击和研磨作用，使物料粉碎。物料达到磨碎细度要求后，由风机抽出。

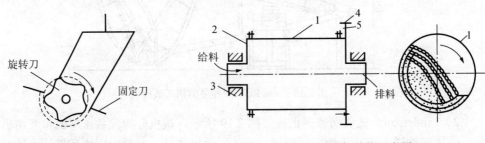

图 2.20　旋转剪切式破碎机　　　　　图 2.21　球磨机结构示意图

1. 筒体　2. 端盖　3. 轴承　4. 小齿轮　5. 传动大齿圈

自磨机又称无介质磨机，分干磨和湿磨两种。常用干磨机由给料斗、短筒体、传动部分和排料斗等组成。给料粒度一般为 300～400mm，一次磨细到 0.1mm 以下，破碎比可达 3000～4000，比球磨机等有介质磨机大数十倍。

（6）特殊破碎设备

对于一些常温下难以破碎的固体废物，如废轮胎、含纸垃圾等，常采用特殊设备和方法即低温破碎、湿式破碎和半湿式选择性破碎进行破碎。

1）低温（冷冻）破碎。对于在常温下难以破碎的固体废物，可利用其低温变脆的性能而有效地破碎，亦可利用不同的物质脆化温度的差异进行选择性破碎，即所谓低温破碎技术。低温破碎通常采用液氮作制冷剂。液氮具有制冷温度低、无毒、无爆炸危险等优点，但制冷液氮需耗用大量能源，故低温破碎对象仅限于常温难破碎的废物，如橡胶和塑料。

低温破碎的工艺流程如图 2.22 所示。将固体废物如钢丝胶管、塑料或橡胶包覆电线电缆、废家用电器等复合制品，先投入预冷装置，再进入浸没冷却装置，这样橡胶、塑料等易冷脆物质迅速脆化，之后送入高速冲击破碎机，使易脆物质脱落粉碎。破碎产物再进入各种分选设备进行分选。

低温破碎具有许多常温破碎所没有的优点如下。

① 低温破碎所需动力较低，仅为常温破碎的 1/4。

② 噪声约降低 7dB，振动减轻 1/5～1/4。

③ 由于同一材质破碎后黏度均匀，异质废物则有不同破碎尺寸，这便于进一步筛分，使复合材质的物料破碎后能得到较纯的材质更有利于其资源的回收。

④ 对于常温下极难破碎并且塑性极高的氟塑料废物，采用液氮低温破碎可获得碎块粉末。

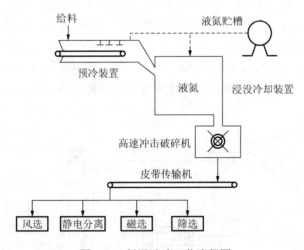

图 2.22　低温破碎工艺流程图

低温破碎处理工艺的应用。

① 塑料低温破碎。有关塑料低温破碎的研究成果可归纳如下：a. 各种塑料的脆化点 PVC 为 $-5\sim-20℃$，PE 为 $-95\sim-135℃$，PP 为 $0\sim-20℃$。b. 将塑料放在皮带运输机上，在装有隔热板的冷却槽内移动；从槽顶喷入液氮，4min 后温度降至 75℃；62min 后温度降至 $-167℃$。c. 采用仅具有拉伸、弯曲、压缩作用力的破碎机时，所需动力比常温破碎机要小得多。

② 从有色金属混合物等废物中回收铜、铝及锌的低温破碎。美国矿山局利用低温破碎技术，从废轮胎、有色金属混合物等固废中回收 Cu、Al。研究结果表明，对 25～

75mm 大小的混合金属采用液氮冷冻后冲击破碎（−72℃，1min），25mm 以下产物中可回收 97.2% 的铜，100%的铝（不含锌）；25mm 以上产物中可回收 2.8% 的铜、100%的锌（不含铝）。这些说明此法能进行选择性破碎分离。

　　③ 废汽车轮胎的低温破碎（图 2.23）。经皮带运输机送来的废轮胎采用穿孔机穿孔后，经喷洒式冷却装置预冷，再送浸没式冷却装置冷却。通过辊式破碎机破碎分离成"橡胶和夹丝布"与"车轮圆缘"两部分，然后送至安有磁选机的皮带运输机进行磁选。前者经锤碎机二次破碎后送筛选机分离成不同粒度至再生利用工序。

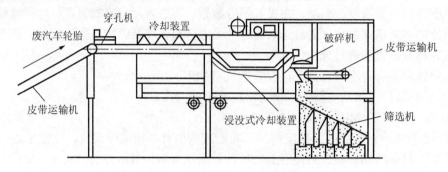

图 2.23　汽车轮胎低温破碎装置

　　2）湿式破碎。美国 Franklin 市和日本东京都久留米市已安装了湿式破碎机，从城市垃圾中回收纸浆。图 2.24 为湿式破碎机。垃圾用传送带给入湿式破碎机，破碎机于圆形槽底上安装多孔筛，筛上设有 6 个刀片的旋转破碎棍，使投入的垃圾和水一起激烈回旋，废纸则破碎成浆状，通过筛孔落入筛下由底部排出，难以破碎的筛上物（如金属等）从破碎机侧口排出，再用斗式提升机送至装有磁选器的皮带运输机，以便将铁与非铁物质分离。

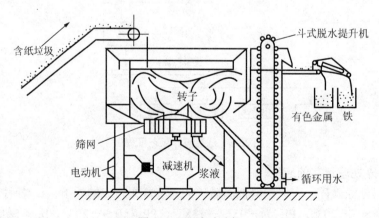

图 2.24　湿式破碎机

湿式破碎的特点归纳如下。

① 使含纸垃圾变成均质浆状物，可按流体处理。

② 不会孳生蚊蝇和恶臭，卫生条件好。

③ 不会产生噪声、发热和爆炸的危险性。

④ 脱水有机残渣、质量、粒度大小和水分等变化小。

⑤ 在化学物质、纸和纸浆、矿物等处理中均可使用，但更适用于回收垃圾中的纸纤维、玻璃、铁和有色金属。

⑥ 剩余泥土等可作堆肥。

3）半湿式选择性破碎分选。这是一种破碎和分选同时进行的分选技术。它利用各种不同物质在一定均匀湿度下，因其强度、脆性（耐冲击性、耐压缩性、耐剪切力）不同而破碎成不同粒度的原理来分选不同物质。图 2.25 是半湿式选择性破碎分选装置系统示意图。

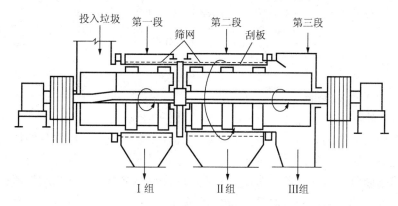

图 2.25　半湿式选择破碎分选机

半湿式选择性分选装置由一两段不同筛孔的外旋转圆筒筛和圆筒筛内与之反向旋转的破碎板组成。垃圾给入圆筒筛首部，并沿筛壁上升而后在重力作用下落下，同时被反向旋转的破碎板撞击，从而垃圾中脆性物质如玻璃、陶器、瓦片、厨房垃圾等被破碎成细片状，通过第一段筛壁筛孔排出，进一步经分选机将厨房垃圾与玻片等物质分开。剩余垃圾进入第 2 片筛段，此时喷射水分，中等粒度的纸类变成浆状从第 2 片筛段孔排出，从而回收纸浆。粒度最大的纤维类、竹木类、橡胶、皮革、金属等类物质从终端排出，再进入比重分选装置，按比重分为金属类，纤维、竹木、橡胶、皮革类和塑料膜三大类。这些类别的物质还可以进一步分选，例如利用磁选从金属类中分出铁等。

综观上述六大类破碎机械的特点可知，选择固体废物破碎设备类型时，必须综合考虑下列因素：所需要的破碎能力；固体废物的性质（如破碎特性、机械强度、硬度、密度、形状、含水率等）和颗粒的大小；对破碎产品粒径大小、粒度组成、形状的要求；供料方式。

## 2.1.4　固体废物的分选

固体废物分选，就是把固体废物中可回收利用的或不利于后续处理、处置工艺要求的物料用人工或机械的方法分门别类地分离出来的过程。这是固体废物处理工程中重要的处理环节之一。根据物料的物理性质或化学性质（包括粒度、密度、重力、磁性、电性、弹性、表面湿润性等），分别采用不同的分选方法，包括筛分、重力分选、磁选、电选、光电分选、摩擦与弹性分选、浮选以及最简单有效的人工分选等。

1. 筛分

（1）筛分原理及筛分效率

筛分是利用筛子将物料中小于筛孔的细粒物料透过筛面，而大于筛孔的粗粒物料留在筛面上，完成粗、细料分离的过程。该分离过程可看作是物料分层和细粒透筛两个阶段组成的。物料分层是完成分离的条件，细粒透筛是分离的目的。

由于筛分过程较复杂，影响筛分质量的因素也多种多样，通常用筛分效率来描述筛分过程的优劣。筛分效率是指筛分时实际得到的筛下产物的重量与原料中所含料度小于筛孔尺寸的物料的重量比。筛分效率 $E$ 的简易表达式为

$$E=\frac{Q}{Q_0\alpha}\times100\%$$

式中，$Q$ 为筛下物重量；

$Q_0$ 为入筛原料重量；

$\alpha$ 为原料中小于筛孔尺寸的颗料重量的百分含量。

影响筛分效率的因素很多，主要包括：入筛物料的性质，包括物料的粒度状态，含水量和含泥量及颗粒形状；筛分设备的运动特征；筛面结构，包括筛网类型及筛网的有效面积、筛面倾角；筛分设备防堵挂、缠绕及使物料沿筛面均匀分布的性能；筛分操作条件，包括连续均匀给料、及时清理与维修筛面等。

（2）筛分设备

在固体废物处理中最常用的筛分设备有以下几种类型。

1）固定筛。筛面由许多平行排列的筛条组成，可以水平安装或倾斜安装，由于构造简单、不耗动力、设备费用低和维修方便，故在固体废物处理中被广泛应用。其缺点是易于堵塞。

① 格筛。格筛一般安装在粗碎机之前，以保证入料块度适宜。

② 棒条筛。棒条筛（图 2.26）主要用于粗碎和中碎之前，筛条用长方形的筛框固定成筛体，安装倾角应大于废物对筛面的摩擦角，一般为 30°～35°，以保证废物沿筛面下滑。棒条筛孔尺寸为要求筛下粒度的 1.1～1.2 倍，一般筛孔尺寸不小于 50mm。筛条宽度应大于固体废物中最大块度的 2.5 倍。该筛适用于筛分粒度大于 50mm 的粗粒废物。

棒条筛的规格用筛子的长度×宽度表示，宽度应大于最大粒度的 2.5～3 倍，长度应为宽度的 2～3 倍，筛孔尺寸应为碎矿机给矿口的 0.8～0.85 倍，同时应根据碎矿机的规格及型号确定。棒条筛的筛分效率较低，处理黏性含水量较高时易堵塞，操作时劳动强度大。

2）辊筒筛。辊筒筛亦叫转筒筛，这是一种特制的筛（图2.27）。筛面为带孔的圆柱形筒体。在传动装置带动下，筛筒绕轴缓缓旋转。为使废物在筒内沿轴线方向前进，筛筒的轴线应倾斜 3°～5° 安装。固体废物由筛筒一端给入，被旋转的筒体带起，当达到一定高度后因重力作用自行落下，如此不断地做起落运动，使小于筛孔尺寸的细粒透筛，而筛上产品则逐渐移到筛的另一端排出。

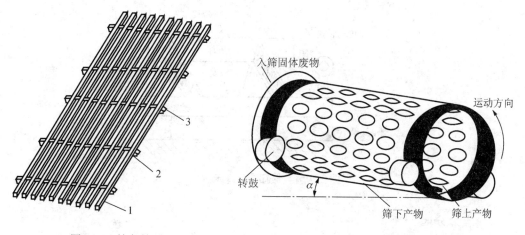

图 2.26　棒条筛

图 2.27　辊筒筛结构示意图

1. 格条　2. 垫圈　3. 横杆

3）惯性振动筛。惯性振动筛是通过由不平衡物体的旋转所产生的离心惯性力使筛箱产生振动的一种筛子，其构造及工作原理见图 2.28。惯性振动筛适用细粒废物（0.1～0.15mm）的筛分，也可用于潮湿及黏性废物的筛分。

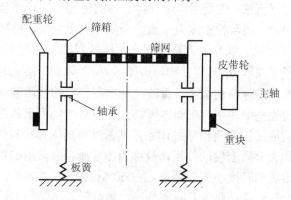

图 2.28　SZ 型惯性振动筛构造及工作原理示意图

4）共振筛。共振筛是利用连杆装有弹簧的曲柄连杆机构驱动，使筛子在共振态下进行筛分。其构造及原理如图 2.29 所示。筛箱、弹簧及下机体组成一个弹性系统，该弹性系统固有的自振频率与传动装置的强迫振动频率接近或相同时，使筛子在共振状态下筛分。

共振筛的工作过程是筛箱的动能和弹簧的位能相互转化的过程。在每次振动中，只需要补充为克服阻尼的能量，就能维持筛子的连续振动。这种筛子虽大，但功率消耗却很小。共振筛具有处理能力大、筛分效率高、耗电少以及结构紧凑等优点，是一种有发展前途的筛子，但其制造工艺复杂，机体笨重、橡胶弹簧易老化。共振筛的应用很广，适用于废物中细粒的筛分，还可用于废物分选作业的脱水、脱重介质和脱泥筛分等。

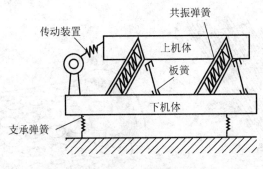

图 2.29　共振筛的原理示意图

## 2. 重力分选

重力分选是根据固体废物在介质中的比重差（或密度差）进行分选的一种方法。它利用不同物质颗粒间的密度差异，在运动介质中受到重力、介质动力和机械力的作用，使颗粒群产生松散分层和迁移分离，从而得到不同密度产品。按介质不同，重力分选可分为重介质分选、跳汰分选、风力分选和摇床分选等。

（1）重介质分选

重介质分选又称浮沉法，主要适用于几种固体的密度差别较小及难以用跳汰法等其他分离技术分选的场合。通常将密度大于水的介质称为重介质，包括重液和重悬浮液两种流体。重介质密度一般应该介于大密度和小密度颗粒之间。即重介质密度（ $\rho_C$ ）介于固体废物中轻物料密度（ $\rho_L$ ）和重物料密度（ $\rho_W$ ）之间，即 $\rho_L < \rho_C < \rho_W$ 。

重介质分为重液和悬浮液两大类。重液是一些高密度的盐溶液或者有机液体，重液价格昂贵，只能在实验室中使用。在固体废物分选中只能使用重悬浮液：在水中添加高密度的固体颗粒而构成的固液两相分散体系，其密度可随固体颗粒的种类和含量使用。高密度固体微粒起加大介质密度的作用，故称为加重质。最常用的加重质有硅铁、磁铁矿等。一般要求加重质的粒度小于 200 目，占 60%～90%，能够均匀分散于水中，容积浓度一般为 10%～15%。重介质应具有密度高、黏度低、化学稳定性好（不与处理的废物发生化学反应）、无毒、无腐蚀性、易回收再生等特性。目前较常用的是鼓形重介质分选机，其构造和原理如图 2.30 所示。

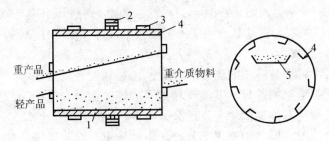

图 2.30　重介质分选机结构和原理示意图

1. 圆筒形转鼓　2. 大齿轮　3. 辊轮　4. 扬板　5. 溜槽

该设备外形是一圆筒转鼓，由四个辊轮支撑，通过圆筒腰间的大齿轮由传动装置带动旋转（转速 2 r/min）。在圆筒的内壁沿纵向设有扬板，用以提升重产物到溜槽内。圆筒水平安装。固体废物和重介质一起由圆筒一端给入，在向另一端流动过程中，密度大于重介质的颗粒沉于槽底，由扬板提升落入溜槽内，被排出槽外成为重产物；密度小于重介质的颗粒随重介质流入圆筒溢流口排出成为轻产物。鼓形重介质分选机适用于分离粒度较粗（40~60mm）的固体废物。具有结构简单、紧凑，便于操作，分选机内密度分布均匀，动力消耗低等优点。缺点是轻重产物量调节不方便。此外还有深槽式、浅槽式、振动式、离心式分选机等可用于重介质分选。

（2）跳汰分选

跳汰分选是在垂直变速介质流中按密度分选固体废物的一种方法。它使磨细的混合废物中的不同密度的粒子群，在垂直脉动运动介质中按密度分层，小密度的颗粒群位于上层，大密度的颗粒群（重质组分）位于下层，从而实现物料分离（图 2.31）。在生产过程中，原料不断地送进跳汰装置，轻重物质不断分离并被淘汰掉，这样可形成连续不断的跳汰过程。跳汰介质可以是水或空气。目前用于固体废物分选的介质都是水。

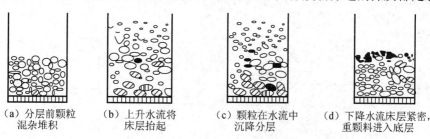

（a）分层前颗粒　　（b）上升水流将　　（c）颗粒在水流中　　（d）下降水流床层紧密，
　混杂堆积　　　　床层抬起　　　　沉降分层　　　　重颗料进入底层

图 2.31　颗料在跳汰时的分层过程

跳汰分选设备按推动水流运动方式分为隔膜跳汰机和无活塞跳汰机两种（图 2.32）。隔膜跳汰机是利用偏心连杆机构带动橡胶隔膜作往复运动、借以推动水流在跳汰室内作脉冲运动。无活塞跳汰机采用压缩空气推动，跳汰分选主要用于混合金属的分离与回收。

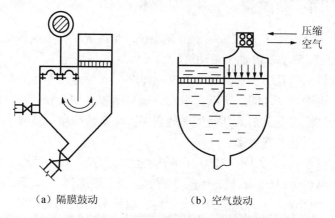

（a）隔膜鼓动　　　　　（b）空气鼓动

图 2.32　跳汰机中推动水流运动的方式

（3）风力分选

风力分选简称风选，又称气流分选，是以空气为分选介质，在气流作用下使固体废物颗粒按密度和粒度大小进行分选。风选实质上包含两个分离过程：分离出具有低密度、空气阻力大的轻质部分（提取物）和具有高密度、空气阻力小的重质部分（排出物）；进一步将轻颗粒从气流中分离出来。后一分离步骤常由旋流器完成，与除尘原理相似。

固体颗粒在静止的介质中的沉降速度主要取决于自身所受的重力和介质的阻力。不同密度、粒度和形状的颗粒在介质中运动时，所受阻力的大小是不相同的，因此不同颗粒在介质中自由下落的速度也是不同的。这就是重力分选所依据的理论基础。

风力分选装置在国外的垃圾处理系统已得到广泛的应用，按照工作气流的主流向可将它们分为水平、垂直和倾斜三种类型，其中尤以垂直气流分选应用最为广泛。

1）水平气流风选机。图 2.33 为水平气流分选机的构造和工作原理示意图。该机从侧面送风，固体废物经破碎机破碎和圆筒筛筛分使其粒度均匀后，定量给入机内，当废物在机内下落时，被鼓风机鼓入的水平气流吹散，固体废物中各种组分沿着不同运动轨迹分别落入重质组分、中重质组分和轻质组分收集槽中。有经验表明，水平气流分选机的最佳风速为 20m/s。水平气流分选机构造简单，维修方便，但分选精度不高。一般很少单独使用，常与破碎、筛分、立式风力分选机组成联合处理工艺。

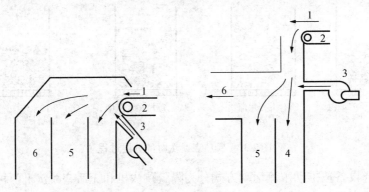

图 2.33　水平气流风选机结构流向示意图

1. 给料　2. 给料机　3. 空气　4. 重颗粒　5. 中等颗粒　6. 轻颗粒

图 2.34 为此种水平装置中较成功的分离系统。此系统获得了美国专利。该分离器设有粉碎机 2，其破碎转子 3 由轴 1 带动旋转。破碎后的垃圾落入气流工作室内。水平气流使金属等重物料和较轻的物料分别落入 9、8、7 三条输送皮带上。6、10 为导料板，用以防止垃圾掉到输送带之间。废纸、织物、塑料薄膜及细灰粒等被气流带入管 5，并在风机 4 产生的气流推动下带入其他处理装置中。此系统简单、紧凑，工作室内没有活动部件，但却有较高的分选效率。

2）垂直气流风选机。如图 2.35 所示的两种结构形式，其两种形式的主要区别就在于垂直风道一为锯齿形，一为直筒形（也可是由下至上渐缩形的）。图 2.36 是图 2.35（b）所示锯齿形风道垂直气流分离装置的一个实例。进入装置的物料粒度为 100mm 的生活垃圾。该装置的立式分离竖井 4 为短形截面，上下端敞开，作进排风口。在分离竖井 4 的一侧为轻质组收集室 9，9 室的下端被 13 密封，上端装有风机 12，分离器中的气流由竖井 4 下端流入，从上端 5 经 9 室和网 8，最后进 12 而流出。原料约在立柱高度的一半处，由旋转式送料器 3 沿斜槽 2 投入垂直上升气流中。为了阻滞上升气流和投入的物料，保证空气和物料相对井壁的循环和形成涡流，分离井内装有与柱壁成 45° 的若干反射板 1。被气流带起的物料离开口 5 时，又与上壁 6 和装在室 9 内的反射板 7 相遇而改变方向。同时由于气流由狭窄的分离井进入大空间的收集室 9 的过程中流速减低，轻质组分落入料斗 10 并经闸板 11 卸出。废空气则经格栅 8 而流到风机。

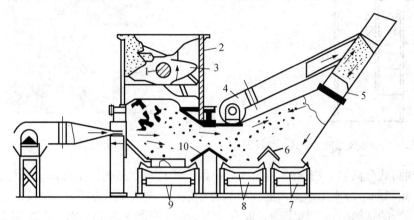

图 2.34　美国水平气流风选机分离系统

图 2.35（a）的一个应用实例如图 2.37 所示。这是一种获得美国专利的立式多段垃圾风力分选装置。垃圾投入料斗 2 后，再由带叶片 4 的输送机 3 投入垂直分室 5。由风机 1 产生的气流将轻质物料升起，并进入渐缩通道 6。垃圾从窄颈部 8 进入第一分离柱 7，利用风机 13 由下面生成的上升气流进行轻质物料的第一次分离。在分离柱 7 中轻质组分再被托起，经缩颈部 9 进入第二分离柱 10，进行第二次分离。重质组分则经栅格 12、11 落到集料斗中，由输送机输出。分离柱的数量可根据物料所需分离的纯度而定。这种分离器和其他立式分离器相比，不仅效率高，且操作最为简便。

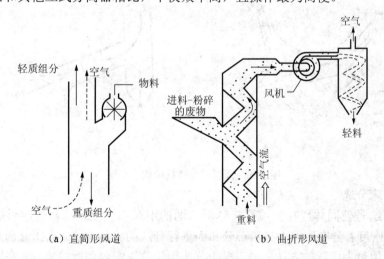

（a）直筒形风道　　　　　　　　　（b）曲折形风道

图 2.35　立式风力分选机

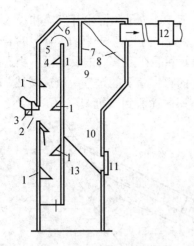
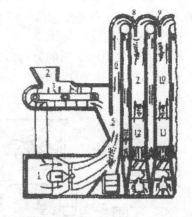

图 2.36　曲折形风选机（立式）结构图　　　图 2.37　美国立式多段垃圾风力分选机

3）倾斜式分离器。图 2.38 为此种分离器的两种典型结构的示意图。两种装置的工作室都是倾斜的，为使工作室内的物料保持松散状，并使其中的重质组分较易排出，在图 2.38（a）的结构中，工作室的底板有较大倾角，且处于振动状态。而在图 2.38（b）的结构中，工作室为一种倾斜的辊筒。倾斜式分离器既有垂直分离的一些特色，又具有水平分离器的某些特点。图 2.39 是一种倾斜气体分离器的实例。该种风力分选装置用于分离破碎粒度为 50mm 以下的垃圾。原料沿导管 1、2、3、4 落入工作室 5 中，工作室底板 6 向分离柱 7 倾斜 5°～10°，主风机 12 和辅风机 11 产生的气流使垃圾工作室内抛散开。风机 9 的功用在调节分离器内的气流速度，使一部分物料返回工作室进行再次分选。轻质组分被气流由室 8 带入旋风分离器，而重质组分则落到输送机 10 上，再排出后作进一步处理。

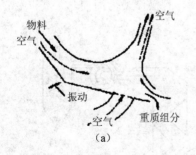
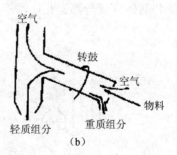

图 2.38　倾斜式分选机结构示意图

（4）摇床分选

摇床分选是使固体废物颗粒群在倾斜床面的不对称往复运动和薄层斜面水流的综合作用，按密度差异在床面上呈扇形分布而进行分选的一种方法。摇床分选是细粒固体物料分选应用最为广泛的方法之一。摇床分选用于分选细粒和微粒物料。在固体废物处理中，目前主要用于从含硫铁矿较多的煤矸石中回收硫铁矿，这是一种分选精度很高的单元操作。

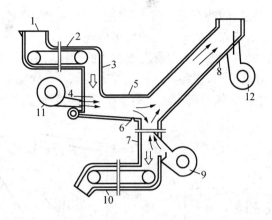

图 2.39 倾斜式风力分选机结构图

摇床分选的运行原理与跳汰分选相似，目的也是使颗粒群按密度松散分层后，沿不同方向排出实现分离。该分选法按密度不同分选颗粒，但粒度和形状亦影响分选的精确性。入摇床之前，需将物料用水力分级机分级，然后对多粒级单独选剔。

在摇床分选设备中最常用的是平面摇床。平面摇床主要由床面、床头和传动机构组成，图 2.40 是其结构示意图。床面近似长方形，微向轻产物排出端倾斜；床面上钉有或刻有沟槽。由给水槽 2 给入的洗水沿倾斜方向成薄层流过。传动机构使床面作往复不对称运动。当物料送入给料槽 3 时，在水流和摇动作用下，不同密度的颗粒在床面上呈扇形分布，从而达到分选的目的。

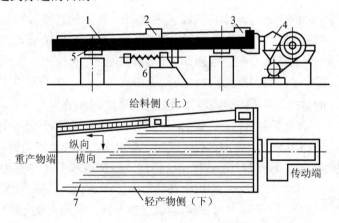

图 2.40 摇床结构示意图

1. 床面 2. 给水槽 3. 床头 4. 给料槽 5. 滑动支承 6. 弹簧 7. 床条

固体颗粒在摇床床面上有两个方向的运动，在流水水流作用下沿床面倾斜方向运动；在往复不对称运动作用下，由传动端向重产物排出端的运动。颗粒的最终运动速度为上述两个方向的运动速度的向量和。

床面上的沟槽对摇床和分选起着重要作用。颗粒在沟槽内成多层分布，不仅使摇床的生产率加大，同时使呈多层分布的颗粒在摇动下产生析离，即密度大而粒度小的颗粒钻过密度轻而粒度大的颗粒间的空隙，沉入最底层，这种作用称为析离（图 2.41）。析离分层是摇床分选的重要特点。水流在沟槽中形成涡流，对于冲洗出大密度颗粒层内的粒度小而密度小的颗粒是有利的。不同密度与粒度的颗粒以不同的速度沿床面做纵向和横向运动。它们的合速度偏离方向各异。使不同密度颗粒在床面上呈扇形分布，达到分离的目的（图 2.42）。不同的颗粒在床面上的偏离方向相差愈大，则颗粒分离得愈完全。

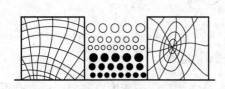

图 2.41　沟槽中析离分层结果示意图

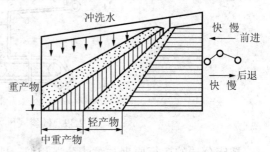

图 2.42　不同性质颗粒在床面上分离的示意图

### 3. 磁力分选

固体废物的磁力分选（简称磁选）是借助磁选设备产生的磁场使铁磁物质组分分离的一种方法。在固体废物的处理系统中，磁选主要用作回收或富集黑色金属，或是在某些工艺中用以排除物料中的铁质物质。固体废物可依其磁性分为强磁性、中磁性、弱磁性和非磁性等组分。

磁选过程（图 2.43）是将固体废物输入磁选机，其中的磁性颗粒在不均匀磁场作用下被磁化，受到磁场吸引力的作用。除此之外，所有穿过分选装置的颗粒，都受到诸如重力、流动阻力、摩擦力、静电力和惯性力等机械力的作用。若磁性颗粒受力满足 $f_磁 > \sum f_机$（其中 $f_磁$ 为作用于磁性颗粒的吸引力，$\sum f_机$ 为与磁性引力方向相反的各机械力的合力）的条件，则该磁性颗粒就会沿磁场强度增加的方向移动直至被吸附在辊筒或带式收集器上，而后随着传输带运动而被排出。非磁性颗粒所受到的机械力占优势。对于粗粒，重力、摩擦力起主要作用；对于细粒，静电引力和流体阻力则较明显，在这些力作用下，它们仍会留在废物中而不被排出。因此，磁选是基于废物各组分的磁性差异，作用于各种颗粒上的磁力和机械力的合力不同，使它们的运动轨迹也不同，从而实现分选作业。

目前在废物处理系统中最常用的磁选设备是辊筒式磁选机、悬吸式磁选机和 CTN 型永磁圆筒式磁选机等。

（1）辊筒式磁选机

此类磁选机主要由磁辊筒和输送皮带组成。磁辊筒还分为永磁磁辊筒和电磁磁辊筒两类。图 2.44 为永磁磁辊筒的结构简图。辊筒由永磁块、不导磁材料做成的辊筒壳、磁导板、铝环、皮带及磁性物

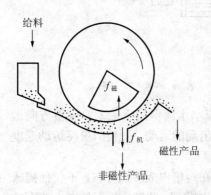

图 2.43　颗粒在磁选机中的分离示意图

料分隔挡板等组成。电磁辊筒的磁力可通过调节激磁线圈电流的大小来加以控制，这也是电磁辊筒的主要优点，但电磁辊筒的价格却高出永磁辊筒许多，因此较少应用。

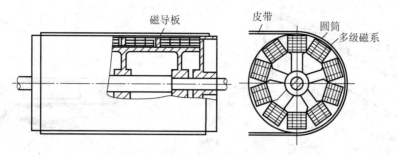

图 2.44　永磁磁辊筒结构示意图

　　两种辊筒的工作过程是相似的，如图 2.45 所示是辊筒磁选机的一种工作方式，用磁辊筒作为皮带输送机的驱动辊筒。当皮带上的混合垃圾通过磁辊筒时，非磁性物料在重力及惯性力的作用下，被抛落到辊筒的前方，而铁磁物质则在磁力作用下被吸附到皮带上，并随皮带一起继续向前运动。当铁磁物质转到辊筒下方逐渐远离辊筒时，磁力也将逐渐减小，这时就可能出现这样一些情况：若铁块较大，在重力和惯性力的作用下就可能脱开皮带而落下；但若铁磁物质颗粒较小，且平皮带上无阻滞条或隔板，则铁颗粒就可能又被磁辊筒吸回。这样，颗粒就可能在辊筒下面相对于皮带作来回的往复运动，以至在辊筒的下部集存大量的铁磁物质而不下落。此时可切断激磁线圈电流，去磁后而使磁铁物质下落，或在平皮带上加上阻滞条或隔离板，使铁磁物质能顺利地落入预定的收集区。

　　（2）悬吸式磁力分选机

　　悬吸式磁选机主要用于除去城市垃圾中的铁器，保护破碎设备及其他设备免受损坏，它有一般式除铁器和悬挂带式磁选机两种类型。

　　图 2.46 为悬挂带式磁选机的工作原理示意图。在垃圾输送带的上方，离被分选的物料的一定高度上（通常 500mm）悬挂一大型固定磁铁（永磁铁或电磁铁），并如图所示配有一传送带。当垃圾通过固定磁铁下方时，磁性物质就被吸附在此传送带上，并随同此带一起运动。磁性物质被送到小磁性区时，自动脱落，从而可实现铁磁物质的回收。当铁物数量少时采用一般式除铁器，当铁物数量多时采用带式除铁器。这类磁选机的给料是通过传送带将废物颗粒输送穿过有较大梯度的磁场，其中铁器等黑色金属被磁选器悬吸引，而弱磁性产品不被吸引。一般式除铁器为间断式工作，通过切断电磁铁的电流排除铁物。而带式除铁器为连续工作式。磁性材料产品被悬吸至弱磁场处收集，非磁性产品则直接由传送带端部落入集料斗，如图 2.47 所示。

　　（3）CTN 型永磁圆筒式磁选机

　　CTN 型永磁圆筒式磁选机的构造型式为逆流型（图 2.48）。给料方向和圆筒旋转方向或磁性物质的移动方向相反。物料由给料箱直接进入圆筒的磁系下方，非磁性物质由磁系左边下方的底板上排料口排出。磁性物质随圆筒逆着给料方向移到磁性物质排料端，排入磁性物质收集槽中。这种设备适用于粒度小于等于 0.6mm 强磁性颗粒的回收及从钢铁冶炼排出的含铁尘泥和氧化铁皮中回收铁，以及回收重介质分选产品中的加重质。

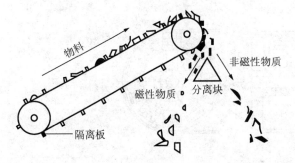

图 2.45　辊筒磁选机分选工作示意图

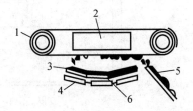

图 2.46　悬挂式磁力分选机工作原理图

1. 传动皮带　2. 悬挂式固定磁铁　3. 传送带
4. 滚轴　5. 金属物　6. 来自破碎机的固体废物

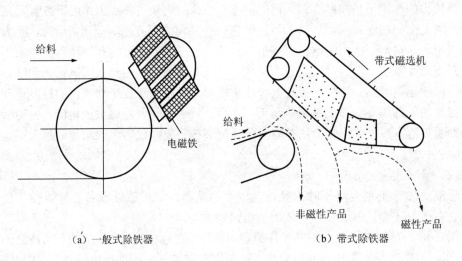

（a）一般式除铁器　　　　　　（b）带式除铁器

图 2.47　悬吸式磁选机

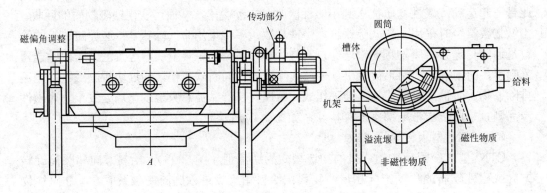

图 2.48　CTN 型永磁圆筒式磁选机

近年来发展了一种新的磁力分选方法磁流体分选法。磁流体分选（MHS）是利用磁流体作为分选介质，它在磁场或磁场和电场的联合作用下产生"加重"作用，按固体废物各组分的磁性和密度的差异或磁性、导电性和密度的差异，使不同组分分离。当固体废物中各组分间的磁性差异小而密度或导电性差异较大时，采用磁流体可有效地进行分离。

所谓磁流体是指某种能够在磁场或磁场和电场联合作用下磁化、呈现似加重现象，并对颗料产生磁浮力作用的稳定分散液。磁流体通常采用强电解质溶液、顺磁性溶液和铁磁性胶体悬浮液。理想的分选介质应具有磁化率高、密度大、黏度低、稳定性好、无毒无刺激味、无色透明、价廉易得等特殊条件。根据分选原理和介质的不同，可分为磁流体动力分选和静力分选两种。当要求分选精度高时采用静力分选，固体废物中各组分间电导率差异大时，采用动力分选。磁流体分选目前在美、日、德、俄罗斯等国已得到了广泛应用。它不仅可分选各种工业废物，而且还可从城市垃圾灰中分离出 Al、Cu、Zn、Pb 等金属。

### 4. 电力分选

电力分选简称电选，是利用固体废物中各种组分在高压电场中电性的差异而实现分选的一种方法。物质根据其导电性，分为导体、半导体和非导体三种，大多数固体废物属于半导体和非导体，因此，电选实际是分离半导体和非导体的固体废物的过程。

电选分离过程是在电选设备中进行的。按电场特征主要分为：静电分选机和复合电场分选机两种。

（1）静电分选技术及应用

静电分选机中废物的带电方式为直接传导带电。废物直接与传导电极接触，导电性好的废物将获得和电极极性相同的电荷而被排斥，导电性差的废物或非导体与带电辊筒接触被极化。在靠近辊筒一端产生相反的束缚电荷被辊筒吸引，从而实现不同电性的废物分离，如可用于各种塑料、橡胶和纤维纸、合成皮革、胶卷、玻璃与金属的分离。

图 2.49 为分离玻璃和铝粒的静电分离器的示意图，此装置是美国一种专利设备，分选颗粒的料度为 20mm 以下。其工作过程为：含铝和废玻璃的物料从料斗通过振动给料器送到以 10 r/min 速度旋转的接地擦筒表面上。电极与辊筒水平轴线成锐角安装。电极形成的集中的狭弧状强烈放电和高压静电场，电极电压达 20～30 kV。混合颗粒一旦进入高电场区，即受静电放电作用。导电弱的玻璃颗粒附在辊筒表面，并在玻璃集料斗区内离开辊筒，而导电强的铝（也可是其他金属）颗粒则对接地辊筒放电，落入相应的集料斗内。利用这种装置可清除玻璃中所含金属杂质的 70%。

（2）复合电场分选技术及应用

废物颗粒在电晕——静电复合电场电选设备中的分离过程如图 2.50 所示。废物由给料斗均匀地给入辊筒上，随着辊筒的旋转进入电晕电场区。由于电场区空间带有电，导体和非导体颗粒都获得负电荷，导体颗粒一面荷电，一面把电荷传给辊筒（接地电极），其放电速度快。因此，当废物颗粒随辊筒旋转离开电晕电场区而进入静电场区时，导体颗粒的剩余电荷少，而非导体颗粒则因放电较慢，致使剩余电荷多。导体颗粒进入静电场后不再继续获得负电荷，但仍继续放电，直至放完全部负电荷，并从辊筒上得到正电荷而被辊筒排斥，在电力、离心力和重力分力的综合作用下，其运动轨迹偏离辊筒，而在辊筒前方落下。非导体颗粒由于有较多的剩余负电荷，将与辊筒相吸，被吸附在辊筒下，带到辊筒后方，被毛刷强制刷下；半导体颗粒的运动轨迹则介于导体与非导体颗粒之间，成为半导体产品落下，从而完成电选分离过程。

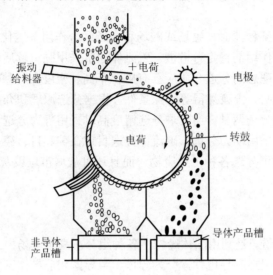

图 2.49　静电鼓式分选机示意图

　　YD-4 型高压电选机的构造如图 2.51 所示。该机特点是具有较宽的电晕场区，特殊的下料装置和防积灰漏电措施。整机密封性能好，采用双筒并列式，结构合理、紧凑，处理能力大、效率高，可作为粉煤灰专用设备。将粉煤灰均匀给到旋转接地辊筒上，带入电晕电场后，炭粒由于导电性良好，很快失去电荷，进入静电场后从辊筒电极获得相同符号的电荷而被排斥，在离心力、重力及静电斥力综合作用下落入集炭槽成为精煤。而灰粒由于导电性较差，能保持电荷，与带符号相反的辊筒相吸，并牢固地吸附在辊筒上，最后被毛刷强制落入集灰槽，从而实现炭灰分离。粉煤灰经二级电选分离而成为脱炭灰，其含炭率小于 8%，可作建材原料。精煤含炭率大于 50% 可作为型煤原料。

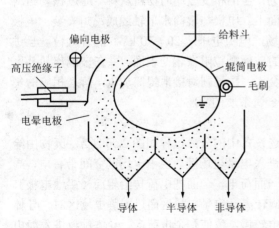

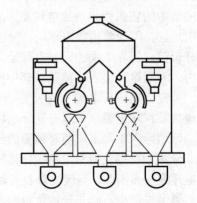

图 2.50　废物颗粒在电晕电场中的分离过程　　　图 2.51　YD-4 型高压电选机的构造示意图

5. 浮选

（1）浮选原理

浮选是在固体废物与水调制的料浆中加入浮选药剂，并通入空气形成无数细小气泡，使欲选物质颗粒粘附在气泡上，随气泡上浮于料浆表面成为泡沫层，然后刮出回收；不浮的颗粒仍留在料浆内，通过适当处理后废弃。

固体废物浮选主要是利用欲选物质对气泡粘附的选择性，其中有些物质表面的疏水性较强，容易粘附在气泡上，而另一些物质表面亲水，不易粘附在气泡上。物质表面的亲水、疏水性能，可以通过浮选药剂的作用而加强。因此，在浮选工艺中正确选择、使用浮选药剂是调整物质可浮性的主要外因条件。药剂根据在浮选过程中的作用不同，可分为捕收剂、起泡剂和调整剂三大类。

捕收剂能够选择性地吸附在欲选的物质颗粒表面上，使其疏水性增强，提高可浮性，并易于粘附在气泡上而上浮。常用的捕收剂有异极性捕收剂和非极性油类捕收剂两类。典型的异极性捕收剂有黄药、油酸等。从煤矸石中回收黄铁矿时，常用黄药作捕收剂。非极性油类捕收剂主要包括脂肪烷烃（$C_nH_{2n+2}$）、环烷烃（$C_nH_{2n}$）及芳香烃等，最常用的是煤油，从粉煤灰中回收炭，常用煤油作捕收剂。

起泡剂是一种表面活性物质，主要作用在水—气界面上使其界面张力降低，促使空气在料浆中弥散，形成小气泡，防止气泡兼并，增大分选界面，提高气泡与颗粒的粘附和上浮过程中的稳定性，以保证气泡上浮形成泡沫层。常用起泡剂有松油、松醇油、脂肪醇。

调整剂的作用主要是调整其他药剂（主要是捕收剂）与物质颗粒表面之间的作用，还可调整料浆的性质，提高浮选过程的选择性。调整剂的种类较多，包括活化剂、抑制剂、介质调整剂和分散剂、絮凝剂等。

（2）浮选设备

浮选设备类型很多，我国使用最多的是机械搅拌式浮选机，属于一种带辐射叶轮的空气自吸式机械搅拌浮选机，其构造见图 2.52。大型浮选机每两个槽为一组，第一个槽为吸入槽，第二个槽为直流槽。小型浮选机多以 4～6 个槽为一组，每排可以配置 2～20 个槽。每组有一个中间室和料浆面调节装置。

浮选工作时，料浆由进浆管进入，给到盖板与叶轮中心处，由于叶轮的高速旋转，在盖板与叶轮中心处造成一定的负压，空气由进气管和套管吸入，与料浆混合后一起被叶轮甩出。在强烈的搅拌下气流被分割成微细气泡。欲选物质颗粒与气泡碰撞粘附在气泡上而浮升至料浆表面形成泡沫层，经刮泡机刮出成为泡沫产品，再经消泡脱水后即可回收。

（3）浮选工艺过程

浮选工艺过程主要包括调浆、调药、调泡三步。

调浆即浮选前料浆浓度的调节，它是浮选过程的一个重要作业。所谓料浆浓度就是指料浆中固体废物与液体（水）的重量之比，常用液固比或固体含量百分数来表示。一般浮选密度较大、粒度较粗的废物颗粒，往往用较浓的料浆；反之，浮选密度较小的废物颗粒，可用较稀的料浆。浮选的料浆浓度必须适合浮选工艺的要求。

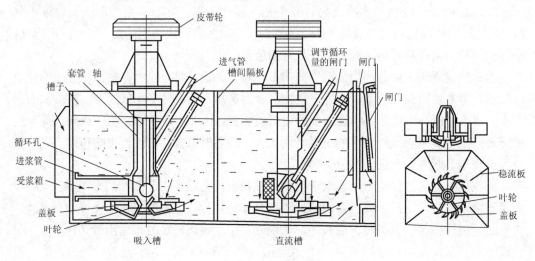

图 2.52　机械搅拌式浮选机

调药包括提高药效、合理添加、混合用药、料浆中药剂浓度调节与控制等。对一些水溶性小或不溶的药剂，提高药效可采用配成悬浮液或乳浊液、皂化、乳化等措施。药剂合理添加主要是为了保证料浆中药剂的最佳浓度，一般先加调整剂，再加捕收剂，最后加气泡剂。所加药剂的种类和数量，应根据欲选废物颗粒的性质通过试验确定。

调泡是将调制好的料浆引入浮选机内，由于浮选机的充气搅拌作用，形成大量的弥散气泡，提供颗粒与气泡碰撞接触机会，可浮性好的颗粒附于气泡上而上浮形成泡沫层，经刮出收集、过滤脱水即为浮选产品；不能粘附在气泡的颗粒仍留在料浆内，经适当处理后废弃或作他用。气泡的大小、数量和稳定性对浮选具有重要影响。气泡越小，数量越多，气泡在料浆中分布越均匀、料浆的充气程度越好，为欲浮颗粒提供的气液界面越充分，浮选效果越好；对机械搅拌式浮选机，当料浆中有适量起泡剂存在时，大多数气泡直径介于 0.4～0.8mm，最小 0.05mm，最大 1.5mm，平均 0.9mm 左右。

一般浮选法大多是将有用物质浮入泡沫产品，而无用或回收经济价值不大的物质仍留在料浆内，这种浮选法称为正浮选。也有将无用物质浮入泡沫产物中，将有用物质留在料浆中的，这种浮选法称为反浮选。

固体废物中含有两种或两种以上的有用物质，其浮选方法有：优先浮选、混合浮选。优先浮选是指将固体废物中有用物质依次一种一种地选出，成为单一物质产品。混合浮选是指将固体废物中有用物质共同选出为混合物，然后再把混合物中有用物质一种一种地分离。

（4）浮选的应用

浮选是固体废物资源化的一种重要技术，我国已应用于从粉煤灰中回收炭，从煤矸石中回收硫铁矿，从焚烧炉灰渣中回收金属等。

浮选法的主要缺点是有些工业固体废物浮选前需要破碎到一定的细度；浮选时要消耗一定数量的浮选药剂且易造成环境污染；另外，还需要一些辅助工序如浓缩、过滤、脱水、干燥等。因此，在生产实践中究竟采用哪一种分选，应根据固体废物的性质、经技术经济综合比较后确定。

6. 其他分选方法

固体废物的处理方法现已有许多种类，大体上来说，其主要分选方法是以物料的粒度、密度等物理性质差别为基础进行分选的，而物料的电性、磁性、光学等性质差别分选的方法是一些辅助的方法。下面将介绍一些具有"辅助性质"的分选方法。

（1）光学分离技术

这是一种利用物质表面光反射特性的不同而分离物料的方法。这种方法现已用于按颜色分选玻璃的工艺中，图2.53就是此类设备的工作原理图。

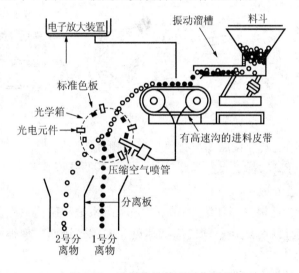

图 2.53　光学分选技术工作原理

光电分选系统由给料系统、光检系统和分离系统三部分组成，给料系统包括料斗、振动溜槽等。固体废物入选前，需要预先进行筛分分级，使之成为窄粒级物料，并清除废物中的粉尘，以保证信号清晰，提高分离精度。分选时，使预处理后的物料颗粒排队呈单行，逐一通过光检区，保证分离效果。运输机送来各色玻璃的混合物料，它们通过振动溜槽时，连续均匀地落入图示的光学箱中。在标准色板上预先选定一种标准色，当颗粒在光学箱内下落的途中反射与标准色不同的光时，光电元件将改变光电放大管的输出电压，再经电子装置增幅控制，喷管瞬间地喷射出气流改变异色颗粒的下落轨迹，从而实现标准色玻璃的分选。

（2）涡电流分离技术

这是一种在固废中回收有色金属的有效方法，具有广阔的应用前景。当含有非磁导体金属（如铅、铜、锌等物质）的垃圾流以一定的速度通过一个交变磁场时，这些非磁导体金属中会产生感应涡流。由于垃圾流与磁场有一个相对运动的速度，从而对产生涡流的金属片块有一个推力。利用此原理可使一些有色金属从混合垃圾流中分离出来。作用于金属上的推力取决于金属片块的尺寸、形状和不规整的程度。分离推力的方向与磁场方向及垃圾流的方向均呈 90°。

图 2.54 为按此原理设计的涡流分离器。在感应器中由三相交流电在其绕组中产生一交变的直线移动的磁场，此磁场的方向与输送机皮带的运动方向相垂直。当皮带上的物料从感应器下通过时，物料中的有色金属将产生涡电流，从而产生向带侧运动的排斥力。此分离装置由上下两个直线感应器组成，能保证产生足够大的电磁力将物料中的有色金属推入带侧的集料斗中。此种分选过程带速不宜过高。

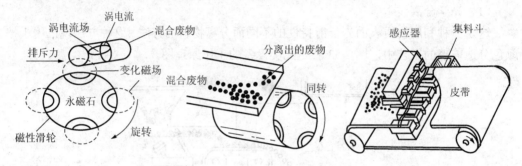

图 2.54　涡电流分离技术工作原理

另外，也有利用旋转变化磁场与有色金属的相互作用原理而设计的涡电流分离器。各种类型的涡电流分离器都具有操作简便、耗电量低的特点。

（3）摩擦与弹跳分选

摩擦与弹跳分选是根据固体废物中各组分摩擦系数和碰撞系数的差异，在斜面上运动或与斜面碰撞弹跳时产生不同的运动速度和弹跳轨迹而实现彼此分离的一种处理方法。

固体废物从斜面顶端给入，并沿着斜面向下动时，其运动方式随颗粒的形状或密度不同而不同，其中纤维状废物或片状废物几乎全靠滑动，球形颗粒有滑动、滚动和弹跳三种运动。单颗粒单体（不受干扰）在斜面上向下运动时，纤维状或片状体的滑动加速度较小，运动速度不快，所以它脱离斜面抛出的初速度较小，而球形颗粒由于是滑动、滚动和弹跳相结合的运动，其加速度较大，运动速度较快，因此它脱离斜面抛出的初速度较大。当废物离开斜面抛出时，受空气阻力的影响，抛射轨迹并不严格沿着抛物线前进，其中纤维废物由于形状特殊，受空气阻力影响较大，在空气中减速很快，抛射轨迹表现严重的不对称（抛射开始接近抛物线，其后接近垂直落下），故抛射不远；球形颗粒受空气阻力影响较小，在空气中运动减速较慢，抛射轨迹表现对称，抛射较远。因此，在固体废物中，纤维状废物与颗粒废物、片状废物与颗粒废物，因形状不同，在斜面上运动或弹跳时，产生不同的运动速度和运动轨迹，因而可以彼此分离。

摩擦与弹跳分选设备有带式筛、斜板运输分选机及反弹辊筒分选机等。带式筛是一种倾斜安装带有振打装置的运输带，如图 2.55 所示其带面由筛网或刻沟的胶带制成。带面安装倾角（α）大于颗粒废物的摩擦角，小于纤维废物的摩擦角。

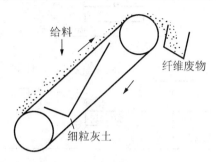

图 2.55　带式筛示意图

废物从带面的下半部由上方给入，由于带面的振动，颗粒废物在带面上作弹性碰撞，向带的下部弹跳；又因带面的倾角大于颗粒废物的摩擦角，所以颗粒废物还有下滑的运动，最后从带的下端排出。纤维废物与带面为塑性碰撞，不产生弹跳，并且带面倾角小于纤维废物的摩擦角，所以纤维废物不沿带面下滑，而随带面一起向上运动，从带的上端排出。在向上运动过程中，由于带面的振动使一些细粒灰土透过筛孔从筛下排出，从而使颗粒状废物与纤维状废物分离。

7. 分选回收工艺系统

近年来，各发达国家已将再生资源的开发利用视为第二矿业，形成了一个新兴工业体系。综述世界各国固废处理技术和方法，其共同点如下。

1）基本是"干式"回收有用组分，极少数在工艺过程结束辅以"湿式"回收。

2）通用工艺程序均为原始垃圾破碎→分选→处理→回收。

3）采用综合技术方法进行破碎、分选和回收，很少用单一的方法处理，有些国家还辅以光电等先进技术分离提纯。

4）各处理工艺所能回收的产品有黑色金属、有色金属、纸浆、塑料、有机肥料、饲料、玻璃以及焚烧热等。

综合各国垃圾分选回收系统的优点，特推荐图 2.56 所示八级分选回收工艺系统。该系统分选回收的产品如下。

1）黑色金属，如废铁块、马口铁皮等。

2）有色金属，如铜、铝、锌、铅等。

3）重质无机物，主要为玻璃等。

4）轻质塑料薄膜、布类、纸类等。

5）堆肥粗品。

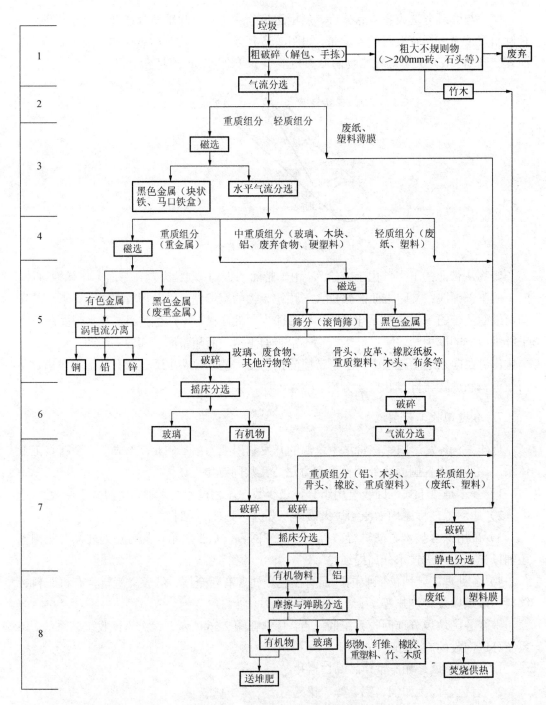

图 2.56　八级分选工艺回收系统

## 2.1.5　固体废物固化

固化作为有害废物的一种预处理方法，已在国内外得到广泛利用。废物固化/稳定化是用物理或化学方法将有害废物固定或包封在惰性固体基材中使其稳定化的一种过程，其处理机理十分复杂，目前尚在研究和发展中。其中，稳定化是指对废物的有害成分，通过化学变化或被引入某种稳定的晶体格中的稳定过程；固化是指对废物中的有害成分，用惰性材料加以束缚的过程。在目前所应用的稳定化和固化技术中，大多二者兼有。有害废物经过固化处理，终端产物的渗透性和溶出性可以大大降低，能安全地运输，能方便地进行最终处置。

固化处理方法可按原理分为包胶固化、自胶结固化、玻璃固化和水玻璃固化。目前尚未获得一种适用于任何固体废物的最佳固化技术，比较成熟的固化技术往往只适于一种或几种固体废物的处理。

### 1. 包胶固化

包胶固化是采用某种固化基材对于废物块或废物堆进行包覆处理，根据包胶材料的不同，可分为水泥固化、石灰基固化、热塑性材料固化和有机聚合物固化等。

（1）水泥固化

水泥固化是以水泥为固化剂将有害废物进行固化的一种处理。此种方法非常适于处理各种含有重金属的污泥。固化过程中，污泥中的重金属离于会由于水泥的高 pH 作用而生成难溶的氢氧化物或碳酸盐等。某些重金属离子也可以固定在水泥基体的晶格中，从而可有效地防止重金属浸出。

图 2.57 是水泥固化法处理含有重金属污泥的一种流程。被处理的污泥通过计量装置以一定重量比与水泥、添加剂和水共投入到原料混炼机中，经搅拌混合均匀，然后通过出料装置去成型，再将成型的坯体养护，使之形成具有一定强度的固化产物。

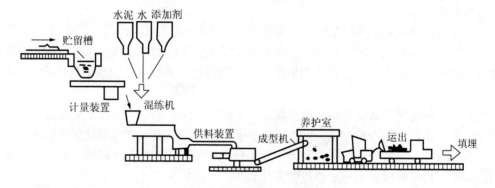

图 2.57　水泥固化法处理含重金属污泥流程

1）水泥固化法的应用。水泥固化法的最早利用，是在核工业系统处理离子交换再生废液、报废的离子交换树脂以及废液在蒸发浓缩时产生的污泥等方面，而后发展到工业有害废物包括各种含重金属污泥的处理上。

在被处理废物中，往往含有妨碍水合作用的物质，仅用普通水泥处理固化体有时强度不大，物理化学性能也不稳定；如果加入适当的添加剂，就能够吸收有害物质并促进其凝固。水泥的用量可以减少，固化产品的强度就比较好，有害组分的溶出率比较低。水泥固化法需用添加剂种类繁多，作用不一。例如，活性氧化铝具有助凝作用，将其加入普通水泥，再加入 25%～30%的污泥混炼，在高温下，可以促进水泥迅速凝结生成针状结晶；这种结晶能够防止重金属的溶出，对固化体的强度也有好的影响。又如，对含有大量硫酸盐的废物，使用高炉矿渣水泥作固化剂，再添加人造轻量砂作为混合剂，可以防止由于硫酸盐和水泥成分发生化学反应、生成结晶体时所引起的体积膨胀而导致的固体破裂。再如，采用蛭石作添加剂，可以起到骨料作用和吸水作用。

2）水泥配料量对固化产品性能的影响。在采用水泥固化法处理含重金属污泥时，水泥固化体的抗压强度随水泥投料比的增大而增大，重金属的溶出率则随之减小。例如，用 400～500 号多种水泥对电镀污泥作固化处理，在污泥、水泥、水的配比为（1～2）：20：（6～10）的条件下，固化体的抗压强度可达到 100～200kg/cm$^2$。其中重金属的溶出浓度非常低，对 Hg<0.0001ppm[①]（污泥中原含 Hg 为 0.13～1.23ppm），Cd<0.002ppm（污染中原含 Cd 为 1.0～8.06ppm），Pb<0.002ppm（污泥中原含 Pb 为 165～243ppm），Cr$^{6+}$为<0.02ppm（污泥中原含 Cr$^{6+}$为 136～343ppm），As 为<0.01ppm（污泥中原含 As 为 8.14～11.0ppm）。

对于含有 Cr$^{6+}$的污泥采用水泥固化法处理，Cr$^{6+}$的溶出率仍嫌较高，如添加高炉矿渣，就能够大大降低 Cr$^{6+}$的溶出率。例如，当污泥、水泥、高炉矿渣的配比为 3：2：5 时，固化体 Cr$^{6+}$的溶出率为 0.1ppm。当污泥与水泥的配比为 3：7 但不加高炉矿渣时，固化体 Cr$^{6+}$的溶出率为 0.5ppm。

3）水泥固化法的优点和缺点。水泥固化法对含高毒重金属废物的处理特别有效，固化工艺和设备比较简单，设备和运行费用低，水泥原料和添加剂便宜易得，对含水量较高的废物可以直接固化，固化产物经过沥青涂覆能有效地降低污染物的浸出，固化体的强度、耐热性、耐久性均好，产物适于投海处置，有的产物可作路基或建筑物基础材料。

水泥固化产物一般都比最终废物原体积增大 1.5～2 倍，固化体中污染物的浸出率比较高，须作涂覆处理；废物有的需作预处理或需要加入添加剂，因而可能影响水泥浆的凝固，并会使成本增加，废物体积增大；水泥的碱性能使按离子变成氨气释出。

（2）石灰固化

石灰固化是用石灰作基材，以粉煤灰、水泥窑灰作添加剂，专用于处理含有硫酸盐或亚硫酸盐类泥渣的一种方法。此法是基于水泥窑灰和粉煤灰含有活性氧化铝和二氧化硅，因而能同石灰在有水存在的条件下发生反应生成对硫酸盐、亚硫酸盐起凝结硬化作用的物质，最终形成具有一定强度的固化体。

1）石灰固化法的应用。石灰固化法适于处理钢轨、机械工业酸洗钢铁部件时排出的废水和废渣、电镀工艺产生的含重金属污泥以及由于采用石灰吸收烟道气或石油精炼气而产生的泥渣等。固化产品可以运送到处置场养护，也可以先养护，然后再运送到处置场处置。

2）石灰固化法的优点和缺点。石灰固化法使用的添加剂本身是废物，来源广，成本低，操作简单，不需要特殊设备，被处理的废物不要求完全脱水，在常温下操作，没有尾气处理问题。石灰固化产物比原废物的体积和重量增加较大，易被酸性介质浸蚀，

---

① 1ppm=1×10$^{-6}$，下同。

要求表面进行涂覆或放在有衬里的填埋场中处置。

（3）热塑性材料固化

1）热塑性材料固化原理。热塑性材料固化法是用热塑性物质作固化剂，在一定温度下将废物进行包覆处理。热塑料物质在常温下呈固态，高温时变成黏液，故可用来包覆废物。目前，固化处理应用的热塑性材料有沥青、石蜡、聚乙烯、聚丁二烯等。

2）热塑性材料固化法的应用。目前，在各种热塑性固化基材中以沥青的利用较为普遍，有关沥青固化法的研究，进展也比较大。沥青一般被用来处理放射性蒸发残液、废水化学处理产生的污泥、焚烧炉产生的灰分以及毒性较高的电镀污泥和砷渣等危险固体废物。此种方法一般要求先将废物脱水，再同沥青在高温下混合；也可以将废物与沥青共同加热脱水，再冷却、固化。例如，比利时的莫尔（Mol）原子能研究所提出的用沥青包胶放射性废物的技术，就是把放射性污泥先冷冻、融解处理，然后用离心法使其脱水到含水率 50%～80%，再将脱水污泥通过有计量装置的加料器，加到装有沥青的加热混合槽内，加热到 130～230℃，一边搅拌，一边蒸发、固化。

3）热塑性材料固化法的优点和缺点。热塑性材料固化法所得产品的空隙降低，污染物浸出率低于水泥固化法和石灰固化法，干废物对固化基材的掺和量从（1∶1）～（2∶1），可以减少容器费和运输费以及最终处置费，固化基材对溶液或微生物具有强抗侵蚀性，固化体不需作长时间的养护。

热塑性固化材料是热的不良导体，蒸发过程的热效率低，废物中含有大量的水分时，蒸发过程会有起泡现象。气泡破碎易污染空气。含量大的废物需先冷冻、融解或离心脱水处理。由于基材具有可燃性，产品应有适宜的包装，固化基材受大剂量辐射时，其弹性或软化点提高，故不宜处理高放射性废物；热塑性材料价格昂贵，操作复杂，设备费用高，对于在高温下易分解的废物，有机溶剂以及强氧化性废物不宜使用。

（4）有机物聚合固化

1）有机物聚合固化原理。有机物聚合固化法是将一种有机聚合物的单体与湿废物或干废物在一个容器或一个特殊设计的混合器里完全混合，然后加入一种催化剂搅拌均匀，使其聚合、固化。在固化过程中，废物被聚合物包胶，通常使用的有机聚合物主要有脲醛树脂和不饱和聚脂。

2）有机物聚合固化法的应用。国际上利用不饱和聚脂和脲醛树脂固化工业有害废物和放射性废物已有较多研究，其中许多技术已达到商业规模。在含有重金属、油及有机物的电镀污泥中加入碳酸钙，干燥以后与不饱和聚脂、催化剂、助凝剂、河沙等混合加热固化。在标准配比中，在干污泥重 30% 以下，以不饱和树脂为 20%～35%、骨料35%～50% 做成的固化体抗拉强度和抗压强度都大于水泥固化体，而且体轻，表面有光泽，可做建筑轻骨料使用，但价格高昂。操作中有机物会挥发，容易引起大火，通常不能大规模应用，只能处理小量高危害性废物，如剧毒废物、医院或研究单位产生的少量放射性废物。

3）有机物聚合固化法的优点和缺点。该法在常温下操作时，添加的催化剂数量很少，终产品体积比其他固化法小；此法能处理干渣，也能处理温泥浆，固化体不可燃，掺和废物比例高，固化体密度小。

有机聚合物固化法属物理包胶法，不够安全，有时包胶剂要求用强酸性催化剂，因而在聚合过程中会使重金属溶出，并要求使用耐腐蚀设备；某些有机聚合物能被生物降解；固化物老化破碎后，污染物可能再进入环境；此法要求操作熟练，在最终产品处置前都应有容器包装。

### 2. 自胶结固化

（1）原理

自胶结固化法是将大量硫酸钙或亚硫酸钙的废物，在控制的条件下煅烧到部分脱水至产生有胶结作用的硫酸钙或半水硫酸钙状态，然后与某些添加剂混合成稀浆，凝固后生成像塑料一样硬的透水性差的物质。此法原理是基于亚硫酸钙半水化合物具有最终形成类似于含有两个结晶水的硫酸钙的固化物。一般要求废物中二水合硫酸钙最好高于80%。

美国泥渣固化技术有限公司利用自胶结固化原理开发了 Terra-Crete 的技术处理石灰基烟道气脱硫泥渣，获得一种黏土状的固体物，非常适于土地填埋处置。

（2）特点

自胶结固化法使用的添加剂是非常易得的石灰、水泥灰、粉煤灰等废料，其凝结硬化时间短，产品具有良好的操作性能，而且性质稳定，加入添加剂量只有总混合物的10%左右，对处理的废物不需完全脱水。这种固化体具有抗渗透性高、抗微生物降解和污染物浸出率低的特点。其缺点是：它只限于含有大量硫酸钙的固体废物，应用面比较窄；此外这种固化还要求熟练的操作和比较复杂的设备，泥渣燃烧也需要消耗一定的热量。

### 3. 玻璃固化

（1）原理

利用制造陶瓷或玻璃的成熟技术，将废物在高温下煅烧成氧化物，再与加入的添加剂煅烧、熔融、烧结，成为硅酸盐岩石或玻璃体。

（2）应用和研究

在国外，玻璃固化主要用来处理高放射性废物，目前许多国家都已达到工业应用规模，但是对大量的工业危险废物处理是不实用的。我国对玻璃固化方法也进行了试验研究，主要是用来固化处理放射性废物。

对于含重金属污泥的玻璃固化处理，要求添加玻璃化所需的硅质材料。例如，在有空气的条件下，加热含铬污泥时，$Cr^{3+}$可以变成 $Cr^{6+}$，如在含有钙盐的含铬污泥里加入硅酸盐和黏土，就可以由于玻璃固化而抑制 $Cr^{6+}$ 的产生。许多试验表明，含铬污泥在添加剂及其配比适当时，在烧结过程中可以形成不溶性的 $ZnO \cdot Cr_2O_3$ 尖晶石。

在采用玻璃固化法处理含重金属污泥时，该污泥不应含有汞和砷。如果污泥同时含有镉、锌、镍和有机物，则有机物的含量不应过高，污泥中也不应含有金属钠、镉、锌、铜、铅等的氯化物。

（3）玻璃固化法的优点和缺点

与高放废液的其他固化法相比，玻璃固化具有以下优点：①玻璃固化体致密，在水及酸、碱溶液中的浸出率小；②增容比小；③在玻璃固化过程中产生的粉尘量少；④玻璃固化体有较高的导热性、热稳定性和辐射稳定性。缺点是由于烧结过程需要在 800～1200℃下进行，会有大量有害气体产生，其中含有挥发金属，要求有尾气处理系统。同时，由于在高温下操作，会给工艺带来一系列困难，使处理成本增高。

### 4. 水玻璃固化

水玻璃固化法是以水玻璃为固化剂、无机酸类（如硫酸、硝酸、盐酸和磷酸）为助剂，与有害污泥按一定的配料比进行中和与缩合脱水反应，形成凝胶体，将有害污泥包容，经凝结硬化逐步形成水玻璃固化体。

硅酸钠俗称泡花碱，是一种水溶性硅酸盐，其水溶液俗称水玻璃，是一种矿黏合剂。其化学式为 $R_2O \cdot nSiO_2$，式中 $R_2O$ 为碱金属氧化物，式中的系数 $n$ 称为水玻璃模数，是水玻璃中的氧化硅和碱金属氧化物的分子比（或摩尔比）。水玻璃模数是水玻璃的重要参数，一般为 1.5～3.5。水玻璃模数越大，固体水玻璃越难溶于水，$n$ 为 1 时常温水即能溶解，$n$ 加大时需热水才能溶解，$n$ 大于 3 时需 4 个大气压以上的蒸汽才能溶解。水玻璃模数越大，氧化硅含量越多，水玻璃黏度增大，易于分解硬化，粘结力增大。常用的是 $K_2O \cdot nSiO_2$ 和 $Na_2O \cdot nSiO_2$ 的水溶液。

水玻璃在空气中的凝结固化与石灰的凝结固化非常相似，主要通过碳化和脱水结晶固结两个过程来实现。随着碳化反应的进行，硅胶含量增加，接着自由水分蒸发和硅胶脱水成固体 $SiO_2$ 而凝结硬化，其特点如下。

1）速度慢。由于空气中 $CO_2$ 浓度低，碳化反应及整个凝结固化过程十分缓慢。

2）体积收缩。

3）强度低。

水玻璃由于存在易溶于水的碱金属离子，固化后残留有水溶性碱，具有耐水性差、易返潮的特点，不适用于潮湿环境。所以，以水玻璃为基料的材质，必须加入一定的固化剂来改善其耐水性和固化性能，加速水玻璃的凝结固化速度和提高强度。常用的固化剂有金属氧化物、无机酸、聚合磷酸铝、氟硅酸盐等。传统的水玻璃固化剂是氟硅酸钠，氟硅酸钠的掺量一般为 12%～15%。掺量少，凝结固化慢，且强度低；掺量太多，则凝结硬化过快，不便施工操作，而且硬化后的早期强度虽高，但后期强度明显降低。因此，使用时应严格控制固化剂掺量，并根据气温、湿度、水玻璃的模数、密度在上述范围内适当调整，即气温高、模数大、密度小时选下限，反之亦然。

水玻璃固化法具有工艺操作简便、原料价廉易得、处理费用低、固化体耐酸性强、抗透水性好、重金属浸出率低等特点。

### 5. 药剂稳定化

药剂稳定化是通过药剂的作用，将有毒物质变成低溶解性、低迁移率和低毒性的物质的过程。药剂稳定化处理技术的最大特点是危险废物经过处理后，增容比约为 1，在某些情况下，还可能小于 1，远远低于常规的固化/稳定化方法，极大地降低了运输和处置所需费用和占地面积。药剂稳定化技术是通过药剂和重金属间的化学键合力的作用，形成稳定的螯合物沉淀，其稳定化产物在填埋场环境下不会再浸出。从这些意义上来讲，结合我国实际情况，开展危险废物处理处置药剂稳定化新技术领域的研究将更具实用价值。药剂稳定化过程主要包括中和、沉淀、氧化还原技术。

（1）中和

中和是最普遍、最简单的处理酸性废渣或碱性废渣的技术。酸、碱性废渣主要产生于化工、冶金、电镀与金属表面处理等工业中。这类废渣直接排入环境极易对土壤和水体造成危害。

酸性泥渣常用碱性中和剂进行中和，常采用的中和剂为石灰、石灰石、白云石、氢氧化钠、碳酸钠等。碱性废渣或碱性废液（含 $Na_2CO_3$、$NaOH$ 等）价格低廉、以废治废、综合利用，在有条件时应优先选用。碱性泥渣则宜采用硫酸或盐酸中和。

中和反应设备可以采用罐式机械搅拌或池式人工搅拌方式，前者多用于大规模中和处理，而后者多用于间断的小规模处理。

（2）沉淀

沉淀就是借助于沉淀剂的作用，使废物中的目的组分重金属离子选择性地呈难溶化合物形态沉淀析出的过程。

沉淀剂的选择除要考虑经济因素外，还应使沉淀剂对目的重金属离子具有较高的选择性，并使生成的沉淀物具有最低的溶度积。常用的沉淀技术包括水解沉淀、硫化物沉淀、碳酸盐沉淀等。

沉淀过程所用设备很简单，主要是机械搅拌槽。为了加快沉淀速度，沉淀过程常在高于室温的条件下进行。

（3）氧化还原

通过氧化或还原化学处理，将固体废物中可以发生价态变化的某些有毒成分转化为无毒或低毒、且具有化学稳定性的成分，以便无害化处置或进行资源回收的技术，最典型的是 $Cr^{6+}$ 还原为 $Cr^{3+}$、$As^{5+}$ 还原为 $As^{3+}$ 等。常用还原剂为硫酸亚铁、硫代硫酸钠、煤炭、纸浆废液、锯木屑、谷壳等。

## 2.2　固体废物处理资源化技术

固体废物资源化处理工程的处理方法，除了预处理方法之外，还包括生物处理、热处理等一系列资源化回收利用处理工艺过程。生物处理是利用微生物分解固体废物中可降解的有机物，从而使其达到无害化或综合利用。固体废物经过生物处理，在容积、形态、组成等方面，均发生重大变化，因而便于运输、贮存、利用和处置。生物处理方法包括好氧处理、厌氧处理和兼性厌氧处理，沼气发酵、堆肥和细菌冶金等都属于生物处理。热处理是通过高温破坏和改变固体废物组成和结构，同时达到减容、无害化或综合利用的目的。热处理方法包括焚化、热解以及焚烧、烧结等。

固体废物处理系统工程即资源化是指在废物进入环境之前，对其加以资源化利用，把预处理回收后的残余废物用物理的、化学的和生物学的方法，使废物的物理性质或化学组分发生改变而加以回收利用，最大程度地减轻后续处置的负荷；对最小量化后的排出废物也应采取管理和工艺措施对其加以回收利用。主要通过以下途径。

1）回收有用物质，主要通过预处理中的破碎、分选等手段获得可二次利用的物质，如玻璃、塑料、金属等。

2）物质转换，包括物理转换、化学转换和生化转换。物理转换即利用废物制取新形态的物质，如利用炉渣、钢渣、粉煤灰生产水泥和建材；化学转换是通过热分解、化合和脱水等物理化学变化来实现废物形式和性质的转变加以利用的化学过程，如大分子有机化合物转变为低分子物质，碳酸钙渣煅烧成再生石灰以及从废物中提取各种有价组分等；生化转换主要通过微生物的分解作用，使废物原料化、产品化而再生利用，如利用城市垃圾生产有机农肥等，以及利用城市污泥厌氧消化产生沼气能源等。

3）能量转换，即从废物中回收能源，如用有机废物的焚烧回收水蒸气、热水或电力等不能贮存或随即使用型的能源进行发电和供暖；通过热解回收燃料气、油、微粒状燃料等可贮存或可迁移型的能源。

本节主要介绍物质转换和能量转换中的焚烧、热解和生物转换等途径实现固体废物资源化的工艺过程。

## 2.2.1　固体废物的焚烧处理

### 1. 焚烧原理

固体废物焚烧处理是将可燃性固体废物与空气中的氧在高温下发生燃烧反应，使其氧化分解、达到减容、去除毒性并回收能源等目的的过程。

（1）燃烧方式

通常把具有强烈放热反应、有基态和电子激发态的自由基出现并伴有光辐射的化学反应现象称为燃烧。根据固体可燃物质的种类，有三种不同的燃烧方式。

1）蒸发燃烧。固体受热熔化成液体，继而转化成蒸气，与空气扩散混合而燃烧。燃烧速率受物质的蒸发速率和空气中的氧和燃料蒸气之间的扩散速率所控制。蜡的燃烧就属于蒸发燃烧。

2）分解燃烧。可燃固体受热后先分解，轻质的碳氢化合物挥发，留下固定碳和惰性物质，挥发分与空气扩散混合而燃烧，挥发分的燃烧是均相反应，反应速率快。固定碳的表面和空气接触进行表面燃烧，燃烧速率受到从燃烧区向燃料的传热速率所控制。

3）表面燃烧。可燃固体受热后不发生熔化、蒸发和分解过程，而是在固体表面与空气反应进行燃烧，其燃烧速率由燃料表面的扩散速率和燃料表面的化学反应速率所控制。固体表面的燃烧是非均相反应，速度要比均相反应慢得多。木炭、焦炭等含碳固体废物的燃烧大都属于表面燃烧。

（2）焚烧处理指标

1）减量比。减量比为可燃固体废物经焚烧处理后减少的质量占所投加固体废物总质量的百分比，即

$$MRC = \frac{m_b - m_a}{m_b - m_c} \times 100\%$$

式中，MRC 为减量比，%；

　　　　$m_a$ 为焚烧残渣的质量，kg；

　　　　$m_b$ 为投加固体废物的总质量，kg；

　　　　$m_c$ 为残渣中不可燃物的质量，kg。

2）焚烧灰渣热灼减率。在焚烧灰渣的未燃分中，除了腐烂性的有机物质以外，还有非腐烂性的碳素，如塑料、橡胶等。焚烧灰渣热灼减率是指焚烧残渣经灼热减少的质量占原焚烧残渣质量的百分数，其计算方法为

$$Q_R = \frac{m_a - m_d}{m_a} \times 100\%$$

式中，$Q_R$ 为热灼减率，%；

　　　　$m_a$ 为干燥后原始焚烧残渣在室温下的质量，kg；

　　　　$m_d$ 为焚烧残渣经 600℃（±25℃）3h 灼热后冷却至室温的质量，kg。

烧灰渣热灼减率是衡量焚烧灰渣的无害化程度的重要指标，是炉排机械负荷设计的主要指标之一。目前焚烧炉设计时的焚烧灰渣热灼减量值一般在 5%以下，大型连续运行的焚烧炉在 3%以下。

3）焚毁去除率。DRE：焚毁去除率，%；

对危险废物，焚毁去除率是指某有机物质经焚烧后所减少的百分比。计算方法为

$$DRE_R = \frac{W_{in} - W_{out}}{W_{in}} \times 100\%$$

式中，$W_{in}$ 为被焚烧物中某有机物质的重量，kg；

　　　　$W_{out}$ 为烟道排放气和焚烧残余物中与 $W_{in}$ 相应的有机物质的重量之和，kg。

4）燃烧效率。实际工作中，常用烟道排出气体中二氧化碳浓度与二氧化碳和一氧化碳浓度之和的百分比来计算燃烧效率（CE），是评估焚烧是否可以达到预期处理要求的重要指标。

$$CE = \frac{[CO_2]}{[CO_2] + [CO]} \times 100\%$$

式中，CE 为燃烧效率，%；

　　　　$[CO_2]$ 为燃烧后烟道排出气体中 $CO_2$ 气体的浓度；

　　　　$[CO]$ 为燃烧后烟道排出气体中 CO 气体的浓度。

5）烟气排放浓度限制指标。对焚烧设施排放的大气污染物的控制项目如下。

① 烟尘：常将颗粒物、黑度、总碳量作为控制指标。

② 有害气体：$SO_2$、HCl、HF、CO 和 $NO_x$。

③ 重金属元素单质或其化合物：Hg、Cd、Pb、Ni、Cr、As 等。

④ 有机污染物：二噁英，包括多氯代二苯并-对-二噁英（PCDDs）和多氯代二苯并呋喃（PCDFs）。

（3）焚烧控制参数

1）焚烧温度。废物的焚烧温度是指废物中有害组分在高温下氧化、分解直至破坏

所须达到的温度。燃烧过程的温度由废物性质而定。应考虑热值、燃点、含水率，它比废物的着火温度高很多。一般说提高焚烧温度有利于废物中有机毒物的分解和破坏，可抑制黑烟的产生；但过高的焚烧温度增加了燃料消耗量，增加废物中金属的挥发量及氧化氮数量，容易引起二次污染，因此不宜随意确定较高的焚烧温度。

合适的焚烧温度是在一定的停留时间下由实验确定的。大多数有机物的焚烧温度范围为 800~1100℃。

2）停留时间。废物中有害组分在焚烧炉内处于焚烧条件下，该组分发生氧化、燃烧，使有害物质变成无害物质所需的时间称之为焚烧停留时间。停留时间的长短直接影响焚烧的完善程度，也是决定炉体容积尺寸的重要依据。废物在炉内焚烧所需停留时间是由许多因素决定的，如废物进入炉内的形态、固体废物颗粒大小、液体雾化后液滴的大小以及黏度等，对焚烧所需停留时间影响甚大。

为了使燃烧更加完全，避免产生二噁英等有害物质，一般要求大中型生活垃圾焚烧炉设计的燃烧室的出口温度为 850~1000℃，且在此温度域的停留时间为 2s 以上。燃烧时间与固体粒度的平方近似地成正比，固体粒度愈细，与空气的接触面愈大，燃烧速度愈快，固体在燃烧室停留时间就愈短。

3）搅拌混合强度。要使废物燃烧完全，减少污染物形成，必须要使废物与助燃空气充分接触、燃烧气体与助燃空气充分混合即扰动方式是关键所在。

搅拌混合方式有空气气流扰动、机械炉排扰动、砂床流态化扰动和旋转窑旋转扰动等，其中以流态化扰动方式最好。

二次燃烧室内氧气与可燃性有机蒸气的混合程度取决于二次助燃空气与燃烧气体的相互流动方式和气体的湍流程度。一般来说，二次燃烧室气体速度在 3~7 m/s 即可满足要求。如果气体流速过大，混合度虽大，但气体在二次燃烧室内的停留时间缩短，导致不完全燃烧。

4）过剩空气率。废物焚烧所需空气量，是由废物燃烧所需的理论空气量和为了供氧充分而加入的过剩空气量两部分所组成的。

为了使固体废物燃烧完全，必须往燃烧室通入过量的空气，但是太多过剩的空气会吸收过多的热量，不仅引起燃烧室温度的降低，而且会增加输送空气及余热所需的能量。同时，还要注意空气在燃烧室内的分布。在氧化反应集中的燃烧区，应该多送入空气。炉膛空气供给量的选择与炉型、垃圾性质、空气供应方式有关。对具体的废物燃烧过程，需要根据物料的特性和设备的类型等因素确定过剩空气量。过剩空气比 $\lambda$ 一般范围为：1.7~2.5，比一般燃料燃烧时的空气比要大。且有如下特点：垃圾水分多热值低时，空气比值较大；间歇运行炉比连续运行炉要大。

焚烧炉温度（temperature）、停留时间（time）、搅拌混合程度（turbulence）和过剩空气率（excess air）（一般简称为 3T+E）这四个焚烧控制参数相互影响、相互制约。

2. 焚烧系统

焚烧系统包括原料贮存系统、进料系统、焚烧系统、废气排放与污染控制系统、排渣系统、焚烧炉的控制与测试系统、能量回收系统等，见图 2.58。

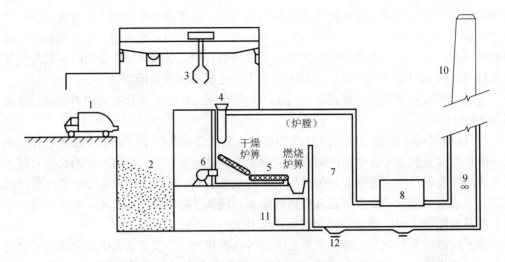

图 2.58　固体废物焚烧系统全流程

1. 运料卡车　2. 贮料仓库　3. 吊车抓斗　4. 装料漏斗　5. 自动输送炉箅　6. 强制送风机
7. 燃烧室与废热回收装置　8. 废气净化装置　9. 引风机　10. 烟囱　11. 灰渣斗　12. 冲灰渣沟

焚烧炉是整个焚烧过程的核心，焚烧炉类型不同，往往整个焚烧反应的焚烧效果不同。目前世界上焚烧炉的型号已达 200 多种，其中较广泛应用炉型按燃烧方式可分为机械炉排焚烧炉、流化床焚烧炉和回转窑式焚烧炉等。

### 2.2.2　固体废物的热解处理

#### 1. 热解原理

固体废物的热解是指在缺氧或无氧条件下，使可燃性固体废物在高温下分解，最终成为可燃气、油、固形炭的过程。热分解反应是吸热反应，主要是使高分子化合物分解为低分子，因此热分解也称为"干馏"。其产物可分为：气体部分有氢、甲烷、一氧化碳、二氧化碳等；液体部分有甲醇、丙酮、乙酸，含其他有机物的焦油、溶剂油、水溶液等；固体部分主要为炭黑。

适于热解的废物主要有废塑料（含氯的除外）、废橡胶、废轮胎、废油及油泥和废有机污泥等。

#### 2. 热解工艺

一个完整的热解工艺包括进料系统、反应器、回收净化系统、控制系统几个部分，其中反应器部分是整个工艺的核心。反应器种类很多，主要根据燃烧床条件及内部物流方向进行分类。

由于供热方式、产物状态、热解炉结构等方面的不同，可对热解工艺进行不同的分类。按热解温度的不同分为高温热解、中温热解和低温热解。按供热方式不同分为直接（内部）供热和间接（外部）供热。按热解炉的结构不同，分为固定床、流化床、移动床和旋转炉等。按热解产物的聚集状态不同，可分为气化方式、液化方式和碳化方式。按热解与燃烧反应是否在同一设备小进行，热解又分为单塔式和双塔式。但热解工艺通常按热解温度或供热方式进行分类。

影响热解过程的主要因素有：温度、加热速率、反应时间等。另外，废物的成分、反应器的类型及作为氧化剂的空气供氧程度等，都对热解反应过程产生影响。

### 3. 热解与焚烧的区别

热解是在无氧或缺氧条件下有机物受热分解的过程，而焚烧则往往以一定的过剩空气量与被处理的有机废物进行氧化燃烧反应；焚烧是放热的，热解是吸热的；焚烧的产物主要是二氧化碳和水，而热解的产物主要是可燃的低分子化合物，其中气态的有氢气、甲烷、一氧化碳，液态的有甲醇、丙酮、乙酸、乙醛等有机物及焦油、溶剂油等，固态的主要是焦炭或炭黑；焚烧产生大量的热能，可回收用于发电、加热水或产生蒸气，就近利用，而热解产物是燃料油及燃料气，便于贮存及远距离输送。

与焚烧相比，热解具有一定的优点：可将有机物转化为贮存性能源；缺氧分解，排气量少，减轻大气污染；废物中的硫、重金属等有害成分大部分被固定在炭黑中；由于保持还原条件，$Cr^{3+}$ 不会转化为 $Cr^{6+}$；$NO_x$ 的产生量少。

热解与焚烧的联系：二者都是热处理，通过高温破坏和改变固体废物的组成和结构；焚烧过程中常常含有热解阶段，热解常作为焚烧处理的辅助手段，利用热解产物进一步燃烧废物，改善废物燃烧效果。

## 2.2.3　固体废物的生物处理

生物处理是利用微生物降解固体废物中可降解的有机物，从而达到无害化或综合利用。根据处理过程起作用的微生物对氧要求不同，生物处理可分为好氧、厌氧处理两类。

### 1. 好氧生物处理

（1）好氧生物处理原理

好氧生物处理废物的过程又称为堆肥化。依靠自然界广泛分布的细菌、放线菌、真菌等微生物，人为地促进可生物降解的有机物向稳定的腐殖质生化转化的微生物学过程叫做堆肥化。一般是指在通风条件下，有游离氧存在时进行的分解发酵过程，由于堆肥温度较高，一般在 55~65℃. 有时高达 80℃，故亦称高温堆肥化。堆肥化的产物称作堆肥。

（2）堆肥化过程

好氧堆肥化从废物堆积到腐熟的微生物生化过程比较复杂，但大致可分为以下三个阶段。

1）中温阶段（亦称产热阶段）：嗜温性微生物利用可溶性有机物，如淀粉糖类等迅速增殖，释放出热能，使得堆肥温度不断上升。微生物以中温、需氧型为主，通常是一些无芽孢细菌。

2）高温阶段（45℃以上）：嗜温性微生物受到抑制甚至死亡，嗜热性微生物逐渐代替了嗜温性微生物的活动。复杂有机化合物如半纤维素、纤维素和蛋白质等开始被强烈分解。50℃左右进行活动的主要是嗜热性真菌和放线菌；60℃时，真菌几乎完全停止活动，仅有嗜热性放线菌与细菌在活动；70℃以上微生物大量死亡或进入休眠状态。

腐熟阶段：在内源呼吸后期，只剩下部分较难分解及难分解的有机物和新形成的腐殖质，此时微生物活性下降，发热量减少，温度下降。嗜温微生物又占优势，对残余较难分解的有机物作进一步分解，腐殖质不断增多且稳定化，此时堆肥即进入腐熟阶段。降温后，需氧量大大减少。含水量也降低，堆肥物孔隙增大，氧扩散能力增强，此时只需自然通风。

（3）堆肥化主要工艺

随着固体废物堆肥化工艺的不断发展，堆肥化由露天堆积（敞开式）转向封闭式，从无发酵装置发展为有发酵装置，从人工土法转向机械化堆肥化过程，其堆肥化速度从慢速发展为半快速到现在常用的快速堆肥化过程，静态发酵已被动态发酵代替等。

目前最常用的是快速有发酵装置机械化（动态）好氧堆肥化，该工艺具有以下优点：堆肥周期短（3～7天）、物料混合均匀、供氧效果好、机械化程度高、便于大规模连续操作运行等特点、特别适用于大城市堆肥化系统，也是今后发展推广的方向。

该工艺可分为前（预）处理、主发酵（一次发酵、一级发酵或初级发酵）、后发酵（二次发酵、二级发酵或次级发酵）、后处理、脱臭、贮存等六大组成部分。

1）前处理。主要通过破碎、分选去除粗大垃圾和降低不可堆肥化物质含量，并使堆肥物料粒度和含水率达到一定程度的均匀化。调整颗粒粒度以改善表面积，孔隙率与透气性能；适宜的粒径范围是 12～60 mm，最佳粒径需视物料物理性质而定。当以人畜粪便、污水污泥饼等为主要原料时，由于其含水率太高等原因，前处理的主要任务是调整水分和碳氮比，有时需添加菌种和酶制剂，以促进发酵过程正常进行。降低水分、增加透气性、调整碳氮比的主要方法是添加有机调理剂和膨胀剂。

① 调理剂：加进堆肥化物料中干的有机物，借以减少单位体积的质量并增加与空气的接触面积，以利于好氧发酵，也可以增加物料中有机物数量。

理想调理剂：干燥的、较轻而易分解的物料，常用的有木屑、稻壳、禾秆、树叶等。

② 膨胀剂：有机的或无机的三维固体颗粒。当它加入湿堆肥化物料中时，能有足够的尺寸保证物料与空气的充分接触，并能依靠粒子间接触起到支撑作用。

普遍使用的膨胀剂是干木屑、花生壳、破碎成粒状的轮胎、小块岩石等物质。

2）主发酵。主发酵主要在发酵仓内进行。靠强制通风或翻堆搅拌来供给氧气。城市固体废物好氧堆肥化的主发酵期为 4～12 天。

3）后发酵。尚未分解的易分解及较难分解的有机物可能全部分解，变成腐殖酸、氨基酸等比较稳定的有机物，得到完全成熟的堆肥成品。后发酵也可以在专设仓内进行，但通常把物料堆积到 1～2m 高度，进行敞开式后发酵。注意防止雨水、翻堆或通风。后发酵时间的长短决定于堆肥的使用情况。

发酵仓的结构形式主要包括立式发酵仓（多层圆筒式；多层桨叶刮板式；多层移动床式；多层板闭合门式）、筒仓式发酵仓（静态和动态两种）、卧式发酵仓（旋转发酵池；刮板发酵池）、箱式发酵仓（戽斗翻倒式发酵池；卧式桨叶式发酵池）、堆积式发酵仓（气流箱式发酵池；定箱槽发酵池）等五大类，主要根据需要进行选择。

4）后处理。通过分选去除塑料、玻璃、陶瓷、金属、小石块等杂物，如利用回转式振动筛、振动式回转筛、磁选机、风选机、惯性分离机、硬度差分离机等预处理设备分离去除上述杂质，或者根据需要（如生产精制堆肥）进行再破碎。有时还需要固化造粒以利贮存。

5）脱臭。每个工序系统有臭气产生，如氨、硫化氢、甲基硫醇、胺类等。可采用化学除臭剂，水、酸、碱水溶液等吸收剂吸收法，臭氧氧化法，活性炭、沸石、熟堆肥等吸附剂吸附法等除臭。

经济而实用的方法是熟堆肥氧化吸附除臭法——将源于堆肥产品的腐熟堆肥置入脱臭器，堆高约 1.2m，将臭气通入系统。使之与生物分解和吸附作用，氨、硫化氨的去除效率均可达 98% 以上，也可用特种土壤（如鹿沼土、白里土等）代替堆肥，此种设备称土壤脱臭过滤器。

6）贮存。堆肥供应期多半是集中在秋天和春天（中间隔半年），因此一般需要至少能容纳 6 个月产量的贮藏设备。堆肥成品可以在室外堆放，但此时必须有不透雨水的覆盖物。

**2. 厌氧生物处理**

有机物厌氧生物处理（厌氧发酵）依次分为液化、产酸、产甲烷三个阶段。每一阶段各有其独特的微生物类群起作用。液化阶段起作用的细菌称为发酵细菌，包括纤维素分解菌、脂肪分解菌、蛋白质水解菌。产酸阶段起作用的细菌是醋酸分解菌，这两个阶段起作用的细菌统称为不产甲烷菌。产甲烷阶段起作用的细菌是甲烷细菌。

厌氧发酵工艺类型较多，按发酵温度、发酵方式、发酵级差的不同划分成几种类型。使用较多的是按发酵温度划分厌氧发酵工艺类型。根据发酵温度，厌氧发酵工艺可分为高温发酵工艺和自然温度发酵工艺两种。

高温发酵工艺的最佳温度范围是 47～55℃，此时有机物分解旺盛，发酵快，物料在厌氧池内停留时间短，非常适于城市垃圾、粪便和有机污泥的处理，其程序如下。

① 高温发酵菌的培养。

② 高温的维持，可利用余热和废热作为高温发酵的热源，是一种技术上十分经济的办法。

③ 原料投入与排出，有机械加料机出料和自流进料和出料两种方法。

④ 发酵物料的搅拌，目的是迅速消除邻近蒸气管道区域的高温状态和保持全池温度的均一。搅拌的方式有机械搅拌、充气搅拌和充液搅拌等三种。

自然温度厌氧发酵指在自然界温度影响下发酵温度发生变化的厌氧发酵。由于该工艺结构简单、成本低廉、施工容易、便于推广，目前我国农村主要采用这种发酵类型。

厌氧发酵池亦称厌氧消化器，按发酵间结构形式，有圆形池、长方形池；按贮气方式，有气袋式、水压式和浮罩式。

# 2.3　固体废物处置系统工程

固体废物处置是指最终处置或安全处置，是固体废物污染控制的末端环节，是解决固体废物的归宿问题。对在当前技术条件下无法继续利用的固体污染物终态，由于其自行降解能力很微弱，可能长期停留在环境之中，为了防止这些固体污染物质对环境的影响，必须把它们放置在某些安全可靠的场所。这就称之为固体废物处置。实际上这是对固体废物进行后处理，使之稳定化，最大限度地与生物圈隔离，如固化后的构件或块体和焚烧后的余烬如何归宿就属于处置工程的范畴。

## 2.3.1　处置的基本要求和分类

对固体废物进行处置的目的，是为了使固体废物最大限度地与生物圈隔离，防止其对环境的扩散污染，确保现在和将来都不会对人类造成危害或影响甚微。因此，处置固体废物要满足以下基本要求。

1）处置场所要安全可靠，对人民的生产和生活不会产生直接的影响，污染物质不会对附近生态环境造成影响和危害。

2）处置场所要设有必需的环境保护监测设备，要便于管理和维护。

3）被处置的固体废物中有害组分含量要尽可能少，固体废物的体积要尽量小，以方便安全处理，并减少处置成本。

4）处置方法要尽量简便、经济，既要符合现有的经济水准和环保要求，也要考虑长远的环境效益。

前人对处置方法的分类可以归纳为两大类，即按隔离屏障分类和按处置场所分类。

按照固体废物被隔离的屏障不同，它又分为天然屏障隔离处置和人工屏障隔离处置两类。天然屏障往往是利用自然界已有的地质构造和特殊地质环境所形成的屏障，也可以是各种圈层之间本身存在的对污染的阻滞作用。人工屏障则是指隔离的界面由人为设置，如使用废物容器、废物预稳定化、人工防渗工程等。

按照处置固体废物场所的不同，处置方法可分为陆地处置和海洋处置。前者的处置场所在陆地的某处，后者的处置场所在海洋中。陆地处置包括土地填埋、土地耕作、深井灌注以及工程库或贮留池贮存几种，其中土地填埋法是一种最常用的方法。陆地处置具有方法简单、操作方便、投入成本低等优点，这种处置方法具有简单、操作方便、投入成本低等优点。缺点是因处置场所离人群较近，安全感差，易产生二次污染。

海洋处置又分为海洋倾倒和远洋焚烧，是以海洋为受体处置固体废物的方法。20 世纪 50～60 年代，以美国为首的工业化国家向海洋倾倒了大量有害固体废物。随着科学的进步，人类越来越认识到保护海洋环境和海洋资源的重要性，将固体废物不加以限制地向海洋投弃已经受到国际舆论的强烈谴责。我国政府对海洋处置持否定态度并制定了一系列有关海洋倾倒的管理条例。

## 2.3.2　固体废物土地填埋处置工程

土地填埋处置就是在陆地上选择合适的天然场所或人工改造出合适的场所，把固体废物用土层覆盖起来的技术。这种处置方法可以有效地隔离污染物保护好环境，并且具有工艺简单、成本低的优点。目前土地填埋处置在大多数国家已成为固体废物最终处置的一种重要方法。填埋场是处置废物的一种陆地处置设施，它由若干个处置单元和构筑物组成，处置场有界限规定，主要包括废物预处理设施、废物填埋设施和渗沥液收集处理设施。

填埋主要分为两种：一般城市垃圾与无害化的工业废渣是基于环境卫生角度而填埋，其操作与结构形式称卫生填埋；而对有毒有害物质的填埋则是基于安全考虑，此操作与结构形式称危险废物填埋。

### 1. 卫生填埋

（1）概况

所谓卫生填埋，是指把被处置的固体废物如城市生活垃圾、建筑垃圾、炉渣等进行土地填埋，这样对公众健康和环境的安全不会产生明显的危害，其操作是把运到填埋场的废物在限定的区域内铺撒成 40～75cm 的薄层，然后压实以减少废物的体积。每天操作之后用一层 15～30cm 厚的土壤覆盖并压实，由此就构成了一个填筑单元。同样高度的一系列互相衔接的填筑单元构成一个升层，完整的卫生土地埋场是由一个或多个升层组成的。当填埋达到最终设计高度之后，再最后覆盖一层 90～120cm 厚的土壤压实就形成了一个完整的卫生填埋场。

卫生填埋分为厌氧、好氧和准好氧三种类型。其中，厌氧填埋是国内采用最多的一种形式，它具有填埋结构简单、操作方便、施工费用低、还可回收甲烷气体等优点。好氧填埋类似高温堆肥，能够减少填埋过程中由于垃圾分解所产生的水分，相应地可以减少由于渗沥液积累过多所造成的地下水污染。好氧填埋分解速度快，所产生的高温能有效地消灭大肠杆菌和部分致病细菌。但是，好氧填埋处置工程结构复杂，施工难度大，成本很高，比较难于推广使用。准好氧填埋介于厌氧和好氧之间，更类似于好氧，此法也不宜推广应用。

卫生填埋已发展成底部密封型结构，或底部和四周都密封的结构，即在填埋场的底部设置人工"屏障"以防止渗沥液的渗漏，渗沥液经收集后集中处理。填埋场周围应设置绿化隔离带，其宽度不小于 10 m。生活垃圾填埋场应建设围墙或栅栏等隔离设施，并在填埋区边界周围设置防飞扬设施、安全防护设施及防火隔离带。

在进行卫生填埋场地选择、设计、建造、操作和封场过程中，应着重考虑防止渗沥液的渗漏、降解气体的释出控制、臭味和病原菌的消除、场地的选择设计、建造及填埋方法的操作等几个主要问题。

（2）场址的选择

卫生填埋场址的选择是处置工程设计的第一步，要做到合理地选择场址，一般要遵循两条基本原则：既要能满足环境保护的要求，又要经济可行。因此，场地选择要十分谨慎，反复论证，通常要经过预选、初选和定点三个步骤来完成。

填埋场选址应由建设项目所在地的建设、规划、环保、环卫、国土资源、水利、卫生监督等有关部门和专业设计单位的有关专业技术人员参加。选择一个理想的卫生填埋场，主要应考虑以下的几个因素。

1）合理确定有效填埋库容。根据垃圾的来源、种类、性质和数量确定场地规模，填埋处置场地要有足够的库容，可满足 10 年以上的服务区内垃圾的填埋量，除填埋完成后的总有效覆盖面积外，需留有预处理、物料回收等辅助性场地。否则，处置场投入的设施和人员管理，以及运输修路投资就没有太高的效益和回报，势必增加固体废物处置的单位成本。

2）运输距离要适中。运输距离的长短对于该处置系统今后的整体运行有着决定性的意义。一般要求在保证其他条件不受影响的情况下，运输距离应尽可能短，以减少处置的成本，同时公路交通应能够在各种气候条件下进行运输。

3）土质条件与地形特点。填埋场的底层土壤要求有较好的抗渗能力，防止渗沥液污染地下水。固体废物填埋完毕后，要及时用黏土覆盖，最好利用填埋区的土壤作覆土材料，以减少从外地运土的费用。同时增加填埋场的容量。覆土材料要易于压实，防渗能力要强。需调查的土壤条件包括土壤的可压实性、渗水性、可开采面积、深度、地下水位与开采量等。这些资料均需通过实际勘探获得。

填埋场的地形直接影响到今后实施填埋作业的形态、所需设施的种类以及管理和操作要求。填埋场要有较强的泄水能力，施工要便于操作，天然泄水漏斗及溶沟、溶槽等洼地不宜选作填埋场。

4）气候条件。气候会影响交通道路和填埋处置效果，一般应选择蒸发量大于降水量的环境，要避开高寒山区选址。在风口，填埋场的废纸张、塑料袋等易被扬起来升向天空，并污染周围环境。因此要选择背风的地点作填埋场，尽量让风朝着填埋作业的方向吹。

5）地质、水文条件。详细掌握填埋区的地质、水文条件，可以避免或减少对填埋场附近地下水源的污染。生活垃圾填埋场场址的选择应避开下列区域：破坏性地震及活动构造区；活动中的坍塌、滑坡和隆起地带；活动中的断裂带；石灰岩溶洞发育带；废弃矿区的活动塌陷区；活动沙丘区；海啸及涌浪影响区；湿地；尚未稳定的冲积扇及冲沟地区；泥炭以及其他可能危及填埋场安全的区域。生活垃圾填埋场选址的标高应位于重现期不小于 50 年一遇的洪水位之上，并建设在长远规划中的水库等人工蓄水设施的淹没区和保护区之外。一般要求地下水贫乏、水位尽量低，水位距底层填埋物至少有 1.5m。

6）环境条件。生活垃圾填埋场场址的位置及与周围人群的距离应依据环境影响评价结论确定，并经地方环境保护行政主管部门批准。在对生活垃圾填埋场场址进行环境影响评价时，应考虑生活垃圾填埋场产生的渗沥液、大气污染物（含恶臭物质）、滋养动物（蚊、蝇、鸟类等）等因素，根据其所在地区的环境功能区类别，综合评价其对周围环境、居住人群的身体健康、日常生活和生产活动的影响，确定生活垃圾填埋场与常住居民居住场所、地表水域、高速公路、交通主干道（国道或省道）、铁路、飞机场、军事基地等敏感对象之间合理的位置关系以及合理的防护距离。填埋库区与污水处理区要尽量避开居民区，边界距居民居住区或人畜供水点应在 500m 以外，要适当远离城市，距城市 2km 之外，并尽量选建在城市的夏季主导风向下风向。

　　7）社会经济条件。生活垃圾填埋场的选址应符合区域性环境规划、环境卫生设施建设规划和当地的城市规划。不应选在城市工农业发展规划区、农业保护区、自然保护区、风景名胜区、文物（考古）保护区、生活饮用水水源保护区、供水远景规划区、矿产资源贮备区、军事要地、国家保密地区和其他需要特别保护的区域内。

　　项目区的土地利用价值及征地费用不宜高。

　　8）考虑迹地的开发利用。迹地系指完成填埋作业后的地盘。填埋场被填满以后，要求有相当面积的土地可以利用作为他用，如建设公园高尔夫球场或作仓库等，均需在填埋场设计和运行时统筹考虑。

　　（3）填埋场场地规划和场地设计

　　1）填埋场场地规划。填埋场地一经建设，就应有一合理的总体规划，既要确保施工的进行还要保证封场后的运营正常，场地规划要合理。进行场地规划时要对以下方面进行考虑：一是进出口道路；二是设备保养站；三是供特种废物使用的贮存场；四是表层土壤堆放场；五是填埋区；六是绿化带。实际操作时可依具体场地条件而变。图2.59是某填埋场典型布置图。

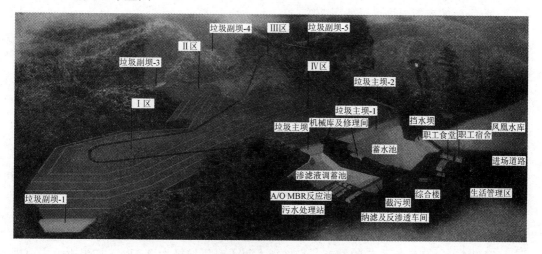

图2.59　某填埋场典型布置示意图

　　根据生活垃圾填埋场污染控制标准（GB 16889—2008），生活垃圾填埋场应包括下列主要设施，即防渗衬层系统、渗沥液导排系统、渗沥液处理设施、雨污分流系统、地下水导排系统、地下水监测设施、填埋气体导排系统、覆盖和封场系统。填埋场总体设计内容如下。

　　填埋场主体工程与装备，即场区道路、场地整治、水土保持、防渗工程、坝体工程、洪雨水及地下水导排、渗沥液收集、处理和排放、填埋气体导出及收集利用、计量设施、绿化隔离带、防飞散设施、封场工程、监测井、填埋场压实设备、推铺设备、挖运土设备等。

　　配套设施：进场道路（码头）、机械维修、供配电、给排水、消防、通讯、监测化验、加油、冲洗、洒水等设施。

　　生产、生活服务设施：办公、宿舍、食堂、浴室、交通、绿化等。

2）填埋场场地设计。填埋场面积和容量的大小与城市的人口数量、垃圾的产率、固体废物填埋的高度、废物与覆盖材料之比值以及填埋后的压实密度有关，常用的设计参数见表2.1。

**表2.1　填埋场填埋规模与服务年限**

| 填埋规模/（t/d） | 服务年限/a |
| --- | --- |
| 小型：500 以下 | 不少于 5 |
| 中型：500～1000 | 不少于 8 |
| 大型：3000 以上 | 不少于 12 |
| 特大型：5000 以上 | 不少于 15 |

填埋场设计时可作如下参考。

① 覆土和填埋垃圾之比为 1 : 3 或 1 : 4；

② 填埋后废物的压实密度为 500～700kg/m$^3$；

③ 场地的容量至少可以使用 20a。

一年中需要进行卫生填埋的固体废物体积可按下式计算

$$V=365\times\frac{WP}{D}+C$$

式中，$V$ 为一年需要填埋的固体废物体积，m$^3$；

$W$ 为该城市（镇）垃圾和无害废物的产率，kg/（人·d）；

$P$ 为服务区人口总数，人；

$D$ 为填埋后垃圾的压实密度，kg/m$^3$；

$C$ 为覆土体积，m$^3$。

利用公式求出了 $V$，已知填埋高度 $H$，则每年所需场地面积 $A$ 为

$$A=\frac{V}{H}$$

**例 2.1**　一个 5 万人口的城市，平均每人每天产生垃圾为 2.0 kg，如果用卫生填埋法处置，覆土与垃圾之比为 1 : 4，填埋后废物压实密度为 600 kg/m$^3$，试求运营 20 年填埋废物所需的面积和场地总容积。

**解**　一年需要填埋的固体废物体积为

$$V=\frac{365\times2.0\times50\,000}{600}+\frac{365\times2.0\times50\,000}{600\times4}=60\,833+15\,208=76\,041(\text{m}^3)$$

如果填埋的高度为 7.5m，每年占地面积为

$$A=76\,041\div7.5=10\,138.8（\text{m}^2）$$

如果场地运营 20 年，则填埋面积为

$$A_{20}=10\,138.8\times20=22\,776（\text{m}^2）$$

运营 20 年场地的总容量为

$$V_{20}=76\,041\times20=1.5\times10^6（\text{m}^3）$$

（4）填埋场防护系统设计

生活垃圾填埋场应实行雨污分流并设置雨水集排水系统，以收集、排出汇水区内可能流向填埋区的雨水、上游雨水以及未填埋区域内未与生活垃圾接触的雨水。雨水集排水系统收集的雨水不得与渗沥液混排。生活垃圾填埋场各个系统在设计时应保证能及时、有效地导排雨、污水。图 2.60 显示出了多种防护方法的综合使用关系。

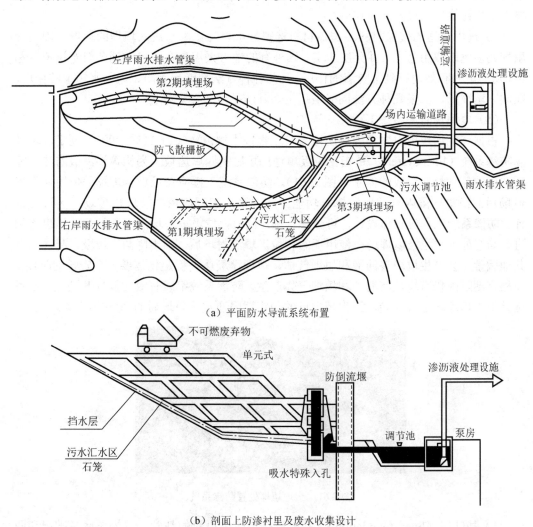

（a）平面防水导流系统布置

（b）剖面上防渗衬里及废水收集设计

图 2.60　卫生填埋场防护系统示意图

常用的防护方法如下：

1）设置防渗衬层。防渗衬层是指设置于生活垃圾填埋场底部及四周边坡的由天然材料和（或）人工合成材料组成的防止渗漏的垫层。防渗衬层分人造和天然两大类，沥青、橡胶和塑料等属于人造衬里，天然衬里主要采用黏土。用黏土做衬里时，要求渗透系数小于 $10^{-7}$cm/s，厚度大于 1m。设置防渗衬里后，填埋场内积聚的渗沥液也要及时排出进行处理。

2）设置导流渠或导流坝。在填埋场的上坡方向开挖导流渠或导流坝，防治地表径流进入填埋场，从而减少渗沥液的量。一般情况下，控制地表径流主要是指排除雨水的措施。对于不同地形的填埋场，其排水系统也有差异。滩涂填埋场往往利用终场覆盖层造坡，将雨水导排进入填埋区四周的雨水明沟。山谷型填埋场往往利用截洪沟和坡面排水沟将雨水排出。雨水导排沟一般采用浆砌块石或混凝土矩形沟，此外，地下水导排主要在水平衬垫层下设置导流层。

3）选用合适的覆盖材料。覆盖材料选得好可以防止雨水进入填埋的垃圾。国内的填埋场多就地取用黏土，并分层压实。国外有的地方采用先在垃圾上铺塑料布再覆盖黏土，从而更为有效地起到了防渗的作用。凡此种种方法都能起到防止地下水污染的作用，在同一填埋场，如果几种方法同时被用上，其防护效果会更好。

（5）填埋场防渗系统工程

根据《生活垃圾卫生填埋场防渗系统工程技术规范》（CJJ 113—2007）规定，填埋场防渗系统（liner system）是指在垃圾填埋场场底和四周边坡上为构筑渗沥液防渗屏障所选用的各种材料组成的体系（图 2.61）。防渗系统工程应在垃圾填埋场的使用期限和封场后的稳定期限内有效地发挥其功能。防渗系统工程应依据垃圾填埋场分区进行设计。防渗系统工程应整体设计，可分期实施。同时，垃圾填埋场渗沥液处理设施也必须进行防渗处理。垃圾填埋场在使用期间和垃圾填满封场后，由于降雨、垃圾自身含水及其他因素，会产生垃圾渗沥液和填埋气体，填埋垃圾达到稳定化需要一个较长的时期，在稳定期限内仍有垃圾渗沥液和填埋气体产生，防渗系统都应有效的发挥其功能。参考国外卫生填埋场运营经验，卫生填埋场的稳定期限通常为封场后的 20～30 年。

图 2.61　土地填埋处置防渗系统

1）基础层（liner foundation）。基础层是指防渗材料的基础，分为场底基础层和四周边坡基础层。基础层应平整、压实、无裂缝、无松土，表面应无积水、石块、树根及尖锐杂物。防渗系统的场底基础层应根据渗沥液收集导排要求设计纵、横坡度，且向边坡基础层过渡平缓，压实度不得小于 93%。防渗系统的四周边坡基础层应结构稳定，压实度不得小于 90%。边坡坡度陡于 1∶2 时，应做出边坡稳定性分析。边坡保护层主要是维护边坡材料层不被填埋机具作业时损坏，可用袋装土、废旧轮胎等加以保护。

垃圾填埋场场底必须设置纵、横向坡度，保证渗沥液顺利导排，降低防渗层上的渗沥液水头。防渗系统工程设计中场底的纵、横坡度不宜小于 2%。但是，实践工程经验表明，在一些利用天然沟壑或平原地区建设垃圾填埋场时，纵向坡度和横向坡度同时大于 2%的条件难以满足，会造成大量不必要的挖方和填方。因此，各地可因地制宜，但必须保证渗沥液能够顺利导排。在美国等国家将防渗层上的渗沥液水头作为垃圾填埋场设计的基本要求。考虑到由于产品质量和施工质量等因素，绝对不渗漏的垃圾填埋场是很难实现的，而控制膜上渗沥液水头有助于显著减少渗沥液的渗漏，对于防渗工程有重要意义，如美国要求防渗层的最大渗沥液水头（图 2.62）不得超过 1ft（0.3m）。

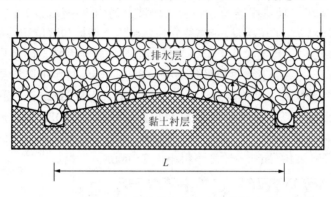

图 2.62　最大渗沥液水头示意图

最大渗沥液水头 $h_{max}$ 可参考下式计算为

$$h_{max}=\frac{L\sqrt{c}}{2}\left[\frac{\tan^2\alpha}{c}+1-\frac{\tan^2\alpha}{c}\sqrt{\tan^2\alpha+c}\right]$$

式中，$c$ 为 $q/k$；

　　　$q$ 为渗沥液流入通量；

　　　$k$ 为渗透系数；

　　　$\alpha$ 为坡度。

2）防渗层（infiltration proof layer）和防渗结构（liner structure）。防渗层是指在防渗系统中，为构筑渗沥液防渗屏障所选用的各种材料的组合。防渗层设计应对防渗系统工程材料的物理性质、化学性质以及抗老化性质加以要求，并且保证防渗层在防渗区域覆盖完整。生活垃圾填埋场应根据填埋区天然基础层（位于防渗衬层下部，由未经扰动的土壤等构成的基础层）的地质情况以及环境影响评价的结论，并经当地地方环境保护行政主管部门批准，选择天然黏土防渗衬层、单层人工合成材料防渗衬层或双层人工合成材料防渗衬层作为生活垃圾填埋场填埋区和其他渗沥液流经或贮留设施的防渗衬层。

天然黏土防渗衬层是指由经过处理的天然黏土机械压实形成的防渗衬层。单层人工合成材料防渗衬层是指由一层人工合成材料衬层与黏土（或具有同等以上隔水效力的其他材料）衬层组成的防渗衬层。双层人工合成材料防渗衬层是指由两层人工合成材料衬层与黏土（或具有同等以上隔水效力的其他材料）衬层组成的防渗衬层。

衬层的厚度和衬层材料的渗透率是保证衬层防渗能力的两个最主要的指标。如果天然基础层饱和渗透系数小于 $1.0\times10^{-7}$ cm/s，且厚度不小于 2m，可采用天然黏土防渗衬层。如果天然基础层饱和渗透系数小于 $1.0\times10^{-5}$ cm/s，且厚度不小于 2m，可采用单层人工合成材料防渗衬层。人工合成材料衬层下应具有厚度不小于 0.75m，且其被压实后的饱和渗透系数小于 $1.0\times10^{-7}$cm/s 的天然黏土防渗衬层，或具有同等以上隔水效力的其他材料防渗衬层。如果天然基础层饱和渗透系数不小于 $1.0×10^{-5}$ cm/s，或者天然基础层厚度小于 2m，应采用双层人工合成材料防渗衬层。下层人工合成材料防衬层下应具有厚度不小于 0.75m，且其被压实后的饱和渗透系数小于 $1.0×10^{-7}$ cm/s 的天然黏土衬层，或具有同等以上隔水效力的其他材料衬层；两层人工合成材料衬层之间应布设导水层及渗漏检测层。生活垃圾填埋场管理机构应每 6 个月进行一次防渗衬层完整性的监测。

防渗结构是指在垃圾填埋场场底和四周边坡上为构筑渗沥液防渗屏障所选用的各种材料的空间层次结构。防渗结构的类型分为单层防渗结构和双层防渗结构。

① 单层防渗结构。其层次从上至下为渗沥液收集导排系统、防渗层（含防渗材料及保护材料）、基础层、地下水收集导排系统。单层防渗结构中的防渗层可以是单层防渗层，也可以是复合防渗层。单层防渗结构的设计形式应从图 2.63～图 2.66 中选择。HDPE 膜和压实土壤的复合防渗结构设计应符合下列规定：HDPE 膜上应采用非织造土工布作为保护层，规格不得小于 600g/m²；HDPE 膜的厚度不应小于 1.5mm；压实土壤渗透系数不得大于 $1×10^{-9}$ m/s，厚度不得小于 750mm。

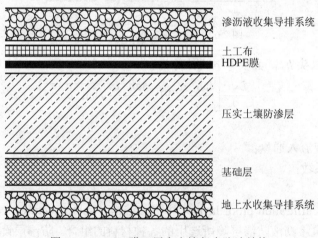

图 2.63　HDPE 膜＋压实土壤复合防渗结构

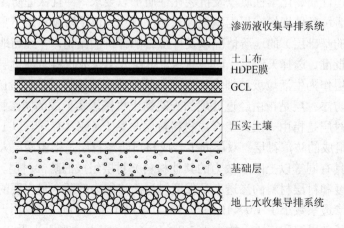

图 2.64　HDPE 膜＋GCL 复合防渗结构

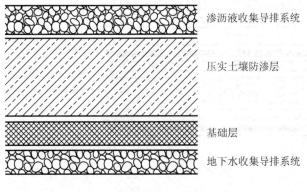

渗沥液收集导排系统

压实土壤防渗层

基础层

地下水收集导排系统

图 2.65　压实土壤单层防渗结构

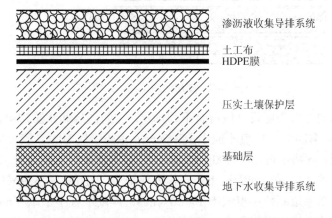

渗沥液收集导排系统

土工布
HDPE膜

压实土壤保护层

基础层

地下水收集导排系统

图 2.66　HDPE 膜单层防渗结构

HDPE 膜和 GCL 的复合防渗结构设计应符合下列规定：HDPE 膜上应采用非织造土工布作为保护层，规格不得小于 $600g/m^2$；HDPE 膜的厚度不应小于 1.5mm；GCL 渗透系数不得大于 $5×10^{-11}$ m/s，规格不得低于 4 800 $g/m^2$；GCL 下应采用一定厚度的压实土壤作为保护层，压实土壤渗透系数不得大于 $1×10^{-7}$ m/s。

压实土壤单层的防渗结构设计应符合下列规定：压实土壤渗透系数不得大于 $1×10^{-9}$ m/s；压实土壤厚度不得小于 2m。HDPE 膜单层防渗结构设计应符合下列规定：HDPE 膜上应采用非织造土工布作为保护层，规格不得小于 600 $g/m^2$；HDPE 膜的厚度不应小于 1.5 mm；HDPE 膜下应采用压实土壤作为保护层，压实土壤渗透系数不得大于 $1×10^{-7}$ m/s，厚度不得小于 750 mm。

② 双层防渗结构应按图 2.67 形式设计。双层防渗结构的层次从上至下为渗沥液收集导排系统、主防渗层（含防渗材料及保护材料）、渗漏检测层、次防渗层（含防渗材料及保护材料）、基础层、地下水收集导排系统。双层防渗结构是在单层防渗结构基础上又增加了一个防渗层和一个渗漏检测。双层防渗结构中的主防渗层和次防渗层分别可以是单层防渗层或复合防渗层。在双层防渗结构中，应能够通过渗漏检测层（leakage detection liner）及时检测到主防渗层的渗漏，并采取必要的污染控制措施。

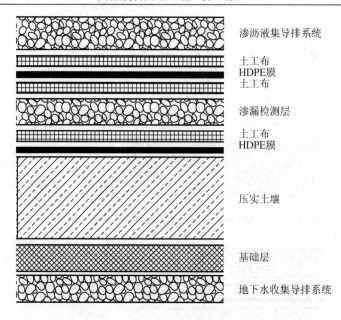

图 2.67　双层防渗结构示意图

　　双层防渗结构的防渗层设计应符合下列规定：主防渗层和次防渗层均应采用 HDPE 膜作为防渗材料，HDPE 膜厚度不应小于 1.5mm；主防渗层 HDPE 膜上应采用非织造土工布作为保护层，规格不得小于 600g/m²；HDPE 膜下宜采用非织造土工布作为保护层；次防渗层 HDPE 膜上宜采用非织造土工布作为保护层，HDPE 膜下应采用压实土壤作为保护层，压实土壤渗透系数不得大于 $1 \times 10^{-7}$ m/s，厚度不宜小于 750 mm；主防渗层和次防渗层之间的排水层宜采用复合土工排水网。

　　3）渗沥液收集导排系统（leachate collection and removal system）。渗沥液收集导排系统是指在防渗系统上部，用于收集和导排渗沥液的设施。其主要功能是将填埋库区内产生的渗沥液收集起来，并通过调节池输送至渗沥液处理系统进行处理。渗沥液收集系统通常由导流层、盲收集沟、多孔收集管、集水池、提升多孔管、潜水泵和调节池等组成，如果渗沥液收集管直接穿过垃圾主坝接入调节池，则集水池、提升多孔管和潜水泵可省略。所有设施要按填埋场多年逐月平均降雨量（一般为 20 年）产生的渗沥液产出量设计。渗沥液排出系统宜采用重力流排出；不能利用重力流排出时，应设置泵井。渗沥液导排系统应确保在填埋场的运行期内防渗衬层上的渗沥液深度不大于 30cm。为检测渗沥液深度，生活垃圾填埋场内应设置渗沥液监测井。典型的渗沥液导排系统断面及其和水平衬垫系统、地下水导排系统的相对关系见图 2.68。

　　① 导流层。为了防止渗沥液在填埋库区场底积蓄，填埋场底应形成一系列坡度的阶地，填埋场底的轮廓边界必须能使重力水流始终流向垃圾主坝前的最低点。导流层的目的就是将全场的渗沥液顺利地导入收集沟内的渗沥液收集管内（包括主管和支管）。

　　根据《城市生活垃圾卫生填埋处理工程项目建设标准》的要求，渗沥液在垂直方向上进入导流层的最小底面坡降应不小于 2%，以利于渗沥液的排放和防止在水平衬垫层上的积蓄。导流层铺设在经过清理后的场基上，选用卵石或碎石等材料，其粒径宜分布在 15～40 mm 范围内。材料的碳酸钙含量不应大于 10%，铺设厚度不应小于 300mm，

渗透系数不应小于 $1 \times 10^{-3}$m/s；在四周边坡上宜采用土工复合排水网等土工合成材料作为排水材料。

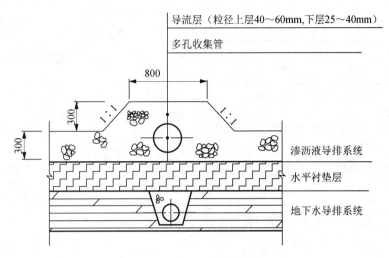

图 2.68 典型渗沥液导排系统断面

② 盲沟和多孔收集管。盲沟设置于导流层的最低标高处，并贯穿整个场底，断面通常采用等腰梯形或菱形，铺设于场底中轴线上的为主沟，在主沟上依间距 30～50m 设置支沟，支沟与主沟的夹角宜采用 15°的倍数（通常采用 60°）。盲沟中填充卵石或碎石，粒径按照上大下小形成反滤，一般上部卵石粒径采用 40～60mm，下部采用 25～40mm。盲沟应由土工布包裹，其规格不得小于 150g/m²。

多孔收集管按照埋设位置分为主管和支管，分别埋设在盲沟主沟和支沟中，管道需要进行水力和静力作用测定或计算以确定管径和材质，其公称直径应不小于 100mm，最小坡度应不小于 2%。典型的渗沥液多孔收集管断面见图 2.69。通常采用高密度聚乙烯（HDPE）穿孔管（图 2.70），预先制孔，孔径通常为 15～20mm，孔距 50～100mm，开孔率 2%～5%。

渗沥液收集系统中的收集管部分不仅指场底水平铺设的部分，同时还包括收集管的垂直收集部分（图 2.71）。

在填埋区按一定间距设立贯穿垃圾体的垂直立管，管底部通入导流层或通过短横管与水平收集管相接，以形成垂直-水平立体收集系统，通常这种立管同时也用于导出填埋气体，称为排渗导气管，又称石笼。管材采用高密度聚乙烯穿孔花管，在外围利用土工网格形成套管，并在套管上与多孔管之间填入建筑垃圾、卵石或碎石滤料，随着垃圾层的升高，这种设施也逐级加高，直至最终封场高度，底部的垂直多孔管与导流层中的渗沥液收集管网相通，这样垃圾堆体中的渗沥液可通过滤料和垂直多孔管流入底部的排渗管网。排渗导气管的间距要考虑不影响填埋作业和有效导气半径的要求，一般按 50 m 间距梅花形交错布置。排渗导气管随着垃圾层的增加而逐段增高，导气管下部要求设立稳定基础。典型的排渗导气管断面见图 2.72。

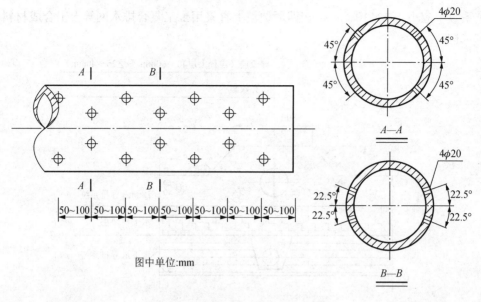

图中单位:mm

图 2.69　渗沥液多孔收集管典型断面

图 2.70　HDPE 穿孔管

图 2.71　卫生填埋场石笼布置

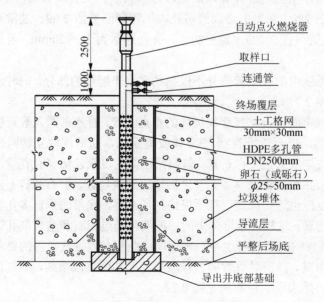

图 2.72　排渗导气管典型断面

渗沥液排出管需要穿过土工膜时，穿膜管道应使用 HDPE 管材，应采取有效的强化密封措施，确保管道和土工膜紧密结合，防止穿膜处破损，产生渗沥液渗漏。

③ 集水池及提升系统。渗沥液集水池位于垃圾主坝前的最低洼处，以砾石堆填以支承上覆废弃物、覆盖封场系统等荷载，全场的垃圾渗沥液汇集到此并通过提升系统越过垃圾主坝进入调节池。如果采取渗沥液收集主管直接穿过垃圾主坝的方式（适用于山谷型填埋场），则可以将集水池和提升系统省略。

山谷型填埋场可利用自然地形的坡降采用渗沥液收集管直接穿过垃圾主坝的方式，穿坝管不开孔，采用与渗沥液收集管相同的管材，管径不小于渗沥液收集主管的管径。采取这种输送方式没有能耗，主坝前不会形成渗沥液的壅水，利于垃圾堆体的稳定化，便于填埋场的管理，但同时有个隐患，即穿坝管与主坝上游面水平衬垫层接口处因沉降速度的不同易发生衬垫层的撕裂，对水平防渗产生破坏性影响。

平原型填埋场由于渗沥液无法依靠重力流从垃圾堆体内导出，通常使用集水池和提升系统。通常情况下，水平衬垫系统在垃圾主坝前某一区域下凹形成集水池，由于防渗膜的撕裂常常发生于集水池的斜坡及凹槽处，因而常常在集水池区域增加一层防渗膜。提升系统包括提升多孔管和提升泵，提升管依据安装形式可分为竖管和斜管。采用竖管形式时，由于垃圾堆体的固结沉降将给提升管外侧施加以向下的压力（下拽力或负摩擦力），它可以达到相当大的数值，是对下部水平防渗膜的潜在威胁，所以现在通常使用斜管提升的方式。斜管提升方案大大减小了负摩擦力的作用，而且竖管提升带来的许多操作问题也随之避免。斜管通常采用高密度聚乙烯（HDPE）管，半圆开孔，典型尺寸是 $DN$800 mm，以利于将潜水泵从管道中放入集水池，在泵维修或发生故障时可以将泵拉上来。

集水池的尺寸根据其负责的填埋单元面积而定，一般采用 $L:B:H=10:10:3$，池坡 $1:2$。集水池内填充砾石的孔隙率为 30%～40%。

潜水泵通过提升斜管安放于贴近池底的部位，将渗沥液抽送入调节池，通过设计水泵的启、闭水位标高来控制泵的启闭次序，提升管穿孔的过流能力必须大于水泵流量，同时水泵的启闭液面高应能使水泵工作一个较长的周期（一般依据水泵性能决定），枯水运行或频繁的启闭都会损坏水泵。典型的斜管提升系统断面见图 2.73。

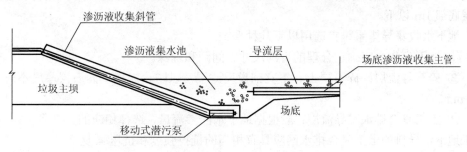

图 2.73　斜管提升系统典型断面

④ 调节池。渗沥液收集系统的最后一个环节是调节池（图 2.74），主要作用是对渗沥液进行水质和水量的调节，平衡丰水期和枯水期的差异，为渗沥液处理系统提供恒定的水量，同时可对渗沥液水质起到预处理的作用。依据填埋库区所在地的地质情况（当

采用渗沥液重力自流入调节池时，还需考虑渗沥液穿坝管的标高影响），调节池通常采用地下式或半地下式，调节池池底和内壁通常采用高密度聚乙烯膜进行防渗，膜上采用预制混凝土板保护。

考虑到调节池渗沥液恶臭对环境的影响，在设计和施工时，采取封闭等措施防止恶臭物质的排放，对调节池的表面进行覆盖。覆盖材料包括 HDPE 膜等。覆盖表面应有气体出气口。出气可用矿化垃圾生物滤池或其他方法处理。

图 2.74　渗沥液调节池和处理站

4）地下水收集导排系统（groundwater collection and removal system）。地下水收集导排系统是指在防渗系统基础层下方，用于收集和导排地下水的设施。当地下水水位较高并对场底基础层的稳定性产生危害时，或者垃圾填埋场周边地表水下渗对四周边坡基础层产生危害时，必须设置地下水收集导排系统。在地下水水位较低、降雨少的地区，地下水对防渗系统不造成危害时，可不设地下水收集导排系统。生活垃圾填埋场填埋区基础层底部应与地下水年最高水位保持 1m 以上的距离。当生活垃圾填埋场填埋区基础层底部与地下水年最高水位距离不足 1m 时，应建设地下水导排系统。地下水导排系统应确保填埋场的运行期和后期维护与管理期内地下水水位维持在距离填埋场填埋区基础层底部 1m 以下。

地下水收集导排系统宜选用以下几种形式。

① 地下盲沟：应确定合理的盲沟尺寸、间距和埋深。

② 碎石导流层：碎石层上、下宜铺设反滤层，以防止淤堵，碎石层厚度不应小于 300 mm。

③ 土工复合排水网导流层：应根据地下水的渗流量，选择相应的土工复合排水网。用于地下水导排的土工复合排水网应具有相当的抗拉强度和抗压强度。

5）垂直防渗系统。填埋场的垂直防渗系统是根据填埋场的工程、水文地质特征，利用填埋场基础下方存在的独立水文地质单元、不透水或弱透水层等，在填埋场一边或周边设置垂直的防渗工程（如防渗墙、防渗板、注浆帷幕等），将垃圾渗沥液封闭于填埋场中进行有控地导出，防止渗沥液向周围渗透污染地下水和填埋场气体无控释放，同时也有阻止周围地下水流入填埋场的功能。根据施工方法的不同，通常采用的垂直防渗工程有土层改性法防渗墙、打入法防渗墙和工程开挖法防渗墙等。

由于山谷型填埋场大多数具备独立的水文地质单元条件，垂直防渗系统在山谷型填埋场中应用较多，平原区填埋场中也有应用。可以用于新建填埋场的防渗工程，也可以用于老填埋场的污染治理工程，尤其对不准备清除已填垃圾的老填埋场，其基底防渗是不可能的，此时周边垂直防渗就特别重要。

6）防渗系统工程材料及联接。防渗系统工程材料（liner system engineering material）是指用于防渗系统工程的各种土工合成材料的总称，包括高密度聚乙烯（HDPE）膜、膨润土防水毯（GCL）、土工布、土工复合排水网等。

高密度聚乙烯（HDPE）膜：HDPE 膜是世界通用的垃圾填埋场防渗材料，具有施工方便，节省库容，防渗性能好等优点，但是容易破损，应在上下设置保护层，通常膜上采用非织造土工布作为保护材料，膜下采用压实土壤等材料加以保护。用于垃圾填埋场防渗系统工程的土工膜应符合国家现行标准《填埋场用高密度聚乙烯土工膜》（CJ/T 234）的有关规定外，还应符合下列要求：厚度不应小于 1.5mm；膜的幅宽不宜小于 6.5m。

土工布：土工布用作 HDPE 膜保护材料时，应采用非织造土工布，规格不应小于 $600g/m^2$；土工布用于盲沟和渗沥液收集导排层的反滤材料时，规格不宜小于 $150g/m^2$；土工布应具有良好耐久性能。

钠基膨润土防水毯（GCL）主要应用于 HDPE 膜下作为防渗层或保护层。钠基膨润土防水毯（GCL）应符合下列规定：垃圾填埋场防渗系统工程中的 GCL 应表面平整，厚度均匀，无破洞、破边现象。针刺类产品针刺均匀密实，应无残留断针；单位面积总质量不应小于 $4800g/m^2$，其中单位面积膨润土质量不应小于 $4500 g/m^2$；膨润土体积膨胀度不应小于 24mL/2g；抗拉强度不应小于 800N/10 cm；抗剥强度不应小于 65N/10cm；渗透系数应小于 $5×10^{-11}m/s$；抗静水压力 0.6MPa/h，无渗漏。

土工复合排水网（图 2.75）主要用于渗沥液收集导排系统，渗沥液检测系统，地下水收集导排系统。特别适用于垃圾填埋场底部和边坡的渗沥液收集系统，使用在垃圾填埋场的边坡上优势更为明显。土工复合排水网应符合下列要求：土工复合排水网中土工网和土工布应预先粘合，且粘合强度应大于 0.17kN/m；土工复合排水网的土工网宜使用 HDPE 材质，纵向抗拉强度应大于 8kN/m，横向抗拉强度应大于 3kN/m 等。

图 2.75 土工复合排水网

防渗系统工程材料连接设计应符合下列要求：合理布局每片材料的位置，力求接缝最少；合理选择铺设方向，减少接缝受力；接缝应避开弯角；在坡度大于 10%的坡面上和坡脚向场底方向 1.5m 范围内不得有水平接缝；材料与周边自然环境连接应设置锚固沟。各种防渗系统工程材料的搭接方式和搭接宽度应符合表 2.2 要求。

表 2.2　土工合成材料搭接方式和搭接要求

| 材料 | 搭接方式 | 搭接宽度/mm |
|---|---|---|
| 织造土工布 | 缝合连接 | 75±15 |
| 非织造土工布 | 缝合连接 | 75±15 |
| | 热粘连接 | 200±25 |
| HDPE 土工膜 | 热熔焊接 | 100±20 |
| | 挤出焊接 | 75±20 |
| GCL | 自然搭接 | 250±50 |
| 土工复合排水网 | 土工网要求捆扎；<br>下层土工布要求搭接；<br>上层土工布要求缝合 | 75±15 |

垃圾填埋场四周边坡的坡高与坡长不宜超过表 2.3 的限制要求。

表 2.3　垃圾填埋场边坡坡高与坡长限制值

| 边坡坡度 | >1:2 | 1:2~1:3 | 1:3~1:4 | 1:4~1:5 | <1:5 |
|---|---|---|---|---|---|
| 限制坡高/m | 10 | 15 | 15 | 15 | 12 |
| 限制坡长/m | 22.5 | 40 | 50 | 55 | 60 |

垃圾填埋场垃锚固沟的设计应符合下列要求：符合实际地形状况；锚固沟距离边坡边缘不宜小于 800mm；防渗系统工程材料转折处不得存在直角的刚性结构，均应做成弧形结构；锚固沟断面应根据锚固形式，结合实际情况加以计算，并不宜小于 800mm × 800mm。典型锚固沟结构形式见图 2.76 和图 2.77。

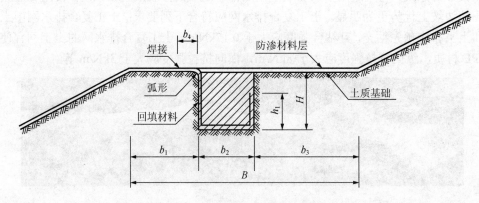

图 2.76　边坡锚固平台典型结构

$b_1 \geqslant 800$ mm；$b_2 \geqslant 800$ mm；$b_3 \geqslant 1000$ mm；$b_4 \geqslant 250$ mm；

$B \geqslant 3000$ mm；$H \geqslant 800$ mm；$h_1 \geqslant H/3$

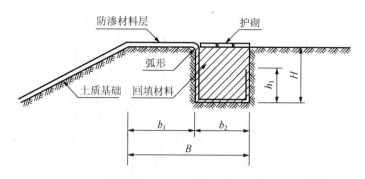

图 2.77　终场锚固沟典型结构

$b_1 \geqslant 800$ mm；$b_2 \geqslant 800$ mm；$B \geqslant 2000$ mm；$H \geqslant 800$ mm；$h_1 \geqslant H/3$

（6）渗沥液的处理

垃圾渗沥液是一种高浓度的有机废水，根据垃圾来源的不同，渗沥液中还可能会有 Cr、Cd、Pb、Cu、Hg 等重金属。

1）渗沥液生成分析。垃圾填埋后，经微生物分解和地表水影响会产生一定数量的渗沥液。其中，降水和填埋场表面的径流量渗入是垃圾渗沥液的主要来源，垃圾本身所含水分和有机物含量的多少也会影响渗沥液的数量和性质；填埋场蒸发散失水量大会使渗沥液减少，而表面蒸发与土壤的种类、温度、湿度、风速、大气压及水质等因素有关，蒸发量还受季节、日照量等条件的影响。对填埋场渗沥液的产生量进行确切计算比较困难，一般采用下面的经验公式进行粗略估算为

$$Q = \frac{1}{1000} \cdot C \cdot I \cdot A$$

式中，$Q$ 为渗沥液水量，$m^3/d$；

$C$ 为浸出系数（填埋区：$0.4 \sim 0.6$；封场区：$0.2 \sim 0.4$）；

$I$ 为降雨量，mm/d；

$A$ 为填埋面积，$m^2$。

例 2.2　某填埋场总面积为 $10.0$ $hm^2$，分四个区进行填埋。目前已有三个区填埋完毕，其面积为 $A_2 = 7.5$ $hm^2$，浸出系数 $C_2 = 0.25$。另有一个区正在进行填埋施工，填埋面积 $A_1 = 2.5$ $hm^2$，浸出系数 $C_1 = 0.5$。当地的年平均降雨量为 $3.5$ mm/d，最大月降雨量的日换算值为 $6.8$ mm/d。求渗沥液产生量。

解　渗沥液产生量：

$$Q = Q_1 + Q_2 = (C_1 \times A_1 + C_2 \times A_2) \times I / 1000$$

平均渗沥液量（$m^3/d$）：

$$Q_{平均} = (0.5 \times 2.5 + 0.25 \times 7.5) \times 10\,000 \times 3.5/1000$$
$$= 109.4 \ m^3/d$$

最大渗沥液量（$m^3/d$）：

$$Q_{最大} = (0.5 \times 2.5 \times 10\,000 + 0.25 \times 7.5 \times 10\,000) \times 6.8/1000$$
$$= 212.5 \ m^3/d$$

2）渗沥液的性质。渗沥液的性质与垃圾的种类、性质及填埋方式等许多因素有关。一般说来，在填埋初期，渗沥液产有机酸浓度较高，挥发性有机酸约占 1%；随着时间的推移，挥发性有机酸的比例会增加，有机物质浓度总体降低。

厌氧填埋渗沥液的主要污染参数特征是：色度为 2000~4000，有强烈的腐败臭味；pH 测出弱酸变弱碱（6~8）；$BOD_5$ 呈逐渐增高趋势，一般填埋 6~30 个月后，$BOD_5$ 达到峰值，随后又下降；COD 一般呈缓慢下降；TOC 浓度的变化区间为 265~2800mg/L；溶解总固体呈现递增趋势，填埋 6~24 个月达到峰值；SS 一般多在 300mg/L 以下；含有氯、磷、重金属等组分。表 2.4 列出了典型垃圾填埋场渗沥液化学成分分析结果。

在新的垃圾填埋场里，挥发性酸的存在可能会产生高 $BOD_5$ 和 COD 浓度的渗沥液。$BOD_5$：COD 比值一般为 0.5~0.7，表现出良好的可生化性。值得注意的是，早期酸性阶段渗沥液中重金属含量较高，处理的必要性更显得重要。一般来说，到了甲烷气产生的阶段，$BOD_5$ 和 COD 浓度才会降低，10 年以后 $BOD_5$：COD 值将降至 0.1。

表 2.4　卫生填埋典型渗沥液分析结果

| 污染物名称 | 典型表征值/（mg/L） | 变化范围* |
|---|---|---|
| $BOD_5$ | 20 000 | 0.01×~2× |
| COD | 30 000 | 0.01×~2× |
| 电导物 | 6 000 | 0.01×~3× |
| 氨氮 | 500 | 0.01×~1.5× |
| 氯化物 | 2 000 | 0.05×~1.5× |
| 总铁 | 500 | 0.5×~5× |
| 锌 | 50 | 0.5×~5× |
| 铅 | 2 | 0.1×~5× |
| pH | 6 | 0.7×~1.3× |

\*　如 $BOD_5$ 的变化范围为 0.01×20 000~2×20 000＝200~40 000。

生活垃圾填埋场应建设渗沥液处理设施，以在填埋场的运行期和后期维护与管理期内对渗沥液进行处理，达到《生活垃圾填埋污染控制标准》（GB 16899）中的三级标准后排放。根据垃圾渗沥液的特性，常选用的处理工艺有以下三种。

① 纳入城市污水处理厂。当城市污水管道或污水处理厂靠近垃圾填埋场时，将渗沥液纳入污水处理厂，可与城市污水一起进行处理。但是，如果渗沥液的量太多，城市污水处理厂就会出现污泥膨胀、铁的沉淀及重金属毒性影响等一系列问题。

② 专设渗沥液处理站。对于大型、远离城市污水处理厂、城市污水处理厂不愿接纳渗沥液的垃圾填埋场，专设渗沥液处理站很有必要。早期渗沥液可以依靠一系列生物处理方法处理，但到了后期还得采用化学—物理的方法来处理。图 2.78 为垃圾渗沥液处理工艺流程图。

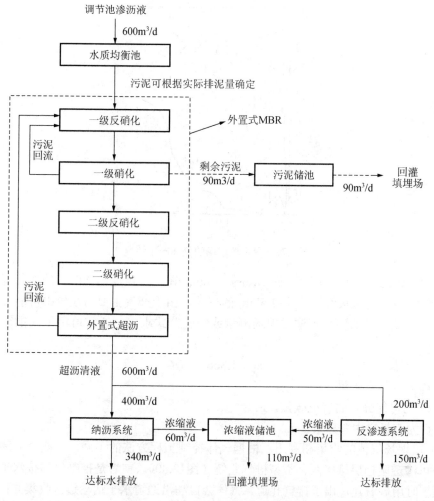

图 2.78　垃圾渗沥液处理工艺流程图

③ 利用填埋场再循环处理。再循环是指将渗沥液回灌到填埋堆体的上部或通过地下孔道排水循环处理。意大利和法国多采用"通过地下水道排水"的方法，若再次浇洒在填埋场上面难免会产生更多的臭气。英国人则认为，再循环只能作为减少渗沥液体积的方法，而不能达到处理渗沥液的目的。渗沥液的再循环处理必须要满足项目区的蒸发量大于降水量。

（7）填埋场气体的产生及利用

1）填埋场气体生成概况。填埋后的垃圾被分解，一般分为好氧和厌氧两个阶段。在填埋后的早期阶段，垃圾中的有机物进行好氧分解，时间可持续数天。这阶段主要产生二氧化碳、水和氨；当填埋区内的氧气被耗尽以后，垃圾中的有机物生化反应进入厌氧阶段，这时的气体分解产物主要有甲烷、二氧化碳、氨和水，也可能有微量的二氧化硫。在厌氧分解的高峰期，气体中甲烷可占 30%～70%，二氧化碳占 15%～30%。图 2.79 表示了填埋场不同阶段气体产生成分的相对量的大小。从图中可以看出二氧化碳和甲烷分别产生于不同的氧化还原条件，且呈明显的反消长关系。

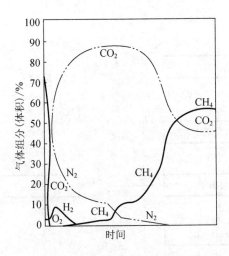

图 2.79　卫生填埋场的气体产生情况

填埋气体的数量相当可观，据 Weiss Samuel 在卫生填埋场 907 天的现场观测结果可知，每立方米的垃圾约可产生 1.5 $m^3$ 的气体。由于产气主要与垃圾中可能分解的有机物有关，产气量的多少可通过现场测量或经验公式求出。通常可用下式推算出场内产气量

$$V_g = 1.866 \times C_F/C$$

式中，$V_g$ 为气体产生量，L；

　　　$C_F$ 为可能分解的有机碳量，g；

　　　$C$ 为有机物中总碳量，g。

2）填埋场气体的收集和利用。根据气体控制工程方法的不同，一般分为渗透性排气和不可渗透阻挡层排气两种类型排气系统（图 2.80）。前者是控制气体按水平方向运移，填埋时用砂石建造出了排气孔道，气体会自动沿通道水平运动进入收集井；后者是在不透气的顶部覆盖层中安装收集井和排气管，收集井则与浅层砾石排气道或设置在填埋场废物顶部的多孔集气支管相连接。

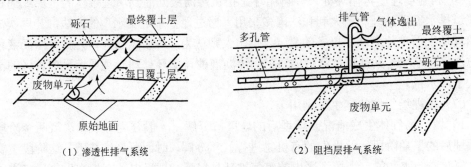

（1）渗透性排气系统　　　　　　　　（2）阻挡层排气系统

图 2.80　填埋场两种排气系统

生活垃圾填埋场应建设填埋气体导排系统，采取甲烷减排措施。在填埋场的运行期和后期维护与管理期内将填埋层内的气体导出后利用、焚烧或达到甲烷排放控制要求后

直接排放。设计填埋量大于250万t且垃圾填埋厚度超过20m生活垃圾填埋场，建设甲烷利用设施或火炬燃烧设施处理含甲烷填埋气体；小于上述规模的生活垃圾填埋场，采用能够有效减少甲烷产生和排放的填埋工艺或采用火炬燃烧设施处理含甲烷填埋气体。生活垃圾填埋场管理机构每天进行一次填埋场区和填埋气体排放口的甲烷浓度监测（图2.81）。垃圾填埋场所产生的沼气是一种可利用的能源，利用垃圾沼气燃烧系统、沼气发电机等工程均已相继投入使用。填埋场收集的沼气要通过预处理才能使用（图2.82）。

图2.81　填埋气体检测装置图

图2.82　填埋气体发电预处理系统

一般首先对气体进行脱水，多使用气体调节器来实现脱水，这可使沼气的含水量低于110g/m³，气体热值可达到中等水平。第二步是去除二氧化碳，采用分子筛吸收柱流水工艺或者采用二甲醚DMPEG工艺均可去除二氧化碳。常用的沼气收集处理系统见图2.83。经预处理后的沼气可以用来生产热蒸气、发电、加热或压缩液化供工业和民用，如图2.84所示。

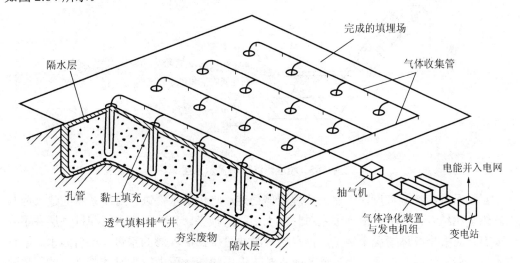

图2.83　沼气收集处理系统示意图

（8）封场及后期维护与管理要求

现代化填埋场的终场覆盖应由五层组成，从上至下为：表层、保护层、排水层、防渗层（包括底土层）和排气层（图2.85）。

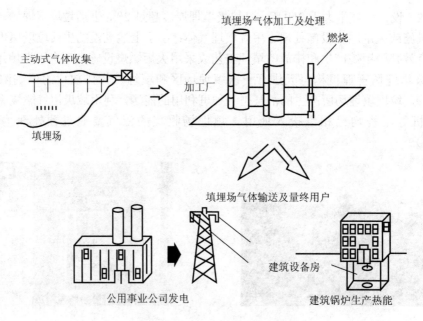

图 2.84　填埋场气体的利用

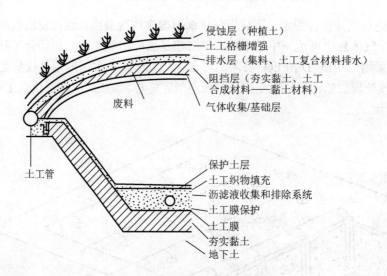

图 2.85　填埋场终场覆盖示意图

　　封场系统应控制坡度，以保证填埋堆体稳定，防止雨水侵蚀。封场系统的建设应与生态恢复相结合，并防止植物根系对封场土工膜的损害。其中，排水层和排气层并不一定要有，应根据具体情况来确定。排水层只当通过保护层入渗的水量（来自雨水、融化雪水、地表水、渗沥液回灌等）较多或者对防渗层的渗透压力较大时才是必要的。排气层只有当填埋废物降解产生较大量填埋气体体时才需要。各结构层的作用、材料和使用条件列于表 2.5 中。

表 2.5　填埋场终场覆盖系统

| 结构层 | 主要功能 | 常用材料 | 备注 |
| --- | --- | --- | --- |
| 表层 | 取决于填埋场封场后的土地利用规划，能生长植物并保证植物根系不破坏下面的保护层和排水层，具有抗侵蚀等能力，可能需要地表排水管道等建筑 | 可生长植物的土壤以及其他天然土壤 | 需要有地表水控制层 |
| 保护层 | 防止上部植物根系以及挖洞动物对下层的破坏，保护防渗层不受干燥收缩、冻结解冻等破坏，防止排水层的堵塞，维持稳定 | 天然土等 | 需要有保护层，保护层和表层有时可以合并使用一种材料 |
| 排水层 | 排泄入渗进来的地表水等，降低入渗层对下部防渗层的水压力，还可以有气体导排管道和渗沥液回收管道等 | 砂、砾石、土工网格、土工合成材料、土工布 | 此层并非必需的，只当通过保护层入渗的水量较多或者对防渗层的渗透压力较大时才是必要的 |
| 防渗层 | 防止入渗水进入填埋废物中，防止填埋气体逸出 | 压实黏土、柔性膜、人工改性防渗材料和复合材料等 | 需要有防渗层，通常有保护层、柔性膜和土工布来保护防渗层，常用复合防渗层 |
| 排气层 | 控制填埋气体，将其导入填埋气体收集设施进行处理或利用 | 砂、土工网格土工布 | 只有当废物产生大量填埋气体时才是必需的 |

　　表层的设计取决于填埋场封场后的土地利用规划，通常要能生长植物。表层土壤层的厚度要保证植物根系不造成下部密封工程系统的破坏，此外，在冻结区表层土壤层的厚度必须保证防渗层位于霜冻带以下，表层的最小厚度不应小于 50cm。在干旱区可以使用鹅卵石替代植被层，鹅卵石层的厚度为 10～30cm。

　　保护层的功能是防止上部植物根系以及挖洞动物对下层的破坏，保护防渗层不受干燥收缩、冻结解冻等的破坏，防止排水层的堵塞，维持稳定等。

　　排水层的功能是排泄通过保护层入渗进来的地表水等，降低入渗水对下部防渗层的水压力。该层并不是必须有的层，只有当通过保护层入渗的水量（来自雨水、融化雪水、地表水和渗沥液回灌等）较多或者对防渗的渗透压力较大时才是必要的。排水层中还可以有排水管道系统等设施，其最小透水率为 $10^{-2}$cm/s，倾斜度一般≥3%。

　　防渗层是终场覆盖系统中最为重要的部分。其主要功能是防止入渗水进入填埋废物中，防止填埋场气体逃离填埋场。防渗材料有压实黏土、柔性膜、人工改性防渗材料和复合材料等。防渗层的渗透系数要求 $K \leqslant 10^{-7}$cm/s，铺设坡度≥2%。

　　排气层用于控制填埋场气体，将其导入填埋气体收集设施进行处理或者利用。它并不是终场覆盖系统的必备结构，只有当填埋废物降解产生较大量的填埋场气体时才需要。

　　覆盖材料的用量与垃圾填埋量的关系为 1∶4 或 1∶3。覆盖材料包括自然土、工业渣土、建筑渣土和矿化垃圾等。自然土是最常用的覆盖材料，它的渗透系数小，能有效地阻止渗沥液和填埋气体的扩散，但除了掘埋法外，其他类型的填埋场都存在着大量取土而导致的占地和破坏植被问题。工业渣土和建筑渣土作为覆盖，不仅能解决自然土取用问题，而且能为废弃渣土的处理提供出路。矿化垃圾筛分后的细小颗粒作为覆盖土也

能有效地延长埋场的使用年限，增加填埋容量，

气体导排层应与导气竖管相连。导气竖管应高出最终覆土层上表面 100cm 以上。

生活垃圾填埋场运行期以及封场后期维护与管理期间，应建立运行情况记录制度，如实记载有关运行管理情况，主要包括生活垃圾处理、处置设备工艺控制参数，进入生活垃圾填埋场处置的非生活垃圾的来源、种类、数量、填埋位置，封场及后期维护与管理情况及环境监测数据等。封场后的生活垃圾填埋场应继续处理填埋场产生的渗沥液和填埋气，并定期进行监测，化学需氧量、生化需氧量、悬浮物、总氮、氨氮等指标每 3 个月测定一次，其他指标每年测定一次。直到填埋场产生的渗沥液中水污染物浓度连续两年低于表 2.6 中的限值。

表2.6　现有和新建生活垃圾填埋场水污染物排放浓度限值

| 序号 | 控制污染物 | 排放浓度限值 | 污染物排放监控位置 |
|------|-----------|-------------|------------------|
| 1 | 色度（稀释倍数） | 40 | 常规污水处理设施排放口 |
| 2 | 化学需氧量（CODCr）（mg/L） | 100 | 常规污水处理设施排放口 |
| 3 | 生化需氧量（$BOD_5$）（mg/L） | 30 | 常规污水处理设施排放口 |
| 4 | 悬浮物（mg/L） | 30 | 常规污水处理设施排放口 |
| 5 | 总氮（mg/L） | 40 | 常规污水处理设施排放口 |
| 6 | 氨氮（mg/L） | 25 | 常规污水处理设施排放口 |
| 7 | 总磷（mg/L） | 3 | 常规污水处理设施排放口 |
| 8 | 粪大肠菌群数（个/L） | 10000 | 常规污水处理设施排放口 |
| 9 | 总汞（mg/L） | 0.001 | 常规污水处理设施排放口 |
| 10 | 总镉（mg/L） | 0.01 | 常规污水处理设施排放口 |
| 11 | 总铬（mg/L） | 0.1 | 常规污水处理设施排放口 |
| 12 | 六价铬（mg/L） | 0.05 | 常规污水处理设施排放口 |
| 13 | 总砷（mg/L） | 0.1 | 常规污水处理设施排放口 |
| 14 | 总铅（mg/L） | 0.1 | 常规污水处理设施排放口 |

（9）填埋工艺及填埋作业方法

1）填埋工艺。垃圾运输进入填埋场，经地衡称重计量，再按规定的速度、线路运至填埋作业单元，在管理人员指挥下，进行卸料、推铺、压实、覆盖，最终完成填埋作业，其中推铺由推土机操作，压实由垃圾压实机完成。每天垃圾作业完成后，应及时进行覆盖操作，填埋场单元操作结束后及时进行终场覆盖，以利于填埋场地的生态恢复和终场利用。此外，根据填埋场的具体情况，有时还需要对垃圾进行破碎和喷洒药液。典型工艺如图 2.86 所示。

① 卸料：垃圾转运车辆进入填埋场，先通过地磅计量，然后运到填埋区卸料。

② 推铺：卸下的垃圾的推铺由推土机完成，一般每次垃圾推铺厚度达到 30～60cm 时，进行压实。

③ 压实：压实能有效地增加填埋场的容量，延长填埋场的使用年限及对土地资源

的开发利用；增加填埋场强度，防止坍塌，并能阻止填埋场的不均匀性沉降；减少垃圾空隙率，有利于形成厌氧环境，减少渗入垃圾层中的降水量及蝇、蛆的孳生，也有利于填埋机械在垃圾层上的移动。垃圾压实的机械主要为压实机和推土机。一般情况下一台压实机的作业能力相当于 2～3 台推土机的工作效能。国内垃圾填埋场通常采用压实机和推土机相结合的工艺。

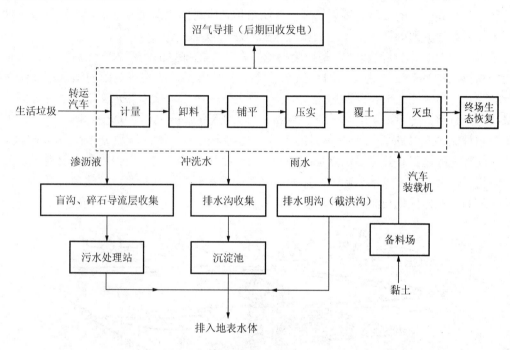

图 2.86　卫生填埋法典型工艺流程

④ 覆盖：卫生填埋场的垃圾除了每日用一层土或其他覆盖材料覆盖以外，还要进行中间覆盖和最终覆盖。日覆盖、中间覆盖和最终覆盖的功能和对覆盖材料的要求也不相同。中间覆盖常用于填埋场的部分区域需要长期维持开放（2 年以上）的特殊情况，要求覆盖材料的渗透性能较差，一般选用黏土等进行中间覆盖，覆盖厚度为 30cm 左右。卫生填埋场的终场覆盖系统由多层组成，主要分为两部分：第一部分是土地恢复层，即为表层；第二部分是密封工程系统，从上至下由保护层、排水层、防渗层和排气层组成。日覆盖、中间覆盖和最终覆盖的时间和厚度见表 2.7。

表 2.7　填埋场覆盖层厚度

| 填埋层 | 各层最小厚度/cm | 填埋时间/d |
| --- | --- | --- |
| 日覆盖层 | 15 | 0～7 |
| 中间覆盖层 | 30 | 7～365 |
| 最终覆盖层 | 60 | >365 |

⑤ 杀虫：生活垃圾填埋场运行期内，应定期并根据场地和气象情况随时进行防蚊蝇、灭鼠和除臭工作。填埋场的蝇密度以新鲜垃圾处为最多，应作为灭蝇的重点。对

垃圾的压实、覆盖能有效地降低蝇密度；正确使用灭蝇药剂，尽可能减少药剂使用，控制药剂污染；在填埋场针对性地种植一些驱蝇诱蝇植物，能减少填埋场的灭蝇用药量，防止苍蝇向周边扩散。喷雾型机械适宜于野外作业，烟雾型机械一般适用于室内的灭蝇工作。

2）填埋作业方法。填埋作业应分区、分单元进行，不运行作业面应及时覆盖。中间覆盖应形成一定的坡度。每天填埋作业结束后，应对作业面进行覆盖；特殊气象条件下应加强对作业面的覆盖。实用的填埋作业方法有以下三种。

① 沟槽法：也称沟壑法，是把废物铺撒在预先挖掘好的沟槽内，然后压实，再把沟槽内挖出的部分土作为覆盖材料撒在废物上面并压实，即构成基础的填筑单元结构（图 2.87）。沟槽的大小要根据场地大小、日填埋量大小以及填埋的水文地质条件等因素来决定，通常情况下，采用沟长 30～40m、沟宽 4.5～7.5m、沟深 0.9～1.8m。每个沟槽单元填埋完成后才进行另一个单元的填埋，也可把性质不同的垃圾分填在不同的单元内，同时进行施工。其主要优点是：由于采用了挖掘填筑方法，覆盖用黏土材料可以就地取用，多余的土可以堆积起来，作为最终表面覆盖材料。在沟壑、坑洼地带和地下水位较低的平原地区均可采用。

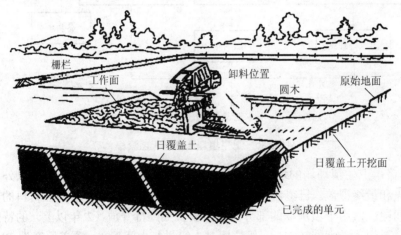

图 2.87　沟槽法示意图

② 面积法：也称地面法或平面法，是指把废物直接铺撒在天然的土地表面上，按设计的厚度分层压实并用薄层黏土覆盖，然后再整体压实（图 2.88）。其特点是不需开挖沟槽或基坑，利用低凹地形填埋，但是要另找覆盖材料。因此，最好选择峡谷、山沟、盆地、采石场或各种人工或天然的低洼区作为填埋场，条件是必须确保不渗漏。若在坡度平缓的土地上实施，应首先建造一个人工土坝，以作为初始填筑单元的屏蔽。面积法因适于处置大量的固体废物而被广泛采用，特别是地下水位较高的平原地区。

③ 斜坡法：也称混合法，是沟槽法和面积法的结合。把固体废物直接撒在天然的斜坡上，经压实后用工作面前直接可取的土壤进行覆盖，然后再压实，如此往复填埋即为斜坡法（图 2.89）。其主要优点是只需进行少量的挖掘工作，即可满足第二天覆盖废物对黏土材料的需求量，不需要从填埋场外采取覆盖材料；此外，因废物堆积在初始表面上，能更有效地利用填埋场的空间。山谷型的填埋场可采用斜坡法。

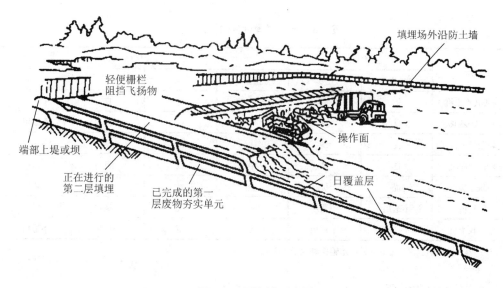

图 2.88　面积法示意图

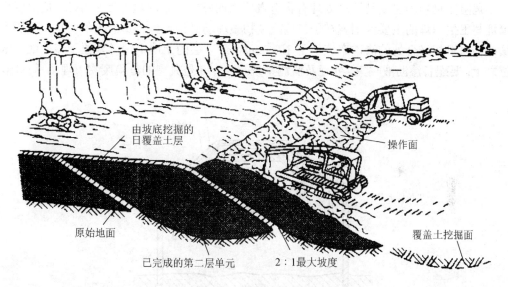

图 2.89　斜坡法示意图

　　对一个具体的填埋场究竟采用何种方法,要根据具体情况分析确定。为了保证土地填埋操作的顺利进行,无论采用何种方法,都应该事先制定一份详细的操作计划,为操作人员指明操作规程、交通路线、填埋记录、监测程序、定期操作进度、意外事故的应急方法及安全措施等。

　　3)填埋设备。选择合适的填埋设备是保证填埋质量和降低处理费用的关键。常用填埋设备有推土机、铲运机、压实机等。条件不允许时,也可用石滚、夯实机或振动器代替压实机。废物填埋的单层厚度以 2m 左右为宜,厚度过大难以压实,太薄又浪费动力。每层下面至少铺撒 15cm 厚的黏土覆盖层,并且压实,以防止垃圾飞扬或造成火灾。常见土地填埋设备的性能特点见表 2.8。

表 2.8　土地填埋设备的性能特点

| 设备 | 固体废物 | | 覆盖材料 | | | |
|---|---|---|---|---|---|---|
| | 铺撒 | 压实 | 挖掘 | 铺撒 | 压实 | 运输 |
| 履带式推土机 | 优 | 良 | 优 | 优 | 良 | 不适用 |
| 履带式装卸机 | 良 | 良 | 优 | 良 | 良 | 不适用 |
| 轮胎推土机 | 优 | 良 | 优 | 良 | 良 | 不适用 |
| 轮胎装卸机 | 良 | 良 | 中 | 良 | 良 | 不适用 |
| 填筑压实机 | 优 | 优 | 差 | 良 | 优 | 不适用 |
| 铲运机 | 不适用 | 不适用 | 良 | 优 | 不适用 | 优 |
| 拉铲挖土机 | 不适用 | 不适用 | 优 | 中 | 不适用 | 不适用 |

注：容易操作的土壤和覆盖材料，运输距离大于 333 m。

### 2. 危险废物填埋

危险废物填埋主要是针对处理有害有毒废物而发展起来的填埋处置方法。危险废物填埋与卫生填埋的主要区别就在于：危险废物填埋场必须设置人造或天然衬里，下层土壤或与衬里相结合处的渗透率应小于 $10^{-8}$ cm/s；最下层的土地填埋场要位于该处地下水位之上；要配备渗沥液收集、处理及监测系统。图 2.90 是典型的危险废物填埋场示意图。

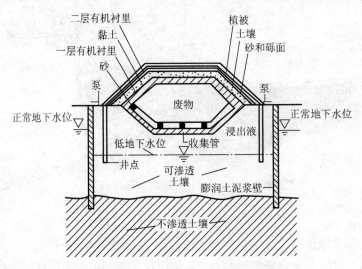

图 2.90　危险废物填场示意图

危险废物填埋场从理论上讲可以处置一切危险废物，但仍有一些禁止填埋的废物，包括医疗废物及与衬层不相容的废物。对于易燃性废物、化学性强的废物、挥发性废物和大多数液体、半固体和污泥，应首先进行固化、稳定化等预处理之后才可进入填埋场。填埋场设置的预处理站包括废物临时堆放、分拣破碎、减容减量处理、稳定化养护等设施。

（1）危险填埋场场地的选择

危险废物填埋场是有毒、有害废物的"坟墓"，其主要作用是把人类活动产生的一些有害废物与生物圈隔离，以防止造成污染，保护好环境。因此，选择危险废物填埋场应遵循两条基本的原则：一是以安全为重，二是经济合理。根据《危险废物填埋污染控制标准》（GB 18598—2001），危险废物场址必须位于百年一遇的洪水标高线以上，并在长远规划中的水库等人工蓄水设施淹没区和保护区之外；填埋场场址必须有足够大的可使用面积以保证填埋场建成后具有 10 年或更长的使用期；在使用期内能充分接纳所产生的危险废物；尽可能利用天然的低凹地形，以减少挖方量；地质构造条件稳定，避开地震带、溶洞及矿藏区，防止日后可能发生的渗漏；填埋场的环境要避开洪水和地下水的影响，尽量远离居民区、风景区、文物古迹单位等；还要注意社会舆论和社会影响。

（2）危险填埋场防护系统设计

填埋场设计中应考虑要有适应工厂生产和工艺变化所造成的废物性质及数量变化而可能影响填埋操作的相应措施。系统要能满足全天候操作的要求。按照现行法律和规章制度的要求，系统能满足对危险废物土地填埋的处置标准，具体包括如下。

1）填埋场周围应设置绿化隔离带，其宽度不应小于 10m。

2）废物堆填表面要维护最小坡度，一般为 1：3（垂直：水平）。

3）填埋场必须设置渗沥液集排水系统、雨水集排水系统和集排气系统。各个系统在设计时采用的暴雨强度重现期不得低于 50 年，管网坡度不应小于 2%。

4）填埋场应对不相容性废物设置不同的填埋区，每区之间应设有隔离设施。但对于面积过小，难以分区的填埋场，对不相容性废物可分类用容器盛放后填埋，容器材料应与所有可能接触的物质相容，且不被腐蚀。填埋场所选用的材料应与所接触的废物相容，并考虑其抗腐蚀特性。

填埋场防渗系统应以柔性结构为主，且柔性结构的防渗系统必须采用双人工衬层。其结构由下到上依次为基础层、地下水排水层、压实的黏土衬层、高密度聚乙烯膜、膜上保护层、渗沥液次级集排水层、高密度聚乙烯膜、膜上保护层、渗沥液初级集排水层、土工布、危险废物。

填埋场天然基础层的饱和渗透系数不应大于 $1.0 \times 10^{-5}$ cm/s，且其厚度不应小于 2m。填埋场应根据天然基础层的地质情况分别采用天然材料衬层、复合衬层或双人工衬层作为其防渗层。天然材料衬层构成见图 2.91。复合衬层是指包括一层人工合成材料衬层和一层天然材料衬层的防渗层，其构成见图 2.92。双人工衬层是指包括两层人工合成材料衬层的防渗层，其构成见图 2.93。如果天然基础层饱和渗透系数小于 $1.0 \times 10^{-7}$ cm/s，且厚度大于 5m，可以选用天然材料衬层。天然材料衬层经机械压实后的饱和渗透系数不应大于 $1.0 \times 10^{-7}$ cm/s，厚度不应小于 1m。

如果天然基础层饱和渗透系数小于 $1.0 \times 10^{-6}$ cm/s，可以选用复合衬层。复合衬层必须满足下列条件：天然材料衬层经机械压实后的饱和渗透系数不应大于 $1.0 \times 10^{-7}$ cm/s，其中黏土作为天然材料衬层时，粒径应为 0.075～4.74mm，至少含有 20%细粉，含砂砾量应<10%，不应含有直径>30mm 的土粒。若缺乏合格黏土，可添加 4%～5%的钙质膨润土。天然材料衬层厚度应满足表 2.9 所列指标，坡面天然材料衬层厚度应比表 2.9

所列指标大 10%；人工合成材料衬层可以采用高密度聚乙烯（HDPE），其渗透系数不大于 $10^{-12}$cm/s，厚度不小于 1.5mm；HDPE 材料必须是优质品，禁止使用再生产品。

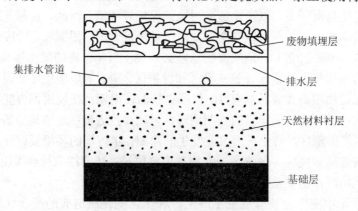

图 2.91　天然材料衬层示意图

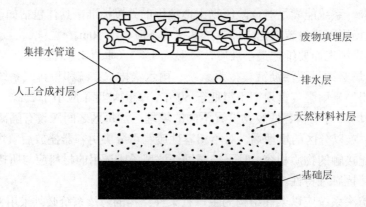

图 2.92　复合衬层示意图

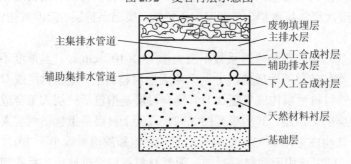

图 2.93　双人工衬层示意图

表 2.9　复合衬层下衬层厚度设计要求

| 基础层条件 | 下衬层厚度/m |
|---|---|
| 渗透系数≤$1.0\times10^{-7}$ cm/s，厚度≥3m | 厚度≥0.5 |
| 渗透系数≤$1.0\times10^{-6}$ cm/s，厚度≥6m | 厚度≥0.5 |
| 渗透系数≤$1.0\times10^{-6}$ cm/s，厚度≥3m | 厚度≥1.0 |

如果天然基础层饱和渗透系数大于 $1.0 \times 10^{-6}$ cm/s，则必须选用双人工衬层。双人工衬层必须满足下列条件：天然材料衬层经机械压实后的渗透系数不大于 $1.0 \times 10^{-7}$ cm/s，厚度不小于 0.5m；上人工合成衬层可以采用 HDPE 材料，厚度不小于 2.0mm；下人工合成衬层可以采用 HDPE 材料，厚度不小于 1.0mm。

在填埋场场址地质条件不能符合要求时，可采用钢筋混凝土外壳与柔性人工衬层组合的刚性结构。其结构由下到上依次为钢筋混凝土底板、地下水排水层、膜下的复合膨润土保护层、高密度聚乙烯防渗膜、土工布、卵石层、土工布、危险废物。四周侧墙防渗系统结构由外向内依次为：钢筋混凝土墙、土工布、高密度聚乙烯防渗膜、土工布、危险废物。刚性结构填埋场钢筋混凝土箱体侧墙和底板作为防渗层，应按抗渗结构进行设计，按裂缝宽度进行验算，其渗透系数应≤$1.0 \times 10^{-6}$ cm/s。

（3）渗沥液集排水系统和雨水集排水系统

采用天然材料衬层或复合衬层的填埋场应设计渗沥液主集排水系统，它包括底部排水层、集排水管道和集水井；主集排水系统的集水井用于渗沥液的收集和排出。采用双人工合成材料衬层的填埋场除设置渗沥液主集排水系统外，还应设置辅助集排水系统，它包括底部排水层、坡面排水层、集排水管道和集水井；辅助集排水系统的集水井主要用作上人工合成衬层的渗漏监测。填埋场底部以不小于 2%的坡度坡向集排水管道，排水层的透水能力不应小于 0.1cm/s。

设计雨水集排水系统，以收集、排出汇水区内可能流向填埋区的雨水、上游雨水以及未填埋区域内未与废物接触的雨水，管网坡度不应小于 2%，雨水集排水系统排出的雨水不得与渗沥液混排。

（4）填埋场的最终覆盖

填埋场的最终覆盖层应为多层结构，应包括下列部分。

1）底层（兼作导气层）：厚度不应小于 20cm，倾斜度不小于 2%，由透气性好的颗粒物质组成。

2）防渗层：天然材料防渗层厚度不应小于 50cm，渗透系数不大于 $10^{-7}$ cm/s；若采用复合防渗层，人工合成材料层厚度不应小于 1.0mm，天然材料层厚度不应小于 30cm。其他设计要求同衬层相同。

3）排水层及排水管网：排水层和排水系统的要求同底部渗沥液集排水系统相同，设计时采用的暴雨强度不应小于 50 年。

4）保护层：保护层厚度不应小于 20cm，由粗砥性坚硬鹅卵石组成。

5）植被恢复层：植被层厚度一般不应小于 60cm，其土质应有利于植物生长和场地恢复；同时植被层的坡度不应超过 33%。在坡度超过 10%的地方，须建造水平台阶；坡度小于 20%时，标高每升高 3m，建造一个台阶；坡度大于 20%时，标高每升高 2m，建造一个台阶。台阶应有足够的宽度和坡度，要能经受暴雨的冲刷。

封场后应继续进行下列维护管理工作，并延续到封场后 30 年。

1）维护最终覆盖层的完整性和有效性。

2）维护和监测检漏系统。

3）继续进行渗沥液的收集和处理。

4）继续监测地下水水质的变化。

（5）填埋场结构类型

由于所选填埋场地形条件不同及水文地质环境的差异，危险废物填埋场的结构类型也有所不同，一般可归纳为三种类型。

1）人造托盘式。这种形式就如一个盘子，四周的防渗边由向下挖掘而成，整个盘中设衬垫（图 2.94）。人造托盘式适于场地设在平原地区、表土层较厚的情形，下覆土层要有较好的防渗性，最好有天然存在的不透水层，以防止渗滤水进入地下水系统。为了增大场地的处置容量，托盘的整体设置在地表以下；当表层土较薄时，也可设计成半地上式或地上式。

2）洼地式。利用天然的洼地来构筑危险废物填埋场称之为洼地式。一般是利用山谷构成盆状的三个自然边，山谷的出口则建筑防渗坝（图 2.95）。洼地式填埋的优点是充分利用了天然地形，减少了大量挖掘工作量，且处置容量大，缺点是填埋场的准备和预处理工作较复杂，对地下水和地表水的污染控制比较困难。凡地质条件和水文地质条件允许的采石场，露天矿坑、人工取土凹地等，也可选作为洼地式填埋场。

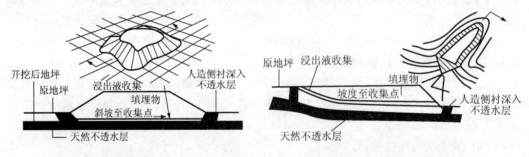

图 2.94　人造托盘式土地填埋　　　　　图 2.95　天然洼地式土地填埋

3）斜坡式。基本与卫生填埋法的斜坡式类同（图 2.96）。其主要特点是处置场以天然山坡为衬垫系统的一个边，从而减少了施工量，且方便废物倾倒。丘陵地区常用这种结构方式。

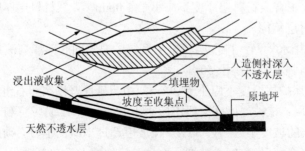

图 2.96　斜坡式土地填埋

（6）填埋操作

危险废物填埋的操作，应严格按照操作计划实施，谨防环境被污染。在平坦的地区，填埋操作可以采用水平填埋方式或垂直填埋的方式；在斜坡式山谷地区，应采用顺流填埋、逆流填埋或垂直填埋（图 2.97）。

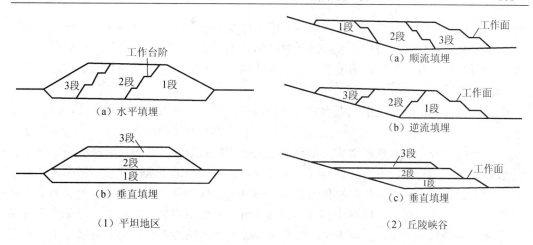

图 2.97 填埋操作

对于干燥的废物一定要注意防尘，并随时覆盖土层压实，对于潮湿的废物，应先进行脱水处理，或添加吸附干燥剂，或分区轮换作业以便于干燥后再压实。

对有毒有害废物，应进行稳定化预处理；用桶装好的有毒有害废物，要有规律地放置，桶口朝上，桶的四周要填满足够的吸附剂，以吸收容器可能渗漏出来的有害物质。

（7）危险废物填埋场的场地监测

危险废物填埋场的场地监测工作十分重要，是确保填埋场正常营运及保护附近环境必不可少的手段。场地监测系统主要由渗沥液监测系统、地下水监测系统、地表水监测系统及气体监测系统所组成，以满足运行期和封场期对渗沥液、地下水、地表水和大气的监测要求，并应在封场后连续监测 30 年。

1）填埋场渗沥液监测。利用填埋场的每个集水井进行水位和水质监测。主要水质指标应根据填埋的危险废物主要有害成分及稳定化处理结果来确定。采样频率应根据填埋物特性、覆盖层和降水等条件加以确定，应能充分反映填埋场渗沥液变化情况。渗沥液水质和水位监测频率至少为每月一次。废液的采样方法根据渗沥液收集系统的结构不同而有所差异；若积水坑设在填埋场内，一般要通过水泵系统才能取得；若积水坑设在场外，取样就方便多了。

2）地下水监测。地下水监测指标应包括水位和水质两部分。水质监测指标应与渗沥液监测指标相同。填埋场运行的第一年，应每月至少取样一次；在正常情况下，取样频率为每季度至少一次。发现地下水质出现变坏现象时，应加大取样频率，并根据实际情况增加监测项目，查出原因以便进行补救。

地下水监测井布设应满足下列要求：在填埋场上游应设置一眼监测井，以取得背景水源数值。在下游至少设置三眼井，组成三维监测点，以适应于下游地下水的羽流几何型流向；监测井应设在填埋场的实际最近距离上，并且位于地下水上下游相同水力坡度上；监测井深度应足以采取具有代表性的样品。

按照监测井的位置来分，填埋场的地下水监测分为充气区监测和饱和区监测。

充气区监测：充气区也叫未饱和区，是指土地表面与地下水位之间的土壤层。因为这区间的土壤空隙一部分为空气，一部分为水所充填，故得其名。充气区监测主要针对填埋下方的充气区进行监测，其目的是为了尽早发现渗沥液是否泄漏渗出。充气区监测井一般紧邻填埋场四周设置，最好靠近衬垫结构的下部。充气区监测井一般采用压力真空渗水器进行采样，为了确切反映渗出液的迁移位置，可在同一监测井的垂直向上设置多个渗水器采样。

饱和区监测：饱和区指地下水位以下的地带，其土壤空隙基本为水充填，且具流动方向性。对饱和区进行监测的目的就是为了了解填埋场营运前后地下水水质变化情况。监测井一般分设在填埋场的水力上坡区和水力下坡区。上坡区监测井反映填埋场营运操作以前地下水的特征，下坡区监测井反映填埋场营运以后地下水的特征。饱和区监测系统至少由四口井组成，各井位的布置如图2.98所示：即1号井为地下水本底监测井，位于填埋场水力上坡区，与填埋场距离不超过3km，但也不能离得太近，以避免渗沥液在地下水中扩散造成污染；2号井和3号井位于靠近填埋场边缘的水力下坡区，主要监测直接受填埋场影响的地下水水质情况；4号井位于远离填埋场的水力下坡区，其测试数据主要用于研究渗出液的释放速度及迁移情况。饱和区监测井的设置可选用场地地质勘探时的钻孔，以减少不必要的开支。饱和区监测井的深度可根据场地的水文地质条件确定。为适应地下水位的波动变化，井深应达到地下水位之下 3m，若填埋场下有多层地下水，还应对多层地下水进行监测，本底井一般监测两层即可。地下水监测井的一般结构如图2.99所示。

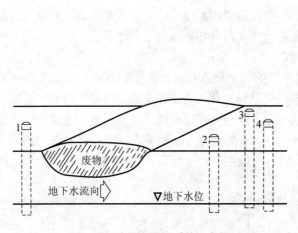

图2.98　地下水监测系统示意图

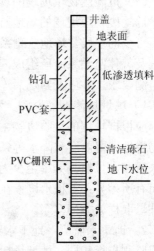

图2.99　监测井结构示意图

3）地表水监测。地表水监测的目的是为了掌握填埋场附近的地表水体是否受到渗沥液的污染，一般包括对填埋场附近可能受污染的河流、水域、湖泊进行取样分析。一旦发现水质受到污染，就应及时进行诊断，并采取相应措施。地表水应从排洪沟和雨水管取样后与地下水同时监测，监测项目应与地下水相同；每年丰水期、平水期、枯水期各监测1次。

4）气体监测。气体监测包括对填埋场排出气的监测和填埋场附近的大气监测，其目的是了解填埋废物释放出气体的特点和填埋场附近的大气质量。污染源下风方向为主要监测范围。填埋场运行期间，应每月取样一次，如出现异常，取样频率应适当增加。

填埋场气体监测的指标主要选 $CO_2$、$CH_4$、$SO_2$、$NO_x$ 等。

填埋场管理单位应建立有关填埋场的全部档案，从废物特性、废物倾倒部位、场址选择、勘察、征地、设计、施工、运行管理、封场及封场管理、监测直至验收等全过程所形成的一切文件资料，必须按国家档案管理条例进行整理与保管，保证完整无缺。

### 2.3.3 浅地层埋藏处置

#### 1. 简述

在人类活动中，除了产生大量生活垃圾和有毒有害废物外，还会因开采、冶炼、制造或废弃而产生一类放射性固体废物。这类废物不仅含有对人体有害的 $\alpha$ 辐射体，放射出穿透力很强的射线，而且半衰期很长，对环境造成长时期的污染。放射性固体废物的产生主要有三种来源：铀矿开来选矿及水冶过程产生的尾矿渣；反应堆的乏燃料组件或核燃料后处理所产生的高放固体废物；反应堆、后处理厂、核研究中心和放射性同位素使用单位等被放射性污染而不能再用的物体，这些废物常具中低放射性。

放射性固体废物不能采用卫生填埋和危险废物填埋的方法处置。为了防止其对生物系统的污染，必须有特殊而更加安全的填埋方法，这就是浅地层埋藏处置。

所谓浅地层埋藏处置，是指在浅地表或地下具有防护覆盖层的、有工程屏障或没有工程屏障的浅埋处置，埋深在地面以下 50 m 范围内。浅地层埋藏处置方法借助上覆较厚的土壤覆盖层，既可屏蔽来自填埋废物的射线，又可防止天然降水的渗入。当废物的容器发生泄漏时，还可通过缓冲区的土壤吸附加以截留。

浅地层埋藏处置主要适于处置用容器盛装的中低放固体废物，其具体要求如下。

1）被处置废物中的放射性核素的半衰期大于 5 年，小于等于 30 年，其比活度应小于等于 $3.7 \times 10^{10}\,Bq/kg$。

2）核素的半衰期小于或等于 5 年，其比活度可不限。

3）在 300～500 年内，放射性物质的比活度能降到非放射性固体废物水平的其他废物。

4）废物应是固体形态（或预处理固化），其中游离态部分不得超过废物体积的 1%。

5）废物应具有足够的化学、生物、热和辐射稳定性。

6）废物的比表面积小，弥散性低，且放射性核素的漫出率低。

7）废物不得产生有毒、有害气体。

8）废物不得含有易燃、易爆、易生物降解及病菌等物质。

鉴于上述，处置放射性固体废物一般都要进行预处理，常用的方法有去污、切割、包装、压缩、焚烧、固化等。对包装体要求有足够的机械强度，密封性能好，以能满足运输和处置操作的要求。

#### 2. 场地的选择

（1）场地的基本要求

浅地层埋藏处置场地的选择也要遵循安全和经济合理两个原则，具体要求如下。

1）应选择地震烈度低及地质构造长期稳定的地区。

2）场地所在地的地质构造简单明了，断裂、构造不发育，连通性差。

3）处置层岩性稳定均匀，分布广、厚度大、渗透率低。

4）处置层具有较高的离子交换和吸附能力。

5）工程地质条件稳定，地基处理费用低或根本不需处理。

6）水文地质环境背景相对简单，最高地下水位距处置单元底部应有一定距离。

7）场地的边界与地表水源相距不得小于 500 m。

8）场地要避开矿产开采区和有矿藏尚未开采的地区。

9）场地应适当远离城市，选择在人口密度低的地区，要尽量避开村庄、农田、旅游点及文物考古点。

10）场地要远离机场、军事设施和易燃易爆等危险品仓库。

（2）场地选择工作步骤

为了选择能满足上述要求的场址，一般分三步进行工作。

第一步是开展区域调查，其基本任务是在区域范围内根据环境和地理条件选出若干个可能作为处置的地点，并对这些地区的稳定性、地质构造条件、工程地质、水文地质、地震历史、气象条件和社会经济因素进行初步评价。

第二步是进行场址初选。在区域调查的基础上对所选场点进行现场踏勘，考察场地周围的环境特点。通过对比分析，选出 3～4 个待用场址。

第三步是确定具体的场址，对初选出的几个场址作进一步的水文地质、工程地勘、地质构造勘查，调查了解社会环境背景，并进行详细的技术可行性研究和代价利益分析，从安全、经济合理的角度选定一个场址，然后向主管部门提交详细的选址报告。经正式批文后即可确定填埋场场址。

3. 场地的设计

（1）场地设计的原则

浅地层埋藏处置是为了将中低放固体废物限制在处置场范围之内，在其危险时间内防止对人类造成危害。为此，处置设计要遵循以下基本原则：

1）必须保证在正常操作和事故情况下，对填埋场工作人员和公众的辐射防护符合有关劳动保护的规定和要求。

2）要避免填埋处置场关闭后返修补救，如地震、地质构造活动等造成的场地泄漏。

3）尽可能减少地表水的渗入，对地表径流采用导流工程控制。

4）尽量减少填埋废物容器之间的空隙，处置单元要合理布置。

5）废物之上至少要覆盖 2m 厚的土壤层。

（2）场地的总体布置

处置场的规模主要根据待处置废物的数量来确定，而处置单元则按全场的总体规划来进行安排。总体布置时，要把填埋区、预处理区、行政管理区合理分布。行人通道和车辆要尽量分开。场地布置要留有扩充发展的余地。

处置场常根据辐射防护要求分为限制进入区和非限制进入区。限制进入区又分为运行区（即预处理、暂存等）和处置区；非限制进入区主要指行政管理区。限制区和行政区之间必须用围墙隔开。

为了安全起见，在处置区的周边常建立缓冲带，一般由灌木或乔木带作为缓冲带。整个处理场的周围应建围墙，以防止人和牲畜误入处置场。

浅地层埋藏处置分为沟槽式和混凝土结构式两种，操作中主要根据废物的特点及场地的条件来进行选用。

### 4. 沟槽式浅地层埋藏处置

（1）沟槽的规格

按所用规模大小的不同，沟槽常分为细长的沟槽和一般沟槽。细长沟槽的一般规格是长 75～150m，宽 1m，深 6m，细长沟槽适合于处置比活度较高的废物。一般沟槽的规模是长 300 m、宽 30m，深 6m，适于处理比活度较低的废物。

（2）沟槽的设置

沟槽应在黏土层中挖掘，否则必须在底部和侧面铺设黏土衬里。沟的底部应沿长轴方向设计适当的坡度，并铺设一层 60～90 cm 的细沙，在沟底低的一侧设盲沟，其内用砾石或碎砖块充填，以做集水之用。沟槽内应设置集水井，其数量主要根据沟的长度及渗沥液可能的数量多少来确定。集水井内渗沥液通过设置的主管抽出地表。

（3）操作方法

一个处置单元的废物填埋完后，即用沙回填至盖住废物为止，然后用土覆盖封场。覆盖土一般分为三层，下部一层厚90cm；经压实后，铺上第二层，厚60cm；再经压实覆上一层 15～45cm 厚的土壤，并进行植被，已填埋并封闭的沟槽，其四周要埋设永久性标志，详细记录所处置废物的种类、数量与埋藏日期等。

### 5. 混凝土结构式浅地层埋藏

（1）主要构式

根据混凝土结构的不同，一般有沟槽式、坑式、井式和古坟式等多种形式。具体形式的选择主要根据场地条件、废物的特点以及防护要求等因素来确定。

（2）具体做法

根据选用的结构式首先在地上挖一个拟定规格的坑，坑底用素混凝土浇筑抹平，混凝土厚度根据所处置废物的承压能力来确定。在坑底边要设置排水沟，壁面为金属框架固定的混凝土板。废物一层层排列堆放，每一层废物之上均浇筑混凝土，使每件废物块完全浇铸在混凝土巨块之中。废物填埋完毕，待表面混凝土硬化后即可覆土封场，其方法步骤与沟槽式类同。图 2.100 是法国芒什处置场古坟式布设的示意图，法国在浅地层埋藏方面颇具经验。

（3）适用条件

混凝土结构式浅地层埋藏主要适用于处置中放固体废物，它具有安全可靠、不易泄漏、屏蔽效果好等优点。但是，这种方法操作复杂，投资也相对较大。

我国的核电事业发展很迅速，目前迫切需要解决低放废物的处置问题。由于我国疆土辽阔，处置场地选择的余地很大，因此浅地层埋藏方法将会成为我国处置低放固体废物的主要方法。

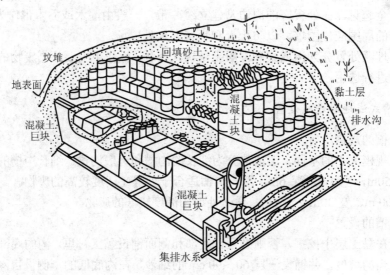

图 2.100　法国芒什处置场的古坟式布设示意图

### 2.3.4　土地耕作处置

土地耕作处置是指利用现有的耕作土地，将固体废物分散在其中，在耕作过程中由生物降解、植物吸收及风化作用等使固体废物污染指数逐渐达到背景程度的方法。人类自开始自食其力的时代开始，大概就懂得了这种处置废物的方法。把人畜粪便作为肥料使用就是最早使用土地耕作处置废物的例子。

随着人类文明的不断发展，产生的固体废物种类越来越多，城市生活垃圾、冶炼渣、石油废物等可生物降解的东西，也被人们广泛采用土地耕作处置的方法来进行处理。目前在一些落后的地区，城市生活垃圾被广泛用作肥料；一些矿渣、冶炼渣、粉煤灰作为肥料或土壤改良剂，已得到很多学者的共识；石油废物因其可生物降解性强，在国外多采用这种处置方法；一些可生物降解的有机化工废物、制药业废物也已使用或准备使用土地耕作处置的方法。

土地耕作处置固体废物具有工艺简单、操作方便、投资少，对环境影响小等优点，而且确实能够起到改善某些土壤的结构和提高肥效的作用，而为环保工作者和农民所共同接受。值得注意的是，若垃圾含有害重金属和不可生物降解的其他有害组分，采用土地耕作处置应慎之又慎，特别是重金属既可以积累在土壤中，又可以进入生物体循环，其危害性相当大，千万不可盲目采用此法。

#### 1.　土地耕作处置的基本原理

土壤体系中存在一系列的微生物种群，这些微生物能将土壤中的有机物和无机物分解成为植物所需的形式，从而供给植物生长和土壤中某些较高生命物质所需。土壤系统实际上是一个永不休止的物质循环系统。土地耕作处置固体废物就是利用了这个巨大的且污染指标较低的循环系统，利用了这一系统中的无数微生物的代谢作用来分散和降解固体废物，并促进这一循环的进行。

　　进入土壤中的可降解废物，一般都要经过微生物分解、浸出、沥滤、挥发、生物吸收等过程，这是一个复杂的生物化学过程。据研究表明，有机物质被分解后其一部分组分结合到了土壤底质之中，一部分转化为二氧化碳。残余的碳在有机氮和磷酸盐的共同作用下被微生物的细胞群吸收，最终像天然有机物一样被保留在土壤中，并等待植物来"取用"；废物中不能生物降解的组分，则永久地贮存在耕作土中。因此，土地耕作处置实际上是对有机物消化、对无机物贮存的综合性处置方法。

　　影响土地耕作处置的主要因素如下。

　　1）废物成分：废物的组成特点直接影响土地耕作处置的环境效果，有机成分在天然土体中较易降解且能提高肥效，一些无机组分则可改良土壤的结构，而过高的盐量和过多的重金属离子则难于得到有效的处置。在处置期间，废物的处置总量主要取决于土壤的阳离子交换容量和废物中有害金属离子的总量，废物中还不能含有足以引起空气、底土及地下水污染的有害成分。

　　2）土地耕作深度：由于光照、水分和氧量的影响，微生物种群在土壤不同深度中的分布很有规律，一些上层土壤中微生物的种群和数量最多，往深处将逐渐减少。表2.10列出了土壤中常见几种微生物在垂直深度上的分布情况。很显然，土地耕作处置土壤的表层最好；一般选择耕作处置的土层深度为15～20 cm。

表 2.10　土壤中微生物的分布特点（个/g）

| 深度/cm | 好氧菌 | 厌氧菌 | 放线菌 | 真菌 | 藻类 |
|---|---|---|---|---|---|
| 3～8 | $7.8×10^6$ | $1.95×10^6$ | $2.08×10^6$ | $1.19×10^5$ | $2.5×10^4$ |
| 20～25 | $1.8×10^6$ | $3.79×10^5$ | $2.45×10^5$ | $5.0×10^4$ | $5.0×10^3$ |
| 35～40 | $4.72×10^5$ | $9.8×10^4$ | $4.9×10^4$ | $1.4×10^4$ | $5.0×10^2$ |
| 57～57 | $1×10^4$ | $1.0×10^3$ | $5.0×10^3$ | $6.0×10^3$ | $1.0×10^2$ |
| 135～145 | $1×10^3$ | $4.0×10^2$ | — | $3.0×10^2$ | — |

　　3）废物的破碎程度：废物的比表面积越大，废物与微生物的接触就越充分，其降解速度就越快、越彻底。为此，采取对固体废物进行破碎预处理或采用多次连续耕作的方法，能起到增加废物和微生物接触的作用，加快微生物降解。

　　4）气温条件：微生物生存繁殖的最佳气温条件一般为20～30℃。在低温条件下，微生物的活动明显减弱，甚至停止活动。因此，生物降解作用也会终止。土地耕作处置要避开寒冷的冬季，春夏季节最适宜。

　　影响土地耕作处置的因素还有土壤pH、土壤的孔隙率、土壤的水分含量等。总之，最合适的条件就是有利于土壤中的微生物活动、以加快分解废物中的有机物。若是处置用以改良土壤结构的无机废渣，则基本不受上述因素的影响。

　　2. 土地耕作处置的场地选择

　　选择土地耕作处置场地的基本原则是安全、经济合理。所谓安全，就是要求选作耕作处置的土地不会受到污染，农作物、地下水、空气等都不会受污染，对人类只有益而无害；经济合理则要求运输距离近，倒撒废物方便，并将对土壤具有提高肥效、改良土壤结构的作用。

一个好的土地耕作处置场地，应具有以下基本条件。

1）应避开断层、塌陷区，防止下渗水直接污染地下水和地表水源。

2）处置场地要远离饮用水源 150m 以上，耕作处置层距地下水位应在 1.5m 以上。

3）耕作处置土层应为细粒土壤，即土壤自然颗料大多应小于 73μm。相应的土壤类有：OH（中高塑性有机黏土）；CH（高塑性无机黏土）；MH（无机泥沙、硅藻土质细砂土壤）；CL（低中等塑性无机黏土、砂砾状黏土、砂状黏土）等；OL（有机土壤的低塑性有机粉砂土壤）。

4）贫瘠土壤适于处置高有机物成分含量的废物，结构密实的黏土适于处置孔隙率高的、结构疏松的无机废物和废渣等。

### 3. 土地耕作处置的操作方法

（1）场地的准备

用作耕作处置的土地要求首先进行平整处理，表面坡度应小于 5%。耕作区之内或 30m 以内的井眼、洞穴都要予以堵塞，以防止污染水源。耕作区土壤的 pH 应大于 6.5，最好保持在 7~9，为安全起见，处置场四用应设置篱笆予以隔离。施放废物之前，应用圆盘耙、犁或其他碎土器械对土壤进行耕作。采用点施放时（如果树），也应将耕作点的土壤翻松捣碎，以便更好地进行降解。为了防止污染，耕作区还可设置人工地表引流工程。

（2）废物铺撒和混合

将废物铺撒到土地中并进行混合的要求是：不得使混合处置区变为厌氧环境，因此有机物饱和的土壤不宜处置高有机物成分的废物；不在气温小于等于零时施用废物，除非是无机的冶炼渣；废物混合后，土壤的 pH 仍应在 6.5 以上；辅助氮和磷的添加量不应超过推荐的施用量；废物铺撒要均匀，经混合后也要求尽量均匀地分布，一般需使用圆盘耙或旋转碎土器反复耕翻 6 次才能混合均匀。

（3）后期管理

加强后期管理是确保土地耕作处置安全有效的关键。为了促进生物降解，处置土地要定期进行耕翻，并定期进行取样分析；要掌握不同环境条件下微生物的降解速度，并科学地决定下次施用废物的时间；处置层以下的土壤也要定期采样分析，监测废物渗沥液对地下水污染的行为特征。同时农业和环境保护部门必须对污泥和施用污泥的土壤作物进行长期定点监测。

### 2.3.5　海洋处置

海洋处置就是利用海洋巨大的环境容量和自净能力，将固体废物消散在汪洋大海之中。而且大洋远离人群，污染物的扩散不容易对人类造成危害。海洋处置的最初思路大概起源于沿海居民的直排及远洋轮的排放和垃圾倾倒，人们认为大海中污物如沧海一粟，不屑一顾。于是，建筑垃圾、污泥、固化的核废料等都被扔进了海底，据统计在1966～1980年的十余年间，英、法、德国、荷兰、瑞士、比利时等国在大西洋的西班牙海和爱尔兰海水深约5km至数十万米的地区，投弃了几十万吨的放射性废物。

海洋处置废物的方法有两种：一是海洋倾倒，一是远洋焚烧。海洋倾倒操作很简单，可以直接倾倒，也可以先将废物进行预处理后再沉入海底。海洋倾倒要求选择合适的深海海域，且运输距离不是太远，又不会对人类生态环境造成影响。远洋焚烧能有效保护人类周围的大气环境，凡不能在陆地上焚烧的废物，采用远洋焚烧是一个较好的办法。

### 1. 海洋倾倒

海洋倾倒就是用船舶或飞机把废物运到选定的海洋，然后将其扔进海中。为了运输和操作方便，被处置的固体废物一般要进行预处理，包装或用容器盛装，也可以用混凝土块固化。固化的方法主要有两种：一种是将废物按一定配比同水泥混合，经搅拌均匀后浇筑成型，并养护凝固；另一种方法是先将废物装入容器内，然后注入水泥，经养护后涂覆沥青。无论何种固化办法，固化体均要抗压强度大于等于$150kg/cm^2$，密度大于$1.2kg/m^3$，以防止固化体破裂或上浮。

倾倒所用的容器，均需要有明显的标志。国际原子能机构规定，如果容器中装的是放射性废物，则需在容器上标出国名、单位名、废物重量和放射剂量等内容。要根据容器中放射剂重量的不同，将其标上不同的颜色。规定要求$5×10^{-4}$sv/h以下的容器不标，$(5～20)×10^{-4}$sv/h的容器标白色，$(2～5)×10^{-3}$sv/h者标黄色，$5×10^{-2}$sv/h以上的容器标红色，标紫色者即为容器中装有15sv/h以上的混合裂变产物。

（1）倾倒海域的选择

海洋倾倒的地理位置选择很重要。一般应根据距离陆地的远近、海水的深度、洋流的流向以及对渔场的影响等因素来确定，场址要符合有关的海洋法规，不影响海洋性质标准，不破坏海洋生态平衡。选择远离陆地的海沟处且洋流向深海的地方一般比较可靠，但是要考虑运输的费用，安全的海洋处置地点一般都要花费高额运输费用，因此海洋处置目前主要用来处置有毒物质及放射性物质，自1949年以来，美国在大西洋和太平洋一共倾倒了大约9万个放射性废物容器，还在墨西哥海湾处置了一批有毒废物和废酸。

（2）海洋倾倒的管理程序

海洋倾倒处置固体废物一般由国家海洋局及其派出机构主管，海洋倾倒区由海洋主管部门会同有关机构，按科学合理、安全和经济的原则划定，公海倾倒则以国际公约为标准。需要向海洋倾倒废物的单位，应事先向主管部门提出申请，要在获得倾倒许可证以后，并经有关部门核准废物的种类、性质及数量才能进入指定区域倾倒。我国目前不提倡采用海洋倾倒的处置方式。

### 2. 远洋焚烧

（1）远洋焚烧的特点

远洋焚烧的法律定义是指以高温破坏有毒有害废物为目的，而在远离人群的海洋焚烧设施上有意焚烧废物或其他物质的行为。海洋焚烧设施一般包括船舶、平台或其他人工构筑物。采用远洋焚烧的主要优点是：在大洋中焚烧时所产生的氯化氢气体经冷凝后可直接排入海中稀释，焚烧后的残渣也可直接倾入大海。据美国所进行的焚烧试验表明，含氯有机物完全燃烧产生的水、二氧化碳、氯化氢及氢氧化物排入海中后，并不会对海水中氯的平衡发生破坏。由于海水中碳酸盐的缓冲作用，氯化氢进入海洋后，氢离子增加量甚微。

　　远洋焚烧的另一个优点是处置的费用比陆地便宜，因为它对空气净化的要求低，工艺相对简单。但远洋焚烧的处置费用比海洋倾倒要贵，据资料报道，每吨废物焚烧处置的费用为 50～80 美元。

　　（2）远洋焚烧的操作要求

　　为了防止环境遭受破坏，同时保护焚烧工作时的安全，根据发达国家的经验和国际公约的有关规定，远洋焚烧操作必须满足以下基本要求。

　　1）焚烧器要有供给空气和液体的液、气雾化功能，一般用同心管制成输送管。

　　2）焚烧系统的温度要控制在 1250℃以上。

　　3）焚烧器的燃烧效率（$\eta_r$）应达到 99.95%±0.05%，

$$\eta_r = \frac{C_{CO_2} - C_{CO}}{C_{CO_2}} \times 100\%$$

式中，$C_{CO_2}$ 为燃烧气体中二氧化碳的浓度；

　　　　$C_{CO}$ 为燃放气体中一氧化碳的浓度。

　　4）焚烧器的炉台上不应有黑烟或火焰延露。

　　5）配有现代化通讯设备，焚烧过程随时对无线电呼叫作出反应。

　　6）焚烧有机废物，应用双层结构的船舱贮运废物，并将废物盛在甲板下的船舱中（底层装水或其他），以防止因触礁泄漏而造成海洋污染。

　　（3）远洋焚烧管理

　　实施远洋焚烧，一般应由处置单位首先向海洋主管部门、环境保护部门等提出申请，待海洋焚烧设施和被焚烧废物通过检查鉴定后，获得有关部门发放的焚烧许可证之后才能在指定海域进行焚烧。

　　远洋焚烧是否对全球大气造成明显污染？是否会破坏生态环境？一些国家对此还持谨慎态度，美国环保局曾认为，与土地处置相比，远洋焚烧应该为一种大家可以接受的较好的方法，1986 年 5 月，美国环保局又否定了化学废物管理处关于在海上进行一次化学废物焚烧试验研究的申请，并规定在包括远洋焚烧在内的管理条例颁布之前，不准在海上进行任何类型的焚烧。

　　（4）海洋处置必须注意的问题

　　进行海洋处置是否会造成海洋污染，是否会破坏海洋生态，这是一个难于在短时期内得出结论的问题。海洋是人类生存长期依赖的环境，因此，对于海洋处置我们必须注意以下几方面的问题。

　　1）处置之前，应通过小型试验来研究可能对生态环境的影响。

　　2）对废物进行全面分析测试，参照有关国际公约和国内的管理条约，确定废物海洋处置的可能性和可行性。

　　3）可以用其他方法处置的废物，要通过经济比较来决定是否采用海洋处置，当然也必须进行社会效益和环境效益的分析。

　　海洋处置废物的允许准则是：生物试剂、化学试剂、放射性试剂、强放射性废物、可能冲蚀海岸的永久性惰性漂浮物质均属于禁止海洋处置废物；汞、镉等有毒金属、有机卤素及漂浮油脂类物质禁止大量向海洋倾倒；有机硅化合物、无机工艺废料、有机工艺废物及某些重金属元素或化合物也要严格控制采用海洋处置。

　　已有越来越多的国家和地区关注海洋处置问题，共同的指导思想是，既不能放弃海洋这一巨大的环境容量空间，又不能让其受到污染而危害人类的生存；1972 年，美国首先通过了"海洋保护、研究和保护区法"，国际性合约有"伦敦协议"和"奥斯陆协议"。

### 2.3.6　其他处置方法

　　1．深井灌注

　　深井灌注处置也可处置一般废物与有害废物，是指把液体注入地下与饮用水和矿脉层隔开的可渗性岩层内，主要用来处置那些实践证明难于破坏、难于转化、不能采用其他方法处理或采用其他方法费用昂贵的废物。深井灌注处置前，需使废物液化，形成真溶液或乳浊液。然后加压注入井内，灌注速率一般为 300～4000L/min。

　　对某些工业废物来说，深井灌注处置可能是对环境影响最小的切实可行的方法。深井灌注的最大使用者是化学、石油化工和制药工业，其次是炼油厂和天然气厂，金属公司居第三位。此外，食品加工、造纸业也占有一定的比例。但深井灌注处置必须注意井区的选择和深井的建造，以免对地下水造成污染。深井灌注的费用与生物处理的费用相近。目前美国每年大约有 $3×10^7t$ 液体废物采用深井灌注处置，其中 11%为有害废物。

　　深井灌注处置系统的规划、设计、建造与操作主要分废物的预处理、场地的选择、井的钻探与施工以及环境监测等几个阶段。

　　2．工程库贮存和处置

　　大多数工矿企业采用露天堆存法、筑坝堆存法和压实干贮法贮存和处置它们的固体废物。

　　（1）露天堆存法

　　露天堆存是一种最原始、最简便和应用最广泛的处理方法。对于数量大、又可堆置成形的废石和废渣，都可以采用露天堆放法。但这种方法只能处理不溶解或低溶解性、而且渗沥液无毒、不腐烂变质、不扬尘、不危及周围环境的块状和粗粒状废物。

　　堆存场地应设在居民区的下向风；不应侵占耕地，应尽可能地选在存贮量大、运输和管理方便，安全可靠的山沟、洼地或废矿坑、矿井等地方。在堆存场地的底层应设防渗层，以防地下水污染。堆放场周围还应设雨、雪水、地表径流的收集设施，不使废物受到长期浸泡。在推行废物操作时尽量将堆置废物夯实，防止坍塌或发生泥石流等灾害。含硫量超过 0.5%的煤矸石具有易燃性，燃烧过程中会散发大量二氧化硫，应浇灌石灰或黏土浆等封固，阻隔硫氧化成二氧化硫，污染大气。

（2）筑坝堆存法

筑坝堆存法常用于堆存湿法排放的尾砂粉、砂和粉煤灰等。

贮存场的选址应考虑到水力输送最佳距离，堆放场的防护工程量少，使用年限长等因素，一般多采用山沟或谷地。一般是采用天然的土石方材料。

当排放的尾砂粉、砂和粉煤灰的数量巨大时，坝库易于贮满。为节约建新坝的用地，近年来发展了多级坝堆存技术。该堆存技术是利用土石材料堆筑一定高度的母坝，随即贮存尾矿粉、砂、粉煤灰等废物，当库容即将满时，再在母坝体上堆筑子坝。堆筑子坝时，使用已贮存的尾矿粉、砂或粉煤灰作坝体材料，并继续堆存新的尾矿粉、砂或粉煤灰，如此不断逐层堆筑成多级坝。多级坝的使用既节约天然土石方材料、节省资金，又因使用坝体内堆存的废物，相对增加了库容。多级筑坝法较一次性堆筑的单级坝可节省3/4～5/6 的土石方量，施工工期短、投资省并能延长坝库使用年限，其经济效益和环境效益显著。多级坝在南芬、包头、马鞍山等地的铁尾矿场和淮北电厂的大黄里贮灰场、徐州电厂贮灰场等地已成功的使用多年。

（3）压实干贮法

由于筑坝堆存法堆存粉煤灰存在着占地多、灰库征地困难、水力输灰能耗多、水资源浪费大，且湿排灰用途有限等问题。近年来，不少发达国家改用压实干贮法。该法在我国北京高井电厂已试用成功。

压实干贮法系将电除尘器收集的干粉煤灰用适量水拌和，其湿度以手捏成团、且不粘手为度，然后分层铺洒在贮灰场上，用推土机压实成板状。此法不但可以节约大量输湿灰的用水（1t 灰需用 10t 以上的水输送），而且在场地上贮灰量大、占地少，还有利于粉煤灰的综合利用。

在上述这些贮存、处置场中，需建设相应的渗沥液收集处理设施和大气污染防治设施，并且在使用过程中和关闭或封场后，需对渗沥液及其处理后排水、所在地区的地下水进行监测，监测项目可选择所贮存、处置的固体废物的特征组分；同时应监测大气中颗粒物和二氧化硫等污染物浓度水平。

# 主要参考文献

白良成. 2009. 生活垃圾焚烧处理工程技术. 北京：中国建筑工业出版社.

边炳鑫，张鸿波，赵由才. 2005. 固体废物预处理与分选技术. 北京：化学工业出版社.

国家环保总局. 2000，生活垃圾焚烧污染控制标准（GWKB3—2000）. 北京：中国环境科学出版社.

国家环境保护总局科技标准司. 2001. 最新中国环境保护标准汇编（1979—2000 年）土壤、固体废物、噪声和振动分册. 北京：中国环境科学出版社.

国家环境保护总局污染控制司. 2001. 固体废物管理与处理处置技术. 北京：中国石油化工出版社.

何品晶. 2011. 固体废物处理与资源化技术. 北京：高等教育出版社.

李国鼎，李国建. 2003. 环境工程手册——固体废物污染防治卷. 北京：高等教育出版社.

楼紫阳，赵由才，张全. 2007. 渗沥液处理处置技术及工程实例. 北京：化学工业出版社.

孟伟，赫英臣，L. Krapp，等. 2005. 废物资源化与安全处置技术概论. 北京：中国环境科学出版社.

芈振明，高忠爱，祁梦兰，等. 1993. 固体废物的处理与处置. 2 版. 北京：高等教育出版社.

孙明湖．2002．环境保护设备选用手册．北京：化学工业出版社．

杨慧芬．2003．固体废物处理技术及工程应用．北京：机械工业出版社．

杨玉楠，熊运实，杨军，等．2004．固体废物的处理处置工程与管理．北京：科学出版社．

赵由才，龙燕，张华．2004．生活垃圾卫生填埋技术．北京：化学工业出版社．

赵由才，牛冬杰，柴晓利．2012．固体废物处理与资源化．2版．北京：化学工业出版社．

赵由才．2002．实用环境工程手册：固体废物污染控制与资源化．北京：化学工业出版社．

周少奇．2009．固体废物污染控制原理与技术．北京：清华大学出版社．

住房与城乡建设部标准定额研究所．2010．生活垃圾焚烧技术导则（RISN-TG009—2010）．北京：中国建筑工业出版社．

庄伟强．2001．固体废物处理与利用．北京：化学工业出版社．

George Tchobanoglous，Hilary Theisen，Samuel Vigil. 2000. Integrated Solid Waste Management：Engineering Principles and Management Issues．北京：清华大学出版社．

# 第三章　固体废物处理工程项目论证

固体废物处理处置工程项目在技术上是否可靠、经济上是否有利、建设上是否可行，必须对该类建设项目进行地质灾害危险性评估、环境影响评价、项目可行性研究、项目的综合分析以及全面科学评价的技术经济研究，即从工程项目对企业和社会贡献的角度，运用有关工程项目管理理论与方法来对拟建项目进行全面的经济、技术论证和评价。

## 3.1　固体废物处理工程项目概述

项目作为国民经济和企业发展的基本元素，对社会的发展起到至关重要的作用，项目管理作为一种现代化管理方式，最早出现在美国，其发展是工程和工程管理实践的结果。固体废物处理工程是对固体废物的减量化、资源化和无害化而进行的工程，是一类出于环境保护而进行的项目，其管理水平的高低对固体废物处理工程项目的成败起到重要的作用，并影响到社会和企业整体的发展。

### 3.1.1　项目的概念与特征

自从有了人类，人们就开展了各种有组织的活动。随着社会的发展，有组织的活动逐步分化为两种类型：一类是连续不断、周而复始的活动，人们称之为"运作"（operations），如企业日常的生产产品的活动；另一类是临时性、一次性的活动，人们称之为"项目"（projects）。

项目定义是一个特殊的将被完成的有限任务，它是在一定时间内，满足一系列特定目标的多项相关工作的总称，如企业的技术改造活动、城市生活垃圾填埋工程等。

该定义实际包含如下三层含义。

1）项目是一项有待完成的任务，且有特定的环境与要求。

2）在一定的组织机构内，利用有限资源（人力、物力、财力等）在规定的时间内完成任务。

3）任务要满足一定性能、质量、数量、技术指标等要求。

项目按层次分为宏观项目、中观项目和微观项目，按行业领域分为制造项目、农业项目、金融项目、环保项目、生态项目等，按大类分为工程项目或非工程项目。

工程项目是项目的最典型的一类。工程项目是以工程建设为载体的项目，是作为被管理对象的一次性工程建设任务。它以建筑物或构筑物为目标产出物，需要支付一定的费用、按照一定的程序、在一定的时间内完成，并应符合质量要求。工程项目建设需要投入大量的人力、物力和财力进行建设，同时项目建成后，由于市场变化、技术进步等原因，项目的未来存在不确定性，也就是存在大量的风险性。

工程项目的生命周期指从概念的提出到竣工验收所经历的全部时间。工程项目建设周期可划分为四个阶段，即工程项目策划和决策阶段、工程项目准备阶段、工程项目实施阶段、工程项目竣工验收和总结评价阶段。大多数工程项目建设周期有共同的人力和费用投入模式，开始时慢，后来快，而当工程项目接近结束时又迅速减缓。

（1）工程项目策划和决策阶段

其主要工作包括：投资机会研究、初步可行性研究、可行性研究、项目评估及决策。此阶段的主要目标是对工程项目投资的必要性、可能性、可行性以及为什么要投资、何时投资、如何实施等重大问题，进行科学论证和多方案比较。投资决策是投资者最为重视的，因为它对工程项目的长远经济效益和战略方向起着决定性的作用。为保证工程项目决策的科学性、客观性，可行性研究和项目评估工作应委托高水平的咨询公司独立进行，可行性研究和项目评估应由不同的咨询公司来完成。

（2）工程项目准备阶段

其主要工作包括：工程项目的初步设计和施工图设计，工程项目征地及建设条件的准备，设备、工程招标及承包商的选定、签订承包合同。本阶段是战略决策的具体化，它在很大程度上决定了工程项目实施的成败及能否高效率地达到预期目标。

（3）工程项目实施阶段

此阶段的主要任务是将"蓝图"变成工程项目实体，实现投资决策意图。在这一阶段，通过施工，在规定的范围、工期、费用、质量内，按设计要求高效率地实现工程项目目标。本阶段在工程项目建设周期中工作量最大，投入的人力、物力和财力最多，工程项目管理的难度也最大。

（4）工程项目竣工验收和总结评价阶段

此阶段应完成工程项目的联动试车、试生产、竣工验收和总结评价。工程项目试生产正常并经业主验收后，工程项目建设即告结束。但从工程项目管理的角度看，在保修期间，仍要进行工程项目管理。项目后评价是指对已经完成的项目建设目标、执行过程、效益、作用和影响所进行的系统的、客观的分析。它通过对项目实施过程、结果及其影响进行调查研究和全面系统回顾，与项目决策时确定的目标以及技术、经济、环境、社会指标进行对比，找出差别和变化，分析原因，总结经验，汲取教训，得到启示，提出对策建议，通过信息反馈，改善投资管理和决策，达到提高投资效益的目的。项目后评价也是此阶段工作的重要内容。

### 3.1.2　固体废物处理工程项目建设过程

固体废物处理工程是一类出于环境保护和资源的循环利用而进行的工程项目。项目的建设应按照工程项目的建设程序要求进行管理。目前，固体废物处理工程项目的建设过程大体上分为项目决策和项目实施两大阶段。

（1）项目决策阶段

主要工作是编制固体废物处理工程项目建议书，进行可行性研究和编制可行性研究报告。然后对项目进行评估，项目通过评估以后，将可行性研究报告上报，得到批准作为一个重要的"里程碑"，通常称为批准立项。

项目建议书：是建设单位提出的要求建设的固体废物处理工程项目的建议文件，是对该项目的轮廓设想。投资者对拟建设的工程项目要论证兴建的必要性、可行性以及兴建的目的、要求、计划等内容。

可行性研究：项目建议书批准后，应着手进行可行性研究。可行性研究是对固体废物处理工程项目的建设技术上是否可能、经济上是否有利、建设上是否可行而进行科学的分析和论证，为项目的决策提供依据。主要任务是通过多方案比较，提出评价意见，推荐最佳方案。在此基础上编写可行性研究报告。

项目评估：在固体废物处理工程项目可行性研究的基础上，从项目对企业、对社会贡献的各个角度对拟建项目进行全面的经济、技术论证与评价，并给出评价结果的过程。项目评估是项目投资前进行决策管理的重要环节。

（2）项目的实施阶段

固体废物处理工程项目审批立项后，进入了实施阶段，主要工作包括项目设计、建设准备、施工安装和使用前准备、竣工验收等。

编制设计文件：可行性研究报告获得批准后，建设单位可委托具备相应资质的设计单位编制设计文件。设计文件是安排工程项目和组织工程施工的主要依据。中小型的项目只进行初步设计和施工图设计，工程技术比较复杂或缺乏设计经验的项目，在初步设计阶段后应进行技术设计，最后进行施工图设计。初步设计是可行性研究的深化；技术设计是解决设计中的重大技术问题，使设计更加完善；施工图设计是项目施工的依据。

项目建设准备：项目在开工前应做好各项施工准备工作，包括：征地，拆迁和场地平整，完成施工用水、电、路等工程，组织设备，材料订货等。并编制建设计划和建设年度计划。

施工安装：在建设年度计划得到批准后，便可以依法进行招标发包工作，落实施工单位，签订施工合同。在具备开工条件的要求下，领取建设项目施工许可证后方可开工。

使用前的准备工作：项目投产前要进行必要的生产准备，包括建立生产经营管理机构，建立规章制度，招聘人员，工程竣工验收的准备工作等。

竣工验收：当项目按设计文件内容全部施工完毕后，应组织好竣工验收。

## 3.2　固体废物处理工程项目可行性研究

固体废物处理工程项目可行性研究是指对拟实施项目在技术上是否可能、经济上是否有利、建设上是否可行所进行的综合分析和全面科学评价的技术经济研究活动，是项目决策之前对项目进行充分分析、研究、论证和评价的过程，是项目投资前期最重要的一项工作，站在咨询的立场上应提出多种替代方案，对各种方案做出经济分析，决定最佳投资时期和投资规模，要提出可能实施的具体措施，要把资源的有效利用放在中心位置，最后评价项目的盈利能力和经济上的合理性，提出项目是否可行的结论，从而回答项目是否要进行的问题，为投资者的最终决策提供准确的科学依据。

### 3.2.1 处理工程项目可行性研究的阶段及步骤

固体废物处理工程项目可行性研究是项目投资决策前对项目进行技术经济论证的阶段。具体说，就是在决策一个项目之前，进行详细、周密、全面的调查研究和综合论证，从而制定出具有最佳经济效果的项目方案的过程，它是一种包括机会研究、初步项目论证、辅助（功能）研究和详细论证等阶段的系统的投资决策分析研究方法。在整个过程中要涉及经济、管理、财务、决策、市场调查等多个学科领域，所以也可称其为一门经济论证的综合性学科。

（1）固体废物处理工程项目可行性研究的阶段

1）机会研究阶段。机会研究是鉴定投资机会，它寻求的是投资应该用于哪些可能会有发展的部门，这种投资能给企业带来盈利，能给国民经济带来全面的或多方面的好处。机会研究分为一般机会研究和特定项目机会研究两种。根据当时的条件，决定进行哪种机会研究，或两种机会研究都进行。

一般机会研究：这种研究主要是通过国家机关或公共机构进行的，目的是通过研究指明具体的投资建议。有以下三种情况：地区研究、部门研究、以资源为基础的研究。

特定项目机会研究：一般投资机会做出最初鉴别之后，即应进行这种研究，并应向潜在的投资者散发投资简介，实际上做这项工作的往往是未来的投资者或企业集团。主要内容为：市场研究、项目意向的外部环境分析、项目承办者优劣势分析。

2）初步可行性研究。初步项目论证是在机会研究的基础上，对项目进行的更为详细的研究，以更清楚的阐述项目设想，它是介于项目机会研究和详细项目论证之间的一个中间阶段。初步项目论证的目的包括如下几个方面。

① 投资机会是否有前途，值不值得进一步作详细项目论证。

② 确定的项目概念是否正确，有无必要通过项目论证进一步详细分析。

③ 项目中有哪些关键性问题，是否需要通过市场调查、试验室试验、工业性试验等功能研究做深入研究。

④ 是否有充分的资料足以说明该项目设想可行，同时对某一具体投资者有无足够的吸引力。

在做项目可行性研究的同时，还必须进行建设项目所在地的地质灾害危险性评估与环境影响评价工作。

3）辅助研究或功能研究。辅助（功能）研究包括项目的一个或几个方面，但不是所有方面，只能作为初步项目论证、项目论证和大规模投资建议的前提或辅助。辅助研究包括：对要处理的固体废物进行的市场预测、原料和投入物资的研究、试验室和中间工厂的试验、厂址研究、规模的经济性研究和设备选择研究等。

4）详细可行性研究。详细可行性研究是在项目决策前对项目有关的工程、技术、经济等各方面条件和情况进行详尽、系统、全面的调查、研究、分析，对各种可能的建设方案和技术方案进行详细的比较论证，并对项目建成后的经济效益、国民经济、社会效益进行预测和评价的一种科学分析过程和方法，是项目进行评估和决策的依据。

（2）固体废物处理工程项目可行性研究的步骤

固体废物处理工程项目可行性研究的步骤分为8个步骤：委托与签订合同；组织人

员与制订计划；调查研究与收集资料；优化与选择方案阶段；经济分析与评价；编制地质灾害危险性评估说明书、环境影响评价报告书；编制可行性研究报告；可行性研究报告评审。

### 3.2.2　固体废物处理工程项目可行性研究报告

按照国家发改委的规定，项目的可行性研究报告包含的内容如表 3.1 所示。

**表 3.1　固体废物处理工程项目的可行性研究报告内容**

| 序号 | 名称 | 主要内容 |
|---|---|---|
| 一 | 总论 | 反映了项目论证报告各个章节的最关键部分及其最基本的结论。包括：项目背景和历史；市场和工厂生产能力；原材料和投入；坐落地点和厂（场）址；项目设计；企业机构和企业管理费用；人力；执行时间安排；财务和经济评价；结论 |
| 二 | 项目背景和历史 | 为了保证项目论证报告取得成功，必须清楚地了解项目设想与一个国家的经济状况、一般发展和工业发展等情况如何相适应。包括：项目背景；项目主办者和（或）发起者；项目历史；预备性研究及有关调查的费用 |
| 三 | 市场和工厂生产能力 | 在拟定项目之前，应当分门别类地确定当前市场有效需求的规模和组成情况，以便预测固体废物的处理情况。包括：需求和市场预测；产品和副产品的销售预测和销售；生产计划；工厂的生产能力 |
| 四 | 原材料和投入 | 讨论关于处理固体废物时所需原料和投入的选择和说明以及供应计划的确定和原材料费用的计算等。包括：原材料和投入；供应计划 |
| 五 | 项目地点（厂址） | 项目论证报告必须说明适合于项目的地点（厂址）。应该从一个相当大的地理区域选择地点，还必须从中多考虑几个可供选择的厂址，一旦选定厂址就要研究建立和经营工厂对周围环境的影响。包括：项目地点；当地条件；对环境的影响 |
| 六 | 项目设计 | 包括：项目范围；项目布局；技术；设备；土建工程 |
| 七 | 工厂机构和管理费用 | 制订机构规划将使得计算管理费用成为可能，而管理费用在有些项目中对项目的盈利性可以有决定意义。要对管理费用作出现实估价，必须把全厂可行地分成几个组成部分（生产、服务和行政等成本项目）。包括：工厂机构；企业管理费用 |
| 八 | 人力 | 在生产能力及所使用的生产过程确定之后，有必要对审议中项目的各级管理部门所需人员作出规定；对生产和其他有关活动进行估价时，应同时对项目各个阶段各级人员所需要的培训进行估计。包括：工人；职员 |
| 九 | 项目进度安排 | 项目执行时期是指从决定投资到开始大规模生产这段时期。这一时期包括谈判和签订合同、项目设计、施工和试运转等若干阶段。为了调节这些活动，在项目论证报告中应编制并提出最佳执行计划和时间安排。包括：项目执行的基本数据和活动；项目执行计划和时间安排的选择；项目执行的成本估计 |
| 十 | 财务和经济评价 | 项目编制应当符合财务和经济评价的要求。在进行财务评价时最好采用动态评价方法，并结合采用敏感性分析。同时，还应从项目对国民经济的直接和间接影响方面对项目进行评价 |

## 3.3　固体废物处理工程项目的财务评价

固体废物处理工程项目的财务评价始于财务预测，通过编制财务报表，进行财务评价指标的计算与不确定性分析，从而完成项目财务可行性评价任务。

### 3.3.1 项目的财务预测

固体废物处理工程项目财务是在项目方案构造的基础上，对项目建设及生产中的各项投入与产出数据进行估计和预测，编制相应的表格，以供项目经济分析和评价。主要包括以下内容。

（1）投资估算及资金筹措预测

投资是项目实施和项目投产以后的生产过程中所需投入的资金，包括花费在项目建设上的全部活劳动和物化劳动的消耗总和。投资估算及资金筹措预测对项目经济评价指标影响很大。应预测内容如下。

1）项目投资估算。项目的总投资包括固定资产投资、固定资产投资方向调节税、建设期利息、流动资金（图3.1）。

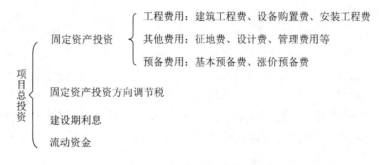

图 3.1 项目的总投资构成图

2）流动资金估算。流动资金是企业在贮备、生产和流通领域中所占有的、用于购买原材料、燃料及动力，支付职工工资等的周转金。流动资金估算常用两种方法。

① 扩大指标估算法。根据同类已投产项目流动资金占销售收入、经营成本或固定资产投资的比率或单位产量占用流动资金的比率等，来估算拟建项目所需流动资金的方法。

② 分项详细估算法。分项详细估算法根据项目日平均生产消耗量和最低周转（或贮备）天数，分项估算项目所需各项流动资金。

3）固定资产投资方向调节税及建设期借款利息估算。固定资产投资方向调节税的估算：在项目经济评价中，投资方向调节税按项目固定资产投资年度计划额乘以相应的税率分年度进行估算，应计税额纳入当年投资总额。

建设期借款利息的估算：项目建设期内固定资产投资借款的应计利息按下式计算为

$$利息 = (年初借款本息累计 + 本年借款额/2) \times 年利率$$

4）投资使用计划。

① 固定资产投资的使用计划。在具体安排资金的使用时，应在保证项目实施进度的前提下，先使用成本低的资金，后使用成本高的资金。

② 流动资金的使用计划。在项目经济评价中，为简化计算，规定项目流动资金从投产第一年起按生产负荷进行安排，其借款部分按全年计算利息。

5）投资资金的筹措。项目投资所需资金可以从多种渠道筹措。按地域可分为国内资金和国外资金，国内资金包括：国内贷款、国内证券市场筹资、国内外汇资金、其他投资；国外资金包括：国内直接投资、国外证券市场筹资、国外贷款、融资性贸易等。

（2）项目计算期、折旧及摊销售预测

1）项目计算期的确定。项目计算期包括拟建项目的建设期和生产期（或经营期、使用期）。建设期即项目建设过程耗用的时间，一般应包括设计期、施工期和试运转期。生产期一般并不是指项目建成投产后将实际存在的时间，也不是指项目的技术寿命，而是指从项目技术经济评价的要求出发所假定的一个期限。

2）固定资产折旧。固定资产是指使用期限超过一年，单位价值在规定标准以上，并且在使用过程中保持原有物质形态的资产。固定资产折旧一般采用年限平均法计算。年限平均法计算公式为

$$年折旧额＝固定资产原值×年折旧率$$
$$年折旧率＝(1－预计净残值率)/折旧年限$$

净残值率一般按3%～5%确定，折旧年限按有关规定选取。

3）无形资产和递延资产摊销。无形资产是指能够长期使用但没有实物形态的资金，包括专利权、专用技术、商标权、土地使用权、商誉等。递延资产是指不能全部计入当年损益，而在以后年度内分期摊销的费用，包括开办费、租赁的固定资产改良支出等。

无形资产和递延资产均以资产摊销的方式补偿和收回，其中，无形资产按规定期限分期平均摊入管理费用，没有规定期限的，一般不少于10年分期摊销；递延资产中的开办费按照不少于5年期限分期摊入管理费用。

（3）销售收入与销售税金预测

1）销售收入的估算。销售收入是固体废物处理工程项目建成投产后对外销售产品或收取的处理费所取得的收入。其计算公式为

$$销售收入＝销售量(或处理量)×单价$$

2）销售税金及附加估算。从销售收入中直接扣除的销售税金及附加有增值税、营业税（固体废物工程项目一般免该项税）、消费税、资源税、城市维护建设税和教育费附加。

（4）产品成本费用预测

1）生产成本。生产成本是反映产品生产所需物料和劳动力消耗的重要指标，由生产过程中消耗的直接材料、直接工资、其他直接支出和制造费用构成。

2）总成本费用估算。总成本费用是指项目在一定的时期内（一年）为生产和销售产品而花费的全部成本及费用。

$$总成本费用＝生产成本＋销售费用＋管理费用＋财务费用$$
$$生产成本＝外购原材料、燃料及动力费＋工资及福利费＋修理费＋折旧费$$
$$＋维简费＋摊销费＋利息支出＋其他费用$$

3）经营成本、可变成本与固定成本。经营成本是项目财务评价中专设的一个成本概念，即

$$经营成本＝总成本费用－折旧费－维简费－摊销费－利息支出$$

为方便进行盈亏平衡分析等目的，需要将产品成本费用分为可变成本和固定成本。在产品总成本费用中，有一部分费用随产量的培养而成比例地增减，称为可变成本，如

原材料费用一般属于可变成本。另一部分费用与产量的多少无关，称为固定成本，如固定资产折旧费、管理费用。总成本是固定成本与变动成本之和，即

$$总成本费用＝可变成本＋固定成本$$

（5）利润及利润分配预测

项目产品销售（营业）收入扣除销售税金及附加和总成本费用后，即为项目利润总额。按国家规定，应将利润总额依法缴纳所得税，一般内资企业所得税税率为33%。然后根据国家规定需缴纳特种基金的，扣除后为可供分配利润，可供分配利润在盈余公积金、应付利润、未分配利润三项之间按规定分配。

（6）借款还本付息预测

财务评价中的项目国内外借款，无论实际按年、季、月计算利息，均简化为按年计息。计算公式如下，即

$$i=\left(1+\frac{r}{m}\right)^{m}-1$$

式中，$i$ 为有效年利率；

$r$ 为名义年利率；

$m$ 为年计息次数。

### 3.3.2  经济评价方法

固体废物处理工程项目可行性研究的内容涉及面广，既有专业技术问题，又有经济管理与商务问题。从资金的角度来分析项目的可行性主要解决"项目能不能盈利"的问题，从企业的角度来看，项目能不能为企业带来收益，是最直接也是最重要的问题。企业经济评价方法主要有静态评价方法和动态评价方法。

（1）静态评价方法

静态评价方法主要适用于那些投资额小、规模小、计算期短的项目或方案，也用于技术经济数据不完备和不太精确的项目初选阶段。静态分析法的主要优点是计算简单，使用方便，直观明了；缺点是没有考虑资金的时间价值，分析比较粗糙，与实际情况相比会产生一定的误差。静态评价方法主要包括投资收益率与投资回收期。

1）投资收益率与投资回收期。投资收益率 $E$，又称投资利润率，它是项目投资后所获的年净现金收入（或利润）$R$ 与投资额 $K$ 的比值，即 $E=R/K$，适用于项目初期勘察阶段或者那些投资小、生产简单、变化不大的项目的财务盈利性分析。

投资回收期 $T$ 是指用项目投产后每年的净收入（或利润）补偿原始投资所需的年限，它是投资收益率的倒数，即 $T=1/E=K/R$，主要用于衡量项目的经济效益和风险程度，它是反映项目在财务上偿还总投资的真实能力和资金周转速度的重要指标，一般情况下越短越好。

投资项目的评价原则如下。

① 投资收益率越大，或者说投资回收期越短，经济效益就越好。

② 不同部门的投资收益率 $E$ 和投资回收期 $T$ 都有一个规定的标准收益率 $E_标$ 和标准回收期 $T_标$，只有评价项目的投资收益率 $E \geqslant E_标$，投资回收期 $T \leqslant T_标$ 时项目才是可行的；

否则项目就是不可行的。

2）借款偿还期。借款偿还期是指按照国家的财政规定及项目的具体财务条件，在项目投产后可以用作还款的利润、折旧及其他收益额偿还固定资产投资本金和利息所需要的时间。当借款清偿期满足借贷机构要求时，即认为项目本身有清偿能力，借款清偿期越短，说明项目偿还借款的能力越强。

3）追加投资回收期和追加投资收益率。所谓追加投资是指不同的投资方案所需投资之间的差额，追加投资回收期 $T_a$ 就是利用成本节约额或者收益增加额来回收投资差额的时间。

计算公式若用成本节约额表示，则有

$$T_a=(K_1-K_2)/(C_2-C_1)$$

计算公式若用收益增加额表示，则有

$$T_a=(K_1-K_2)/(B_1-B_2)$$

追加投资收益率

$$E_a=1/T_a$$

式中 $K$、$B$、$C$ 分别为相应方案的投资、收益和成本。

如果 $T_a<T_标$或者 $E_a>E_标$，则高投资方案的投资效果好。

4）投资利润率、投资利税率。投资利润率、投资利税率和资本金利润率是反映项目投资盈利能力的静态指标。

投资利润率＝年利润总额/总投资×100%

投资利税率＝年利税总额/总投资×100%

资本金利润率＝年利润总额/资本金总额×100%

投资利润率和投资利税率均大于行业平均利润率和平均利税率，说明单位投资对国家积累的贡献水平达到了本行业的平均水平。

（2）动态评价方法

动态评价方法不仅考虑了资金的时间价值，还考虑了项目发展的可能变化。这对投资者和决策者合理评价项目，提高经济效益具有十分重要的作用。因此，动态评价方法是较静态评价方法更全面、准确、科学的分析方法。动态评价方法包括净现值法、内部收益率法、外部收益率法、动态投资回收期法以及收益/ 成本比值法。

1）资金的时间价值。为了解决投资项目不同时点上发生的费用与效益的时间可比性问题，我们必须首先了解资金的时间价值问题。资金的价值与时间有密切关系，资金具有时间价值，也就是说，今天的一笔资金比起将来同等数额的资金，即使不考虑通货膨胀与风险因素也更有价值。

一般地讲，代表资金时间价值的利息是以百分比表示的，即用利率来表示的。在商品经济条件下，利率是由以下三部分组成：

① 时间价值：即纯粹的时间价值，随着时间的变化而发生的价值增值。

② 风险价值：现在投入的资金，今后能否确保回收，即资金存在不确定性。

③ 通货膨胀：指的是资金会由于通货膨胀而发生贬值。

一般把通过银行借贷资金所付出的或得到的比本金多的那部分增值叫利息，而把资金投入生产或流通领域产生的增值，称为盈利或净收益。

项目论证中利息是广义的概念，泛指投资净收益与货款利息，当然这是由项目论证的任务决定的。资金的计息方法有

单利利息计算：$F=P(1+ni)$

复利计息计算：$F=P(1+i)^n$

式中，$F$ 为期末本利之和；

　　　$P$ 为本金；

　　　$i$ 为每一周期的利率；

　　　$n$ 为计息周期数。

2）净现值法。现值（present value，PV）是指把将来某一时刻的资金按复利折算到当前的价值，即将来某一笔金的现在价值。折算一般采用的利率称为折现率，现值计算公式为

$$PV=FV/(1+r)^n$$

式中，FV 为将来某一时刻的价值（终值）；

　　　PV 为资金现值；

　　　$r$ 为每一个计息期的利率；

　　　$n$ 为计息周期数。

净现值法（net present value，NPV）是反映项目在计算期和生产服务年限内获利能力的综合性动态评价指标，是将整个项目投资过程的现金流按要求的投资收益率（折现率），折算到时间等于零时，得到现金流的折现累计值（净现值 NPV），然后加以分析和评估。

$$NPV=\sum_{t=0}^{n}(B_t-C_t)\frac{1}{(1+i_0)^t}$$

式中，$B$ 为收入额；

　　　$C$ 为支出额。

净现值法的评价准则：当折现率取标准值时，若 NPV≥0，则该项目是合理的；若 NPV<0，则是不经济、不合理的。

3）内部收益率法。内部收益率法又称贴现法，它是反映项目的获利能力的一种最常用的综合性的动态评价指标，常作为一项主要指标来对项目的经济效益做出评价。就是求出一个内部收益率（IRR），这个内部收益率使项目使用期内现金流量的现值 NPV 合计等于零，即

$$\sum_{t=0}^{n}(B_t-C_t)\frac{1}{(1+IRR)^t}=0$$

求解 IRR 的方法，一般采用试算法。把每期的现金流根据不同的折现率折现，然后作出折现率与折现净现值的对应曲线，其中折现净现值为 0 时的折现率就是 IRR。

① 内部收益率的评价准则：当标准折现率为 $i_0$ 时，若 IRR≥$i_0$，则投资项目可以接受。

② 若 IRR<$i_0$，项目就是不经济、不合理的。

③ 对两个投资相等的方案进行比较时，IRR 大的方案比 IRR 小的方案更可取。

4）动态投资回收期法。动态投资回收期克服了静态投资回收期未考虑时间因素的

缺点，但也没有考虑项目回收期后的经济效果，不能全面反映项目生命周期内的真实效益。动态投资回收期是在考虑资金时间价值的条件下，按设定的基准收益率收回投资所需要的时间。动态投资回收期 $T_d$ 计算公式为

$$T_d = \frac{-\log\left(1 - \dfrac{P \cdot i}{A}\right)}{\log(1+i)}$$

式中，$A$ 为投产后年收益；

　　　　$P$ 为原始投资额。

相应的项目动态投资收益率 $E_d = 1/T_d$。

动态投资回收期和动态投资收益率的评价准则：

① 当动态投资回收期 $T_d \leqslant T_标$ 或动态投资收益率 $E_d \geqslant E_标$ 时，项目投资是可行的；

② 当 $T_d > T_标$ 或 $E_d < E_标$，则项目投资是不可行的。

**例 3.1**　假设某企业拟建一建筑垃圾处理工程，总投资为 4900 万元，投产后每年的产值为 980 万元，企业年经营成本为 440 万元。试求其投资回收期?

如果不考虑时间因素，投资回收期 $T$ 可由总投资额和年利润值算出，即

$$T = 4900/(980 - 440) \approx 9 \text{ 年}$$

但是企业的投资是由银行贷款的，因此除偿还成本外，每年还要支付利息，年利率为 10%。考虑这一因素，则应按动态投资回收期计算，即

$$T_d = \frac{-\log\left(1 - \dfrac{P \cdot i}{A}\right)}{\log(1+i)} \approx 23 \text{ 年}$$

不考虑时间因素的投资回收期是 9 年，可以认为经济效益可取，而考虑了贷款利息之后，投资回收期为 23 年，如果只从经济效益看，可能就是不可取了。

5）收益/成本比值法。收益/成本比值，是项目经营净现金流值和初始投资之比，表明项目单位投资获利能力。若项目收益为 $B$，成本为 $C$，则收益/成本比值为 $B/C$，则收益/成本比值法的评判准则为

当 $B/C > 1$ 时，项目有盈余；

当 $B/C < 1$ 时，项目是亏损；

当 $B/C = 1$ 时，项目是不亏不盈。

6）现值指数法。现值指数法是净现值除以投资额现值所得的比值，它是表明单位投资的获利能力，反映的是单位投资效果优劣的一个度量指标，它比较适用于多个投资方案进行评价比较。其计算公式为

$$\text{NP} = \text{NPV}/P$$

式中，NP 为现值指数；

　　　　NPV 为净现值；

　　　　$P$ 为投资额现值。

现值指数法的评价标准：一般来说，现值指数越大，单位投资效果越好；反之，现值指数越小，单位投资效果越差。

### 3.3.3　固体废物处理工程项目不确定性分析

固体废物处理工程项目由于投资较大，工期较长，属于公共工程，项目存在大量的不确定性。在项目论证过程中，对投资项目风险的不确定性进行分析，常用的方法有：盈亏平衡分析、敏感性分析、概率分析法。

（1）盈亏平衡分析

盈亏平衡分析又称量本利分析法，它是通过盈亏平衡点分析工程项目成本与收益的平衡关系的一种方法，主要用来判断各种不确定因素（如投资、成本、生产或销售量、产品价格等）的变化对项目的影响作用，为决策提供依据。盈亏平衡分析的目的，主要通过分析产量、成本和项目盈利能力之间的关系找出项目投资方案盈利与亏损在产量、产品价格、单位成本等方面的临界点，也就是盈亏平衡点，又称盈亏分界点或保本点。盈亏平衡点是指当项目的年收入与年支出平衡时所必需的生产水平，在盈亏平衡图上就表现为总销售收入曲线与总销售成本曲线的交点。

盈亏平衡点通常根据正常生产年份的产品产量或销售量、可变成本、固定成本、产品价格和销售税金及附加等数据计算，用生产能力利用率或产量表示。盈亏平衡点越低，表明项目适应市场变化的能力越大，抗风险能力越强。

下面让我们用盈亏平衡分析法来分析销售收入、成本费用与产品产量的关系。分析的前提条件是，所有的产品都能销售出去。我们假定市场条件不变，产品价格为常数。这时销售收入与销售数量呈线性关系，即有

$$B(Q)=S \times Q$$

式中，$B(Q)$ 为销售收入；

　　　$S$ 为销售价格；

　　　$Q$ 为产品产量。

项目投产后，其总成本可分为固定成本和变动成本两部分。它们之间的关系可表示为

$$总成本 C(Q)=固定成本 K+单价 D \times 产品产量 Q$$

达到盈亏平衡，也就是总成本等于总收入，即 $C(Q)=B(Q)$ 或 $K+DQ^{*}=SQ^{*}$，有

$$Q^{*}=\frac{K}{S-D}$$

从图 3.2 可以看到，当产量 $0<Q<Q^{*}$ 时，$C(Q)>B(Q)$，项目处于亏损状态；当产量 $Q>Q^{*}$ 时，$C(Q)<B(Q)$ 项目处于盈利状态；因此，$C(Q)$ 与 $B(Q)$ 的交点所对应产量 $Q^{*}$，就是盈亏平衡点。

除了用产量表示盈亏平衡点外，还可以计算盈亏平衡销售收入、生产能力利用率、销售价格等其他不确定指标。

**例 3.2**　假设某市为了对建筑垃圾进行处理，建有一个生产水泥砖厂，正常年分固定成本总额为 20 万元，产品售价为每块 1 元，单位产品变动成本为 0.6 元，请计算该生产线的盈亏平衡点或保本销售量。

**解**　总成本 $C(Q)=$ 固定成本 $K+$ 单价 $D \times$ 产品产量 $Q$

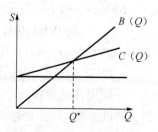

图 3.2　线性盈亏平衡分析图

产品收入 $B(Q)$＝销售价格 $S$×产品产量 $Q$

盈亏平衡即

$C(Q)=B(Q)$　　或　　$K+DQ=SQ$

盈亏平衡点

$Q^*=K/(S-D)=200\,000/(1-0.6)=50$（万块）

相应的保本销售额为：$B=50$ 万块×$1=50$（万元）

（2）敏感性分析

敏感性分析是通过分析、预测工程项目主要因素发生关系变化时对经济评价指标的影响，从中找出敏感因素，并确定其影响程度，即确定项目风险的一种分析方法，也是项目投资决策中常见的分析方法。

在项目计算期内可能发生变化的因素有产品产量、产品价格、产品成本或主要原材料与动力价格、固定资产投资、建设工期及汇率等。敏感性分析通常是分析这些因素单独变化或多因素变化对内部收益率的影响。必要时也可分析对静态投资回收期和借款偿还期的影响。

项目对某因素的敏感程度可以表示为该因素按一定比例变化时引起评价指标变动的幅度，也可以表示为评价指标达到临界点（如财务内部收益率等于财务基准收益率或经济内部收益率等于社会贴现率）时允许某个因素变化的最大幅度，即极限变化，同时可绘制敏感分析图。

敏感性分析的步骤如下。

1）确定敏感性分析指标。

2）选定需要分析的不确定因素。

3）单因素敏感分析。

4）多因素敏感分析。

5）计算因素变动对经济效果指标变动的数量影响。

6）确定敏感因素。

**例3.3** 某企业预计投资1200万元建设一个利用生活垃圾和动物粪便作为原料年产量达 10 万袋的化肥厂。产品价格为 35 元/袋，年经营成本为 120 万元，方案经济寿命期为 10 年，设备残值为 80 万元，基准折现率为 10%，试就投资额、产品价格及方案寿命期进行敏感性分析。

**解**　以净现值作为经济评价的分析指标，则预期净现值为

NPV$_O$＝ －1 200 万元＋(10 万袋×35 元/台－120 万元)PVIFA(10%，10)＋
　　　 80PVIF(10%，10)＝244.23（万元）

式中，PVIFA $(r，n)$ 为年金终值系数；
　　　PVIF $(r，n)$ 为复利现值系数。

下面用净现值指标分别就投资额、产品价格和寿命期三个不确定因素作敏感性分析。设投资额、产品价格及方案寿命期在其预期值的基础上分别按±10%、±15%变化，相应的项目净现值将随之变化，变化结果如表 3.2 所示。

表 3.2　单因素的敏感性分析（万元）

| 变动率/% 不确定因素 | −15 | −10 | 0 | 10 | 15 |
|---|---|---|---|---|---|
| 投资额 | 424.2 | 364.2 | 244.2 | 124.2 | 64.2 |
| 价格 | −78.4 | 28.2 | 244.2 | 459.3 | 566.8 |
| 寿命期 | 111.5 | 158.5 | 244.2 | 321.9 | 358.1 |

从表 3.2 中可以看出：在同样的变动率下，产品价格的变动对方案的净现值影响最大，其次是投资额的变动，寿命周期的影响最小。也就是说，产品价格是这三者中最敏感的因素。

（3）概率分析

概率分析又称风险分析，它是研究预测各种不确定性因素和风险因素按一定概率变动时，对项目评价指标影响的一种定量分析方法。概率分析解决了影响因素对经济指标影响的可能性多大的问题。一般是计算项目净现值的期望值及净现值大于或等于零时的累计概率，累计概率值越大，说明项目承担的风险越小。也可通过模拟法测算项目评价指标（如内部收益率）的概率分析。

在进行风险分析时，先对各参数的值作出概率估计，并以此为基础计算项目的经济效益，最后通过经济效益期望值、标准差、离散系数来反映方案的风险和不确定程度。期望值是大量的重复事件中随机变量取值的平均值。方差是反映随机变量取值的离散程度的参数。方差开平方即得标准差，其经济意义是反映一个随机变量实际值与期望值偏离的程度，反映了投资方案风险的大小。离散系数是标准差与期望值之比，其可用来比较两个不同方案之间的风险程度，其值越小，风险则越小。

# 3.4　固体废物处理工程项目社会效益评价

固体废物处理工程项目的社会效益评价是项目评价的重要组成部分，是从国家和社会的整体角度来评价项目对实现国家经济发展战略目标及对社会福利的实际贡献。它除了对项目的直接经济效果考虑外，还要考虑项目对社会的全面的费用效益状况。与企业经济评价不同，它将工资、利息、税金作为国家收益，按照资源合理配置的原则，它采用产品价格（社会价格）、贴现率（为社会贴现率）来计算分析国家为投资项目所付出的代价及对国民经济的贡献，以评价项目的合理性。目的在于优选出客观效益好、资源能够有效利用和合理配置的固体废物处理工程项目。

## 3.4.1　社会效益评价

（1）社会效益的评价途径

1）项目对宏观经济效果影响的评价途径。宏观经济效果的好坏是我国投资决策的主要依据，主要体现在固体废物处理工程项目对国民经济增长的贡献上，从国家的角度，要求项目投资所增加的国民收入净增值和社会效益净增值大于为项目所付出的社会成本。主要通过下列指标进行评价。

① 项目每年对国家和社会的实际贡献情况，用每年所获国民收入的净增值加社会的净收益与项目总投资额的比率表示。

② 项目在整个生命期内对国家和社会的总贡献情况，用项目在整个生命期内所获总国民收入净增值加社会净收益与项目总投资额的比率表示。

③ 项目的投资回收能力，用国民收入的净增值和社会的净收益分别计算总投资回收期。

2）项目社会效果的评价途径。主要通过以下 4 项指标进行评价。

① 用节约劳动力和提供就业机会考察劳动就业目标。

② 提高社会福利和人民物资文化生活水平。

③ 环境保护和生态平衡影响情况。

④ 减少进口、节约外汇和增加出口、创造外汇的情况等

（2）社会效益评价的评价技术与方法

1）社会折现率。社会折现率是从国家角度对资金机会成本和时间价值进行估量的评估指标，也即是资金的影子价格。它是国民经济评价的通用指标，是计算经济净现值等指标或其他经济等值换算时采用的折现率。采用适当的社会折现率进行项目投资评价，有助于合理使用固体废物处理工程项目资金，引导投资方向，调控投资规模，促进资金在整个社会范围内的合理配置。

社会折现率作为项目社会效益评价的一个重要参数，在衡量投资项目的内部收益率时具有非常重要的作用，同时它也是项目经济评价可行性和比较选优的重要依据之一。社会折现率的测定方法一般是采用现行价格下的投资收益率的统计值测定。由国家统一测定发布，目前我国规定社会折现率的取值标准为 12%。

2）影子价格。影子价格是指当社会经济处于某种最优状态时，能够反映社会劳动的消耗、资源稀缺程度和最终产品需求情况的价格，它有利于资源最优配置，可以作为杠杆间接拨动投资流向。它是生产要素的边际变化对国民收入增长的贡献值。也就是说，影子价格是由国家的经济增长目标和资源可用程度决定的。一般来讲，项目投入的影子价格就是它的机会成本减去资源用于其他用途时的边际产出价值，也就是用户为取得产品而愿意支付的价格。

对项目进行社会效益分析要站在整个国民经济的角度，因而确定影子价格的过程是对国民经济在生产、交换、分配和消费过程中的所有环节及其相互制约因素的全面考察过程，要确定商品或劳务的影子价格，应考虑到社会资源的可用量、政策变动及社会经济未来变动等各种不确定性因素的影响。

### 3.4.2　项目进行决策的准则

由于财务评价与社会效益评价的评价角度、费用与效益的含义、划分范围、计算价格不同，其评价的判据也不同。财务评价主要判据是行业基准收益率，而社会效益评价主要判据是社会折现率，因此可能出现评价结论不一致的情况，其决策准则如下。

1）财务评价与社会效益评价结论均可行，项目应予以通过。

2）财务评价与社会效益评价结论均不可行，项目应予否定。

3）财务评价结论可行，社会效益评价结论不可行，项目一般应予否定。

4）财务评价结论不可行，社会效益评价结论可行，项目一般应予推荐，此时可建议采取某些财务优惠措施等，使项目具有财务上的生存能力。

# 3.5　固体废物处理工程项目论证案例
## ——某县生活垃圾填埋场工程的项目评价

### 3.5.1　项目的基础数据

某县生活垃圾填埋场是新建项目。该项目经济评价是在项目论证完成垃圾量预测、确定生产规模、工艺技术方案、原材料、燃料及动力的供应、建厂条件和厂址地灾评估、环境评估、公用工程和辅助工程设施以及项目实施规划诸方面进行研究、评估论证和多方案比较后，确定了最佳方案的基础上进行的。

本工程规模按日填埋生活垃圾 90t 设计，服务范围为县城区及附近的三个邻近乡镇。该场址离县城 14.5km，有乡村公路直通，交通较方便，工程地质条件好，总库容量达 380 万 m³ 以上。对周边环境影响较小，是较理想的场址。

该项目主要建设内容包括垃圾填埋场及与工艺生产相适应的辅助生产设施、公用工程以及有关的生产管理、生活福利等设施。

项目的基础数据如下。

工程规模：按日填埋生活垃圾 90t 设计。

实施进度：项目拟一年建成，第二年投产，当年生产负荷达到设计能力的 90%，第 9 年达到 100%。计算期为 25 年。

总投资估算如下。

1）固定资产投资估算：固定资产投资估算额为 3 634.92 万元，建设期利息估算为 10.1 万元。

2）流动资金估算：按分项详细估算法进行估算，估算总额为 30.4 万元，铺底流动资金为 9.12 万元。

3）总投资＝固定资产投资＋税＋建设期利息＋铺底流动资金＝3 654.14 万元

资金来源：本项目申请国家资金 2600 万元，银行贷款 330 万元，年利率为 6.12%，地方自筹资金 724.14 万元。

工资及福利费估算：全企业职员为 20 人，工资及福利费按每人 800 元/(人·月)估算，全年工资及福利费为 19.2 万元。

### 3.5.2　项目财务评价

（1）营业收入、营业税金及附加估算

本着保证项目获得财务基准内部收益率的原则，结合该县的垃圾收费实际，垃圾处理收费价格为 95 元/t，正常年营业收入 312.1 万元。按照我国现行有关税收政策的规定，营业税金及附加为 5%，城市维护建设税和教育附加费相应免除，所得税 33%。

（2）产品成本估算

总成本费用估算正常年为 307.5 万元，其中经营成本正常为 76.89 万元。单位生产成本按原材料、辅助材料、燃料动力、工资及制造费用等计算为 93.6 元/t。

（3）财务盈利能力分析

1）根据财务现金流量表（全部投资）计算以下财务评价指标。

财务内部收益率为 2.33%，财务净现值（$i=2\%$）时为 463.7 万元。

财务内部收益率与行业基准收益率相当，说明项目的盈利能力基本满足了行业最低要求，财务净现值略大于零，该项目基本在财务上是盈利的。

所得税后的投资回收期为 18.1 年（含建设期），与项目的基准投资回收期相当，这表明项目投资基本能收回。

2）根据现金流量表（自有资金）计算以下指标。

自有资金财务内部收益率为 46.53%。

自有资金财务净现值（$i=2\%$）为 3025.1 万元。

3）根据损益表和固定资产投资估算表计算以下指标。

投资利润率＝年利润总额/总投资×100%＝－0.44%

投资利税率＝年利税总额/总投资×100%＝0.43%

该项目投资利润率和投资利税率均相当于行业平均利润率和平均利税率，说明单位投资对国家积累的贡献水平基本达到了本行业的平均水平。

资本金利润率＝年利润总额/资本金总额×100%＝－2.24%

4）清偿能力分析。固定资产贷款偿还年限为 4.68 年（含建设期），因此，本项目依靠自身运营可以偿还贷款。

5）盈亏平衡分析。本项目的不确定分析进行了盈亏平衡分析，以生产能力利用率表示的盈亏平衡点为 104.57%。表明该项目的垃圾处理量只要达到平均日处理量（90t/d）的 104.57%，即日平均处理量只要达到 194.12t 才能保本，因而从垃圾处理量来看，本项目的经营风险较大。

6）财务评价结论。从上述财务评价的结果看，本垃圾填埋场建设项目的全部投资财务内部收益率为 2.33%，略高于行业基准收益率 2%，项目的投资回收期为 18.1 年，在整个计算期内基本能回收全部投资，但项目不具有获利能力，因此，需靠国家资金扶持，项目实施后，能够满足偿还银行贷款的要求。根据不确定性分析，表明项目存在风险，无法产生经济效益。但由于该项目是社会公益性设施，其目的是改善环境，提高人民的生活质量，使人们有一个干净、舒适的生活环境，因此，建议国家和政府在资金和财税政策上大力扶持，使项目能够尽快实施，维持正常的运行。

### 3.5.3　项目社会环境效益评价

该县城区垃圾填埋场工程，以固体废物——垃圾处理为对象，本身就是典型的环境治理项目，其环境效益是显著的。垃圾对环境的污染是多方面的，垃圾堆放占用土地面积已经十分惊人，不少大中城市已被城市生活垃圾所包围。通过本项目的实施，解决了该县城区的生活垃圾处理问题，既为县城居民创造了良好的生存空间，也为投资者提供了良好的投资环境，保证了县城社会经济的可持续发展，这对于加快城镇建设将会起到较大的推动作用。因此，本项目的社会效益是明显的。

综前所述，该县城区生活垃圾填埋场工程的实施，具有显著的环境和社会效益，对县城区经济、文化、市容环境卫生等方面将起到重要的作用，建议实施建设。

通过本项目可行性研究，可得出如下结论。

1）本项目研究表明，该县城区垃圾填埋场项目的建设是必要的，也是可行的。

2）根据对该县城区人口、垃圾产生量的预测，县城区兴建日处理生活垃圾 90t 规模的填埋场工程是合适的。工程总投资 3654.14 万元。

3）经实地调研勘查、地灾评估和环评，场区选择符合填埋场场址基本要求。

4）本项目的垃圾处理采用卫生填埋法工艺符合我国当前的国民经济发展实际，是合理的。

5）本项目实施后，不仅可改善城区面貌，提高居民生活环境质量，而且可更好地改善该县旅游事业的投资环境，促进全县经济的快速发展，具有明显的社会和环境效益以及一定的经济效益。

# 3.6　固体废物处理工程项目地质灾害危险性评估

地质灾害是指包括自然因素或者人为活动引发的危害人民生命和财产安全的山体崩塌、滑坡、泥石流、地面塌陷、地裂缝、地面沉降等与地质作用有关的灾害。按照《地质灾害防治条例》（国务院令第 39 号）和《国务院办公厅转发国土资源部、建设部关于加强地质灾害防治工作意见的通知》（国办发（2001）35 号）的精神，在地质灾害易发区内进行工程建设，必须在可行性研究阶段或在申请核准、备案前进行地质灾害危险性评估。在已进行过地质灾害危险性评估的城镇规划区范围内进行工程建设，建设工程处于已划定为危险性大—中等的区段，还应按建设工程的重要性与工程特点进行建设工程地质灾害危险性评估。因此，在固体废物处理工程项目建设用地地址确定后，必须在可行性研究阶段进行地质灾害危险性评估。

## 3.6.1　地质灾害危险性评估技术要求

地质灾害危险性评估是一项技术性很强的工作，评估结论是项目可行性的重要依据。因此，必须按《国土资源部关于加强地质灾害危险性评估的通知》（国土资发（2004）69 号）及其附件《地质灾害危险性评估技术要求（试行）》要求的内容操作。具体内容包括如下。

（1）工作程序

工作程序按照评估工作程序框图（图 3.3）进行。

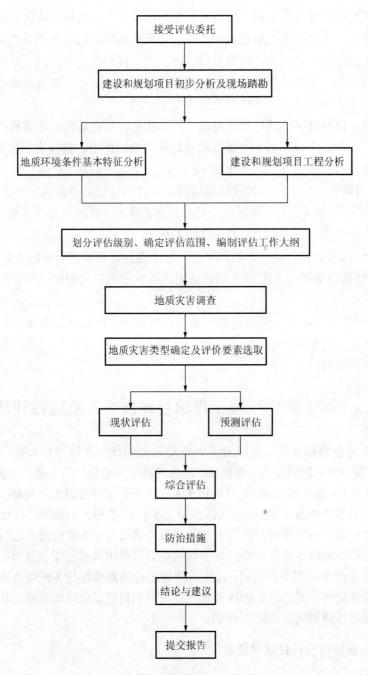

图 3.3　评估工作程序框图

（2）评估范围与级别

评估范围不能局限于建设用地或规划用地范围内，应根据建设项目和规划项目特点、地质环境条件和地质灾害种类予以确定。根据评估区地质环境条件复杂程度和建设项目的重要性将评估级别划分为三级（表 3.3 和表 3.4）。

表 3.3　地质灾害危险性评估分级表

| 复杂程度　　评估级别<br>项目重要性 | 复杂 | 中等 | 简单 |
|---|---|---|---|
| 重要建设项目 | 一级 | 一级 | 一级 |
| 较重要建设项目 | 一级 | 二级 | 三级 |
| 一般建设项目 | 二级 | 三级 | 三级 |

表 3.4　地质灾害危险性评估分级要求

| 评估分级 | 分级要求 |
|---|---|
| 一级 | 应有充足的基础资料，进行充分论证。<br>① 必须对评估区内分布的各类地质灾害体的危险性和危害程度逐一进行现状评估。<br>② 对建设场地和规划区范围内，工程建设可能引发或加剧的和本身可能遭受的各类地质灾害的可能性和危害程度分别进行预测评估。<br>③ 依据现状评估和预测评估结果，综合评估建设场地和规划区地质灾害危险性程度，分区段划分出危险性等级，说明各区段主要地质灾害种类和危害程度，对建设场地适宜性作出评估，并提出有效防治地质灾害的措施与建议 |
| 二级 | 应有足够的基础资料，进行综合分析。<br>① 必须对评估区内分布的各类地质灾害体的危险性和危害程度逐一进行初步现状评估。<br>② 对建设场地范围和规划区内，工程建设可能引发或加剧的和本身可能遭受的各类地质灾害的可能性和危害程度分别进行初步预测评估。<br>③ 在上述评估的基础上，综合评估其建设场地和规划区地质灾害危险性程度，分区段划分出危险性等级，说明各区段主要地质灾害种类和危害程度，对建设场地适宜性作出评估，并提出可行的防治地质灾害的措施与建议 |
| 三级 | 应有必要的基础资料进行分析，参照一级评估要求的内容，作出概略评估 |

（3）评估技术要求

地质灾害危险性评估工作首先必须充分收集评估区已有的资料，包括遥感影像、区域地质、矿产地质、水文地质、工程地质、环境地质和气象水文等资料，然后在此基础上编制工作大纲，明确任务，确定评估范围、评估级别，设计地质调查内容、工作重点以及工作部署和工作量，进而开展地面野外调查。在进行调查时，若有必要可适当进行物探、坑槽探与取样测试。在调查地质环境的同时，应把重点放在地质灾害的调查上，随即进行地质灾害危险性评估分析。

地质灾害危险性评估的主要内容是：阐明工程建设区和规划区的地质环境条件基本特征；分析论证工程建设区和规划区各种地质灾害的危险性。列入评估的主要地质灾害种类有崩塌、滑坡、泥石流、地面塌陷（含岩溶塌陷和矿山采空塌陷）、地裂缝、地面沉降、危岩、矿坑突水、膨胀岩土地基胀缩变形等，要对前述灾种分别进行现状评估、预测评估和综合评估；要对建设工程遭受地质灾害的可能性和该工程建设中、建成后引发地质灾害的可能性分别做出评估；通过评估，提出具体的防治地质灾害的措施与建议，并作出建设场地适宜性评价结论。

（4）提交评估成果

一、二级评估项目提交评估报告，三级评估提交说明书。

评估报告（说明书）是评估工作的系统总结，要求内容全面，资料齐全，文字简洁，图、表、照片齐备。评估报告（说明书）要层次清楚，重点突出，论据充分，附图清晰，预防治理措施可行，具有可操作性。

对评估单位提交的地质灾害危险性评估成果，应按有关规定分级组织专家审查、备案后，方可提交立项、可研、用地审批使用。一级评估成果报告一般要求聘请 5～7 名专家、二级评估成果报告聘请 3～5 名专家、三级评估说明书聘请 2～3 名专家进行审查。

### 3.6.2　地质灾害危险性评估（说明书）报告大纲

地质灾害危险性评估报告书参考提纲如下。

成果应附的基本图表如下。

1）评估区地质灾害分布图

① 平面图。

② 镶图与剖面图。

③ 大型、典型地质灾害说明表。

2）地质灾害危险性综合分区评估图表

① 平面图，主要反映地质灾害危险性综合分区评估结果和防治措施。

② 综合分区（段）说明表。

3）大型、典型地质灾害点的照片和潜在不稳定斜坡、边坡的工程地质剖面图等

## 3.7　固体废物处理工程项目评估

固体废物处理工程项目评估指在项目可行性研究的基础上，由第三方（国家、银行或有关机构）根据国家颁布的政策、法规、方法、参数和条例等，从项目（或企业）、国民经济、社会角度出发，对拟建项目建设的必要性、建设条件、生产条件、产品市场需求、工程技术、经济效益和社会效益等进行全面评价、分析和论证，进而判断其是否可行的一个评估过程。

项目评估是项目投资前期进行决策管理的重要环节，其目的是审查项目可行性研究的可靠性、真实性和客观性，为银行的贷款决策或行政主管部门的审批决策提供科学依据。项目评估是对最终可行性研究的审查和研究，以求项目规划更加合理与完善。

（1）项目评估的依据

1）项目建议书及其批准文件。

2）项目可行性研究报告。

3）报送单位的申请报告及主管部门的初审意见。

4）有关资源、原材料、燃料、水、电、交通、通讯、资金（包括外汇）及征地等协议文件。

5）必需的其他文件和资料。

（2）项目评估的程序

1）成立评估小组，进行分工，制定评估工作计划。

2）开展调查研究，收集数据资料，对可行性研究报告和相关资料进行审查和分析。

3）对项目进行技术经济分析与评估。

4）编写评估报告。

5）小组讨论。

6）修改报告。

7）专家论证会。

8）评估报告定稿。

（3）项目评估的内容

项目评估的内容主要包括：项目与企业概况评估，项目建设的必要性评估，建设条件、工艺与技术评估，财务效益评估，环境影响评估，国民经济与社会效益评估等，评估的结果形成评估报告。

固体废物处理工程项目评估报告大纲主要包括如下内容。

1）项目概况。

① 项目基本情况。

② 综合评估结论：提出是否批准或可否贷款的结论性意见。

2）项目详细评估意见。

3）总结和建议。

① 项目存在或遗留的重大问题。

② 项目潜在的风险。

4）建议。

# 主要参考文献

白思俊. 2002. 现代项目管理（上册）. 北京：机械工业出版社.

成虎. 2009. 工程项目管理. 北京：中国建筑出版社.

国家环境保护局华南环境科学研究所. 1988. 环境影响评价经济分析指南. 北京：中国环境科学出版社.

国家环境保护总局监督管理司. 2000. 中国环境影响评价培训教材. 北京：化学工业出版社.

陆书玉. 2001. 环境影响评价. 北京：高等教育出版社.

孟浪，马玉昆. 1986. 怎样编写中小型建设项目环境影响报告书. 北京：中国环境科学出版社.

邱菀华，沈建明，杨爱华，等. 2002. 现代项目管理导论. 北京：机械工业出版社.

于茜薇. 2004. 工程项目管理. 成都：四川大学出版社.

赵国杰. 1999. 工程经济与项目评价. 天津：天津大学出版社.

第二篇　各　论

# 第四章　矿业与冶金工业固体废物处理工程

## 4.1　概　述

矿业与冶金工业固体废物包括矿山开采和矿石冶炼过程所产生的固体废弃物。其中，矿山开采所产生的固体废物又分为两大类，即废石和尾矿。冶炼工业废弃物包括有色金属冶炼废渣和黑色金属冶炼废渣。

### 4.1.1　废石

矿山废石是在矿山开采过程中所产生的无工业价值的矿体围岩和夹石的统称。通常，井下矿每开采 1 t 矿石就要产生废石 2～3 t，露天矿每开采 1 t 矿石要剥离废石 6～8 t。在有色金属矿山中，一个大、中型坑采矿山，基建工程中一般要产生废石 $(20～50)×10^4$ $m^3$，生产期间也还会产生 $(6～15)×10^4$ $m^3$ 废石。一个露天矿山的基建剥离废石量，则在 $(10～1000)×10^4$ $m^3$ 之间。

煤矸石是煤矿开采过程中产生的废渣，是一类特殊的矿山废石。它包括掘进时产生的矸石以及洗煤过程中排出的洗矸石，由含碳物和岩石组成。煤矸石具有一定的热值，为 1000～3000 kcal/kg（1cal＝4.1868 J），具有较高的回收利用价值。一般每采 1t 原煤，可产生煤矸石 0.2 t 左右。据统计，到 20 世纪 80 年代中期，全国各煤矿共有煤矸石约 $1.33×10^8$ t。

### 4.1.2　尾矿

矿石在选矿过程中选出目的精矿后，剩余的含目的金属很少的矿渣称为尾矿（又称尾砂）。每处理 1 t 矿石可产生尾砂 0.5～0.95 t。近年来，我国每年排放量为 6200 万 t 左右，占冶金企业固体废物排放总量的 50%。因为尾砂中常含有少量有用的金属组分，因此矿山尾砂是一个巨大的资源宝库。据估算，云南锡业公司的尾砂中就有潜在锡金属量约为 20 万 t，河南省的金矿尾砂中，每年残留黄金 2.3 t 以上，相当于一个小型金矿。

由于我国目前大多采用湿法选矿，尾砂也大多以流体状态排出，通常采用尾砂坝对其进行贮存。尾砂坝占地面积较大，一座中型的尾砂坝可占地达到数百亩左右。从经济上讲，修建一座尾砂坝要投资几十万元，甚至几百万元。我国每吨尾砂库的基建投资 1～3 元，生产经营管理费用 3～5 元。据此计算，全国冶金矿山每年平均花费在尾砂库筑坝基建的费用 1 亿多元，用在尾矿管理上的费用 1 亿～3 亿元，耗电 7 亿～8 亿 kWh。

尾砂具有颗粒细、体重小、表面积大，容易随水流和大风进行迁移，对周边和下游的环境具有潜在的环境风险。1964 年，英国威尔士北部的巴尔克尾砂池被洪水冲垮，尾砂流失后毁坏了大片肥沃的草原，其覆盖厚度达 0.5m，使土壤受到严重污染，牧草大片死亡。1986 年，我国湖南东坡铅锌矿的尾砂坝体因暴雨而坍塌，造成了数十人伤亡，直接经济损失达数百万元。因此，对尾砂进行资源化处理与利用既具有经济意义，也可获得较好的环境效应。

### 4.1.3　有色冶金工业废渣

有色冶金工业废渣是指采用原生矿石或半成品冶炼提取铜、铅、锌、锑、铝、锡、汞等目的金属后，排放出来的固体废物。有色冶炼渣分为湿法冶炼废渣和火法冶炼废渣。其中，湿法冶炼渣为原生矿石经提取或电解出目的金属后的剩余物，火法冶炼渣则为原生矿石熔融分离出有用组分后的产物。有色金属废渣多为复杂的混合物或化合物，在占用大量堆放场地的同时，还因为其中含有有害有毒金属对地下水源形成潜在威胁。据最新统计资料，我国有色金属冶炼废渣的堆存量已达 $7438 \times 10^4$ t，占地 $865 \times 10^4$ $m^2$，而且冶炼废渣正以年产生量约为 $920 \times 10^4$ t 的速度逐年增加。

我国对有色冶金渣的处置主要以露天堆放为主，综合利用率偏低。近年来，随着贵金属价格的不断上涨，对废渣中金、银组分开始了回收利用，有色冶金渣的利用率明显提高，然而大量的有色冶金渣仍在继续侵占良田、污染环境，亟待环境保护工作者对这类固废进行合理的开发利用和处置。

### 4.1.4　黑色冶金工业废物

黑色冶金工业固体废物是指黑色金属生产过程中产生的固体、半固体或泥浆废物，主要包括冶炼过程产生的各种冶炼渣，轧钢过程中产生的氧化铁皮及各种生产环节净化装置收集的各种粉尘、污泥以及工业垃圾。

黑色冶金废渣具有产量大、综合利用价值高和有毒废物少的特点。据 2005 年环境保护统计资料表明，我国高炉渣产生量 7557 万 t，钢渣产生量 3819 万 t，化铁炉渣 60 万 t，尘泥 1765 万 t，自备电厂粉煤灰和炉渣 494 万 t，铁合金渣 90 万 t。黑色冶金工业固体废物含有各种有用元素如 Fe、Mn、V、Cr、Mo、Ni、Al 等金属元素和 Ca、Mg、Si 等非金属元素，是一项可再利用的大宗二次资源。除金属铬和五氧化二钒生产过程中产生的水浸出铬渣和钒渣外，其他固体废物均极少含有有毒有害物质。

大量产生黑色金属冶炼废渣占用大量土地，还浪费部分资源。历年堆放的各种黑色金属冶炼渣约 2 亿多吨，占地近 2 万亩。2004 年仍有 $2676 \times 10^4$ t 新渣弃置渣场，与农业争地。此外，冶炼渣中尚含 5%～10%的废金属资源，大部分未得到合理开发利用。

## 4.2　矿山废石的处理工程

废石中所含有用组分很少，没有回收的价值。通常可采用的处理方法包括：堆积处理、覆土造田和井下充填料。根据矿山废石的性质和特点，并考虑到矿山客观环境条件的限制，实际中可以因地制宜选择合理的处理措施。

### 4.2.1　矿山废石堆积处理

废石山堆放是常用的方法之一，即由采矿场运出的废石经卷扬机提升，沿斜坡道逐步向上堆弃，形成一锥体形的废石场。目前广泛应用在中小型的露天金属矿山、大型井采金属矿山。堆积法可以减少占地和运输，便于管理。堆积场地要选用低凹宽阔之地，防止坍塌和发生泥石流。

填埋法是利用自然坑洼地或人工坑凹填埋废石。用填埋法处理废石可使坑凹地变为平地。需要注意的是，填埋地上不宜修造建筑物和构筑物，并要采取措施防止雨水浸泡填埋处后对地下水可能产生的污染。这种处理方法一般投资不多，节约运输、提升能量，且可以造出平地，为矿山提供一些用地。

### 4.2.2　矿山废石堆覆土造田

常见的覆田办法是就地处置废石堆。这样需要考虑的因素很多，并与重整坡度和再种植二者之间的关系密切（在某些情况下重整坡度是不明智的）。重整坡度是为降低废石堆高度和减小边坡角，使覆田后方便种植并有利于水土保持。

表 4.1 列出了相对降低各种高度时，基底面积的扩大和体积的变化情况。边坡角越小，占用现有生态面积越多，从保护生态考虑，重整废石堆覆田时不可要求过于平缓。一个圆锥形废石堆，高度减半时其底面积要加倍，而废石体积却仅仅移动了 1/8。这类土石方工程，在矿山覆田中是最大的一笔开销，但主要的限制在于堆放重修坡度的废石所扩大占用的土地的可用性和价值。重整坡度选择的地形也取决于对土地利用的设想，尽管一个缓和坡锥从地貌观点来看往往是更为满意，开辟出的场地可作为工业用地、运动场等。在山谷地区，废石堆重整出的场地可为矿山用地提供宝贵的额外土地。

**表 4.1　重整废石堆坡度的因素**

| 原有高度 h | 原有基底面积 a | 原有体积 V |
|---|---|---|
| （a）改变尺寸，降低锥高 | | |
| 2/h | 基底面积变为 2a | 土石方变化量=0.125V |
| 3/h | 基底面积变为 2.94a | 土石方变化量=0.287V |
| 4/h | 基底面积变为 4a | 土石方变化量=0.422V |
| （b）改变尺寸，废矿锥削为台地 | | |
| 2/h | 基底面积变为 1.092a | 土石方变化量=0.125V |
| 3/h | 基底面积变为 1.25a | 土石方变化量=0.287V |
| 4/h | 基底面积变为 1.55a | 土石方变化量=0.422V |

在重整废石堆坡度的过程中，扬尘可能造成一种严重的危害，这就需要进行喷水以减少扬尘。为保护环境在特别干旱的季节内应该停止平整作业。在大型剥离区，也可以采用交替循环覆田的方法，把后续采掘区的废石和表土回填到已采空的地段（图4.1）。

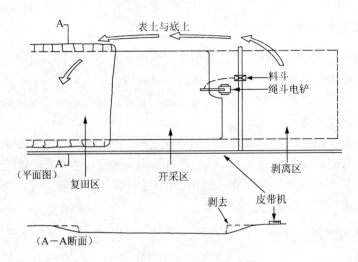

图 4.1　干涸的浅采矿场交替循环复田示意图

### 4.2.3　矿山废石直接用作井下充填料

用废石回填矿山井下采空区是经济实用的方法。回填采空区有两种途径：一是直接回填法，上部中段的废石直接倒入下部中段的采空区，可以节省大量的提升费用，不需占地，但要对采空区有适当的加固措施，大多数矿山都部分采用了这种回填方法，从而减少了提升废石量；二是将废石提升到地表后，进行适当的破碎加工，再用废石、尾砂和水泥拌和回填采空区，这种方法安全性好，也可减少废石的占地，但处理成本相对较高。我国山东招远金矿、焦家金矿，采用了拌和水泥回填采空区的方法，并已积累了成套的技术和工作经验。

为了将废石和尾砂用于井下充填，要在矿山建立一套充填系统，通常包括：废石、尾砂的分级和贮存，浆料的地面和井下管道输送，充填工作面脱水，充填水的沉淀和排泥等，如图 4.2 所示。

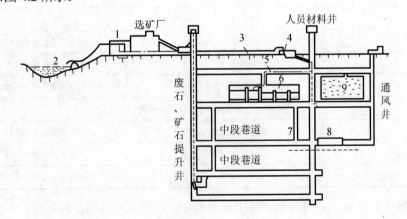

图 4.2　井下充填系统示意图

1. 废石尾砂分级站　2. 尾砂坝（堆存细粒级尾砂）　3. 浆料输送管　4. 浆料贮仓　5. 井下充填管
6. 充填工作面　7. 导水钻孔　8. 水池和水泵房　9. 已充填工作面

# 4.3　金属矿山尾矿处理工程

## 4.3.1　尾矿中有价金属的回收利用

多数选矿厂受以往技术条件所限，某些有用组分或多或少残留在废弃尾矿中，有些甚至是一些重要的伴生组分，在初始选矿时就没有回收，造成资源的极大浪费。随着选矿科技发展和进步，以及工业对矿物资源的迫切需求，过去的老尾矿和新产出的尾矿都应尽量做到对其有用组分进行综合回收及利用。

尾矿一般是选矿厂将矿石磨细，选取有用组分后排放的尾矿浆经过自然脱水后形成的固体废物，具有数量大、成本低、可利用性好等特点。我国矿产资源的主要特点是单一矿少、共伴生矿多。尾矿中往往含有铜、铅、锌、铁、硫、钨、锡等，以及钪、镓、钼等稀有元素及金、银等贵金属。尽管这些金属的含量甚微、提取难度大、成本高，但由于废物产量大，从总体上看有价金属的含量还是相当可观。

尾矿中含有的有价金属品位一般较低，用常规的选冶方法无法回收或不具有回收价值，因此一些新型提取手段对工业规模化处理极低品位的矿石或尾矿具有十分可观的经济效益。

除金属矿物外，尾矿中若残留有伴生的萤石、重晶石、长石、云母等非金属矿物，当其具有回收价值时，也应进行回收。

尾矿再选的难题在于弱磁性铁矿物及共、伴生金属矿物和非金属矿物的回收。弱磁性铁矿物的伴生金属矿物的回收，其中少数可用重选方法提取，多数需要靠强磁、浮选组成的联合流程来实现，最关键问题是有效的设备和药剂。

如果原位废弃的尾矿能够利用，不仅极大地降低了固体废物的排出量，且顺应了可持续发展的宏观战略要求。

### 1. 铁尾矿的再选

我国铁尾矿资源按伴生元素的含量可分为单金属类铁尾矿和多种金属类铁尾矿两大类，分别如表 4.2 和表 4.3 所示。

表 4.2　单金属类铁尾矿种类与特点

| 单金属类铁尾矿种类 | 特点 | 代表矿山 |
| --- | --- | --- |
| 高硅鞍山型铁尾矿 | 含硅高，有的含 $SiO_2$ 高达 83%。一般不含有价伴生元素，平均粒度 0.04～0.2 mm | 鞍钢弓长岭、东鞍山、齐大山、大孤山矿；歪头山矿、本钢南芬矿；唐钢石人沟矿；太钢峨口矿；首钢大石河、密云、水厂矿等 |
| 高铝马钢型铁尾矿 | $Al_2O_3$ 含量较高，多数不含有伴生元素和组分，个别尾矿含有伴生硫、磷，<0.074 mm 粒级含量占 30%～60% | 江苏基三铁矿、马钢姑山铁矿、南山铁矿及黄梅山铁矿等选矿 |

| 单金属类铁尾矿种类 | 特点 | 代表矿山 |
|---|---|---|
| 高钙、镁邯郸型铁尾矿 | 主要伴生元素为 S、Co 极微量的 Cu、Ni、Zn、Pb、As、Au 和 Ag 等，<0.074mm 粒级含量占 50%～70% | 河北邯郸地区的铁矿 |
| 低钙、镁、铝、硅钢型铁尾矿 | 该类尾矿中主要非金属矿物是重晶石、碧玉、伴生元素有 Co、Ni、Ge、Ga 和 Cu 等，<0.074 mm 粒级含量占 73.2% | |

表 4.3　多金属类铁尾矿种类、特点

| 多金属类铁尾矿种类 | 特点 |
|---|---|
| 大冶型铁尾矿 | 铁含量高，还含有 Cu、Co、S、Ni、Au、Ag、Se 等元素 |
| 攀钢型铁尾矿 | 含数量可观的 V、Ti 外，还含有 Co、Ni、Ga、S 等 |
| 白云鄂博型铁尾矿 | 铁矿物含量 22.9%，稀土矿物含量 8.6%，萤石含量 15.0% |

　　相对单金属类铁尾矿，我国的多金属类铁尾矿主要分布在攀西地区、内蒙古包头地区和长江中下游的武钢地区。该类铁尾矿总的特点是矿物成分复杂，伴生元素多。除含丰富的有色金属外，还含有一定量的稀有金属、贵金属及稀散金属。从价值上来看，回收这类铁尾矿中的伴生元素，已远远超过主体金属铁的回收价值。

　　我国铁矿选矿厂尾矿特点是数量大，粒度细，类型多，并且性质复杂。目前，我国堆存的铁尾矿量高达几十亿吨，占全部尾矿堆存总量的近 1/3。鉴于此，铁尾矿的再选已引起钢铁行业的重视，采用磁选、浮选、酸浸、絮凝或联合工艺对铁尾矿中的铁进行再回收，有的还同时回收金、铜等有色金属，得到更高的经济效益。

　　除从尾矿中回收铁精矿外，还可回收其他有用成分。我国攀枝花铁矿年产铁矿石 1350 万 t，又从其尾矿中回收了钒、钛、钴、钪等多种有色金属和稀有金属。山东莱芜矽卡岩型铁矿利用重选-浮选联合流程对磁选尾矿进行再选，获得了金、铜精矿，年处理铁尾矿 22 万 t。

### 2. 铜尾矿的再选

　　铜矿石的品位较低，每产出 1 t 原矿铜，同时会有 400 t 的废石和尾矿产生。因此，若能从数量庞大而含铜低下的选铜尾矿中回收目的铜精矿及其他有价矿物，有重要的经济和环境意义。根据铜尾矿的成分，可以从铜尾矿中选出铜、金、银、铁、硫、萤石、硅灰石、重晶石等多种有用成分。例如，永平铜矿从铜尾矿中回收白钨矿、硫精矿以及石榴子石、重晶石等产品。铜尾矿综合利用研发实例见表 4.4。

表 4.4　铜尾矿综合利用研发实例

| 单位 | 工艺 | 主要内容 |
|---|---|---|
| 安庆铜矿 | 再选回收铁 | 采用一粗一细磁选流程，最终产物为 63.00%的铁精矿 |
| 武山铜矿 | 再选回收硫精矿 | 原矿以次生硫化铜为主，采用重选回收，浮选尾矿中的硫铁矿 |

续表

| 单位 | 工艺 | 主要内容 |
|---|---|---|
| 铜录山铜矿 | 再选回收金、银、铜、铁 | 采用浮选-重选-洗选工艺回收金、银、铜、铁，回收率分别为79.33%、69.34%、70.56%、56.68% |
| 江铜银山铅锌矿 | 再选回收绢云母 | 利用浮选技术，从铅锌尾矿、铜硫尾矿中回收绢云母，两者回收率可分别达58.12%和64.79%，分别浮选后的绢云母品位分别为96.2%和62.5% |
| 江苏溧水观山铜矿 | 再选回收重晶石 | 采用强磁选回收菱铁矿，浮选回收重晶石，最终产物为优质的含 $BaSO_4$ 95.3%、回收率77.48%的重晶石 |
| 丰山铜矿 | 再选回收多种精矿 | 对尾矿潮涌重选-浮选-磁选-重选联合工艺，得到含铜20.5%的铜精矿、含硫43.61%的硫精矿、含铁55.61%铁精矿、含 $WO_3$ 82.7%的钨粗精矿 |

### 3. 铅锌尾矿的再选

我国铅锌矿产资源丰富，矿石常伴生有铜、银、金、铋、锑、硒、碲、钨、钼、锗、镓、铊、硫、铁等金属、非金属及萤石。我国的银产量的70%是来自于铅锌矿石，因此对铅锌矿进行综合利用回收意义重大。例如，宝山铅锌银矿从尾矿中回收黑钨矿和白钨矿。铅锌尾矿综合利用研发实例见表4.5。

**表4.5　铅锌尾矿综合利用研发实例**

| 单位 | 工艺 | 主要内容 |
|---|---|---|
| 湖南邵东铅锌矿 | 再选回收萤石 | 采用分支浮选工艺，得到的 $CaF_2$ 的品位为98.78%，年回收萤石4500多t |
| 八家子铅锌矿 | 再选回收银 | 尾矿银含量高达69.94%，通过加入调整剂、捕收剂、起泡剂和抑制剂，浮选得到品位1193.85g/t，回收率63.74%的银精矿 |
| 宝山铅锌矿 | 再选回收钨 | 利用旋流器、螺旋溜槽和摇床富集浮选工艺回收尾矿中黑钨矿和白钨矿，可以减少白钨浮选药剂用量，获得 $WO_3$ 含量为47.29%~50.56%、回收率为18.62%~20.18%的精矿 |

### 4. 钼尾矿的再选

金堆城钼业公司采用磁选再磨细筛选矿工艺流程，成功回收了钼硫尾矿中的磁铁矿；河南栾川某钼矿采用磁-重工艺流程，对浮选钼后的尾矿进行再选，回收钨精矿，又从选钨后的尾矿中再回收，得到长石精矿和石英精矿。钼尾矿综合利用研发实例如表4.6所示。

**表4.6　钼尾矿综合利用研发实例**

| 单位 | 工艺 | 主要内容 |
|---|---|---|
| 河南栾川某钼矿 | 再选回收钨 | 用磁-重流程再选，回收钨精矿，其品位71.25%，回收率高达98.47%，选钨后的尾矿再回收长石精矿和石英精矿 |
| 金堆城钼业集团 | 再选回收铁 | 采用磁选-再磨-细筛选矿工艺成功回收了尾矿中的磁铁矿 |
| 金堆城钼业集团 | 再选回收铜 | 对钼、铜分离后的尾矿采用"钼精尾矿清洗、浓密、$CuSO_4$ 活化及少量黄药、2号油浮选"工艺，解决了钼精尾矿中低品位 Cu 的综合回收问题 |

### 5. 锡尾矿的再选

从锡尾矿中回收锡。例如，云南云龙锡矿采用重选-浮选工艺流程从尾矿中回收锡；栗木锡矿也成功应用重选-浮选工艺流程从尾矿中回收锡；平桂冶炼厂采用重选-浮选-重选流程对锡石-硫化矿精选尾矿进行综合回收，获得砷精矿、锡精矿和锡富中矿。

### 6. 钨尾矿的再选

钨矿常与许多金属和非金属矿共生，因此对选钨尾矿进行再选可以回收某些金属矿。我国作为主要的产钨国家，有八个钨选厂能从钨尾矿中回收钼。钨尾矿综合利用研发实例如表 4.7 所示。

表 4.7　钨尾矿综合利用研发实例

| 单位 | 工艺 | 主要内容 |
|---|---|---|
| 湘东钨矿 | 再选回收铜 | 含铜 0.18%的钨尾矿，浮选获得含铜 14%～15%的铜精矿 |
| 漂塘钨矿 | 再选回收钼、铋 | 钨尾矿经磨后浮选，获得含 $MoO_3$ 47.84%的钼精矿，回收率达 83%；再选铋的回收率为 34.46% |
| 荡平钨矿 | 再选回收萤石 | 含 $CaF_2$ 17.5%的白钨尾矿，浮选获取的萤石精矿含萤石 95.67%，回收率达 64.93% |
| 九龙脑钨矿 | 再选回收铍 | 含 BeO 0.05%的黑钨尾矿重选尾矿，再选得含 BeO 8.23%、回收率 63.34%的绿柱石精矿 |
| 棉土窝钨矿 | 选冶联合回收铋、钨 | 利用重选-浮选-水冶联合流程处理磁选钨尾矿，Be 回收率 95%，含钨 36%的钨粗精矿回收率 90% |
| 铁山垅钨矿 | 再选回收银 | 对硫化矿的钨尾矿进行浮选回收，得到含 808 g/t 的含铋银精矿，经过 $FeCl_3$ 酸浸，最终得到海绵铋和富银渣 |

我国石英脉黑钨矿中伴生银品位低，一般尾矿 1～2 g/t，高者有 10 g/t 多，大部分银随硫化矿物进入混合硫化矿精矿中而被丢失于硫化矿浮选尾矿中。铁山钨矿对这部分硫化矿进行浮选回收银试验，最终获得海绵铋和富银渣。

### 7. 贵金属矿的再选

由于金的特殊性，从选金尾矿中再选回收金受到许多重视。据报道，在我国每生产 1t 黄金，大约要消耗 2 t 的金贮量，回收率只能达到 50%左右，即尾矿、尾渣中还有一半的金贮量。例如，三门峡市安底金矿利用混汞-浮选尾矿进行小型堆浸试验，尾矿含金品位为 4～5 g/t，共堆浸 1640 t 尾矿，经过堆浸后得到的最终尾渣含金品位为 0.7 g/t，浸出率达 80.56%。

在金矿石中往往伴生少量其他有用组分，金银提取后这些组分在一定程度上得到富集。我国许多金矿山的矿石中，伴生有铅、锌、铜、铁、硫等金属或非金属，将这些有用组分回收也能增加企业的经济效益，并减少环境污染。

### 4.3.2　尾矿的综合利用

为了方便对尾砂的开发利用,可将尾砂分为四类,即高硅型尾砂、富硅型尾砂、富钙型尾砂和成分复杂型尾砂。

高硅型尾砂的矿物成分主要为石英,$SiO_2$ 含量大于 80%,这类尾砂可以直接用来作为建筑材料,如作混凝土的掺和料生产硅酸盐水泥和硅酸盐制品等。当 $SiO_2$ 含量超过 90%时,还可直接生产玻璃。

富硅型尾砂中矿物成分主要为长石和石英,$SiO_2$ 的含量为 60%~80%,$Na_2O+K_2O$ 的量可达 4%~9%,这类尾砂可作为生产玻璃的配料,也可用于生产其他普通玻璃的制品。

富钙型尾砂所含矿物成分以方解石或石灰石(微晶方解石)为主,CaO 的含量可达 30%,这类尾砂可用作水泥生料生产普通硅酸盐水泥。东川铜矿属石灰岩中产出的中温热液交代充填型矿床,脉石矿物主要为方解石、石英,其尾砂属于富钙型。

成分复杂型尾砂矿物成分较复杂,化学成分种类多,且含量特征不突出。当 MgO、$Fe_2O_3$、FeO、$MnO_2$、$TiO_2$ 等含量较高时,可用于生产铸石或陶粒制品。对这类尾砂还要注意考虑回收其中的伴生有价组分。

尾矿的综合利用途径主要有:从尾矿中进一步回收有用组分;用尾矿加工生产建材;用尾矿生产农用肥料或土壤改良剂;用尾矿回填采场采空区;在尾矿堆积场覆土造地等。

#### 1. 用尾矿加工生产建材

目前,我国建筑业仍处于不断发展之中,对建筑材料的需求量有增无减,因此利用矿山固体废物生产建材是符合我国综合利用矿业固体废物的一种重要途径,具有不会产生二次污染、变废为宝的特点。主要有以下几个途径。

(1)尾矿制砖

利用尾矿制砖的研发实例,如表 4.8 所示。

**表 4.8　利用尾矿制砖的研发实例**

| 单位 | 原料 | 主要内容 |
|---|---|---|
| 马鞍山矿山研究院 | 铁尾矿 | 采用齐大山、歪头山铁矿尾矿,成功地制成了免烧砖,各项指标均达国家建材局颁布的标准 |
| 湖南邵东铅锌选矿厂 | 铅锌尾矿 | 利用分支浮选回收萤石生产流程中的浮选尾矿,配加部分黏土熟料和夹泥,经烧制后得到最终产品,达到国家高炉用耐火砖标准 |
| 月山铜矿 | 铜尾矿 | 以尾矿和石灰为原料,经坯料制备、压制成型、饱和蒸压养护等流程制成灰砂砖,质量均达颁布的标准 |
| 山东建材学院 | 金尾矿 | 以焦家金矿尾矿为原料,添加少量当地廉价黏土研制出符合国家标准的陶瓷墙地砖制品 |
| 江西西华山钨矿 | 钨尾矿 | 利用尾矿与石灰生产钙化砖,年产砖达 1000 万块,成品砖各项指标均达部颁标准 |

（2）尾矿生产水泥

利用钼铁尾矿生产水泥。某矿用尾砂作配料烧制普通硅酸盐水泥，水泥标号可达500，部分用于井下采空区回填时作胶结水泥。杭州闲林埠钼铁矿研究所成功使用钼铁尾矿代替部分水泥原料烧制水泥，经工业性试验，获得明显经济效益。

利用铜、铅锌尾矿生产水泥。广东凡口铅锌矿，利用含有方解石、石灰石为主的尾矿生产水泥，年产量达 15 万 t，水泥性能良好，各项指标均达颁布的标准。

（3）矿生产新型玻璃材料

铁尾矿制饰面玻璃。同济大学以南京某高铁铝型尾矿为主要原料进行了熔制饰面玻璃的试验研究，制成的玻璃漆黑发亮均匀一致，无气泡、无疵点。

（4）利用尾矿生产建筑微晶玻璃

可利用铁尾矿、铜尾矿生产微晶玻璃。微玻岩即微晶玻璃（花岗岩），是玻璃经微晶化工艺处理的含硅灰石微晶，或玻璃经热处理后含镁橄榄石微晶的新型高级建筑材料，在国内被誉为 21 世纪建筑材料。北京科技大学以大庙铁矿尾矿和废石为主要原料制成了尾矿微晶玻璃花岗岩，其成品抗压强度、抗折强度、光泽度、耐酸碱性等均达到或超过天然花岗岩。同济大学以安徽琅琊山铜矿尾矿为主要原料，研制出具有高强、耐磨和耐蚀的微晶玻璃材料，可用于替代大理石、花岗岩和陶瓷面砖等建材。

（5）用尾砂烧制陶瓷制品

日本某企业利用足尾选厂排出的尾砂作为陶瓷的原料烧制陶管、陶瓦、熔铸陶瓷、耐酸耐火质器材等。足尾选厂的尾砂化学成分与本国生产的陶管、陶瓦等陶制品所用的原料化学组成十分接近。因此，专家们进行了研究，并取得了比以黏土为原料所制成的陶制品的强度还高的产品。尾砂生产陶瓷制品是用隧道窑连续烧制的，可用于作下水道用的厚管。

**2. 尾矿生产农用肥料或土壤改良剂**

尾矿中常含有钾、磷、锰、锌、钼等微量元素，这些元素有利于植物生长。因此，将含有这些元素的尾矿进行加工处理，制成微肥，施入土壤即可改良土壤，能促进农作物生长。

**3. 尾矿充填采空区**

多数尾矿呈细料状均匀分布，将其用于地下采空场的充填料，具有运输方便、无需加工、易于胶结等优点，在确认某些尾矿回收价值不大的情况下，可采取就地回填的措施。我国的填充技术经历了从干式填充到水力填充，从分级尾矿、全尾矿、高水固化胶结充填到膏体泵送胶结填充的发展过程。尾矿填充技术已经比较成熟，利用尾矿充填，既可以解决矿山充填骨料来源，又能够解决或部分解决尾矿的排放问题，一举两得，是解决尾矿排放问题的最佳途径。尾矿填充技术处置矿山尾矿具有很好的应用前景。

**4. 在尾矿堆积场覆土造地**

尾矿占地面积大，当目前因多种原因暂时不能综合利用时可采用覆土造田的方法，既可保护尾矿资源，又可治荒还田，减少因尾矿占地而带来的损失。

在上述尾矿再生利用的多种途径中，应该以前两项为主要措施，即采用先利用后处置的原则，优先回收尾矿中的有价金属，提高经济效益和社会效益，只有在确定尾矿无法回收利用时，才选择填埋、堆放等处置措施。必要时要多尾矿进行可行性评价，然后选择最佳的技术方案，进行开发利用，尽量做到既有技术合理，又有一定的经济效益和环境效益，并防止治理后的二次污染。

# 4.4　煤矸石处理工程

## 4.4.1　煤矸石的化学成分和矿物组成

煤矸石是由成煤过程中与煤共同沉积的有机化合物和无机化合物混在一起的岩石，通常成薄层夹在煤层中或煤层顶、底板岩石，是含炭岩石（炭岩页岩、炭质砂岩等）和其他岩石（页岩、砂岩、砾岩等）的混合物。随着煤层地质年代、地域成矿条件、开采方法的不同，煤矸石组成及其质量分数也各不相同。

### 1. 煤矸石的化学成分

煤矸石的化学成分是随岩石种类和矿物组成变化的，它是评价煤矸石性质、决定其利用途径的重要依据。其化学成分主要是 $SiO_2$、$Al_2O_3$ 和 C，其中 $SiO_2$ 和 $Al_2O_3$ 的含量最高，$SiO_2$ 和 $Al_2O_3$ 的平均含量一般分别波动于 40%～60% 和 15%～30%，其次是 $Fe_2O_3$、CaO、MgO、$K_2O$、$SO_3$、$P_2O_5$、N 和 H 等，$Fe_2O_3$ 和 CaO 的含量波动最大。此外，还常含有少量 Ti、V、Co 和 Cr 等金属元素。煤矸石化学成分的质量分数见表 4.9。

表 4.9　煤矸石的化学成分（%）

| 序号 | $SiO_2$ | $Al_2O_3$ | $Fe_2O_3$ | CaO | MgO | $SO_3$ | 燃烧量 |
|---|---|---|---|---|---|---|---|
| 1 | 59.50 | 22.40 | 3.22 | 0.46 | 0.76 | 0.12 | 10.49 |
| 2 | 57.24 | 25.14 | 1.86 | 0.96 | 0.53 | 1.78 | 12.75 |
| 3 | 52.47 | 15.28 | 5.94 | 7.07 | 3.51 | 1.99 | 13.27 |

注：1，2，3 为不同矿场的编号，下同。

### 2. 煤矸石的矿物成分

煤矸石的无机成分主要由高岭土、石英、蒙脱石、长石、伊利石、石灰石、硫化铁、氧化铝、氧化铁等组成。煤矸石中的金属组分含量偏低，一般不具回收价值，但也有回收稀土元素的实例。

## 4.4.2　煤矸石的综合处理与利用

### 1. 煤矸石的分类

根据煤矸石的组成特点和各种环境条件的限制，对煤矸石的处理方法一般有：首先考虑综合利用，对难以综合利用的某些煤矸石可充填矿井、荒山沟谷和塌陷区或覆土造田；暂时无条件利用的煤矸石山可覆土植树造林。

为了合理利用煤矸石，我国煤炭工业建材部门按热值对煤矸石进行分类（表 4.10）。

表 4.10　煤矸石的分类及利用

| 热值/（kcal/kg）[①] | 合理用度 | 说明 |
| --- | --- | --- |
| 0～500 | 回填、修路、造地、制骨料 | 制骨料（以砂岩类未燃矸石为宜） |
| 500～1000 | 烧内燃砖 | CaO 含量要求低于 5% |
| 1000～1500 | 烧石灰 | 渣可做混合材、骨料 |
| 1500～2000 | 烧混合材料、制骨料、代土壤节煤烧水泥 | 用于小型沸腾炉供热、产气 |
| 2000～2500 | 烧混合材料、制骨料、代煤节。土壤烧水泥 | 用于大型沸腾炉供热发电 |

① 1cal=4.1868J。

由于煤矸石含有可燃物质和一些稳定的无机组分，因此，可以因地制宜充分利用煤矸石。例如，含碳量较高的煤矸石可作燃料；含碳量较低的和自燃后的煤矸石可生产砖瓦、水泥和轻骨料；含碳量很少的煤矸石可用于填坑造地、回填露天矿和用作路基材料。一些煤矸石粉还可用来改良土壤或作肥料。煤矸石也要尽量将其资源化，以减少环境污染。

### 2. 煤矸石的利用

近年来，我国在煤矸石的处理和利用方面开辟了多种多样的途径（图 4.3）。利用低热值煤矸石作沸腾炉的燃料；煤矸石作建筑原料，可大量制矸石砖、水泥、陶粒等；从矸石中可回收和制取的产品有劣质煤、黄铁矿、铝土矿、聚氯化铝、稀有金属等。

（1）煤矸石代替燃料

煤矸石含有一定数量的固定炭和挥发分，一般烧失量在 10%～30%，发热量可达 1000～3000 kcal/kg。当可燃组分较高时，煤矸石可用来代替燃料。如铸造时，可用焦炭和煤矸石的混合物作燃料来化铁；可用煤矸石代替煤炭烧石灰，亦可用作生活炉灶燃料等。四川永荣矿务局发电厂用煤矸石掺入发电，五年间利用煤矸石 $22.4×10^4$ t，相当于节约原煤 $17×10^4$ t。近 10 年来，煤矸石被用于代替燃料的比例相当大，一些矿山的矸石山甚至消失。

（2）煤矸石生产建筑材料

利用煤矸石生产的煤矸石砖，其质量符合国家建材标准，其强度、耐酸碱和抗冻性均优于普通黏土砖，因此在全国范围内推广使用。此外，煤矸石可以全部或部分代替黏土，作为生产普通水泥熟料黏土质或铝质校正的原料，提供生产水泥所需的硅、铝成分。

利用煤矸石作吸附材料。利用黏土质煤矸石的高硅、高铝和含碳的矿物特性研制煤矸石吸附材料。一些自燃后的煤矸石经过破碎、筛分后，可以配制胶凝材料。

煤矸石用作耐火材料。如煤矸石合成 $\beta$-SiC-Al$_2$O$_3$ 复相材料、$\beta$-SiC、轻质莫来石砖、煤矸石和工业氧化铝合成莫来石料等。

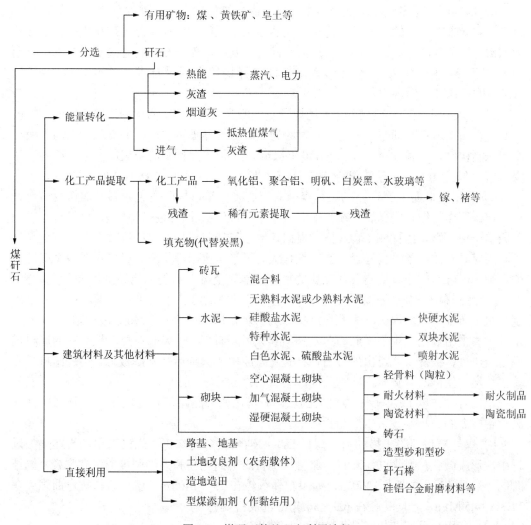

图 4.3 煤矸石的处理和利用途径

1）煤矸石制砖。利用煤矸石本身的发热量可作为烧制黏土砖的内燃料，一般将煤矸石均匀掺入黏土内压制成砖坯，经干燥焙烧而成。这种砖比一般单靠外部燃烧制成的砖可节约用煤量 50%～60%。砖的抗压强度达 $100～150\ \mathrm{kg/cm^2}$，吸水率<15%，容重为 $1400～1700\ \mathrm{kg/cm^2}$，抗折强度小于 $40\ \mathrm{kg/cm^2}$。

2）微孔吸声砖。微孔吸声砖具有隔热、保温、隔声、防潮、防火、防冻等性能，是良好的环保建筑材料，且质轻、性能可靠、便于运输。生产微孔吸声砖可以利用大量的煤矸石，是变废为宝的好路子。

3）煤矸石瓦。煤矸石瓦的生产工艺与一般土瓦的生产工艺很相似。利用煤矸石生产瓦，减少了泥土用量，节约了土地，同时还减少了煤矸石的占地。生产煤矸石瓦最好采用自燃煤矸石（含水量不超过 3%，粒径 1 mm 以下）。在瓦坯成型过程中，其泥料水分保持 21%～24%为好。瓦坯干燥 1～2d 可入窑焙烧，其温度为 1050～1100℃。煤矸石瓦是一种新型的屋面材料，其质量符合土瓦的标准。

4）用煤矸石生产水泥。煤矸石中二氧化硅、氧化铝及氧化铁的总含量一般在 80% 以上，它既含有一定的热值，也是一种天然黏土质原料，可代替黏土配料烧制普通硅酸盐水泥、快硬硅酸盐水泥、煤矸石炉渣水泥等。其中，煤矸石快硬硅酸盐水泥具有早期强度高、凝结硬化快等特点，其各项性能指标均符合国家标准《快硬硅酸盐水泥》（GB 199—1990）的规定。

5）用煤矸石生产预制构件。利用煤矸石中所含的可燃物，经 800℃煅烧后成为熟煤矸石，再加入适量磨细生石灰、石膏，经轮辗、蒸气养护可生产矿井支架、水沟盖板等水泥预制构件，其强度可达 200～400 kg/cm²。这种水泥预制的灰浆的参考配比为：熟煤矸石 85%～90%，生石灰 8%～10%，石膏 1%～2%，外加水 18%～20%。

6）利用煤矸石生产空心砌块。煤矸石空心砌块是以煤矸石无熟料水泥作胶结料、自然煤矸石作粗细骨料、加水搅拌配制成半干硬性混凝土，经振动成型，再经蒸气养护而成的一种新型墙体材料。其规格可根据各地建筑特点选用。生产煤矸石空心砌块是处理利用煤矸石的一条重要途径，具有耗量大、经济、实用等优点，可以大量减少煤矸石的占地。煤矸石空心砌块与普通砌块的物理性能完全可以媲美，能满足建筑力学要求。

7）用煤矸石生产轻骨料。用煤矸石生产轻骨料的工艺大致可分为两种：一种是用烧结机生产烧结型的煤矸石多孔烧结料；另一种是用回转窑生产膨胀型的煤矸石陶粒。国外大多采用烧结机生产煤矸石多孔烧结料来做轻骨料。用煤矸石烧制轻骨料的原料最好是炭质页岩或洗煤厂排出的矸石，将其破碎成块或磨细后加水制成球，用烧结机或回转窑焙烧，使矸石球膨胀，冷却后即成轻骨料。

煤矸石除作以上用途外，自燃后的煤矸石可用作公路路基和堤坝材料；用煤矸石（含氧化铝较高的一种）还可生产耐火砖等。

8）煤矸石作混凝土掺和料。煤矸石生产纳米级多孔陶瓷。煤矸石中的炭在烧失过程中能形成微孔，因此以煤矸石为原料能制备出不同孔径和力学强度的多孔陶瓷。烧结时间一般为 4 h，温度为 1200℃。如果粉体颗粒在 25～140μm，就可获得抗弯曲强度在 11.3～14.5 MPa，平均孔径在 6.9～34.5μm 的高强陶瓷。

（3）利用煤矸石充填矿井采空区、回填塌陷区

利用煤矸石填充矿井采空区能减少煤矸石堆积占地，消除环境污染，减少矿区地表滑陷，并能防止煤层自燃发火和扑灭自燃的煤层火区等。用其代替砂子填充，大大降低了填充费用。

（4）煤矸石制取化工产品

1）煤矸石中硅元素的资源化利用。含硅高的煤矸石制取硅系列化工产品。当煤矸石中的 SiO₂ 含量达到 50%以上，可有效利用其中的 Si，开发硅系列化工产品。

制备系列硅铝铁合金、铝硅钛合金。煤矸石中富含硅、铝等元素，有的还含有少量的铁、钛等元素，通过不同的工艺和适当的配料，可生产目的硅合金。将煤矸石首先加工成熟料，再与煤粉制成球形颗粒，生产出满足商业要求的硅铝铁合金。

制备合成 SiC。合成 SiC 主要应用于磨料、耐火材料、高温冶金陶瓷、高温和大功率电子领域。以硅质煤矸石为原料，辅以石英砂、无烟煤等物质，用 Acheson 工艺合成 SiC。

合成系列沸石。按照沸石晶体结构类型的不同，可分为 A、X、Y 四型沸石。目前，以煤矸石为原料合成 A 型沸石的研究较多，特别是 4A 型沸石分子筛，用于生产无磷洗衣粉的中间体。其生产工艺是先将煤矸石粉碎、煅烧，使其具备一定的活性；再与氢氧化钠溶液反应，然后经晶化、过滤、洗涤、干燥等过程，得到最终产品。

2）煤矸石中铝元素的资源化利用。含铝量高的煤矸石制造铝盐系列产品。煤矸石中铝的含量达到 35%，通过施以一定能量，破坏其原有晶体结构，可有效利用其中的 Al，开发铝盐系列化工产品。

聚合氯化铝（PAC），又称聚羟基氯化铝，化学通式 $Al_n(OH)_mCl_{2n-m}$，是一种絮凝剂，广泛应用于选煤和污水处理中。利用煤矸石制取该产品的主要方法是酸溶法。先将煤矸石粉碎成细粒，再对其进行焙烧、酸浸、浓缩结晶、真空吸滤等工艺流程后，得到 PAC 产品。聚硫氯化铝（PACS）是以煤矸石、盐酸和硫酸为原料可制备 PACS。引入 $SO_4^{2-}$ 作为聚合促进剂，能进一步提高 PACS 的净水效果和产品性能。经过粉碎、焙烧、两次酸浸、过滤和调节后，即可生产出 PACS。

（5）煤矸石回收和提取稀土矿物

从富镓煤矸石中提取镓。镓含量＞30 g/t 的煤矸石具有回收镓的经济价值。从煤矸石中提取镓方式有两种：一是高温煅烧浸出；二是低温酸性浸出。基本原理是使煤矸石中的晶格镓或固相镓转入溶液中，再用萃取法、离子交换法或膜法从浸出液中回收镓。从富钛煤矸石中提取钛。当煤矸石中 $TiO_2$＞2%时，具有工业生产的价值。

（6）煤矸石的农业利用

煤矸石作土壤改良剂、肥料及农药载体。利用煤矸石的酸碱性及其中含有的多种微量元素和营养成分，可将其制成土壤改良剂，调节土壤酸碱度和酥松度，并增加土壤肥效。利用煤矸石生产的高浓度有机复合肥，具有速效和长效的特点，适用于各种农作物土壤。

（7）煤矸石用于道路工程

筑路对于煤矸石的种类和品质没有特殊的要求，且对有害成分含量的限制要求不高。煤矸石用于筑路工程具有好渣量大、无须进行特殊处理、不需采用特殊技术手段等优点，是利用煤矸石减少环境污染的有效途径。

（8）煤矸石用于注浆技术

煤矸石具有潜在的火山灰活性，将煤矸石制成注浆材料，对因开采作业造成的岩层移动、变形、损坏的空间进行及时注浆，能够减少岩层移动、变形的破坏量。利用煤矸石制浆进行地面减沉控制已经在工程实践中得到应用。

（9）煤矸石在环境保护中的应用

生产燃煤烟道气脱硫剂。经处理的煤矸石粉末具有良好的活性，是一种廉价、高效的脱硫剂。煤矸石粉体含有一定数量的 CaO、MgO 等碱性氧化物，可与 $SO_2$ 发生反应；煤矸石粉末中少量的 $Fe_2O_3$ 和 $V_2O_5$ 对脱硫反应起到催化作用，能提高脱硫反应速率。

用于治理铬渣污染。将铬渣、煤矸石、黏土等混合加工成型，再经隧道窑煅烧，使 $Cr^{6+}$ 还原为无毒物质，不仅去除了铬渣的毒性，还可以生产出铬砖，其中关键因素是窑温、酸碱性、含煤量和助剂的添加量。煤矸石中含有大量的碳，有利于生产还原气氛，以内燃为主，外加适量还原助剂，生成的铬渣砖具有良好的除毒效果。在大气日晒条件下，经长达 5 d 的跟踪分析及对表面 1 mm 的检测，$Cr^{6+}$ 仍然处达标范围。

煤矸石制备活性炭。含高铝、硅成分的煤矸石，具有碳、硅、铝成分共同的特点，可以制得一种新型的活性炭——硅酸复合吸附剂。煤矸石用碱熔活化、强酸后处理，制备复合吸附剂。它以硅胶为骨架结构、活性炭均匀分散，具有亲水性和亲有机相双重功能，对苯和酚类衍生物等工业废物具有很强的吸附功能。

# 4.5　有色冶金工业废物处理工程

## 4.5.1　有色冶金工业固体废物

有色冶金工业固体废物主要指提取目的有色金属后产生的火法冶炼渣、湿法冶炼渣、有色金属加工渣以及赤泥等，对环境造成较大污染的常常是各种冶炼渣和赤泥。

### 1. 有色冶金工业固体废物的来源

（1）冶炼废渣

由于原生矿石中含有的目的金属组分只有小部分，大量的杂质组分要被分离出来，在有色金属冶炼过程中（包括火法冶炼和湿法冶炼）就产生大量块状或粒状熔渣或溶蚀渣，如常见的铜鼓风炉水淬渣、铅锡烟化炉水淬渣、铜转炉及电炉浮渣、火法炼铜碱性浮渣、锌冶炼产生的砷铁渣、锑冶炼产生的砷碱渣、钨冶炼产生的黑钨渣。湿法冶炼过程中的各种浸出渣、堆浸金银及酸析法提取铜等残渣则更多地保持原生矿石的一些特点。

（2）加工渣

这是对有色金属半成品加工中进行二次冶炼产生的"微渣"，主要指铝和铜进行二次冶炼时产生的浮沫和氧化物层，这些加工渣中一般含有相当多的金属组分。

（3）含金属烟尘

指随有色冶金炉中气体一起排出，沉降在烟道中或被干式静电除尘器所收集的微粒粉尘，如锡冶炼厂的含砷烟尘、炼锌及镀锌时产生的锌灰、炼铜反射炉产生的含铜锌烟尘、铜反射炉产生的铅灰、汞冶炼产生的汞尘等。这些固废常被抛弃荒野，因含有害有毒的金属组分，会对环境造成严重的影响。

（4）金属粉尘

指对金属矿石或金属进行破碎、筛分、运输、干燥、加料过程中所产生并被干式除尘器捕集到的金属粉尘。这部分粉尘与成尘前的物料成分大体相同，所含目的金属组分较高。因此，这类固废具有较大的回收价值。

（5）金属泥

指有色冶金生产中产生的各种含水金属泥渣，如电解法精炼有色金属产生的阳极泥、氧化铝生产过程中铝土矿经碱浸后所产生的赤泥、火法冶炼过程中湿法收集烟尘所产生的尘泥等。目前，数量最大的是铝、铜等有色金属冶炼过程产生的赤泥。

2. 有色冶金固体废物的分类

有色冶金企业中，由于原生矿种类的不同，冶炼工艺的不同，以及添加原料的不同，所以企业产生的固体废物种类繁多。目前，对这些废物尚无统一分类方法，根据其产生原因、组分特征、生产工艺以及危害程度的不同，常有以下几种分类方法。

1）按照固废的形态特征。可分为废渣和尘泥，前者包括冶炼渣、加工渣，后者包括烟尘、金属粉尘（泥）和金属泥。

2）按照冶炼目的金属。可以将其废渣分为铜渣、铅渣、锌渣、锑渣、钨渣、锡渣等。

3）按照冶炼主要设备。可将其分为反射炉渣、闪烁炉渣、鼓风炉渣、电炉渣、烟化炉渣、回转窑炉渣等。

4）按照废渣中残余的特殊代表性组分。可分为砷碱渣、砷钙渣、砷铁渣、铜镉渣、银铅烟灰等。

5）按照生产工艺和成渣方法。可分为拜尔法赤泥、烧结法赤泥、联合法赤泥、水淬铜渣、铜撇渣、浸出渣等。

6）按照废渣中含铁量。可分为含铁炉渣和脱铁渣。一般有色冶金炉渣中均含铁，称含铁炉渣，含铁炉渣经脱铁后成为脱铁渣。

7）按照渣的产生过程。可分为一次渣、二次渣和终渣。一次渣是矿石或精矿经过一次熔炼所产生的炉渣；二次渣是对一次渣进一步处理后排出的渣；终渣是经过多次处理后最终排放的渣。终渣也只是指现有技术条件下不可再利用的固废。

8）按照废渣的危害程度。可分为有毒渣、无毒渣、放射性渣等。

### 4.5.2　有色冶金企业固体废物的组成特征

1. 化学成分特征

有色冶金企业废渣的组成特征差别很大，其化学成分不仅与冶炼的原材料有关，而且也和冶炼方法、冶炼设备有关。有色冶金工业企业中常见的几种固体废物的化学成分如表4.11～表4.16所示。

表 4.11　铜渣的化学成分（%）

| 名　称 | $Al_2O_3$ | $SiO_2$ | CaO | MgO | Fe | Zn | Cu | C | S |
|---|---|---|---|---|---|---|---|---|---|
| 反射炉铜渣（1） | 2～3 | 33～38 | 8～10 | 1.1～5 | 27～36 | 2～3 | — | 0.2～0.5 | — |
| 反射炉铜渣（2） | — | 38.74 | 9.62 | — | 34.01 | | 0.30 | — | — |
| 反射炉铜渣（3） | 2.84 | 31.58 | 4.80 | 1.02 | 35.05 | 3.0～3.5 | 0.59 | — | 3.46 |
| 鼓风炉铜渣（1） | 2.01 | 33.82 | 4.84 | 1.57 | 37.6 | 2.41 | | 0.4 | — |
| 鼓风炉铜渣（2） | 2.60 | 33.8 | 13.51 | 1.48 | 33.8 | 0.25 | 0.29 | — | 0.79 |
| 鼓风炉铜渣（3） | 5.0 | 36～38 | 9～11 | 4.0 | 30.0 | — | 0.3 | — | 1 |

注：（1）、（2）、（3）代表不同厂家的渣，下列表中标注含义类同。

表 4.12 铅、镍、锌渣的化学成分（%）

| 名　称 | Al$_2$O$_3$ | SiO$_2$ | CaO | MgO | Fe | Zn | Pb | Ni | Cu |
|---|---|---|---|---|---|---|---|---|---|
| 铅渣（1） | — | 20～29 | 14～18 | — | 21～28 | 8～14 | <2 | — | — |
| 烟化炉铅渣（2） | — | 22 | 18 | — | 24 | 2.3 | 0.5 | — | 0.5 |
| 镍渣（1） | — | 42～43 | 1～3 | 16～18 | 24～25 | — | — | 0.1～0.2 | — |
| 电炉镍渣（2） | 2.78 | 46.42 | 4.94 | 14.64 | 19.67 | — | — | 0.11 | 0.07 |
| 锌渣（1） | 5.0 | 18～25 | 5.0 | 2.0 | 25～30 | 1.13 | — | — | — |
| 挥发窑锌渣（2） | — | 31 | 4.5 | — | 34 | 20 | 0.5 | — | 0.7 |

表 4.13 砷碱渣的化学成分（%）

| 名称 | Sb | As | Na$_2$CO$_3$ | Na$_2$SO$_4$ | Na$_2$S | H$_2$O | 其他 |
|---|---|---|---|---|---|---|---|
| 砷碱渣 | 40.72 | 24.9 | 27.95 | 6.01 | 2.57 | 2.44 | <0.5 |

表 4.14 赤泥的化学成分（%）

| 名称 | Al$_2$O$_3$ | SiO$_2$ | CaO | Fe$_2$O$_3$ | Na$_2$O | TiO$_2$ | K$_2$O | P$_2$O$_5$ | B |
|---|---|---|---|---|---|---|---|---|---|
| 烧结法赤泥（1） | 5～7 | 19～22 | 44～48 | 8～12 | 2～2.5 | 2～2.5 | — | — | — |
| 联合法赤泥（2） | 5.4～7.5 | 20～20.5 | 44～47 | 6.1～7.5 | 2.8～3.0 | 6.0～7.7 | 0.5～0.7 | — | — |
| 拜尔法赤泥（3） | 21.6 | 14.0 | 31.0 | 3.1 | 4.5 | — | — | — | — |
| 赤泥（4） | 7.0 | 28.0 | 48.0 | 8～10 | 2.5 | 2.5 | 0.5 | 0.5 | 0.03 |

表 4.15 铜阳极泥的化学成分（%）

| 厂别 | Au | Ag | Cu | Pb | Bi | Ni | Se | Te | SiO$_2$ | As | Sb |
|---|---|---|---|---|---|---|---|---|---|---|---|
| 1 | 0.60 | 10.6 | 21.6 | 10.0 | 0.62 | — | 3.5 | 0.51 | — | 4.2 | 20.6 |
| 2 | 0.80 | 18.8 | 0.5 | 12.0 | 0.77 | 2.8 | 1.3 | 0.50 | 11.5 | 3.1 | 11.5 |
| 3 | 0.49 | 15.5 | 15.0 | 4.5 | 2.3 | 1.6 | 3.1 | 0.03 | — | 6.5 | 10.2 |
| 4 | 0.19 | 17.5 | 12.8 | 9.3 | 0.41 | — | 2.1 | 0.91 | 15.05 | — | — |
| 5 | 0.24 | 12.5 | 27.4 | — | — | 1.6 | 12.8 | 0.21 | — | — | — |
| 6 | 0.02 | 7.0 | 29.0 | 4.0 | 0.50 | 0.05 | 0.75 | — | 2.5 | 2.0 | 1.5 |

表 4.16 铅阳极泥的化学成分（%）

| 厂别 | Pb | Bi | Au | Ag | Tc | Sb | Cu | As | Sc |
|---|---|---|---|---|---|---|---|---|---|
| 1 | 8～10 | 5～8 | 0.32 | 15.4 | 0.43 | 45～55 | 0.60 | 2～3 | 微～0.2 |
| 2 | 8～10 | 10～12 | 0.05 | 10.3 | 0.43 | 20～30 | 0.83 | 12～13 | 0.2 |
| 3 | 20 | 10 | 0.02 | 5.0 | — | 18 | 0.80 | <1 | — |

　　冶金废渣的化学组分主要为原生矿石的伴生组分，以及不同冶炼方法需要所加入的熔剂组分。这些废渣中普遍含有较高的有用金属组分或者富含某些非金属组分。废渣中目的组分的含量，也随各冶炼厂家技术和管理的差异而有所不同。

　　一些废渣中金属元素含量甚至比该种金属的矿石品位还高，很有利用价值。例如，一些铝锌废渣中银的含量可达每吨数十克，一些铜渣中金的含量远超过了一般矿石的金品位，这主要是由于当初冶炼工艺没有考虑这些伴生组分的回收。对废弃渣中稀散元素的综合利用，正在引起人们的重视。

　　**2. 矿物组成特征**

　　有色冶金废渣中的矿物成分除了与原生矿石中的矿物组成有关外，更主要的是在冶炼过程中，复杂的物理化学反应可能使之生成新的矿物。一般情况下，原生矿石的组分越复杂，冶炼渣中生成新的矿物种类就越多，反之亦然。铜渣的矿物组成主要为铁橄榄石，其次有磁铁矿、玻璃体、硫化体等。镍渣的矿物组成主要为橄榄石，其次为玻璃体、磁铁矿、铬铁矿、方镁石等。赤泥的矿物组成主要有硅酸二钙，此外还有氧化铁、霞石、含水铝酸三钙固熔体、方解石、钙钛矿等。

## 4.5.3　有色冶金工业固废的处理工程

　　**1. 有色冶金固废处理的一般原则**

　　对有色冶金工业固体废物的处理一般应遵循以下的基本原则。

　　（1）优先开发和利用废渣中的残余资源

　　以往，这些废渣多被集中堆放保存下来。在处理这类固废时，应尽量采取新技术、新方法、新工艺，使之成为最有用的再生资源。可以采用先进的冶金炉对废渣进行二次冶炼，重新提取其中的有用金属组分，也可根据废渣的特点或有用组分的存在形式，采用新的工艺技术如堆浸、电磁分选等，以便更有效地回收其中的金属组分。

　　（2）资源化处理终渣。

　　这些废物可以用于建筑材料、筑路材料，这可能是终渣较好的处理方法，对终渣的处理需慎重，随意丢失废弃终渣是不可取的下策，要防止资源的再次浪费。

　　（3）避免处理过程中的二次污染

　　一些废渣常含有毒物质，处理过程中要防止它们对环境的污染，一些废渣具有放射性，用其生产建筑材料时就必须认真进行放射性测试，经论证后才能使用。

　　（4）合理选择经济技术最优的处理方法

　　对废渣进行开发利用或综合处理的方案，要做反复的经济技术比较，以便选择最佳的经济可行方案，同时也要考虑社会效益和环保效益。

　　（5）对废渣进行减量化处理，减少占地面积

　　有了土地，实际上就是产生了经济效益。废渣经过处理后，要使之占地减少，就是为工业企业提供更多的用地，或为农业提供可用的耕地，其经济效益一般很明显。

### 2. 有色冶金固废的常用处理方法

（1）生产工艺中循环利用

大多数有色冶炼厂的生产工艺，除了提取主要目的金属外，还对矿石中伴生的多种金属组分进行回收。大部分废渣也设法在本厂范围内转移到后续工艺中利用，或者用于生产副产品。整个生产工序之后，只剩有少量的终渣被堆放或填埋处理。

表 4.17 是某有色冶炼厂提取多种金属组分后废渣的处理去向。从表中可以看出，不同的冶炼渣既可以采用新的冶炼技术进一步回收目的金属，又可以对伴生金属进行回收从而大大提高了经济效益。不同冶炼条件的几家冶炼厂或相关企业，在运输成本经济合算时，也可以联合起来处理彼此的废渣，这样做能够减少各家的一次性投资，并能使终渣排放量达到最小的程度。

**表 4.17　废渣的处理去向**

| 渣种类 | 渣来源 | 处理去向 |
|---|---|---|
| 铜渣 | 铜鼓风炉 | 垫铁道路基，建筑回填用，部分堆存 |
| | 铜转炉 | 送铜鼓风炉，提高透气性，回收铜 |
| | 连续吹炼炉 | 送铜鼓风炉回收铜 |
| 铅渣 | 铅鼓风炉 | 送回转窑，处理回收铅、锌 |
| | 回转窑 | 送铜鼓风炉回收铜、金、银 |
| | 铅反射炉 | 送铜鼓风炉回收铜 |
| 锌渣 | 回转窑 | 10cm 以上块状送铜鼓风炉，10cm 以下送铅鼓风炉 |
| | 铜镉渣 | 送铜鼓风炉回收铜 |

（2）有色冶金废渣中有价金属的综合回收

废渣中的有价金属是宝贵的资源财富，近年来正在被人们所重视。回收其中的有价金属除有直接的经济效益外，还能减轻它们对环境的污染。常用的方法包括：浮选法、硫化法、浸出法、还原剂炼粒铁法和烟化法。

浮选法即采用浮选药剂将不同密度的矿物分离。例如，将含铜废渣磨细，然后用浮选的方法回收其中的金属铜和硫化铜。国内用此法回收铜转炉渣中的铜，国外用此法处理转炉、鼓风炉、反射炉和闪烁炉铜渣，可得含铜为 20% 左右的精矿粉，取得了明显的经济效益。

硫化法指在高温熔融状态下，借助硫化剂使炉渣中的铜和部分铁形成低熔点的冰铜，使之从渣液中分离出来加以回收。本法主要用来回收铜渣中的铜和贵金属。

浸出法通过借助于各种无机酸或氨水等溶剂从固体炉渣中提取其可溶成分加以回收利用。我国某矿务局锑冶炼过程中产生的砷碱渣采用浸出法处理，回收的二次锑精矿含锑为 63%。每年可回收锑约 500 t，增加产值 170 余万元，同时还副产砷酸钠混合盐，可代替白砒用作玻璃生产的澄清剂。

还原剂炼粒铁法是利用回转窑生产粒铁而综合利用废渣的一种方法。在一定温度和炭还原剂的作用下，冶金渣中的铅、锌、锡等挥发性金属在回转窑中挥发为烟尘而被回收；冶金渣中的氧化铁被还原成铁粒，随窑渣一起排出，通过磁选分离，获得粒铁，可用来炼制低碳钢。我国某厂对铜鼓风炉渣制炼粒铁进行了试验，铁回收率达80%，锌回收率达90%，脱铁后的炉渣还可用来制造铸石和水泥。

烟化法是为了回收湿法炼锌浸出残渣中的有用组分、铅鼓风炉和锡反射炉渣中的挥发性金属，将这些废渣送入回转窑或烟化炉中加热熔炼，使其中挥发性金属铅、锌、锡等挥发进入烟气，然后捕集烟气中的金属和金属氧化物进行回收。此法在我国一些冶炼厂已用于生产，但二次渣中仍有一定量的铁、铜和贵金属等，还需进一步研究改进，提高回收率。

（3）废渣的深度综合利用和最终处置

对有色冶金企业产生的固废，在回收了其中的有价金属以后，还可用来制造各种建筑材料、铺路和生产肥料，使之充分综合利用。目前，国内有以下利用和最终处置的途径。

1）用作水泥原料。如氧化铝生产中产生的赤泥、铅烟化炉的水淬渣、炼锂渣都可用来生产水泥，国内均已有工业应用。例如新疆有色锂盐厂生产的锂渣水泥，标号已超过425号，并通过了建设部组织的技术鉴定。

2）用于生产铸石。铸石是一种石料，一般以玄武岩、辉绿岩等岩石作原料。原岩经高温融化后浇铸成型，再经结晶退火等工序即可制成板材、管材及其他形状的铸石制品。有色金属冶炼炉渣除去铁后，其成分大体与铸石一致，只要适当配料就可作为生产铸石的原料。

3）生产矿渣棉。矿渣棉是由热熔矿渣用喷吹法或离心法制成的玻璃质纤维，其组织松软、富有弹性，具有耐腐蚀、不燃烧、不霉变、隔声隔热等性能，是良好的隔声隔热材料。我国用铜渣生产的矿渣棉板质量很好。国外还用镍渣和锌渣生产矿渣棉。

4）生产砖瓦。我国一些企业利用铅烟化炉水淬渣作为骨料制作灰渣瓦，用镍渣制作砖，都收到了很好效果。用冶炼渣生产的砖，一般多具有质量轻、隔声效果好等优点。

5）作铁路道砟和公路路基。我国从1960年就开始用铜鼓风炉水淬渣作铁路道砟，铺设混砂道床，克服了一般道床易下沉的缺点，还具有渗水快、不腐蚀枕木、道床不长草、成本低等优点。用铜水淬渣作公路路基效果也很好。

6）制造硅钙肥。我国某厂用赤泥制造硅钙肥料，该肥料为以硅钙为主并含有多种微量元素的碱性复合肥料，对增强植物根系生长、抗倒伏很有好处。该厂所生产的硅钙肥料用于小麦、水稻、玉米、花生、苹果、棉花的栽培，均能使作物有明显增产。

此外，有色金属冶炼废渣在一些城市还可代替河砂用于建筑业做混凝土的粗、细骨料或矿渣砂浆，对于降低建筑成本、减少堆渣用地都有好处。

3. 有色冶金工业固体废物应用实例

（1）砷碱渣的综合回收

砷碱渣多为锑的冶炼渣，其中所含的砷为有毒元素，极易对水源、农田、土地产生污染。采用浸出方法，可以从砷碱渣中回收锑精矿及砷酸钠。二次锑精矿平均含锑可达

63%以上，锑的品位可超过锑精矿粉。副产品砷酸钠晶体可用于玻璃工业，替代白砒。这样不仅可以减轻，甚至消除砷对环境可能造成的污染，而且能获得明显的经济效益，是值得推荐的方法。其生产工艺流程如图 4.4 所示。

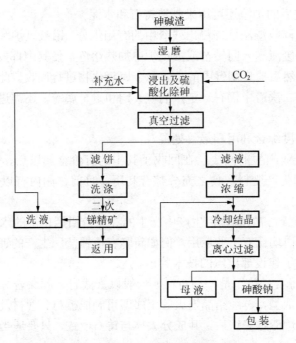

图 4.4　砷碱渣综合回收法工艺流程

砷碱渣综合回收锑精矿、砷酸钠已经应用于生产，但因各地砷碱渣所含杂质成分的不同，生产过程仍存在一定的技术问题，需进行具体试验和分析，并改进生产工艺。

（2）冶炼渣生产铸石

铸石是一种硅酸盐结晶材料，具有强度大、耐酸碱、加工方便、成本低廉等优点，一般采用天然岩石或工业废渣制成。很多种冶炼渣均可用于生产铸石。

1）铜渣铸石。铜渣铸石是一种高耐磨、高耐压和具有抗酸性能的良好材料，应用范围较广泛。国外生产铜渣铸石的方法有熔铸法和烧结法。

熔铸法：用铜渣熔铸管道、弯头、泵零件等耐磨材料制品时，其工艺流程为将熔渣（温度为 1200℃左右）全部浇入铸槽，经过 2～3d 的退火，然后清除过剩矿渣，将铸件脱模，检验合格即为成品。

烧结法：烧结铜渣铸石的工艺是将水淬铜渣磨细成型后进行焙烧。成型方法有干压法和喷注法两种。

2）铅锌渣铸石。将铅锌渣通过磁选，分离出磁性铁组分以后，其剩余渣可用来生产铸石。铅锌渣生产铸石的工艺如下：将非磁性部分的铅锌渣烘干至含水 3%～5%，与适量石英砂混合，在熔窑的旋风室中用预热过的空气熔化，熔液出窑后进入电热炉，在类似于生产普通铸石的工艺线上生产各种铸石制品。铅锌渣铸石制品的抗压强度可达 2500～3000 kg/cm$^2$，与普通铸石相比，其耐磨性能要好得多。

（3）有色冶金渣生产水泥

采用赤泥配料烧制硅酸盐水泥与硫酸盐水泥。

硅酸盐水泥的生产流程是：将石灰石、砂岩、赤泥（20%左右）和铁粉配成生料，经 1400～1450℃ 高温煅烧成水泥熟料，再与高炉水淬渣、石膏共同磨细即可制成 325～425 号普通硅酸盐水泥。采用赤泥高炉水淬渣制成水泥的性能符合国家标准《硅酸盐水泥，普通硅酸盐水泥》（GB 175—77）的各项规定。

硫酸盐水泥的生产工艺是：将赤泥在 500～600℃ 下烘干，然后与水泥熟料、石膏按比例配合，共同磨细。其参考配比为：赤泥 70%、水泥熟料 15%、石膏 15%。所生产的水泥标号可达 325 号。赤泥硫酸盐水泥具有早期强度低、易起砂等缺点，但其水化热低、耐腐蚀性强，适于水工构筑物施工使用。

此外，铅渣、水淬铜渣也可代替铁粉用于作水泥的配料，铅渣和水淬铜渣兼有矿化剂作用，有利于提高水泥质量。其掺量可分别占水泥生料的 3% 和 4%。

（4）有色冶金渣生产玻璃

由于一些金属离子具有色彩作用，可将有色冶金渣用于生产彩色装饰玻璃、彩色斑纹玻璃、彩色工业玻璃。据报道，铜渣、镍渣、钛渣等可以生产出明绿色、深绿色、明黄色、深黄色、金黄色、浅蓝色、明蓝色以及深蓝多孔等各种彩色玻璃。

### 4.5.4 危险有色金属废渣的固化处理

#### 1. 危险有色金属冶炼废渣对环境的影响

一些有色金属本身就是属于有毒有害的组分，或者是它们常常伴生有毒有害的组分，如常见的铅、汞、铬、镉、锑等，这类有色金属的冶炼废渣通常对环境的影响很大。废渣中的有毒有害成分可能进入地表水或地下水系统，也可能直接进入生物循环系统，给附近人群的生存环境造成严重的威胁。根据有关部门的统计资料，全国有色金属冶炼过程中，每年约有 5000 t 砷、500 t 镉、50 t 汞从冶炼废渣中流失，对其周围的环境造成严重污染，其危害性相当大。

砷、镉、汞等都是类金属物质，能形成一系列的高毒性类化合物，砷可由呼吸道、皮肤和消化道被人体吸收，可引发吸收者的神经衰弱综合征、多发性神经病和皮肤黏膜病变等，砷的无机化合物可引发人的肺癌和皮肤癌。某锑矿冶炼过程中排出的含砷烟尘污染了附近的水井，曾导致 30 人中毒和 6 人死亡的严重后果。

#### 2. 固化处理的主要方法和原理

固化是指通过物理－化学方法将有害固体废物固定或包容在惰性的固化基材中的一种无害化处理过程。固化处理的目的是使固体废物中所含的有毒有害组分被固定或被包容起来，而不会对环境造成危害。理想的固化体应具有良好的抗渗透性、抗浸出性、抗干湿性、抗冻融性和良好的机械稳定性等。这样的固化体才可以直接在安全土地填埋场处置，也可用做建筑的基础材料或道路的路基材料，使之变废为宝。

固化方法在国外已研究多年。早在 20 世纪 50 年代初期，美国就开始研究采用水泥固化处理放射性化学污泥及残渣液，以后又相继研究出沥青固化、塑料固化、玻璃固化、陶瓷固化、合成岩固化等方法。在我国，已经开展了用水泥固化法处理电镀污泥、冶炼砷渣、冶炼铅渣以及氰渣等有害废物的研究，并取得了初步成果。

目前，固化处理方法按固化剂种类可分为包胶固化、自胶结固化和玻璃固化。包胶固化又可根据包胶材料分为水泥固化、石灰固化和有机聚合物固化等。包胶固化适于多种废物的固化处理，自胶结固化只适于含有大量能成为胶结体的废物处置，玻璃固化则适于极少量剧毒废物的处理。

包胶固化是采用某种固化基材对于废物块或废物堆进行包覆处理的一种方法，一般可分为宏观包胶和微囊包胶，宏观包胶是把干燥的未稳定化处理的废物用包胶材料在外围包上一个外壳，使废物与环境隔离；微囊包胶是采用包胶剂包覆废物的微观粒子。宏观包胶工艺简单，但包胶材料一旦破裂，被包覆的有害物质就会进入环境，造成难以挽回的损失。微囊包胶便于实现对有害废物的安全处置，目前国际上大多采用微囊包胶的处理技术。微囊包胶基材有水泥、石灰、热塑性材料和有机聚合材料等。

### 3. 有毒有害冶金废渣水泥固化处理应用实例

（1）水泥固化处理概述

水泥基固化是基于水泥的水合和水硬胶凝作用而对废物进行固化处理的一种方法，以水泥为固化剂，将危险废物进行包覆固化，此种方法非常适于处理含有重金属的污泥。水泥具有较高的 pH，有色冶金废渣（或污泥）中的重金属离子在碱性条件下，能生成难溶于水的氢氧化物或碳酸盐等而被固定。重金属离子也可以固定在水泥基体的晶格中，从而可以有效地防止重金属的浸出。

（2）水泥固化处理的应用

1）实例 1：含 Hg 泥渣的固化处理。某厂的含汞泥渣一度对附近环境的地下水和空气都造成了一定的影响，采用水泥固化可以对这些泥渣进行稳定化、固化处理。实施处理的主要工艺参数是：含汞泥渣与水泥的配比为 1 : （3～8），经加水搅拌均匀后，采用模具浇注成型，再在 60～70℃ 的蒸汽养护室中养护 24 h。

经这样固化处理后的汞渣固化体，强度大、防渗透性好、不流失有毒有害组分，可以进行填埋处置，确保环境安全。

2）实例 2：含 As 中和污泥的固化处理。云南某有色金属冶炼厂的烟气制酸污水净化处理系统的中和污泥是有毒有害的固体废物，依据《危险废物鉴别标准》（GB 5085.1—1996），进行腐蚀性鉴别，发现中和污泥的 pH 为中性偏弱碱性，不属腐蚀性废渣，污泥不具有急性毒性，也不是放射性废渣。但是，其中所含的 As、Pb、Cd 等，显然是有毒有害的组分，必须进行无毒化处理，然后实行安全处置。

将污泥自然干燥后，磨细，然后再与其他物料混合制作固化块。水泥固化含砷中和污泥后，固化体浸出浓度远低于《危险废物鉴别标准》（GB 5085.1—1996）。随着水泥比例的增加，浸出浓度进一步降低。矿渣硅酸盐水泥对砷的束缚能力强于普通硅酸盐水泥。因此，用矿渣硅酸盐水泥固化处理含砷污泥是有效的。为降低产品成本，也可考虑用粉煤灰代替部分水泥进行固化。

（3）水泥固化工艺特点

水泥固化的主要特点有工艺简单、设备投资少、动力能耗低和运行费用较低。整个操作的过程可以在常温下完成，其工艺如图 4.5 所示。

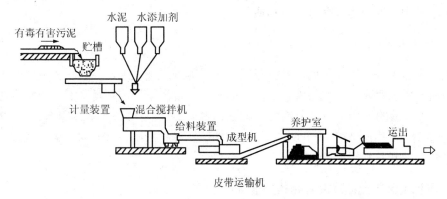

图 4.5 有毒有害污泥水泥固化处理工艺流程图

水泥固化处理技术也有明显的不足之处：①水泥固化体的渗出率较高，通常为 $10^{-4}$ 和 $10^{-5}$ g/(cm$^2$·d)；②水泥固化体的增容比较高，其值可达 1.5～2.0；③采用水泥固化必须具有一定的条件，有时还需要投放添加剂或者进行预处理，因而会使处理的成本增高；④废弃物中氨离子会因水泥的 pH 比较高，而可能导致其生成氨气污染环境。

# 4.6 黑色冶金工业固体废物处理工程

## 4.6.1 黑色冶金工业固体废物的组成特征

### 1. 来源、分类及特点

黑色冶金工业固体废物是指黑色金属生产过程中产生的固体、半固体或泥浆废物，主要包括采矿废石、矿石洗选过程排出的尾矿、矿泥、冶炼过程产生的各种冶炼渣，轧钢过程中产生的氧化铁皮及各种生产环节净化装置收集的各种粉尘、污泥以及工业垃圾。

黑色冶金工业是国民经济中的原料生产部门，它涉及经济建设的各行各业，所产生的固体废物具有如下特点。

1）产生量大。黑色冶金工业遍及全国各主要城市，固体废物产生量大，2005 年环境保护统计资料表明，我国高炉渣产生量 7557 万 t，利用率 65%；钢渣产生量 3819 万 t，利用率 10%；化铁炉渣 60 万 t，利用率 65%；尘泥 1765 万 t，利用率 98.5%；自备电厂粉煤灰和炉渣 494 万 t，利用率 59%；铁合金渣 90 万 t，利用率 90%；工业垃圾 436 万 t，利用率 45%。

2）可综合利用价值高。黑色冶金工业固体废物含有各种有用元素如 Fe、Mn、V、

Cr、Mo、Ni、Al 等金属元素和 Ca、Mg、Si 等非金属元素，是一项可再生利用的大宗二次资源。

3）有毒废物少。除金属铬和五氧化二钒生产过程中产生的水浸出铬渣和钒渣外，其他固体废物均极少含有有毒有害物质。

2. 污染和治理现状

随着我国经济的迅速发展，黑色金属工业也得到迅速发展，各种固体废物的产出量相应增加，累积库存量日益增大，不仅占地多、严重污染周围环境，而且浪费资源。据统计，历年堆放的各种黑色金属冶炼渣约 2 亿多 t，占地近 2 万亩。2004 年仍有 $2676 \times 10^4$ t 新渣弃置渣场，与农业争地。此外，冶炼渣中尚含 5%～10%的废金属资源，大部分未得到合理开发利用。

### 4.6.2　黑色冶金工业固体废弃物的处理

1. 高炉矿渣

高炉渣是冶金工业中数量最多的一种渣。目前我国每年排出量已达 3000 万 t 左右。我国高炉渣的应用主要是：首先把热熔渣制成水渣，用于生产水泥和混凝土；其次是开采老渣山，生产矿渣骨料；少量高炉渣用于生产膨珠和矿渣棉。我国目前高炉渣的利用率在 80%以上，每年仍有数百万吨炉渣弃置于渣场。据统计，目前我国渣场堆积历年的高炉渣 1 亿多吨，占地 1 万多亩。高炉渣不仅占用了大量土地，而且每年要耗用数千万元的资金用于设置渣场和运输，处理弃渣。而在工业发达国家，如美、英、法、德和日本等国，自 20 世纪 70 年代以来就基本上把高炉渣全部加以利用，年年达到产用平衡。

（1）高炉渣的来源、组成及性质

高炉渣是高炉炼铁的废物。炼铁的原料是铁矿石、焦炭、助熔剂（石灰石或白云石）烧结矿和球团矿等。在高炉冶炼过程中，各种物料通过热交换和氧交换发生复杂的化学反应。由于大部分铁矿石中的脉石主要由酸性氧化物 $SiO_2$、$Al_2O_3$ 等组成，当炉内温度达到 1300～1500℃时，炉料熔融，矿石中的脉石，焦炭中的灰分和助熔剂等非挥发组分形成以硅酸盐和铝酸盐为主、浮在铁水上面的熔渣（称为高炉渣）。高炉渣的产生量与矿石品位的高低、焦炭中的灰分含量及石灰石、白云石的质量等有关，也和冶炼工艺有关。通常每炼 1t 生铁产渣 300～900 kg。

高炉渣含有 15 种以上成分，其化学成分与普通硅酸盐水泥相似，主要是 Ca、Mg、Al、Si、Mn 的氧化物，它们约占高炉渣总重量的 95%，少数渣中含 $TiO_2$、$V_2O_5$ 等。其中，$SiO_2$、$Al_2O_3$、MnO 主要来自矿石中的脉石，CaO 和 MgO 主要来自助熔剂。由于矿石的品位及冶炼生铁的种类不同，高炉渣的化学成分波动较大。我国大部分钢铁厂的化学成分如表 4.18 所示，在冶炼炉料固定和冶炼正常时，高炉渣的化学成分变化不大，对综合利用有利。

表 4.18　高炉渣的化学成分（质量%）

| 名称 | CaO | SiO₂ | Al₂O₃ | MgO | MnO |
|------|------|------|-------|------|------|
| 普通渣 | 38~49 | 26~42 | 6~17 | 1~13 | 0.1~1 |
| 高钛渣 | 23~46 | 20~35 | 9~15 | 2~10 | <1 |
| 锰铁渣 | 28~47 | 21~37 | 11~24 | 2~8 | 5~23 |
| 含氟渣 | 35~45 | 22~29 | 6~8 | 3~7.8 | 0.1~0.8 |
| 名称 | Fe₂O₃ | TiO₂ | V₂O₅ | S | F |
| 普通渣 | 0.15~2 | — | — | 0.2~1.5 | — |
| 高钛渣 | — | 20~29 | 0.1~0.6 | <1 | — |
| 锰铁渣 | 0.1~1.7 | — | — | 0.3~3 | — |
| 含氟渣 | 0.15~0.19 | — | — | — | 7~8 |

高炉渣的矿物组成与生产原料和冷却方式有关。由于高炉渣主要由 $SiO_2$、$Al_2O_3$、$CaO$、$MgO$ 组成，故可以视为 $Ca(Mg)O\text{-}Al_2O_3\text{-}SiO_2$ 的复杂固熔体。碱性高炉渣主要矿物是黄长石，它是由钙铝黄长石（$2CaO \cdot Al_2O_3 \cdot SiO_2$）和钙镁黄长石（$2CaO \cdot MgO \cdot SiO_2$）所组成的复杂固熔体，其次含有硅酸二钙（$2CaO \cdot SiO_2$）、并含有少量假硅灰石（$CaO \cdot SiO_2$），钙长石（$CaO \cdot Al_2O_3 \cdot 2SiO_2$）、钙镁橄榄石（$CaO \cdot MgO \cdot SiO_2$）、镁蔷薇辉石（$3CaO \cdot MgO \cdot 2SiO_2$）以及镁方柱石（$2CaO \cdot MgO \cdot 2SiO_2$）等。

酸性高炉渣在冷却时，全部凝结成玻璃体。在弱酸性高炉渣中，其结晶矿物相有黄长石、假硅灰石、辉石和斜长石等。高铁高炉渣主要矿物成分是钙铁矿、铁辉石、巴依石和尖晶石等。锰铁高炉渣中主要矿物是锰橄榄石（$2MnO \cdot SiO_2$）。

（2）高炉渣的物理化学性质

1）碱度。高炉渣的碱度是指矿渣主要成分中的碱性氧化物（$CaO$、$MgO$）和酸性氧化物（$SiO_2$、$Al_2O_3$）的含量比，通常用 $M_o$ 表示，即

$$M_o = \frac{CaO\% + MgO\%}{SiO_2\% + Al_2O_5\%}$$

高炉渣分类常以碱度为标准。根据碱度的大小将高炉渣分为碱性渣（$M_o > 1$）、酸性渣（$M_o < 1$）和中性渣（$M_o = 1$）。我国高炉渣大部分接近中性渣（$M_o = 0.99 \sim 1.08$）。

2）物理化学特征。高炉渣的物理化学性能依赖于高温熔渣的处理方法，根据把液态熔渣处理成固态渣的方法不同，其成品渣的特性也各异。常用的熔渣处理方法有水淬法（也叫急冷法）、半急冷法和热泼法（又叫慢冷法）三种，其对应的成品渣分品为水淬渣、膨胀渣和重矿渣。

水淬渣是高炉熔渣在大量冷却水的作用下急冷形成的海绵状浮石类物质。在急冷过程中，熔渣的绝大部分化合物来不及形成稳定化合物，而以玻璃体状态将热能转化成化学能封存其内，从而构成了潜在的化学活性。水淬渣的化学活性与其化学成分、矿物结构密切相关。水淬渣潜在的活性在激发剂的作用下，与水化合可生成具有水硬性的胶凝材料，是生产水泥的优质原料，因而广泛地用于生产水泥和混凝土。

　　膨珠也叫膨胀矿渣珠，它是在适量水冲击和成珠设备的配合作用下，被甩到空气中使水蒸发成蒸汽并在内部形成空间，再经空气冷却形成珠状矿渣。膨珠大多呈球形，粒径与生产工艺和生产设备密切相关。膨珠表面有袖化玻璃质光泽，珠内有微孔，孔径大的 350～400μm，小的 80～100μm。膨珠呈现由灰白到黑的颜色，颜色越浅，玻璃体含量越高。膨珠除孔洞外，其他部分是玻璃体，松散容重大于陶粒、浮石等轻骨料的，粒径大小不一，强度随容重增加而增大，自然级配的膨珠强度均在 3.5 MPa 以上，其微孔互不连通，吸水率低。

　　重矿渣是高温熔渣在空气中自然冷却或淋少量水慢速冷却而形成的致密块渣。重矿渣的矿物成分不同于水渣的，其主要成分为黄长石，其次是假硅灰石、硅酸二钙、辉石，并含有少量玻璃体和硫化物。重矿渣的物理性质与天然碎石相近，其块渣容重大多在 1900 kg/m³ 以上，其抗压强度、稳定性、耐磨性、抗冻性、抗冲击能力（韧性）均符合工程要求，可以代替碎石用于各种建筑工程中。重矿渣系缓慢冷却形成的结晶相，绝大多数矿物不具备活性，但是重矿渣中的多晶型硅酸二钙、硫化物和石灰，会出现晶型变化和发生化学反应，当其含量较高时，会导致矿渣结构破坏，这种现象称为重矿渣分解。

　　（3）高炉渣的综合利用

　　高炉熔渣处理方法不同，矿渣综合利用方式也有差异。近十多年来，我国高炉渣的处理利用得到重视，武汉钢铁公司、太原钢铁公司的老渣山已夷为平地，鞍山钢铁公司的老渣山也逐渐在缩小。但包头钢铁公司的含氟渣和攀枝花钢铁公司的钒铁渣较难利用。目前我国高炉渣主要采用水淬工艺处理成粒状矿渣，用于生产水泥，少量被加工成矿渣碎石用于各种建筑工程。我国高炉渣主要处理工艺及利用途径见图 4.6。

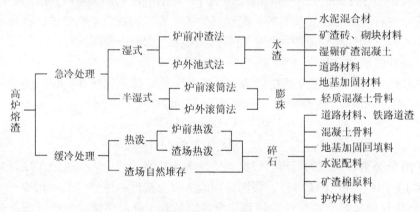

图 4.6　高炉渣处理工艺及利用途径示意图

　　1）水淬渣作建材。我国高炉水淬渣主要用于生产水泥和混凝土。利用粒化高炉渣作水泥混合材料是国内外普遍采用的技术，我国约有 75% 左右的水泥中掺有粒状高炉渣。由于矿渣能吸收水泥熟料水化时所产生的 Ca(OH)$_2$，因而高炉渣已成为水泥生产中改进性能、扩大品种、调节标号、增加产量、保证水泥安定性合格的重要原料与有力措施，水泥生产中，掺入 15% 以下水淬渣的水泥叫普通硅酸盐水泥，掺入 15% 以上水淬渣的水泥叫矿渣硅酸盐水泥。目前我国使用水淬渣较多的方式有以下几种，即矿渣硅酸盐水泥、普遍硅酸盐水泥、石膏矿渣水泥、钢渣矿渣水泥、矿渣混凝土和其他建筑材料。

矿渣硅酸盐水泥为我国水泥产量最多的品种。它是由硅酸盐水泥熟料和粒化高炉渣加适量石膏（3%～5%）混合磨细制成的水硬性胶凝材料。其水渣掺量视所生产的水泥标号而定，一般为 20%～70%。由于该种水泥吃渣量大，因而被广泛采用。目前，我国大多数水泥厂采用 50%的水渣生产 400 号以上的矿渣硅酸盐水泥。水淬渣用于生产矿渣硅酸盐水泥时，必须符合一定的技术要求，并对水淬渣中 $Al_2O_3$ 含量予以重视. 因为 $Al_2O_3$ 含量越高、水淬的活性越好。矿渣硅酸盐水泥具有良好的安定性和较低的水化热，其在硫酸盐介质中的稳定性优于硅酸盐水泥，故宜在大体积构筑物和抗硫酸盐侵蚀的工程中应用。

普通硅酸盐水泥是由硅酸盐水泥熟料、少量高炉水渣和适量石膏磨制而成。高炉水渣的掺量质量百分比不超过 15%。符合 GB203—78 规定的水淬渣可作为混合原料，这种水泥质量好，用途广。

石膏矿渣水泥是由 80%左右的水淬渣，加 15%左右的石膏和少量硅酸盐水泥熟料或石灰混合磨细制得的水硬性胶凝材料，亦称矿渣硫酸盐水泥。它具有较好的抗硫酸盐侵蚀性质，但早期强度低，易风化起砂。

钢渣矿渣水泥是由 45%左右的钢渣，加入 40%左右的高炉水渣及适量石膏磨细而成的。为改善性能，可适当加入硅酸盐水泥熟料。该水泥以钢铁渣为主要原料，投资少，成本低，但早期强度偏低。

矿渣混凝土是以水渣为原料，配入激发剂（水泥熟料、石灰、石膏），放入轮碾机中加水碾磨与骨料拌和而成。矿渣混凝土的各种物理性能与普通混凝土相似。由于其具有良好的抗渗性和耐热性。可以用于水工工程做防水混凝土，也可用 600℃以下的热工工程中。我国于 1959 年推广采用矿渣混凝土，经过长期使用考验，大部分质量良好。

其他方式。作为水泥原料、生产渣砖和软地基材料。用矿渣代替黏土作为水泥原料，在配料时，掺入适量石灰石和铁粉，即可得到符合水泥的化学成分。用 85%～90%的水淬渣，添加 10%～15%的磨细生石灰，可以生产矿渣砖。利用水淬渣加少量石灰加固处理软地基非常有效，我国使用较为普遍。

2）膨珠作轻骨料。近年来发展起来的膨珠生产工艺制取的膨珠质轻、面光、自然级配好，吸声、隔热性能好，可以制作内墙板、楼板等，也可用于承重结构。用作混凝土骨料可节约 20%左右的水泥，我国采用膨珠配制的轻质混凝土容重为 1400～2000 kg/m$^3$，较普遍混凝土轻 1/4 左右，抗压强度为 9.8～29.4 MPa，导热系数为 0.407～0.528 W/(m·K)，具有良好的物理力学性质。膨珠作轻质混凝土在国外也广泛使用，美国钢铁公司在匹茨堡建造了一座 64 层办公大楼，用的都是这种轻质混凝土。

3）重矿渣作骨料和道砟。矿渣碎石的物理性能与天然岩石相近，其稳定性、坚固性、撞击强度以及耐磨性、韧度均满足工程要求。安全性好的重矿渣，经破碎、分级，可以代替碎石用作骨料和道砟。

作骨料配制混凝土。重矿渣碎石混凝土的抗压强度与灰水比的关系跟普通混凝土相近，并具有与普通碎石混凝土相当的物理力学性能和良好的保温隔热、耐热抗渗性能。目前，重矿渣碎石混凝土已广泛地用到 500 号及 500 号以下的混凝土、钢筋混凝土、预应力混凝土中，并在防水、抗渗、抗振、耐热等特殊工程中广泛采用。关于矿渣碎石混凝土的配合比设计，可以按《普通混凝土配合比设计技术规程》（JGJ 58—81）进行。

重矿渣碎石作道砟。用于公路、铁路和机场道路建设。矿渣碎石具有缓慢的水硬性、含有许多小气孔，对光线的慢反射性能好，摩擦系数又大。利用重矿渣铺路，无论是路面强度、材料耐久性及耐磨性均有良好的效果。矿渣碎石比普通碎石具有更高的耐热性能，更适用于机场跑道。重矿渣具有良好的坚固性、抗冲击性及抗冻性。用它作铁路道砟，除了具有一般天然碎石的作用外，还能适当吸收行车时产生的振动和噪声，承受重复荷载的能力强。目前，我国各大钢铁公司几乎都使用高炉渣作铁路道砟，并在国家一级铁路干线哈尔滨至大连线路上采用，使用情况良好。

4）其他应用。生产矿渣棉。矿渣棉是以高炉渣为主要原料，加入白云石、玄武岩等成分及燃料一起加热熔化后，采用高速离心法或喷吹法制成，是一种棉丝状矿物纤维。由于矿渣棉具有质轻、保温、隔声、隔热、防震等性能，可以加工成各种板、毡、管壳等制品，许多国家都用高炉渣生产矿渣棉。

利用高钛矿渣作护炉材料。高钛矿渣的主要矿物成分是钙钛矿、安诺石、钛辉矿及 TiC、TiN 等，有些矿物的熔点极高，如 TiC 为 3140℃，TiN 为 2950℃。利用高钛矿渣钛的低价氧化物高温难熔性和低温时增加析出等特点，在高温冶炼过程中溶解，并在低温时自动析出沉积于侵蚀严重部位，缓减渣铁对炉缸、炉底的侵蚀作用，从而达到护炉的作用。我国首钢、鞍钢、包钢等均采用高钛矿渣作护炉材料。

除上述主要用途外，高炉渣还可以用来生产微晶玻璃、陶瓷、铸石等，并能加工成硅钙肥，作为肥料用于农业。

## 2. 钢渣

### （1）钢渣的来源和性质

钢渣在冶金工业渣中的产生量仅次于高炉渣。钢渣成分复杂多变，使得钢渣的综合利用困难。1970 年以前，各钢厂均采用弃渣法处理钢渣，不仅占用大量土地，而且也污染环境。据 1988 年统计，全国各钢厂堆存钢渣达 1 亿多吨，占地 1 万多亩，成为严重的公害，近 20 年来，我国对钢渣的处理利用进行了大量研究与开发，到 1990 年钢渣利用率已达 61%左右，利用 1 t 钢渣的经济效益高达 40 元左右，取得了良好的经济、社会和环境效益。

1）钢渣的来源和分类。钢渣主要来源于铁水与废钢中所含元素氧化后形成的氧化物，金属炉料带入的杂质、加入的造渣剂如石灰石、萤石、硅石等，以及氧化剂、脱硫产物和被侵蚀的炉衬材料等。

当前，我国采用的炼钢方法主要有转炉、平炉和电炉炼钢。按炼钢方法，钢渣可分为转炉钢渣、平炉钢渣和电炉钢渣；按不同生产阶段，平炉钢渣又分为初期渣和末期渣，电炉钢渣分为氧化渣和还原渣；按钢渣性质，又可分为碱性渣和酸性渣等。

2）钢渣的组成与产生量。

① 转炉钢渣。转炉吹氧炼钢，是现代炼钢的主要方法。目前我国转炉炼钢比例已达 60%以上，转炉钢渣约占钢渣总量的 70%。以目前的技术水平，每生产 1 t 转炉钢约产生 130～240 kg 的钢渣。转炉吹氧炼钢生产周期短，大都一次出渣。表 4.19 为转炉钢渣的主要化学成分。

表 4.19　宝钢等转炉钢渣化学成分（%）

| 单位 | CaO | MgO | SiO$_2$ | Al$_2$O$_3$ | FeO | Fe$_2$O$_3$ | MnO | P$_2$O$_5$ | fCaO |
|------|------|------|------|------|------|------|------|------|------|
| 宝钢 | 40~49 | 4~7 | 13~17 | 1~3 | 11~22 | 4~10 | 5~6 | 1~1.4 | 2~9.6 |
| 马钢 | 15~50 | 4~5 | 10~11 | 1~4 | 10~18 | 7~10 | 0.5~2.5 | 3~5 | 11~15 |
| 上钢 | 45~51 | 5~l2 | 8~10 | 0.6~1 | 5~20 | 5~10 | 1.5~2.5 | 2~3 | 4~10 |
| 邯钢 | 42~54 | 3~8 | 12~20 | 2~6 | 4~18 | 2.5~13 | 1~2 | 0.2~1.3 | 2~10 |

转炉钢渣的矿物组成取决于它的化学成分。当钢渣碱度（CaO/SiO$_2$＋P$_2$O$_5$）为 0.78~1.8 时，主要矿物为 CMS（镁橄榄石）、C$_3$MS$_2$（镁蔷薇辉石）；碱度为 1.8~2.5 时，主要为 C$_2$S（硅酸二钙）及 RO 相（二价金属氧化物固熔体），碱度为 2.5 以上时，主要为 C$_3$S（硅酸三钙）、C$_2$S 及 RO 相。

② 平炉钢渣。平炉在国外已基本被淘汰，我国已不再建平炉，并也将逐步淘汰现有平炉。平炉炼钢周期比转炉长，分氧化期、精炼期和出钢期，并且每期都出渣。目前每生产 1 t 平炉钢约产钢渣 170~210 kg，其中初期渣占 60%、精炼渣占 10%、出钢渣占 30%。平炉钢渣矿物组成与转炉钢渣组成基本相似。CaO 含量低、碱度小的初期渣以橄榄石、蔷薇辉石为主；CaO 含量高，碱度大的末期渣以 C$_3$S、C$_2$S 及 RO 相为主。

③ 电炉钢渣。电炉炼钢是以废钢为原料，主要生产特殊钢。电炉生产周期也长，分氧化期和还原期，并分期出渣。表 4.20 为电炉渣的化学成分，其主要特征是氧化渣中 CaO 含量低，FeO 含量高，而还原渣则相反。电炉渣矿物组成规律与平炉渣相似。目前，每生产 1 t 电炉钢约产钢渣 150~210 kg，其中氧化渣占 55%。

表 4.20　电炉钢渣化学成分（%）

| 单位 | 渣种 | CaO | MgO | SiO$_2$ | FeO | Al$_2$O$_3$ | MnO | P |
|------|------|------|------|------|------|------|------|------|
| 成都钢厂 | 氧化渣 | 29~33 | 12~14 | 15~7 | 19~22 | 3~4 | 4~5 | 0.2~0.4 |
| 上海钢厂 | 还原渣 | 44~55 | 8~13 | 11~20 | 05~1.5 | 10~18 | — | — |

上述资料表明，钢渣的主要化学成分为 CaO、SiO$_2$、Al$_2$O$_3$、FeO、Fe$_2$O$_3$、MgO、MnO、P$_2$O$_5$、CaO，有的还含有 V$_2$O$_5$ 和 TiO$_2$。钢渣的特点是铁的氧化物，以 FeO 为主，总量在 25% 以下，而水泥熟料和高炉渣不同，其铁的氧化物是以 Fe$_2$O$_3$ 形式存在，一般含量在 5% 以下。此外，钢渣含有的 P$_2$O$_5$ 会降低钢渣活性。

3）钢渣的性质。钢渣是一种多矿物组成的固熔体，其性质随化学成分的变化而改变。主要的评价指标为碱度、活性和稳定性。

碱度：钢渣的碱度 R 是指其中的 CaO 与 SiO$_2$、P$_2$O$_5$ 的含量比。根据碱度的高低，可将钢渣分为低碱度渣（R=1.3~1.8），中碱度渣（R=1.8~2.5）和高碱度渣（R>2.5）。

活性：C$_3$S、C$_2$S 等为活性矿物，具有水硬胶凝性。当钢渣碱度大于 1.8 时便含有 60%~80% 的 C$_2$S 和 C$_3$S，并且随碱度提高 C$_3$S 也增多，当碱度达到 2.5 时，钢渣的主要矿物为 C$_3$S。因此，高碱度钢渣可作水泥生产原料和制造建材制品。

稳定性：钢渣含游离氧化钙（$f$CaO）、MgO、$C_3S$、$C_2S$ 等，这些组分在一定条件下都具有不稳定性。碱度高的熔渣在缓冷时，$C_3S$ 会在 1250℃到 1100℃时缓慢分解成 $C_2S$ 和 $f$CaO；$C_2S$ 在 675℃时 β-$C_2S$ 要相变为 γ-$C_2S$，并且发生体积膨胀，其膨胀率达 10%。此外，钢渣吸水后，$f$CaO 消解为 Ca(OH)$_2$，体积将膨胀 1～3 倍，MgO 会消解成 Mg(OH)$_2$，体积也要膨胀 77%。因此，含 $f$CaO、MgO 的常温钢渣是不稳定的，只有 $f$CaO、MgO 基本消解完后才会稳定。在利用钢渣时必须注意：用作生产水泥的钢渣 $C_3S$ 含量要高，其处理最好不采用缓冷技术；含 $f$CaO 高的钢渣不宜作水泥、建材及工程回填材料。

耐磨性：钢渣的耐磨程度与其矿物组成和结构有关。若把标准砂的耐磨指数作为 1，则高炉渣为 1.04，钢渣为 1.43。钢渣比高炉渣还耐磨、难磨。因而，钢渣宜作路面材料，而不适宜用于水泥生产。

密度和抗压性能：钢渣含铁量较高，密度比高炉渣的高，一般在 3.1～3.6 g/cm³。钢渣的容重除了受其成分影响外，还与粒度有关。通过 80 目标准筛的渣粉，平炉渣为 2.17～2.20 g/cm³，电炉渣为 1.62 g/cm³ 左右，转炉渣为 1.74 g/cm³ 左右。钢渣抗压性能好，压碎值为 20.4%～30.8%。

（2）钢渣的利用

我国在 20 世纪 50 年代就开始研究钢渣的利用。目前已成功地把钢渣用作钢铁冶炼的熔剂、水泥掺和料或生产钢渣矿渣水泥、作筑路与回填工程材料、作农业肥料和回收废钢等，据 1986 年调查，我国钢渣综合利用情况为：造地占 60%，筑路占 23%，生产水泥占 6.4%，作烧结熔剂占 5.8%，其他占 4.8%。

1）作钢铁冶炼熔剂。

① 烧结熔剂。转炉钢渣一般含 40%～50%的 CaO，1 t 钢渣相当 0.7～0.75t 石灰石。把钢渣加工到小于 10mm 钢渣粉，便可代替部分石灰石作烧结配料用。配加量视矿石品位及含磷量而定，一般品位高、含磷低的精矿，可配加 4%～8%。

由于钢渣软化温度低，且物相均匀，可使烧结矿液相生成得早，并能迅速向四周扩散，与周围物质反应，使黏结相分布均匀，利于烧结造球和提高烧结速度。对于含磷低的矿石，由于增加了钢渣中的磷，磷离子半径小，能够固熔在硅酸二钙晶体中，进而抑制硅酸二钙由 β 转为 γ 型，防止烧结矿粉化，有助于提高烧结成品率。钢渣作烧结熔剂，不仅回收了钢渣中的 Ca、Mg、Mn、Fe 等元素，而且提高烧结机利用系数和烧结矿的质量，降低燃料消耗。

② 高炉炼铁熔剂。钢渣中含有 10%～30%的 Fe，40%～60%的 CaO，2%左右的 Mn 若把其用作炼铁熔剂，不仅可以回收钢渣中的 Fe，而且可以把 CaO、MgO 等作为助熔剂，从而节省大量石灰石、白云石资源。钢渣中的 Ca、Mg 等均以氧化物形式存在，不需要经过碳酸盐的分解过程，因而还可以节省大量热能。钢渣作高炉炼铁熔剂，需把钢渣加工成 10～40 mm 粒渣，配加量视具体情况而定。

2）钢渣作水泥。

① 钢渣矿渣水泥。高碱度钢渣含有大量 $C_3S$、$C_2S$ 等活性物质，有很好的水硬性。把它与一定量的高炉水渣、锻烧石膏、水泥熟料及少量激发剂配合球磨，即可生产钢渣矿渣水泥。根据《钢渣矿渣水泥》（GB 164—82）国家标准，钢渣的最小掺量不得少于

35%，水泥熟料配量不得超过 20%。此外，钢渣碱度（$CaO/SiO_2+P_2O_5$）不应低于 1.8，金属铁含量不超过 1%，$f(CaO)$含量不超过 5%，并不得混入废耐火材料。钢渣水泥具水化热低、后期强度高、抗腐蚀、耐磨等特点，是理想的大坝水泥和道路水泥，已引起有关行业的重视。

我国目前生产的钢渣水泥有两种。一种是以石膏作激发剂，其重量配比为：钢渣 40%～45%、高炉水渣 40%～45%、石膏 8%～12%，标号达 275～325 号。此种水泥也叫无熟料钢渣水泥。这种水泥早期强度低，仅用于砌筑砂浆、墙体材料和农田水利工程等。另一种是以水泥熟料作激发剂，其配合比为：钢渣 35%～45%、高炉水渣 35%～45%、水泥熟料 10%～15%、石膏 3%～5%，标号在 325 号以上。

② 钢渣白水泥。电炉还原渣除含大量的 $C_3S$、$C_2S$ 外，并具有很高的白度，与锻烧石膏和少量外加剂混合、研磨，即可生产 325 号白水泥。莱芜钢铁厂利用电炉还原渣、石膏及少量外加剂生产白水泥，其配比为还原渣 80%、石膏 20%，外加剂掺量一般控制在 0.2%～0.5%，利润 35 元/t。利用电炉还原渣作白水泥，具有投资少，能耗低、效益高、见效快等特点，是钢渣利用的有效途径之一。

3）作筑路和回填工程材料。钢渣碎石具有容重大、强度高、表面粗糙、稳定性好、耐磨与耐久性好、与沥青结合牢固，因而广泛用于铁路、公路、工程回填。由于钢渣具有活性，能板结成大块，特别适于沼泽、海滩筑路造地。钢渣作公路碎石，用材量大并具有良好的渗水与排水性能，其用于沥青混凝土路面时耐磨防滑。钢渣作铁路道砟，除了前述优点外，还具有导电性小、不会干扰铁路系统的电讯工作。

钢渣替代碎石存在体积膨胀这一技术问题，国外一般是洒水堆放半年后才能使用，以防钢渣体积膨胀，碎裂粉化。我国用钢渣作工程材料的基本要求是：钢渣必须陈化，粉化率不能高于 5%，要有合适级配，最大块直径不能超过 300 mm，最好与适量粉煤灰、炉渣或黏土混合使用，严禁将钢渣碎石作混凝土骨料使用。

4）作农肥和酸性土壤改良剂。钢渣含 Ca、Mg、Si、P 等元素，并且 Si、P 氧化物的水溶性高，可根据不同元素的含量作不同的应用。

① 钢渣磷肥。磷的枸溶性是通过枸溶率即有效 $P_2O_5$ 与全 $P_2O_5$ 的百分比来表示的。钢渣磷肥的枸溶率与其化学成分密切相关。当钢渣中含 F≥1%时，枸溶率仅 10%～20%，为获得较高枸溶率，要求钢渣中 F 含量应在 0.5%以下。$CaO$、$SiO_2$ 的含量也有较大影响，当 $CaO/P_2O_5$ 重量比大于 1.87 时，枸溶率在 90%以上；当 $SiO_2/P_2O_5$≥0.315 时，枸溶性一般可达 85%以上。为保证较高枸溶性，钢渣中要有足够的 $CaO$ 和适量的 $SiO_2$，通常要求初期渣的碱度保持在 1.4 以上。

当钢渣的 $P_2O_5$ 超过 4%时，可以磨细作为低磷肥使用，相当于等量磷的效果。我国只有马鞍山钢铁厂制定了钢渣磷肥暂行标准。生产实践表明，钢渣磷肥可以用于酸性土壤与缺磷碱性土壤，也适于水田与旱地耕作，具有很好的增产效果。

② 钢渣硅肥。硅是水稻生长需求量大的元素，含 $SiO_2$>15%的钢渣磨细至 60 目以下，即可作硅肥，用于水稻生产，一般每亩施用 100 kg，增产 10%左右。

③ 酸性土壤改良剂。$CaO$、$MgO$ 含量高的钢渣磨细后，可作为酸性土改良剂，并且利用了钢渣中的 P 和各种微量元素，其用于农业生产，可增强农作物的抗病虫害的

能力。

5）回收废钢。钢渣一般含 7%～10%废钢，加工磁选后，可回收其中 90%的废钢。鞍山钢铁公司从德国引进了 240 万 t 钢渣磁选加工线，1989 年初投入运行，年处理各种钢渣 240 万 t，单位成本 5.33 元/t，利润 8082 万元/年，社会效益、经济效益和环境效益显著。

# 主要参考文献

曹敬德，谢容月，梁富智．1985．矿渣碎石混凝土，冶金渣综合利用专辑．北京：冶金部建筑研究总院．

常前发．2003．矿山固体废物的处理与处置．矿产保护与利用，5：38-42．

陈吉春，梁海霞．2004．硫铁矿烧渣制取铁红．化工环保，24（3）：210-213．

郭廷杰，田义．1997．贯彻"固体废物污染环境防治法"加速煤矸石综合利用．煤炭加工与综合利用，3：1-5．

郭廷杰．1997．贯彻"固体废物污染环境防治法"促进有色金属的再生利用．有色冶金节能，4：28-32．

国家环保局．1992．有色金属工业固体废物治理．北京：中国环境科学出版社．

江丹，亓海录，董和梅，等．2004．莱钢资源综合利用实践．山东冶金，26（2）：20-22．

李国鼎．1980．固体废物处理与资源化．北京：清华大学出版社．

李虎杰，易发成，田煦．1998．黏土矿物的物化性能及其在环境保护中的作用．中国矿业，4：80-83．

刘超．2005．兖矿集团环境监测站危险废弃物的处理方法．矿业安全与环保，31（5）：66-68．

刘京，李国刚，齐文启．1996．固体废物浸出试验条件的研究．上海环境科学，7：36-38，31．

孟宪彬．1992．有色金属工业固体废物治理．北京：中国环境科学出版社．

芈振明，高忠爱，祁梦兰，等．1993．固体废物的处理与处置．北京：高等教育出版社．

陶遵华，关晓东，汪靖，等．2001．有色金属工业资源综合利用态势分析．矿冶，10（2）：82-84．

陶遵华．2001．有色金属工业固体废物和危险废物管理现状，对策和实例．有色金属工业，2：4-6．

王海城，贾延来．2000．在废弃尾砂库沙滩上直接植树防止二次扬尘的实践．煤矿环境保护，14（6）：56，57．

王琳，孙本良，李成威．2007．钢渣处理与综合利用．冶金能源，26（4）：54-58．

王亚平，鲍征宇，王苏明．1998．矿山固体废物的环境地球化学研究进展．矿产综合利用，3：30-34．

魏孔明．2002．靖远矿区生态恢复与环境治理．能源环境保护，16（5）：39-40．

魏宗华．1992．钢铁工业固体废物治理．北京：中国环境科学出版社．

熊报国．1994．铜矿山开采对环境的影响．环境与开发，3：324-329．

徐子芳，宋文国，徐国财．2004．利用铝渣生产复合水泥的成功实践．中国水泥，12：81，82．

殷如新，赵晓红，何欣，等．2004．湘潭市矿山生态环境现状与保护对策．中国地质灾害与防治学报，15（1）：86-89．

俞珂．1991．世界瞩目的固体废物问题．化工进展，6：14-17．

袁先乐，徐克创．2004．我国金属矿山固体废弃物处理与处置技术进展．金属矿山，6：46-49．

张谦，李树庆，张少华，等．1999．辽宁省某海绵钛厂环境放射卫生评价和含放射性钛废渣的处理对策．中国公共卫生，15（6）：553，554．

张兴，郑宏伟，李飞．1998．利用硝化细菌对煤矿固体废物生态毒性的检测．环境科学学报，18（1）：92-95．

赵萌，宁平．2003．含砷污泥的固化处理，昆明理工大学学报，28（5）：100-104．

赵鸣，李刚．2003．用固体废物生产高附加值产品的探讨．环境科学与技术，26（z1）：64，65．

朱申红，陈稷玲．1998．选矿技术在固体废弃物处理中的应用．环境保护，8：13-16．

朱申红．1999．矿业固体废物——尾矿的资源化．环境导报，1：44，45．

P.A. 维西林德，等．1985．资源回收工程原理．北京：机械工业出版社．

# 第五章  电力工业固体废物处理工程

目前,我国的发电技术包括利用煤和石油的火力发电,利用水力的水力发电,利用天然气、煤矿瓦斯、沼气等的燃气发电和利用核燃料的核电,还有利用风力、太阳能、地热、潮汐能等其他小规模发电技术。电力工业的发展带来了大量固体废物,由于我国煤炭资源丰富,故火力发电在中国电源结构中始终占主要地位。近年来,我国核电、水电和风电发电比例有所提高,但火电装机容量仍占总装机容量的73%左右,火力发电量占总发电量的比例超过80%。粉煤灰是火力电厂燃煤发电排出的废渣,是电力工业的主要固体废物。据统计,"十五"末粉煤灰年产生量达 3.02 亿 t,"十一五"末粉煤灰年产生量达 4.8 亿 t,"十二五"末粉煤灰年产生量将达到 5.7 亿 t,综合利用面临的形势十分严峻。粉煤灰不仅占用大量耕地,消耗大量冲灰用水,而且粉煤灰的二次扬尘对生态环境造成了严重的危害。近年来随着国际性能源供需矛盾加剧和对环境保护越来越高的要求,长期被作为固体废弃物的粉煤灰成为人们综合利用的研究对象,并取得了一定的成就。国家发改委决定于 2013 年 3 月 1 日起实施新的《粉煤灰综合利用管理办法》,鼓励对粉煤灰进行综合利用。

## 5.1  粉煤灰的来源、组成和性质

### 5.1.1  粉煤灰的来源

粉煤灰是煤粉经高温燃烧后形成的一种高分散度的集合体,它的组成类似火山灰质混合材料。它是燃煤电厂将煤磨细成 100μm 以下的煤粉,用预热空气喷入炉膛悬浮燃烧,产生高温烟气,经收尘装置捕集就得到粉煤灰(或叫飞灰)。少数煤粉在燃烧时因互相碰撞而黏结成块,沉积于炉底成为底灰。飞灰占灰渣总量的80%~90%,底灰约占其总量的 10%~20%。

粉煤灰是煤燃烧后的排出的非挥发性残渣,是在煤粉被高速气流喷入炉膛燃烧过程中形成的,是煤中的黏土质矿物转变为硅酸盐玻璃体的过程。这个连续变化的过程可大致分为三部分:一是在煤粉燃烧过程中挥发分首先逸出,煤粉变成多孔炭粒;二是随着燃烧继续有机矿物质变为无机氧化物,多孔碳粒变为多孔玻璃体;最后多孔玻璃体在高温下熔融收缩成颗粒状,最终成为密实球体。密实球体密度变大,孔隙率变低、而圆度和粒径都变小。

粉煤灰由大小不等、形状不规则的粒状体组成,其粒径为 0.5~300μm。我国粉煤灰的平均容重为 783 kg/m³,平均密度为 2140 kg/m³。在粉煤灰的形成过程中,由于表面张力作用,粉煤灰颗粒大部分为空心微珠,微珠表面凹凸不平,极不均匀,微孔较小;一部分因在熔融状态下互相碰撞而连接成为表面粗糙、棱角较多的蜂窝状颗粒。因此,

粉煤灰具有非常大的比表面积，一般可达 $1600\sim3500\ cm^2/g$，需水量比约为 106%。

### 5.1.2 粉煤灰的组成

1. 化学组成

粉煤灰的化学组成与煤的矿物成分、煤粉细度和燃烧方式有关，其主要化学成分是 $SiO_2$、$Al_2O_3$、$Fe_2O_3$、$CaO$ 和未燃尽的碳粒，另外还含有少量的 $MgO$、$Na_2O$、$K_2O$ 和 $As$、$Cu$、$Zn$ 等微量元素。表 5.1 为我国一般低钙粉煤灰的化学成分，其与黏土成分类似。

表 5.1 我国一般低钙粉煤灰的化学成分

| 成分 | $SiO_2$ | $Al_2O_3$ | $Fe_2O_3$ | $CaO$ | $MgO$ | $SO_3$ | $Na_2O$ 及 $K_2O$ | 烧失量 |
|---|---|---|---|---|---|---|---|---|
| 含量/% | $40\sim60$ | $17\sim35$ | $2\sim15$ | $1\sim10$ | $0.5\sim2$ | $0.1\sim2$ | $0.5\sim4$ | $1\sim26$ |

粉煤灰的化学成分是评价粉煤灰质量优劣的重要技术参数。粉煤灰实际应用中应充分重视其化学成分由于煤的品种和燃烧条件的不同，各地粉煤灰的化学成分含量往往差别较大，根据粉煤的化学成分和成分含量可以评价粉煤灰的质量高低。其质量高低直接影响到将粉煤灰回收利用时原料的优劣。我国燃煤电厂大多燃用烟煤，粉煤灰中 $CaO$ 含量偏低，属低钙灰，但 $Al_2O_3$ 含量一般较高，烧失量也较高。此外，我国有少数电厂为脱硫而喷烧石灰石、白云石，其粉煤灰的 $CaO$ 含量都在 30%以上。

1）根据粉煤灰中 $CaO$ 含量的高低，将其分为高钙灰和低钙灰。$CaO$ 含量在 20%以上的叫高钙灰，其质量优于低钙灰。

2）粉煤灰中 $SiO_2$、$Al_2O_3$、$Fe_2O_3$ 的含量直接关系到它作建材原料的好坏。美国粉煤灰标准规定，F 级低钙粉煤灰用于水泥和混凝土，$SiO_2+Al_2O_3+Fe_2O_3$ 含量须占总量的 70%以上；高钙粉煤灰（C 级）三者含量须占 50%以上。此外，$MgO$ 和 $SiO_2$ 对水泥和混凝土来说是有害成分，对其含量要有一定限制，我国要求 $MgO$ 和 $SiO_3$ 含量要不大于 6.0%和 3.5%。

3）粉煤灰的烧失量可以反映锅炉燃烧状况，烧失量越高，粉煤灰质量越差。

2. 矿物组成

从矿物组分的角度，粉煤灰可分成两部分，一是无定形相，以玻璃体为主；二是结晶相，以各种矿物为主。粉煤灰冷却速度越快，以无定形相含量越大，反之结晶含量越大。

无定形相是粉煤灰的主要矿物成分，占粉煤灰总量的 50%～80%，大多是 $SiO_2$ 和 $Al_2O_3$ 形成的固熔体，且大多数形成空心微珠。此外，含有的未燃尽碳粒也属于无定形相。无定形相含有较高的化学能，具有良好的化学活性。

结晶相中含有的各类矿物主要包括莫来石、石英砂粒、磁铁矿、赤铁矿，还含有云母、长石、钙长石、方镁石、硫酸盐矿物、石膏、游离石灰、金红石、方解石等。这些结晶相大多是在燃烧区形成，往往不能单独存在，大多被包裹在玻璃相内，也有的附在碳粒和煤矸石上（称集合体），或分布在空心微珠的壳壁上。因此，粉煤灰中单独存在的结晶体极为少见，从粉煤灰中单独提纯结晶矿物相十分困难。

我国粉煤灰的矿物组成及范围如表 5.2 所示。

表 5.2　粉煤灰的矿物组成及范围

| 矿物名称 | 平均值/% | 含量范围/% |
| --- | --- | --- |
| 低温型石英 | 6.4 | 1.1～15.9 |
| 莫来石 | 20.4 | 11.3～29.2 |
| 高铁玻璃珠 | 5.2 | 0～21.1 |
| 低铁玻璃珠 | 59.8 | 42.2～70.1 |
| 含碳量 | 8.2 | 1.0～23.5 |
| 玻璃态 $SiO_2$ | 38.5 | 26.3～45.7 |
| 玻璃态 $Al_2O_3$ | 12.4 | 4.8～21.5 |

粉煤灰的矿物组分对其性质和应用具有很大影响。低钙粉煤灰的活性主要取决于玻璃相矿物，低钙灰的玻璃体含量越高，其化学活性越好；高钙粉煤灰中富钙玻璃体含量多，且又有较多的 CaO 等矿物结晶组分。高钙灰的化学活性高于低钙灰，其既与玻璃相有关，又与结晶相有关。

3. 颗粒组成

粉煤灰是一种复杂的细分散相固体物质。在其形成过程中，由于表面张力的作用，大部分呈球状，表面光滑，微孔较小，小部分因在熔融状态下互相碰撞而粘连，成为表面粗糙、棱角较多的集合颗粒。因而，粉煤灰颗粒大小不一，形貌各异。根据颗粒形貌和形状的差异，可将粉煤灰分为玻璃微珠、海绵状玻璃体和碳粒三种。

1）玻璃微珠。包括薄壁空心的漂珠、厚壁空心的空心沉珠、粘集大量细小玻璃微珠的复珠（子母珠）、铝硅酸盐玻璃体的密实沉珠和含氧化铁较高的富铁微珠。

"漂珠"是一类富含 $SiO_2$、$Al_2O_3$ 的玻璃微珠，是我国粉煤灰中数量最多的颗粒，可多达 70% 以上。漂珠具有较大的比表面积，粒径从数十微米到数百微米，其中有一种密度很小（<1）、具有封闭性孔穴的颗粒、能浮于水面上。其含量可达粉煤灰总体积的15%～20%，但重量仅为总重量的 4%～5%，是一种多功能材料。

富铁微珠富集了 FeO 和 $Fe_2O_3$，呈赤铁矿和磁铁矿的铝硅酸盐包裹体，具有磁性，又被称为"磁珠"。

2）海绵状玻璃体。多是结构疏松的海绵状多孔玻璃碴粒。通常是由于燃烧温度不高，或在火焰中停留时间过短，或因灰分熔点较高，以致灰渣没有达到完全熔融的程度而形成的。

3）炭粒。一般是形状不规则的多孔体，也有一些没燃尽的炭粒，结构疏松，具有吸附性。炭粒属惰性组分，呈球粒状或碎屑，密度与容重均小，粒径和比表面积均大，有一定的吸附性，可直接作吸附剂，也可用于煤质颗粒活性炭。当粉煤灰用作建材时，其对粉煤灰的性能有不良影响。粉煤灰制品的强度和性能均随含碳量的增加而下降。

### 5.1.3　粉煤灰的物理化学特性

**1. 物理性质**

（1）外观和颜色

粉煤灰的外观似水泥，颜色多变。粉煤灰的颜色是评定其质量优劣的一项重要指标，因为粉煤灰中含有碳粒，是未充分燃烧的煤粉，使粉煤灰呈现由乳白到灰黑不等的颜色，而碳粒存在于粉煤灰的粗颗粒中，所以粉煤灰颜色越深，含碳量越高，粒度越大，质量越差。碳粒存在于粉煤灰的粗颗粒中，粉煤灰的颜色可在一定程度上反映其质量优劣。

（2）密度和容重

粉煤灰的密度与化学成分密切相关。普通粉煤灰密度为 $1800\sim2300\,kg/m^3$，低钙灰密度一般为 $1800\sim2800\,kg/m^3$，高钙灰密度可达 $2500\sim2800\,kg/m^3$。如果灰的密度改变了，其化学成分也就发生了变化；粉煤灰的容重在 $600\sim1000\,kg/m^3$ 范围内，其压实容重为 $1300\sim1600\,kg/m^3$，湿粉煤灰的压实容重随含水率增加而增加。

（3）细度与比表面积

粉煤灰的细度通常用比表面积和筛余量来衡量，细度越高，比表面积越大，筛余量越小。我国 GB1596—91 粉煤灰标准中，采用 $45\mu m$ 筛余量（%）为细度指标，规定 I 级灰不大于 12%，II 级粉煤灰不大于 45%。粉煤灰的颗粒粒径范围一般为 $0.5\sim300\mu m$，其中玻璃微珠粒径为 $0.5\sim100\mu m$，漂珠粒径往往大于 $45\mu m$。

（4）需水量

粉煤灰的需水量值在水泥或混凝土中掺入粉煤灰后的用水量，掺入粉煤灰一般可降低用水量，但是掺入含碳量较高的粉煤灰时又会明显增加用水量。根据 GB 1596—91、GBJ 146—90 和 JGJ 28—86《粉煤灰在混凝土和砂浆中应用技术规程》，I 级、II 级、III 级粉煤灰需水量比分别不大于 95%、105% 和 115%。

**2. 化学性质**

粉煤灰的化学性质是使它能够与混凝土等掺混使用，用于生产各种建筑材料。粉煤灰本身没有水硬胶凝性能，但当以粉状及有水存在时，能与掺混材料中的氢氧化钙或其他碱土金属氢氧化物发生二次化学反应，生成具有水硬胶凝性能的化合物，增强材料的强度和耐性。比如粉煤灰与混凝土掺混后生成难溶的水化硅酸钙凝胶，提高了混凝土的强度和抗渗性。

**3. 活性**

粉煤灰掺混在混凝土中主要表现出三种效应：形态效应、微集料效应和活性效应。

粉煤灰的活性包括物理和化学两方面，物理活性就综合了粉煤灰的形态效应和微集料效应两种。形态效应指粉煤灰中含有大量玻璃微珠，用作掺混材料时有减水作用和润滑作用，微集料效应指粉煤灰中细小的颗粒能提高材料的结构强度、匀质性和致密性。

粉煤灰的化学活性也称火山灰活性，指粉煤灰中 $SiO_2$、$Al_2O_3$ 等大量活性成分在有水条件下与碱性物质生产水化胶凝成分，玻璃体含量及性能和玻璃体中 $SiO_2$、$Al_2O_3$ 含量就决定了其化学活性。

粉煤灰的活性经研究表明是"潜在的"，表现在大量粉煤灰粒子被在高温下形成的液相玻璃态包裹，而且液相玻璃态收缩成球形并相互粘结，结构致密，颗粒较大，可溶性 $SiO_2$ 和 $Al_2O_3$ 很少，常温下非常稳定。让粉煤灰发挥其活性需要采取有效的方法进行激发，常用的方法有以下三种。

（1）物理机械磨细法

机械磨细一方面粉碎粗大多孔的玻璃体，提高物理活性，如颗粒效应和微集料效应；另一方面使内部可溶性 $SiO_2$、$Al_2O_3$ 溶出，比表面积和反应接触面增加，活化分子增多。

（2）化学碱性激发法

碱性激发是利用碱类物质对硅酸盐玻璃网络的直接破坏作用，目的是使粉煤灰结构破坏，释放内部可溶性 $SiO_2$ 和 $Al_2O_3$，常用生石灰、熟石灰、KOH、NaOH 等。一般碱性越强、温度越高，激发作用越强，而网络聚合度和连接程度越高，激发作用越小，需要时间越长。

其主要激发方法和机理如下。

石灰及少量石膏作激发剂。在水的参与条件下，石灰与粉煤灰的活性氧化硅、氧化铝作用，生成水化硅酸钙（CSH）和铝酸钙（CAH）凝胶。CAH 强度较低，在有石膏（$CaSO_4 \cdot 2H_2O$）存在下，发生硫酸盐激发，可加速形成三硫型水化硫铝酸钙。若石膏含量不足，则生成单硫型水化硫铝酸钙。在常温下，石灰－石膏－粉煤灰胶凝系统的水化产物需经 28～90 天才能达到制品强度要求。若用 800～900℃高温蒸气养护，则水化反应过程加快，经 8～12 h 后便能达到预期强度。

水泥熟料及少量石膏作激发剂。水泥熟料的主要成分为硅酸三钙（$C_3S$）和硅酸二钙（$C_2S$）及部分铝酸三钙（$C_3A$），在水的参与下，$C_3S$、$C_2S$ 水化生成 $C_3SH$ 和 $C_2SH$ 凝胶，同时析出 $Ca(OH)_2$。其后，粉煤灰中的活性 $SiO_2$ 和 $Al_2O_3$ 在水泥水化析出的 $Ca(OH)_2$ 激发下，水化生成 CSH 和 CAH，当有石膏参与时，CAH 与石膏继续反应，生成水化硫酸钙。上述多步水化反应的不断进行，保证了硬化体的强度增长和耐久性。

石灰和少量水泥作激发剂。在 CaO、水泥及少量石膏激发下，粉煤灰中活性 $SiO_2$ 和 $Al_2O_3$ 与 CaO 及石膏、水共同作用，形成硅酸钙（CSH）、铝酸钙（CAH）、水化硫酸钙和水榴子石 [$3CaO \cdot Al_2O_3 \cdot SiO_2 \cdot (6-2n)H_2O$]。为了提高粉煤灰活性组分的溶解度，促进水化反应的迅速进行，常采用高温高压、高温常压蒸气养护。

（3）物化激活法

主要方法包括水热预处理、表面改性、压蒸法、引入晶种和混合法等。

粉煤灰活性的评定一般采用砂浆强度试验法，它是把粉煤灰与一定比例石灰或水泥熟料混掺，磨细到一定粒度，配成砂浆，做成一定尺寸试件，测定试件强度或与对比试件的强度比较，作为衡量粉煤灰的指标。我国制定的《用于水泥和混凝土中的粉煤灰》（GB 1596—79）国家标准中采用了此法。

# 5.2 我国粉煤灰的处理利用现状

## 5.2.1 我国粉煤灰的产生量

表 5.3 列出了我国近年的粉煤灰产生量及处置情况。到 1994 年底，我国已累计利用粉煤灰约 $2.4\times10^8$ t，节约灰场建设与运行费用 $26\times10^8$ 元，少占地 3 万亩土地。进入 21 世纪，由于对黏土制砖管理加强、煤炭燃料价格不断提高，建筑市场水泥用量增加，粉煤灰被广泛用作水泥、混凝土掺料以及作制砖原料。截至 2005 年，我国粉煤灰综合利用量达 1.99 亿 t，综合利用率为 66%；2010 年粉煤灰综合利用量达 3.00 亿 t，综合利用率达 69%，但从总体情况看，我国粉煤灰利用仍存在着综合利用区域发展不平和堆存量增加等问题。

受地区经济实力不均、基本建设规模、资源贫富差异等因素的影响，不同地区固体废弃物产生、堆存及综合利用情况差异较大，其中粉煤灰最为突出。山西、内蒙古、陕西等地区粉煤灰产生和堆存量大，利用率低；北京、上海和东部沿海地区，利用水平较高，粉煤灰综合利用率保持在 95% 以上。尽管"十一五"期间我国的粉煤灰利用率约为 60%，与美国相当，但仍有相当多的粉煤灰未被合理利用。因此，新中国成立以来，历年排放未加利用而堆存在灰场的粉煤灰总量已在 25 亿 t 以上，造成土地和环境污染较为突出。

**表 5.3　粉煤灰灰渣处置、灰场情况一览表**

| 内容 | 项目 | 单位 | 1982 | 1990 | 1991 | 1992 | 1993 | 1994 | 1995 | 2000 |
|---|---|---|---|---|---|---|---|---|---|---|
| 基本情况 | 灰渣总量 | $\times10^4$t | 3026 | 6779 | 7483 | 7982 | 8602 | 9114 | 10 200 | 15 300 |
| | 综合利用量 | $\times10^4$t | 528 | 1880 | 2020 | 2547 | 2993 | 3700 | 3400 | 4500 |
| | 利用率 | % | 17.5 | 26.6 | 26.99 | 31.9 | 34.8 | 40.6 | 33.33 | 29.41 |
| | 排入灰场 | $\times10^4$t | 2325 | 5459 | 6049 | 6553 | 6689 | 5305 | 6800 | 10800 |
| | 比例 | % | 76.8 | 80.5 | 80.84 | 82.05 | 77.78 | 58.21 | 66.67 | 70.59 |
| | 排入江河 | $\times10^4$t | 385 | 394 | 356 | 240 | 181 | 125 | | |
| | 比例 | % | 12.7 | 5.81 | 4.76 | 3.0 | 2.10 | 1.37 | | |
| 灰场情况 | 灰场占地 | $\times10^4$亩 | 6.79 | 25.05 | 28.41 | 31.42 | 33.40 | 37 | 34 | 60 |
| | 设计库容 | $\times10^4$t | | 142 116 | 146 042 | 162 549 | 171 549 | | 199 000 | 34 600 |
| | 库存灰量 | $\times10^4$t | | 42 103 | 46 761 | 52 018 | 57 366 | | 66 000 | 111 000 |
| | 已满灰场 | $\times10^4$亩 | | 6.26 | 7.15 | 7.7 | 6.77 | | 8.9 | 13.5 |
| | 当年复土面积 | $\times10^4$亩 | 0.79 | 0.43 | 0.54 | 0.50 | 0.34 | | 1.33 | 1.33 |
| | 已绿化面积 | $\times10^4$亩 | | 1.29 | 1.44 | 1.64 | 1.99 | 2.2 | 3.0 | |
| | 综合利用产值 | $\times10^4$元 | | 6379 | 8546 | 12 205 | 21 499 | 26 000 | 42 000 | |
| | 综合利用利润 | $\times10^4$元 | | 574 | 742 | 1114 | 2322 | 2800 | 4500 | |

## 5.2.2 我国粉煤灰综合利用技术现状

根据粉煤灰的综合利用技术现状，可将国内外综合利用项目分为三大类（表 5.4）。

1）高容量、低技术。主要用于筑路和矿区回填，该类技术不需对粉煤灰进行深加工，项目投资少、建设周期短、技术难度低、粉煤灰使用量大，但存在使用地点和数量不稳定等特点，消纳量难以进行准确估算和预测。

2）中容量、中技术。此类技术主要将粉煤灰制作成建筑材料，一般投资大、粉煤灰使用量大、用灰量稳定，产品的制造有一定技术要求。

表 5.4　粉煤灰综合利用容纳量和技术水平分类表

| 类别 | 用途 | 实例 |
|---|---|---|
| 高容量<br>低技术 | 灌浆材料 | 废矿井填充、废坑道填充 |
| | 筑路工程 | 基层材料 |
| | 回填材料 | 大桥桥弓回填土、挡土墙的回填土 |
| 中容量<br>中技术 | 水泥生产 | 混合材 |
| | 墙体材料 | 粉煤灰烧结砖、粉煤灰砖、粉煤陶粒、<br>粉煤灰砌块、彩色地面砖、<br>屋面保温材料、粉煤灰轻质木屑板 |
| | 混凝土掺和料 | 粉煤灰防水粉、代替部分水泥 |
| 低容量<br>高技术 | 分选空心微珠 | 隔热绝缘材料 |
| | 制造岩棉制品 | 新型保温材料 |
| | 磁化粉煤灰 | 土壤磁性改良剂 |
| | 粉煤灰提铝 | 电解铝原料 |
| | 回收精碳 | 炭黑、活性炭等 |
| | 粉煤灰艺术制品 | 代替石膏 |
| | 吸附材料 | 分子筛原料之一 |

3）低容量、高技术。此类技术主要通过分选利用，使粉煤灰变成高值利用产品，所生产的产品层次高，资源化利用技术水平要求高，经济效益好，但对粉煤灰的使用量较小。

根据粉煤灰综合利用的主要领域，可分为五大类20多个领域（表5.5）。

表 5.5　粉煤灰综合利用分类表

| 类型 | 应用领域 | 现阶段应用情况 | 用量 |
|---|---|---|---|
| 建筑<br>材料 | 烧结水泥原料 | 已大量应用 | 大量 |
| | 烧结砖 | 已大量应用 | 大量 |
| | 烧制煤灰陶粒 | 已大量应用 | 大量 |
| | 煤灰烧结块粗骨料 | 已大量应用 | 大量 |
| | 蒸养砖 | 已大量应用 | 大量 |
| | 砌块和大墙板 | 已大量应用 | 大量 |
| | 加气混凝土 | 已大量应用 | 大量 |
| | 混凝土掺料 | 已大量应用 | 大量 |
| | 砌筑砂浆掺料 | 已大量应用 | 大量 |

续表

| 类型 | 应用领域 | 现阶段应用情况 | 用量 |
|---|---|---|---|
| 土建工程 | 筑路工程 | 已大量应用 | 大量 |
| | 大坝工程 | 已大量应用 | 大量 |
| | 港湾工程 | 已大量应用 | 大量 |
| | 隧道工程 | 已大量应用 | 大量 |
| 填充土 | 低洼地或建筑场地 | 已大量应用 | 大量 |
| | 矿坑回填 | 已大量应用 | 大量 |
| 农业及渔业 | 改良土壤 | 大量应用 | 大量 |
| | 烧制农肥 | 国内研究试用 | 少中量 |
| | 人工鱼礁 | 国内研究试用 | 中量 |
| 工业原料 | 保温隔热材料 | 已生产应用 | 少量 |
| | 塑料填料 | 已生产应用 | 少量 |
| | 过滤材料 | 研究阶段 | 少量 |
| | 含汞、铬污水处理剂 | 研究阶段 | 少量 |
| | 提取硅、铝、铁、碳原料 | 研究阶段 | 少中量 |
| | 浇铸模具保温材料 | 研究阶段 | 少中量 |
| | 制瓷砖和大理石装饰板 | 已生产 | 少中量 |
| | 烧制陶瓷及工艺品 | 已生产 | 少中量 |

# 5.3　粉煤灰资源化技术

煤粉经燃烧后颗粒变小，孔隙率提高，比表面积增大，活性程度和吸附能力增强，电阻值加大，耐磨强度变高，三维压缩系数和渗透系数变小。因此，粉煤灰有着良好的物理、化学性能和利用的价值，可作为一种"二次资源"。粉煤灰中的 C、Fe、Al 及稀有金属可以进行回收，CaO、$SiO_2$ 等活性物质则可广泛用作建材和工业原料，Si、P、K 和 S 等组分可用于农业肥料与土壤改良剂的制造。粉煤灰具有的良好物化性能使其有较好的制造环境保护功能材料的潜力。因此，粉煤灰资源化具有广阔的应用和开发前景。

## 5.3.1　粉煤灰作建筑材料

粉煤灰作建筑材料，是我国大宗利用粉煤灰的途径之一，它包括配制粉煤灰水泥、粉煤灰混凝土、粉煤灰烧结砖与蒸养砖、粉煤灰砌块、粉煤灰陶粒等。

### 1. 粉煤灰水泥

粉煤灰具有火山灰活性且化学成分与黏土相似，生产水泥时可代替部分黏土用作配料，用此生产的水泥具有需水量少、干缩性小、抗裂性好等特点。粉煤灰水泥又叫粉煤灰硅酸盐水泥，它是由硅酸盐水泥熟料和粉煤灰，加入适量石膏磨细而成的水硬胶凝材料。粉煤灰中含有大量活性 $Al_2O_3$、$SiO_2$ 和 CaO，当其掺入少量生石灰和石膏时，可生产无熟料水泥，也可掺入不同比例熟料生产各种规格的水泥。

1）普遍硅酸盐水泥。以硅酸盐水泥熟料为主，掺入小于 15%粉煤灰磨制而成。其基本性能与一般普遍硅酸盐水泥相似，因而统称普遍硅酸盐水泥。此类水泥生产技术成熟，质量较好。

2）矿渣硅酸盐水泥。以硅酸盐水泥熟料配以 50%以上的高炉水淬渣，掺入不大于15%的粉煤灰后磨细而成。成品性能与矿渣水泥无相似，故而称为矿渣硅酸盐水泥。

3）粉煤灰硅酸盐水泥。以水泥熟料为主，加入 20%～40%粉煤灰和少量石膏磨制而成。也可在其中加入高炉水淬渣，但粉煤灰和水淬渣的总掺入量不得超过 50%，产品有 225、275、325、425、525 号等五个标号。上海水泥厂利用杨树浦电厂粉煤灰生产粉煤灰硅酸盐水泥，利用 20%～40%粉煤灰、55%～80%的水泥熟料、2%～8%的石膏和0.5%～2.5%碳酸钠生产 525 号早高强抗折特种水泥。

4）砌块水泥。以 60%～70%的粉煤灰掺入少量水泥熟料和石膏磨成，所得产品水泥标号低，广泛用于农业水泥和一般民用建筑。

5）无熟料水泥。以粉煤灰为主要原料，配加适量石灰、石膏磨细而成。如云南开远电厂在高钙灰中加入少量添加剂，磨细成无熟料水泥。

除此之外，粉煤灰还可代替黏土作配料，与石灰石、黏土、铁粉、煤粉等混合焙烧，冷却后添加石膏，经磨细制成普遍硅酸盐水泥。用粉煤灰作配料，可节约燃料，减少破碎加工，降低生产成本。

粉煤灰水泥具有水化热低、抗渗和抗裂性好，对硫酸盐侵蚀和水侵蚀具有抵抗能力。该水泥早期强度不高，但后期强度高，能广泛用于一般民用、工业建筑工程、水工工程和地下工程。

《粉煤灰混凝土应用技术规范》（GBJ 146—90）中明确规定了混凝土中粉煤灰取代水泥量的限量比，且粉煤灰在混凝土中掺量的限制量是以粉煤灰取代水泥量的百分数为准，限量中不分粉煤灰质量等级。粉煤灰取代水泥的限量标准如表 5.6 所示。

表 5.6　粉煤灰取代水泥的限量标准

| 混凝土种类 | 粉煤灰取代水泥量限值/% | | | |
| --- | --- | --- | --- | --- |
| | 硅酸盐水泥 | 普通硅酸盐水泥 | 矿渣硅酸盐水泥 | 火山灰质硅酸盐水泥 |
| 预应力混凝土 | ≤25 | ≤15 | ≤20 | — |
| 钢筋混凝土、高抗冻混凝土、高强度混凝土 | ≤30 | ≤25 | ≤20 | ≤15 |
| 蒸汽养护混凝土 | ≤30 | ≤25 | ≤20 | ≤15 |
| 中等强度混凝土、泵送混凝土、大体积混凝土、水下混凝土、地下混凝土、压浆混凝土 | ≤50 | ≤40 | ≤30 | ≤20 |
| 碾压混凝土 | ≤65 | ≤55 | ≤45 | ≤35 |

2. 粉煤灰混凝土

粉煤灰混凝土是以硅酸盐水泥为胶结料，砂、石等为骨料，并以粉煤灰取代部分水泥，加水拌和而成。粉煤灰的形态效应、活性效应和微集料效应三种效应使它可以与混凝土掺和使用，控制粉煤灰的掺和量节约水泥用量，并可提高混凝土的强度、抗渗性、抗侵蚀性和耐磨性等。

（1）减少水化热

水泥热料中铝酸三钙和硅酸三钙等水化时，放出大量热量，可使大体积混凝土温度升高，从而产生体积膨胀，引起混凝土裂纹。掺入水化热低的粉煤灰后，能有效降低混凝土的水化热，保证大坝等水工工程的整体性。

（2）改善和易性

混凝土的和易性是指混凝土拌和物在拌和、运输、浇注、振捣等过程中保证质地均匀、各组分不离析并适于施工工艺要求的综合性能。粉煤灰掺入后，其能均匀分散于水泥、砂、石之间，有效减少吸水性，增加混凝土中胶凝物质含量和浆骨比。在工程施工中掺用 20%～30%粉煤灰，混凝土流动性好，利于泵送，节省捣震，便于施工且不收缩。

（3）提高强度

粉煤灰混凝土后期强度高，经养护半年后，含 20%～30%粉煤灰混凝土强度高于普遍混凝土，但是该混凝土早期强度低，可以通过磨细使早期强度提高。

（4）减小干缩率、提高抗渗性

粉煤灰水化热低，其制成的混凝土水化热得到降低，从而减小干缩率，提高抗拉、抗裂强度；粉煤灰能改善混凝土的抗渗与防蚀性能。在大型水工工程中，粉煤灰混凝土具有良好的抗渗和抗侵蚀能力，但其抗冻性差，需要加入少量添加剂加以改善。

根据《粉煤灰混凝土应用技术规范》（GBJ 146—90），按粉煤灰质量等级，各级粉煤灰可分别用于以下混凝土。

Ⅰ级粉煤灰掺入混凝土中可以取代较多水泥，并能降低混凝土的用水量，提高密实度，可应用于混在预应力钢筋混凝土中。

Ⅱ级粉煤灰细度较粗，但经加工磨细达到要求的细度后，可用于普通钢筋混凝土中。

Ⅲ级粉煤灰掺入混凝土中的强度影响较小，减水效果较差，因此这类粉煤灰主要用于素混凝土和砂浆中。

3. 粉煤灰砖

（1）粉煤灰烧结砖

以粉煤灰、黏土为原料，经搅拌、成型、干燥、焙烧制成砖。一般配比为 30%～80%粉煤灰、10%～30%煤矸石、20%～50%黏土、1%～5%硼砂，能烧结 75～150 号烧结砖。该生产技术成熟、节约能源、成本低廉、所需技术设备与黏土砖基本相同、且砖的质量好。目前我国已有 50 多条粉煤灰烧结砖生产线，年产砖近 50 亿块，占建筑粉煤灰消耗量的 40%左右。

（2）粉煤灰蒸养砖

以粉煤灰为主要原料，掺入适量骨料、生石灰及少量石膏，经消化、碾练、成型、蒸气养护而制成。粉煤灰的掺量在65%左右，制成品一般可达100～150号，强度在75～150 kg/cm$^2$，能经受15～25次冻融循环，其容重比黏土砖轻20%，导热系数低30%，但抗折性差。通过高压养护可生产高压养护砖，所得产品强度、收缩性、抗干温循环、抗冻性均能达到标准要求，但生产成本相对较高。

作为蒸养砖的基本原料，粉煤灰需符合一定的质量要求：活性Al$_2$O$_3$≥15%，SiO$_2$≥40%，未燃炭<15%，SO$_3$<4%，Na$_2$O+K$_2$O<2.5%。在结构上，由于粉煤灰颗粒细而均匀，成型时易发生层裂，成品抗折强度低，应适当掺入一定量粗颗粒含硅材料，以改善砖坯的成型性能。

蒸气养护方式有常压蒸气养护和高压蒸气养护两种。常压蒸气养护表压为零，温度在95～100℃。高压蒸气养护表压为8.1×10$^5$～15.2×10$^5$ Pa，温度在174～200℃。高压养护需配置高压釜，耗费钢材较多，基建投资大。目前国内多数粉煤灰建材厂多采用常压养护。

（3）粉煤灰免烧免蒸砖

它以粉煤灰拌以生石灰、骨料（炉渣、钢渣、尾矿等）及少量激发剂而制成。其中钢渣粉煤灰免烧砖是利用钢渣中的水硬性物质和粉煤灰的活性物质，通过激发剂和水化介质发生物化反应而制成。其配比为40%～45%粉煤灰、30%～35%钢渣、15%～25%填料、4%～5%石膏，成品质量可达100～150号。粉煤灰免烧免蒸砖是以40%～80%粉煤灰、10%～40%惰性骨料、6%～20%水硬性胶凝材料和0.1%～0.5%食盐搅匀、加压成型、自然养护而成。

除此之外，利用粉煤灰还可以生产空心砖，若掺入饱和湿锯末，还可以生产粉煤灰微孔夹心砖。

### 4. 粉煤灰硅酸盐砌块

粉煤灰硅酸盐砌块是以粉煤灰作原料，再掺入少量石灰、石膏及骨料，经蒸气养护而成。它是一种新型墙体材料，具轻质、高强、空心和大块等特点，与砖相比具有工效高、投资省等优点，但要求其中Al$_2$O$_3$、SiO$_2$含量高，细度好，含碳量低；要求胶结材料中有效CaO含量为15%～20%，石膏掺量占胶凝材料的2%～5%，骨料粒径达40 mm，具体要求见粉煤灰硅酸盐砌块建材标准（JC 238—18）。

（1）粉煤灰硅酸盐砌块

以粉煤灰、石灰、石膏为胶凝材料，以炉渣、碎石为骨料，经加水搅拌、成型、养护而成。一般原料配比为粉煤灰27%～32%、骨料45%～55%、活化剂19%～21%。用粉煤灰制混凝砌块，能节约水泥、减轻自重、缩短工期、造价低廉，并能提高生产效益。20世纪80年代上海市曾用粉煤灰硅酸盐砌块建筑了数百万平方米的五、六层住宅。

（2）泡沫粉煤灰硅酸盐砌块

以粉煤灰、石灰、石膏、煤渣、松香皂泡沫剂和水搅拌而成型，并在100℃、8.1×10$^5$ Pa条件下温热蒸压养护而成。由于泡沫剂作用，砌块内部形成许多小孔洞，容重轻

（800 kg/m³）、抗压强度适中（70～100 kg/cm²）、并具吸声、保温性能，是一种改善建筑功能的轻质墙体材料。

（3）粉煤灰加气混凝土

以粉煤灰为原料，适量加入生石灰、水泥、石膏及铝粉（发泡剂），加水搅拌成浆，注入模具蒸养而成。其配比为粉煤灰 63%～68%、生石灰 10%～18%、石膏 10%、水泥 17%～27%。制成品容重轻（650～700 kg/m³）、保温性能好。

5. 粉煤灰陶粒

粉煤灰陶粒是一种人造轻质骨料，它是以粉煤灰为主要原料，加入一定量的胶结料、水等物质而成，具有质轻、保温、隔热、抗冲击的特点。粉煤灰陶粒可分为烧结型和烧胀型两种，前者比后者颗粒密度大、强度高，两者应用范围也有所不同，目前国内多采用烧结机生产烧结型粉煤灰陶粒。生产烧结型陶粒对粉煤灰的技术要求如表 5.7 所示。

表 5.7　生产烧结型陶粒对粉煤灰的技术要求

| 原料 | 细度 4900 孔/cm² 筛余/% | 含碳量/% | $Fe_2O_3$/% | 软化温度/℃ | 块状煤渣、杂物等有害杂质 |
|---|---|---|---|---|---|
| 粉煤灰 | 20～35 | ≤10 | ≤10 | 1500 | 不得混有 |

### 5.3.2　粉煤灰作土建原材料和作填充土

1. 代替砂石、黏土作土建基层材料

粉煤灰可用于公路路堤填筑和其他工程结构填筑上。粉煤灰是一种轻质材料，成分类似于黏土，但约比黏土轻 45%，在同样允许掺加量下，粉煤灰比黏土更能延长道路的使用寿命。《公路路面基层施工技术规范》（JTJ 034—93）对粉煤灰的质量要求、设计参数、路堤施工和质量管理及检验都做了详细的规定。另外，粉煤灰用于工程填筑是一种对粉煤灰的直接利用方式，成本低、效果好、用量大，既解决了工程取土难题、粉煤灰堆放污染和占地问题，又大大降低了工程造价。

（1）粉煤灰代替砂石、水泥作大型建筑混凝土的拌和料

由于粉煤灰能降低水化能、改善易和性、提高防渗性、利于远距离泵输且后期强高，而广泛用于水工工程和大型建筑工程。我国三门峡、刘家峡、亭下水库等水工工程，秦山核电站、北京亚运工程等，国内一些大的地下、水上及铁路的隧道工程等，均大量掺用了粉煤灰，一般掺用量 25%～40%，不仅节约大量水泥，并提高了工程质量。在海湾和渔业发展区，也常利于粉煤灰在软弱的港湾基地等建造鱼礁、填海等。

（2）粉煤灰代替黏土、砂石作路面材料

粉煤灰成分及其结构与黏土相似，它与适量石灰混合，加水拌匀碾压成二灰土。目前我国公路、尤其是高速公路常采用粉煤灰、黏土、石灰掺合作公路路基材料。掺入粉煤灰后路面隔热性能好，防水性和板体性好，利于处理软弱地基。

**2. 粉煤灰代替砂石回填矿井，代替黏土复垦洼地**

煤矿区因采煤塌陷，形成洼地，利用坑口粉煤灰对煤矿区的煤坑、洼地、塌陷区进行回填，既降低了塌陷程度，吃掉了大量灰渣，还复垦造田，减少农户搬迁，改善矿区生态。淮北电厂多年来用它造地近 7000 亩，发展种植养殖业，取得了良好的经济、社会和环境效益。矿山尾砂复垦时，需考虑复垦层的结构和表层土壤的理化性质，改善其通气通水性能。粉煤灰可以调节粗粒尾砂的粒级级配，改善黏土质尾砂的通水通气性能，如广西苹果铝业公司－300 目尾砂黏土复垦土层板结，掺入适量粉煤灰后，其透气透水与保水性能得到明显改善。

除此之外，利用粉煤灰回填地下井坑，不仅节约大量水泥，减轻地下荷载，而且可以防火堵火等。

### 5.3.3　粉煤灰作农业肥料和土壤改良剂

粉煤灰具有质轻、疏松多孔的物理特性，还含有磷、钾、镁、硼、铝、锰、钙、铁、硅等植物所需的元素，因而广泛应用于农业生产。

**1. 作土壤改良剂**

粉煤灰具有良好的理化性质（表 5.8），能广泛用于改造重黏土、生土、酸性土和盐碱土，弥补其酸、瘦、板、粘的缺陷。粉煤灰掺入上述土壤后，容重降低，孔隙度增加，透水与通气性得到明显改善，酸性得到中和，团粒结构得到改善，并具有抑盐压碱作用，从而有利于微生物的生长繁殖，加速有机质的分解，提高土壤有效养分的含量和保温保水能力，增强了作物的防病抗旱能力。

表 5.8　一般粉煤灰的理化性质

| pH | 容重 | 总孔隙 | 通气孔隙 | 微孔隙 | 比表面积 | 毛管持水量 | 田间持水量 | 阳离子代换总量 |
|---|---|---|---|---|---|---|---|---|
| 7.5～8 | 0.5～1 g/cm³ | 80% | 20% | 2% | 2000～4000cm²/g | 100% | 100% | 5～8 m·E/100g |

土壤施用粉煤灰的田间试验表明。

1）它能改善和协调黏质土壤和尘土的水、肥、气、热，增加土壤的通气、透水性能。亩施用 5～10 t 粉煤灰后，土壤水分能提高 4.9%～9.6%，含水率达到 20% 以上。

2）改良酸性土和盐碱土。盐碱土亩施粉煤灰 20t，土壤容重从 1.26 降到 1.01，孔隙率增加 6%～22%，改善了土壤的透水透气性，促进土壤的水、热、气的交换。粉煤灰中由于含大量 CaO、MgO、$Al_2O_3$ 等有用组分，用于酸碱土，能有效改变其酸碱性。

3）粉煤灰呈灰黑色，吸热性好，每亩施灰 2～5t，地下 5～10 cm 处的土温可增加 0.7～2.4℃。地温提高对土壤养分的转化、微生物的活动、种子萌芽和作物生长发育都有促进作用。用它覆盖小麦和进行水稻育苗，可使秧苗发芽快、长得壮、抗低温、利于作物早熟和丰产。

4）施用粉煤灰，能加速土壤的许多生物化学过程，促进酶的作用，同时增加土壤的持水性，提高蔬菜及旱粮作物的抗旱能力。

5）施用粉煤灰特别适于小麦、玉米、水稻、豆类、蔬菜和甜菜等作物，适于生地、黏土质及酸、碱、盐土壤。施用粉煤灰后，一般都能增产 15%～20%。

### 2. 直接作农业肥料

粉煤灰含有大量枸溶性硅、钙、镁、磷等农作物所必需的营养元素。当其含有大量枸溶性硅时，可作硅肥（或硅钙肥）；当含有较高枸溶性钙、镁时，可作改良酸性土壤的钙镁肥；当含有一定磷、钾及微量组分时，可用于制造各种复合肥。

粉煤灰中含有大量 $SiO_2$ 和 $CaO$，形成了具枸溶性硅酸钙，经干化后球磨，便制成了水稻生长必需的硅（钙）肥，当粉煤灰含 $P_2O_5$ 达 4% 时，可直接磨细成钙镁磷肥；若含磷量较低，也可适当添加磷矿石、煤粉、添加剂 $Mg(OH)_2$、助熔剂等，经焙烧、研磨，制成钙镁磷肥。武昌电厂已采用这一技术，石家庄电厂、马头电厂也开展了类似的攻关，其配比为磷矿石 20%～45%、粉煤灰 20%～40%、助熔剂和添加剂 35%～40%，经焙烧、磨细制成磷肥，这种磷肥适应于酸性土壤，对油菜、大豆、食用菌有明显的增产效果，小麦、黄瓜、水稻、棉花、西红柿等增产 20%～30%，且能早熟 5～15d。用粉煤灰添加适量石灰石、钾长石、煤粉、经焙烧、研磨制成硅钙钾复合肥。在日本等一些国家利用粉煤灰加碳酸钾、补助剂 $Mg(OH)_2$、煤粉，经焙烧研制成硅钾肥。此外，由于粉煤灰含有大量 $SiO_2$、$CaO$、$MgO$ 及少量 $P_2O_5$、$S$、$Fe$、$Mo$、$Zn$、$B$ 等有用组分，它还可被视为复合微量元素肥料。

### 3. 磁化粉煤灰肥料

粉煤灰中含有一定量的 $Fe_2O_3$，磁化粉煤灰就是利用电磁场处理含 $Fe_2O_3$ 近 10% 的粉煤灰，以获得剩余磁性。磁化粉煤灰施入土壤后，能增加土壤磁性，促进土壤微团聚体的形成（<0.01 mm 物理黏粒减少），改善土壤结构和孔隙，提高通气、通水和保水能力，疏松土壤，降低容量，提高土壤的宜耕性。粉煤灰磁性的转化，可以促进土壤氧化还原反应，从而利于有机组分的矿质化，提高营养元素的有效态含量。磁化后的粉煤灰还在很大范围内影响植物生长，弱磁能使根系固定，促进细胞分裂，走向磁场利于种子快速发芽、刺激酶的作用，促进作物生长。经湖北、湖南、山东、浙江等地的对比试验，在黏质红壤、水稻土和砸姜黑土上施用 2000～3000 Gs（$1Gs=10^{-4}$ T）磁场处理的粉煤灰 2～7.5 t/ha，水稻、小麦、油菜、大豆、蔬菜等可增产 7%～25%，新开垦的红壤可增产 50% 至数倍，增产效果达到了施用粉煤灰 100 t/亩的效果。磁性粉煤灰对酸性、黏性、瘦土、板结的土壤效果较好，一般能增产 15% 左右，其中油菜好于小麦。若磁化粉煤灰掺入适量氮（10%）、磷（10%）和钾（10%），可制成高效磁化复合肥，使用该种肥料的肥效已接近进口复合肥，但其价格却能减少 20% 以上。

### 4. 作农药和农药载体

#### （1）粉煤灰作农药

粉煤灰中含有 $Zn$、$B$、$Mo$、$Fe$、$Mg$ 等微量元素，它们可参与植物的生物化学过程和酶的作用，影响植物代谢作用和蛋白质、糖类、淀粉的合成。土壤中掺入粉煤灰可以促进作物生长、增强作物的防病抗虫能力，起到施加农药的效果。

铁是形成叶绿素的主要催化剂，果树缺铁会出现黄叶病。施用粉煤灰后，可增加土壤中 2%的铁，促进植物对土壤中铁的吸收。水稻缺少硅、硫等会出现稻瘟病，施入粉煤灰后能有效防止其发生。粉煤灰中含有硼（B），能防止蚕豆、油菜等"花而不实"。粉煤灰中有大量 Mg，利于烟草光合作用和烤烟成色，小麦缺 Mo 会发生麦锈病，施用粉煤灰能有效防止麦锈病。此外，粉煤灰中含有 Mo，它利于豆科作物提高固氮能力，粉煤灰中的硫能利于农作物的分蘖、长穗、提高产籽数，并能有效防止大白菜烂心。

（2）粉煤灰作农药载体

粉煤灰具有与陶土相似的性质。与陶土相比，它具有密度低、流动性好、不结块、不吸潮、多微孔、高表面积和高吸附性能，能均匀吸附、贮存和分布原药的功能或作用，使药效稳定，因而它常被作为农药填料或农药载体。

### 5.3.4 回收工业原料

#### 1. 回收煤炭资源

我国热电厂粉煤灰一般含碳 5%～7%，其中含碳大于 10% 的电厂占 30%，这不仅严重影响了漂珠的回收质量，不利于作建材原料，而且也浪费了宝贵的资源。据统计，仅湖南省各热电厂每年从粉煤灰中流失的煤炭达 20 万 t 以上。因此，回收煤炭资源是必要的。煤炭的回收方法与排灰方式有关。

（1）浮选法回收湿排粉煤灰中的煤炭

浮选就是在含煤炭粉煤灰的灰浆水中加入浮选药剂，然后采用气浮技术，使煤粒粘附于气泡上浮而与灰渣分离。株洲、湘潭等电厂选用柴油作捕收剂，用松油为起泡剂，回收煤炭资源，回收率达 85%～94%，尾灰含碳量小于 5%，回收精煤热值＞20 950 kJ/kg，浮选回收的精煤具有一定的吸附性，可直接作吸附剂，也可用于制作粒状活性炭。

（2）干灰静电分选煤炭

由于煤与灰的介电性能不同，煤的比电阻一般 $10^4 \sim 10^5 \Omega \cdot cm$，灰的比电阻一般在 $10^{12} \Omega \cdot cm$ 左右，干灰在高压电场的作用下发生分离。静电分选炭回收率一般在 85%～90%，尾灰含碳量在 5.5%左右。回收煤炭后的灰渣利于作建筑原料。

#### 2. 回收金属物质

粉煤灰含 $Fe_2O_3$ 一般在 4%～20%，最高达 43%，当 $Fe_2O_3$ 含量大于 5%时，即可回收。$Fe_2O_3$ 经高温焚烧后，部分被还原成 $Fe_3O_4$ 和铁粒，可通过磁选回收。辽宁电厂在 1000 Qe 磁场强度下，分选得含铁 50%以上的铁精矿，铁回收率达 40%以上。山东省曾作过比较，当粉煤灰含 $Fe_2O_3$＞10%时，磁选一年可回收 15 万 t 铁精粉。其经济价值和社会价值远优于开矿，环境效益也很高。

$Al_2O_3$ 是粉煤灰的主要成分，一般含 17%～35%，可作宝贵的铝资源。铝回收还处于研究阶段，一般要求粉煤灰中 $Al_2O_3$＞25%方可回收。目前铝回收有高温融熔法、热酸淋洗法、直接熔解法等多种。

粉煤灰中还含有大量稀有金属和变价元素，如钼、锗、镓、钒、钛、锌等。美国、日本、加拿大等国进行了大量开发，并实现了工业化提取钼、锗、钒、铀。我国也做了很多工作，如用稀硫酸浸取硼，其溶出率在 72%左右，漫出液螯合物富集后再萃取分离，得到纯硼产品；粉煤灰在一定条件下加热分离锗和镓，回收 80%左右的镓；再用稀硫酸浸提、锌粉置换以及酸溶、水解和还原，制得金属锗，所以粉煤灰又被誉为"预先开采的矿藏"。

### 3. 分选空心微珠

空心微珠是 $SiO_2$、$Al_2O_3$、$Fe_2O_3$ 及少量 Ca、MgO 等组成的熔融结晶。它是在 1400～2000℃温度下或接近超流态时，受到 $CO_2$ 的扩散、冷却固化与外部压力作用而形成的。当快冷时形成能浮于水上的薄壁珠，慢冷时形成圆滑的厚壁珠。空心微珠的容重一般只有粉煤灰的 1/3，其粒径多在 75～125μm，通过浮选或机械分选，可回收这一资源。

空心微珠，具有多种优异性能，可用于下列材料开发。

1）绝热与耐火材料。粉煤灰高熔点成分富集，热稳定性好，具耐热、隔热、阻燃的特点，是新型保温、低温制冷绝热材料与超轻质耐火原料。利用它可生产多种保温、绝（隔）热、耐火产品。

2）耐高温塑料的填料。用于聚氯乙烯制品，可以提高软化点 10℃以上，并提高硬度和抗压强度、改善流动性，用环氧树脂作黏结剂，聚氯乙烯掺和空心微珠材料可制成复合泡沫材料；用作聚乙烯、苯乙烯的充填材料，不仅可提高其光泽、弹性、耐磨性，而且具有吸声、减振和耐磨效果。

3）绝缘材料。空心微珠比电阻高，且随温度升高而升高，是电瓷和轻型电器绝缘材料的极好原料，利用它可制成绝缘陶瓷和渣绒绝缘物。

4）其他功能材料。空心微珠表面多微孔，可作石油化工的裂化催化剂和化学工业的化学反应催化剂，也可用作化工、医药、酿造、水工业等行业的无机球状填充剂、吸附剂、过滤剂；它由于硬度大、耐磨性能好，常被作为染料工业的研磨介质，作墙面地板的装饰材料；利用厚壁微珠还可生产耐磨涂料；在军工领域，它被用作航天航空设备的表面复合材料和防热系统材料，并常被用于坦克刹车。

### 5.3.5 作环保材料

#### 1. 环保材料开发

（1）人造沸石和分子筛

利用粉煤灰生产工艺技术与常规生产相比，生产每吨分子筛可节约 0.72t $Al(OH)_3$、1.8t 水玻璃、0.8t 烧碱，且生产工艺中省去了稀释、沉降、浓缩、过滤等流程，生产产品质量达到甚至优于化工合成的分子筛。

（2）利用粉煤灰制絮凝剂

粉煤灰中含 $Al_2O_3$ 高（一般在 25%左右），主要以富铝水玻璃体形式存在。用

HCl($H_2SO_4$)-$NH_4F$ 浸提，溶出后的铝盐溶液经中和生成 $Al(OH)_3$，并再与 $AlCl_3$ 溶液反应制成聚合铝。或用粉煤灰与铝土矿、电石泥等高温熔烧，提高 $Al_2O_3$、$Fe_2O_3$ 的活性，再用盐酸浸提，一次可制成液态铝铁复合混凝水处理剂，它的水解产物比单纯聚合铝、聚合铁的水解产物价位高，因而具有强大的凝聚功能和净水效果。

（3）作吸附材料

浮选回收的精煤具有活化性能，可用以制作活性炭或直接作吸附剂，直接用于印染、造纸、电镀等各行各业工业废水和有害废气的净化、脱色和吸附重金属离子，以及航天航空火箭燃料剂的废水处理，吸附饱和后的活化煤不需再生，直接燃烧。

2. 用于废水治理

（1）处理含氟废水

粉煤灰中含有 $Al_2O_3$、$CaO$ 等活性组分，它能与氟生成 $[Al(OH)_{3-x}\cdot F]$、$[Al_2O_3\cdot 2HF\cdot nH_2O]$、$[Al_2O_3\cdot 2AlF_3\cdot nH_2O]$ 等络合物或生成 $[xCaO\cdot SiO_2\cdot nH_2O]$、$[xCaO\cdot Al_2O_3\cdot nH_2O]$ 等对氟有絮凝作用的胶体离子，具有较好的除氟能力；它对电解铝、磷肥、硫酸、冶金、化工、原子能等生产中排放的含氟废水处理具有一定效果，并对 SS 有一定的去除效果。

（2）处理电镀废水与含重金属离子废水

粉煤灰中含沸石、莫来石、炭粒、硅胶等，具有无机离子交换特性和吸附脱色作用。粉煤灰处理电镀废水，其对铬（$Cr^{6+}$）等重金属离子具有很好的去除效果，去除率一般在 90% 以上，若用 $FeSO_4$ 粉煤灰法处理含 $Cr^{3+}$ 废水，$Cr^{3+}$ 去除率可达 99% 以上。此外，粉煤灰还可用于处理含汞废水，吸附了汞的饱和粉煤灰经焙烧将汞转化成金属汞回收，回收率高，其吸附性能优于粉末活性炭。

（3）处理含油废水

电厂、化工厂、石化企业废水成分复杂、乳化程度高，甚至还会出现轻焦油、重焦油、原油混合乳化的情况，用一般的处理方法效果不太理想，而利用粉煤灰处理，重焦油被吸附后与粉煤灰一起沉入水底，轻焦油被吸附后形成浮渣，乳化油被吸附、破乳，便于从水中去除，达到较好的效果。

除此之外，粉煤灰具有脱色、除臭功能，能较好地去除 COD、BOD，可广泛用于制药废水、有机废水、造纸废水的处理。粉煤灰用于活性污泥法处理印染废水，不仅能提高脱色率，并能显著改善活性污泥的沉降性能，克服污泥膨胀。其用于处理含磷废水，能有效地使废水中的无机磷沉淀，并中和废水中的酸、降低有机磷的浓度。

# 主要参考文献

边炳鑫，解强，赵由才，等，2005. 煤系固体废物资源化技术. 北京：化学工业出版社.

曹敬德，谢容月，梁富智. 1985. 矿渣碎石混凝土，冶金渣综合利用专辑. 北京：冶金部建筑研究总院.

侯新凯，徐德龙，薛博，等. 2012. 钢渣引起水泥体积安定性问题的探讨. 建筑材料学报，15（5）：588-595.

纪柱. 2007. 铬盐三废治理简况. 铬盐工业，1：1-7.

李国鼎. 1990. 固体废物处理与资源化. 北京：清华大学出版社.

栾晓风，潘志华，王冬冬．2010．粉煤灰水泥体系中粉煤灰活性的活化激发．硅酸盐通报，29（4）：757-761．

孟宪彬．1992．有色金属工业固体废物治理．北京：中国环境科学出版社．

牛东杰，孙晓杰，赵由才．2008．工业固体废物处理与资源化．北京：冶金工业出版社．

P.A. 维西林德．1996．资源回收工程原理．北京：机械工业出版社．

潘钟，罗津晶，薛姗姗，等．2008．粉煤灰利用的回归与展望．环境卫生工程，16（1）：19-22．

沈旦中．1989．粉煤灰混凝土．北京：中国铁道出版社．

王福元．2004．粉煤灰利用手册．2版．北京：中国电力出版社．

魏宗华．1992．钢铁工业固体废物治理．北京：中国环境科学出版社．

吴正直．2013．粉煤灰综合利用/大宗固体废弃物综合利用丛书．北京：中国建材工业出版社．

杨勇平，杨志平，徐钢，等．2013．中国火力发电能耗状况及展望．中国电机工程学报，3（23）：1-11．

俞珂．1991．世界瞩目的固体废物问题．化工进展，6：14-17．

张雪晶，郑权，卫中，等．2006．关于《水泥和混凝土中的粉煤灰》新标准中若干问题的探讨．粉煤灰综合利用，3：27-31．

# 第六章　化学化工与石油化工固体废物处理工程

近年我国化工行业取得了快速发展,生产和效益同步增长,经济运行质量明显提高。与此同时,化工行业产生较多的固体废物,一般每生产 1t 产品产生 1～3t 固体废物,有的行业生产 1t 产品可高达 12t 废物。据统计,2003 年我国化工行业排放工业废水 35 亿 t,工业废气 12000 亿 $m^3$,产生工业固体废弃物 6800 万 t。其废水排放量占全国工业废水排放总量的 16%,居第一位;废气排放量占全国工业废气排放总量的 6.5%,居第四位;固体废物排放量占全国工业固体废物排放量的 5%,居第五位。

化工行业主要污染物的排放量在全国也占有相当大的比重。2003 年排放 COD50 万 t、氰化物 350 万 t、氨氮 20 万 t、石油类 5200t、二氧化硫 75 万 t、烟(粉)尘 62 万 t。尽管化学工业主要污染物排放量较 2002 年有所减少,但在全国工业行业中仍名列前茅。化工行业环保任务十分艰巨。

石油化学工业包括石油炼制工业和以石油、天然气、油页岩为原料的化学工业,其产品包括油料、合成橡胶、合成纤维、塑料、肥料以及多种有机化工原料。但在石油化工的生产与炼制过程中产生各种废弃物,可能会导致严重的环境污染。本章简要介绍化学工业与石油化工固体废物处理工程的一些主要问题。

## 6.1　化学工业固体废物的来源、分类及污染治理现状

### 6.1.1　化学工业固体废物的来源、分类

化学工业固体废物简称"化工固废",是指化学工业生产过程中产生的固体、半固体或浆状废弃物,包括化工生产过程中进行化合、分解、合成等化学反应时产生的不合格产品(包括中间产品)、副产物、失效催化剂、废添加剂、未反应的原料及原料中夹带的杂质等以及直接从反应装置排出的或在产品精制、分离、洗涤时由相应装置排出的工艺废物,还有空气污染控制设施排出的粉尘、废水处理产生的污泥、设备检修和事故泄漏产生的固体废物及报废的旧设备、化学品容器和工业垃圾等。

化工固废废物有多种分类方法,一般按废物产生的行业和工艺过程进行分类,也可按对人体和环境的危害性进行分类,一般分为工业固废和危险固废。本章按前一种分类法将化工固废的来源及其分类列于表 6.1。

表 6.1　化工行业固体废物分类表

| 行业名称及产品 | 生产方法 | 固体废物名称 | 产生量/(t/t 产品) |
|---|---|---|---|
| 无机盐工业: | 氧化焙烧 | 铬渣 | 1.8～3 |
| 重铬酸钠 | 氨钠法 | 氰渣 | 0.057 |
| 氰化钠 | 电炉法 | 电炉炉渣 | 8～12 |
| 黄磷 | | 富磷泥 | 0.1～0.15 |

| 行业名称及产品 | 生产方法 | 固体废物名称 | 产生量/（t/t 产品） |
|---|---|---|---|
| 氯碱工业： | 水银法 | 含汞盐泥 | 0.04～0.05 |
| 烧碱 | 隔膜法 | 盐泥 | 0.04～0.05 |
| 聚氯乙烯 | 电石乙炔法 | 电石渣 | 1～2 |
| 磷肥工业： |  |  |  |
| 黄磷 | 电炉法 | 电炉炉渣 | 8～12 |
| 磷酸 | 湿法 | 磷石膏 | 3～4 |
| 氮肥工业： |  |  | 0.7～0.9 |
| 合成氨 | 煤造气 | 炉渣 |  |
| 纯碱工业： |  |  | 9～11 m³/t |
| 纯碱 | 氨碱法 | 蒸馏废液 |  |
| 硫酸工业： |  |  | 0.7～1 |
| 硫酸 | 硫铁矿制酸 | 硫铁矿烧渣 |  |
| 有机原料及合成： |  |  |  |
| 材料工业 |  |  |  |
| 季戊四醇 | 低温缩合法 | 高浓度废母液 | 2～3 |
| 环氧乙烷 | 乙烯氯化（钙法） | 皂化废渣 | 3 |
| 聚甲醛 | 聚合法 | 稀醛液 | 3～4 |
| 聚四氟乙烯 | 高温裂解法 | 蒸馏高沸残渣 | 0.1～0.15 |
| 氯丁橡胶 | 电石乙炔法 | 电石渣 | 3.2 |
| 钛白粉 | 硫酸法 | 废硫酸亚铁 | 3.8 |
| 染料工业： |  |  |  |
| 还原艳绿 FFB | 苯绕蒽酮缩合法 | 废硫酸 | 14.5 |
| 双倍硫化膏 | 二硝基氯苯法 | 氧化滤液 | 3.5～4.5 |
| 感光材料工业 |  | 胶片涂布废胶片 | 16.4 kg/（×10⁴ m³）胶片 |
|  |  | 废乳剂 | 0.8kg/（×10⁴ m³）胶片 |
|  |  | 污泥 | 4.9kg/（×10⁴ m³）胶片 |

由表 6.1 可知，化工固废具有下列特点。

1. 固废产生量大

化工生产固废产生量较大，一般每生产 1 t 产品产生 1～3 t 固废，有的产品可高达 8～12 t/t 产品。这些数量巨大的化学工业固体废弃物是需要加以重视的潜在污染源。

2. 危险废物种类多，有毒物质含量高，对人体健康和环境危害大

化工固废中有相当一部分具有急性毒性、反应性、腐蚀性等特点，尤其是危险废物

中有毒物质含量高,对人体健康和环境会构成较大威胁,表 6.2 列了几种化工危险固废对人体与环境的危害。由表可知,这些固废中有害有毒物质浓度高,若得不到有效处理处置,将会对人体和环境造成较大影响。

表 6.2 几种化工危险废物组成及危害

| 废渣名称 | 主要污染物及含量 | 产生量/($\times 10^4$ t/年) | 对人体和环境的危害 |
|---|---|---|---|
| 铬渣 | 六价铬 0.3%~2.9% | 10~12 | 对人体消化道和皮肤具有强烈刺激和腐蚀作用,对呼吸道造成损害,有致癌作用。铬累积在鱼类组织中对水体中动物和植物区系均有致死作用。含铬废水影响小麦、玉米等作物生长 |
| 氰渣 | 含 $CN^-$ 1%~4% | 1.3~2.0 | 引起头痛、头晕、心悸、甲状腺肿大,急性中毒时呼吸衰竭致死,对人体鱼类危害很大 |
| 含汞盐泥 | Hg 含量 0.2%~0.3% | 0.78 | 无机汞对消化道黏膜有强烈腐蚀作用,吸入较高浓度汞蒸气可引起急性中毒,神经功能障碍。烷基汞在人体内能长期滞留,甲基汞会引起水俣病。汞对鸟类、水生脊椎动物会造成有害作用 |
| 无机盐废渣 | $Zn^{2+}$7%~25%、$Pb^{2+}$0.3%~2% $Cd^{2+}$100~500 mg/kg $As^{3+}$40~400 mg/kg | 0.6~1.2 | 铅、镉对人体神经系统、造血系统、消化系统、肝、肾、骨骼等都会引起中毒伤害。含砷化合物有致癌作用,锌盐对皮肤和黏膜有刺激腐蚀作用。重金属对动植物、微生物有明显危害作用 |
| 蒸馏釜残渣 | 苯、苯酚、腈类、硝基苯、芳香胺类、有机磷农药等 | 产生量不大,但浓度很高 | 对人体中枢神经、肝、肾、皮肤等造成障碍与损害。芳香胺类、亚硝胺类有致癌作用,对水生生物、鱼类也有致毒作用 |
| 酸、碱渣 | 各种无机酸碱 10%~30%含有大量金属离子和盐类 | 5~10 $m^3$/t 钛白粉 | 对人体皮肤、眼睛和黏膜有强烈刺激作用,导致皮肤和内部器官损伤和腐蚀,对水生生物、鱼类有严重影响 |

### 3. 废物再资源化潜力大

化工固废中有相当一部分是反应的原料和反应副产物,如一部分硫铁矿烧渣、废胶片、废催化剂中还含有 Au、Ag、Pt 等贵金属,通过加工就可将有价值的物质从废物中回收利用,能取得较好的经济和环境双重效益。

随着化工生产的发展,化工固废的产生量日益增加,除一部分进行处理处置外,相当一部分废物排至环境中,造成污染;其危害包括侵占工厂内外大片土地,污染土壤、地下水和大气环境,直接或间接地危害人体健康。

以铬盐行业为例,我国化工铬盐行业年产铬渣(10~12)$\times 10^4$ t,$Cr^{6+}$含量 0.3%~0.9%,加上历年积存,铬渣含量已达 200 多万 t。这些渣大部分露天堆放在厂内形成小山,经风吹雨淋,导致到处流失,污染地表水和地下水,使当地水中含量超过饮用水标准几十至数百倍,危害人畜,如锦州铁合金厂、天津同生化工厂、青岛铬盐厂等先后发生过铬渣污染事故,全国已有多家铬盐厂由于铬渣污染而被迫停产。

又如全国化工企业汞法烧碱、聚氯乙烯和乙醛年耗汞量达 200 t 以上，比国外高几十到几百倍。由于含汞盐泥和废水的排放，当地水体受到严重污染，水质、底泥、水生生物中含汞量超标，严重影响农业、渔业生产和居民身体健康，如我国松花江、辽宁锦州湾、云南螳螂川等水体曾遭受过严重污染。为了彻底消除汞害，化工部已采取措施，将逐步革除汞法，用离子膜法来代替汞触媒法。

此外，化工固废和有毒物料泄漏事故造成的污染也时有发生。如 1985 年 7 月，大连市某化工厂由于操作事故，从设备中跑出有毒物料氯化苦 10kg 多流入大连港寺尔沟油区，使 100 多人受毒气影响，3 人中毒住院，11 人有刺激反应，造成很坏影响。1985 年 5 月，四川某化工研究所二分厂深夜非法偷排聚四氟乙烯生产中产生的 $F_{22}$ 裂解残液，致使位于排污沟旁的三户农民 10 人中毒，5 人住院抢救治疗，毒死猪、鸡、兔等家禽家畜 30 多只，直接支付医疗费等经济损失达 4 万多元。总之，化工固废污染环境危害是严重的，决不可掉以轻心。

### 6.1.2　治理现状及处理技术

#### 1. 国外处理技术及发展趋势

近年来，美国、日本、欧洲工业化国家经过认真治理，化学工业"三废"排放量得到有效控制。在化工生产发展的同时，化工"三废"排放量减少或持平，环境质量明显改善。

到 20 世纪 80 年代初，各工业化国家化工"三废"污染已基本解决，化工环保已从单项治理进入"预防为主，综合治理"的阶段，研究重点已从传统污染物（$SO_2$、$NO_2$、COD、BOD）的治理向防治危险废物、有毒化学品、恶性安全事故造成的污染方向转移，并对化工固废实行全面管理，即把产生、运输、处理、利用、处置等化工废渣运动过程所经历的各个环节都作为污染源进行管理控制。

各国对化工固废管理和处理技术的发展趋势如下。

（1）严格危险废物的全面管理

针对化工固体废物造成的土壤和地下水的严重污染，工业化国家制定并不断修订完善环保法规，对危险废物处理及运输等做出许多新规定。例如美国，1976 年制定了管理固体废物产生、运输、使用、处理、排放的"资源保护与回收法"，后来针对该法制定以前因危险废物处理不当造成的污染，1980 年 12 月又通过了"超级基金法"，并设立 16 亿美元工作基金，对以前的危险废物填埋场进行清理；1986 年 12 月，又通过了"超级基金修订与再授权法"，并再筹集 85 亿美元的工作基金。针对印度博帕尔农药厂毒气泄漏事件的教训，又追加了"应急计划与公众参与权"的规定，确定当地居民有权了解工厂生产和化学品库存情况，以便对企业进行监督和了解等应急对策。

（2）明确固体废物管理的重点

固体废物管理的重点已转向防止有毒化学药品制造和泄漏及危险废物国际间转移造成的污染。

近年来，美国、日本、欧洲各国政府和化学工业界正积极修订有关法规，加强对有毒化学品的安全性研究和管理。如日本 1986 年 4 月对已实施 12 年的"化学物质审查及制造控制法"进行了修订；欧洲各国由于国土相邻，危险废物越境转移已成为重要的环境问题。为此经济合作与发展组织理事会通过了危险废物越境转移决定及建议，提出成员国内可从减少危险废物越境移动观点出发，劝告并推进各国内部设置废物处理设施，采取抑制、削减危险废物产生量的措施等。

（3）改进固体废物的处理技术和对策

国外化工公司重视化工"三废"治理，在解决"三废"污染时，强调通过工厂内部的污染源控制来消除污染。日益严格的环保法规以及废物处理费用的上涨，迫使国外化工公司采取改革工艺、改进管理、回收利用废物等措施，并将在发生源减少污染方面作为研究的重点。如日本、荷兰、加拿大等国都在积极发展用离子膜法烧碱生产技术来消除汞和石棉污染。各国对现有的水银法装置采取了防止汞污染措施，加强了生产管理，并建立了一套完整的技术先进的汞回收技术，使汞耗由 20 世纪 70 年代以前的 280 g/t 碱降至 20 g/t 碱以下。

近年来，西方工业化国家不断强化污染物排放法规限制，迫使许多化工公司研究和建立高负荷、高效率先进废物处理技术、装置，淘汰原有的落后处理技术，以适应新的处理要求。如美国环保局对工业危险废物实施更严格的限制，迫使许多化工公司接受焚烧法作为化学固废处置方法；填埋处置量下降，使有机危险废物的焚烧率达 99.99%。许多化工公司还依赖商业性废物处理承包商在厂内处理废物和净化超级基金管辖场地。

近年来，由于能源紧缺和石油供不应求，西方工业化国家在化工废物处理上还注意改进原有处理工艺，研究节能措施，降低电力能源消耗。国外化工公司特别注意将废物资源化，回收副产物，或在已建焚烧炉上增设能源回收装置，将高温分解废物产生的热能加以回收，利用污水污泥发电等。目前带有能源回收装置的焚烧炉数量在增加，并开发出可移动式焚烧炉、太阳能焚烧等新技术。国外填埋处理技术也有很大发展，带有双层衬垫、沥滤液监测、收集和处理系统，能回收沼气的安全填埋技术正在向深度和广度发展。

**2. 我国治理现状及主要处理技术**

（1）治理现状

近年来，为有效改善环境状况，实现可持续发展，中国石油和化学工业协会配合国家环保部门有关活动做了大量工作。各级化工部门和企业为适应环保的要求，已采取了一系列措施来加强环境管理和监督，改革旧设备和生产工艺，积极开展固废治理和综合回收工作，在治理和解决固废污染方面取得了较大进展。"六五"期间化工总产值比"五五"期间增长 43%，而化工"三废"排放总量没有相应地成比例增长，有些污染物如 As、Pb、Cd、氟化物、硫化物、氰化物等有所下降。截止 2003 年，根据全国 16 个省市 1533 个化工企业的统计资料（表 6.3），化工固废处理率已达 29%，综合利用率 54.5%，10 种化工废渣利用率达 77.1%（表 6.4），化工废渣排放量即堆存量仅占 16.6%。

表 6.3　化工固体废物处理情况

| 项目 | 指标 |
|---|---|
| 化工固体废物产生量/（×10⁴ t/年） | 2048.49 |
| 化工固体废物处理量/（×10⁴ t/年） | 290.03 |
| 化工固体废物处置量/（×10⁴ t/年） | 302.97 |
| 化工固体废物综合利用量/（×10⁴ t/年） | 1115.57 |
| 化工固体废物排放量/（×10⁴ t/年） | 339.93 |
| 处理率/% | 14.2 |
| 处置率/% | 14.8 |
| 综合利用率/% | 54.5 |

表 6.4　十种化工废渣综合利用情况

| 废物名称 | 产生量/（×10⁴ t/年） | 综合利用/（×10⁴ t/年） | 综合利用率/% |
|---|---|---|---|
| 硫铁矿烧渣 | 338.3 | 259.5 | 76.7 |
| 铬盐废渣 | 9.8 | 4.9 | 50.0 |
| 电石渣 | 112.8 | 84.3 | 74.7 |
| 纯碱白灰渣 | 39.2 | 11.2 | 28.6 |
| 黄磷水淬渣 | 34.1 | 32.8 | 96.2 |
| 合成氨煤造气炉渣 | 240.7 | 210.5 | 87.5 |
| 合成氨油造气炭黑 | 7.2 | 6.4 | 88.9 |
| 烧碱盐泥 | 15.1 | 6.8 | 45.0 |
| 工业窑炉渣 | 79.5 | 56.6 | 71.2 |
| 污水处理剩余污泥 | 23.6 | 21.1 | 89.4 |
| 合计 | 900.3 | 694.1 | 77.7 |

到 2003 年，化工行业已建设废水处理装置 8600 多套，废水达标排放率 88%；已建设废气处理设施 12 000 多套，锅炉烟气达标率 93%，去除 $SO_2$ 1 万多 t，烟尘 442.5 万 t，粉尘 65.2 万 t，固体废物综合利用量 4090 万 t，化工行业综合利用产值达 43.4 亿元。

（2）处理技术及主要措施

近年来，化工固废处理与综合利用技术有较大发展，开发出一批技术成熟、经济效益较高的处理与综合利用技术，见表 6.5。

表 6.5　主要化工固体废物处理技术

| 化工行业及废物 | 应用厂家 | 废物处理与综合利用技术 |
|---|---|---|
| 无机盐工业： | | |
| 铬渣 | 青海铬盐厂 | 铬渣干法解毒技术 |
| | 青岛红星化工厂 | 铬渣制玻璃着色剂 |
| | 湖南湘潭合成化工厂 | 铬渣制钙镁磷肥 |
| | 黄石无机盐厂 | 铬渣制钙铁粉等 |
| 磷泥 | 武汉化工原料厂 | 磷泥烧制磷酸 |
| 电炉黄磷渣 | 河南新乡豫北化工厂 | 掺制硅胶盐水泥 |
| 氰渣 | 天津华北氧气厂 | 高温水解氧化法处理技术 |

续表

| 化工行业及废物 | 应用厂家 | 废物处理与综合利用技术 |
| --- | --- | --- |
| 氯碱工业： |  |  |
| 含汞盐泥 | 锦西化工总厂 | 次氯酸钠氧化法处理技术 |
|  | 天津化工厂 | 氯化硫化焙烧法处理技术 |
| 非汞盐泥 | 上海氯碱总厂电化厂 | 盐泥制氧化镁技术 |
|  | 郑州农药厂等 | 沉淀过滤法处理技术 |
| 电石渣 | 吉化公司水泥厂 | 电石渣生产水泥技术 |
|  | 牡丹江树脂厂 | 电石渣制漂白液技术 |
|  | 云南化工厂 | 作筑路基层技术 |
| 磷肥工业： |  |  |
| 电炉黄磷渣 | 昆阳磷肥厂 | 制水泥技术 |
| 磷泥 | 南化公司化工建材厂 | 磷泥烧制磷酸技术 |
| 磷石膏 | 山东鲁北化工总厂 | 制硫酸联产水泥技术 |
|  | 南化公司磷肥厂 | 制 α-半水石膏粉、球技术 |
| 氮肥工业： |  |  |
| 造气炉渣 | 四川雅安氮肥厂 | 制煤渣砖技术 |
| 锅炉渣 | 云南沾益化肥厂 | 制煤渣砖技术 |
|  | 福建永春化肥厂 | 制水泥技术 |
| 废催化剂 | 湖南资江氮肥厂 | 生产 Zn-Cu 复合微肥技术 |
|  | 太原化肥厂铂网分厂 | 回收铂族金属技术 |
| 纯碱工业： |  |  |
| 蒸氨废液及废盐泥 | 河南焦作化工三厂 | 蒸氨废液制氯化钙，再制盐技术 |
|  | 青岛碱厂 | 制钙镁肥技术 |
| 硫酸工业： |  |  |
| 硫铁矿烧渣 | 河南长葛化工总厂 | 烧渣制砖技术 |
|  | 南京钢铁厂 | 高温氯化法处理技术 |
|  | 山东乳山化工厂 | 氰化法提取金、银、铁技术 |
| 废催化剂 | 平顶山九八七化工厂 | 从含钒催化剂中回收 $V_2O_5$ 技术 |
| 有机原料及合成材料工业： |  |  |
| 废母液 | 北京化工三厂 | 分步结晶法回收季戊四醇母液 |
| 蒸馏残液 | 吉化公司石井沟联合化工厂 | 缩合法处理甲醛废液 |
|  | 上海氯碱总厂电化厂 | 有机氟残液焚烧处理技术 |
| 污泥 | 吉化公司污水处理厂 | 回转窑焚烧混合污泥技术 |
| 燃料工业： |  |  |
| 含铜废渣 | 青岛燃料厂等 | 从含铜废渣中回收硫酸铜技术 |
| 废母液 | 四川燃料厂 | 氯化母液中回收造纸助剂和废酸 |
| 感光材料工业： |  |  |
| 废胶片 | 化工部第一、第二胶片厂 | 废胶片和银回收技术 |

解决化工固废污染的主要技术措施如下。

1）改革化工生产工艺，更新设备，改进操作方式，采用无废或低废工艺，尽可能把污染消除在生产过程中。例如，生产苯胺的传统工艺采用铁粉还原法，生产过程中产生大量含有硝基苯、苯胺的铁泥废渣和废水，造成环境污染和资源浪费。南京化工厂通过改革，成功开发了加氢法制苯胺新工艺后，铁泥废渣产生量由 2500 kg/t 减少到 5 kg/t，废水排放量由 4000 kg/t 产品降到 400 kg/t 产品，并降低了一半的能耗，苯胺收率达 99%，因而获得了国家金质奖。

2）采用蒸馏、结晶、萃取、吸附、氧化等方法将废物转化为有用产品，加以综合利用。如山东乳山化工厂以硫铁矿制硫酸，每年排渣量达 2.5 万 t，烧渣中每吨含 Au 4g、Ag 20g、Fe 38g。过去由于无先进技术，烧渣一直堆放在尾矿坝，占据大片土地并造成污染。1984 年该厂成功地用氰化法从烧渣中提取 Ag、Au、Fe，1985～1987 年共回收黄金 5300 多两，白银 252 kg，精铁矿 19 000 t，获利税 189 万元，减少烧渣 14.6 万 t，取得良好的经济和环境效益。

3）固废无害化技术。固废通过焚烧、热解、化学氧化等方式，改变其中有害物质的性质，使其转化成无毒无害物质。如上海氯碱总厂电化厂采用焚烧法处理聚四氟乙烯树脂生产中产生的有机氟残液，在焚烧炉中焚烧后烟气经水急冷、洗涤后达到国家排放标准。

# 6.2　无机盐工业固体废物处理工程

无机盐化学工业是一个多品种的基本原料工业，我国有 20 多个行业，近 800 多种产品，年产量达数百万吨。我国无机盐工业的特点是生产厂点多、布局分散，生产规模小、间歇操作多、设备密闭性差、"三废"治理落后。

在无机盐工业中，危害污染严重的污染源有铬盐、黄磷、氰化物和锌盐等的生产过程中排放出的有毒固废，主要有铬渣、磷泥、氰渣和钒渣等 20 余种。我国铝盐生产的铬渣由于长期露天堆放，严重污染周围土壤、河流和地下水系。下面着重对铬渣处理工程进行介绍。

## 6.2.1　废物来源、组成

铬渣主要是指在重铬酸钠生产过程中铬铁矿等料经煅烧、用水浸取出铬酸钠后的残渣，其主要污染物为 $Cr^{6+}$ 离子。每生产 1t 重铬酸钠产生 1.8～3.0 t 的铬渣，铬渣基本组成如表 6.6 所示。

表 6.6　铬渣基本组成（wt%）

| 组成 | $Cr_2O_3$ | $Cr^{6+}$ | $SiO_2$ | CaO | MgO | $Al_2O_3$ | $Fe_2O_3$ |
|---|---|---|---|---|---|---|---|
| 含量 | 3～7 | 0.3～2.9 | 8～11 | 29～36 | 20～33 | 5～8 | 7～11 |

铬盐生产排出的其他含铬固体废物列于表 6.7。

**表 6.7 其他含铬固体废物来源及吨产品产生量**

| 含铬固体废物名称 | 排放的生产工序 | 吨产品产生量/t | $Cr^{6+}$/（wt%） |
|---|---|---|---|
| 含铬芒硝 | 重铬酸钠生产的抽滤分离 | 0.5～0.8 | 0.04～0.36 |
| 含铬铝泥 | 重铬酸钠生产的中和压滤 | 0.04～0.06 | 2.5～3.0 |
| 含铬硫酸氢钠 | 铬酸酐生产的分层 | 1.0～1.7 | 1.5～1.8 |
| 含铬酸泥 | 铬酸酐生产的酸泥处理 | 0.3～0.6 | 0.5～1.0 |

### 6.2.2 治理现状、处理技术

我国铬渣等治理技术较完善，有的已形成工业化治理规模，使铬渣从单一治理发展到因地制宜、多种途径的综合治理。为从根本上解决铬渣污染问题，积极开展铬盐生产的焙烧工艺改革的研究，以削减渣量。目前采用的铬渣处理技术如下。

**1. 铬渣干法解毒**

将粒径小于 4 mm 的铬渣与煤粒以 100：15 比例混合，在 600～800℃温度下进行还原焙烧，使六价铬还原而达到解毒目的。为防止高温料中的三价铬与空气接触时再被氧化成六价铬，采用高温水淬骤冷。为提高解毒效果及解毒铬渣的稳定性，在水淬过程中可添加适量的硫酸亚铁和硫酸。目前已建成处理规模 7000 t/年和 4500 t/年的铬渣干法解毒治理装置。解毒后的铬渣可用做水泥混合料，也可代替石灰膏或部分水泥配制砂浆。

**2. 铬渣作玻璃着色剂**

我国从 20 世纪 60 年代中期起就用铬渣代替铬铁矿作为绿色玻璃瓶的着色剂。目前国内每年有 4 万余 t 铬渣用做玻璃着色剂，占铬盐行业年排渣量的 40%以上。

**3. 铬渣制钙镁磷肥**

铬渣与磷矿石、硅石、焦粉或无烟煤混配在 1400℃以上的高温熔融，渣中 $Cr^{6+}$ 被 C 及 CO 还原成 $Cr^{3+}$，熔融料经水淬、烘干及粉碎即为磷肥制品。已投产的年产 $1.6 \times 10^4$ t 铬渣钙镁磷肥装置，每年可处理铬渣 5000 t，副产 400 多吨的磷铁，从而降低了磷肥生产成本。

**4. 铬渣制钙铁粉（CT 防锈颜料）**

现已建成年产钙铁粉 300～1000 t 的生产装置，生产 1 t 钙铁粉可耗用 1.2～1.3 t 铬渣。其生产方法是铬渣经风化筛分后进行打浆、磨细（湿磨）到一定粒度，经水洗、过滤、烘干、粉碎而成。

**5. 铬渣制铸石**

以铬渣为主要原料加入适量硅砂、烟灰，在 1450～1550℃的平炉中熔融，经浇铸、结晶及退火后，经自然降温而制成。我国 80 年代初已建成年产 2000 t 和 5000 t 铸石的生产装衬。

### 6. 其他用途

铬渣可代替石灰石作炼铁辅料，还可制矿渣棉，烧红、青砖以及轻质骨料、水泥早强剂、水泥熟料、彩色水泥、水泥砂浆和釉面砖等。

# 6.3　氯碱工业固体废物处理工程

氯碱工业是重要的基本化学工业，其产品烧碱及氯产品在国民经济中起着重要作用。我国烧碱年产量近 300 t，生产工艺主要有四种：隔膜法（占 90%）、水银法（占 6%）、离子膜法（仅 2%）、苛化法（2%）。我国以隔膜法生产为主，水银法不再发展，并已确定发展离子膜法烧碱的方向。氯碱工业生产的氯产品主要有液氯、盐酸和聚氯乙烯（PVC），其中 PVC 年产量 $65 \times 10^4$ t 左右。

氯碱工业固废主要是含汞和非汞盐泥、汞膏、废石棉隔膜、电石渣泥和废汞催化剂。随着氯碱工业的迅速发展，其"三废"量日益增多，尤其是含汞废物的排出，给环境造成严重污染。如天津蓟运河、云南螳螂川、锦西五里河，多年来由于含汞盐泥的排入，水质、底泥、水生物中含汞量超标，严重影响到周围居民的身体健康。氯碱工业已成为我国化学工业的主要污染行业之一。

## 6.3.1　废物来源及组成

我国烧碱生产工艺主要由盐水精制、电解和蒸发固碱组成。烧碱生产排放的固废盐泥来自化盐槽和沉降器，汞膏和废石棉隔膜来自电解槽。聚氟乙烯生产的固废——电石渣泥来自电石制乙炔的乙炔发生器，废汞催化剂来自氯乙烯合成反应器。

氯碱工业固废——盐泥、电石渣泥产生量及组成如表 6.8 和表 6.9 所示。

表 6.8　盐泥产生量及组成（%）

| 产生量 ＼ 组成 | NaCl | Mg(OH)$_2$ | CaCO$_3$ | BaSO$_4$ | 不溶物 | Hg[①] |
|---|---|---|---|---|---|---|
| 40～50kg/t 产品 | 15～20 | 10～15 | 5～10 | 30～40 | 10～15 | 0.2～0.3 |

① 为含汞盐泥中汞的含量。

表 6.9　电石渣泥产生量及组成（%）

| 产生量 ＼ 组成 | CaO | SiO$_2$ | Al$_2$O$_3$ | Fe$_2$O$_3$ | 灼失量 |
|---|---|---|---|---|---|
| 1～2t/t 产品 | 65.0 | 1.94 | 2.45 | 0.12 | 24.58 |

其他固废：废石棉隔膜产生量 0.4～0.5 kg/t 产品，主要成分为石棉；汞膏排量很小，

组成为Hg97%～99%,Fe为l%,以及少量Ca、Mg和石墨粉;含汞废催化剂产生量l.43 kg/t产品,Hg含量4%～6%。

### 6.3.2　治理现状及处理技术

1. 治理现状

我国在防治氯碱固废污染方面已做了大量工作,并初见成效。目前全国烧碱生产盐泥产生量为$13 \times 10^4$ t /年,其中含汞盐泥7800 t/年。非汞盐泥综合利用率仅10%,含汞盐泥进行汞回收治理的占70%。废石棉隔膜产生量1300 t/年,除少量回收外,其余均用来加工石棉制品,汞膏全部回收利用。聚氯乙烯电石渣泥产生量为$70 \times 10^4$ t /年,现已基本得到综合利用,废汞催化剂年产生量786 t,几乎全部回收。

2. 处理技术

（1）含汞盐泥处理

1）次氯酸钠氧化溶出法。盐泥中不溶性的氧氯化汞、硫化汞、甘汞以及金属汞在氧化剂次氯酸钠作用下氧化为可溶性的$(HgCl_4)^{2-}$。将氧化后的盐泥过滤,滤液返回电解槽回收汞,滤饼加入硫化钠处理后装袋堆放或加入水泥、沙搅拌均匀固化后深埋。

2）氯化-硫化-焙烧法。将盐泥浆加入盐酸,反应后送入氧化槽通氯气进行反应,使不溶性汞全部转化为可溶性汞（$HgCl_2$）,再经沉淀分离后,上清液加入硫化钠生成硫化汞沉淀,经压滤去除水分后送焙烧炉灼烧回收金属汞,其产生的含汞尾气经活性炭吸附后排放。处理后盐泥含汞量小于100ppm,可加入硫化钠处理后装袋堆放或固化处理。

（2）非汞盐泥综合利用

盐泥制轻质氧化镁,盐泥经洗涤去除杂质后送入碳化塔,通入$CO_2$进行酸化,生成可溶性碳酸氢镁,经压滤,母液加热水解析出白色碱式碳酸镁,经灼烧后得轻质氧化镁,残渣可作制砖原料。

（3）汞膏和含汞催化剂处理

用恒电位阳极溶出法提取纯汞膏。将汞膏作阳极,控制其电位,可使汞膏中Fe逐渐溶解,而汞处于稳定状态,从而达到分离目的。此法汞回收率可达99%以上,回收汞纯度达99.99%,产生的含汞气体经活性炭吸附排放。

含汞废催化剂可进行再生处理,在将废催化剂经水洗、碱洗、烘干处理后,再用$HgCl_2$浸渍,干燥后可得到再生催化剂。

（4）电石渣泥处理

电石渣是用电石（$CaC_2$）制取乙炔时产生的废渣。电石渣的主要成分是$Ca(OH)_2$,我国综合利用电石渣的主要途径是将$Ca(OH)_2$替代石灰石作为生产水泥的原料。

我国氯碱工业由丁工厂规模小且布局分散,废物量大,污染物浓度高,加上治理技术尚不完善,设备不能满足要求,因此氯碱固废处理尚需努力探索。

# 6.4 磷肥工业固体废物处理工程

我国磷肥生产目前以低浓度磷肥为主，主要品种是普钙和钙镁磷肥。磷肥工业固体废物主要是磷石膏、酸性硅胶、炉渣和泥磷等。磷肥固废占用大片土地，加上风吹雨淋，废物中可溶性氟和元素磷进入水体造成环境污染，应予以足够重视。

## 6.4.1 废物来源及组成

### 1. 磷酸生产产生的固废——磷石膏

湿法磷酸生产工艺都是通过硫酸分解磷矿粉生成萃取料浆，然后过滤洗涤制得磷酸，过滤洗涤中同时产生磷石膏废物。我国湿法磷酸产量约 $5 \times 10^4$ t，磷石膏产生量 20 余万吨，其典型组成列于表 6.10。

表 6.10 云南磷肥厂固废结晶水磷石膏成分统计/（wt%）

| CaO | $SO_3$ | $Fe_2O_3$ | $Al_2O_3$ | $SO_2$ | 总 F | 水溶性 F | 总 $P_2O_5$ | 水溶性 $P_2O_5$ | 结晶水 | 游离水 | MgO | pH |
|-----|-----|-----|-----|-----|-----|-----|-----|-----|-----|-----|-----|-----|
| 29.0 | 41.5 | 0.07 | 0.105 | 8.5 | 0.304 | 0.154 | 2.0 | 1.4 | 18.8 | 25.0 | — | — |

### 2. 普钙生产产生的固废——硅胶

普钙（普通过磷酸钙）是用约 70%的硫酸与磷矿粉经混合、化成、熟化而制得。反应中逸出 HF 与 $SiO_2$ 反应生成 $SiF_4$，再用水吸收时水解生成硅胶（$SiO_2$）。一般生产 1 t 普钙（$P_2O_5$）产生干硅胶约 7 kg。

### 3. 钙镁磷肥生产产生的固废——粉尘

一般生产 1 t 钙镁磷肥可收集粉尘 200 kg 左右。由粉矿入炉时造成大量粉尘由烟气带出，经除尘器收集下来。

### 4. 黄磷生产产生的固液——炉渣与磷泥

生产黄磷是利用电炉高温将焦炭、硅石还原磷酸三钙制得，磷矿石中的 Ca 与 $SiO_2$ 化合成硅酸钙，经水骤冷、淬细作为炉渣排出。其组成如下：CaO 为 47%～52%、$SiO_2$ 为 40%～43%、$Al_2O_3$ 为 2%～5%、$Fe_2O_3$ 为 0.2%～1.0%、$P_2O_5$ 为 0.8%～2.0%。其产生量与磷矿石品位有关，一般每生产 1 t 黄磷产生炉渣 8～12 t，同时，磷矿中的氧化铁在制磷过程中生成磷铁，磷铁的组成为：P 为 24.4%、Fe 为 68.6%、Mn 为 3.0%、Ti 为 2.4%、$SiO_2$ 为 1.3%、S 为 0.3%；磷矿中含 1%的 $Fe_2O_3$，生产 1t 黄磷要产生 80～120kg 磷铁。

黄磷生产中还产生黄磷与粉尘的胶状物——泥磷。当使用电除尘时，生产 1 t 黄磷的带水泥磷仅几十千克，若不使用电除尘，泥磷量可达 500 kg 左右。富泥磷含磷 20%～40%，贫泥磷仅 1%～10%。泥磷除元素磷外，还含约 20%的固体杂质，主要为炭粉和

无机物 $SiO_2$、$CaO$、$Fe_2O_3$、$Al_2O_3$ 等。

## 6.4.2　治理现状及处理技术

### 1. 治理现状

（1）磷石膏

我国每生产 1 t 磷酸约排出 5t 磷石膏，目前我国磷石膏总产生量约 $25×10^4$ t，主要用来生产联产硫酸和水泥等；但由于生产工艺、产品成本和销路等问题，目前大部分尚未利用，堆置在工厂内外，占用大片土地，迫切需要加以解决。

（2）硅胶

除个别工厂用做制胶鞋垫料和水玻璃外，绝大部分均未加以利用。

（3）钙镁磷肥粉尘

全国年产约 $16.7×10^4$ t 粉尘，有的工厂将其与磷矿粉混合后烧成块料利用，有的将粉尘降价出售或堆置。

（4）黄磷炉渣和泥磷

炉渣大部分用做水泥或水泥的混合材料，少数用来制砖或釉面砖。全国泥磷产生量约 $3×10^4$ t，各厂都在回收利用，用于制磷酸或磷酸盐等。磷铁可用于特种钢做脱氧剂，但都来于钢铁厂；黄磷厂的副产物磷铁则难于出售，其出路亟待解决。

### 2. 处理技术

（1）磷石膏

磷石膏用来生产硫酸和水泥。如山东鲁北化工总厂 1984 年建成一套年产硫酸 7000 t，水泥 $1×10^4$ t 的生产装置，其他磷肥厂也在进行试产。其生产过程是：磷石膏经再浆洗涤、过滤、干燥脱水成无水石膏、再加焦炭、黏土和硫铁矿渣后磨细，送入回转窑高温煅烧，生成熟料和 $SO_2$ 窑气。熟料经冷却、掺入高炉炉渣、石膏，磨细成水泥；含 $SO_2$ 8%～9%的窑气经电除尘，送入硫酸生产系统生产硫酸。

此外，利用磷石膏还可生产半水石膏（$CaSO_4·1/2H_2O$），制硫铵副产磷酸钙、硫磷铵复肥，也可用于农业施肥和改良土壤。

（2）硅胶

硅胶用于制白炭黑。酸性硅胶经漂洗、离心过滤、氨中和（pH＞8）、离心过滤、碱中和、再离心过滤、烘干（间接加热至 200～250℃）、粉碎即得产品。白炭黑产品成分：$SiO_2$ 92.5%，$R_2O_3$ 0.17%，$H_2O$ 0.5%，挥发分 4.54%，pH 为 5～7，假密度 0.19g/ml，细度为 200 目。我国安徽铜官山化工总厂曾建年产 50～60t 的生产装置，供天津鞋厂作胶鞋增强剂。

（3）钙镁磷肥炉气粉尘

用它可烧结成块料作磷肥原料。将磷矿粉、蛇纹石（6∶4）与 8%焦屑、8%的水泥合后在 1300℃下抽风烧结成块料，具有很好的经济和环境效益。扬州磷肥厂安装了规模 4000 t/年的烧结料试验装置，年收益 40 万元。

（4）黄磷炉渣

黄磷炉渣可用于作水泥混合材料和烧砖或作釉面砖，云南昆阳磷肥厂水泥分厂、青岛红旗化工厂等分别进行生产。

（5）泥磷

我国南京化工公司磷肥厂用其生产磷酸，柳城磷肥厂用其生产磷酸，昆阳磷肥厂用转炉法燃烧泥磷生产磷酸一钠。

# 6.5　氮肥工业固体废物处理工程

我国氮肥厂合成氨产量约 $2000×10^4$ t，其主要产品有碳铵、尿素、硝铵、氯化铵、硫铵，其次还有硝酸磷肥、磷铵、氨水等。氮肥工业的主要固废有造气炉渣、废催化剂和其他废渣。按氨产量估算，造气炉渣中煤造气炉渣约 $1100×10^4$ t/年，油造气炭黑约 $7×10^4$ t/年，废催化剂约 $2×10^4$ t/年。这些固废若不加以适当处理，除堆放占用场地外，还会造成河道淤塞，污染地下水，并造成资源浪费。

## 6.5.1　废物来源及组成

由于氮肥工业的原料路线复杂，如以煤为原料即有煤、褐煤、煤球、焦、土焦等，且生产规模、工艺、操作不同，废渣的产生途径、产生量及组成差异较大。其来源如图 6.1 所示，产量及组成如表 6.11 所示。

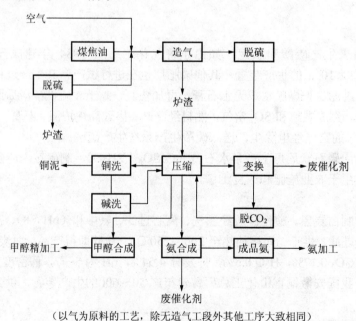

（以气为原料的工艺，除无造气工段外其他工序大致相同）

图 6.1　合成氨工艺流程及废渣来源

表 6.11　氮肥工业主要废渣的产生量及组成

| 废渣名称 | 产生量 | 主要成分 |
|---|---|---|
| 煤（焦）造气炉渣 | 0.7～0.9 t/t 氨 | $SiO_2$，$Al_2O_3$，$Fe_2O_3$，$CaO$，$MgO$ |
| 油造气炭黑 | 16～25 kg/t 氨 | $C$ |
| 变换废催化剂 | 0.47 kg/t 氨 | $Fe_2O_3$，$MgO$，$Cr_2O_3$，$K_2O$，$Co$，$Mo$ |
| 合成废催化剂 | 0.23 kg/t 氨 | $Fe_2O_3$，$Al_2O_3$，$K_2O$ |
| 甲醇废催化剂 | 4～18 kg/t 氨 | $Cu$，$Zn$，$Al_2O_3$，$S$ |
| 硝酸氧化炉废渣 | 0.1 kg/t 氨 | $Pt$，$Rh$，$Pd$，$Fe_2O_3$，$Al_2O_3$，$CaO$ |

### 6.5.2　治理现状及处理技术

1. 煤（焦）造气粉煤灰及炉渣

煤（焦）造气粉煤灰及炉渣大部分已得到综合利用，其处理率在 90%以上。目前的主要处理途径如下。

（1）作造气原料或燃料

对于含固体碳较高的煤屑、焦屑、炉渣中的煤核以及除尘器中的飞灰，从造气洗气箱、洗涤塔洗涤中沉淀下来的粉煤灰，有的工厂重新制成焦块或煤球作为造气原料。缺煤地区则作为居民和职工的辅助燃料。如鲁南化肥厂每年回收焦屑$(1.1～1.2)×10^4$ t，节约能耗占总能耗的 4%；柳州化肥厂利用炉渣的固定碳与石灰石一起生产冶金用石灰。

（2）作建筑材料

其可用作建筑材料，如蒸养渣砖、水泥、粉煤灰，还可作聚氯乙烯塑料地板的填充料以及复合肥料。

2. 废催化剂

废催化剂我国已开始进行处理和回收利用，除回收金属铜外，贵金属回收也得到重视。

（1）利用甲醇废催化剂生产 Zn-Cu 复合微肥

甲醇废催化剂含有 Cu、Cu 和 Zn 的氧化物和硫化物、少量 $Al_2O_3$、石墨及其他微量元素。废催化剂经粉碎、高温焙烧将 $Al_2O_3$ 变成不溶的 $\alpha$-$Al_2O_3$，然后用稀 $H_2SO_4$ 溶解，使 Cu、Zn 以硫酸盐形式存在于溶液中，过滤除去不溶物，调整 Zn/Cu 比、蒸发、结晶、过滤，即得 Zn-Cu 微肥。这在湖南资江氮肥厂已投产。

（2）从硝酸氧化从炉灰中回收铂族金属

将硝酸氧化炉灰、酸槽沾泥及氧化炉内瓷环，以 0.85：0.10：0.05 的比例混合，在电弧中还原熔炼，然后水碎、磁造、酸富集、水合肼还原、离子交换、烘干、煅烧等工序，即可得到纯度大于 99.95%的 Pt、Rh、Pd 三种纯金属。

# 6.6　纯碱工业固体废物处理工程

纯碱是基本化工原料，广泛用于建材、轻工、化工、冶金、电子及食品工业等。纯碱生产方法有氨碱法、联合制碱法、天然碱加工及电解烧碱碳化法等。其产生的固体废物主要有：来自氨碱法生产中的蒸氨废液；一、二次盐泥，苛化泥及石灰返砂碎石等；联合制碱法中产生的洗盐泥、氨Ⅱ泥等。

制碱工厂的废渣常年堆积，占去大片土地，排入海洋、河流形成"白海"之患，已成为纯碱工业的主要污染源。

### 6.6.1　废物来源及组成

氨碱生产中蒸馏废液产生于母液蒸氨过程，一、二次盐泥产生于盐水精制过程，废砂石来自石灰石煅烧及乳化过程。目前全国氨碱法纯碱年产废液$(1300\sim1400)\times10^4\ m^3$，废渣$(30\sim40)\times10^4\ t$。氨碱废渣废液产生量及组成列于表6.12和表6.13。

**表6.12　氨碱生产废液废渣产生量及性质**

| 废物种类 | 产生量 | 固体物料/（$kg/m^3$） | | pH | 色泽 | 排出时温度/℃ |
| --- | --- | --- | --- | --- | --- | --- |
| | | 溶解量 | 悬浮量 | | | |
| 蒸馏废液 | 9～11 | 170 | 15 | 11 | 白 | 100 |
| 一、二次盐泥 | 0.5～0.8 | 40 | 250 | 8.4 | 浅灰 | 常温 |

**表6.13　蒸馏废液的化学组成**

| 化学组成 | 含量/（$kg/m^3$） | 化学组成 | 含量/（$kg/m^3$） |
| --- | --- | --- | --- |
| $CaCl_2$ | 95～115 | $CaSO_4$ | 3～5 |
| $NaCl$ | 50～51 | $SiO_2$ | 1～5 |
| $CaCO_3$ | 6～15 | $Fe_2O_3+Al_2O_3$ | 1～3 |
| $CaO$ | 2～5 | $NH_3$ | 0.006～0.03 |
| $Mg(OH)_2$ | 3～10 | 总固体物 | 3%～5%（v） |

联合制碱法同时生产纯碱和氯化铵两种产品，该法以原盐、氨及合成氨副产 $CO_2$ 为原料，由于原盐带入系统的杂质，也产生少量废泥渣，主要是母液澄清过程中产生的"氨Ⅱ泥"，其产生量为$0.02\sim0.04\ m^3/t$ 碱，其主要成分为 $CaCO_3$、$MgCO_3$ 及少量 $NH_3$ 和 $NaCl$。

从上述废液废渣组成可见，纯碱生产排出的废物均系原料中未被利用的元素，具有排放量大、利用价值低等特点，虽属无毒废物，但废液的 pH、悬浮物含量及排出温度等均不符合国家"三废"排放标准，必须处理利用。

### 6.6.2　治理现状及处理技术

目前世界各国氨碱厂治理废物的办法主要还是靠合理排放，即将废液温度、pH、悬浮物含量等指标控制在环保法规定的标准之内进行排放（也称"无害排放"），废渣到筑坝堆存、填海造地、建大型沉淀池贮存堆放。

我国也不例外，对纯碱废物采取了相应的处理工程进行治理，如大连化学工业公司在大连湾西北部棉花岛地区拦海筑坝建设了一个使用期 31 年的废液废渣处理工程，天津碱厂、青岛碱厂等均建有规模不等的废液制氯化钙和再制盐车间。天津、大连等地利用氨碱废渣烧制水泥、建筑白灰、碳化砖、建筑胶泥等建筑材料已有多年经验。

　　总的说来，我国纯碱工业"三废"处理技术及综合利用的科研水平与国外不相上下，但我国的工业化水平低，科研成果推广较差，且综合利用产品品种单一、产量低，应用范围狭窄，与国外差距较大。

# 6.7　硫酸工业固体废物处理工程

　　硫酸工业产生的固体废物主要有硫铁矿烧渣、水洗净化工艺废水处理后的污泥、酸洗净化工艺含泥稀硫酸、废催化剂等。由于我国硫酸生产以硫铁矿为主要原料，生产技术上又以水洗净化和转化——吸收工艺为主，加上小型厂多（产量占 50%以上），致使硫酸工业成为我国化工污染较重的行业之一。

## 6.7.1　废物来源及组成

### 1. 废物来源

　　以硫铁矿为原料接触法生产硫酸，主要有原料、焙烧、净化、转化、吸收五道工序。习惯上以净化工艺流程将硫酸生产分成干法、湿法两大类。目前我国硫铁矿制酸工厂约有 50 家用酸洗流程，其余 400 多家仍用水洗净化流程。

　　硫铁矿主要由硫和铁组成，并伴有少量有色金属和稀有金属，生产硫酸时其中的硫被提取利用，铁及其他元素转入烧渣中，烧渣是炼铁、提取有色金属或制造建筑材料的重要资源。此外，生产废水中还含有大量矿尘及 As、F、Pb、Zn、Hg、Cu 等物质，酸洗工艺还排出少量含泥污酸。

### 2. 废物组成

　　硫酸工业废物产生量与硫铁矿的品位有关。当其含硫量为 30%时，生产 1t 硫酸的矿渣为 0.7～1 t。烧渣组成如表 6.14 所示。其污泥渣产生量与生产工艺有关。水洗净化工艺废水处理后产生污泥渣量约 130 kg/t，酸洗净化工艺排出的污酸量一般为 30～50 L/t 酸，即生产每吨硫酸带入污酸中粉尘量为 34～35 kg。

表 6.14　部分硫酸企业矿渣的组成（%）

| 矿渣组成<br>单位 | Fe | FeO | Cu | Pb | S | SiO$_2$ | Zn | P |
|---|---|---|---|---|---|---|---|---|
| 大化公司化工厂 | 35 | | | | | | | |
| 铜陵化工总厂 | 55～57 | | | | 0.25 | | | |
| 吴泾化工厂 | 52 | | | | 0.43 | | | |
| 淄博制酸厂 | 40 | | 0.2～0.35 | 0.015～0.04 | 0.31 | | 0.043～0.083 | |

续表

| 单位 ＼ 矿渣组成 | Fe | FeO | Cu | Pb | S | SiO$_2$ | Zn | P |
|---|---|---|---|---|---|---|---|---|
| 南化氮肥厂 | 45.5 | | 0.24 | 0.054 | 0.1 | | 0.19 | |
| 四川硫酸厂 | 46.73 | 4～6 | | | 0.25 | 10.06 | | |
| 南化磷肥厂 | 53 | | | | 0.51 | 15.96 | | |
| 湛江化工厂 | 52.5 | | | 0.05 | 0.20 | | | <0.1 |
| 杭州硫酸厂 | 48.83 | | | | 0.15 | | | |
| 广州氮肥厂 | 50 | 6.94 | | | 0.33 | 18.50 | | |
| 衢州化工厂 | 41.99 | | 0.25 | 0.074 | 0.35 | | 0.72 | |
| 宁波硫酸厂 | 37.5 | | | | 0.16 | | | |
| 厦门化肥厂 | 36 | | 0.23 | 0.0781 | 0.12 | | 0.0952 | |
| 广州硫酸厂 | | | | | 0.44 | | | |

### 6.7.2　治理现状及处理技术

**1. 治理现状**

根据对全国 23 家硫酸厂的调查，全年产渣量 185.65×10$^4$ t，烧渣含铁 44.05%，含硫 0.34%，其中有 17 家的矿渣 149.7×10$^4$t 已被利用做水泥配料，占烧渣年利用率的80.59%，有 3 家的矿渣 16.35×10$^4$t 作炼铁原料，占烧渣年利用率的 8.81%，还有 3 家的烧渣 19.69×10$^4$ t，占烧渣总量的 10.6%没有利用。全国大多数小型厂仍采用水力排渣方式直接排放，治理率非常低。另外，水洗净化工艺废水处理后的污泥和酸洗工艺排出的少量酸泥尚无妥善解决办法。

目前全国有硫酸生产厂 469 家，年产 4×10$^4$ t 以上的仅 97 个，其余都是小型厂。由于小厂数量多，分布广，造成投资、资源分散，不利于统筹规划，加上小厂资金不足，无暇顾及治理和综合利用，给环境治理和烧渣综合利用带来很大困难。

**2. 处理技术**

**（1）烧渣处理技术**

目前我国硫酸厂的烧渣处理主要有五个方面。

1）作水泥配料。水泥中掺加硫酸烧渣可调整水泥成分，增加水泥强度，还可降低烧成温度，减少能耗，延长炉衬寿命，因此很多水泥厂都用其作配料，只要含铁量>40%即可。因此，大部分烧渣均可满足其要求，应用较为普遍。

2）制矿渣砖。将消石灰粉（或水泥）和烧渣混合成混合料，再成型，经自然养护后即制得矿渣砖。矿渣砖与黏土砖几乎无差别且成本比黏土砖低 20%，具较好效益。

3）提取金、银、铁及有色金属。山东乳山化工厂等根据硫铁矿烧渣含 Au、Ag 元素较高的特点，成功地用氰化法回收其中的 Au、Ag、Fe（详见后面工程实例）。

南京钢铁厂从日本引进一套 30×10$^4$ t/年 "光和法" 处理烧渣装置，于 1980 年投产，处理有色金属含量较高的烧渣；在 1250℃的回转窑炉内进行高温氧化焙烧，烧渣中有色金属氧化物挥发，就可加以回收利用，可回收 90%左右的 Cu、Pb、Zn。高温氧化法从烧渣中回收利用有色金属是行之有效的治渣方法。

4）烧渣精选。烧渣通过重选，可把精铁矿含铁量提高到 55%～60%，而含磷 0.04% 以下，含 $SiO_2$ 在 10%～16%。产品供炼铁厂使用，重选尾矿送水泥厂作添加剂。湛江化工厂 1988 年已安装此设备。

5）掺烧炼铁。利用钢铁厂的烧结设备进行掺烧，简单易行，国内一些钢铁厂均有实践经验。一般掺烧 10%左右。对烧结矿质量及各项指标均无影响。

由于我国硫铁矿大多品位低、成分杂，一般烧渣含 Fe 40%～50%、$SiO_2$ 16%～20%，但冶金工业要求烧渣中含 S<0.3%、As<0.07%、Pb<0.1%、Zn<0.2%、P<25%、Fe>60%，烧渣质量很少能达到上述要求。因此，品位低已成为利用烧渣炼铁的主要障碍。

（2）含泥废酸处理技术

酸洗净化工艺一般生产 1 t 硫酸产生 0.075 t 含泥硫酸，废酸中含有 $FeSO_2$ 25%～35%/L，酸泥 25～30g，以及微量 As、Se 等有毒物质。吉化公司通过分层沉淀和抽气处理，既解决了污染，又回收了稀酸中的 $SO_2$ 气体等，获得了一定的经济效益。

（3）含矾废催化剂回收

平顶山 987 联合工厂采用水解-沉淀-焙烧法从失活的催化剂中回收 $V_2O_5$，使废催化剂中的 $V_2O_5$ 从 5%～7%降至<0.2%，废渣砖藻土又可用做催化剂载体，成品 $V_2O_5$ 达到国家出口级标准。按年处理 4000 t 废矾催化剂计算，可回收提取 $V_2O_5$ 160 t 左右，创产值 1200 万元，税利 280 万元。

### 6.7.3　硫酸烧渣处理工程实例

山东乳山县化工厂用氰化法从硫酸烧渣中提取 Au、Ag、Fe 实例（据乳山化工厂孙世贺的资料）。

**1. 产品品种与生产规模**

1）硫酸年产 $4\times10^4$ t。

2）磷肥年产 $4\times10^4$ t。

3）黄金年产 66 kg。

4）白银年产 100 kg。

5）铁精粉年产 6000 t。

6）编织袋年产 30 万条。

**2. 生产工艺流程及废物来源**

硫酸生产工艺流程如图 6.2 所示。从图可知，废物来自焙烧过程中产生的烧渣及净化过程中产生的污泥。

**3. 废物组成及其产生量**

每年制酸系统可排出烧渣 $3\times10^4$ t，烧渣组成见表 6.15。

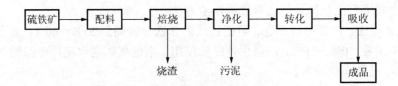

图 6.2　硫酸生产工艺流程

表 6.15　烧渣分析结果

| 元素名称 | Au | Ag | Cu | Fe | Zn | Pb | S | SiO$_2$ | Al$_2$O$_3$ | CaO | As | C |
|---|---|---|---|---|---|---|---|---|---|---|---|---|
| 含量/% | 4.38 | 10 | 0.067 | 21.2 | 0.03 | 0.03 | 0.53 | 39.9 | 5.39 | 2.51 | 0.05 | 0.09 |

### 4. 废物处理工艺流程

（1）原理

金、银在有氧存在的氰化溶液中与氰化物反应，生成金氰络离子进入溶液，经液固分离后用锌置换，再经冶炼得到成品金、银，利用弱磁场将烧渣磁选得精铁矿，反应式为

$$4Au + 8NaCN + O_2 + 2H_2O \rightarrow 4NaAu(CN)_2 + 4NaOH$$

$$2Au(CN)_2^- + Zn \rightarrow 2Au \downarrow + Zn(CN)_4^{2-}$$

（2）工艺流程

烧渣提取金、银、铁工艺流程如图 6.3 所示，由图可知，合金烧渣送入球磨机磨细后进入水力旋流器分级，粗级返回重磨，细粒级进入搅拌槽浸取，同时向搅拌槽加入氰化钠和石灰。浸出后的矿浆用泵送入浓缩机洗涤，再进磁选机选铁，得精铁矿及尾砂。矿浆进污水处理工段，加入液氯，除去氰化物，处理后矿浆送入尾砂场。洗涤得到的含金较高的溶液送置换工段，加入锌粉，得到金泥，送冶炼车间获得金银产品。贫液返回流程循环使用。矿浆处理后，氰化物含量（按 CN$^-$ 计）$<$ 0.5mg/L，达到国家排放标准，无二次污染。

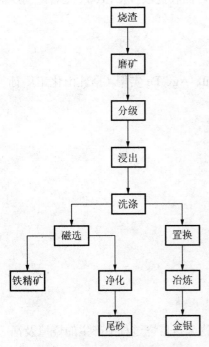

图 6.3　烧渣综合利用工艺流程

### 5. 主要设备

主要设备列于表 6.16。

表 6.16　主要设备一览表

| 序号 | 设备名称 | 数量/台 | 规格 | 材质 |
|---|---|---|---|---|
| 1 | 圆盘给料机 | 1 | DK-8，1kW | |

续表

| 序号 | 设备名称 | 数量/台 | 规格 | 材质 |
|---|---|---|---|---|
| 2 | 皮带机 | 1 | B500 mm×6000 mm | |
| 3 | 球磨机 | 1 | $\phi$1200 mm×2400 mm，55 kW | |
| 4 | 旋流器 | 2 | $\phi$150 mm | |
| 5 | 搅拌槽 | 8 | $\phi$3500 mm×3500 mm，10 kW | |
| 6 | 浓缩机 | 1 | $\phi$12 mm，单层 | |
| 7 | 浓缩机 | 1 | $\phi$9 mm，三层，4 kW | |
| 8 | 压滤机 | 2 | BAJ20/635-2.5，2.2 kW | |
| 9 | 净化槽 | 1 | 1600 mm×2400 mm×4000 mm | |
| 10 | 水泵 | 5 | 2BA-6，4 kW | |
| 11 | 水泵 | 2 | 3BA-9，4 kW | |
| 12 | 胶泵 | 10 | 2PNJB，10 kW | A3 |
| 13 | 水泵 | 2 | GNL3-B，7.5 kW | |
| 14 | 搅拌槽 | 2 | $\phi$2500 mm×2500 mm，5.5 kW | |
| 15 | 加氯机 | 2 | 2J-1 | |
| 16 | 磁选机 | 2 | GY600 mm×1200 mm，3 kW | |
| 17 | 汽车 | 1 | EQ140-1 | 塑料 |
| 18 | 装卸机 | 1 | ZL3D | |
| 19 | 推土机 | 1 | 东方红-60 | |
| 20 | 箱式电阻炉 | 1 | RJ.-37-13，37 kW | |

6. 工艺控制条件

（1）磨矿分级工段

处理量：100t/d；磨矿浓度：64%±2%；磨矿细度：320 目，占 70%～80%。

（2）浸出工段

NaCN：0.02%～0.03%；CaO：0.02%～0.03%；矿浆浓度：33%±2%；浸出时间：2h。

（3）洗涤工段

排矿浓度：55%±2%；处理量：100 t/d；

（4）置换工段

Zn 加入量：0.05 kg/t 矿渣；Pb（AC）$_2$ 加入量：0.1 kg/班；真空度：680～730 mmHg；处理量：12～16 t/h。

（5）磁选工段

矿浆浓度：25%±2%；磁场强度：1500OeClOe＝＝［（100/4$\pi$）A/m］

（6）净化工段

$Cl_2$ 加入量：7 kg/t；pH：10～11；处理后：$CN^-$＜0.5 mg/L，，pH 为 6～8。

7. 处理效果

本处理工程全浸出率达 68%，洗涤率可达 96%，置换率可达 98%，氰化回收率可达 64%；年产黄金 66 kg（折 100%）；年产白银 100 kg；含铁 55%的铁精矿 6000 t；每年可增加利税 100 多万元。硫酸烧渣提取 Au、Ag、Fe 后堆存在尾砂坝内不外排，不产生污染。污水处理后返回系统循环使用，不产生污染。矿浆处理过程中不产生有害物质，不产生二次污染，有较好的经济、社会和环境效益。

8. 工程运行情况及主要技术经济指标

本工程 1984 年 8 月竣工，9 月工程即投入运行。自投产运行以来，设备运转正常，各项指标均达到或超过设计要求。主要技术经济指标列于表 6.17。

表 6.17　主要技术经济指标

| 项目 | 单位 | 指标 |
|---|---|---|
| 处理废物量 | t/d | 100 |
| 基建投资 | 万元 | 138 |
| 设备总动力 | kW | 345.8 |
| 氰化钠消耗 | kg/t | 1.12 |
| 锌粉 | kg/t | 0.05 |
| 石灰 | kg/t | 15 |
| 电耗 | kW·h/t 矿渣 | 38 |
| 氯气 | kg/t | 6 |
| 运转费用 | 万元/年 | 138 |
| 处理成本 | 元/t 渣 | 55 |

9. 工程设计特点

1）用氰化法从硫酸烧渣中提金选铁，技术可行，经济上合理，设备运转正常。
2）该项目以制酸烧渣为原料，成本低。
3）该项目将冶金、化工联系在一起，达到联合生产、综合利用的结果。
4）采用先进的提金方法，成本低，效果好。
此法为我国制酸行列尾砂利用找到了一条路子，可在全国同行业中推广应用。

# 6.8　石油工业固体废物处理工程

石油化学工业固体废物简称石化工业固废，包括在生产过程中产生的固体、半固体以及容器盛装的液体、气体等危险性废物，例如，石油炼制生产过程中产生的酸、碱废液、石油化工、化纤生产过程中产生的不合格产品、报废的中间产品、副产品以及失效的催化剂、污水处理产生的污泥、设备检修时产生的固体废物、工业垃圾等。

## 6.8.1　石化工业固废的来源、分类及污染治理概况

1. 废物来源、分类及特点

（1）来源
按生产行业划分，主要固体废物来源见表 6.18。

表 6.18　主要固体废物来源

| 废物来源 | 主要固体废物 |
| --- | --- |
| 石油炼制 | 酸、碱废液、废催化剂、页岩渣、含四乙基铅油泥 |
| 石油化工 | 有机废液、废催化剂、氧化锌废渣、污泥 |
| 石油化纤 | 有机废液、酸、碱废液、聚酯废料 |
| 供水系统（软化水、新鲜水、循环水） | 水处理絮凝泥渣、沉积物 |
| 污水处理厂及"三泥"处理 | 油泥、浮渣、剩余活性污泥、焚烧灰渣 |
| 机修、电修、仪修 | 检修废弃物 |

（2）分类与特点

石化工业固废一般按生产行业、化学性质、危险性程度进行分类。按生产行业可分为石油炼制行业固体废物、石油化工行业固体废物、石油化纤行业固体废物。按化学性质可分为有机固体废物和无机固体废物。按照固体废物对人体和环境所造成的危害程度，固体废物又分为一般固体废物和危险固体废物。

石油化学工业固体废物的主要特点如下。

① 有机物含量高。

② 危险废物种类多。

③ 有广阔的再资源化前景。

2. 污染现状

我国石化工业产生大量的固废，据统计，1998 年共产生固体废物 $1800 \times 10^4$ t，而且每年呈增加趋势。虽然有 92%的废物得到了处理，但处理后产生的二次污染仍然对环境造成了一定危害。以石油炼制为例，在用硫酸中和废碱液回收环烷酸、粗酚过程中就产生相当数量的酸性污水。这种污水有害物质浓度极高，其 pH 为 2～5，油含量为 2000 mg/L，$COD_{Cr}$ 为 4500 mg/L，若直接排入污水处理厂，就会造成活性污泥死亡，使污水处理厂不能正常工作；若直接排入水体，必定会导致水体中动植物死亡，目前只好采取集中贮存，限量排入污水处理厂的办法；即使这样，也给污水处理厂运行带来许多困难。很多炼油厂仅因此项年上交排污罚款就达数百万元，而且还仍然严重污染了地面水体。

抚顺石油一厂和茂名石油公司每年约排出 $60 \times 10^4$ t 的页岩渣，占石油化学固体废物总量的 3.3%。这种页岩渣不仅含有残余焦油、硫、氧、氮等物质，而且含有毒性很大的 3，4 苯并（a）芘，其含量高达 18.9 mg/L，70%为灰分。若不及时处理，让其堆放在自然环境中受风吹雨淋，污染物便会通过雨水和大气到处流失，从而会污染地下水、地面水和空气。

目前，石油化工企业中只有燕山石化公司建有固体废物堆埋场，其他许多企业只能是找个山沟将各类固体废物堆放，无任何防止污染物扩散的措施；这些废物经过多年的风吹雨淋，已造成周围水域的污染；随着时间的推移，固体废弃物中的有害物质会慢慢地释放到环境中，造成长期危害。

3. 国内外治理现状和采用的技术

（1）国外处理技术及发展趋势

国外在石化工业固废处理方面已经做了大量的工作，这里做一些简单的归纳介绍。

1）改革工艺减少固体废物产生量。国外大量采用加氢精制的方法精制燃烧油和润滑油，不采用碱洗电精制方法，少排固体废物。结合工艺也研究了许多新的少排废物的生产工艺，如产生剩余污泥少的污水处理方法。

2）重视废物资源化技术。对于硫酸烷基化装置，国外将废硫酸再制硫酸的装置作为硫酸烷基化的一部分同时设计，制好的硫酸返回烷基化重新使用，这样可节约运输费，使其作为工艺生产的一部分加以资源化。

3）研究节能处理的新技术。国外采用焚烧法处理废物，一般在废物进焚烧炉以前先进行气流干燥（较多利用余热进行干燥），干燥后的废物焚烧能耗就比较少一些，因为其中的水分耗热量占很大的比例。剩余活性污泥微生物体内水分用一般物理方法进行干燥较为困难，对此国外研制一种分子磨将其粉碎，然后进行脱水，这样脱水较易且效果好。

4）用地耕法处理含油废物。地耕法是用土地耕作处理炼油厂污泥的一种方法，将污泥撒在预处理的场地上，用耕犁将其与土壤混合，靠土壤中的自生微生物把有机物分解成终态产物——二氧化碳和水分，并增加土壤中腐殖质含量。美国于 1954～1983 年用地耕法处理炼油厂污泥，其处理量占炼油厂总污泥量的 34%。目前美国、加拿大、英国、法国、荷兰、丹麦和瑞典均在使用和研究地耕法。用地耕法处理污泥不需脱水，用管道将污泥送入场地即可，总费用比焚烧法少 2/3 以上。美国长期使用这种方法，发现对地下水、大气有潜在危险，已开始限制使用。

（2）国内治理现状

1）治理现状。我国石油化学工业固体废弃物的治理日益受到人们的重视，目前已建立了多种废物处理装置，绝大多数固体废物得到了综合利用。酸、碱废液已全部得到了处理，90%以上的有机废液成为其他产品的原料。污水处理厂产生的油泥、浮渣、剩余活性污泥得到不同程度的治理。十几年来石化企业建立了污泥焚烧装置，采用方箱式固定床、流化床、耙式炉或回转窑等炉型将污泥进行焚烧，其中燕山石化公司炼油厂的流化床炉型由于工艺技术灵活，适应性强，已于 1984 年通过部级鉴定。

2）采用的技术。十几年来，石油化学固体废弃物的处理与综合利用技术有了较大发展，已开发出一批技术成熟、经济效益较高的处理与综合利用技术，目前主要采用的技术措施有化学反应、物理分离、焚烧、填埋等。

① 液体废物的处理。废碱液的处理常用以下几种方法：用硫酸中和回收环烷酸或粗酚；用二氧化碳代替硫酸做中和剂生产粗酚；用硫化氢通入废碱液中生成硫化钠或硫氢化钠。

废酸液的处理常用以下几种方法：硫酸烷基化废酸液经热解法分解为二氧化硫，然后再制硫酸；精制润滑油的废酸液，经过化学反应生产沥青。

石油化工有机废液除焚烧处理外，还采取回收利用的处理方法，例如用精对苯二甲酸残液制取增塑剂，利用醋酸-醋酸钴残渣回收醋酸钴，甲苯装置产生的酚渣经再次减压蒸馏回收混合甲酚等，已用于工业生产中。

② 废催化剂的处理。废催化剂中含有铂、铼、钯、钼、钴、镍、铋、银等稀有金属，必须全部回收处理。抚顺石油三厂回收废催化剂的方法是：废催化剂经烧炭后，用盐酸溶解，使金属和载体同时进入溶液，再用铝屑还原溶液中的金属离子形成微粒，然后再进一步精制提纯，这样便可将废催化剂中的金属进行回收。

③ 污水处理厂固体废弃物的处理。污水处理厂的固体废弃物主要是指"三泥"，即隔油池池底泥、浮选的浮渣和剩余活性污泥。池底泥因含油量高，可掺入煤中作烧砖的燃料。浮选渣一般经过脱水处理后焚烧，剩余活性污泥经过脱水后，用在石化厂内部作绿化肥料，但大型厂家由于剩余活性污泥数最大则要用焚烧炉加以焚烧处理。

④ 页岩渣的处理。油页岩渣是多功能的建材，其主要成分为 $SiO_2$ 58.9%、$Al_2O_3$ 26.8%、$Fe_2O_3$ 11.7%和少量的 $CaO$、$MgO$，利用它可生产水泥。另外页岩灰又是具有良好活性的火山灰石混合材料；水泥厂使用页岩灰做活性掺和料，掺入量一般在 20%～30%，最高可达 50%，还可制成优质高强度混凝土，可满足海洋工程、水利工程和一些要求抗冻的重要工程等，具有不可低估的优越性和广阔的前途。

⑤ 其他固体废物的处理。对于一些数量大、危险性较小的废物，用填埋处理是一种较为经济合理的方法。

⑥ 固体废物的综合利用技术。近年来石油和化工企业经过多年来在节能降耗、清洁生产、综合利用、"三废"治理等方面积极探索，已初步具备实施循环经济的基础。一些企业已开发和推广了一大批节约资源、降低污染的新工艺和新技术，其中向国家有关部门推荐的资源综合利用、环境保护先进技术就有 28 项，为发展循环经济提供了有力支撑，已初步形成"资源－产品－废弃物－再生资源"的循环流程。

结合我国国情，在地广人稀的石油化工厂，不妨考虑因地制宜地使用地耕法作为权宜之计的一项技术政策。而在有条件的企业，可以考虑资源化利用技术，努力推行循环经济的发展模式。

### 6.8.2　石油炼制工业固体废物处理工程

#### 1. 废物来源与性质

石油炼制工业产生的固体废物主要来自生产工艺本身及污水处理设施。几乎所有的生产装置都或多或少地产生固体废物。炼油工业产生的固体废物种类繁多，主要有废酸液、废碱液、废白土渣、废页岩渣、各种废催化剂及污水处理厂"三泥"等。各类固体废物的来源和性质见表 6.19。

表 6.19　石油炼制工业固体废物来源和性质

| 废物种类 | 废物来源 | 废物性质 |
| --- | --- | --- |
| 废酸液 | 电化学精制、酸洗涤、二次加工汽、煤、柴油的酸洗涤，精制轻质润滑油，酯化丁段由丙烯与硫酸作用，生成硫酸酯后水解。磺化工段减压三线油、磺化反应后的废酸层。烷基化车间异丁烷与丁烯烃化法生产工业异辛烷，用硫酸作催化剂，聚合工段产聚甲基丙烯酰胺时用硫酸作聚合催化剂 | 大部分废酸液为黑色黏稠的半固体，密度为 $1.2\sim1.5d_4^{20}$，游离酸浓度为 40%～60%，除含油 10%～30%外，还含叠合物、磺化物、脂类、胶质、沥青质、硫化物及氮化物等 |

| 废物种类 | 废物来源 | 废物性质 |
|---|---|---|
| 废碱液 | 电化学精制、碱洗涤、二次加工汽、煤、柴油的碱洗涤、精制轻质润滑油、常减压蒸馏直馏汽、煤、柴油碱洗、焦化、裂化等装置二次加工汽油出装置前的预碱洗、脱硫工段干气、液态烃的碱洗；<br>催化裂化等装置二次加工汽油用酞菁钴碱液催化氧化脱臭烷基化车间用烃化法生产工业异辛烷碱洗 | 大部分废碱液为具有恶臭的稀黏液，多为浅棕色和乳白色，也有灰黑色等，密度 $1\sim1.1d_4^{20}$，游离碱浓度 $1\%\sim10\%$，含油 $10\%\sim20\%$，环烷酸和酚的含量也相当高，一般在 $10\%$ 以上，其他有磺酸钠盐、硫化钠和高分子脂肪酸等 |
| 废白土 | 精制润滑的白土补充精制、石蜡和地蜡的白土脱色工段 | 为黑褐色的半固体废渣，含油或含蜡量在 $20\%\sim30\%$ |
| 罐底泥 | 各类油品贮罐的定期清洗、生产装置各类容器清洗时的油泥和杂质 | 大部分为带油、杂质的黑色半固体 |
| 污水处理厂"三泥" | 污水处理厂隔油池池底沉积的油泥<br>污水处理厂浮选池采用投加絮凝剂和空气浮选时产生的浮渣<br>污水处理厂曝气池剩余活性污泥 | 油泥密度为 $1.03\sim1.1\,d_4^{20}$，含水率均为 $99\%\sim99.8\%$，浮渣密度为 $0.97\sim0.99d_4^{20}$，含水率为 $99.1\%\sim99.9\%$，为硫酸铝等的水化物与水中乳化油的糊状物。剩余活性污泥主要由各种微生物菌胶团组成，吸附了一定量有机物和无机物，结构散，呈絮状的棕黄色污泥，含水率 $99\%\sim99.5\%$ |
| 废催化剂 | 铂及铂-铼双金属重整催化剂及加氢催化剂。催化裂化车间排放的废催化剂分子筛，脱蜡定期更换的废 5A 分子筛，分子筛精制定期更换的 Ca、Y、Cu 等类废分子筛 | 大部分催化剂和分子筛为硅、铝氧化物固体、废催化剂 |
| 添加剂渣　钡渣 | 生产聚异丁烯硫磷化钡添加剂时，经沉降和离心过滤，由成品罐分离出的钡渣 | 带大量产品的钡盐水溶液，经沉降和离心分离后，含产品 $40\%$，余为碳酸钡和硫化钡 |
| 添加剂渣　锌渣 | 生产二烷基二硫化磷酸锌添加剂时的过滤残渣 | 带 $43.6\%$ 石油醚抽提的锌废渣，含氢化锌 $30\%$，其余为硅藻土、硫、磷等 |
| 添加剂渣　酚渣 | 用甲苯生产对甲酚时釜底残渣 | 带 $7\%\sim20\%$ 挥发酚的水溶液，其他含碳酸钠、硫酸钠和亚硫酸钠 |

（1）酸、碱废液的来源与性质

废酸液主要来源于石油产品的酸精制和烷基化装置排出的废硫酸催化剂。其成分除硫酸外，还有硫酸酯、磺酸等有机物及其迭合物。主要废酸液的性状见表 6.20。

表 6.20　主要废酸液的性状及组成

| 项目　来源 | $H_2SO_4$ 浓度/% | 废酸液组成 | | 性状 |
|---|---|---|---|---|
| | | 有机物 | $H_2SO_4$ | |
| 烷基化装置排出的废酸液 | 98 | 含量为 $8\%\sim14\%$，主要成分是高分子烯烃、烷基磺酸及溶解的小分子硫化物 | $80\%\sim85\%$ | 黑色黏稠液 |
| 航油精制废酸液 | 98 | 含量为 $4\%\sim6\%$，主要成分是高分子烯烃、苯磺酸、烷基硫酸、噻吩、二硫化碳及芳烃、环烷烃等 | $86\%\sim88\%$ | 黑色黏稠液 |
| 润滑油精制废酸液 | 98 | 含量为 $6\%$，主要成分是硫化物、环烷酸、胶质等 | $30\%$ | 黏稠液 |

废碱液主要来自于石油产品的碱洗精制。由于被洗的产品不同,废碱液的组成成分也不尽相同。目前国内废碱液的组成见表6.21。

表6.21　各种废碱液的组成

| 废碱液来源 | 用碱浓度/% | 废碱液组成 | | | | | |
|---|---|---|---|---|---|---|---|
| | | 中性油/% | 游离碱/% | 环烷酸/% | 硫化物/（mg/L） | 挥发物/（mg/L） | COD/（mg/L） |
| 常顶汽油 | 3～5 | 0.1 | 2.9 | 1.8 | 3584 | 3200 | 35 000 |
| 常一、二线 | 3～5 | 0.14 | 2.4 | 9 | 250 | 916 | 241 600 |
| 常三线 | 3～5 | 10 | 1.5 | 8.3 | 64 | 300 | 8340 |
| 催化汽油 | 10～12 | 0.17 | 8 | 0.85 | 6964 | 90784 | 294 700 |
| 催化柴油 | 15～20 | 0.8 | 8 | 2.5 | 5052 | 50748 | 340 900 |
| 液态烃 | 10 | 0.04 | 6.2 | — | 1553 | 737 | 36 000 |

（2）废催化剂

废催化剂主要产生于催化重整、催化裂化、加氢裂化等装置,这些装置在生产过程中需要使用一定的催化剂,当催化剂活性降低到不能使用时需更换,更换下来的催化剂即为废催化剂。催化裂化装置的再生烟气中夹带催化剂细粉,烟气经旋风分离器,其催化剂细粉可回收（作为废催化剂处理）。一般催化裂化催化剂的理化性质见表6.22。

表6.22　催化剂的理化性质

| 不同催化剂　理化项目 | 回收催化剂 | 新鲜硅铝催化剂（长岭） |
|---|---|---|
| KOH 活性指数 | 39.9 | ＞54.8 |
| 醋酸钠活性 | ＞2.0 | 54.0 |
| 游离硫/% | 0.022 | 0.055 |
| 水分/% | 1.25 | 2.4 |
| 骨架密度 | 2.05 | 2.02 |
| 比表面积/（m²/g） | 157.47 | 678.86 |
| 积炭/% | 1.88 | 0 |

（3）污水处理厂污泥

炼油厂污水经过隔油、浮选、生化曝气处理后,污水得到了净化,但也产生了大量污泥。污泥主要为池底泥、浮渣和剩余活性污泥,其主要性状见表6.23。

表6.23　污水处理厂污泥性状

| 污泥名称 | 含水率/% | 密度/（kg/cm³） | 油/（mg/L） | 硫化物/（mg/L） | 酚/（mg/L） | COD/（mg/L） |
|---|---|---|---|---|---|---|
| 泥底泥 | 99～99.5 | 1.03～1.1 | 5754 | 103 | 9 | 22 895 |
| 浮渣 | 99～99.2 | 0.97～0.99 | 1531 | 94 | 5 | 42 186 |
| 剩余活性污泥 | 99.5～99.8 | 0.97～0.99 | 187 | 4 | 2 | 15 370 |

（4）白土渣

在炼油及石油化工生产过程中，很多产品用活性白土精制，而失去活性的白土称之为白土渣。白土渣表面多孔，比表面积为150%～450%。表面吸附芳香烃或其他油品的白土渣，具有一定的可燃性。据测定铂重整过程产生的白土渣热值为75.4 kJ/kg。白土主要化学组成为 $SiO_2$（60%～75%）、$Al_2O_3$（12%～18%）以及 $Fe_2O_3$、$CaO$、$MgO$、$Na_2O$、$K_2O$（5%～10%）等。一般油品精制过程的白土渣含油可达20%～30%，所以对白土渣的处理应该以综合利用为主。

（5）页岩渣

用低温干馏法加工油母页岩时可以从中提取含量只有3%～5%的油。97%的页岩将被作为废渣排放。这些渣为固体废渣，为灰红色，其中含有未被完全去除的有机物、无机物质。页岩渣组成及有关物性数据见表6.24。

表6.24 页岩渣组成及熔点

| 组成 | 抚顺 | 茂名 |
|---|---|---|
| $SiO_2$/% | 60.8～62.9 | 57.5～62.5 |
| $Al_2O_3$/% | 21.0～30.5 | 20～24 |
| $Fe_2O_3$/% | 3.5～11.6 | |
| $CaO$/% | 0.66～1.6 | 7.5～10 |
| $MgO$/% | 1.1～2.0 | 0.26～1.25 |
| $Na_2O$、$K_2O$ 等/% | 0.65 | 393 |
| 熔点/℃ | 1380 | 1400 |
| 变形温度/℃ | 1290 | 1350 |
| 软化温度/℃ | 1330 | 1370 |

2. 废物处理工程

（1）废碱液的处理

1）硫酸中和法回收环烷酸、粗酚。常压直馏汽、煤、柴油的废碱液中环烷酸含量高，可以直接采用硫酸酸化的方法回收环烷酸、粗酚。其过程是先将废碱液在脱油罐中加热，静止脱油，然后在罐内加98%的硫酸，控制 pH 在3～4；此时发生中和反应生成硫酸钠和环烷酸；反应产物经过沉降，将含硫酸钠的废水分离出去；将上层物经过多次水洗以除去 $Na_2SO_4$ 及中性油，即得到环烷酸产品。若用此种方法处理二次加工的催化汽油、柴油废碱液，即可得到粗酚产品。图6.4为柴油废碱液处理回收环烷酸的工艺流程图。

2）二氧化碳中和法回收环烷酸、碳酸钠。为减轻设备腐蚀和降低硫酸消耗量，可采用二氧化碳中和法回收环烷酸。此种方法一般是利用 $CO_2$ 含量在7%～11%（体积比）的烟道气碳化常压油品碱渣，回收环烷酸和碳酸钠。其工艺流程为将废碱液先加热脱油，脱油后的碱液进入碳化塔，在碳化塔内可通入含 $CO_2$ 的烟气进行碳化。

碳化液经沉淀分离，上层即为回收产品——环烷酸。下层为碳酸钠水溶液，把它经喷雾干燥即得到固体碳酸钠，其纯度可达90%～95%。

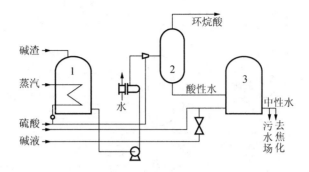

图 6.4　柴油废碱液处理工艺流程图

1. 酸中和罐　2. 环烷酸半成品罐　3. 碱中和罐

图 6.5 为某炼油厂采用二氧化碳处理废碱液装置的工艺流程图。该流程回收碳酸钠纯度较高，可达到综合利用、保护环境的目的，同时对设备的腐蚀较轻。

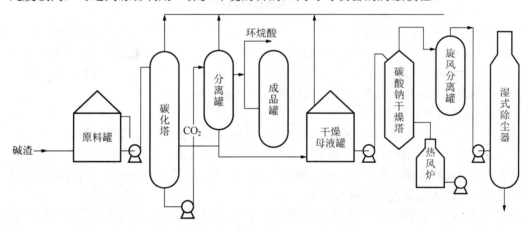

图 6.5　二氧化碳处理废碱液装置工艺流程图

3）其他处理方法。

① 常压柴油废碱液作铁矿浮选剂。采用化学精制处理常压柴油，产生的废碱液可用加热闪蒸法生产贫赤铁矿浮选扑集剂。这种贫赤铁矿的扑集剂，可以代替一部分塔尔油和石油皂，而使原来的加药量减少 48%。

② 液态烃碱洗废碱液用于造纸。液态烃废碱液主要成分是 $Na_2S$ 2.7%、$NaOH$ 5%、$Na_2CO_3$ 6% 的水溶液，当然还含一些酚等有机物。造纸工业用的蒸煮液是硫化钠和烧碱的水溶液，使用废碱液造纸时可根据碱液成分适当补充一部分硫化钠和烧碱。利用废碱液代替碱造纸的流程示意图见图 6.6。

（2）废酸液的处理

1）热解法回收硫酸。将废酸送往硫酸厂，并将废酸喷入燃料热解炉中。废酸和燃料一起在燃烧室中热解，分解成 $SO_2$ 和 $H_2O$，而其中的油和酸酯分解成 $CO_2$。燃烧裂解后的气体，在文丘里洗涤器中除尘后，冷却至 90℃ 左右，再通过冷却器和静电酸雾沉降器除去水分和酸雾，并经干燥塔除去残余水分，以防止设备腐蚀和转化器中催化剂活性失效。在 $V_2O_5$ 的作用下，$SO_2$ 转化成 $SO_3$，用稀酸吸收，制成浓硫酸。

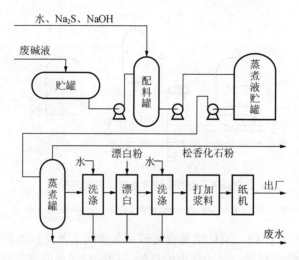

图 6.6　利用废碱液代替碱造纸流程图

2）废酸液浓缩。废酸液浓缩的方法很多，目前使用较广泛、工艺较成熟的方法为塔式。此法可将 70%～80% 的废酸液浓缩到 95% 以上。这种装置工艺成熟，在国内运行已近 40 年，目前仍然是稀酸浓缩的重要方法，其缺点是生产能力小，设备腐蚀严重，检修周期短，费用高，处理 1t 废酸消耗燃料油 50kg。

3）废催化剂的处理。

① 代替白土用于油品精制。催化裂化装置所使用的催化剂在再生过程中，有部分细粉催化剂（<40μm）由再生器出口排入大气，严重污染周围环境。采用高效三级旋风分离器可将细粉催化剂回收，回收的催化剂可代替白土用于油品精制，既可以降低精制温度，其含水量又无须严格控制。

② 贵重金属的回收。石油化工过程中的化学反应多数采用贵稀金属作催化剂。不同的化学过程将排出数量不等、种类相异的催化剂，如镍、银、钴、锰等。这些金属往往附于载体之上，使废催化剂成为一种有用的资源，故应该充分重视金属回收问题。

化工部指定平顶山 987 厂为石油化工废催化剂回收钴、镍、钼、铋的重点厂。该厂摸索出一套从催化剂中回收银、镍、钼、钴等贵稀金属的生产工艺流程，其中钼、铋、钴回收流程示意见图 6.7。

③ 用废催化剂生产釉面砖。釉面砖的主要化学组分与催化裂化装置所用催化剂的化学组分基本相同。在制造釉面砖的原料中加入 20% 的废催化剂，制造出的釉面砖质量符合要求。对一些不含重金属的废催化剂，在无更好的处理方法的情况下，应进行隔离填埋。

4）页岩渣的处理。

① 矿井填充和筑路材料。填充废弃矿井的物料，必须是量大、坚硬、含泥少、无可燃性、质轻、价廉的物料。一些矿山长期采用页岩渣充填，其费用大大低于河砂充填。茂名石油工业公司约有 2/3 的干馏页岩渣用于矿井填充或作路基用料。

② 生产水泥。抚顺水泥厂是我国第一家综合利用页岩渣生产水泥的工厂。采用湿法配制水泥生料，配料中掺用石灰 67%、石油一厂页岩渣 28% 和硫酸装置排出的废铁粉 5%，所生产的水泥标号达 500 号，两台大型回转窑年产水泥 $18 \times 10^4$ t。后改为干法生

产,生产配方调整为石灰石 82%～83%、页岩渣 9%～10%、河砂 6%～6.5%、铁粉 0.95%、
氟石膏 4%。两台回转窑的水泥产量为 42×10⁴ t/年。

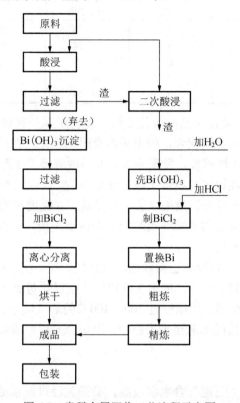

图 6.7　贵稀金属回收工艺流程示意图

　　茂名石油工业公司水泥厂十几年来一直用页岩干馏渣在湿法回转窑中代替黏土作
水泥原料。油页岩灰渣的用量为生产量的 20%～27%,产品质量稳定。

　　茂名地区的水泥厂及其邻近省、市、县的部分水泥厂都是用油页岩灰作水泥混合料
以生产火山灰水泥,掺和量可达 20%～30%;生产的普通硅酸盐水泥,质量保持稳定,
性能甚至略有提高。

　　用页岩油灰渣可生产砌筑水泥;试验结果表明:油页岩灰渣掺入量为 50%～80%,
可配制 125～325 号砌筑水泥,其配合比例如表 6.25 所列。

表 6.25　页岩渣配制砌筑水泥配制比例

| 水泥配比/% | | | | 水泥标号 | 资料来源 |
|---|---|---|---|---|---|
| 熟料 | 石膏 | 石灰 | 油页岩渣 | | |
| 0 | 2.5～3.0 | 20～25 | 75～80 | 125 | |
| 0～15 | 3.0 | 16～20 | 65～74 | 175 | |
| 15～20 | 3.0～3.5 | 16～20 | 60～69 | 225 | 茂名石油工业公司 |
| 16～18 | 3.0～3.5 | 20～22 | 60～64 | 275 | |
| 20 | 3.5～4.0 | 25 | 55 | 325 | |

续表

| 水泥配比/% | | | | 水泥标号 | 资料来源 |
|---|---|---|---|---|---|
| 熟料 | 石膏 | 石灰 | 油页岩渣 | | |
| 13～17 | 7 | 0 | 76～80 | 125 | |
| 17～20 | 7 | 0 | 73～76 | 175 | |
| 20～23 | 7 | 0 | 70～73 | 225 | 广东省建材科研所 |
| 23～33 | 7 | 0 | 60～70 | 275 | |
| 39～44 | 6 | 0 | 50～55 | 325 | |

③ 利用赤页岩粉作菱镁制品的改性填料。菱苦土是一种较好的胶凝材料，其制品可用于各种建筑结构，可代钢代木，但由于本身耐水性差，在使用上受到一定的限制。近几年来，经过大量探索性试验，发现赤页岩灰是改善菱苦土耐水性能的良好填料。赤页岩粉中的活性硅和活性铝可与菱苦土进行化学反应，产生具有不溶于水的硅酸镁和硅酸铝，可改进菱苦土耐水性能，效果显著，并提高了其强度和安全性。目前很多建材厂利用赤页岩粉改性的菱苦土与玻璃纤维配制生产内墙隔板、大棚板、屋面板、包装箱等产品，从而节省了大量木材。

④ 页岩渣制陶粒。页岩渣制造陶粒的工艺比较简单，将含碳3%左右的页岩渣进行干燥、磨细，然后与红黏土混合，加水制成料球，用以代替黏土及白土粉作隔离剂，再经烘干制成较干的陶粒生球。生球经过300～400℃的烟气烘干、预热，再进入高温炉焙烧，保持炉温1150℃陶粒经膨胀至最大粒径，出炉冷却后即成陶粒，它可作为轻质混凝土料。

5）"三泥"处理。

① 脱水处理工艺。"三泥"含水率较高，必须先经过脱水处理工艺，其流程如下。

加热<br>↓<br>油泥、浮渣→集水井→提升泵→浓缩池→过滤→堆放

加热<br>↓<br>活性污泥→集泥井→提升泵→浓缩池→过滤脱水→堆放

② "三泥"的最终处理。

一是制砖或用做烧砖燃料。池底泥、浮渣的热值很高，并含氢氧化铝等物质。把它按不同比例掺入黏土中制成砖坯进行焙烧，其砖的抗压强度符合国家要求。

油泥含油6%～8%和木屑或煤拌和还可作为烧砖燃料。

二是浮渣用做浮选剂。浮渣是由氢氧化铝和附着在它上面的油及少量其他固体废弃物组成。在浮渣中加入适量的硫酸生成硫酸铝的水溶液，可作为污水浮选处理的浮选剂。

三是焚烧。绝大多数炼油厂对污水处理厂污泥的处理方法是浓缩、脱水、焚烧。焚烧是将污泥进行热分解，经氧化使污泥变成体积小，毒性小的炉渣。目前采用较多的炉型有固定床焚烧炉、多段炉、回转炉及流化床焚烧炉。图6.8是燕山石油化工公司炼油厂流化床焚烧流程示意图。

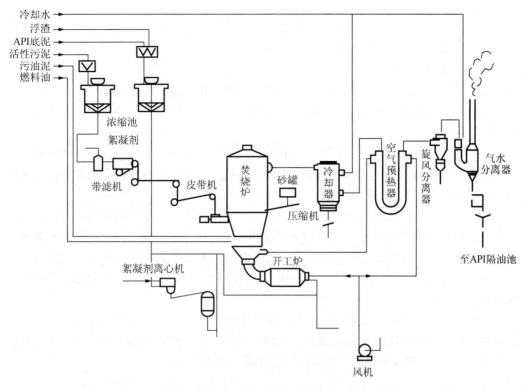

图 6.8 燕山石油化工公司炼油厂流化床焚烧流程示意图

3. 工程实例

（1）实例：茂名石油工业公司页岩渣的处理利用

1）页岩灰渣来源及化学成分。茂名石化公司以干馏炉（适宜于块状页岩干馏工艺）自油母页岩中干馏提取页岩油，按目前年生产油品 10 万 t 计，年排页岩渣约 200 万 t；为适宜颗粒页岩和粉末页岩干馏的需要，于 1987 年建造两台出力为 35 t/h 的中压页岩沸腾炉，年消耗碎页岩约 40 万 t，排出灰渣 28 万 t。这些页岩灰渣经过射线分析，确认其中所含矿物有：a-石英、高岭土、赤铁矿、云母、刚玉、白云石、硫铁矿等。其化学成分见表 6.26。

表 6.26 页岩灰渣的主要化学成分（%）

| 灰渣来源 | 编号 | $SiO_2$ | $Al_2O_3$ | $Fe_2O_3$ | CaO | MgO |
|---|---|---|---|---|---|---|
| 干馏炉渣 | 1 | 60.58 | 26.96 | 9.76 | 1.39 | 1.24 |
| | 2 | 61.86 | 26.57 | 7.52 | 1.00 | 0.89 |
| | 3 | 63.38 | 25.82 | 7.82 | 1.18 | 1.23 |
| 焙烧炉渣 | 1 | 58.29 | 28.46 | 9.44 | 1.35 | 0.65 |
| | 2 | 59.38 | 23.48 | 11.51 | 1.95 | 0.93 |
| | 3 | 59.61 | 23.72 | 9.69 | 2.16 | 0.96 |
| 沸腾炉渣 | 1 | 59.19 | 24.11 | 11.18 | 1.09 | 0.93 |
| | 2 | 59.68 | 27.04 | 12.83 | 0.43 | 0.99 |
| | 3 | 60.06 | 25.24 | 8.04 | 0.80 | 0.99 |

2）页岩渣的综合利用。页岩渣主要适合作建筑材料使用，但也可用于弃土场植树造林。茂名石化公司在这两方面的利用情况如下。

① 在建材生产中的应用。按其使用途径分别说明如下。

以干馏渣在水泥生产中代替黏土：油页岩灰渣的化学成分与水泥原料黏土相近（此二者之化学成分对比见表 6.27）。因此，在回转窑生产水泥的工艺中，可以之代替黏土作配料使用。

茂名地区的水泥厂多年来一直以页岩干馏渣在湿法回转窑中代替黏土作水泥配料。其用量为生产量的 20%～27%，所生产产品质量稳定，其水泥熟料的物理性能列在表 6.28 中。但尚未在立式窑内进行试验。

以油页岩灰渣作水泥混合材料。目前，茂名地区的水泥厂及其邻近省、市、县的部分水泥厂均使用油岩灰作水泥混合材料以生产火山灰水泥，其中的掺和量可占 20%～30%。若是生产普通硅酸盐水泥，掺和量也在 15%。所生产的水泥质量保持稳定，性能较同一标号者略有提高。经多年生产实践证明，茂名油页岩灰渣是一种活性较好的水泥混合材料。

以油页岩灰渣配制砌筑水泥。茂名石油工业公司及广东省建材科研所均成功地取得了用油页岩灰渣生产砌筑水泥的试验。其结果表明：当其掺入量为 50%～80%时，可配制 125～325 号的砌筑水泥。其配合比例列在表 6.29 中。

表 6.27　油页岩灰渣与黏土的化学成分对比表（%）

| 所含化学成分类别 | $SiO_2$ | $Al_2O_3$ | $Fe_2O_3$ | CaO | MgO | $SO_3$ | 其　他 |
|---|---|---|---|---|---|---|---|
| 再烧页岩渣 | 56～62 | 22～26 | 7～11 | 1～3 | 1～1.5 | 0.1～0.5 | 2.76～3.50 |
| 干馏渣 | 51～54 | 21～23 | 9～10 | 1～2 | 1～2 | — | 10～15 |
| 黏土 | 61～68 | 10～15 | 5～7 | 1～2.5 | 0.7～1.7 | 0.3～0.4 | 5～6 |

表 6.28　以页岩灰渣代替黏土制成的水泥熟料的物理性能

| 细度（900 孔筛余）/% | 凝结时间/min | | 抗折强度/（kg·m$^{-2}$） | | | 抗压强度/（kg·m$^{-2}$） | | | 安定性 |
|---|---|---|---|---|---|---|---|---|---|
| | 初凝 | 终凝 | 3d | 7d | 28d | 3d | 7d | 28d | |
| 4.6 | 1:25 | 2:10 | 32.2 | 33.2 | 34.6 | 526 | 637 | 740 | 合 格 |

注：1 kg/cm$^2$=98 070 Pa.

表 6.29　不同单位以油页岩灰渣配制砌筑水泥的试验配合比

| 序号 | 水泥配合比/% | | | | 水泥标号 | 资料来源 |
|---|---|---|---|---|---|---|
| | 熟料 | 石膏 | 石灰 | 油页岩灰渣 | | |
| 1 | 0 | 2.5～3.0 | 20～25 | 75～80 | 125 | 茂名石油工业公司 |
| 2 | 10～15 | 3.0 | 16～20 | 65～74 | 175 | |
| 3 | 15～20 | 3.0～3.5 | 16～20 | 60～69 | 225 | |
| 4 | 16～18 | 3.0～3.5 | 20～22 | 60～64 | 275 | |
| 5 | 20 | 3.5～4.0 | 25 | 55 | 325 | |

| 序号 | 水泥配合比/% | | | | 水泥标号 | 资料来源 |
|---|---|---|---|---|---|---|
| | 熟料 | 石膏 | 石灰 | 油页岩灰渣 | | |
| 6 | 13～17 | 7 | 0 | 76～80 | 125 | 广东省建材科研所 |
| 7 | 17～20 | 7 | 0 | 73～76 | 175 | |
| 8 | 20～23 | 7 | 0 | 70～73 | 225 | |
| 9 | 23～33 | 7 | 0 | 60～70 | 275 | |
| 10 | 39～44 | 6 | 0 | 50～55 | 325 | |

页岩灰水泥混凝土应用于水工结构物。茂名石油工业公司使用页岩灰水泥配制混凝土曾进行一系列试验研究，认定其配合比完全可按现行水泥标准执行，所生成成品强度性能不变，且其抗渗性较一般者为高，能广泛用于水工结构物的工程施工。

以油页岩灰渣制作空心小砌块。本公司使用油页岩灰渣掺进少量硅酸盐水泥熟料及石灰、石膏，生产 390mm×190mm×190mm 的空心砌块，其空心率为45%，所使用的灰渣量约占90%。其物理力学性能列入表6.30中。

此种砌块的密度约 900 kg/m³，仅为普通红砖的一半。其后期强度及软化系数均较高，表明即使处在潮湿环境下，强度也不会降低。此种砌块曾在住宅楼作框架结构填充墙，证明其墙体重量较用红砖者减轻约35%～50%，而且可省砌砖与抹灰砂浆约70%，节约建筑经费12%。

应用于生产蒸养页岩灰渣免烧砖。茂名石化公司与广东省建材研究所及茂名市建材厂等单位曾使用页岩灰渣加石油配制油页岩灰渣免烧蒸养砖；其结果表明：当掺入量油页岩灰渣为80%～90%、石灰及石膏为10%～20%时，可制得标号为50～100 的砖块。此种砖块的各项物理性能与红砖相近。该砖块的物理力学性能见表6.31。

**表 6.30　茂名油页岩灰渣空心砌块的物理力学性能**

| 材料密度/(kg·m⁻³) | 块体重量/(kg·m⁻³) | 空心率/% | 含水率/% | 吸水率/% | 相对含/% | 干缩率/% | 碳化系数 | 软化系数 | 抗压强度/MPa |
|---|---|---|---|---|---|---|---|---|---|
| 1.45 | 0.776 | 46.2 | — | 25.4 | — | 0.0668 | 1.24 | 0.80 | 5.40 |
| 67～1.36 | 0.92～0.74 | 45.2 | 22.7 | 31.2 | 77.40 | 0.0493 | 1.51 | 0.85 | 5.20 |
| 1.72～1.73 | 0.93～0.74 | 45.52 | 25.0 | 32.2 | 77.60 | 0.0860 | 1.85 | 0.87 | 4.68 |

**表 6.31　免烧油页岩灰渣蒸养砖的物理力学性能**

| 试样编号 | 原料配比/% | | 抗压强度/MPa | 抗折强度/MPa | 密度/(g·cm⁻³) |
|---|---|---|---|---|---|
| | 油页岩灰渣 | 生石灰+石膏 | | | |
| 1 | 89.05 | 10.95 | 6.6 | 1.9 | 1.52 |
| 2 | 86.86 | 13.14 | 7.9 | 1.9 | 1.54 |
| 3 | 84.87 | 15.33 | 10.8 | 2.5 | 1.67 |
| 4 | 80.29 | 19.17 | 11.1 | 3.2 | 1.70 |

以油页岩灰渣制备陶粒。石油部施工技术研究所曾与茂名石化公司合作以此种灰渣研制陶粒。广东省建材研究所也对此进行过研究。所用原料除此种灰渣（约占95%）外，还掺加少量黏土。所产出陶粒性能以及以此种陶粒配制的轻质混凝土的主要性能分别列

入表 6.32 和表 6.33 中。

表 6.32　油页岩灰渣陶粒的主要性能

| 性能 | 松散密度/<br>（kg·m$^{-3}$） | 颗粒重量/<br>（kg·m$^{-3}$） | 密度/（g·cm$^{-3}$） | 孔隙率/% | 1h 吸水率/% | 24h 吸水率/% | 抗压强度/（kg·cm$^{-2}$） |
|---|---|---|---|---|---|---|---|
| 指标 | 350 | 650 | 2.49 | 73.82 | 12.06 | 20.83 | 27.20 |

表 6.33　用油页岩灰渣陶粒配制轻质混凝土性能

| 项目 | 重量配比/（kg·m$^{-3}$） | | | | 轻质混凝土性能 | | | |
|---|---|---|---|---|---|---|---|---|
| | 水泥 | 陶粒 | 珍珠岩 | 水 | 绝干密度<br>/（kg·m$^{-3}$） | 抗压强度 R7 | 抗压强度<br>R24 | 导热系数<br>/（kJ·m$^{-2}$·h$^{-1}$·℃$^{-1}$） |
| 指标 | 300 | 315 | 28 | 387 | 871 | 70 | 78 | 1.184 |

试验结果表明：此种灰渣陶粒与黏土陶粒相比较，前者的密度较轻，而质量指标二者相接近，因而更适合于配制轻质混凝土。对建造热工设施的保温或围护结构特别适宜。

② 油页岩灰渣在其他方面的应用。其主要在作化工填充料和供填埋场植树造林两方面。

油页岩灰渣作化工填充料使用。1986 年，通过中国石化总公司委托北京化工学院进行"油页岩灰渣在高分子填充材料中开发的基础研究"课题研究，其中包括油页岩灰渣的颗粒组成、粒度分布、聚丙烯、聚乙烯、聚氯乙烯等高分子与油页岩灰共混填充体系的力学性能及流变性能、老化性能等。同时，在理论上建立油页岩灰颗粒分布的群子统计模型和该填充体系流变过程的本构方程。目前，该项研究除老化性能外，其余课题均已完成。所得出的油页岩灰高分子共混体系不同于普通高分子填充材料的特殊规律，为开辟大规模油页岩灰渣作化工填充料应用的新途径。

在油页岩排土、排渣场上植树造林。茂名石化公司南排土场乃是企业前期的排土、排渣场，现已停用多年。此厂地位于茂名市西北角、东西走向，长 5 km、宽 0.5 km，已堆积历年来油页岩生产的固体废物约 5000 万 t。由于干馏后的页岩渣含有约 4%的固定碳和少量油页岩渣，因此在自然堆置条件下易于自燃，当夏日地表温度达 46℃时，该处形成火的屏障，严重干扰气候，破坏绿色生态。经将炼油厂所排的生化污泥施于植株的种植中，成活率提升至 87%，且植株根系发达、枝茎粗壮、叶色黑绿、长势良好。茂名市还计划使用这项技术进行绿洲美化，也预示油页岩综合利用的前景。

（2）实例：抚顺石油三厂从废催化剂中回收金属铂

1）铂回收的原料及组成。石油炼制的重整装置及异构化装置中需使用含有主要组分为铂和少量铼、锡等的金属催化剂。全国共有油品催化重整装置 11 套，一次催化剂总装料量为 394 t，若按其使用寿期为 6 年估算，每年失效废催化剂为 65 t。

此外，还有引进的异构化装置 7 套，一次催化剂总装量约 180 t，其使用寿期同样按 6 年估算，则每年更换下来的铂催化剂为 30 t。仅此二者全国每年更换的失效废铂催化剂达 95 t。这些就是铂回收生产的主要原料来源。

废铂催化剂的主要组成及含量如下。

重整装置：单铂催化剂——Al$_2$O$_3$，+90%；Pt/Al$_2$O$_3$，0.4%～0.5%。

铂铼催化剂——$Al_2O_3$，±90%；$Pt/Al_2O_3$，0.3%～0.5%；$R_2/Al_2O_3$，0.1%～0.3%。

铂锡催化剂——$Al_2O_3$，＞90%；$Pt/Al_2O_3$，±0.36%；$Sn/Al_2O_3$，±0.3%。

异构化装置：异构化催化剂——$Al_2O_3$，±70%；$Pt/Al_2O_3$，±0.33%；$SiO_2$，±2.5%。

2）金属铂回收工艺。铂回收生产主要处理单铂和铂铼催化剂。此项技术的原理是：铂催化剂经烧炭后以盐酸溶解，于是载体氧化铝与铂同时进入溶液，然后用铝屑还原溶液中的二氯化铂以形成铂黑微粒，再以硅藻土为吸附剂将铂黑吸附在硅藻土上，经分离、抽滤洗涤使含铂硅藻土与氧化铝溶液分离，再用王水溶解使形成粗铝铂酸与硅藻土的混合液，通过抽滤得到粗铝铂酸。此后，再经氯化铵精制等工序进行提纯，最后的回收产物为海绵铂。其副产品氯化铝经脱铁精制后的精氯化铝可全部作为加氢催化剂载体的制备原料。

本工艺特点在于既回收了废催化剂中的铂，还回收了载体氧化铝，使之成为生产原料。铂回收工艺流程见图 6.9 和图 6.10。

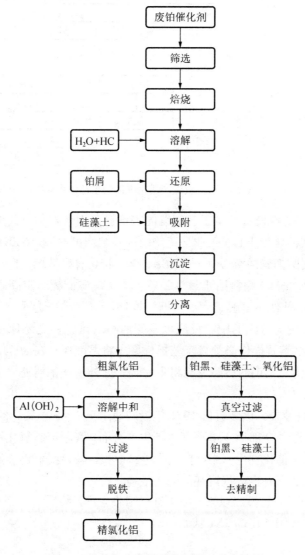

图 6.9　铂回收生产线回收部分工艺流程图

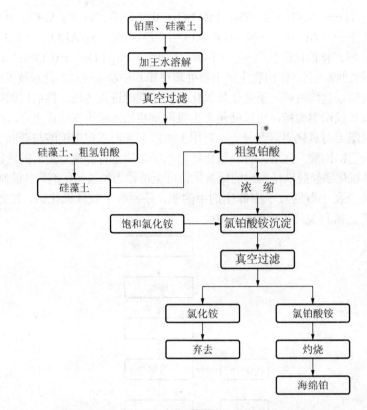

图 6.10 铂回收生产线精制部分工艺流程图

3）铂回收生产主要设备。本工艺配置的关键设备为溶解釜。其他主要设备包括：①φ260×4000 立式活化炉 1 台（工业马弗炉或高温炉均可）；②φ600×1600 塑料盐酸罐1 只；③2000 L 耐酸搪瓷溶解釜 2 只；④φ1000×850 有机玻璃沉降槽 4 只；⑤2000 L搪瓷抽滤罐 2 只；⑥φ600 塑料抽滤漏斗 2 只；⑦8kW 硅碳棒电阻高温炉 2 台。

4）溶解釜操作条件。溶解釜为耐酸搪瓷构件，附有搅拌装置，其外有夹套，以蒸汽加温。废铂催化剂与盐酸的中和反应以及铝屑与二氯化铂之还原反应均在此釜内进行。进行回收生产之溶解操作必须按工艺指标要求将温度控制在 80℃、历时 4h，110℃、历时 12h，否则载体氧化铝的溶解反应将不完全。此外，在铝屑还原二氯化铂时的温度要平稳控制在 70℃左右。

5）处理及回收效果。该装置自 1971 年投产使用至 1987 年累计回收海绵铂 468kg，后又经制备成氯铂酸并全部用于重整催化剂生产方面，其副产品氯化铝经脱铁精制后全部作为原料用于加氢催化剂生产中。自回收生产以来，其除缓解贵金属催化剂生产中铂金供不应求的情况，同时也取得可观的经济效益。

6）工程运行情况。自投产以来，按年进行回收生产，装置运行平稳，回收率在 95%以上。每年可处理废铂催化剂 25 t 以上。

## 6.8.3 石油化工工业固体废物处理工程

### 1. 废物来源及组成

石油化工工业固体废弃物的来源及组成见表 6.34。

**表 6.34 石油化工工业主要固体废物来源及组成**

| 装置 | 名称 | 排放点 | 排放量/（t/年） | 主要组成及含量/% |
|---|---|---|---|---|
| 乙烯装置<br>（30×10⁴ t/年） | 废碱液 | 碱洗塔底 | 4000 | $Na_2S$ 10～12<br>$Na_2CO_3$ 4～5<br>$NaOH$ 1～3 |
| | 废黄油 | 碱洗塔 | 50～150 | 烃类聚合物 |
| | | 加氢反应器出口 | 0.1～0.5 | 烃类聚合物 |
| | 废催化剂 | $C_2$ 加 $H_2$，$C_3$ 加 $H_2$，烷化 | | Pa、Ni、$Al_2O_3$ 等 |
| | 干燥剂 | | | 分子筛活性氧化铝 |
| 汽油加氢<br>（6.46×10⁴ t/年） | 废催化剂 | 一段加氢 | 1.06～1.77 | 铁 0.004 |
| | | 二段加氢 | 0.26～0.43 | 钴 3.33 |
| 苯甲苯<br>（19×10⁴ t/年） | 废白土<br>环丁砜 | 白土塔<br>溶剂再生塔 | 45<br>极少量 | 含微量烯烃和芳烃<br>环丁砜和烃类聚合物 |
| 乙醛<br>（3×10⁴ t/年） | 压滤机<br>滤饼 | 催化剂<br>压滤机 | 1～2 | 固态乙醛衍生物 |
| 醋酸<br>（3×10⁴ t/年） | 醋酸锰<br>残渣 | 回收蒸馏釜 | 9～10 | 醋酸 66<br>醋酸酯类 24.5<br>醋酸锰 9.5 |
| 环氧乙烷<br>乙二醇<br>（6×10⁴ t/年） | 多乙二醇<br>EO 反应<br>催化剂 | 多乙二醇<br>反应器 | 40<br>6.4 | 多乙二醇聚合物<br>Ag15 |
| 环氧丙烷<br>丙二醇<br>（0.8×10⁴ t/年） | 废石灰渣 | 石灰消化器 | 3960 | $CaCO_3$ 97<br>$Ca(OH)_2$＜2<br>有机物＜1 |
| 甘油<br>（0.1×10⁴ t/年） | 废活性炭<br>食盐 | 吸滤器<br>离心机 | 5<br>900 | 活性炭有机物<br>甘油 |
| 苯酚丙酮<br>（1.5×10⁴ t/年） | 酚丝油 | 丝油锅<br>丝油锅 | 800<br>2000 | 多异丙苯酚、苯乙酮 |
| 间甲酚<br>（3×10⁴ t/年） | 磷酸催化剂 | 烃化反应 | 44.9 | 磷酸及烃 |
| | 废吸附剂 | 吸附分离 | 38.43 | 分子筛、芳烃 |
| | $Al(OH)_3$ 渣 | 异构化 | 585 | $Al(OH)_3$<br>有机物 |
| | 焦油 | 精馏塔 | 18598 | 有机物 |
| 烷基苯<br>（5×10⁴ t/年） | 氟化铝 | 循环烷烃、氧化铝处理器 | 30 | $AlF_3$ |
| | 氟化钙 | 中和池 | 15 | $CaF_2$ |
| | 泥脚 | 沉降罐 | 340 | 烯烃、三氧化铝与苯合物 20～25 |

石油化工固体废物由于生产过程、原料和产品差异性大，产生的废物种类多，成分复杂。多数废物具有易燃、有毒、易反应的特征，其形态有固体状、浆液状等不同类型，大部分都具有刺激性臭味，按其性质分类大约有以下几类。

（1）废酸、碱液

石油化工生产原料中的硫化物分解生成的硫化氢等酸性化合物，有时用碱加以洗涤，除去这些有害物质。碱洗后一般生成 $Na_2S$、$Na_2CO_3$、含酚钠盐等，还有部分未反应的碱，并且溶解有些烃类化合物，其 pH 呈强碱性，颜色呈棕褐色。

（2）反应废物

石油化工生产中产生一些无用途的含高低聚合物的反应残渣，如丁二烯二聚物、苯酚、苯乙烯及醋酸脂等。这类废物中有机物一般占绝大多数。

（3）废催化剂

在石油化工生产中，为了进行化工反应，使用多种催化剂，这些催化剂大部分单体是采用 $Al_2O_3$，载入所需要的 Pt、Co、Mo、Pd、Ni、Cr、Rh 等金属，在使用一阶段后，失活或老化使活性降低，这些废催化剂排出前要对其表面附着的有机物等进行吹扫，但仍有残余物，一般都含重金属污染物。

（4）污水处理厂污泥

石油化工生产中产生的废水多含溶剂及油，COD 值高，一般采用沉淀、隔油、浮选、曝气处理的流程，从而会产生含油污泥、浮选渣及生化剩余活性污泥。

污水处理厂污泥的特点是含水率高达 99%左右，含油、COD 高达 $(1\sim2)\times10^4$ mg/L。剩余活性污泥主要是由细菌和菌胶团组成，结构松散，呈絮状棕黄色，含水率为 99%～99.5%。

2. 废物处理工程

（1）废酸、废碱液的处理

废碱液的治理目前多采用酸性物质中和后排入污水处理厂，如燕山石油化工公司采用 $CO_2$ 中和，上海石油化工总厂采用硫酸中和，而有的化工公司将含碱废液与含酸废液中和。兰州化工公司和高桥石化公司将废碱液用做丙烯腈装置废水加压水解处理工艺的 pH 调节剂。

含酸废液处理除了用废碱液中和外，大部分石油化工公司对废酸液进行回收利用。目前一般对生产丙烯酸甲酯时产生的废酸液，用浓度为 99.5%以上的液氨中和，使之转化为硫酸铵，再用空气浮选法除去聚合物，这样生产的固体硫酸铵可作农肥。四川维尼纶厂用醋酸乙烯装置废硫酸制取磷肥，能以废治废，综合利用。北京燕山石化公司化工三厂从烷基苯生产的废酸液中回收油和 $AlCl_3$，每年可创收数十万元。

辽化化工四厂从己二酸废液中回收二元酸。该厂在制造工业级己二酸和精己二酸过程中产生了大量的废液，其主要组成是二元酸（丁二酸、戊二酸及草酸占 33%～34%），其次是 8.4%的己二酸、57%的水、0.6%的硝酸及少量的铜、钒催化剂等。采用图 6.11 的装置可以回收二元酸，该工艺用蒸气、结晶的方法回收己二酸废液，工艺路线简单，无复杂的设备和工艺要求，无须更多的原材料，经济效益突出，环境效益也十分明显。

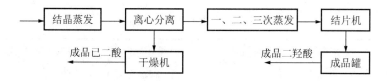

图 6.11　二元酸回收装置工艺流程示意图

（2）石油化工反应废物的处理

这部分废物主要特征是含有机物较多，基本上都可综合利用，不能利用的也可进行焚烧处理。乙烯氧化制乙二醇会产生出多乙二醇重组分，可供用户做纸张涂料（黏合剂、化妆品等）。若每年制乙二醇 $6 \times 10^4$ t，可产出多乙二醇重组分约 40 t。苯酚、丙酮（异丙苯法）在蒸馏苯酚后，高沸点副产品为酚丝油，其产生量为 250 kg/t 苯酚，其中酚丝油中有 10%～15% 的苯乙酮和 20%～25% 其他高沸物，剩余为苯酚，这些有机物可作燃料使用。

用裂解法制取烷基苯生产中用 $AlCl_3$ 作催化剂，在沉降罐沉降下来的泥脚中主要是烯烃三氯化铝与苯的融合物，其处理措施是水解中和生产 $NH_4Cl$。

丁二烯装置溶剂精制塔丁二烯二聚物，$C_3$、$C_4$ 蒸发器残液送电站作燃料，溶剂再生釜产生的焦油是以糠醛聚合物为主，也可用做燃料。

（3）废催化剂的处理

石油化工反应一般多用固体催化剂，这些催化剂多含重金属，一般在卸出前进行吹扫，将易挥发物除去，然后卸出。加氢催化剂一般含钯、钴、钼等，可送专门工厂回收贵重金属。在苯二甲酸二甲酯的生产中所用的钴、锰催化剂原来作为废液加以焚烧，后改为利用萃取-离子交换工艺路线回收醋酸及醋酸锰催化剂，不仅节省了焚烧处理费用，而且创造了大量经济收入。

（4）污水处理厂污泥的处理

石油化工污水处理一般采用的还是隔油、浮选和活性污泥法，其主要废物是隔油池池底泥、浮选渣及剩余活性污泥。这些污泥要先进行沉降脱水、机械过滤等预处理。目前油泥用来做燃料、用于烧砖等；浮选渣过滤后埋填，剩余活性污泥少部分用做绿化肥料，大部分还是填埋处理，焚烧的方法应用较少。

3. 工程实例

（1）从废催化剂中回收金属银

1）生产工艺及废物来源。辽阳石油化纤公司在生产环氧乙烷过程（60 t/年）中产生了大量含银废催化剂（15 t/年）。该公司环氧乙烷装置采用空气氧化法工艺，即以乙烯为原料，空气为氧化剂，在 $Al_2O_3$ 作载体的银催化剂存在下，由乙烯气相催化生成环氧乙烷，银催化剂需要定期更新，从而产生含银废催化剂。

2）废物组成。对废银催化剂化学组成定量分析表明，含银废催化剂主要组成有 Ag、Al 及 Si，见表 6.35。

表 6.35　含银催化剂化学组成

| 元素名称 | 组成/% | 元素名称 | 组成/% | 元素名称 | 组成/% |
|---|---|---|---|---|---|
| Ag | 20.0 | Si | 5.52 | Mg | 0.01 |
| Al | 35.18 | Fe | 0.007 | 其他 | 少 |

另外，根据对催化剂的定性分析，结果表明，废银催化剂中还存在有微量的 Ca、Pb、Na、Mn、Mo、Cu、Ni 等。

3）废催化剂回收银的工艺。采用硝酸溶解，过滤后加氯化钠，沉淀析出氯化银，然后用铁置换，银粉熔炼铸锭的工艺方法。从废银催化剂中回收金属银工艺流程见图 6.12，主要设备见表 6.36。

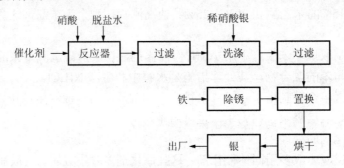

图 6.12　从废银催化剂中回收金属银工艺示意图

表 6.36　废银催化剂回收工艺主要设备

| 名称 | 规格型号 | 数量 | 备注 |
|---|---|---|---|
| 不锈钢反应器 | H：270　D：250 | 10 | 圆形 |
| 耐酸缸 | 多种规格 | 40 | 民用缸、盛装滤液 |
| 烘干箱 | 1700 mm×1400 mm×600 mm | 3 | 最高温度 350℃ |
| 石墨坩埚 | 50 号 | 40 | 每个坩埚可用 11 次左右 |
| 滤布 | 16 号布 1×1 | 10 | 用于过滤尼龙布 |

4）回收效果。在废银催化剂回收银的过程中，采取了许多措施提高银的回收率，使银的实际回收率大于 95%，得到的银占总投料的 19.14%，回收率极高。几年来，辽阳市宏伟贵金属加工厂每年处理含银催化剂 15 t，回收金属银 3 t，不仅获得良好的环境效益，而且具有明显的经济效益。

（2）废催化剂生产釉面砖

1）生产工艺及废物来源。齐鲁石化公司催化剂厂在生产制备催化剂过程中产生大量的废催化剂。该厂年产催化剂 10 000 t，年产分子筛 1700 t。废物主要来源有以下几个方面：①催化剂制备中过滤洗涤工艺；②干燥过程的湿式捕尘系统；③分子筛制备中的过滤洗涤工艺；④生产过程中的滴漏、清洗罐、滤网等。

2）废物组成。废催化剂每天产生 20 t，其化学组成见表 6.37。

表 6.37　废催化剂组成表

| 化学成分 | $SiO_2$ | $Al_2O_3$ | $Fe_2O_3$ | $Na_2O$ | $Re_2O_2$ | $SO_4$ |
|---|---|---|---|---|---|---|
| 比例/% | 58～65 | 20～30 | 0.2 | 1.5～2 | 3～5 | 2～2.5 |

3）处理工艺。釉面砖所用原料主要有介休土、石英、长石、焦宝石、滑石等，其主要化学成分也是 $SiO_2$、$Al_2O_3$ 及少量 $Fe_2O_3$、$CaO$、$Na_2O$，与废催化剂在化学组成上是相近的，因而在制生坯的过程中掺加 20%废催化剂。

工艺流程见图 6.13，主要设备见表 6.38。

4）处理效果。废渣经处理后生产的釉面砖，其质量达到国家标准，成品率得到提高，减少原材料消耗，且因密度减小 14%，因此有利于使用。由于掺入 20%废催化剂，节约其他原料用量，节约煤、电费，同时又使催化剂厂减少了填埋处理费用，化害为利，具有良好的经济效益和社会效益。

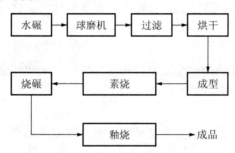

图 6.13　生产釉面砖工艺流程示意图

表 6.38　废催化剂制釉面砖的主要设备

| 序号 | 设备名称 | 数量/台 |
|---|---|---|
| 1 | 水碾 | 2 |
| 2 | 球磨机 | 3 |
| 3 | 过滤机 | 1 |
| 4 | 土坑 | |
| 5 | 隧道窑炉 | 1 |
| 6 | 成型机 | 5 |
| 7 | 釉烧窑炉 | 1 |

### 6.8.4　石油化纤工业固体废物处理工程

#### 1. 废物来源及组成

化纤一般可分为再生纤维、合成纤维、无机纤维三种。目前我国已成为世界上第四大纤维生产国家，据统计在纤维生产过程产生的废物总量每年为 117 557 t，其中化纤工业废物产生量每年为 84 561 t，废催化剂产生量为 8699 t，聚合单体废料、废丝产生量为 22 816 t，硅藻土及白土产生量为 1169 t，污水处理厂污泥产生量为 4927 t。

石油化纤主要固体废物产生量及组成见表 6.39。

表 6.39　石油化纤主要固体废物产生量及组成

| 名称 | 产生量/（t/年） | 主要成分 |
|---|---|---|
| 化学废液 | 91 600 | 废硅藻土、乙醛、二元酸、醇酮、硫胺、硫酸钠、碱渣、无规聚丙烯、PTA、DMT、EG 残渣、B 酯 |
| 废催化剂 | 410 | 钴、锰、镍、银、铂、铂铑网 |
| 聚合单体废块、废丝 | 4900 | 涤纶、锦纶、腈纶、维纶、丙纶的单体废块、废条、废丝 |
| 石灰石渣 | 7192 | 酸性废水中和沉淀渣 |
| 污泥 | 8000（干基） | 油泥、浮选渣、预沉池底泥、剩余活性污泥 |

（1）涤纶固体废物

涤纶纤维生产过程中产生的固体废物主要是废催化剂钴锰残渣、B 酯、聚酯残渣、聚酯废块、废丝等。

（2）锦纶固体废物

锦纶生产过程中产生的废物主要是废镍催化剂、二元酸废液、醇酮及己二胺废液以及锦纶单体废块、废丝等。

（3）腈纶固体废物

腈纶生产过程中产生的废物主要是硫胺废液、硫氰酸钠废液、废丝废块等。

（4）维纶固体废物

维纶纤维生产过程中产生的废物主要是炭黑废渣、过滤机滤液、废丝等。

（5）丙纶固体废物

丙纶纤维生产过程中产生的废物主要是无规聚丙烯等。

石油化纤生产过程中产生的废物可分为五种。

1）化学废液。

2）废催化剂。

3）聚合单体废块废丝。

4）石灰石渣。

5）污泥。

**2．废物处理工程**

处理石油化纤工业固体废物的方法，首先是综合利用，通过综合利用使这些废物得到有效治理，回收资源，其次是焚烧处理，再次是填埋处理。

（1）综合利用

综合利用是治理石油化纤工业固体废物最好途径，既回收了废物中宝贵的资源，又给化工生产提供原料，既有经济效益，又有环境和社会效益。

1）"五纶"废丝、废块、废条的综合利用。涤纶、锦纶、腈纶、维纶、丙纶的聚合单体的废块、废丝、废条等属残次品，具有较好的再生价值，经过洗净、干燥、熔融可以再加工成切片或纺成纤维出售。目前这部分废料回收利用率已达 100%。

2）废催化剂的综合利用。化纤废催化剂品种多，数量大，并且含重金属或贵重金属量高，十分有利于回收利用。

① 废钴锰催化剂的综合利用。某厂年产 $8.7×10^4$ t 的聚酯生产装置，平均每小时产生废钴锰催化剂 684 kg，其中含钴 61%、镍 0.2%、硫酸锰 32%。用水萃取，再经离子交换，解析回收金属钴锰，最后制成醋酸钴、醋酸锰，回收用于生产过程中。

② 废镍催化剂的综合利用。某厂在锦纶生产的己二胺合成中，每年要产生 160 t 的废雷尼镍催化剂，其中含 50%镍。采用水洗、干燥，再经电极电炉熔炼回收金属镍，每年可回收大量纯镍，效果颇佳。

③ 废银催化剂的综合利用。某厂年产 60 t 的环氧己烷生产装置平均每三年产生废银催化剂 30.6 t，其中含银 6.28 t。采用硝酸溶解，氯化钠沉淀分离出氯化银，再用三氧化二铁置换，最终经熔炼回收金属银，其回收率可达 95%。

3）酸、碱废液的综合利用。

① 废酸液的综合利用。某厂年产 $3×10^4$ t 己二酸生产装置平均每小时产生 1.2 t 的二元酸废液，其中含二元酸 38.6%、硝酸 11%、己二酸 10%以及少量铜和钒，采用蒸发浓缩、分离等手段处理二元酸废液，每年可回收己二酸 200 t、二羧酸 800 t。

② 废碱液的综合利用。某厂年产 $30×10^4$ t 常减压装置油品电精制生产时要产生大量的废碱液，平均每小时 50 kg。采用硫酸中和回收环烷酸，回收率达 85%。

4）化纤废液的综合利用。

① 酯残液的综合利用。某年产 8000 t 的 DMT 生产装置，平均每小时产生二甲酯残液 780 kg，将该残液同乙二醇反应可制取黏合剂，代替酚醛树脂用于钢铁工业，效果良好。

② 盐残液的综合利用。某厂年产 $3×10^4$ t 己二酸生产装置，平均每小时产生含盐残液 241 kg，其中含尼龙 66 盐 25.4%，采用过滤蒸发，分离纺丝工艺，每年可制取锦纶长丝 200 t，效益十分可观。

（2）焚烧处理

对于某些固体废物目前还无综合利用价值或暂无回收利用技术，可进行焚烧处理。特别是具有较高热值的废物，更具备焚烧处理的条件。焚烧处理用的焚烧炉分为转炉和立炉等多种形式。一般认为焚烧后有炉渣的宜用转炉，没有炉渣的可用立炉。固体废物焚烧前要经粉碎处理，废液焚烧要经浓缩、脱水后再送焚烧炉。含盐废液因有灰渣产生，宜采用转炉焚烧，不含盐的废液宜采用立炉焚烧。

（3）污泥的处理与利用

石油化纤污水生化处理时产生大量的剩余活性污泥，每年大约 8000 t（干基）。近年来对剩余污泥的处理与利用方面取得了较大进展。因污泥中含有大量的微生物菌藻体，含氮量约占干基污泥 6%～7%，含粗蛋白 30%～50%，肥效较高。利用污泥中的氮、磷等肥效，用做种果树、苗圃的土地施肥剂，效果良好。

利用污泥所含油（16 747.2 kJ/kg）的热值和它的黏性，可制造型煤，若与煤混合可做烧砖、烧水泥的辅助燃烧。污泥用于盐碱农田的土壤改良，也有一定的效果。对于大量的不能回收利用的污泥需进行填埋处理。

3. 工程实例

（1）利用尼龙 66 盐废液生产锦纶长丝

1）生产工艺及废物来源。辽阳石油化纤公司的尼龙 66 盐生产设备，是从法国引进的，由硝酸、环己烷、醇酮、己二酸乙二腈、己二胺、尼龙盐成盐和尼龙盐结晶八套装置组成，年产尼龙 66 盐 $4.57 \times 10^4$ t。在尼龙盐结晶过程中，有大量低浓度的废盐液（25%～45%）排放。

2）废盐液的组成及产生量。尼龙 66 盐废液基本状况见表 6.40。

表 6.40　尼龙 66 盐废液基本状况

| 序号 | 项目名称 | 基本状况 |
|---|---|---|
| 1 | 外观 | 棕黄色，有可见性杂质 |
| 2 | 色度 | >500 哈森 |
| 3 | 透明度 | 0 |
| 4 | 排出温度 | 65℃ |
| 5 | 含盐量 | 25.31% |
| 6 | 排放方式 | 间接 |
| 7 | 排放量 | 设计每年 1928 t，实际每年 800 t |

3）尼龙盐回收工艺。主要设备见表 6.41。

表 6.41　尼龙 66 盐废液生产锦纶长丝设备

| 名称 | 规格型号 | 数量 | 备注 |
|---|---|---|---|
| 脱色罐 | 1.6 m³ | 1 | 白钢 |
| 蒸发器 | 1.6m | 1 | |
| 预热器 | | 1 | |
| 高压反应器 | | 1 | |
| 后缩聚器 | | 1 | |
| 闪蒸器 | | 1 | |
| 纺丝机 | Vc403 | 2 | |
| 卷绕机 | | 2 | |
| 牵伸机 | Vc443 | 2 | |

4）回收效果。回收尼龙盐的质量与国家标准值比较（表 6-42），产品锦纶长丝主要有 68D/18f、7OD/18f、120D/24f 民用丝、138D/24f 高、强、低三种工业用丝。每年经济效益达 700 多万元，而且环境污染的问题得到了解决。

表6.42　回收的尼龙盐与国家标准值的比较

| 指标 | 一级品 | | 二级品 | | 备注 |
|---|---|---|---|---|---|
| | 国家标准 | 回收品 | 国家标准 | 回收品 | |
| 外观 | 白色晶体 | 白色晶体 | 白色晶体 | 白色晶体 | 比色法测定 |
| 色度（哈森值） | ≤15 | ≤15 | ≤15 | ≤15 | 仪器测定 |
| pH | 7.5~8.0 | 7.5~8.0 | 7.5~8.0 | 7.5~8.0 | 干燥法测定 |
| 水分/m% | ≤0.4 | ≤8 | ≤1.0 | ≤8 | |
| 透明度/cm | >100 | >100 | >100 | >100 | |
| 熔点/℃ | 192.5±5 | >192.5 | 192.5±1 | >191.5 | |
| 总挥发碱/100g 耗 0.01 $H_2SO_4$ 计/mL | ≤9.5 | ≤9.5 | ≤15 | ≤15 | |
| 灰分/mg | ≤15 | ≤15 | ≤150 | ≤150 | |
| 铁/mg | ≤0.5 | ≤0.5 | ≤5.0 | ≤5.0 | |

（2）废雷尼镍催化剂回收金属镍

1）生产工艺及废物来源。辽阳石油化纤公司己二胺装置年产己二胺 $2.08 \times 104t$，该装置是以己二腈和氢气为主要废料，利用雷尼镍合金粉作催化剂（其中镍约80 t），生成己二胺水溶液；老化的催化剂要经常定期更换，从而产生废雷尼镍催化剂。

2）废物组成与产生量。雷尼镍残渣的化学成分比较复杂，除含有镍、铝、铬等金属元素外，还含有碳、氮、磷等非金属元素。己二胺生产装置年耗催化剂160 t，约70%作为废催化剂排出，每年排放量为112 t。

3）处理工艺。由于镍的熔点为1145℃，因此要得到成分纯、品质好的金属镍，比较适宜的工艺是选择冶炼方法。废镍催化剂的回收是采用电极电炉熔炼法回收金属镍，其工艺流程见图6.14。

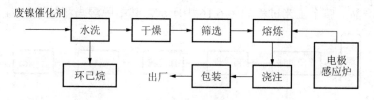

图6.14　废镍催化剂回收金属镍工艺流程图

4）处理效果。废雷尼镍催化剂回收的金属镍质量好，年产金属镍15 t，不仅具有良好的环境效益，而且具有十分明显的经济效益。

（3）从炭黑废渣中回收炭黑

1）生产工艺、废物来源及组成。四川维尼纶厂从炭黑废渣中回收炭黑，炭黑废渣来源、产生量及组成：该厂在以天然气制乙炔的过程中，氧与天然气在乙炔炉内裂解生成裂化气，经淬火后之裂化气进入冷却塔，然后用水喷淋、冷却、洗去炭黑，5%的炭黑浆由冷却塔排出。乙炔生产装置系统及废物产生部位参见图6.15。炭黑为无定形碳粉末，色黑，是由有机物质经不完全燃烧或经热分解而成的不纯产物。该物质不溶于任何溶剂，种类繁多，此处所生成的乙炔副产物为其中之一种。各种炭黑的性能略有差异，一般可用于中国墨、油墨、黑色颜料、油漆等工业，也广泛用做橡胶的补强剂。乙炔装置产生炭黑废渣的年排量为 1500 t，其中污染物主要组成为炭黑占有 47%、焦炭聚合物占 0.76%、N-甲基砒咯烷酮占 0.026%，该种副产品以含水 14.8%的炭黑水形式排出。

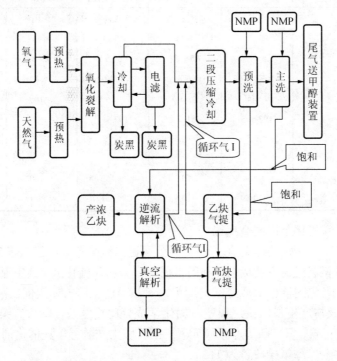

图 6.15　以天然气生产乙炔的装置系统及工艺流程示意图

2）回收工艺原理及工艺过程。使炭黑废渣干燥脱水，然后与干炭黑充分混合，并经造粒机振动成为球形湿粒，再通过除去多余水分、磁选、筛分、计量等工序，最后包装成为炭黑产品。整个工艺过程如图 6.16 中所示，其中脱湿与湿法造粒为主要工序。

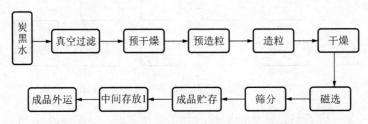

图 6.16　由碳黑废渣中回收碳黑工艺流程方框示意图

3）主要设备。此套装置的主要设备包括：燃烧炉、旋风分离器及贮斗、洗涤塔、回转干燥机、预造粒机、湿法造粒机、磁选机、筛分机、缓冲罐、螺旋输送器、风机、真空鼓风机等。其中关键设备为：带烧嘴燃烧炉（$\phi 546 \times 360$）、造粒机（$\phi 400 \times 2500$）、回转干燥机（$\phi 200 \times 1200$）等。

4）操作注意事项。本套装置由仪表自动控制，干燥机与燃烧炉为保证产品质量之关键设备，工艺设计中采用炭黑粒子温度自控调节系统。该系统以炭黑粒子温度为被调参数，选定天然气流量为操作参数，这样能有效地克服干烧影响，确保生产过程平稳操作。

设计中对主要工艺参数考虑了连锁控制，对电气考虑了启动及停电的操作连锁。这样可防止突发性停电、停气造成燃烧炉及干燥器中的天然气过量引起的安全隐患。此套连锁系统中，切断阀是保证连锁的关键设备，应定期进行检查，若出现问题及时加以处理。

温度变化直接影响燃烧炉、干燥机、预热干燥器的工作状态，应随时注意观察并记载和记录仪表所显示的数据，及时调节使之达到工艺要求的额度范围。此外，粒状的炭黑不能过热，否则会影响焦粒的形成，应严格按照工艺要求控制干燥机出口的炭黑产品温度。更换滤带时，事先应以抽风机进行排气并切断废气源头，以防操作者中毒。跑、冒、漏、滤带堵塞或破裂损坏、炭黑外溢等现象是造成工作现场炭黑粉尘污染的主要因素，应尽量对有关部位加以检查，采取必要措施保证其不致发生。

5）该回收装置运行情况及效果。该套装置自投产以来，由于收集系统欠完善，曾出现炭黑粉尘的二次污染，后经采用耐高温脉冲带滤，捕集率达 99.90%，使由袋式过滤器排出的废气中所含炭黑粉尘量 $<30\ mg/m^3$。

此装置排出的废水主要为废气洗涤后的含炭黑废水。地面冲洗水及真空过滤泵的滤出水，全部由厂区污水管道输往集中处理场进行处理。炭黑废渣经回收后，除少量含 CO 及一些烃。废气由洗涤塔顶部放空、筛分出来的杂质及大粒炭黑定期送堆场外，其余全部均制成产品炭黑，从而炭黑焚烧造成的飘尘污染得到有效的控制。

6）主要技术经济指标。本厂乙炔车间生成的副产品炭黑乃此套回收装置的原料，用量约 1400 t/a；回收炭黑耗水 77t/t、电 735 kW·h/t、压缩空气 192.9m³、天然气 771 m³/t；设备折旧费 16 万元/a，114 元/t、人工费 145 元/t。按年回收炭黑产品 1400 t，销售价 1000 元/t 计，扣除各种单耗生产成本，获纯利 328 元/t，总计经济效益为 45.9 万元。该套装置运转存在问题是水、电、气的单耗较高、严重影响生产成本。

# 主要参考文献

卜涉君. 1992. 石油化学工业固体废物治理. 北京：中国环境科学出版社.

李国鼎，金子奇. 1980. 固体废物处理与资源化. 北京：清华大学出版社.

李国鼎. 2003. 环境工程手册固体废物污染防治卷. 北京：高等教育出版社.

毛悌和. 1991. 化学工业固体废物治理. 北京：中国环境科学出版社.

俞珂. 1991. 世界瞩目的固体废物问题. 化工进展，6:14-17，46.

P. A. 维西林德，A. E. 赖莫. 1985. 资源回收工程原理. 北京：机械工业出版社.

# 第七章 城市生活垃圾处理工程

世界各国解决城市生活垃圾问题的办法，主要是焚烧、堆肥、热解和填埋等。这些方法各有优缺点，除热解外，填埋浪费了大量资源，焚烧和堆肥也只是取得了单一产物（热能和肥料），虽然有时也用手工捡出废纸，用磁力分离出黑色金属，但这些过程只不过是消除和销毁垃圾。热解虽能从中获得可燃气体等新产物，但仍摆脱不了销毁有用成分的弊端，不能实现物料的多次循环利用。因此，在现代科学技术高度发展的条件下，必须最大限度地从中回收有用成分，而仅销毁剩留的相对少量的垃圾（或转化成为新产物），才是城市生活垃圾处理的新思路。

目前，有的城市正在推行垃圾分类的尝试，要求每个家庭将餐厨垃圾单独打包，然后集中收集进行堆肥处置，这样既可大大减少后续处理的压力，也是减轻有机垃圾污染的重要途径，是实现垃圾减量化、资源化和无害化的重要措施。

## 7.1 城市生活垃圾焚烧处理工程

焚烧是一种热化学处理方法。垃圾焚烧法是将固体垃圾进行高温热处理，在 800～1000℃的焚烧炉炉膛内，垃圾中的可燃成分与空气中的氧进行剧烈的化学反应，放出热量，转化为高温的燃烧气和量少而性质稳定的固体残渣。燃烧气可以作为热能回收利用，性能稳定的固体残渣可直接填埋。经过焚烧，垃圾携带的病原菌被彻底杀灭，带恶臭的氨气和有机质废气也被高温分解。因此，焚烧法能同时实现减量化、无害化和资源化，是一条重要的垃圾处理与处置途径。

在欧盟、日本、新加坡和美国等发达国家，垃圾焚烧技术的发展趋于成熟，已经成为主要的生活垃圾处理方式。在我国，随着国民经济的提高、城市建设的发展以及垃圾中可燃物的大量增多，垃圾焚烧技术得到较大关注与发展，逐步形成"引进-消化-吸收-创新"的国产化过程。2013 年，我国垃圾焚烧厂有 166 座，处理量达 4634 万 t，占垃圾无害化处理总量的 30.1%。在 2004～2013 年期间，生活垃圾焚烧日处理垃圾量从 205 889 t 发展到 322 782 t，单位厂处理规模提高了 254%。但焚烧设施利用率、焚烧余热利用以及焚烧废气的污染控制等方面亟待进一步提高。

### 7.1.1 垃圾的三成分及物理化学成分

#### 1. 垃圾的三成分

垃圾的三成分是指水分、灰分和可燃分（挥发分、固定碳），三者均是焚烧厂设计的关键因素，用它们可近似地判断垃圾的可燃性。如三元图所示（图 7.1），当垃圾中水分≤50%，灰分≤60%，可燃分≥25%时，垃圾处于可燃区，可以采用焚烧法处理。

垃圾的水分（W）包括外在水分和内在水分，通常用含水率表征。含水率的高低直接影响着垃圾焚烧过程的正常进行，需严格控制。

　　灰分（A）是指不可燃的无机物和可燃物燃烬后的余渣。垃圾灰分过高，不仅会降低垃圾热值，而且会阻碍可燃物与氧气接触，增加着火和燃尽的困难。

　　可燃分（R）就是垃圾去水、除灰后的成分。实际工作中常误将垃圾中的有机物当成可燃分，其实有机物质中包含了大量的水分。垃圾的可燃分主要包括挥发分和固定碳。挥发分是指垃圾样品在绝热条件下，加热到(900±10)℃，持续 7 min，分解析出的除水蒸气以外的气态物质。垃圾焚烧过程中的挥发分主要有气态碳氢化合物（甲烷和非饱和烃）、氢气、一氧化碳、硫化氢等。固定碳是燃料中以固体形态燃烧的那一部分碳。固定碳燃烧释放热量多（约 32 700 kJ/kg），但着火温度高，难与空气中的氧充分接触，燃烬时间较长。垃圾可燃物的挥发分占 70%～80%，固定碳约占 20%，挥发分具有在 100～600℃环境温度下短时间大量析出的特点。

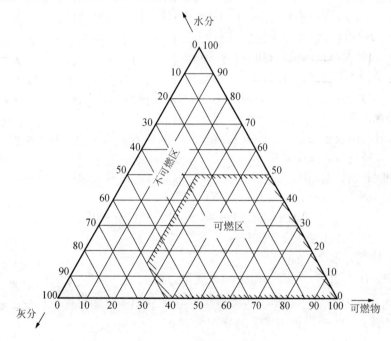

图 7.1　垃圾焚烧组分三元图

　　2. 物理、化学成分

　　垃圾的物理组成可分为厨余类、纸张类、塑料类、玻璃类、金属类、纺织品及其他等。各物理组成所占比例受经济水平、生活习惯、地域和季节等影响较大。

　　垃圾的可燃分中含有 C、H、O、N、挥发性氯、燃烧性硫等元素成分，这些元素的含量可以通过化学检测得到，一般以湿基每吨垃圾的含量来表示。

## 7.1.2　垃圾的热值

　　1. 垃圾热值的概念

　　垃圾的热值也称发热量，是指单位质量的垃圾完全燃烧所放出的热量。垃圾热值是衡量垃圾可燃性的重要参数。垃圾热值分为高位热值和低位热值。高位热值（higher heating value，HHV，$Q_g$）是指垃圾完全燃烧后，焚烧产物中的水蒸气全部凝结为水时释放的热量；低位热值（lower heating value，LHV，$Q_d$）是指垃圾完全燃烧后，焚烧产物中的水蒸气保持气态时释放的热量。一般燃烧设备的排烟温度均远远超过水蒸气的凝结温度，因此垃圾焚烧工艺及设备选择需要采用低位热值计算。

2. 垃圾热值的计算方法

垃圾热值确定方法主要有仪器测定法和经验公式法两种。

（1）仪器测定法

目前，普遍采用氧弹式量热计或热重分析仪测定垃圾热值，也称为弹筒热值（QDT）。通常按 HHV≈QDT 估算生活垃圾的高位热值。再将高位热值转化为低位热值

$$LHV = HHV - 2420 \times [W + 9 \times (H - Cl/35.5 - F/19)] \tag{7.1}$$

式中，LHV 为垃圾低位热值，kJ/kg（湿基）；

　　　HHV 为垃圾高位热值，kJ/kg（湿基）；

　　　W 为焚烧产物中水的质量分数，%；

　　　H、Cl、F 为湿基垃圾中的氢、氯、氟元素的质量分数，%。

（2）经验公式法

经过长时间的发展与修正，主要形成了三大类经验公式模型，分别是物理组成、元素分析和工业特性分析模型。

1）物理组成计算模型。当忽略其他成分的影响，只考虑塑料、纸张、厨余垃圾和水分对垃圾热值的贡献时，垃圾低位热值可估算为

$$LHV = 88.2 R + 40.5 \times (P + G) - 6 W \tag{7.2}$$

式中，LHV 为垃圾低位热值，kcal/kg；

　　　W 为垃圾含水率，%；

　　　R、P、G 为塑料、纸张、厨余垃圾质量分数，%。

2）元素分析计算模式。基于元素含量估算垃圾热值的经验公式有很多种，应用较广的有 Dulong、Steuer 和 Scheurer-Kestner 公式。

Dulong 公式为

$$LHV = 81 C + 342.5 \times (H - 1/8\,O) + 22.5 S - 6 \times (9 H + W) \tag{7.3}$$

Steuer 公式为

$$LHV = 81 \times (C - 3/8\,O) + 345 \times (H - 1/16\,O) + 57 \times 3/8\,O + 25 S - 6 \times (9 H + W) \tag{7.4}$$

Scheurer-Kestner 公式为

$$LHV = 81 \times (C - 3/4\,O) + 342.5 H + 22.5 S + 57 \times (3/4\,O) - 6 \times (9 H + W) \tag{7.5}$$

式中，LHV 为垃圾低位热值，kcal/kg；

　　　C、H、O、S 为垃圾中碳、氢、氧、硫元素百分含量，%。

3）工业分析计算模型。传统工业分析估算公式为

$$LHV = 45 V - 6 W \tag{7.6}$$

Bento 修正公式为

$$LHV = 44.75 V - 5.85 W + 21.2 \tag{7.7}$$

式中，LHV 为垃圾低位热值，kcal/kg；

W 为含水率；

V 为挥发分质量分数。

常用的三成分、四成分经验公式也是基于工业特性分析的热值计算模型，两者的表达式分别为

$$LHV=37.4\,V-4.5\,W \tag{7.8}$$

$$LHV=40\,R+37.4\,V-4.5\,W \tag{7.9}$$

式中，LHV 为垃圾低位热值，kJ/kg；

W 为含水率；

V 为挥发分质量分数；

R 为塑料质量分数。

### 7.1.3　垃圾焚烧过程及影响因素

1. 焚烧过程

焚烧过程是一种非常复杂的强烈的氧化燃烧反应。在焚烧发生时既发生了物料分子转化的化学过程，也发生了以各种传递为主的物理过程。一般而言，垃圾在焚烧时将依次经历脱水、脱气、起燃、燃烧、熄火等几个步骤。图 7.2 为以机械炉排焚烧炉为例的燃烧概念图。

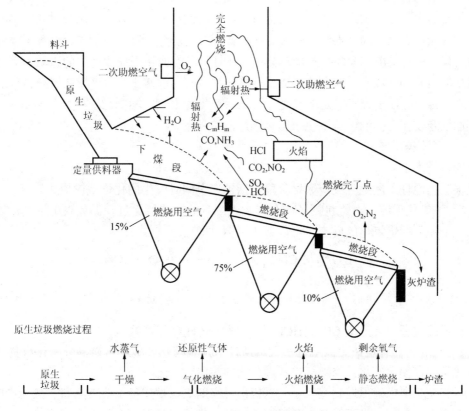

图 7.2　燃烧概念图

从工程技术的观点看，需焚烧的物料从送入焚烧炉起，到形成烟气和固态残渣的整个过程，可总称为焚烧过程。它包括了三个阶段：第一阶段是物料的干燥加热阶段；第二阶段是焚烧过程的主阶段燃烧阶段；第三阶段是后燃烧阶段，也称为燃尽阶段，即生成固体残渣的阶段。三个阶段并非界限分明，尤其是对混合垃圾之类的焚烧过程更是如此。从炉内实际过程看，送入的垃圾有的物质还在预热干燥，而有的物质已开始燃烧，甚至已燃尽了。对同一物料来讲，物料表面已进入了燃烧阶段，而内部还在加热干燥。这就是说上述三个阶段只不过是焚烧过程的必由之路，其焚烧过程的实际工况将更为复杂。

（1）干燥阶段

我国城市生活垃圾中植物性物质较多，其含水率更显得偏高，一般含水率都高于30%（指混合垃圾）。如果将大部分无机物除去，即所谓的筛分后的有机垃圾，其含水率还将上升。因此，焚烧时的预热干燥任务很重。对机械送料的运动式炉排炉，从物料送入焚烧炉起到物料开始析出挥发分着火这一段，都认为是干燥阶段。随着物料送入炉内的进程，其温度逐步升高，其表面水分开始逐步蒸发，当温度增高到100℃左右，相当于达到一个大气压下水蒸气的饱和状态时，物料中水分开始大量蒸发，此时，物料温度基本稳定。随着不断加热，物料中水分大量析出，物料不断干燥。当水分基本析出完后，物料温度开始迅速上升，直到着火进入真正的燃烧阶段。在干燥阶段，物料的水分是以蒸气形态析出的，因此需要吸收大量的热量——水的汽化热。

物料的含水分愈大，干燥阶段也就愈长，从而使炉内温度降低。水分过高，影响炉温降低太大，着火燃烧就困难，此时需投入辅助燃料燃烧，以提高炉温，改善干燥着火条件。有时也可采用干燥段与焚烧段分开的设计，一方面使干燥段产生的大量水蒸气不与燃烧的高温烟气混合，以维持燃烧段烟气和炉墙的高温水平，保证燃烧段有良好的燃烧条件。另一方面干燥吸热是取自完全燃烧后产生的烟气，燃烧已经在高温下完成，再取其燃烧产物作为热源，就不至于影响燃烧段本身了。

（2）燃烧阶段

物料基本上完成了干燥过程后，如果炉内温度足够高，且又有足够的氧化剂，物料就会很顺利地进入燃烧阶段。燃烧阶段包括了三个同时发生的化学反应模式。

1）强氧化反应。燃烧包括了产热和发光二者的快速氧化过程。如果用空气作氧化剂，一个完全燃烧氧化的反应，可以下式为例，即

$$C_xH_yO_zN_uS_vCl_w + \left(x+v+\frac{y-w}{4}-\frac{z}{2}\right)O_2 \rightarrow xCO_2$$
$$+wHCl+\frac{u}{2}N_2+vSO_2+\left(\frac{y-w}{2}\right)H_2O \tag{7.10}$$

在反应过程中会形成 $CO_2$、HCl、$N_2$、$SO_2$ 与 $H_2O$ 等产物。

2）热解。热解是在无氧或近乎无氧条件下，利用热能破坏含碳高分子化合物元素间的化学键，使含碳化合物破坏或者进行化学重组。

尽管焚烧要求确保过剩空气量，以提供足够的氧与炉中待焚烧的物料有效地接触，但仍有不少部分物料没有机会与氧接触。这部分物料在高温条件下就要进行热解。

在焚烧阶段,对于大分子的含碳化合物(一般的有机固体废物)而言,其受热后,总是先进行热解,随即析出大量的气态可燃气体成分,诸如 CO、$CH_4$、$H_2$ 或者分子量较小的 $C_xH_y$ 等,这些小分子的气态可燃成分与氧接触进行均相燃烧就容易得多。热解过程还有挥发分析出,挥发分析出的温度区间在 200~800℃ 范围内,同一个物料在热解过程不同的温度区间下,析出的成分和数量均不相同;不同的物料,其析出量的最大值所处的温度区间也不相同。因此,焚烧城市混合垃圾时,其炉温维持在多高是恰当的,应充分考虑待焚烧物料的组成情况。特别要注意热解过程会产生某些有害的成分,这些成分如果没有充分被氧化(燃烧掉),则必然成为不完全燃烧物。

3)原子基团碰撞。焚烧过程出现的火焰,实质上是高温下富有含原子基团的气流,它们的电子能量跃迁,以及分子的旋转和振动产生量子辐射,它包括了红外的热辐射、可见光以及波长更短的紫外线。火焰的性状取决于温度和气流组成。通常温度在 1000 ℃ 左右就能形成火焰。气流包括了原子态的 H、O、Cl 等元素,双原子的 CH、CN、OH、$C_2$ 等,以及多原子的基团 HCO、$NH_2$、$CH_3$ 等极其复杂的原子基团气流。在火焰中,最重要的连续光谱是由高温碳微粒发射的。废物组分上的原子基团碰撞,还易使废物分解。

(3)燃尽阶段

物料在主焚烧阶段进行强烈的发热发光氧化反应之后,参与反应的物质浓度自然就减少了。反应生成的惰性物质,气态的 $CO_2$、$H_2O$ 和固态的灰渣增加。由于灰层的形成和惰性气体的比例增加,剩余的氧化剂要穿透灰层进入物料的深部与可燃成分反应也愈困难。整个反应的减弱使物料周围的温度也逐渐降低,整个反应处于不利状况。因此,要使物料中未燃的可燃成分反应燃尽,就必须保证足够的燃尽时间,从而使整个焚烧过程延长。该过程与焚烧炉的几何尺寸等因素直接相关。综上分析,可将燃尽阶段的特点归纳为一句话:可燃物浓度减少,惰性物增加,氧化剂量相对较大,反应区温度降低。要改善燃尽阶段的工况,一般常采用的措施如翻动、拨火等办法来有效地减少物料外表面的灰层,控制稍多一点的过剩空气量,增加物料在炉内的停留时间等。

2. 焚烧过程的主要影响因素

焚烧过程的主要影响因素是所谓的"3T+E",即炉温(temperature)、停留时间(time)、搅动现象(turbulence)和空气供给量(excess air)。一座理想的焚烧炉,希望以最少空气量达到最高的炉温,并使废弃物与燃烧空气充分接触,燃烧气流与燃烧空气充分搅动混合,达到污染物形成最少的目的。其中搅动方式可分为以下几类:空气气流搅动方式;机械炉床搅动方式;砂床流体化搅动及旋转窑式搅动。按炉膛中燃烧气体的流动方向分类大致可分为:反向流(逆送)、同向流(正送)、炉床下送风、炉床上送风及漩涡流等几类。

在垃圾焚烧的技术条件控制方面,主要是对"3T+E"的控制,即对燃烧室出口温度、烟气滞留时间、炉膛空气供给量和焚烧灰渣热灼减量有所要求。

(1)燃烧室出口温度和烟气滞留时间的要求

在 20 世纪 80 年代,一般要求燃烧室的出口温度为 750~950℃,此温度域的烟气停留时间为 1 s 左右。到了 90 年代以后,为了使燃烧更加完全,同时为了避免产生二噁英等有害物质,一般要求燃烧室的出口温度为 850~950℃,且在此温度域的停留时间为 2 s 以上的设计越来越多,基本上成为目前大中型焚烧炉设计的标准。

燃烧反应所需时间就是烧掉固体废物的时间。这就要求固体废物在燃烧层内有适当的停留时间。一般认为，燃烧时间与固体粒度的平方近似地成正比，固体粒度愈细，与空气的接触面愈大，燃烧速度愈快，固体在燃烧室停留时间就短。

燃烧室温度必须保持在燃料的起燃温度以上，温度愈高，燃烧时间愈短。燃烧温度取决于燃料特性，例如燃料的起燃温度、含水量以及炉子结构和燃烧空气量等。同时，从垃圾臭气焚烧分解的角度来看，要求焚烧温度700℃以上，停留时间0.5 s以上。

燃烧温度过低，烟气滞留时间过短，将易产生不完全燃烧。但燃烧温度过高，不仅容易烧坏炉壁、炉排，使垃圾熔融结块，堵塞锅炉热交换管和烟道，影响正常运行，而且同时会产生过多的氧化氮。

因此，一般设计燃烧室的出口温度为800～950℃为佳。

（2）炉膛空气供给量的要求

一般情况下，氧浓度越高，燃烧速度越快。为了使固体废物燃烧完全，必需往燃烧室鼓入过量的空气，但空气过剩量太多时，由于过剩的空气在燃烧室内吸收过多的热量而引起燃烧室温度的降低。理论和实践都说明，只有当燃烧室处于少量过剩空气条件下，燃烧效率最高。对具体的废物燃烧过程，需要根据物料的特性和设备的类型等因素确定过剩空气量。为了保证固体废物能燃烧完全，除了空气供应要充足外，还要注意空气在燃烧室内的分布。在氧化反应集中的燃烧区，应该多送入空气。

炉膛空气供给量的选择与炉型、垃圾性质、空气供应方式有关。过剩空气比λ一般范围为1.7～2.5，比一般燃料燃烧时的空气比要大。且有如下特点：垃圾水分多、热值低时，空气比值较大；间歇运行炉比连续运行炉要大。

（3）焚烧灰渣热灼减量的要求

焚烧灰渣热灼减量是指焚烧灰渣中的未燃尽分的重量。是衡量焚烧灰渣的无害化程度的重要指标，也是炉排机械负荷设计的主要指标之一。目前焚烧炉设计时的焚烧灰渣热灼减量值一般在5%以下，大型连续运行的焚烧炉也有要求在3%以下的。

在焚烧灰渣的未燃分中，除了腐烂性的有机物质以外，还有非腐烂性的碳素，含有塑料、橡胶等。

3. 焚烧产物

可燃的固体废物基本成分是有机物，由大量的碳、氢、氧元素组成，有些还含有氮、硫、磷和卤等元素。这些元素在焚烧过程中与氧起反应，生成各种氧化物或部分元素的氢化物。

1）有机碳的焚烧产物是二氧化碳气体。

2）有机物中氢的焚烧产物是水；若有氟或氯存在，也可能有它们的氢化物生成。

3）固体废物中的有机硫和有机磷，在焚烧过程中生成二氧化硫或三氧化硫以及五氧化二磷。

4）有机氮化物的焚烧产物主要是气态的氮，也有少量的氮氧化物生成。

5）有机氟化物的焚烧产物是氟化氢。

6）有机氯化物的焚烧产物是氯化氢。

7）有机溴化物和碘化物焚烧后生成溴化氢及少量溴气和元素碘。

8）根据焚烧元素的种类和焚烧温度，金属在焚烧以后可生成卤化物、硫酸盐、磷酸盐、碳酸盐、氢氧化物和氧化物等。

有害有机废物经焚烧处理后，要求达到以下三个标准。

① 主要有害有机组成（principle origanic hazardous constituents，POHC）的破坏去除率（destruction and removal efficiency，DRE)要达到99.99%以上。DRE 定义为从废物中除去的 POHC 的质量百分率，即

$$DRE(\%)=(W_{POHC进}-W_{POHC出})/W_{POHC进}\times100\% \qquad (17.11)$$

对每个指定的 POHC 都要求达到99.99%以上。

② HCl 的排放量，应符合从焚烧炉烟囱排出的 HCl 量在进入洗涤设备之前小于1.8 kg/h，若达不到这个要求，则经过洗涤设备除去 HCl 的最小洗涤率为99.0%。

③ 烟囱的排放颗粒物应控制在183 mg/m$^3$，空气过量率为50%。

## 7.1.4　垃圾焚烧设备

### 1. 垃圾焚烧炉

垃圾焚烧炉的功能是将垃圾干燥后，将其燃烧以达到垃圾的减量化、无害化、稳定化的目的。图7.3为垃圾焚烧炉结构的示意图。

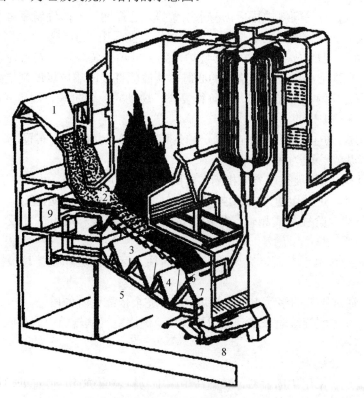

图7.3　垃圾焚烧炉结构的示意图

1. 垃圾供料斗　2. 垃圾供料器　3. 炉排　4. 风箱　5. 出灰管　6. 落灰调节器　7. 落灰管　8. 出渣机　9. 炉排控制盘

垃圾焚烧炉种类繁多，主要有炉排型焚烧炉、炉床式焚烧炉和流化床焚烧炉三种类型。

（1）炉排型焚烧炉

将废物置于炉排上进行焚烧的炉子称为炉排型焚烧炉，可分为固定炉排和活动炉排两种。

1）固定炉排焚烧炉。固定炉排焚烧炉只能手工操作、间歇运行，劳动条件差、效率低，拨料不充分时会焚烧不彻底。按照设备安装方式又可分为水平固定和倾斜式炉排焚烧炉两种。

① 水平固定炉排焚烧炉。这是一种最简单的焚烧炉。垃圾炉子上部投入后经人工扒平，使物料均匀铺在炉排上，炉排下部的灰坑兼作通风室，由出灰门处靠自然通风送入燃烧空气，也可采用风机强制通风。为了使废物焚烧完全，在焚烧过程中，需对料层进行翻动，燃尽的灰渣落在炉排下面的灰坑，人工扒出。其焚烧能力为 100～150 kg/($m^2 \cdot h$)。

由于人工加料和出灰劳动条件差，而且间歇操作稳定性差、炉温不易控制，对废物量较大及难于燃烧的固体废物是不适用的，它只适用于焚烧少量的如废纸屑、木屑及纤维素等易燃性废物。

② 倾斜式固定炉排焚烧炉。该炉型基本原理与水平固定炉排焚烧炉相同，只是炉排布置成倾斜式，有的倾斜炉排后仍有水平炉排。这样增加一段倾斜段可有一干燥段以适应含水量较大的固体废物的焚烧。此种炉型仍只能适用于小型易燃的固体废物焚烧。

2）活动炉排焚烧炉。活动炉排焚烧炉也为机械炉排焚烧炉，它可使焚烧操作自动化、连续化。炉排是活动炉排焚烧炉的心脏，其性能直接影响垃圾的焚烧处理效果。按炉排构造不同可分为并列摇动式、台阶往复式、逆动式、台阶式、履带式、辊筒式等。图 7.4 列出了各种炉排的示意图。

并列摇动式：炉排倾斜，横向的固定炉条和可动炉条相隔并列布置，炉条往复移动，推送并搅拌垃圾。一般为油压驱动。

台阶往复式：在垃圾推送方向相隔布置固定炉条和可动炉条，可动炉条的往复运动，推送并搅拌垃圾。炉条运动方向和垃圾移动方向相同。一般为油压驱动。

逆动式：与台阶往复式相似，但炉条运动方向和垃圾移动方向相反。一般为油压驱动。

台阶式：炉排水平布置，完全依靠炉排的往复运动推送和搅拌垃圾。一般为油压驱动。

履带式：通过履带的移动来推送垃圾，搅拌完全依靠台阶的段差。一般为电动驱动。

辊筒式：通过辊筒滚动来移动和搅拌垃圾，燃烧空气从辊筒中向外吹。一般为电动驱动。

（2）炉床式焚烧炉

炉床式焚烧炉采用炉床盛料，燃烧在炉床上物料表面进行。适宜处理颗粒小或粉状固体废物以及泥浆状废物，分为固定炉床和活动炉床两大类。

1）固定炉床焚烧炉。按照炉床的安装方式可分为水平固定和倾斜式炉床焚烧炉两种。

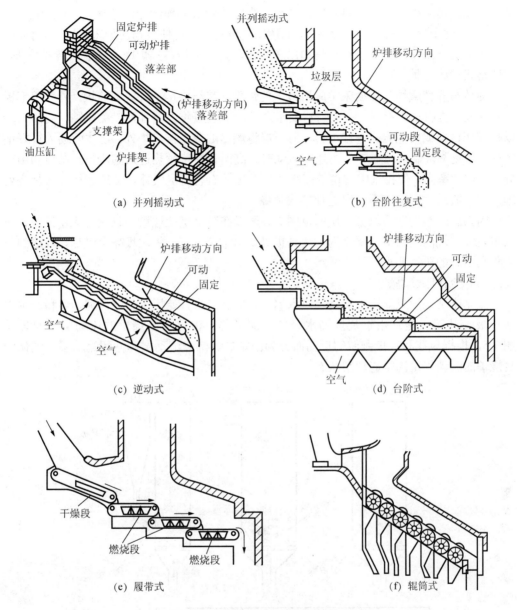

图 7.4 活动炉排焚烧炉炉排的种类

① 水平固定炉床焚烧炉。这是最简单的一种炉床式焚烧炉。其炉床与燃烧室构成一整体，炉床为水平放置。废物的加料、搅拌及出灰均为手工操作，劳动条件差，间歇式操作，不宜用于大量废物的处理。固定炉床焚烧炉适用于燃烧易形成气态的固体废物，例如塑料、油脂残渣等，但不适用于橡胶、焦油、沥青、废活性炭等以分解及表面燃烧形态的废物。

② 倾斜式炉床焚烧炉。倾斜式炉床焚烧炉的炉床与燃烧室构成一整体，炉床做成倾斜式，便于投料、出灰，并使在倾斜床上的物料一边下滑一边燃烧，改善了焚烧条件。投料、出料操作基本上是间歇式的。但如固体废物焚烧后灰分很少，并设有较大的贮灰

坑或有连续出灰机和连续加料装置，亦可使焚烧作业成为连续操作。

2）活动床焚烧炉。活动床焚烧炉的炉床是可动的，可使废物在炉床上松散和移动，以便改善焚烧条件，进行自动加料和出灰操作。其包括转盘式炉床、隧道回转式炉床、旋转窑式炉床三种。

旋转窑式焚烧炉是活动床中应用最多的炉型。其结构是个卧式圆筒炉，外壳用钢板卷制而成；内衬耐火材料，衬里材料要求适应所焚烧废物的特性，以免侵蚀。筒的一端以螺旋加料器或其他方式进行加料，另一端将燃尽的灰烬排出炉外。窑体两端需很好地密封。废物与高温气体在转窑内逆向流动时，高温气流可预热进入的废料，燃料利用充分，传热效率高，但排气中常携带废物中挥发出的有害有臭气体，必须进行二次焚烧处理。顺向流动时则排气不一定进行二次焚烧。

因为旋转窑的适用垃圾性质的范围大，所以在焚烧工业垃圾的领域内应用广泛，在城市垃圾焚烧的应用最主要是为了达到提高灰渣的燃烬率，将垃圾完全燃尽，以达到灰渣再利用时的质量要求。

（3）流化床焚烧炉

流化床焚烧炉以前用于焚烧轻质木屑等，但近年来开始用于焚烧污泥、煤和产生生活垃圾。其特点是适用于焚烧高水分的污泥类等。流化床焚烧炉的流动层的原理见图7.5，根据风速和垃圾颗粒的运动而分为固定层、沸腾流动层和循环流动层。流化床焚烧炉的流动层是沸腾流动层状态。

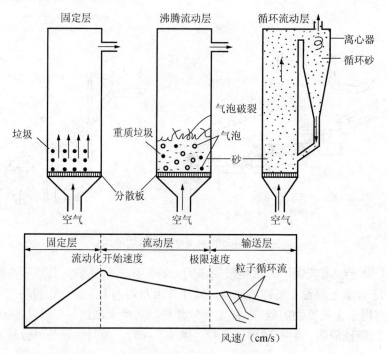

图 7.5　流动层原理图

流化床焚烧炉如图7.6所示。这是一个圆柱形容器，底部装有多孔板，板上放置载热体砂，作为焚烧炉的燃烧床。空气（或其他气体）由容器底部喷入，砂子被搅成为流态物质。废物被喷入燃烧床内，由于燃烧床内迅速的热传递而立刻燃烧，烟道气燃烧热即被燃烧床吸收。燃烧时砂床和废物之间热传递是一个连续过程，常用燃烧床的温度在760~890℃之间。固体废物在燃烧床中由向上流动的空气使其呈悬浮状态，直至烧尽，烧成的灰由烟道气带到炉顶排出炉外。在燃烧床中要保持一定的气流速度（一般为1.5~2.5 m/s）。气流速度过高，会使过多的未燃烧废物被烟道气带走。

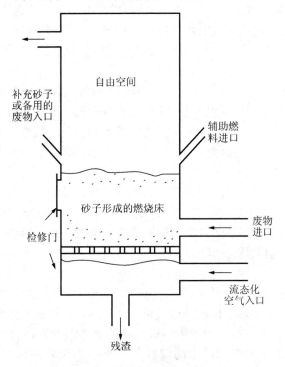

图 7.6 流态化燃烧床示意图

流化床燃烧炉优点是：炉子结构简单，炉体较小，炉内可动部分设备少，炉本体的故障少；焚烧时，固体颗粒激烈运动，颗粒和气体间的传热、传质速度快，因而处理能力大，适用于气态、液态、固体废物的焚烧。其缺点是：固体废物需破碎为一定粒度才能入炉；比机械炉排多设置了流动砂循环系统，且流动砂对筒体造成的磨损较大；燃烧速度快，燃烧空气的平衡较难，较易产生 CO；炉内温度较难控制。

### 7.1.5 污染控制与防治

焚烧过程（特别是有害废物的焚烧）必然会产生大量排放物，其中主要有两种，一是烟气，二是残渣。如将其直接排入环境，必然会导致二次污染，因此需对其进行适当的处理。

#### 1. 焚烧烟气处理系统

焚烧烟气主要成分为 $CO_2$、$H_2O$、$N_2$、$O_2$ 等，同时也含有部分有害物质如烟尘、酸性气体（HCl、HF、$SO_2$）、$NO_x$、CO、碳氢化合物（TCH）、烃类氧化物、卤代烃类、芳香族类物质、重金属（Pb、Hg）和二噁英。通过适当的处理，达到各种环境保护标准之后才能排放到大气。

（1）焚烧烟气处理工艺流程

烟气处理最主要是处理烟尘、酸性气体（HCl、$NO_x$、$SO_2$）、二噁英和重金属。代表性的处理工艺流程如下。

1）干法＋除尘器：焚烧炉→干法→除尘器→烟囱。

2）干法＋除尘器＋湿法：焚烧炉→干法→除尘器→湿式洗涤塔→烟囱。

3）干法＋除尘器＋湿法＋脱氮塔：焚烧炉→干法→除尘器→湿式洗涤塔→再加热→脱氮塔→烟囱。

（2）除酸

焚烧垃圾的烟气中，含有 HCl、$NO_x$、$SO_2$ 等酸性气体，这主要是因为垃圾中含有许多含氯的塑料和废旧轮胎、橡胶类。除酸主要有干法、湿法和半干法三种方法。

干法是指在除尘器前的烟道或者反应塔中喷入消石灰等碱性药剂粉末，使其和烟气中的 HC、$SO_2$ 产生化学反应而变成 NaCl、$CaCl_2$ 和 $NaSO_3$、$CaSO_3$ 等颗粒，而这些颗粒将被除尘器除去。

湿法是将碱性药剂溶液喷入到湿式洗涤塔内，在将烟气冷却到饱和温度的过程中，HCl、$NO_2$、$SO_2$ 和碱性药剂产生化学反应而变成 NaCl、$NaNO_3$、$NaSO_3$ 等。

半干法是将消石灰等碱性药剂粉末调制成浆，再喷入到反应塔中的除酸法。一般再除去 HCl 的同时，会自动除去 $SO_2$。

（3）除尘

除尘是烟气净化的一项重要内容。利用除尘装置如湿式除尘设备等，不仅能除掉固态颗粒物，同时也可综合去除和减轻臭气和酸性气体。常用的除尘装置介绍如下。

1）重力和惯性除尘。烟气流中固体颗粒物的质量浓度有较大差值，利用重力沉降或气流速度方向变化时颗粒物产生的惯性力和离心力可将固体颗粒从气流中分离出来。常见的装置有以下几种。

① 沉降室。沉降室是消除烟气中大颗粒物的一种简单设备。它利用颗粒物的重力大于气体对它的浮力的原理而将颗粒物沉降分离出来。颗粒的沉降速度与其几何形状有较大关系，而且几何形状也与烟气流对它的携带有关。表 7.1 列出了不同粒径颗粒在静态空气中的沉降速度。计算沉降室尺寸时，沉降室的断面积决定了烟气速度，其长度又决定了烟气在室内的停留时间。颗粒物从沉降室顶部到底部的距离就是它的沉降距离，根据不同粒径颗粒物的沉降速度可以求出沉降时间。与烟气在室内的停留时间相比，应该判明这个沉降室能将多大的颗粒留下来。因此，沉降室宜做得宽而矮，而不宜高而窄，也不能做得太长，以防占地太多。一般颗粒尺寸在 $100\mu m$ 以上，采用沉降法是简单有效的。

表 7.1　固态颗粒物在静态空气中的沉降速度

| 粒度/μm | 0.01 | 0.10 | 0.50 | 1.00 | 5.00 | 10.00 | 50.00 | 100.00 | 500.00 | 1000.00 |
|---|---|---|---|---|---|---|---|---|---|---|
| 沉降速度/（cm/s） | 微小 | 0.000 033 | 0.000 99 | 0.003 53 | 0.0755 | 0.3 | 7.53 | 30.4 | 282.0 | 400.0 |

② 挡板。在烟气通道中，设立一个或多个挡板，气流冲击挡板时，其中的颗粒物动能消失而降落。为提高分离效果，挡板还可用水膜润湿做成湿式挡板，以吸收有机酸

和其他可溶性气体。不过这种除尘污水不能直接排放，需经处理方可排放。

③ 旋风分离。旋风分离是典型的惯性分离。其装置式工作原理如图 7.7 所示。

烟气流从外筒上部切向引入，入口速度在 20 m/s 左右，由于惯性力的作用，颗粒物被抛向旋风筒筒壁，而顺筒壁下落至下灰筒排出。旋风分离器可除去 15μm 以上的颗粒物，对小颗粒除去率较小。一般烟气中 15μm 以上的颗粒物占总量的 85%，因此，它作为前级分离时效果比较好。

旋风分离器还可做成湿式的，即在旋风分离器中喷水或在外筒壁上方注水，在筒内壁上形成水膜，以利颗粒物的捕集和收集排出。

2）湿式洗涤。湿式洗涤设备是让固体颗粒与液滴充分接触，造成液滴（其理想尺寸为 100μm 左右）拦截固体颗粒的现象，或润湿的颗粒在通过障碍物时，由于重力或惯性力的作用而分离；或润湿的烟气在经过压缩区时，强烈的紊流使固体颗粒与液滴产生良好的混合，然后通过膨胀区，润湿的颗粒物将会继续沿原方向流动，从而造成固气分离。气体穿过水层，在强烈的湍流状态下进行传质交换，以达到清洗作用等。湿式洗涤器可清除 5μm 以上颗粒物，效率达 90%～95%。常见的湿式洗涤器如下。

① 液体喷雾塔。喷雾是一种低能耗的涤气法，沿烟气流的逆向喷雾，可使液滴直接拦截固体颗粒。喷滴的大小与液滴接触颗粒的几率有关，液滴愈细，其拦截力量不够，或形成润湿颗粒的重力不够。较理想的液滴为 100μm 左右。另一方面，雾状的液滴和烟中颗粒物在混合空间中由于分子布朗运动也有助于液滴与颗粒物碰撞接触。因此，清除效果在一定范围内与液滴颗粒大小成反比。图 7.8 为喷淋式除尘器，喷雾塔还应看作是一冷却塔，有时冷却还起主要作用。

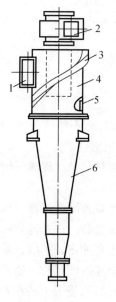

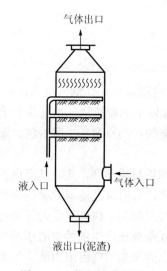

图 7.7　旋风除尘器　　　　　　　　图 7.8　喷淋式湿式除尘器

1. 烟气入口　2. 烟气出口　3. 螺旋导灰槽
4. 旋风分离筒　5. 内衬　6. 下灰筒

② 文丘里涤气器。图 7.9 为一文丘里涤气器的简图。该装置的核心是一只文丘里缩

放喷管，气流先经过收缩区压缩。通过喉部时的速度可达 60～200 m/s，此时在喉部喷入的水滴，将被高速气流的动能冲击成水雾，并强烈地紊流入气流中。喷水量约在 0.2 kg/m³（烟）左右。烟气带走的液滴将再通过湿式旋风分离器分离，除尘效率可达 95%。但文丘里管的磨损较严重，且灰水尚需后处理。

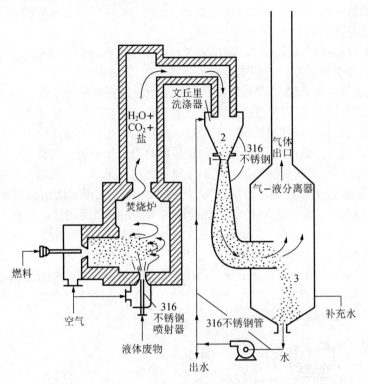

图 7.9　文丘里湿式除尘器

1. 喉管　2. 收缩管　3. 捕滴器

3）过滤除尘。让烟气进入纺织物袋子内，袋子能透气而不能透过颗粒物，它可除去 10μm 以下的颗粒物，尤其是小于 1μm 的粒子，其效果更佳。

滤布的种类有聚酯、聚酰胺、聚丙烯和掺入毛毡的耐热尼龙、玻璃纤维和聚四氟乙烯等。

过滤袋材质不同，其透气度也各不相同。常用过滤比即通过过滤器气体流量与过滤面积之比，来衡量过滤器效率的高低，比值愈高，效率就愈高。选择滤袋时，要考虑温度参数和对磨损、酸碱耐受力等条件。过滤除尘的过程还有冲击、扩散、重力吸引和颗粒物相互摩擦所产生的静电吸引等作用，这样才能完成全部过滤过程。随着粉尘在过滤袋表面上的聚集，气流阻力就会越来越大，为此必须定时清除袋子上的积灰。常用的除灰方法有偏心振动、压缩空气吹洗、超声波振荡等。

袋式除尘器总压降一般为压损为 1000～2000 Pa，总的除尘效率可达 99%。目前先进国家的新建焚烧厂普遍采用滤袋式除尘器。

4）静电除尘。利用强电场使气体发生电离即电晕放电，此时烟气中的颗粒物带电，然后，带负电荷的颗粒物在电场中向带正电的集尘极板（接地极）放电，再经振打落入灰斗，完成烟气的除尘任务。

静电除尘根据结构形状可分板式和管式两种，按除尘方式又可分为干湿两种。一般多用干式和板型的除尘器。静电除尘包括三个主要部分：外壳、内部部件和电源。外壳的主要作用是保证烟气在除尘器内获得最好、最均匀的气流流速和流动结构以及良好的除尘性能。电源部分主要是高压整流装置，以提供电极间的直流高压，一般板式电极的电压可达 $6×10^6$ V 以上。图 7.10 为板式除尘器内部元件的工作原理图。

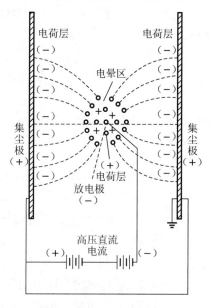

图 7.10　板式集尘极的电场

当集尘板和放电板与直流高压电源接通后，放电极对集尘板有 $6×10^6$ V 以上的高电压。此时极间产生电晕放电，空气绝缘破坏，正离子在放电极（负极）放电失去电荷，而负离子则附在颗粒上形成负离子，在电场力作用下，向集尘极（正极）积集。电压愈高，电力愈大，粉尘运动速度愈快，分离效果就愈好。当粉尘在集尘板上达到一定厚度时，经过振打集尘板，颗粒物落入灰斗中。湿式除尘时，集尘板有水膜，除灰是连续的。

电气除尘，其烟速一般在 1 m/s 左右，所以整个除尘器的阻力不大，约为 196 Pa，除尘效率可达 99% 或更高，其能源消耗也不大，是理想的除尘设备。但它一次性投资较大，控制、操作、维修要求的技术性高，因此，静电除尘器是作为环保要求较高的环境下使用的设备。

（4）二噁英的控制

二噁英是由 1 个或 2 个氧原子联结 2 个被氯取代的苯环。一个氧原子的称为多氯二苯并二噁英（PCDDs），有 75 种异构体，由 2 个氧原子联结的称为多氯二苯并呋喃（PCDFs），有 135 种异构体。每个苯环上可以取代 1～4 个氯原子，所以共有 75 种 PCDDs 异构体和 135 种 PCDFs 的异构体，统称为二噁英。各种异构体的毒性不同，其中毒性最强的是 2,3,7,8－四氯二苯并二噁英（2,3,7,8-PCDD），毒性相当于氰化钾的 1000 倍。

二噁英易溶于脂肪，容易在体内积累，会引起皮肤痤疮、头疼、失聪、忧郁、失眠等症状。即使在很微量的情况下，长期摄取时，也会引起癌、畸形等，被称为世界上最毒的物质。

环保标准中的二噁英排放值是根据每天允许摄入量（TDI）而推算出来的。世界卫生组织发表的二噁英的排放标准是 1.0 pg-TEQ/ kg/ d（kg 为体重）。

1）二噁英的产生。二噁英产生的原因主要有：垃圾本身含有的二噁英；与氯苯酚、氯苯、PCB 等结构相近的物质在炉内进行反应而生成二噁英；在废气冷却过程中，氯苯酚、氯苯、PCB 等有机物变成二噁英，特别是在 250～400℃容易产生。传统的静电除尘器烟气温度正好在此温度域。

2）二噁英的控制。抑制二噁英的产生的最有效的方法是所谓的"3T"。

温度（temperature）：保持炉内高温 800℃以上（最好是 900℃以上），将二噁英完全分解。

时间（time）：保证足够的烟气高温停留时间，一般在 1～2 s 以上。

涡流（turbulence）：优化炉型和二次空气的喷入方法，充分混合和搅拌烟气达到完全燃烧。

另外，在烟气处理过程中，尽量缩短 250～900℃温度域的停留时间，降低除尘器前的烟气温度，避免二噁英的产生。

对产生了的二噁英有以下处理方法：喷入粉末活性炭吸收二噁英；设置触媒分解器分解二噁英；设置活性炭塔吸收二噁英。

除了要控制烟气中的二噁英以外，还要降低飞灰中的二噁英浓度，主要有以下方法：使用二噁英分解装置处理飞灰（还原性气氛，450℃以上的条件下二噁英分解）；将飞灰熔融（1300℃以上），分解二噁英；超临界水分解法等。

**2. 残渣处理系统**

焚烧过程产生的残渣（炉渣）一般为无机物，它们主要是金属的氧化物、氢氧化物和碳酸盐、硫酸盐、磷酸盐以及硅酸盐。大量的炉渣特别是含重金属化合物的炉渣，对环境会造成很大的危害。许多国家都对残渣进行填埋或固化填埋的处理。由于土地有限，且残渣中含有可利用的物质，美、日、俄等国将焚烧残渣作为资源开发利用，从中回收有用物质。残渣的性质因焚烧温度不同而有差异，故利用的方式也不同。1000℃以下焚烧炉或热分解炉产生的残渣是我们通常说的焚烧残渣。1500℃高温焚烧炉排出的熔融状态的残渣叫烧结残渣。两者的利用方法不同。

（1）焚烧残渣的利用

目前，各国根据自己的研究，对焚烧残渣进行开发利用。

1）俄罗斯。俄罗斯用感应射频共振法从垃圾焚烧残渣中分离回收导电性的黑色和有色金属，用光度分选法得到玻璃和陶瓷。

焚烧残渣筛分后，粒径大于 15mm 的块状物多为破罐子、盒盖、瓶塞、钉子、金属丝和碎玻璃、破陶瓷制品。大多以原物的破碎形式存在，只有少部分以玻璃和金属的烧结块形式存在。而粒度较细的部分为硅酸盐的低熔点混合物，由于经过焚烧，颗粒的表面发生了剧变，难以用重选、磁选、电选、浮选等方法进行有效的分选，故采用感应射频共振和光度分选法。

其步骤是将焚烧残渣按 50mm、25mm、15mm、10mm 和 5mm 粒度进行人工筛分，得到 6 个粒级，然后将每个粒级进行洗涤除去泥质物。大于 50mm 的物料全都是形状不定的黑色金属，可作为黑色冶金中的二次原料（铁含量 98.5%）。然后将 50～25mm、25～15mm、15～10mm 和 10～5mm 四个粒级分别在工作频率为 $1.76 \times 10^6$ Hz 的 BNMC-75 感应射频共振分选机上，在不同的谐振下进行四次分选，得到富黑色金属精矿 1 和富有色金属精矿 2 的富集物。分选的尾矿在光度分选机 COPTeKC-621 上处理两次，可分离出作玻璃和作陶瓷原料的精矿 3 和精矿 4。随着粒度减小，感应射频共振分选的效果降低。

2）日本。日本采用向焚烧残渣中添加水溶性高分子添加剂，在压缩机中压缩、成形、制成砌块。已在滨松市建成日处理 30 t 焚烧残渣的工厂。

（2）烧结残渣的利用

烧结残渣中重金属溶出量少，可作混凝土的粗骨料及筑路材料用。具体方法是先将烧结残渣粉碎至 1 mm 以下的粒子，再造粒做成 5～25 mm 直径的粒子，在回转窑中烧结。作混凝土粗骨料时，要求烧结球压缩强度在 100 kg/cm² 以上，吸水率在 5% 以下，视密度为 2.0 以上。

残渣掺在黏土中可制红砖。将粗碎的残渣与砂和水泥按比例适当提合可制成混凝土砌块和混凝土板，经加压成型、蒸汽养护得到成品。

此外，还有采用焚烧法从焚烧残渣从中回收有价金属的。如用焚烧法从废彩色相纸中回收银。

3. 垃圾飞灰处置

（1）垃圾焚烧飞灰

垃圾焚烧飞灰是指在垃圾焚烧厂的烟气净化系统（APC）中收集而得的残余物，一般包括除尘器飞灰和吸收塔飞灰或洗涤塔污水污泥。飞灰中含有烟道灰、加入的化学药剂及化学反应产物。焚烧飞灰作为一种高比表面积物质，它不但富集大量的汞、铅和镉等有毒重金属，而且富集了大量的二噁英类物质，是一种同时具有重金属危害特性和环境持久性有机毒性的危险废物，对地下水体、周围生态环境和人体健康构成了潜在的生态与健康风险。飞灰因含有高浸出浓度的重金属和高毒性当量的二噁英等而被列入《国家危险废物名录》（HW18）。环境保护部门要求飞灰按照《危险废物贮存污染控制标准》（GB 18597—2001）及《危险废物填埋污染控制标准》（GB 18598—2001）进行贮存和处置。

垃圾焚烧飞灰呈浅灰色，多为圆柱状、环状、碎海绵状的细小颗粒，表面沉淀有结晶物，呈现碱性，含水率为 10%～23%，热灼减率为 34%～51%。飞灰的粒径大小不均，是由颗粒物、反应产物、未反应产物和冷凝产物聚集而成的不规则物体，粒径基本在 100μm 以下，表面粗糙，呈多角质状，孔隙率较高，比表面积较大，这使得 Pb、Cd 等易挥发性金属容易在其表面凝结富集。垃圾焚烧飞灰在最终处理前需要对 Pb、Cd 等重金属进行无害化处理。

焚烧飞灰的主要化学成分如下：$SiO_2$ 24.5%，$Fe_2O_3$ 4.01%，$Al_2O_3$ 7.42%，$TiO_2$ 0.62%，$CaO$ 33.37%，$MgO$ 2.72%，$SO_3$ 12.03%，$CaO$ 0.5%，$Cl$ 10. 56%。从中可以看出，焚烧飞灰的主要化学成分是 $CaO$、$SiO_2$、$Al_2O_3$ 和 $Fe_2O_3$。其典型化学成分与水泥成分相似。飞灰的矿物组成复杂，主要有 $SiO_2$、$Al_2SiO_5$、$NaCl$、$KCl$、$CaAl_2Si_2O_8$、$Zn_2SiO_4$、$CaCO_3$ 及 $CaSO_4$，同时还有少量的 $CaO$、$Ca_2Al_2$、$SiO_7$、$PbO$、$Cu_2CrO_4$ 等物质。

（2）垃圾焚烧飞灰处置技术

飞灰处置技术包括水泥固化、热处理、化学药剂稳定化、水热处理、生物/化学提取及超临界流体萃取等技术。

1）水泥固化技术。水泥固化法的应用最广泛，其技术原理是：通过固化包容手段，飞灰中重金属以氢氧化物或络合物的形式被包裹在经水化反应后生成的块状水化硅酸盐中，因其具有比表面积小和渗透性低的特点，从而达到降低飞灰中重金属浸出毒性的目的。目前多采用普通硅酸盐水泥。另外，鉴于垃圾焚烧飞灰与水泥成分相近，有类似水泥的活性，可将飞灰取代部分水泥来制备混凝土。

2）热处理技术。热处理技术一般是指在较高温度条件下实现飞灰中有机污染物（二噁英、呋喃等）的降解和重金属的稳定化。根据热处理温度的不同，一般可分为烧结（700～1100℃）、熔融/玻璃固化（1000～1400℃）。

烧结处理技术是在低于熔点温度条件下，提供粉末颗粒的扩散能量，将大部分甚至全部气孔从晶体中排除，使粉末颗粒间产生黏结，变成致密坚硬的烧结体。飞灰烧结过程中，大部分重金属被固化在烧结体内，浸出特性大大降低，铅、锌、镉等少部分金属以气态形式挥发，造成二次污染。

熔融/玻璃固化有两种运行方式。一种是熔融分离，残渣被加热到熔融温度，残渣中的不易挥发重金属因密度大而沉在熔炉的底部分离；硅酸盐类残渣浮在熔融物上面，淬火后形成玻璃态物质，可作为建材；易挥发金属则在烟尘中被分离。另一种是玻璃固化，将残渣或残渣与玻璃料的混合物加热到熔融温度，控制熔炉的气氛防止重金属的挥发，熔融物淬火形成玻璃态，有害物质被固化在玻璃态中。玻璃体的重金属浸出率极低，可作为铺路等建筑材料。熔融/玻璃化是最有效的垃圾焚烧飞灰稳定化方法，不仅能稳定重金属，而且有机污染物（二噁英、呋喃等）在熔融过程中被彻底分解和破坏。

3）化学药剂稳定化技术。化学药剂稳定化是利用化学药剂通过化学反应使有毒有害物质转变为低溶解性、低迁移性及低毒性物质的技术。常用的稳定化药剂有：石膏、磷酸盐、螯合剂、漂白粉、硫化物（硫代硫酸钠、硫化钠）、铁酸盐、黏土矿物等。

4）水热处理技术。水热条件下水分子一般具有运动加速、离子积常数增加及扩散系数增大等特点。水热处理技术是指在水热条件下利用飞灰中的 Al、Si 源或外加 Al、Si 源在碱性条件下合成硅铝酸盐矿物，将重金属稳定于矿物中。

5）生物/化学提取技术。生物/化学提取技术是指利用微生物或化学药剂将重金属从飞灰中分离出来，实现重金属的回收利用。

生物浸提法是在微生物（细菌或真菌）作用下将重金属溶出的一种湿法冶金方法。其中，应用广泛的是氧化亚铁硫杆菌（*A.ferrooxidans*）、氧化硫硫菌（*A.thiooxidans*）和铁氧化钩端螺旋菌（*Leptospirillum ferrooxidans*）等。一般认为存在两种浸提机制，即直接作用机理和间接作用机理。直接作用机理是指矿物颗粒表面微生物通过细胞外多聚物（EPS）与矿物表面金属直接作用，矿物中金属在特定酶的作用下以离子形式浸出，同时将硫氧化成硫酸根。间接作用机理指矿物中金属是在化学反应过程中逐步浸出的，期间没有微生物的直接作用。

化学浸提法是指通过加入特定的化学药剂将易溶性重金属提取出来并回收利用。常用的试剂包括 HCl、$HNO_3$、$H_2SO_4$、NaOH、$NH_3$ 和螯合剂等，其中 HCl、$HNO_3$ 可提取几乎所有的金属，$H_2SO_4$ 能溶解除 Ca、Pb 以外的大部分金属，碱可选择性地提取两性金属如 Zn、Pb。螯合剂能与飞灰中重金属反应生成可溶性配合物以达到提取重金属的目的。

6）超临界流体萃取技术。超临界流体萃取技术（SFE）是指利用流体在超临界区（一定的温度和压力条件）内，在温度和压力的微小变化时，飞灰中的重金属溶解度会在相当大的范围内变动，从而将飞灰中的重金属溶解、分离和提纯。由于超临界流体大多是非极性流体（如 $CO_2$），而被萃取重金属离子有很强的极性，使得重金属与超临界 $CO_2$ 之间的范德华力很弱。因此，需要引入合适的配合剂以增强重金属在超临界 $CO_2$ 中的溶解度。超临界 $CO_2$ 萃取重金属常用的配合剂主要有冠醚类、有机磷类、β-二酮、有机胺和二乙基二硫代氨基甲酸盐及其衍生物等。荷兰代尔夫特理工大学 Kersch 科研团队在超临界 $CO_2$ 萃取垃圾焚烧飞灰中的重金属方面做了一系列研究，结果表明在一定的工艺条件下，超临界 $CO_2$ 对飞灰中大多数重金属的萃取效率很高，有些达到 95%以上，处理后飞灰中 Zn、Pb、Mn 和 Mo 的浸出性能明显下降。

表 7.2 对以上 6 种垃圾焚烧飞灰处理技术的优缺点进行了较全面的汇总比较。

表 7.2 各种垃圾焚烧飞灰处理技术比较

| 飞灰处理技术 | 优点 | 缺点 |
| --- | --- | --- |
| 水泥固化 | 工艺设备成熟，操作简单，处理成本低，材料来源广 | 处理后增容比大，部分重金属（镉、六价铬、钼和锌等）的固化效果较差，无法实现二噁英类有机污染物的降解，水泥生产过程中 $CO_2$ 排放量过大 |
| 热处理 | 减容，减量，操作简便，重金属稳定性高，二噁英分解彻底 | 能耗高、成本高，重金属容易挥发分离形成二次飞灰且收集和分离回收困难，不利于大规模推广 |
| 化学药剂稳定化 | 重金属稳定化程度高，增容比小，稳定化药剂种类多 | 稳定化药剂具有一定的选择性，较难实现多种重金属的同步稳定，且对二噁英及溶解盐的稳定性较弱 |
| 水热处理 | 无害化程度高，处理后产物可以再利用 | 处理设备要求较高 |
| 生物/化学提取 | 工艺简单、可操作性强，重金属可提取回收，反应条件温和 | 成本高，重金属含量低，回收比较困难 |
| 超临界流体萃取 | 适应性广，较易实现重金属的分离、提纯 | 必须在高压下操作，设备及工艺技术要求高，投资比较大；萃取釜无法连续操作，造成装置的空置率比较高；过程消耗指标太高 |

## 7.2　城市生活垃圾堆肥处理工程

城市垃圾堆肥作为垃圾处理的四大技术之一，受到越来越多的重视。城市生活垃圾进行堆肥处理，将其中的有机可腐物转化为土壤可接受且迫切需要的有机营养土或腐殖质。这种腐殖质与黏土结合就形成了稳定的黏土腐殖质复合体，不仅能有效地解决城市生活垃圾的出路，解决环境污染和垃圾无害化问题，同时也为农业生产提供了适用的腐殖土，从而维持了自然界的良性物质循环。

堆肥处理法是一种古老而又现代的有机固体废物的生物处理技术。早在1000年前，中国和印度等东方国家的农民已经用这种方法来处理作物秸秆和人、畜粪便，其产品称之为农家肥。从20世纪中期以来，人们发现它的作用原理也可适合城市垃圾的无害化处理，因而科技工作者在做了大量应用研究和过程开发工作后，使用现代工业技术使之操作机械化和自动化，达到了现代工业标准，把堆肥处理工艺推向了现代化。

目前，堆肥处理的主要对象是城市生活垃圾和污水处理厂污泥，人畜粪便、农业废弃物、食品加工业废弃物等亦可做堆肥处理。

### 7.2.1　基本概念及分类

堆肥化（composting）就是在控制条件下，利用自然界广泛分布的细菌、放线菌、真菌等微生物，促进来源于生物的有机废物发生生物稳定作用，使可被生物降解的有机物转化为稳定的腐殖质的生物化学过程。这个定义强调，作为堆肥化的原料是来自生物的固体废物；堆肥过程是在人工控制条件下进行，不同于卫生填埋、废物的自然腐烂与腐化。堆肥化的实质是生物化学过程，堆肥产品对环境无害，即废物达到相对稳定。腐殖质是已死的生物体在土壤中经微生物分解而形成的有机物质。呈现黑褐色，含有植物生长发育所需要的一些元素，能改善土壤，增加肥力。废物经过堆肥化处理，制得的成品叫做堆肥（compost）。它是一类腐殖质含量很高的疏松物质，故也称为"腐殖土"。废物经过堆制，体积一般只有原体积的50%～70%。

按堆制过程中需氧程度可分为好氧法和厌氧法；按堆肥过程中的温度可分为中温堆肥和高温堆肥；按照堆肥中物料的运动形式可分静态堆肥和动态（连续或间歇）堆肥；按照堆肥堆置方式可分为露天堆肥和机械密封堆肥；按照发酵历程可分为一次发酵和二次发酵。

现代化堆肥工艺特别是城市垃圾堆肥工艺，大都是好氧堆肥。好氧堆肥是依靠专性和兼性好氧细菌在氧分充足的情况下使有机物得以降解的生化过程。好氧堆肥具有有机物分解速度快、降解彻底、堆肥周期短等优点。一般一次发酵在4～12 d，二次发酵在10～30 d便可完成。由于好氧堆肥温度高，可以灭活病原体、虫卵和垃圾中的植物种子，使堆肥达到无害化。此外，好氧堆肥的环境条件好，不会产生难闻的臭气。好氧堆肥系统温度一般为50～65℃，最高可达80～90℃，堆制周期短，故也称为高温快速堆肥。

### 7.2.2　好氧堆肥技术

#### 1. 好氧堆肥原理

有机废物好氧堆肥化过程实际上就是基质中的微生物完成生命活动代谢的过程。微生物将有机物转化成为$CO_2$、生物量（biomass）、热量和腐殖质。堆肥中使用的有机物原料、填充剂和调节剂绝大部分来自植物，它们的主要成分是碳水化合物（即纤维素）、蛋白质、脂和木质素。微生物通过新陈代谢活动分解有机底物来维持自身的生命活动，同时达到分解复杂的有机化合物为可被生物利用的小分子物质的目的。在堆肥过程中，有机废物中的可溶性有机物质透过微生物的细胞壁和细胞膜而为微生物所吸收；固体的和胶体的有机物先附着在微生物体外，由生物所分泌的胞外酶分解为可溶性物质，再渗入细胞。微生物通过自身的生命活动——氧化还原和生物合成过程，把一部分被吸收的有机物氧化成简单的无机物，并放出微生物生长、活动所需要的能量，把另一部分有机物转化合成新的细胞物质，使微生物生长繁殖，产生更多的生物体。图 7.11 可以简单地说明这个过程。

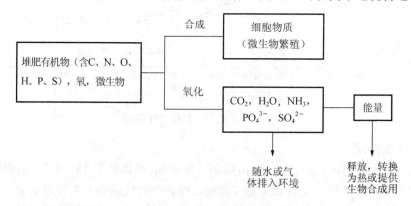

图 7.11　有机物的好氧堆肥分解

下列反应方程式反映了堆肥中有机物的氧化和合成。

[C、H、O、N、S、P]$+O_2 \rightarrow CO_2+NO_3^-+SO_4^{2-}+$简单有机物$+$增殖的微生物$+$热量

（1）有机物的氧化

不含氮的有机物（$C_xH_yO_z$）

$$C_xH_yO_z+\left(x+\frac{1}{2}y+\frac{1}{2}z\right)O_2 \rightarrow xCO_2+\frac{1}{2}yH_2O+能量$$

含氮的有机物（$C_sH_tN_uO_v \cdot aH_2O$）

$$C_sH_tN_uO_v \cdot H_2O+bO_2 \rightarrow C_wH_xN_yO_z \cdot hH_2O(堆肥)+dH_2O(气)$$
$$+cH_2O(水)+fC_2O+gNH_3+能量$$

（2）细胞物质的合成（包括有机物质的氧化，并以 $NH_3$ 为氮源）

$$n(C_xH_yO_z)+NH_3+\left(nx+\frac{ny}{4}+\frac{nz}{2}+5x\right)O_2 \rightarrow C_5H_7NO_2(细胞质)$$
$$+(nx-5)CO_2+\frac{1}{2}(ny-4)H_2O+能量$$

（3）细胞物质的氧化

$$C_5H_7NO_2 + 5O_2 \rightarrow 5CO_2 + 2H_2O + NH_3 + 能量$$

## 2. 好氧堆肥过程温度变化

在堆肥过程中发生的生物化学反应非常复杂，主要包括堆肥原料的矿质化和腐殖化过程。在堆肥化进程中有机质生化降解会产生热量，如果这部分热量大于堆肥向环境的散热，堆肥物料的温度则会上升。此时，热敏感的微生物就会死亡，耐高温的细菌就会快速地生长、大量地繁殖。根据堆肥的升温过程，可将其分为三个阶段，即中温阶段、高温阶段和腐熟阶段。堆肥物料温度变化曲线如图 7.12 所示。

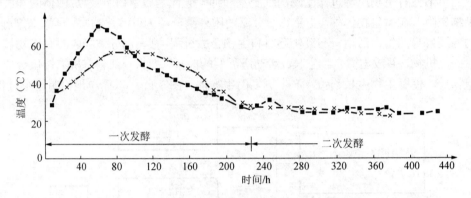

图 7.12　堆肥物料温度变化曲线

（1）中温阶段

在第一阶段也称产热阶段，主要指堆肥过程初期，堆体处于 15～45℃ 范围内的中温，嗜温性微生物较为活跃，此时微生物（真菌、细菌、放线菌等）主要以糖类和淀粉类物质等可溶性有机物为基质，进行自身的新陈代谢过程。真菌菌丝体能够延伸到堆肥原料的所有部分，并会出现中温真菌的子实体，同时螨、千足虫等也参与摄取有机废物。腐烂植物的纤维素则维持线虫和线蚁的生长，而更高一级的消费者中弹尾目昆虫以真菌为食，缨甲科昆虫以真菌孢子为食，线虫摄食细菌，原生动物以细菌为食。

（2）高温阶段

当堆温升至 45℃ 以上时即进入高温阶段，在这一阶段，除少部分残留下来的和新形成的水溶性有机物继续分解转化外，复杂的有机物，如半纤维素，纤维素等开始遭到强烈的分解，同时开始了腐殖质的形成过程，出现了能溶解于弱碱的黑色物质。这一阶段中嗜温微生物受到抑制甚至死亡，取而代之的是嗜热微生物。堆肥中残留的和新形成的可溶性有机物质继续被氧化分解，堆肥中复杂的有机物如半纤维素、纤维素和蛋白质也开始被强烈分解，在高温阶段中，各种嗜热性的微生物的最适宜的温度也是不相同的，在温度的上升过程中，嗜热微生物的类群和种群是互相接替的。通常在 50℃ 左右最活跃的是嗜热性真菌和放线菌；当温度上升到 60℃ 时，真菌则几乎完全停止活动，仅为嗜热性放线菌和细菌的活动；温度升到 70℃ 以上时，对大多数嗜热性微生物已不再适应，从而大批进入死亡和休眠状态。现代化堆肥生产的最佳温度一般为 55℃，这是因为大多数微生物在 45～80℃范围内最活跃，最易分解有机物，其中的病原菌和寄生虫大多数可被杀死（表 7.3）。也有报道加拿大已开发出能够在 85℃以上生存的微生物，它可在含固率仅 8%的有机废液中分解有机物，使之转化为高效液体有机肥，这对于有机垃圾的降解意义重大。

表 7.3　一些病原体热致死点

| 名称 | 死亡情况 |
| --- | --- |
| 沙门氏伤寒菌 | 46℃以上不生长；55～60℃，30min 内死亡 |
| 沙门氏菌属 | 56℃，1h 内死亡；60℃，15～20min 死亡 |
| 志贺氏杆菌 | 55℃，1h 内死亡 |
| 大肠杆菌 | 绝大部分：55℃，1h 内死亡；60℃，15～20min 内死亡 |
| 阿米巴属 | 68℃死亡 |
| 无钩涤虫 | 71℃，5min 内死亡 |
| 美洲钩虫 | 45℃，50min 内死亡 |
| 流产布鲁士菌 | 61℃，3min 内死亡 |
| 化脓性细球菌 | 50℃，10min 内死亡 |
| 酿浓链球菌 | 54℃，10min 内死亡 |
| 结核分枝杆菌 | 66℃，15～20min 内死亡，有时在 67℃死亡 |
| 牛结核杆菌 | 55℃，45min 内死亡 |

（3）腐熟阶段

在第三阶段，有机物基本降解完成，剩下部分生物质主要是难降解有机物和新形成的腐殖质，嗜热菌会由于缺乏养料而停止生长，产热也随之停止，堆体温度就会逐渐下降。嗜温性微生物重新占据优势，对残余较难分解的有机物作进一步分解，腐殖质不断增多且逐步稳定化，堆肥进入腐熟阶段。此时，需氧量大大减少，含水率降低，堆肥物孔隙增大，氧扩散能力增强。

3. 好氧堆肥的基本工艺程序

相较于传统的堆肥技术，现代化堆肥生产——好氧堆肥工艺实现了占地面积相对较小，堆肥生产时间较短等优点。基本工序通常包括前处理、主发酵（一次发酵）、后发酵（二次发酵）、后处理、脱臭及贮藏等工序。

（1）前处理

在以家畜粪便、污泥等为堆肥原料时，前处理的主要任务是调整水分和碳氮比，或者添加菌种和酶制剂，但在以城市生活垃圾为堆肥原料时，由于垃圾中往往含有粗大垃圾和不能堆肥的物质，这些物质的存在会影响垃圾处理机械的正常运行，且大量非堆肥物质的存在会占据堆肥发酵仓的容积和影响其处理的合理性，从而使堆肥产品的质量不能得到应有的保证。因此，前处理往往包括破碎、分选、筛分等工序。通过破碎、分选和筛分可去除粗大垃圾和不能堆肥的物质，并通过破碎可使堆肥原料和含水率达到一定程度的均匀化。同时，破碎、筛分使原料的表面积增大，便于微生物繁殖，从而提高发酵速度。从理论上讲，粒径越小越容易分解。但是，考虑到在增加物料表面积的同时，还必须保持其一定程度的空隙率，以便于通风而使物料能够获得充足的氧量供应。一般地说，适宜的粒径范围是 12～60 mm。其最佳粒径随垃圾物理特性变化而变化。如果堆肥物质结构坚固，不易挤压，则粒径应小些，否则粒径应大些。此外，决定垃圾粒径大小时，还应从经济方面考虑，因为破碎得越细小，动力消耗就越大，处理垃圾的费用就会增加。

降低水分、增加透气性、调整碳氮比的主要方法是添加有机调理剂和膨胀剂。

（2）主发酵（一次发酵）

主发酵可在露天或发酵装置内进行，通过翻堆或强制通风向堆积层或发酵装置内堆肥物料供给氧气。物料在微生物的作用下开始发酵。首先是易分解物质分解，产生 $CO_2$ 和 $H_2O$，同时产生热量，使堆温上升。这时微生物吸取有机物的碳氮营养成分，在细菌自身繁殖的同时，将细胞中吸收的物质分解而产生热量。

发酵初期物质的分解作用是靠嗜温菌（30～40℃为最适宜生长温度）进行的，随着堆温上升，最适宜温度（45～65℃）的嗜热菌取代了嗜温菌。堆肥从中温阶段进入高温阶段。此时应采取温度控制手段，以免温度过高，同时应确保供氧充足。经过一段时间后，大部分有机物已经降解，各种病原菌均被杀灭，堆层温度开始下降。通常，将温度升高到开始降低为止的阶段为主发酵阶段。以生活垃圾为主体的城市垃圾和家畜粪便好氧堆肥，主发酵期约 4～12d。

（3）后发酵（二次发酵）

经过主发酵的半成品堆肥被送到后发酵，将主发酵工序尚未分解的易分解和较难分解的有机物进一步分解，使之变成腐殖酸、氨基酸等比较稳定的有机物，得到完全成熟的堆肥制品。通常，把物料堆积到 1～2m 高的堆层，通过自然通风和间歇性翻堆，进行后发酵，并应防止雨水流入。

在这一阶段的分解过程中，反应速度降低，耗氧量下降，所需时间较长。后发酵时间的长短，决定于堆肥的使用情况。例如，堆肥用于温床（利用堆肥的分解热）时，可在主发酵后直接使用；对几个月不种作物的土地，大部分可以不进行后发酵而直接施用堆肥；对一直在种作物的土地，则要使堆肥进行到能不致夺取土壤中氮元素的程度。后发酵时间通常在 20～30d。

（4）后处理

经过二次发酵后的物料中，几乎所有的有机物都已细碎和变形，数量也有所减少。然而，城市生活垃圾堆肥时，在预分选工序没有去除的塑料、玻璃、陶瓷、金属、小石块等杂物依然存在，因此，还要经过一道分选工序以去除这类杂物，并根据需要，如生产精制堆肥等，则应进行再破碎过程。

净化后的散装堆肥产品，即可以直接销售到用户，施于农田、果园、菜田或作为土壤改良剂。也可以根据土壤的情况、用户的要求，在散装的堆肥中加入 N、P、K 添加剂后生产复混肥，做成袋装产品，既便于运输，也便于贮存，而且肥效更佳。有时还需要固化造粒以利于贮存。

（5）脱臭

在堆肥过程中，由于堆肥物料局部或某段时间内的厌氧发酵会导致臭气产生，主要成分有氨、硫化氢、甲基硫醇、胺类等。因此，必须进行堆肥排气的脱臭处理。去除臭气的方法主要有碱水和水溶液过滤、化学除臭剂除臭、活性炭或沸石等吸附剂过滤和生物除臭等。较为常用的除臭装置是堆肥过滤器，当臭气通过该装置时，恶臭成分被熟化后的堆肥吸附，进而被其中好氧微生物分解而脱臭。也可用特种土壤代替熟堆肥使用，这种过滤器叫土壤生物脱臭过滤器。若条件许可，也可采用热力法，将堆肥排气（含氧量约为18%）作为焚烧炉或工业锅炉的助燃空气，利用炉内高温，热力降解臭味分子，消除臭味。

（6）贮存

堆肥一般在春秋两季使用，夏冬两季生产的堆肥只能贮存，所以要建立可贮存6个月生产量的库房。贮存方式可直接堆存在二次发酵仓中或装入袋中，这种贮存的要求是干燥而透气的室内环境，如果是在密闭和受潮的情况下，则会影响制品的质量。堆肥成品可以在室外堆放，但此时必须有不透雨的覆盖物。

图7.13是国内日处理生活垃圾100t的实验厂工艺流程图。该工艺采用二次发酵方式。第一次发酵采用机械强制通风，发酵期10d，60℃高温保持5d以上，堆料达到无害化。然后将第一次发酵堆肥通过机械分选，去除非堆腐物，送去二次发酵仓，进行第二次发酵，一般10d左右即达到腐熟。

### 4. 好氧堆肥的影响因素

堆肥过程实际上是微生物利用物料中的有机质进行新陈代谢的过程。所以堆肥的影响因素可看做对微生物生长繁殖有影响的因素。主要参数归纳如下。

（1）$O_2$

从降解反应表达式可知氧气是降解过程中好氧微生物生长所必需的物质，因此氧气是好氧堆肥成功与否的关键之一。在机械堆肥系统中，要求至少有50%的氧渗入到堆料各部分，以满足微生物氧化分解的需要。堆肥需氧量主要与堆肥材料中有机物含量、挥发度（%）、可降解系数等有关，堆肥原料中有机碳愈多，其需氧量愈大。堆肥过程中合适的氧浓度为18%，一旦低于8%，将成为好氧堆肥中微生物生命活动的限制因素，容易使堆肥发生厌氧作用而产生恶臭。舒尔茨的研究结论是：在30℃时，需氧量为1 mg/g挥发性物质；在63℃时，则为5 mg/g挥发性物质。瑞根和查里斯报道的数据是：在30℃时，需氧量为1 mg/g挥发性物质；在45℃时，则为13.6 mg/g挥发性物质。

（2）含水量

在堆肥过程中，含水量最大值取决于物料的空隙容积。据研究，对于含纸量高的城市垃圾堆肥，允许其含水量上限值为55%～60%；如城市垃圾中木屑、谷壳、稻草、干叶及其他类物比例高，则其堆肥时含水量可达85%。堆肥过程中，物料含水量的最低值取决于微生物活性。如物料中含水量太低，堆肥中微生物的活性就会受到抑制。含水量为40%～50%时，生物活性就开始下降，堆肥温度也随之下降，温度的下降又导致生物活性加速下降。根据国外研究结果，在进行有机物与污泥混合堆肥时，仍能保证堆肥过程顺利进行的最低含水量为 40%。因此，堆肥正常进行的堆肥含水量下限为 40%～50%。当含水量降到 20% 以下时，生物活性就基本停止。

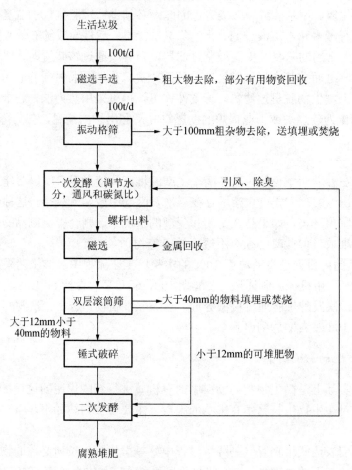

图 7.13　100 t/d 垃圾处理实验厂工艺流程图

当原生垃圾含水量不能保证堆肥过程顺利进行时，就应采取相应的水分调整和补救措施。水分含量较低时，补救较易，主要是添加污水、污泥、人畜尿、粪等。如生活垃圾中水分过高，采取的补救措施如下。

① 如场地和时间允许，可将物料摊开进行搅拌以促进水分蒸发，即翻堆。

② 在物料中添加松散或吸水物，以吸收水分，增加空隙容积。常用的松散物有稻草、谷壳、干叶、木屑和堆肥产品。

③ 碳氮比（C/N）。

碳和氮是微生物分解所需的最重要元素。C 主要提供微生物活动所需能源和组成微生物细胞所需的物质，N 则是构成蛋白质、核酸、氨基酸、酶等细胞生长所需物质的重要元素。堆肥过程理想的 C/N 比在 30∶1 左右。当 C/N 比小于 30∶1 时，N 将过剩，并以氨气的形式释放，发出难闻的气味；而 C/N 比高，将导致 N 的不足，影响微生物的增长，使堆肥温度下降，有机物分解代谢的速度减慢；当 C/N 比超过 40 时，应通过补加氮素材料（含氮较多的物质）的方法来调整 C/N，畜禽粪便、肉食品加工废弃物、污泥均在可利用之列。一般认为，有机垃圾作为堆肥原料时，最佳 C/N 比在(26～35)∶1。

如果垃圾中 C/N 偏离正常范围，都可通过添加含氮高或含碳高的物料来加以调整。可堆肥的物料的 C/N 见表 7.4。

表 7.4　各种物料的 C/N 值

| 名称 | C/N 值 | 名称 | C/N 值 |
|---|---|---|---|
| 锯木屑 | 300～1000 | 猪　粪 | 7～15 |
| 秸秆 | 70～100 | 鸡　粪 | 5～10 |
| 垃圾 | 50～80 | 活性污泥 | 5～8 |
| 人粪 | 6～10 | 下水道生污泥 | 5～15 |
| 牛粪 | 8～26 | | |

（3）碳磷比（C/P）

除碳和氮外，磷对微生物的生长也有很大影响。有时，在垃圾中添加污泥进行混合堆肥，就是利用污泥中丰富的磷来调整堆肥原料的 C/P。堆肥原料适宜的 C/P 为 75～150。

（4）pH

微生物的降解活动需要一个微酸性或中性的环境条件。当细菌和真菌消化有机物质时，它们释放出有机酸，在堆肥的最初阶段，这些酸性物质会积累。pH 的下降刺激真菌的生长，并分解木质素和纤维素，通常有机酸在堆肥过程中进一步分解。如果系统变成厌氧，将使 pH 降至 4.5，严重限制微生物的活性。通过曝气就能够使 pH 回升到正常的区域。一般认为堆肥的 pH 在 7.5～8.5 时，可获得最大堆肥速率。

（5）颗粒尺寸

因为微生物通常在有机颗粒的表面活动，所以降低颗粒物尺寸，增加表面积，将促进微生物的活动并加快堆肥速度；而颗粒太细，又会阻碍堆层中空气的流动，将减少堆层中可利用的氧气量，反过来又会减缓微生物活动的速度。一般地说，适宜的粒径范围是 12～60 mm。其最佳粒径随垃圾物理特性变化而变化。如果堆肥物质结构坚固，不易挤压，则粒径应小些，否则粒径应大些。可根据实际情况确定一个合适的颗粒尺寸。

（6）温度

温度在堆肥过程中扮演着一个重要角色，它是堆肥时间的函数，对微生物的种群有着重要的影响，而且影响堆肥过程的其他因素也会随着温度的变化而改变。一般认为堆肥的最佳温度为 50～60℃。

5. 好氧堆肥腐熟度的评价

腐熟度的基本含义是：①通过微生物的作用，堆肥的产品要达到稳定化、无害化，即不对环境产生不良影响；②所产生的堆肥产品在使用期间，不能影响作物的生长和土壤的耕作能力。所谓"腐熟度"是国际上公认的衡量堆肥反应进行程度的一个概念性参数。作为一项生产中用以指示反应进行程度的控制标准，必须具有操作方便、反应直观、适应面广、技术可靠等特点。多年来，国内外许多研究人员对腐熟度进行过多种研究和探讨，提出了许多评判堆肥腐熟和稳定的指标和参数，目前还没有权威性统一的腐熟度评判标准。

一般认为主要从物理方法、化学方法、生物活性、植物毒性分析 4 个方面对堆肥腐熟、稳定性进行判定。表 7.5 是一些判定堆肥腐熟度的方法及其参数、指标或项目，分述如下。

表 7.5 判定堆肥腐熟度的方法

| 方法名称 | 参数、指标或项目 | 判别标准 |
| --- | --- | --- |
| 物理方法 | 温度 | 温度下降，达到 45～50℃ 且一周内持续不变，可认为堆肥已达到了稳定程度。不同堆肥系统的温度变化差别显著且堆体各区域的温度分布不均衡，因此，限制了温度作为腐熟度定量指标的应用，但它仍是堆肥过程最重要的常规检测指标之一 |
| | 气味 | 堆肥结束和翻堆后，堆体内无不快气味产生，并检测不到低分子脂肪酸，堆肥产品具有潮湿泥土的霉味（放线菌的特征） |
| | 色度 | 堆肥过程中堆肥物料的颜色变化，应是由开始的淡灰逐渐变成发黑，腐熟后的堆肥产品呈黑褐色或黑色 |
| | 残余浊度和水电导率 | Sela 等用城市垃圾进行堆肥试验，将不同腐熟程度的堆肥按比例与某些结构上有缺陷的土壤混合，在温度 30℃ 下好氧培养一段时间，分析堆肥对土壤结构的影响以评价堆肥的腐熟度。结果发现，堆肥时间为 7～14 天的堆肥产物在改进土壤残余浊度和水电导率方面具有最适宜的影响，同时混合物中多糖的成分也达到最高。但该研究只是初步的试验，需与植物毒性物质和化学指标结合进行综合研究 |
| | 光学性质 | 通过检测堆肥在 E665nm（E665nm 表示堆肥萃取物在波长 665nm 下的吸光度）的变化可反映堆肥腐熟度，腐熟堆肥 E665nm 应小于 0.008 |
| | 热重分析 | 尚无具体定量指标 |
| 化学方法 | 碳氮比（固相 C/N 和水溶态 C/N） | 一般地，堆肥的固相 C/N 值从初始的(25～30)∶1 或更高，降低到(15～20)∶1 以下时，认为堆肥达到腐熟 |
| | 氮化合物（$NH_4$-N、$NO_3$-N、$NO_2$-N） | 当总氮量超过干重的 0.6%，其中有机氮达 90% 以上和 $NH_4$-N<0.04% 时，堆肥达到腐熟。对于活性污泥、稻草的堆肥，当氨化作用已经完成，亚硝化作用开始的时候，可以认为堆肥已腐熟了。多数情况下，该参数只能作为参考，不能作为堆肥腐熟的绝对指标 |
| | 阳离子交换量（CEC） | 城市垃圾堆肥建议 CEC>60mmol 时，作为堆肥腐熟的指标。但对 C/N 较低的废物，CEC 值波动，不能作为堆肥腐熟度评价参数 |
| | 有机化合物（水溶性或可浸提有机碳、还原糖、脂类等化合物、纤维素、半纤维素、淀粉等） | 腐熟堆肥的 COD 为 60～110mg/g，动物排泄物堆肥 COD 小于 700mg/g 干堆肥时达到腐熟。堆肥产品中，$BOD_5$ 值应小于 5mg/g 干堆肥。<br>挥发性固体 VS 含量应低于 65%；淀粉检不出。水溶性有机质含量<2.2g/L，可浸提有机物的产生或消失，可作为堆肥腐熟的指标。烷基和长链脂肪酸酯等在腐熟后很少发现 |
| | 腐殖质（腐殖质指数、腐殖质总量和功能基团） | 腐殖质（HS）可分为胡敏酸（HA）、富里酸（FA）及未腐殖化的组分（NHF），腐殖化指数（HI）：HI＝HA/FA；腐殖化率（HR）：HR＝HA/（FA＋NHF）；胡敏酸的百分含量（HP）：HP＝HA×100/HS。<br>HI 和 HP 与 C/N 有很好的相关性。城市固体废弃物堆肥 HI 呈下降趋势。HA 的升高代表了堆肥的腐殖化和腐熟程度。当 HI 值达到 3，HR 达到 1.35 时堆肥已腐熟。腐殖质的功能基团指标尚没有定量化 |

续表

| 方法名称 | 参数、指标或项目 | 判别标准 |
|---|---|---|
| 生物活性 | 呼吸作用（耗氧速率、$CO_2$ 释放速率） | 一般，耗氧速率以（0.02～0.1）$\Delta O_2$%/min 的稳定范围为最佳。当堆肥释放 $CO_2$ 在 5mg(C)/g 堆肥碳以下时，达到相对稳定，而在 2mg/g 堆肥碳以下时，可认为达到腐熟 |
| | 微生物种群和数量 | 堆肥中的寄生虫、病原体被杀死，腐殖质开始形成，堆肥达到初步腐熟。在堆肥腐熟期主要以放线菌为主 |
| | 酶学分析 | 水解酶较低活性反映堆肥达到腐熟；纤维素酶和脂酶活性在堆肥后期（80～120d）迅速增加，可间接用来了解堆肥的稳定性 |
| 植物毒性分析 | 发芽实验 | 植物的毒性消除，可认为堆肥已腐熟了 |
| | 植物生长实验 | 植物生长评价只能作为堆肥腐熟度评价的一个辅助性指标，而不能作为唯一的指标 |

一般来说，仅用某一个单一参数很难确定堆肥的化学及生物学的稳定性，所以，应由几个或多个参数共同确定。利用化学方法、生物活性和植物毒性分析等手段，对堆肥的腐熟和稳定做多方面的监测较为可靠。通常，化学方法提供堆肥的基础数据，其中水溶性有机化合物的分析及 C/N 最为常用。生物活性测试通过对呼吸作用、微生物种群和数量及酶学的研究，可反映堆肥的稳定性，其中呼吸作用是较为成熟的评估堆肥稳定性的方法。植物毒性分析是检验正在堆肥的有机质腐熟度较精确、有效的方法，其中发芽指数的测定较为快速、简便，而植物生长分析则可最直接地反映堆肥对植物的影响，但存在着时间较长、劳动量大的缺点。随着分析技术和微生物技术的发展，先进、快捷的堆肥腐熟度评估方法不断出现，实际堆肥过程中可根据实际情况，选择合适的评估方法。

### 7.2.3　厌氧发酵技术

厌氧发酵又称为厌氧消化，是自然界中一种普遍存在的微生物代谢过程。有机物经厌氧分解产生 $CH_4$，$CO_2$ 和 $H_2S$ 等气体。因此，厌氧消化处理是指在厌氧状态下利用厌氧微生物使固体废物中的有机物转化为 $CH_4$ 和 $CO_2$ 的过程。厌氧具有以下几个特点：①能高效地回收高含水率（60%左右）废弃物中的能量；②工艺简单，无需复杂的控制操作；③投入的废弃物经消化后能使有机物稳定减量；④高温消化时，能杀死大肠杆菌和寄生虫卵等，所以在工农业中得到广泛的应用。

1. 厌氧发酵原理

由于厌氧发酵的原料来源复杂，参与的微生物种类繁多，使得反应过程复杂。厌氧发酵系统中，发酵细菌最主要的基质是纤维素、淀粉、脂肪和蛋白质。当基质浓度大时，一般均能加快生化反应的速率。而基质组成不同时，有时会影响物质的流向，形成不同的代谢产物。

（1）三段理论

有机物厌氧发酵依次分为水解、产酸、产甲烷三个阶段（图 7.14），每一阶段各有其独特的微生物类群起作用。液化阶段起作用的细菌称为发酵细菌，包括纤维素分解菌、蛋白质水解菌。产酸阶段起作用的细菌是醋酸分解菌。这两个阶段起作用的细菌统称为不产甲烷菌，产甲烷阶段起作用的细菌是甲烷细菌。

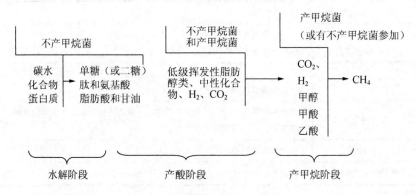

图 7.14　有机物的沼气发酵过程

在水解阶段，发酵细菌利用胞外酶对有机物进行体外酶解，使固体物质水解成可溶性物质，然后，细菌再吸收可溶于水的物质，并将其分解成为不同产物。高分子有机物的水解速率很低，它取决于物料的性质、微生物的浓度及温度和 pH 等环境条件。纤维素、淀粉等水解成单糖类，蛋白质水解成氨基酸，再经脱氨基作用形成有机酸和氨，脂肪水解后形成甘油和脂肪酸。

在水解阶段产生的简单可溶性有机物在产氢和产酸细菌的作用下，进一步分解成挥发性脂肪酸（如丙酸、乙酸、丁酸和长链脂肪酸）、醇、酮、醛、$CO_2$ 和 $H_2$ 等。

在产甲烷阶段，甲烷菌利用 $H_2/CO_2$、醋酸以及甲醇、甲酸、甲胺等 $C_1$ 类化合物为基质，将其转化成甲烷。其中，$H_2/CO_2$ 和醋酸是主要基质。一般认为，甲烷的形成主要来自 $H_2$ 还原 $CO_2$ 和醋酸的分解。根据对主要中间产物转化成甲烷的过程所作的研究，以 COD 计约 72%的甲烷来自醋酸盐，13%由丙酸盐生成，还有 15%来自其他中间产物。因此，醋酸是厌氧发酵中最重要的中间产物。

（2）两段理论

也有学者将厌氧发酵过程分为两个阶段。从图 7.15 中可以看出，当有机物进行厌氧分解时，主要经历了两个阶段，即酸性发酵阶段和碱性发酵阶段。分解初期，微生物活动中的分解产物是有机酸、醇、二氧化碳、氨、硫化氢等；在这一阶段中，有机酸大量积累，pH 随着下降，所以叫做酸性发酵阶段，参与的细菌统称为产酸细菌。在分解后期，由于所产生的氨的中和作用，pH 逐渐上升；同时，另一群统称为甲烷细菌的微生物开始分解有机酸和醇，产物主要是甲烷和二氧化碳。随着甲烷细菌的繁殖，有机酸迅速分解，pH 迅速上升，这一阶段的分解叫碱性发酵阶段。

2. 厌氧发酵的影响因素

（1）厌氧条件

厌氧消化最显著的一个特点是有机物在无氧的条件下被厌氧微生物分解，最终转化成 $CH_4$ 和 $CO_2$。产酸阶段微生物大多数是厌氧菌，需要在厌氧的条件下才能把复杂的有机质分解成简单的有机酸等。而产气阶段的细菌是专性厌氧菌，氧对产甲烷细菌有毒害作用，因而需要严格的厌氧环境。判断好氧程度可用氧化还原电位（Eh）表示。当厌氧消化正常进行时，Eh 应维持在–300 mV 左右。

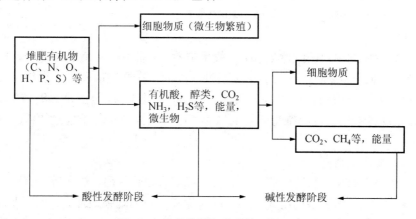

图 7.15 有机物厌氧发酵的两段理论

（2）原料配比

配料时，应该控制适宜的碳氮比，以(20～30)∶1 为宜。各种有机物中碳素和氮素的含量差异很大（表 7.6）。碳氮比过小，细菌增殖量降低，氮不能被充分利用，过剩的氮变成游离的 $NH_3$，抑制了产甲烷细菌的活动，厌氧消化不易进行。但碳氮比过高，反应速率降低，产气量明显下降。磷含量（以磷酸盐计）一般为有机物量的 1/1000 为宜。

大量的报道和实验表明，厌氧发酵的碳氮比以 20～30∶1 为宜，C/N 为 35∶1 时产气量明显下降。

表 7.6 常用厌氧发酵原料的碳氮比[①]

| 原料 | 碳素/% | 氮素/% | 碳氮比/（C/N） |
|---|---|---|---|
| 干麦草 | 46 | 0.53 | 87∶1 |
| 干稻草 | 42 | 0.63 | 67∶21 |
| 玉米秆 | 40 | 0.75 | 53∶1 |
| 落叶 | 41 | 1.00 | 41∶1 |
| 野草 | 14 | 0.54 | 27∶1 |
| 鲜牛粪 | 7.3 | 0.29 | 25∶1 |
| 鲜马粪 | 10 | 0.42 | 24∶1 |
| 鲜猪粪 | 7.8 | 0.6 | 13∶1 |
| 鲜人粪 | 2.5 | 0.85 | 2.9∶1 |
| 鲜人尿 | 0.4 | 0.93 | 0.43∶1 |

① 此值为近似值，以重量百分比表示。

（3）温度

温度是影响产气量的关键因素。厌氧硝化可以在较为广泛的温度范围内进行（40～65℃）。温度过低，厌氧消化的速率低、产气量低，不易达到卫生要求上杀灭病原菌的目的；温度过高，微生物处于休眠状态，不利于消化。研究发现，厌氧微生物的代谢速率在 35～38℃ 和 50～65℃ 时各有一个高峰。因此，一般厌氧消化常把温度控制在这两个范围内，以获得尽可能高的消化效率和降解速率。

（4）pH

产甲烷微生物细胞内的细胞质 pH 一般呈中性。但是弱碱环境更加适合产甲烷细菌的代谢，当 pH 低于 6.2 时，它就会失去活性。因此，在产酸菌和产甲烷细菌共存的厌氧消化过程中，系统的 pH 应控制在 6.5～7.5 之间，最佳 pH 范围是 6.8～7.2。为提高系统对 pH 的缓冲能力，需要维持一定的碱度，可通过投加石灰或含氮物料的办法进行调节。

（5）添加物和抑制物

在发酵液中添加少量的硫酸锌、磷矿粉、炼钢渣、碳酸钙、炉灰等，有助于促进厌氧发酵，提高产气量和原料利用率，其中以添加磷矿粉的效果最佳。同时添加少量钾、钠、镁、锌、磷等元素也能提高产气率。但是也有些化学物质能抑制发酵微生物的生命活力，当原料中含氮化合物过多，如蛋白质、氨基酸、尿素等被分解成铵盐，从而抑制甲烷发酵。因此，当原料中氮化合物比较高的时候应适当添加碳源，调节 C/N 在(20～30)：1 范围内。此外，如铜、锌、铬等重金属及氰化物等含量过高时，也会不同程度地抑制厌氧消化，因此在厌氧消化过程中应尽量避免这些物质的混入。

（6）接种物

厌氧消化中细菌数量和种群会直接影响甲烷的生成。不同来源的厌氧发酵接种物，对产气量有不同的影响。添加接种物可有效提高消化液中微生物的种类和数量，从而提高反应器的消化处理能力，加快有机物的分解速率，提高产气量，还可使开始产气的时间提前。用添加接种物的方法，开始发酵时，一般要求菌种量达到料液量的 5%以上。

（7）搅拌

搅拌可使消化原料分布均匀，增加微生物与消化基质的接触，使消化产物及时分离，同时防止局部出现酸积累和排除抑制厌氧菌活动的气体，使反应产物（$H_2S$、$NH_3$、$CH_4$ 等）迅速排除，从而提高产气量。

3. 厌氧发酵工艺

（1）根据发酵温度划分

根据厌氧发酵的温度不同，厌氧发酵可以分为高温厌氧发酵和自然温度发酵。

1）高温厌氧发酵工艺。高温发酵工艺的最佳温度范围是 47～55℃，此时有机物分解旺盛，发酵快，物料在厌氧池内停留时间短，非常适于城市垃圾、粪便和有机污泥的处理。其程序如下。

① 高温发酵菌的培养。高温发酵菌种的来源一般是将采集到的污水池或下水道有气泡产生的中性偏碱的污泥加到备好的培养基上，进行逐级扩大培养，直到发酵稳定后即可作为接种用的菌种。

② 高温的维持。高温发酵所需温度的维持，通常是在发酵池内布设盘管，通入蒸汽加热料浆。我国有的城市利用余热和废热作为高温发酵的热源，是一种技术上十分经济的办法。

③ 原料投入与排出。在高温发酵过程中，原料的消化速度快，因而要求连续投入新料与排出发酵液。其操作有两种方法，一种是用机械加料机出料，另一种是采用自流进料和出料。

④ 发酵物料的搅拌。高温厌氧发酵过程要求对物料进行搅拌，以迅速消除邻近蒸气管道区域的高温状态和保持全池温度的均一。

搅拌的方式有三种：一为机械搅拌，即采用一定的机械装置，如提升式、桨叶式等搅拌机械进行搅拌；二为充气搅拌，即是将厌氧池内的沼气抽出，然后再从池底压入，产生较强的气体回流，达到搅拌的目的；三为充液搅拌，即从厌氧池的出料间将发酵液抽出，然后从加料管加入厌氧池内，产生较强的液体回流，达到搅拌的目的。

2）自然温度厌氧发酵工艺。自然温度厌氧发酵指在自然界温度影响下发酵温度发生变化的厌氧发酵。目前我国农村都采用这种发酵类型，其工艺流程如图7.16所示。

这种工艺的发酵池结构简单、成本低廉、施工容易、便于推广。

我国地域广大，采用自然温度发酵，其发酵周期需视季节和地区的不同加以控制。

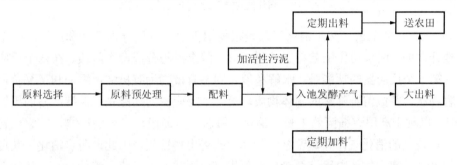

图7.16 自然温度半批量投料沼气发酵工艺流程

（2）根据投料运转方式划分的工艺类型

根据投料运转方式，厌氧消化可分为连续发酵、半连续发酵、两步发酵等。

1）连续发酵工艺。连续发酵工艺从投料启动后，经过一段时间的消化产气，随时连续定量地添加发酵原料和排出旧料，其发酵时间能够长期连续进行。此发酵工艺易于控制，能保持稳定的有机物消化速率和产气率，但该工艺要求较低的原料固形物浓度。其工艺流程见图7.17。

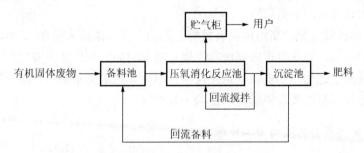

图7.17 固体废物连续发酵工艺流程

2）半连续发酵工艺。半连续消化的工艺特点是：启动时一次性投入较多的消化原料，当产气量趋于下降时，开始定期或不定期添加新料和排出旧料，以维持比较稳定的产气率。由于我国广大农村的原料特点和农村用肥集中等原因，该工艺在农村沼气池的应用已比较成熟。半连续发酵工艺是固体有机原料沼气发酵量常采用的发酵工艺。图 7.18 所示为半连续沼气发酵工艺处理有机原料的工艺流程。

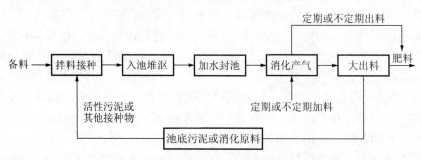

图 7.18　固体废物半连续消化工艺流程

3）两步发酵工艺。两步消化工艺是根据沼气消化过程分为产酸和产甲烷两个阶段的原理开发的。两步消化工艺特点是将沼气发酵全过程分成两个阶段，在两个反应器中进行。第一个反应器的功能是：水解和液化固态有机物为有机酸；缓冲和稀释负荷冲击与有害物质，并截留难降解的固体物质。第二个反应器的功能是：保持严格的厌氧条件和 pH，以利于产甲烷细菌的生长；消化、降解来自前段反应器的产物，把它们转化成甲烷含量较高的消化气，并截留悬浮固体、改善出料性质。因此，两步消化工艺可大幅度地提高产气率，气体中甲烷含量也有所提高。同时实现了渣和液的分离，使得在固体有机物的处理中，引入高效厌氧处理器成为可能。

（3）根据固体浓度分类的工艺类型

根据投料的固体浓度，厌氧发酵对分为低固体厌氧发酵和高固体厌氧发酵。

1）低固体厌氧发酵。低固体厌氧发酵是在固体浓度等于或者少于 4%～8%的情况下，有机废物被发酵。此工艺广泛应用于人、畜、农业废物和城市生活垃圾等。低固体厌氧发酵工艺的缺点是废物中必须加水，以使固体浓度达到所需要的 4%～8%。加水导致消化污泥被稀释，在处置之前必须脱水。对脱水产生的上清液处置，是选择低固体厌氧发酵工艺应该考虑的重要问题。

2）高固体厌氧发酵。高固体厌氧发酵工艺的总固体浓度大约在 22%以上。高固体厌氧消化相对较新，它在有机固体废物的能量回收方面的应用还没有得到充分的发展。高固体厌氧发酵工艺的两个重要优点是反应器单位体积的需水量低，产气量高。这种工艺的主要确定在于目前大规模运行的经验十分有限。

**4. 厌氧发酵装置的结构与工作原理**

**（1）水压式沼气池**

厌氧发酵池亦称厌氧消化器。厌氧发酵池种类很多，按发酵间的结构形式，有圆形池、长方形池；按贮气方式，有气袋式、水压式和浮罩式。其中，水压式沼气池（图7.19）是在我国农村推广的主要类型，特别受到发展中国家的欢迎，被誉为"中国式沼气池"。

　　水压式沼气池的结构和工作原理见图7.19。这是一种埋设在地下的立式圆筒形发酵池，主要结构包括加料管、发酵间、出料管、水压间、导气管几个部分。

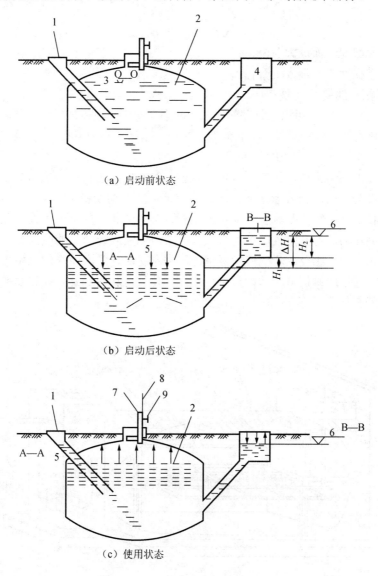

（a）启动前状态

（b）启动后状态

（c）使用状态

图7.19　水压式沼气池工作原理示意图

1. 加料管　2. 发酵间（贮气部分）　3. 池内液面O—O　4. 出料间液面
5. 池内料液液面A—A　6. 出料间液面B—B　7. 导气管　8. 沼气输气管　9. 控制阀

　　图7.19（a）是启动前状态。发酵间的液面为O—O水平，发酵间内尚存的空间（$V_0$）为死气箱容积。

图 7.19（b）是启动后状态。发酵池内开始发酵产气，发酵间的气压随产气量增大而增大，结果水压间液面高于发酵间液面。当发酵间内贮气量达到最大值（$V_{贮}$）时，发酵间的液面下降到最低位置 A—A 水平，水压间的液面上升到最高位置 B—B 水平；这时达到了极限工作状态。极限工作状态时两液面的高差最大，称为极限沼气压强，其值可表示为

$$\Delta H = H_1 + H_2 \tag{7.12}$$

式中，$H_1$：发酵间液面最大下降值；

　　　$H_2$：水压间液面最大上升值；

　　　$\Delta H$：沼气池最大液面差。

图 7.19（c）表示使用沼气时发酵间压力减小，水压间液体被压回发酵间。这样，不断产气和不断用气，发酵间和水压间液面总是在初始状态和极限状态间不断上下升降。

（2）长方形（或方形）甲烷消化池

这种消化池的结构由消化室、气体贮藏室、贮水库、进料口和出料口、搅拌器、导气喇叭口等部分组成。长方形（或方形）甲烷消化池结构如图 7.20 所示。

其主要特点是：气体贮藏室与消化室相通，位于消化室的上方，设一贮水库来调节气体贮藏室的压力。若室内气压很高时，就可将消化室内经消化的废液通过进料间的通水穴压入贮水库内。相反，若气体贮藏室内压力不足时，贮水库内的水由于自重便流入消化室，这样通过水量调节气体贮藏室的空间，使气压相对稳定。搅拌器的搅拌可加速消化。产生的气体通过导气喇叭口输送到外面导气管。

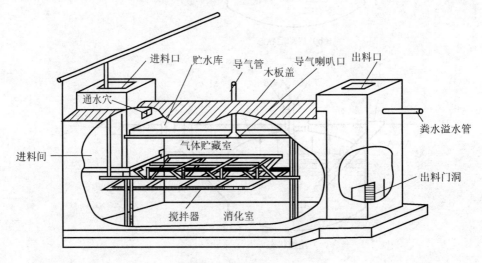

图 7.20　长方形消化池

（3）红泥塑料沼气池

红泥塑料沼气池是一种用红泥塑料（红泥-聚氯乙烯复合材料）作池盖或池体材料的沼气池，该工艺多采用批量进料方式。红泥塑料沼气池有半塑式、两模全塑式、袋式全塑式和干湿交替式等。

1）半塑式沼气池。半塑式沼气池由水泥料池和红泥塑料气罩两大部分组成，如

图 7.21 所示。料池上沿部设有水封池，用来密封气罩与料池的结合处。这种消化池适于高浓度料液或干发酵，成批量进料。可以不设进出料间。

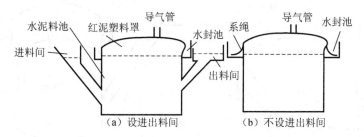

（a）设进出料间　　　　　（b）不设进出料间

图 7.21　半塑式沼气池

2）两模全塑式沼气池。两模全塑式沼气池的池体与池盖由两块红泥塑料膜组成。它仅需挖一个浅土坑，压平整成形后即可安装。安装时，先铺上池底膜，然后装料，再将池盖膜覆上，把池盖膜的边沿和池底膜的边沿对齐，以便黏合紧密。待合拢后向上翻折数卷，卷紧后用砖或泥把卷紧处压在池边沿上，其加料液面应高于两块膜黏合处，这样可以防止漏气，如图 7.22 所示。

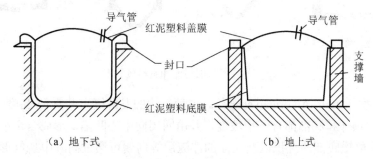

（a）地下式　　　　　　　（b）地上式

图 7.22　两模全塑式全塑沼气池

3）袋式全塑沼气池。袋式全塑沼气池的整个池体由红泥塑料膜热合加工制成，设进料口和出料口，安装时需建槽，主要用于处理牲畜粪便的沼气发酵，是半连续进料，如图 7.23 所示。

4）干湿交替消化沼气池。干湿交替消化沼气池设有两个消化室，上消化室用来进行批量投料、干消化，所产沼气由红泥塑料罩收集，如图 7.24 所示。下消化室用来半连续进料、湿消化，所产沼气贮存在消化室的气室内。下消化室中的气室是处在上消化室料液的覆盖下，密封性好。上、下消化室之间有连通管连通，在产气和用气过程中，两个消化室的料液可随着压力的变化而上、下流动。下消化室产气时，一部分料液通过连通管压入上消化室浸泡干消化原料。用气时，进入上室的浸泡液又流入下消化室。

（4）现代大型工业化沼气发酵设备

早期，由于混凝土施工技术水平的局限性，发酵罐的结构比较简单，效率非常低。到了 20 世纪 20 年代，密闭加热式发酵罐开始流行并且一些相关的技术也开始萌芽并发展起来。如图 7.25 所示是目前最常用的几种类型的发酵罐。

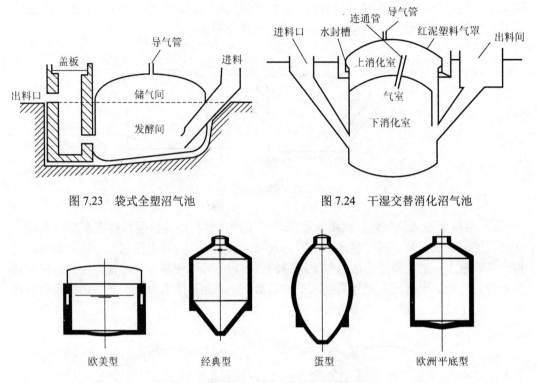

图 7.23  袋式全塑沼气池          图 7.24  干湿交替消化沼气池

图 7.25   各种形状的污泥和有机废物发酵罐

1）欧美型（anglo-American shape）。这种结构的发酵罐，其直径/高度一般大于 1，顶部有浮罩，顶部和底部都有一小坡度，并由四周向中心凹陷，形成一个小锥体。在运行过程中，发酵罐底部的沉积以及表面的浮渣层等问题可通过向罐中加气形成循环对流来消除。

2）经典型（classical shape）。经典型发酵罐在结构上主要分三部分，中间为直径/高度为 1 的圆桶，上下两头分别有一个圆锥体。底部锥体的倾斜度为 1.0～1.7，顶部为 0.6～1.0。经典型结构有助于发酵污泥处于均匀的、完全循环状态。

3）蛋型（egg shape digester）。蛋型发酵罐是在古典型发酵罐的基础上加以改进而形成的。由于混凝土施工技术的进步，使得这种类型发酵罐的建造得以实现并迅速发展。蛋型发酵罐有两个特点：一是发酵罐两端的锥体与中部罐体结合时，不像古典型发酵罐那样形成一个角度，而是光滑的，逐步过渡的，这样有利于发酵污泥的彻底循环，不会形成循环死角。二是底部锥体比较陡峭，反应污泥与罐壁的接触面积比较小。这二者为发酵罐内污泥形成循环及均一的反应工况提供了最佳条件。

4）欧洲平底型（european plain shape）。欧洲平底型发酵罐的各类指标介于欧美型与经典型之间。同经典型相比，它的施工费用较低，同欧美型相比，其直径/高度更合理。但这种结构的发酵罐在其内部安装的污泥循环设备种类方面，选择的余地比较小。

#### 7.2.4 其他堆肥方法

堆肥技术发展至今，已形成很多工艺类型，因此方法分类亦多种多样。除了上述已经广泛使用的技术工艺外还有以下几种技术。

**1. 简易沤肥技术**

简易沤肥技术一般介于好氧堆肥与厌氧发酵之间（没有强制通风装置），初期为好氧，主要是利用需氧性微生物的活动，快速分解有机物，并产生大量的热能使堆内的温度不断上升，一般可达到 50～70℃，并可维持一定时间，从而将堆料的病菌、蠕虫卵、蝇蛆等杀死，达到无害化的目的；但随着有机垃圾降解的进行，逐步转为厌氧性微生物为主要微生物来降解有机物，在这一阶段，一般分解较缓慢，产生的热量少。

随着人们对于简易沤肥技术的逐步认识，人为控制的因素逐步增多，堆肥技术也越来越复杂，堆肥的周期也逐步缩短，产品肥料的质量也逐渐改善。

（1）污水坑沤肥法

污水坑沤肥法就是所谓的"压绿肥"。具体是将垃圾、人粪尿（或牲畜粪）、绿肥、灰肥和草皮等混合，放入污水坑中沤制。在保持坑内湿润的同时，又需防积水，如有积水，最好每隔十天左右翻坑倒肥一次，这样既能提高沤肥的速度，又能杀灭蚊卵而防止蚊虫孳生。同时，沤肥时可加入 0.5%～1% 的生石灰，以加速寄生虫卵的死亡和绿肥的腐熟。

（2）平地沤肥法

选择干燥结实地面铲平夯实，周围开排水沟，一般长 2～2.5 m，宽 1.5～2 m，挖纵向通气沟两条，横沟三条，沟的深宽各 15 cm 左右，沟上铺一层树枝或荆条，在交叉处，竖立六根木棍或粗竹竿，然后将秸秆（麦秆、玉米秆和稻草）等切碎至长度 1 寸（1 寸 = 3.33cm）左右，并用水浸湿，混合杂草、树叶、生活垃圾等，在底层铺 30～40 cm，再加入一定量的牛马粪，适量加洒一层水粪尿和水，使堆料水分保持在 50%～60%，这样逐层上堆，直到堆高 1.5～2 m 时为止，堆成梯形，上窄下宽。堆成后用湿泥密封，2～3d 泥封稍干后，将木棍或竹竿拔出，形成通风道。如堆内条件适宜，3～5d 温度即可上升到 50℃以上，在向阳的地方堆料 15d 左右即可腐熟。此方法适用于气温较高的夏季和地下水位较高的地区。

（3）半坑式沤肥法

首先在平地挖坑，坑的大小依据堆料的数量而定，一般多采用挖深 3 尺（1 尺 = 33.33cm），长、宽各 6 尺的方形或圆形坑。挖出的土堆在四周筑成土围墙，同时在坑底和四面坑壁中间挖一条十字形通气沟，一直沿坑壁通至地面上开口。

堆肥时先用秸秆或树枝架于沟上。在十字沟交叉处竖立木棍或秸秆，然后将配好的堆料填入坑内。配料方法为秸秆（麦秆、玉米秆和稻草）等切碎至长度 1 寸左右，并用水浸湿，混合杂草、树叶、生活垃圾等，再加入约上述混合料一半量的牛马粪，适量加洒一层水粪尿。每堆一层，加水一次，总加水 45%～55%，以不流出为度，以利于有机物的分解腐熟和微生物的活动。堆满后，不宜踏实，只在顶上再糊一层 1～2 寸厚的黏泥或稀泥，2～3d 后将中间插的木棍或秸秆拔出，形成通气道。

此方法在南方一年四季均可进行，在北方适宜于春、夏、秋三季，堆温上升快而稳定。堆内湿度均匀，腐熟时间一般 20d 左右。腐熟后的堆料，颜色呈现黑色或棕色，没有臭味，质地松软，一捏成团，一搓就碎，可作肥料使用。

2. 装置式（连续堆制法）

装置式工艺采取连续进料和连续出料方式发酵，原料在一个专设的发酵装置内完成中温和高温发酵过程。这种系统除具有发酵时间短，能杀灭病源微生物外，还能防止异味，成品质量比较高，已在美国、日本、欧洲广为采用。

连续发酵装置类型有多种，主要类型有立式堆肥发酵塔、卧式堆肥发酵辊筒、筒仓式堆肥发酵仓、箱式堆肥发酵池、条垛式发酵设备等。

（1）立式堆肥发酵塔

立式堆肥发酵塔通常由 5～8 层组成。堆肥物料由塔顶进入塔内，在塔内堆肥物通过不同形式的机械运动，由塔顶一层层地向塔底移动。一般经过 5～8d 的好氧发酵，堆肥物即由塔顶移动至塔底完成一次发酵。立式堆肥发酵塔通常为密闭结构，塔内温度分布为从上层至下层逐渐升高，即最下层温度最高。

立式堆肥发酵法的种类通常包括立式多层圆筒式、立式多层板闭合门式、立式多层桨叶刮板式、立式多层移动床式等。图 7.26～图 7.29 为各种形式的立式发酵塔的图示。

（2）卧式堆肥发酵辊筒

卧式堆肥发酵辊筒又称丹诺（Dano）式。在该发酵装置中废物靠与筒体表面的摩擦沿旋转方向提升，同时借助自重落下。通过如此反复升落，废物被均匀地翻倒而与供入的空气接触，并借微生物作用进行发酵。此外，由于筒体斜置，当沿旋转方向提升的废物靠自重下落时，逐渐向筒体出口一端移动，这样，回转窑可自动稳定地供应、传送和排出堆肥物。停留时间为 2～5d。图 7.30 所示为装置简图。

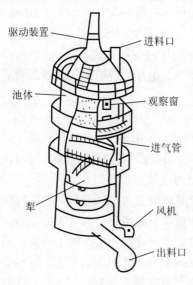

图 7.26　立式多层圆筒式堆肥发酵塔

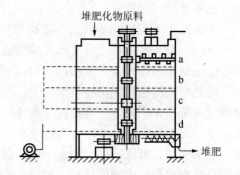

图 7.27　立式多层板闭合门式堆肥发酵塔

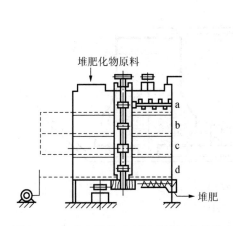

图 7.28　立式多层桨叶刮板式堆肥发酵塔

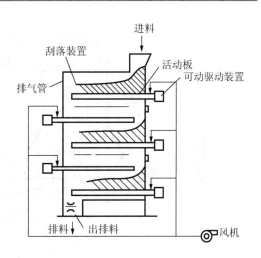

图 7.29　立式多层移动床式堆肥发酵塔

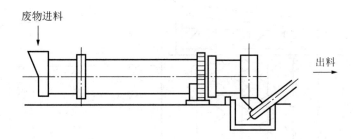

图 7.30　卧式堆肥发酵辊筒（丹诺发酵器）

（3）筒仓式堆肥发酵仓

筒仓式堆肥发酵仓为单层圆筒状（或矩形），发酵仓深度一般为 4～5 m，大多采用钢筋混凝土筑成。发酵仓内供氧均采用高压离心风机强制供气，以维持仓内堆肥好氧发酵。空气一般由仓底进入发酵仓，堆肥原料由仓顶进入。经过 6～12d 的好氧发酵，得到初步腐熟的堆肥由仓底通过出料机出料。图 7.31 和图 7.32 为两种不同形式的筒仓式堆肥发酵仓。

根据堆肥在发酵仓内的运动形式，筒仓式发酵仓可分为静态和动态两种。如图 7.31 所示为筒仓式静态发酵仓。堆肥物由仓顶经布料机进入仓内，经过 10～12d 的好氧发酵后，由仓底的螺杆出料机进行出料。由于静态发酵仓结构简单，在我国得到了广泛应用。

图 7.32 为筒仓式动态发酵仓。该装置在运行时经预处理工序分选破碎的废物被输料机传送至池顶中部，然后由布料机均匀地向池内布料，位于旋转层的螺旋钻以公转和自转来搅拌池内废物，这样操作的目的是防止形成沟槽，并且螺旋钻的形状和排列能经常保持空气的均匀分布。废物在池内依靠重力从上向下部跌落，既公转又自转的旋转切割螺杆装置安装在池底，无论上部的旋转层是否旋转，产品均可从池底排出。好氧发酵所需的空气从池底的布气板强制通入。

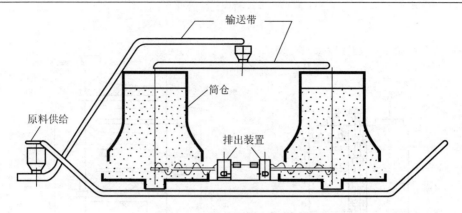

图 7.31　筒仓式静态发酵仓

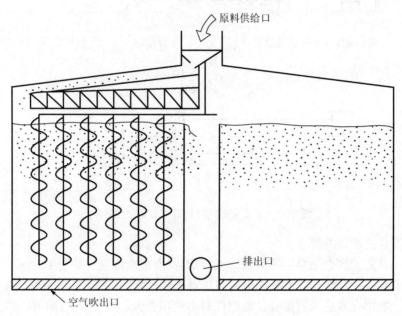

图 7.32　筒仓式动态发酵仓

（4）箱式堆肥发酵池

该类发酵池的种类很多，应用也很普遍，这里主要介绍以下几种。

1）矩形固定式犁翻倒发酵池。该堆肥设备设置采用犁形翻倒搅拌装置，起到机械犁掘废物的作用。堆肥时，可定期搅动并移动物料数次，这样既保持池内通气，使物料均匀发散，又具有运输功能，可将物料从进料端移至出料端。物料在池内停留 5～10d。空气通过池底布气板进行强制通风。发酵池采用的搅拌装置是输送式的，使用这种装置的好处是能提高物料的堆积高度。

2）戽斗式翻倒式发酵池。如图 7.33 所示，发酵池内装备的翻倒机能对物料进行搅拌，同时使物料湿度均匀并与空气接触，从而促进易堆肥物迅速分解，阻止产生臭气。物料的停留时间为 7～10d，翻倒废物频率以一天一次为标准，也可根据物料实际性状不同而改变翻倒次数。该发酵装置有几个特点：发酵池装有一台搅拌机及一架安置于车式输送机上的翻倒车，翻倒废物时，翻倒车在发酵池上运行，当完成翻倒操作后，翻倒车返回到活动车上；根据处理量，有时可以不安装具有行吊结构的车式输送机；当池内物料被翻倒完毕，搅拌机由绳索牵引或机械活塞式倾斜装置提升，再次翻倒时，可放下搅拌机开始搅拌；为使翻倒车从一个发酵池移至另一个发酵池，可采用轨道传送式活动车和吊车刮出输送机、皮带输送机或摆动输送机，堆肥经搅拌机搅拌，被位于发酵池末端的车式输送机传送，最后由安置在活动车上的刮出输送机刮出池外；发酵过程的几个特定阶段由一台压缩机控制，所需空气从发酵池底部吹入。

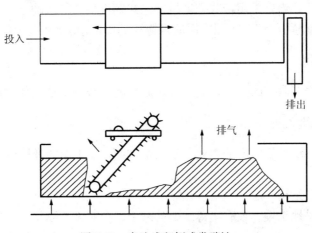

图 7.33 戽斗式翻倒式发酵池

3）卧式桨叶发酵池。如图 7.34 所示，桨状搅拌装置依附于移动装置，故能随之移动。操作时，搅拌装置纵向反复移动搅拌物料并同时横向传送物料。由于搅拌装置能横走和移动，搅拌可遍及整个发酵池，故可将发酵池设计得很宽，这样，发酵池就有较大的处理能力。

4）卧式刮板发酵池。如图 7.35 所示，此类发酵池主要部件是一个成片状的刮板，由齿轮齿条驱动，刮板从左向右摆动搅拌物料，从右向左空载返回，然后再从左向右摆动推入一定量的物料。由刮板推入的物料量可调节。例如，当一天搅拌一次时，可调节推入量为一天所需量。如果处理能力较大，可将发酵池设计成多级结构。池体为密封负压式结构，因此臭气不外逸。发酵池有许多通风孔以保持好氧状态。另外，还装配有洒水及排水设施以调节湿度。

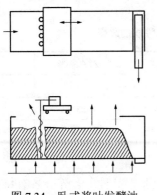

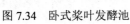

图 7.34 卧式桨叶发酵池

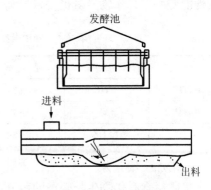

图 7.35 卧式刮板发酵池

（5）条垛式发酵设备

条垛式发酵就是将物料铺开排成行，在露天或棚架下堆放，每排物料堆宽 4～6 m，高 2 m 左右，堆下可配有供气通气管道，也可不设通风装置，根据实际情况，采用不同的翻堆发酵设备。

条垛式堆肥系统的翻堆设备分为三类：斗式装载机或推土机、垮式堆肥机、侧式翻堆机。翻堆设备可由拖拉机等牵引或自行推进。中、小规模的条垛宜采用斗式装载机或推土机，大规模的条垛宜采用垮式翻堆机或侧式翻堆机。垮式翻堆机不需要牵引机械，侧式翻堆机需要拖拉机牵引。美国常用的是垮式翻堆机，而侧式翻堆机在欧洲比较普遍。

### 7.2.5 堆肥的效用

良好的堆肥产品具有改土、培肥、促进农作物生长和增加农作物产量的效用。

#### 1. 堆肥的改土作用

施用堆肥对土壤性质的影响主要包括三个方面，即土壤物理性质、化学性质和土壤微生物性质。

（1）改善土壤结构

我国中低产耕地土壤大致有旱薄土、盐碱土、白浆土、黏结土、冷浸土、砂板土、酸性土等八大类。在这些土壤中，耕层薄、结构差的属大多数。有机肥料是最好的土壤结构改良剂，通过有机肥料与土壤的相融，有机胶体与土壤矿质黏粒复合，可以促进土壤团粒结构的形成，从而改善了土壤理化性质（表 7.7），表现在非毛管空隙度增大，大的水稳性团粒增加，而小团粒减少，同时土壤质地也有所改善。由于堆肥增加了土壤有机质，毛管空隙的增多、改善非毛管空隙与毛管空隙的比例，为形成合理的固、液、气三相比创造了条件。随着非毛管空隙度的增加，土壤饱和导水率增加，土壤通气透水性能增强。

改土的生产实践证明，有些中低田如质地黏重的胶泥田，养分含量并不见得低，但土壤生产力由于受不良结构制约，施用有机肥料后，土壤腐殖质得到补充和更新，改变了土壤中胶体的性质，土壤干燥过程中板结紧实程度降低，单位体积内的土壤重量减轻，土体的孔隙度提高，相应地改善了土体的通透性能，调节了土体的水、肥、气、热比例，土壤性能变好了，作物产量也得以提高。

表 7.7 施用有机肥对土壤理化性质的改变

| 处理 | 有机质/% | 容重/（g/cm） | 总孔隙率/% | 持水量/% | pH |
|---|---|---|---|---|---|
| 未用堆肥 | 2.06 | 1.62 | 35.1 | 14.1 | 5.9 |
| 使用堆肥 | 4.43 | 1.15 | 57.8 | 23.6 | 7.3 |
| 效果对比 | 增加 115% | 降低 40% | 增加 60% | 增加 67% | 酸性降低 |

（2）增加土壤养分

有机肥料含有作物生长必需的养分，而且各有机肥料品种所含养分各有特点，粪尿类含氮、磷比较丰富，如人粪含氮 1.159%，磷 1.59%左右，羊粪含氮高达 2.01%左右。多数秸秆和绿肥含钾较多，如水稻秆含钾 1.50%以上。不仅如此，有机肥料还含有各种微量营养元素，如谷类作物含硼（B）6～9 mg/kg，含锰（Mn）22～100 mg/kg，含铜（Cu）3～10 mg/kg，含钼（Mo）0.2～1.0 mg/kg，含锌（Zn）15～20 mg/kg。有机肥料中的养分有两个重要特点：一是有机物质吸附量大，许多养分不易流失；二是有机肥料养分齐全，易分解，其所含营养元素的含量和配比很适合作物吸收利用。施用有机肥不但补充了土壤养分，同时从养分循环的角度看，还可以使作物从土壤中吸收的营养元素得到再生，减少土壤养分的亏缺。因此，秸秆还田以及施用固氮的豆科绿肥，各种还田的粪尿肥，都增加了土壤养分含量，起到培肥地力的作用（表 7.8）。

表 7.8　使用堆肥对土壤养分含量的变化

| 处理 | 全氮/% | 全磷/（g/cm） | 碱解氮/% | 速效磷/% | 速效钾/% |
|---|---|---|---|---|---|
| 未用堆肥 | 0.14 | 0.06 | 109 | 8.9 | 64 |
| 使用堆肥 | 0.19 | 0.12 | 154 | 25.5 | 107 |
| 效果对比 | 增加 34.3% | 增加 101% | 增加 41.1% | 增加 186% | 增加 76% |

施有机肥料在补给土壤养分的同时，还能活化土壤中的养分，如有机肥分解产生的有机酸或某些有机物基团与铁、铝螯合或络合，减少土壤对磷的固定；有机肥分解，尤其是在淹水条件下分解，可提高土壤的还原性，使铁、铝成还原态而提高磷的溶解度；有机肥料提高土壤微生物活性，增强二氧化碳在土壤中的渗透，在一定程度上调节土壤的 pH；石灰性土壤施用有机肥后，pH 虽然略微降低，但对固相 Ca－P 溶解度影响很大；酸性土壤施用后，由于有机肥料含有丰富的盐基离子，又能适当提高 pH，而增加土壤中的磷的溶出。研究发现，施用有机肥料，能增加土壤中微量元素如锌、锰、铁等的有效性，补偿作物根际养分亏缺，有助于改善作物的微量营养状况，提高土壤生物活性。

（3）提高土壤的生物活性

各种有机肥料都含有丰富的有机物质，如人畜粪便含粗有机物 58.15%，厩肥含39.16%，秸秆含 84.95%，绿肥含 83.18%，为土壤微生物和酶提供了充足的养分和能源，加速了微生物的生长和繁殖，不仅使其数量增加，而且活性提高，这在有机质的矿化、营养元素的累积、腐殖质的合成等方面起着重要作用。在微生物的作用下，有机养分不断分解转化为植物能吸收利用的有效养分，同时也能将被土壤固定的一些养分释放出来。例如，微生物能分解含磷化合物，使被土壤固定的磷释放出来，钾细菌可以提高土壤钾的活性。微生物还能固定土壤中的易流失养分，例如对土壤游离氮的微生物固定。在北京某绿色食品基地的黄瓜及番茄茬口取土，测定土壤微生物数量，结果如表 7.9 所示。

表 7.9　土壤微生物总量的变化（/g 干土）

| 处理 | 黄瓜地 | 番茄地 |
|---|---|---|
| 高温堆肥 | $15.9 \times 10^9$ | $17.8 \times 10^9$ |
| 当地沤肥 | $7.50 \times 10^9$ | $7.38 \times 10^9$ |
| 化肥 | $6.69 \times 10^9$ | $4.5 \times 10^9$ |

表 7.9 结果表明，化肥区土壤微生物数量最低，随着培肥时间的延长，其微生物活

性即数量并不增加，堆肥处理的生物总数较高，而沤肥处理的土壤微生物数量略高于化肥区；由此可见，堆肥处理的确有利于改善土壤微生物学性状。沤肥由于其腐熟程度不高，有效养分较低，培肥效益较差。

土壤酶活性大小直接影响到土壤中各种生物化学过程的强度，也与土壤肥力的关系十分密切。酶系统是土壤中最活跃的部分，有机肥是酶促作用的基质，土壤有机质含量的增加，酶活性的增强，加速了土壤养分的分解、转化和合成。过氧化氢酶和碱性磷酸酶活性与土壤碳素转化水平有关，试验表明随着垃圾堆肥施入量的增加，过氧化氢酶和碱性磷酸酶活性升高，表明垃圾堆肥能补充大量有机碳，对酶活性有较强的刺激作用。此外由于长期施用堆肥，土壤自生固氮菌数量和生物活性都有大幅度增加，因此也就增加了对大气氮的固定数量，对提高土壤氮素供应能力有显著的作用。土壤中动物数量极多，有机肥为其生存和繁殖提供了丰富的养分。土壤动物的旺盛生命活动对有机物的分解及各种化合物的合成也起着极为重要的作用。这些小动物排出的粪便增加了土壤的养分，对改善土壤理化性状、提高土壤肥力方面也有重要作用。

2. 堆肥具有增产、提高作物品质的作用

由于施用有机肥可以改善土壤结构，增加土壤肥力，可以提供作物全面的营养物质，因此可起到提高作物产量并改善农产品品质的作用。

无论是秸秆还是禽畜粪便或是垃圾和污泥，其堆肥的产品从根本上主要来自植物性产品，因此，堆肥产品从组成和性质上都与作物相类似。在养分组成上适于作物生长的需求，在养分供应方式上能够在时间和空间上与作物吸收和利用同步，在性质上能够提供植物生长所需的生态环境。堆肥中的有机物经微生物分解转化产生的降解物，如维生素、腐殖酸、激素等，具有刺激作用，能促进作物根系旺盛生长，提高其对养分尤其是磷钾元素的吸收能力；同时还可增强作物的光合作用，使作物根系发达，从而生长茁壮，叶片多而宽，干物质积累多，成穗率高，穗部性状改善，产量提高。

有机肥养分全面，既含有多种无机元素，又含有多种有机养分，还含有大量的微生物和酶，具有任何化学肥料都无法比拟的优越性，对改善农产品品质、保持其营养风味具有特殊作用。有机肥含有的多种无机元素能促进作物正常生长发育，使其不易因缺乏某种元素而影响其品质，有目的的使用某种有机肥，还可以改善并提高产品的品质风味，例如把富含有钾的草木灰、秸秆类有机肥适用于甜菜，可提高其含糖量；种植薄荷施入人粪尿，其中的铵态氮可以促进植株体内的还原作用，增加挥发性油含量。

有机肥含有的各种有机养分，有的可以被植物直接吸收利用，如氨基酸、糖类、核酸分解物等，它们既是作物蛋白质、碳水化合物等的合成材料，又是作物重要的有机氮源和磷源，具有特殊的营养效果，对作物的代谢和品质的好坏有重要作用。

国内外的许多研究和实践表明，只要堆肥施用得当都有增产作用。日本土壤学会对垃圾堆肥的农业效用所作的评价是堆肥对于水稻一般都有增产作用。施用量大时，稻苗返青推迟，最高分蘖期前的生长虽然受到暂时抑制，但后期叶色转深，生长旺盛，产量高于对照区。对于不同土壤上的旱作物，连施 4 年堆肥，马铃薯和萝卜都有增产作用，施用量大时增产效果明显。

3. 有机肥增强作物抗逆性

有机肥能改善土壤结构，增强土壤蓄水、保水能力，减少水分的无效蒸发，提高保温效果，从而提高了作物抗旱、抗寒和抗冻能力，使其在恶劣的气候条件下，能较好地保持其内在和外观品质。施用有机肥提高了土壤微生物的活性，增加了抗生物质，促进作物健壮生长，提高抗病性，如能提高小麦抗青死病、大豆抗细菌性斑点病的能力，减轻了病害对作物外观品质的危害。有机肥养分齐全，在作物生长发育期间协调供应大量元素和微量元素，避免了作物因缺乏某种元素而引起的病害，如马铃薯因缺钾而引起的黑斑病，甜菜因缺锌而发生的烂心病，等等，从而改善了作物品质。

应注意的是，对于含有浓度较高的有毒有害物质包括重金属和有机污染物的堆肥，尤其长期施用这种堆肥的土壤会积累这些有毒有害物质。因此，应严格控制堆肥产品中的有毒有害物质数量，并对施用堆肥后土地的重金属含量进行跟踪监测。表 7.10 为长期施用堆肥对土壤的可能影响。

表 7.10　施用堆肥对土壤性质的可能影响

| 土壤性质 | 类　　别 | 变　　化 |
|---|---|---|
| 化学性质 | 有机质含量 | 增大 |
| | N、P、S 含量 | 不一 |
| | K、Ca、Mg 含量 | 增大 |
| | pH | 升高 |
| | CEC | 增大 |
| 微生物学性质 | 细菌群体 | 增大 |
| | 真菌和放线菌群体 | 增多 |
| | 自养硝化细菌 | 增多 |
| | 纤维素分解活性 | 增强 |
| | 脲酶活性 | 增强 |
| 污染物 | 重金属总量 | 增大 |
| | 可浸提重金属量 | 增大 |
| | 重金属的生物有效性 | 增大 |
| | 难降解有机污染物含量 | 增大 |

# 7.3　城市生活垃圾热解处理工程

垃圾处理的基本原则是减量化、无害化和资源化。垃圾处理方式应在保证减量化和无害化的同时提高能源化比例。合理的垃圾处理方法应具有环境、经济和社会三方面的效益。

就环境效益而言，卫生填埋处理垃圾的量大，土地消耗量大。垃圾腐烂过程中产生的有害物渗透液污染地下水，可引发不堪设想的后果，如果填埋时处理不当易造成臭气四溢、蚊蝇等害虫孳生。另外，垃圾填埋场产生的大量可燃气体可以发生爆炸。填埋垃圾后的土地，如果处理措施得当，表层填土后，10 年后可以恢复使用，周期很长。堆肥法既可以消纳垃圾又可以产生土壤改良剂，向植物提供各种微量元素，相应的减少化肥的使用量，维持自然界的良性循环，但是堆肥法中有重金属和致病物质污染土地等不利因素。焚烧法的优势在于垃圾处理量大且迅速，一般可减少体积 90% 以上，占地面积少，全天候操作，并可回收能源，遗憾的是在焚烧法的过程中容易引起二次污染，特别是剧毒的二噁英物质的产生，使焚烧法的工艺需要进一步的改善。相比起来，热解法不仅具有焚烧法的优势，而且对环境无污染，使垃圾既能源化又具有环境效益。

从经济效益考虑，卫生填埋法处理生活垃圾的工艺简单，投资少，处理量大，垃圾热解技术以其较高的能源利用率和较低的二次污染排放而被认为是垃圾焚烧技术的下一代垃圾热化学处理技术。运行费用低，但是现在的垃圾填埋场离市区的距离越来越远，将造成运费和处理费的增加。堆肥法是处理垃圾有一些经济效益的方式。焚烧技术一次性投资大，运行费用高项目的投资一般是 70 万～90 万元/t，运行成本 100 元/t。热解技术的运行费用较焚烧法低廉，可以回收可燃气体，获得一定的经济效益。社会效益同样是必须考虑的主要因素。卫生填埋占地面积大，垃圾飞扬、臭气弥漫、蚊蝇孳生，因而必须远离人类居住区，处理好可在十年后消除影响。国土面积大的国家考虑其投资小，处理量大，目前还在使用。堆肥法只能处理垃圾中的有机质，垃圾处理前必须分拣，可以回收一部分资源。焚烧法的二次污染严重，对人类的身心健康有一定的威胁。热解法可得到清洁能源，方便迅速，具有美好的前景。实际上社会效益和环境与经济效益是密不可分，垃圾处理的目的就是为社会服务，在服务的同时得到经济和环境效益，才能使整个社会向一个良性发展的轨道前进。

综合考虑，垃圾热解处理法因其处理量大、无二次污染、可回收清洁能源的优势必将在以后的发展中得到世界的重视，是具有良好前景的垃圾处理方法。

### 7.3.1　热解法的概念

热解法也称为裂解法，是把有机废弃物在无氧或贫氧条件下加热到 600～900℃，用热能使化合物的化合键断裂，由大分子量的有机物转化成小分子量的可燃气体、液体燃料和焦炭的过程。这种技术与焚烧法相比温度较低，无明火燃烧过程，重金属等大都保持原状在残渣之中，可回收大量的热能，尤其是此种方式具有产生二噁英的逆条件，较好地解决了垃圾焚烧技术的最大难题。与焚化炉相比，热解炉释放的废气总量将大大减少。此外，由于采用活性炭过滤废气，热解炉所释放废气中，有害酸性物将得到很好的处理。垃圾热解的流程如图 7.36 所示。

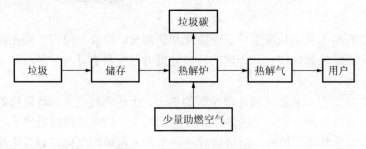

图 7.36　垃圾热解工艺流程

### 7.3.2　热解法的分类

热解过程由于热解温度、供热方式、热解炉结构以及产品状态等方面的不同，热解工艺也各不相同。按热解的温度不同，分为高温热解、中温热解和低温热解；按供热方式可分为直接加热和间接加热；按热解炉的结构可分为固定床、移动床、流化床和旋转炉等；按热解产物的聚集状态可分成气化方式、液化方式和碳化方式。

1. 按供热方式分类

（1）直接加热法

供给被热解物的热量是被热解物（所处理的废物）部分直接燃烧或者向热解反应器提供补充燃料时所产生的热。由于燃烧需提供氧气，因而就会产生 $CO_2$、$H_2O$ 等惰性气体混在热解可燃气中，稀释了可燃气，结果降低了热解产气的热值。如果采用空气作氧化剂，热解气体中不仅有 $CO_2$、$H_2O$，而且含有大量的 $N_2$，更稀释了可燃气，使热解气的热值大大降低。因此，采用的氧化剂不同，其热解气的热值不同。

（2）间接加热法

是将被热解的物料与直接加热介质在热解反应器（或热解炉）中分离开来的一种方法。可利用干墙式导热或一种中间介质来传热（热砂料或熔化的某种金属床层）。墙式导热方式由于热阻大，熔渣可能会出现包覆传热壁面或者腐蚀等问题以及不能采用更高的热解温度等而受限；采用中间介质传热，虽然可能出现固体传热或物料与中间介质的分离等问题，但二者综合比较起来后者较墙式导热方式要好一些。

直接加热法的设备简单，可采用高温，不仅处理量大，而且产气率高，但所产气的热值不高，作为单一燃料直接利用还不行。另外，采用高温热解，还需认真考虑 $NO_x$ 产生的控制问题。

间接加热法的主要优点在于其产品的品位较高，完全可当成燃气直接燃烧利用。但其每千克物料所产生的燃气量——产气率大大低于直接法。

2. 按热解温度分类

（1）高温热解

热解温度一般都在 1000℃以上，高温热解方案采用的加热方式几乎都是直接加热法。如果采用高温纯氧热解工艺，反应器中的氧化—熔渣区段的温度可高达 1500℃，从而将热解残留的惰性固体（金属盐类及其氧化物和氧化硅等）熔化，以液态渣形式排出反应器，清水淬冷后粒化。这样可大大减少固态残余物的处理困难，而且这种粒化的玻璃态渣可作建筑材料的骨料。

（2）中温热解

热解温度一般在 600~700℃，主要用在比较单一的物料作能源和资源回收的工艺上，像废轮胎、废塑料转换成类重油物质的工艺。所得到的类重油物质既可作能源，亦可做化工初级原料。

（3）低温热解

热解温度一般在 600℃以下。农业、林业和农业产品加工后的废物用来生产低硫低灰的炭就可采用这种方法，生产出的炭视其原料和加工的深度不同，可作不同等级的活性炭和水煤气原料。

### 3. 按工艺方法

#### （1）喷雾热解法

喷雾热解法是以水、乙醇或其他溶剂将原料配成溶液，再通过喷雾装置将反应液雾化并导入反应器内，使溶液迅速挥发，反应物发生热分解，或者同时发生燃烧和其他化学反应，生成与初始反应物完全不同的具有新化学组成的纳米粒子。喷雾热解法可以把 $Cu_2O$ 沉积在各种底物上做成膜，底物可以是 $SnO_2$、$In_2O_3$、$CuO$ 和 $CdS$ 等。这种方法，所需仪器简单，同时能形成大尺寸的薄膜。另外，在热解中反应物能很好地控制薄膜的结构和形态。Kosugi 等把 $Cu(Ac)_2 \cdot H_2O$ 和 $C_6H_{12}O_6$ 溶于水中，作为反应开始物，把异丙醇添加到上述溶液中，溶液通过气动喷雾系统雾化，将雾滴转到热的玻璃底物上。条件最优化后表明：当 $Cu(Ac)_2 \cdot H_2O$ 为 0.02 mol/L、葡萄糖为 0.02 mol/L 及异丙醇为 20%且底物温度为 280℃时，获得圆形的氧化亚铜微粒，大小为 50 nm，厚度为 300 nm，表面粗糙度为 30 nm 左右。

喷雾热解法的优点如下。

① 干燥所需时间短，因此每一颗多组分细微液滴在反应过程中来不及发生偏析，从而可以获得组分均匀的纳米粒子。

② 由于原料是在溶液状态下均匀混合，所以可以精确地控制所合成的化合物组成。

③ 可以通过不同的工艺条件来制得各种不同形态和性能的超微粒子，此法制得的纳米粒子表观密度小、比表面积大、粉体烧结性能好。

④ 操作简单，反应一次完成，可连续进行生产。

#### （2）常温法

轻质碳酸镁及氧化镁产品是重要的无机盐原料，广泛应用于橡胶、塑料、电子、造纸、医药等行业，通过降低这类产品的成本，有可能大规模应用于高纯耐火材料行业。中国主要采用白云石及菱镁矿直接碳化法生产碳酸镁及氧化镁，生产工艺造成高耗能，环境高污染。以白云石法为例，每生产 1t 氧化镁产品需消耗 14.2t 标准煤，对于许多小型企业能耗达到 10～12t 煤，尤其近年中煤价的上涨，造成了企业效益大幅度下降；另外无论白云石及菱镁矿法，均产生大量废水，生产 1t 产品需要消耗 150～200t 水，无法复用，只能排放到环境中，会产生污染。因此如何降低镁盐生产过程的能耗及降低污染，已成为企业发展瓶颈。

分析轻质碳酸镁及氧化镁产品的主要能耗分布发现：热分解过程是氧化镁生产过程主要的能量消耗所在，原因是通常碳化得到重镁水中氧化镁的浓度仅为 5～8 g/L，要将如此低浓度的重镁水加热到 1000℃以上热解，从而造成氧化镁生产的高能耗，如能常温实现重镁水的分解得到碳酸镁，将大幅度降低生产的能耗，提高企业的经济效益。清华大学于 1996 年开始致力于利用菱镁矿生产镁盐系列产品的研究。又开展重镁水常温分解，菱镁矿轻烧粉直接碳化生产高纯度氧化镁，卤水-石灰生产高纯度方面的研究，并取得了突破性的进展，在常温下实现了重镁水分解，分解率达到 90%以上（废水循环使用后回收率在 99%以上），水可 100%复用，可大量减少排放，符合我国目前大力倡导的循环经济的要求。该技术不但适合于菱镁矿直接碳化生产高纯度氧化镁及碳酸镁（可提供全套技术服务），同时也适合于白云石法及卤水石灰生产氧化镁的企业（对热解段进行技术改造），为企业节能降耗，通过计算每吨氧化镁产品可降低 50%以上，效益在2000～3000 元,同时减少了废水及燃煤排放的污染,因此经济效益及社会效益十分显著。

（3）干式法

这是一项回收处理废旧轮胎的技术，所用工艺是从乌克兰引进的"干式热解法"。本技术可以从废旧轮胎等废旧橡胶制品中高效率的回收油、碳黑、废钢等半成品。

工艺流程如下。

原料准备（分级）→ 原料给送 → 热加工 → 蒸汽混合物的分离 → 碳的加工

采用本工艺生产的处理装置通过对固体有机物的处理得到以下产品。

① 液烃，经进一步裂解可以获得汽油、重油、柴油燃料。

② 热解气，热值接近天然气，可以作为居民用气或发电用气使用。

③ 碳黑，经过活化处理后可以得到活性炭。

与国内使用的其他各种处理废旧轮胎的方法相比主要有以下优点。

① 安全环保，无三废排放。

② 出油率高，可达 45%～50%。

③ 节水节能，实现了热动力资源的高效循环和经济使用。

④ 生产自动化。

⑤ 产能弹性大，模块化设计便于控制生产规模。

目前国内对于废旧轮胎的裂解也取得了一些进展，但整体技术水平特点不明显，裂解配方不科学，产生大量的废气，对环境产生很大的污染，且均处在实验室阶段，要达到工业化生产还需要较长的时间。

### 7.3.3　热解原理

1.　热解过程

固体废物热解是一个复杂、连续的化学反应过程，在反应中包含着复杂的有机物断键、异构化等化学反应。在热解过程中，其中间产物存在两种变化趋势，它们一方面由大分子变成小分子直至气体的裂解过程，而另一方面又由小分子聚合成较大分子的聚合过程。

可以认为，分解是从脱水开始的

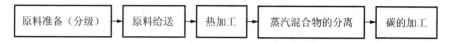

其次是脱甲基

$$\text{（结构式：邻甲基苯 + H — 苯 → 苯并环戊烯 + H}_2\text{）}$$

生成水与架桥部分的分解次甲基键进行反应

$$— CH_2 — + H_2O \xrightarrow{\Delta} CO + 2H_2$$

$$— CH_2 — + — O — \xrightarrow{\Delta} CO + H_2$$

温度再高时，前述生成的芳环化合物再进行裂解、脱氢、缩合、氢化等反应

$$C_2H_6 \xrightarrow{\Delta} C_2H_4 + H_2$$

（1）

$$C_2H_4 \xrightarrow{\Delta} CH_4 + C$$

（2）

$$2 \text{（苯）} \xrightarrow{\Delta} \text{（联苯）} + H_2$$

$$\text{（环己烷）} \xrightarrow{\Delta} \text{（苯）} + 3H_2$$

（3）

$$\text{（苯）} + H_2C = CH - CH = CH_2 \xrightarrow{\Delta} \text{（萘并环丁烯）} + 2H_2$$

$$H_3C - \text{（苯）} + H_2 \longrightarrow \text{（苯）} + CH_4$$

（4）

$$H_2N - \text{（苯）} + H_2 \longrightarrow \text{（苯）} + NH_3$$

$$HO - \text{（苯）} + H_2 \longrightarrow \text{（苯）} + H_2O$$

上述反应没有十分明显的阶段性，许多反应是交叉进行的，热解过程总的反应方程可表示为

有机固体废物 $\xrightarrow{\text{加热}}$ 高中分子有机液体（焦油和芳香烃）＋低分子有机液体＋多种有机酸和芳香烃＋炭渣＋$CH_4$＋$H_2$＋$H_2O$＋$CO$＋$CO_2$＋$NH_3$＋$H_2S$＋$HCN$

热解反应是一个非常复杂的反应过程，包括一系列的化学和物理转化过程，有关其机理的研究也仅仅限于煤的热解，而对于有机废物的研究相对较少。典型的热解过程如图 7.37 和图 7.38 所示。

2. 热解产物

由总反应方程式可知，热解产物包括气、液、固三种形式，具体地有以下成分。

① $C_{1\sim5}$ 的烃类、氢和 CO ——气态。

② $C_{>5}$ 的烃类、乙酸、丙酮、甲醇等——液态。

③ 含纯碳和聚合高分子的含碳物。

不同的废物类型，不同的热解反应条件，热解产物都有差异。含塑料和橡胶成分比例大的废物其热解产物中含液态油较多，包括轻石脑油、焦油以及芳香烃油的混合物。

焦油是一种褐黑色的油状混合物，从苯、萘、蒽等芳香族化合物到沥青为主，另外含有游离碳、焦油酸、焦油碱及石蜡、环烷烃、烯类的化合物。

热解过程产生大量可燃气，特别是温度较高情况下，废物有机成分的 50% 以上都转化成气态产物。这些产品以 $H_2$、CO、$CH_4$、$C_2H_6$ 为主，其热值高达 $6.37 \times 10^3 \sim 1.021 \times 10^4$ kJ/kg。

除少部分供给热解过程所需的自持热量外，大部分气体成为有价值的可燃气产品。

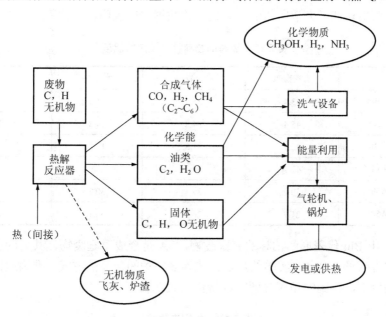

图 7.37 热解过程示意

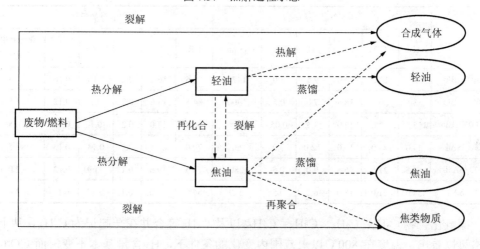

图 7.38 热解反应的典型过程

固体废物热解后，容量大减，残余炭渣较少。这些炭渣化学性质稳定，含 C 量高，有一定热值，一般可用作燃料添加剂或道路路基材料、混凝土骨料、制砖材料。纤维类废物（木屑、纸）热解后的渣，还可经简单活化制成中低级活化炭，用于污水处理等。

### 7.3.4 影响热解的主要参数

#### 1. 温度

反应器的关键控制变量是热解温度，热解产物的产量和成分可通过控制反应器的温度来有效地改变。热解温度与气体产量成正比，而各种液体物质和固体残渣均随分解温度的增加而相应减少。此外，热解温度不仅影响气体产量，也影响气体质量。为了说明这点，下面以柏林理工大学所作的一系列实验数据进行说明，具体物料特性见表 7.11。

表 7.11　热解的物料特性及热解温度

| 项目 | | 惰性物/% | 有机物/% | 水分/% | 干基的含碳/% |
|---|---|---|---|---|---|
| 800℃ | Bln | 43.4 | 35.4 | 21.2 | 17.5 |
| 900℃ | Bln | 45.4 | 34.8 | 19.8 | 17.3 |
| 1000℃ | Bln | 42.4 | 39.8 | 17.8 | 19.7 |
| 900℃ | SA4% | 41.7 | 54.1 | 4.2 | 26.4 |
| 900℃ | SA30% | 30.2 | 39.1 | 30.7 | 19.1 |
| 900℃ | SA50% | 21.7 | 28.2 | 50.1 | 13.8 |

表 7.11 中 Bln 代表原西柏林的家庭废物，SA 是合成家庭废物，其后的百分数表示物料不同的含水量百分数。实验的加热方式为竖井炉间接加热方式，准确地控制热解炉温在一定条件下，得到的相应热解产物特性见表 7.12。

表 7.12　热解产物特性

| 项目 | 热解气体容积/% | | | | | | 焦炭成分的重量/% | | | | | |
|---|---|---|---|---|---|---|---|---|---|---|---|---|
| | $H_2$ | CO | $CO_2$ | $CH_4$ | $C_nH_m$ | $H_2S$/ppm | GR | C | H | N | S | 100−(GR+C) |
| 800℃ Bln | 52.5 | 13.0 | 23.0 | 9.5 | 2.0 | 1470 | 81.6 | 16.1 | 0.2 | 0.18 | 0.16 | 2.3 |
| 900℃ Bln | 53.5 | 20.5 | 18.5 | 7.0 | 0.5 | 1300 | 84.5 | 14.0 | 0.2 | 0.1 | 0.12 | 1.5 |
| 1000℃ Bln | 55.5 | 29.0 | 12.0 | 3.5 | 0.05 | 1200 | 86.2 | 13.0 | 0.2 | 0.1 | 0.11 | 0.8 |
| 900℃ SA4% | 49.0 | 24.0 | 14.0 | 12.0 | 1.0 | 60 | 70.0 | 27.5 | 0.2 | 0.13 | 0.13 | 2.5 |
| 900℃ SA30% | 52.5 | 21.5 | 16.5 | 9.0 | 0.5 | 280 | 78.5 | 19.5 | 0.1 | 0.09 | 0.13 | 2.0 |
| 900℃ SA50% | 54.0 | 21.0 | 18.0 | 6.5 | 0.5 | 250 | 86.0 | 13.0 | 0.1 | 0.07 | 0.11 | 1.0 |

碳氢化合物 $C_2H_4$、$C_2H_6$、$C_3H_6$、$C_4H_{10}$ 以及 $C_4H_6$ 等合并在一起记为 $C_nH_m$。从上述表格可以看出，温度在 800℃以上范围内变化的条件下，$H_2$ 含量基本不变，而 $CO/CO_2$ 的含量分配明显改变，即 $t=800$℃、900℃、1000℃时，$CO/CO_2=13/23$、20.5/18.5、29/12。这就说明，在该条件下，进行着发生炉煤气的重要反应。根据物质平衡测定结果发现，随着温度提高，气体的产量也增加。对应于从 800℃升到 900℃、1000℃，气体产量分别增加了 30%和 80%。$CH_4$ 的减少不是绝对产量的降低，而是由于总产气量的增加而被"稀释"了。

干的纯热解气含有 65%~80%的 $H_2$ 和 CO。由于 $H_2$ 和 CO 燃烧时的热值（kJ/m³，标准状态下）实际相差无几，所以尽管热解温度发生了 200℃的变化，其热解气的热值变化并不明显。如果热解温度不变，只增加热解的含湿量，则每千克废物的热解产气量明显增加。尤其是 $CH_4$ 和 $C_nH_m$ 的减少，更证明了是 $CH_4$ 被氧化的结果，即

$$CH_4 + 2H_2O = CO_2 + 4H_2$$

上式左边为三个分子，而右边则成为 5 个分子。若温度上升，则气体量还将增加。此时 $H_2$ 和 $CO_2$ 的比例也将升高。但如前节所述此反应为吸热反应，要维持反应温度不变，必须提供更多的外热源。在每次试验中，H、C、N 的含量对温度和湿度都无显著的依从关系，$NH_3$ 不稳定，随着温度升高，$NH_3$ 含量降低。焦炭的碳成分分析表明，提高温度和湿度，C 含量均会降低。所列差值 100－(GR＋C)（%）在完全热解时，它将为零。此时可挥发物均已析出，只剩固定碳。

从上例可知，温度参数是热解过程最关键的参数。分析其产物的增减趋势，一定要将它可能发生的化学反应及能量提供结合起来。

2. 湿度

热解过程中湿度的影响是多方面的，主要表现为影响产气的产量和成分、热解的内部化学过程以及影响整个系统的能量平衡。

热解过程中的水分来自两方面，即物料自身的含水量 $W^y$ 和外加的高温水蒸气。反应过程中生成的水分其作用更接近于外加的高温蒸汽。

物料中的含水量 $W^y$，对不同物料来讲其变化非常大，对单一物料而言就比较稳定。我国的城市生活垃圾含水量一般均可达 40% 左右，有时超过 60%。这部分水在热解过程前期的干燥阶段（105℃以前）总是先失去，最后凝结在冷却系统中或随热解气一同排出。如果它以水蒸气的形式与可燃的热解气共存，则会严重降低热解气的热值和可用性。因此，在热解系统中要求将水分凝结下来，以提高热解气的可用性。

在热解进行的内部化学反应过程中，水分对产气量和成分都有明显影响。上面介绍的柏林理工大学试验研究的结果很清楚地表明，在 900℃ 条件下，物料水分由 4%（SA4%）到 50%（SA50%）的热解气体产量和成分都发生了较大的变化。气体产生按重量百分比计从 70% 上升到 86%；而热解气成分按去水后的容积百分比计分别为

| | | | |
|---|---|---|---|
| $H_2$ | 49%～54% | CO | 24%～21% |
| $CO_2$ | 14%～18% | $CH_4$ | 12%～6.5% |

上述变化的原因是因为存在了如下反应

$$CH_4 + 2H_2O \xrightarrow{\quad 900℃ \quad} CO_2 + 4H_2$$

如果反应是在 500～550℃ 的条件下，则呈现"甲烷化反应"，反应方向主要向左。因此，水分的影响一定要与反应条件联系在一起考察，不能只看一个参与反应的反应物的条件。

水分对热解的影响还与热解的方式甚至具体的反应器结构相关，如直接热解方式在 800℃ 以上供以水蒸气，则有水与碳的接触反应和"水煤气反应"。从实际反应效果来看，一般喷入水蒸气应在反应器内温度达 900℃ 以上才好。进一步分析不难看出，即使是直接热解尚与物料和产气导出的流向有关，逆向或同向流动情况都是有区别的。如果导出气与物料流动方向相同，即含水分的导出气将经过高温区，此时产气的成分组成与逆向流动产气的组成也是不同的。

### 3. 反应时间

反应时间是指反应物料完成反应在炉内停留的时间。它与物料尺寸、物料分子结构特性、反应器内的温度水平、热解方式等因素有关，并且影响热解产物的成分和总量。

一般而言，物料尺寸越小，反应时间越短；物料分子结构越复杂，反应时间越长；反应温度越高，反应物颗粒内外温度梯度越大，这就会加快物料被加热的速度，反应时间缩短。热解方式对反应时间的影响比较明显，直接热解与间接热解相比热解时间要短得多。因为直接热解可理解为在反应器同一断面的物料基本上处于等温状态，而壁式间接加热，在反应器的同一断面上就不是等温状态，而存在一个温度梯度。采用中间介质的间接热解方式，热解反应时间直接与处理的量有关，处理的量大小与反应器的热平衡直接相关，与设备的尺寸相关。如采用间接加热的沸腾床，它的反应时间短，但单位时间的处理量不大，要加大处理量，相应的设备尺寸也很大。

### 4. 加热速率

加热速率的快慢直接影响固体废物的热解历程，从而也影响热解的产物。在低温-低速条件下，有机物分子有足够时间在其最薄弱的接点处分解，重新结合为热稳定性固体，而难以进一步分解，固体产率增加；在高温-高速条件下，热解速度快，有机物分子结构发生全面裂解，生成大范围的低分子有机物，产物中气体组分增加。

### 5. 物料粒径及其分布

物料的粒径及其分布影响到物料之间的温度传递以及气体流动，因而对热解也有影响。

## 7.3.5　热解动力学模型

采用热天平研究垃圾热解可以求得反应动力学参数，进而为建立热解综合模型提供基础数据。许多学者采用热重法研究了煤、煤焦和炭黑的反应特性以及煤与生物质混合物的热解特性，得出了热解动力学模型。

### 1. 热解动力学方程

在无限短的时间间隔内，非等温过程可看作等温过程，固体废物的总体热解速率可以表示为

$$\mathrm{d}\alpha/\mathrm{d}t = k \cdot f(\alpha) = A\exp(-E/RT)f(\alpha) \tag{7.13}$$

式中，$A$ 为前因子；

　　　$k$ 为反应速率常数，$\mathrm{min}^{-1}$；

　　　$R$ 为气体常数，8.31J/（mol·K）；

　　　$E$ 为活化能，kJ/mol；

　　　$T$ 为温度，K；

　　　$f(\alpha)$ 为固体反应物中未反应产物与反应速率的函数，它的大小取决于反应机理。

### 2. 热解动力学模型

热天平实验数据处理方法有微分法和积分法，采用微分法来处理实验数据，其优点是简单方便，不足之处是要用到 DTG 曲线，DTG 曲线的影响因素复杂，易导致增大数据处理的误差。垃圾热解是一个复杂的反应过程，认为其是一级或二级反应是不准确的，在不同温度条件下，热解的反应机理是不同的。由于积分法不存在这个问题，选用积分法处理实验数据。

首先令

$$F(\alpha)=\int_0^\alpha \mathrm{d}\alpha/f(\alpha) \tag{7.14}$$

加热速率 $B=\dfrac{\mathrm{d}T}{\mathrm{d}t}=\mathrm{const}$（℃/min），由式（7.13）和式（7.14）可得

$$\int_0^\alpha \mathrm{d}\alpha/f(\alpha)=F(\alpha)=P(\alpha)(AE/BR) \tag{7.15}$$

$$P(x)=\mathrm{e}^{-x}/x-\int_x^\infty \mathrm{e}^{-x}/x\mathrm{d}x=\mathrm{e}^{-x}/x+E_i(-x)\quad(x=E/RT) \tag{7.16}$$

式中，$E_i(-x)$ 为指数积分；

$T$ 为对应于 $\alpha=\alpha(t)$ 的温度。

对式（7.15）两边取对数，有

$$\log F(\alpha)-\log P(x)=\log(AE/BR) \tag{7.17}$$

式（7.17）右端与温度无关，而左端与温度有关，近似认为 $-\log P(x)$ 是 $1/T$ 的线性函数，则 $\log F(\alpha)$ 也必然是 $1/T$ 的线性函数，从式（7.16）可看出，$P(x)$ 既与温度 $T$ 有关，又与 $E$ 有关。

Maccallum 和 Tanner 给出了 $P(x)$ 的表达式为

$$\log P(x)=0.256E^{0.4357}+(0.449+0.526E)\times10^3/T \tag{7.18}$$

将式（7.18）代入式（7.17）后得

$$\log F(\alpha)=\log\frac{AE}{BR}-0.256E^{0.44}-\frac{(0.45+0.053E)\times10^3}{T} \tag{7.19}$$

把 $\alpha-T$ 数据代入表 7.13 中的 $F(\alpha)$ 的函数式，从 $\log F(\alpha)$ 对应于 $1/T$ 的数据中，在某一确定的温度范围内可以找到一个函数 $F(\alpha)$，使得 $\log F(\alpha)$ 和 $1/T$ 成线性关系，根据式（7.19）即可算出动力学参数 $E$ 和 $A$。温度区间的划分依据如下：①当 $T\leqslant120$℃ 或当 $\mathrm{d}\alpha/\mathrm{d}t=0$ 时，认为没有发生化学反应；②当 $\mathrm{d}\alpha/\mathrm{d}t\neq0$ 时，认为试样发生化学反应，引起失重；③在试样发生化学反应过程中，若存在一点 $T_0$，使得 $T_0$ 点左侧和右侧的 $\log F(\alpha)-1/T$ 直线的斜率不相等，认为 $T_0$ 点左侧和右侧服从不同的反应机理或服从相同的反应机理但动力学参数不相同。

**表 7.13　常见的气固反应方程式 $[kt=F(\alpha)]$**

| 函数序号 | 反应机理方程式 | 反应速率函数式 $f(\alpha)$ |
|---|---|---|
| 1 | $\alpha^2=kt$ | $f(\alpha)=\alpha^{-1}/2$ |

| 函数序号 | 反应机理方程式 | 反应速率函数式 $f(\alpha)$ |
|---|---|---|
| 2 | $(1-\alpha)\ln(1-\alpha)+\alpha=kt$ | $f(\alpha)=[-\ln(1-\alpha)]^{-1}$ |
| 3 | $\left[1-(1-\alpha)^{1/3}\right]^2=kt$ | $f(\alpha)=3/2(1-\alpha)^{2/3}\left[1-(1-\alpha)^{1/3}\right]^{-1}$ |
| 4 | $(1-2/3\alpha)-(1-\alpha)^{2/3}=kt$ | $f(\alpha)=3/2\left[(1-\alpha)^{-1/3}\right]^{-1}$ |
| 5 | $\left[(1+\alpha)^{1/3}-1\right]^2=kt$ | $f(\alpha)=3/2(1+\alpha)^{2/3}\left[(1+\alpha)^{1/3}-1\right]^{-1}$ |
| 6 | $\left[(1-\alpha)^{-1/3}-1\right]^2=kt$ | $f(\alpha)=3/2(1-\alpha)^{4/3}\left[(1-\alpha)^{1/3}-1\right]^{-1}$ |
| 7 | $-\ln(1-\alpha)=kt$ | $f(\alpha)=1-\alpha$ |
| 8 | $1-(1-\alpha)^{1/2}=kt$ | $f(\alpha)=2(1-\alpha)^{1/2}$ |
| 9 | $1-(1-\alpha)^{1/3}=kt$ | $f(\alpha)=3(1-\alpha)^{2/3}$ |
| 10 | $\alpha=kt$ | $f(\alpha)=1$ |
| 11 | $(1-\alpha)^{-1/2}-1=kt$ | $f(\alpha)=2(1-\alpha)^{2/3}$ |
| 12 | $(1-\alpha)^{-1}-1=kt$ | $f(\alpha)=(1-\alpha)^2$ |
| 13 | $3/2\left[1-(1-\alpha)^{2/3}\right]=kt$ | $f(\alpha)=(1-\alpha)^{1/3}$ |
| 14 | $2\left[(1-\alpha)^{-1/2}-1\right]=kt$ | $f(\alpha)=(1-\alpha)^{3/2}$ |
| 15 | $-\ln[\alpha/(1-\alpha)]=kt$ | $f(\alpha)=\alpha(1-\alpha)$ |

通过对热天平实验数据的分析和处理，可以看出，垃圾组分的热解动力学模型可以用一个方程式来概括，即

$$f(\alpha)=\left\{3/2(1+\alpha)^{2/3}\left[(1+\alpha)^{1/3}-1\right]^{-1}\right\}^m \alpha^n (1-\alpha)^p \left[-\ln(1-\alpha)\right]^q \qquad (7.20)$$

对式（7.20）中的 $m$、$n$、$p$ 和 $q$ 取不同的值，即可得到垃圾中的典型组分在不同温度范围内的热解模型。分析得出的不同试样的部分反应动力学参数及其对应的反应速率控制方程（表7.14）。式（7.15）的级数展开为

$$P(x)=\mathrm{e}^{-x}/x^2\left(1+2!/x+3!/x^2+\ldots\right) \quad x=E/RT \qquad (7.21)$$

取第一项近似为

$$P(x)=\mathrm{e}^{-x}/x^2 \qquad (7.22)$$

将式（7.22）代入式（7.14）可得

$$F(\alpha)=\frac{ART^2}{BE}\mathrm{e}^{-E/RT} \qquad (7.23)$$

由式（7.23）可得到 $\alpha-\alpha(T)$ 的关系式。

表7.14　垃圾组分的热解动力学参数（高温区段）

| 垃圾组分名称 | 加热速率/（℃/min） | 温度区间/℃ | $E$/（kJ/mol） | $A$/min$^{-1}$ | 反应速率控制方程式 $f(\alpha)$ | 相关系数 |
|---|---|---|---|---|---|---|
| 废橡胶 | 10 | 690～780 | 168.1 | 3E+08 | $f(\alpha)=\alpha(1-\alpha)$ | 0.9842 |
| | 20 | 700～780 | 178 | 8E+08 | $f(\alpha)=\alpha(1-\alpha)$ | 0.9979 |
| | 50 | 690～860 | 114 | 5E+05 | $f(\alpha)=\alpha(1-\alpha)$ | 0.9718 |

续表

| 垃圾组分名称 | 加热速率/（℃/min） | 温度区间/℃ | $E$/（kJ/mol） | $A$/min$^{-1}$ | 反应速率控制方程式 $f(\alpha)$ | 相关系数 |
|---|---|---|---|---|---|---|
| 废塑料 | 10 | 420～550 | 49.06 | 3660 | $f(\alpha)=(1-\alpha)^2$ | 0.9793 |
| | 20 | 450～550 | 86.24 | 2E-06 | $f(\alpha)=(1-\alpha)^2$ | 0.9958 |
| | 50 | 430～550 | 67 | 2E+05 | $f(\alpha)=(1-\alpha)^2$ | 0.9431 |
| 废纸 | 10 | 380～920 | 34.97 | 0.069 | $f(\alpha)=\alpha^{-1/2}$ | 0.9992 |
| 瓜皮 | 10 | 400～970 | 3.312 | 0.166 | $f(\alpha)=\alpha^{-1/2}$ | 0.9575 |
| 化纤 | 10 | 390～880 | 1.923 | 0.253 | $f(\alpha)=[-\ln(1-\alpha)]^{-1}$ | 0.9926 |
| 废皮革 | 10 | 490～940 | 2.423 | 0.222 | $f(\alpha)=\alpha^{-1/2}$ | 0.9813 |
| 杂草 | 10 | 380～900 | 3.673 | 0.232 | $f(\alpha)=\alpha^{-1/2}$ | 0.9995 |
| 植物类厨余 | 10 | 700～900 | 27.15 | 1.377 | $f(\alpha)=[-\ln(1-\alpha)]^{-1}$ | 0.9917 |
| | 50 | 500～980 | 1.706 | 1.051 | $f(\alpha)=[-\ln(1-\alpha)]^{-1}$ | 0.9464 |
| 落叶 | 10 | 480～920 | 6.363 | 0.217 | $f(\alpha)=\alpha^{-1/2}$ | 0.9867 |
| | 50 | 530～960 | 1.131 | 1.662 | $f(\alpha)=\alpha^{-1/2}$ | 0.9826 |

### 7.3.6　常见的热解设备及工艺

#### 1. 反应器

反应器有很多种，主要根据燃烧床条件及内部物流方向进行分类。燃烧床有固定床、流化床、旋转炉、分段炉等；物料方向指反应器内物料与气体相向流向，有同向流、逆向流、交叉流，下面介绍几种常见的反应器。

（1）固定燃烧床反应器（固定床反应器）

图 7.39 所示为一固定燃烧床反应器。经选择和破碎的城市固体废物从反应器顶部加入，反应器中物料与气体界面温度为 93～315℃，物料通过燃烧床向下移动，燃烧床由炉篦支持。在反应器的底部引入预热的空气或氧，此外，温度通常为 980～1650℃。这种反应器的产物包括从底部排出的熔渣（或灰渣）和从顶部排出的气体。排出的气体中含一定的焦油、木醋等成分，经冷却洗涤后可作燃气使用。

在固定燃烧床反应器中，维持反应进行的热量是由废物部分燃烧所提供的。由于采用逆流式物流方向，物料在反应器中滞留时间长，保证了废物最大限度地转换成燃料。同时，由于反应器中气体流速相应较低，在产生的气体中夹带的颗粒物质也比较少。固体物质损失少，加上高的燃料转换率，则将未气化的燃料损失减到最少，并且减少了对空气污染的潜在影响。

但固定床反应器也存在一些技术难题，例如，有黏性的燃料诸如污泥和湿的城市固体废物需要进行预处理，才能直接加入反应器。这种情况一般包括将炉料进行预烘干和进一步粉碎，从而保证不结成饼状。未粉碎的燃料在反应器会使气流成为槽流，使气化效果变差，并使气体带走较大的固体物质；另外，由于反应器内气流为上行式，温度低，含焦油等成分多，易堵塞气化部分管道。

目前垃圾的热解设备都是在过去燃煤锅炉的基础上进行改制的，主要包括固定床、流化床、回转窑、烧蚀床、熔融浴等几大类。迄今为止国际上已成功工业化应用的热解或气化技术还十分有限，尤其是在城市垃圾处理上更是不尽如人意。大部分热解气化研究局限在实验室阶段，很多技术面临着技术环节和经济效益等难题的阻碍。对一些单一的成分垃圾（主要是高分子聚合物）的热解研究取得了一些可喜的成果。

（2）流态化燃烧床反应器（流化床反应器）

在流化床中，气体与燃料同流向相接触，如图7.40所示。由于反应器中气体流速高到可以使颗粒悬浮，使得固体废物颗粒不再像在固定床反应器中那样连续地靠在一起，反应性能更好，速度快。在流化床的工艺控制中，要求废物颗粒本身可燃性好。还在未适当气化之前就随气流溢出，另外，温度应控制在避免灰渣熔化的范围内，以防灰渣熔融结块。

流化床适应于含水量高或含水量波动大的废物燃料，且设备尺寸比固定床的小，但流化床反应器热损失大，气体中不仅带走大量的热量而且也带走较多的未反应的固体燃料粉末。所以在固体废料本身热值不高的情况下，尚须提供辅助燃料以保持设备正常运转。

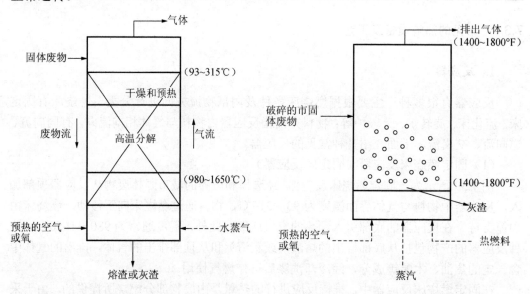

图 7.39　典型的固定燃烧床热解反应器　　　　图 7.40　流化床反应器

（3）旋转窑

旋转窑是一种间接加热的高温分解反应器。如图 7.41 所示为一个典型间接加热旋转窑的剖面图，主要设备为一个稍为倾斜的圆筒，它慢慢地旋转，因此可以使废料移动通过蒸馏容器到卸料口。蒸馏容器由金属制成，而燃烧室则是由耐火材料砌成。分解反应所产生的气体一部分在蒸馏容器外壁与燃烧室内壁之间的空间燃烧，这部分热量用来加热废料。因为在这类装置中热传导非常重要，所以分解反应要求废物必须破碎较细，尺寸一般要小于 5cm，以保证反应进行完全。此类反应器生产的可燃气热值较高，可燃性好。

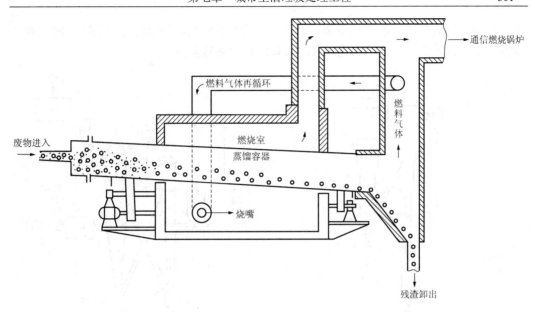

图 7.41　旋转窑

（4）双塔循环式热解反应器

双塔循环式热解反应器包括固体废物热分解塔和固形炭燃烧塔。

该工艺由茬原-工技院及月岛机械分别开发。二者共同点都是将热分解及燃烧反应分开在两个塔中进行，流程见图 7.42。热解所需的热量，由热解生成的固体炭或燃料气在燃烧塔内燃烧供给。惰性的热媒体（砂）在燃烧炉内吸收热量并被流化气鼓动成流态化，经联络管返回燃烧炉内，再被加热返回热解炉。受热的垃圾在热分解炉内分解，生成的气体一部分作为热分解炉的流动化气体循环使用，一部分为产品。而生成的炭及油品，在燃烧炉内作为燃料使用，加热热媒体。在两个塔中使用特殊的气体分散板，伴有旋回作用，形成浅层流动层。垃圾中的无机物、残渣随流化的热媒体砂的旋回作用从两塔的下部边与流化的砂边分级边。

有效地选择排出。双塔的优点是燃烧的废气不进入产品气体中，因此可得高热值燃料气（$1.67 \times 10^4 \sim 1.88 \times 10^4$ kJ/ m$^3$）；在燃烧炉内热媒体向上流动，可防止热媒体结块；因炭燃烧需要的空气量少，向外排出废气少；在流化床内温度均一，可以避免局部过热；由于燃烧温度低，产生的 NO$_x$ 少，特别适合于热塑性塑料含量高的垃圾的热解，可以防止结块。

2.　垃圾热解处理工艺

废塑料的热解处理是较为成熟的工艺之一，具有代表性的是熔浴和热解两段催化热解工艺。热解产物主要是汽油和柴油，热解碳的产量很少。一般可使用富士工艺或者 BASF 工艺，采用固定床热解即可。废轮胎的热解主要是产生燃油和碳黑。Hamburg 大学的流化床、Lavaldaxuede 的真空移动床、德国 Kerko/kiener 和日本神户的回转窑工艺都很成熟。生物质热解技术发展很快，目前已经应用的技术是生物质气化联合发电技术，使用的工艺是 Institute of Gas technology（IGT）的 RENUGAS 加压流化床工艺。关于混合垃圾，因为影响因素更加复杂，处于研究的初始阶段，使用慢速加热制取燃气和焦炭是主要方向，有代表性的工艺是德国 CUTEC 的回转窑。

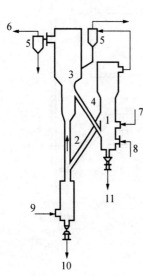 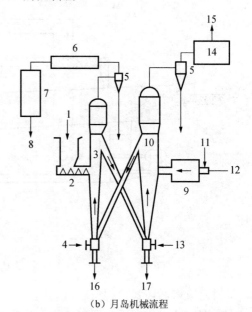

　　　　（a）荏原-工技院流程　　　　　　　　　　（b）月岛机械流程

1. 热分解炉　2、4. 联络管　3. 燃烧炉　5. 分离器　　　　1. 垃圾　2. 加料器　3. 热分解槽　4. 流化用的蒸汽
6. 燃烧气出口　7. 垃圾入口　8. 流化气体　　　　　　5. 旋风分离器　6. 去除焦油　7. 气体冷却洗涤器
9. 空气　10、11. 残渣　　　　　　　　　　　　　　8. 燃料气体　9. 辅助燃料炉　10. 炭燃烧炉
　　　　　　　　　　　　　　　　　　　　　　　　11. 空气进口　12. 辅助燃料进口　13. 流化用蒸汽
　　　　　　　　　　　　　　　　　　　　　　　　14. 燃烧气体洗涤装置　15. 排气口　16、17. 残渣

图 7.42　双塔循环式热解反应器

　　热解技术历史较短，近年来科研人员将注意力转向快速加热，从废弃物中获取最大量的气体或者有机液。因研究目的的不同，采用的热解设备也不完全相同。炉体的加热方式分为直接加热和间接加热两种。直接加热（起炉时用外加热源，有热解气产生后，利用热解气再循环加热废弃物及其辅料）；间接加热（加热源与实验原料不直接接触）；混合加热（部分热源来自直接加热，部分热源是间接加热）。下面对一些典型的热解设备进行介绍。

（1）国外热解技术

　　垃圾热裂解产物主要由生物油、不凝气体及垃圾碳组成。研究表明，影响垃圾热解过程和产物组成的最重要因素是温度、固态向挥发物滞留时间、颗粒尺寸、垃圾组成及加热条件。提高温度和固相滞留期有助于挥发物和气态产物的形成。随着垃圾直径的增大，在一定温度下达到转化率所需的时间也增加。因此挥发物可和炽热的碳发生二次反应，所以挥发物滞留时间可以影响热解过程。加热条件的变化可以改变热解的实际过程及反应速率。

　　温度决定着垃圾热解最终产物中气、油、碳的比例，并随反应温度的高低和加热速度的快慢而变化。研究表明温度对垃圾热解产物中组成及不凝气体的组成有着显著的影响。低温、长滞留期的慢速热解主要提高垃圾碳的产量，低于 600℃ 的热解过程，其产物中生物油、不凝气和垃圾碳的产量基本相等，高温快速热解不凝气体可达 80%。

垃圾中组成的含量对热解产物比例的影响很大，这种影响相当复杂，与热解温度、压力、升温速度等外部条件共同作用，在不同的程度上影响热解过程。

垃圾被加热时，固体颗粒因化学键断裂而分解，在初始阶段主要形成产物是挥发分。气相滞留期长，可使挥发分在固体颗粒的内部与固体颗粒或碳进一步反应，形成高分子产物。当挥发分离开固体颗粒后，焦油和其他挥发产物还将发生二次裂解。

压力的大小将影响气相滞留期，从而影响二次裂解，最终影响热解产物产量的分布。较高的压力，挥发物滞留时间增加，二次裂解较大；而压力低，挥发物可迅速离开固体颗粒表面，从而限制了二次裂解的发生。

较低的升温速度有利于碳的生成，高的升温速度有利于焦油的产生。图 7.43 三菱重工热分解设备。废塑料杯研磨成统一大小的颗粒，干燥后进入熔融槽。物料在 300℃ 熔化，熔融的塑料进入分解槽，热分解反应器有分解产物回流装置。塑料废弃物从料斗（4）送入分解室（1），分解物在盘状容器（6）里是汽液接触，然后穿过冷却器，使冷却温度保持在期望值。该设备具有沸点分布窄的特点。对于加热的分解槽，通过燃烧部分产物产生高温气体，分解槽的废气被利用在熔融和干燥过程中。

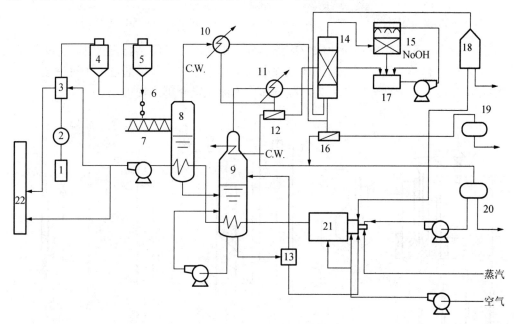

图 7.43　三菱重工热分解工艺流程图

1. 贮料器　2. 研磨器　3. 预干燥器　4. 第一级干燥器　5. 第二级干燥器　6. 阀门　7. 加料器
8. 第一级热分解反应器　9. 第二级热反应器　10、11. 冷凝器　12、13、16. 反应器
14、15. 吸收罐　17. 中和槽　18. 冷却器　19、20. 贮罐　21. 贮气室　22. 烟窗

图 7.44 为日本（Gunma）大学流化床热解工艺设备，是为粉末粒子热解设计的流化床。该设备用于制取工业产品，如苯、甲苯和二甲苯、萘等轻芳香碳氢化合物。特点是

设备内汽相停留时间较长，一次分解和二次催化反应同时在反应器中发生，产生的轻芳香碳氢化合物成分较高。

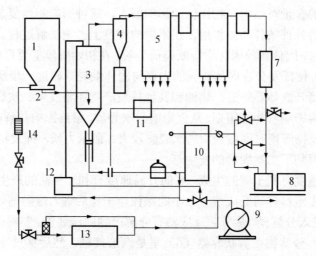

图 7.44　日本（Gunma）大学流化床热解工艺流程

1. 给料斗　2. 给料机　3. 反应器　4. 分离器　5. 热水冷却　6. 冰水冷却　7. 过滤器
8. 压缩机　9. 气体计　10. 容积箱　11. 流动指示仪　12. 压力指示仪　13. 气体分析仪　14. 流量计

汉堡大学废塑料实验室流化床反应器热分解工艺流程见图 7.45。废塑料通过螺杆加料器进入热分解反应器。热分解气体在静电除尘器中净化。腊雾通过电子过滤器分离，气体在深度冷却其中部分液化，为冷凝气体作为流化媒介再次使用。

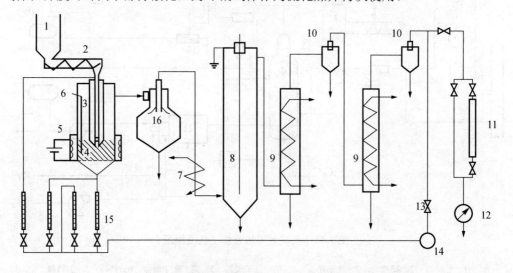

图 7.45　汉堡大学废塑料实验室流化床反应器热分解工艺流程图

1. 贮料器　2. 螺杆加料器　3. 热分解反应器　4. 流化室　5. 电加热器　6. 过压保护器
7. 管道加热器　8. 静电除尘器　9. 蒸馏塔　10. 接收器　11. 过滤器　12. 冷却器　13. 阀门
14. 压缩机　15. 气体流量计　16. 气液分离器

　　回转窑是物料适应性较强的一种热解设备。如图 7.46 所示的 Landgard 系统是典型的回转窑热解系统，由美国 Monsanto 公司研制设计，并于 1975 年在巴尔的摩市建立了大规模的示范厂。日本制钢所和三洋电机等也相继设计建立了自己的回转窑实验装置。

　　垃圾由料斗送入炉内，在垃圾的自重和回转窑的旋转运动的作用下，由低温段逐渐移动到高温段。在由低温到高温的运动过程中，垃圾物料完成了受热、干燥和挥发分析出的过程。热解炉所需的热量一部分来自垃圾燃烧热，另一部分来自辅助燃料。可燃烟气温度控制在 650℃ 以下，热值在 4200～6300 kJ/m³，输送到燃烧室燃烧，用以产生蒸汽或发电。炉渣冷却后，有些成分可再利用。

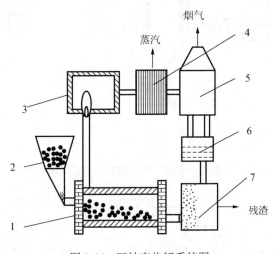

图 7.46　回转窑热解系统图

1. 回转窑　2. 垃圾料斗　3. 燃烧室　4. 余热锅炉　5. 洗涤塔　6. 水池　7. 水冷塔

（2）国内热解技术

　　我国的热解研究属刚起步阶段，近 10 年来，沈阳大学、浙江大学、中国科学研究所和山东科学院等单位做了一些这方面的工作。图 7.47 为浙江大学设计的流化床。反应器中有石英砂，用来流化的氮气穿过流化床底部两层不锈钢筛网进入反应器，为了避免冷氮气影响物料的升温速度，而先用预热装置将氮气加热。进入反应器的物料迅速被裂解，其产出的碳及气体在反应器内的停留时间，主要取决于用来流化的氮气的风速和反应器的高度。热裂解生成的碳粉及挥发分，被向上运动的气流输送到旋风分离器，碳灰落入集碳箱。热裂解生成的气体可凝部分由冷凝器急速降温呈液体（生物油）而流入集油器，不凝气经棉绒过滤而排出。

　　如图 7.48 所示为热裂解装置工艺系统示意图。其由燃烧室、加料器、余热回收器、烟砂分离器、气灰分离器、骤冷器和风机等组成。垃圾由加料器进入热裂解室实现垃圾中有机成分的热解或裂解反应，反应后的气体进入气灰分离器分离后，经骤冷室冷却成为纯净的可燃气体，作为燃气使用。未分解的垃圾成分或者残余物质送入燃烧室燃烧产生热烟气，经分离器分离作为热源使用。分离出的固体物质由蝶阀进入热解室，在进行热裂解反应，如此循环进行。

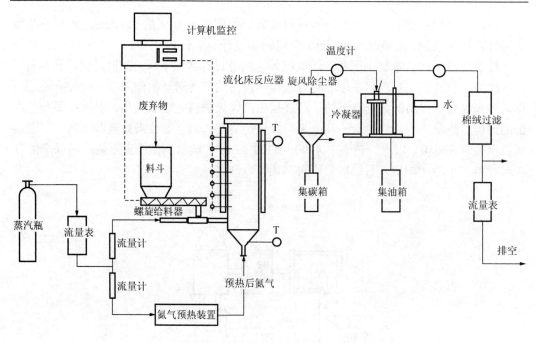

图 7.47　浙江大学流化床快速热裂解装置工艺流程

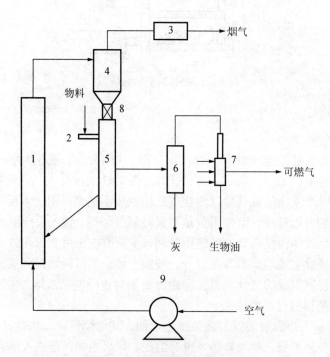

图 7.48　固体热载体循环燃烧、热裂解装置示意图

1. 燃烧室　2. 加料器　3. 余热回收器　4. 烟、沙分离器
5. 热裂解室　6. 气、灰分离器　7. 骤冷器　8. 蝶阀　9. 风机

东北大学结合我国城市垃圾的特点，设计了外热式固定床垃圾热解设备。东北大学

热能与环境研究所在对比研究各种垃圾热解技术的基础上，以冶金炼焦工艺为技术背景，依托其自行开发的蓄热式燃烧技术和成熟的冶金炉窑技术，提出一种新型的垃圾热解处理工艺——外热式固定床热解技术，见图7.49。

主要工艺流程是将垃圾分选并压缩成型，使其含水量低于10%以下，从加料口进入热解室。燃烧室的温度控制在1300～1500℃，垃圾在高温下消毒杀菌，同时有机物开始分解析出挥发分。热解气体经过冷却净化，一部分送入燃烧室燃烧提供热量，另一部分作为外供煤气。燃烧室采用蓄热式燃烧技术，利用燃烧的高温烟气预热空气。采用萃取分离技术分离出的焦油可以制成原料油或者作为化工原料。热解结束后产生的固体产物，经推杆推出，冷却后分拣利用。

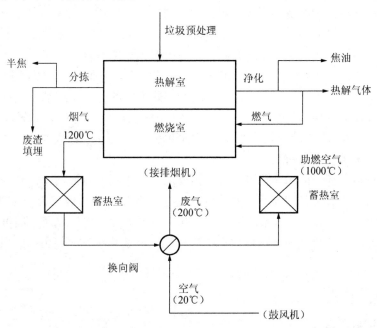

图 7.49　外热式固定床垃圾热解工艺流程图

## 7.4　典型城市生活垃圾的资源化处理工程

城市生活垃圾又称城市固体废物，它是指城市居民日常生活或为城市日常生活提供服务的活动中产生的固体废物。城市垃圾主要来自城市居民家庭、城市商业、餐饮业、旅馆业、旅游业、服务业、市政环卫、交通运输、工业企业单位及给排水处理污泥等。典型的城市固体废物包括废塑料、废橡胶、废汽车、废旧家电、废纸和建筑垃圾等。

近年来发达国家大力推行固体废物回收和综合利用，以实现固体废物减量化和资源化，走循环经济和可持续发展的道路。西方国家通过制定适合本国国情的循环经济法，实行固体废物分类收集和垃圾收费制度，同时利用税收政策、价格机制和政府补贴等经济手段，最大限度地回收和综合利用固体废物，从固体废物产生的源头实现资源化和减量化。

　　然而我国在城市生活垃圾资源化技术体系落后，与国际水平相差很大。主要表现在两个方面：①固体废物的分类收集普及率较低，导致国外成熟的垃圾资源化技术在国内无法得到推广。②固体废物机械分选集成技术水平低，垃圾分选以手工分选为主，分选效率低。因此只有纸张、部分玻璃、塑料、金属容器等可以回收处理，垃圾中绝大部分则送往填埋场或焚烧厂进行最终处置。这是对资源的极大浪费。垃圾是放错地方的资源，因此对城市生活垃圾进行最大限度的资源化，是今后固体废物管理的重要目标。

### 7.4.1　废塑料的综合利用

　　塑料一般指以天然和合成的高分子化合物为基本成分，可在一定条件下塑化成型，而产品最终形态能保持不变的固体材料。废塑料则是在民用、工业等用途中，使用过且最终淘汰或替换下来的塑料的统称。其中与人们的日常生活密切相关的有大量的废旧包装用塑料膜、塑料袋和一次性塑料餐具（统称塑料包装物）以及使用后的地膜，这些废弃塑料被称为"白色污染"。塑料垃圾质轻且体积庞大，它们被填埋后不腐烂，造成土地板结，妨碍作物呼吸和吸收养分，使之减产；残膜中的有毒添加剂和聚氯乙烯会富集于蔬菜和粮食及动物体；在紫外线作用或燃烧时，它们排放出的 $CO$、氯乙烯单体、$HCl$、甲烷、$NO_x$、$SO_2$、烃类、芳烃、碱性及含油污泥、粉尘等污染水体和空气，含氯塑料焚烧释放二噁英等有毒有害物质。

　　解决废塑料对环境的污染问题，目前主要从两个不同的方面着手：一方面是对废塑料进行后处置，主要方法包括填埋和资源化再生（包括焚烧回收热能和物质再生）；另一方面是从源头做起，通过减量和重复使用减少废塑料的产生量以及采用可降解塑料生产不易回收再利用的短期和一次性使用的塑料制品，使其在完成使用功能后，在环境中自行分解。

　　1.　废塑料的种类

　　（1）废塑料基本分类

　　依据受热后基本行为可将塑料分为热塑性塑料和热固性塑料。热塑性塑料是指在特定温度范围内，能反复加热软化和冷却硬化的塑料。如聚乙烯（polyethylene，PE）、聚氯乙烯（polyvinyl chloride，PVC）、聚丙烯（polypropylene，PP）、聚苯丙烯（polystyrene，PS）、聚对苯二甲酸乙二醇酯（PET）等。此类塑料是回收利用的重点。

　　热固性塑料是指受热时发生化学变化使线形分子结构的树脂转变为三维网状结构的高分子化合物，再次受热时就不再具有可塑性的塑料。此类塑料不能通过热塑而再生利用，如酚醛树脂、环氧树脂、氨基树脂等。此类塑料一般通过粉碎、研磨为细粉，以15%～30%的比例，作为填充料掺加到新树脂中而再生利用。

　　（2）通用热塑性树脂分类

　　1）聚乙烯（PE）。聚乙烯（polyethylene，PE）是由乙烯单体聚合而成。目前，按密度的不同分类，即分为高密度、低密度、线性低密度和超低密度聚乙烯等类别。

　　低密度聚乙烯（LDPE）：结晶度较低（45%～65%），密度较小（$0.910\sim0.925g/cm^3$），质轻，柔性，耐寒性、耐冲击性较好。LDPE 广泛应用于生产薄膜、管材、电绝缘层和护套。

高密度聚乙烯（HDPE）：分子中支链少，结晶度高（85%～95%）、密度高（0.941～0.965 g/cm³），具有较高的使用温度，硬度、机械强度和耐化学药品的性能。

线性低密度聚乙烯（LLDPE）：是近年来新开发的新型聚乙烯。与 HDPE 一样，其分子结构呈直链状，但分子结构链上存在许多短小而规整的支链。它的密度和结晶度介于 HDPE 和 LDPE 之间，而更接近 LDPE。熔体黏度比 LDPE 大，加工性能较差。

超低密度聚乙烯（VLDPE）：1984 年美国联合碳化物公司用崭新的低压聚合工艺，由乙烯和极性单体，如乙酸乙烯酯、丙烯酯或丙烯酸甲酯共聚制成了一种新型的线性结构树脂——甚低密度聚乙烯（VLDPE）。该共聚物的密度很低，故具有其他类型 PE 所不能比拟的柔软度、柔顺度，但仍具有较高的密度线性聚乙烯的力学及热学特性。VLDPE 可用于制造软管、瓶、大桶、箱及纸箱内衬、帽盖、收缩及拉伸包装膜、共挤出膜、电线及电缆料、玩具等。可用一般的 PE 的挤出、注塑及吹塑设备加工成型。

超高分子量聚乙烯（UHMWPE）：分子量大于 70 万的高密度聚乙烯，其密度介于 0.936～0.964，它的机械强度远远高于 LDPE，并具有优异的抗环境应力开裂性和抗高温蠕变性，还有极佳的消音、高耐磨等特性，可以广泛应用于工程机械及零部件的制造。超高分子量聚乙烯的熔体黏度特高，只能用制胚后烧结的方法制造成型。

2）聚丙烯（PP）。聚丙烯（polypropylene，PP）的均聚物是由丙烯单体经定向聚合而成，制备方法有浆液聚合、液体聚合和气相本体聚合三种。PP 属于线性的高结晶性聚合物，熔点为 165℃。PP 是最轻的聚合物，其相对密度仅 0.89～0.91。它具有优良的机械性能，比聚乙烯坚韧、耐磨、耐热，并有卓越的介电性能和化学惰性。聚丙烯树脂的最大缺点是耐老化性能比聚乙烯差，所以聚丙烯塑料常需添加抗氧剂和紫外线吸收剂。此外，PP 的成型收缩率大，耐低温、冲击性差，通常通过复合及共混改性的方法加以改善。

3）聚苯乙烯（PS）。聚苯乙烯是由苯乙烯的单体聚合而成的。合成方法有本体聚合、溶液聚合、悬浮聚合和乳液聚合。各种聚合方法制成的聚苯乙烯，其性能略有不同。例如，以透明度而言，本体聚合的最好，悬浮聚合的次之，乳液聚合而成的不透明，呈乳白色。PS 是典型的非晶态线性高分子化合物，具有较大的刚性，最大的缺点是质脆。PS 的熔点较低（约 90℃），且具有较宽的熔融温度范围，其熔体充模流动性好，加工成型性好。

4）ABS 树脂。ABS 树脂是 PS 系列的共聚物。为丙烯腈、丁二烯、苯乙烯的共聚物，表现出三种单体均聚物的协同性能。丙烯腈是聚合物耐油、耐热、耐化学腐蚀；丁二烯使聚合物具有卓越的柔性、韧性；苯乙烯赋予聚合物以良好的刚性和加工熔融流动性。ABS 树脂兼有高的坚韧性、刚性和化学稳定性。改变三种单体的比例和相互的组合方式以及采用不同的聚合方法和工艺，可以在宽阔的范围内使产品性能产生极大的变化。主要用于制造汽车零件、电器外壳、电话机、旅行箱、安全帽等。

5）聚氯乙烯（PVC）。PVC 由聚乙烯单体聚合而成。PVC 的生产以悬浮聚合法为主，呈粉状，主要用挤塑、注塑、压延、层压等加工成型工艺。用乳液法生产的树脂可制出 0.2～5μm 的 PVC 微粒，因而适于制造 PVC 糊、人造革、喷涂乳胶、搪瓷制品等。缺点是树脂杂质较多，电性能较差。本体法制造的 PVC 纯度高、热稳定性好、透明性及电性能优良，但合成工艺较难掌握，主要用于电气绝缘材料和透明制品。

6）聚对苯二甲酸酯类树脂。聚对苯二甲酸酯类树脂包括聚对苯二甲酸乙二（醇）酯（PET）和聚对苯二甲酸丁二（醇）酯（PBT），它们都是饱和聚酯型热塑性工程塑料。

对苯二甲酸乙二（醇）酯（PET）由对苯二甲酸或对苯二甲酸二甲酯与乙二醇在催化剂存在下，通过直接酯化法或酯交换法制成对苯二甲酸双羟乙酯（BHET），然后再于BHET 进一步缩聚反应成 PET。PET 以前多作为纤维使用（即涤纶纤维），后又用于生产薄膜，近年来广泛用于生产中空容器，被人们称为"聚酯瓶"。PET 薄膜是热塑性树脂薄膜中韧性最大的，在较宽的温度范围内能保持其优良的物理机械性能，长期使用温度可达 120℃，能在 150℃短期使用，在－120℃的液氯中仍是软的，其薄膜的拉伸强度与铝膜相当；为 PE 膜的 9 倍；为聚碳酸酯（PC）和尼龙膜的 3 倍。此外，还具有优良的透光性、耐化学性和电性能。PBT 的特点是热变形温度高，在 150℃空气中可长期使用。吸湿性低，在苛刻环境条件下尺寸稳定性仍佳。静态、动态摩擦系数低，可以大大减少对金属和其他零件的磨耗，耐化学腐蚀性也优良，主要用于机械零件。PBT 的加工性能优于 PET，目前主要是采用注射成型法制造机械零件、办公用设备等工程制品。

2. 废塑料来源

（1）塑料生产加工边角料

在塑料制品的生产和加工中产生的废品、边角料等。如注塑成型时产生的飞边、流道和浇口；热压成型和压延成型产生的切边料；中空制品成型的飞边；机械加工成型时的切屑等。由于品种单一，品质均匀，较少被污染，此类废塑料便于回收利用。一般分类破碎，然后按比例（依据对制品性能的影响情况决定掺用配比）加到同品种的新料中再加工成型。

（2）使用后废弃塑料

使用、消费和流通过程中产生的废塑料是再生利用废旧塑料的主要来源。从塑料制品的消费领域来看，以农膜为主体的农用塑料、包装用塑料、日用品三大领域是废塑料的主要来源。以全国塑料制品总产量为基数，20 世纪 90 年代初各大类塑料制品所占的比例约为：包装用塑料制品占 27%，塑料日用品占 25%，农用塑料约占 20%，此 3 类塑料制品合计占 72%。仅农用薄膜与棚膜专项制品就占塑料制品总量的 11%左右。在包装材料中四大热塑性塑料制品所占比例分别为 PE 65%、PS 10%、PP 9%、PVC 6%、其他 10%。按制品形状或用途划分，包装材料中的塑料袋、膜类约占 36%，瓶类占 25%，杯、桶、盒等容器、器皿约占 22%，其他占 17%。

### 7.4.2 废塑料回收利用及处理技术

废塑料的资源化应用主要包括物质再生和能量再生两大类。方法详见图 7.50。物质再生包括物理再生和化学再生。物理再生不改变塑料的组分，主要通过熔融和挤压注塑生成塑料再生制品，产品的质量往往低于原有产品；化学再生则是在热、化学药剂和催化剂的作用下分解生成化学原料或燃料，或通过溶解、改性等方法分别生成再生粒子和化工原料。化学再生主要分七类，即解聚、气化、热解、催化裂解、氢化法、溶解再生和改性法。能量再生是在物质再生不可行时，将塑料直接用做燃料或制作成 RDF 衍生燃料在工业锅炉、水泥炉窑或焚烧炉中燃烧。但由于含氯塑料不完全燃烧可能生成二噁英，造成大气污染。这类方法一般较少提倡使用。

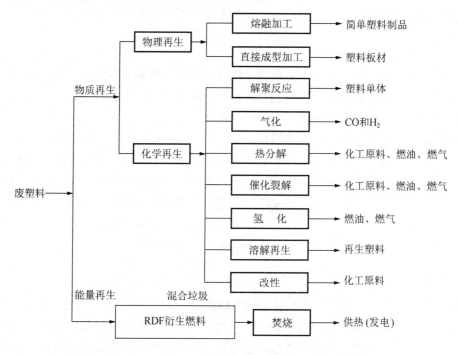

图 7.50 废塑料资源化技术

### 1. 直接成型加工技术

直接成型加工技术是指含杂质的混杂废塑料不经清洗分选，可直接在成型设备之中与按需要添加的填充料制成所需特性的混合料。填充料可以是玻璃、纤维等增强型添加剂，也可以是高聚物。混杂塑料直接注射制品、模塑制品和挤出板材技术多数是制造壁厚超过 2.5 mm 的大型制品。直接使用混合材料的要求是：至少要有 50% 以上同一种塑料，其湿含量不能大于 27%。利用此项技术可以制作电缆沟盖、电缆管道、污水槽、货架、包装箱板等，可以取代使用木材、混凝土、石棉、水泥等材料制作的相应制品。

### 2. 熔融加工技术

熔融加工技术是指单一品种塑料经分选、清洗、破碎等预处理工序后，进行熔融过滤、造粒，并最终成型的过程。熔融加工流程见图 7.51。

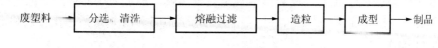

图 7.51 熔融加工工艺流程图

首先物料按类别进行分选和清洗。清洗过的物料进行熔融过滤，对于含粗杂质的物料，可使用连续熔融过滤器，再通过可更换过滤网的普通过滤器熔融过滤；对于含有印刷油墨的物料，需选用滤网孔径足够细的过滤网以去除油墨。经过熔融过滤，物料经过专门的机头，切成规定尺寸的颗粒，以满足不同制品的成型需要。最后，在成型工序，再生废塑料颗粒通过不同成型设备加工成为所需的不同再生塑料制品。

### 3. 解聚技术

化学解聚技术是指加入化学药剂后，废塑料反应形成单体的技术。该技术只能用于缩聚型塑料，如：聚酯 PET、聚氨酯 PU 和聚酰胺 PA 解聚技术。解聚反应根据使用的化学试剂不同可分为醇解、醇解、水解和氨解。

PET 可与甲醇反应醇解生成 DMT，也可与乙二醇醇解生成 BHET 单体，还可与水或水蒸气反应水解产生对苯二甲酸。水解反应可在酸、中、碱性环境进行，中性条件下进行效果最好。氨解反应在 PET 解聚反应中并不常用。目前几种解聚反应相结合的组合型解聚技术已经得到了较快的发展。PU 的解聚主要是进行醇解和氨解反应，当利用超临界氨进行氨解反应时，可极大提高反应速度。组合型解聚技术目前也有应用。PA 解聚主要是进行水解反应。此外，尼龙-6,6 的氨解也有成功的报道。

### 4. 气化技术

当废塑料与氧气、空气、蒸汽或上述气体的混合物反应时，可生成一氧化碳和氢气的混合气体，这就是废塑料的气化技术。气化技术最大的特点是对塑料的纯度要求低，含有杂质的混杂塑料也可以气化处理，但混合气体的后续净化工艺较为复杂。把混合气体产物作为燃料显然是不经济的，只有当废塑料处理厂附近有合成甲烷、氨气、烃类或醋酸等物质的化工厂存在时，把混合气体作为反应原料才能产生较好的经济效益。

### 5. 溶解再生技术

该技术用于将废聚苯乙烯 PS 的回收。将 PS 溶解于柠檬烯溶剂中，静置并将沉淀的杂质去除后把溶液送入蒸发器，挥发的溶剂经过冷凝器冷凝回收后可循环利用，留下的 PS 物料经造粒而得到回收。

### 6. 改性技术

该类技术主要用于废聚苯乙烯 PS 泡沫塑料。PS 可通过改性生成多种化工原料，如：阻燃剂、防水涂料、防腐涂料、建筑密封剂、指甲油涂饰剂、各种黏胶剂、铁板涂料、模型成型剂。

生产防水涂料：将混合有机溶剂倒入反应锅中搅拌，加入松香改性树脂，将清洗晾干后的废 PS 破碎成小块放入反应锅中直至完全溶解。再加入增黏剂和分散乳化剂在 30～65℃条件下搅拌 1～2.5 h，再加增塑剂继续反应 0.5～1 h，最后停止加热和搅拌，取出冷却到室温。

生产阻燃剂：将回收的废聚苯乙烯 PS 经清洗、干燥后溶于有机溶剂，与液溴反应而制得溴化聚苯乙烯。溴化聚苯乙烯在燃烧过程中不会释放出二噁英等致癌物质，是一种性能良好的阻燃剂。

生产胶黏剂：制备胶黏剂的一般工艺见图 7.52。

图 7.52　废 PS 制备胶黏剂工艺流程图

将净化处理的废 PS 粉碎，加入一定量混合溶剂，搅拌溶解后，在一定温度下，边搅拌边加入适量改性剂，待充分反应 1～3 h，再加入增塑剂，继续搅拌 2～3 min，沉淀数小时后即可出料。

生产指甲油涂饰剂：以酯类做溶剂，以废 PS 为主要成分，生产出色泽鲜艳，光亮性好的指甲油涂饰剂。如用废 PS、乙酸乙酯、邻苯二甲酸二乙酯、单偶氮染料、珠光粉、香精，先将废 PS 精化处理，然后加入乙酸乙酯中，待其溶解后加入邻苯二甲酸二丁酯和染料的混合物，将上述溶液混合并搅拌均匀，再加入珠光粉和香精搅匀即可生产红色指甲油涂饰剂。

### 7. 直接焚烧技术

废塑料的热值与燃油相当，是垃圾焚烧炉的重要热能来源。将塑料与混合垃圾一起作为燃料进行焚烧，可有效地克服填埋占用大量土地的缺点（可减容约 90%），受到一些发达国家（如日本）的重视。值得注意的是，由于焚烧含氯塑料可能会产生二噁英等有毒有害物质，焚烧设备的设计与焚烧过程的控制是该方法的关键。

### 8. 制备燃料 RDF 技术

RDF 是以废塑料为主，配合其他可燃垃圾制成的燃料，可用于水泥回转窑和锅炉。RDF 中应去除垃圾中的金属、玻璃和陶瓷不燃物及一切危险品。美国材料检查协会将RDF 分为七类，其中的 RDF-5 在世界上应用较为广泛。其基本制作工艺有两类：丁-卡托莱尔方式——将可燃固体废物破碎并加入 5% 的石灰使之发生化学反应，加压成型，经干燥为燃料；RMJ 方式——将可燃固体废物（含废塑料、废纸、木屑、果壳和下水污泥等）破碎、混合、干燥后，加入 1% 的消石灰固化成型为燃料。RDF 制备技术与焚烧技术相比，有以下优点：①能源利用方面，热值较高，形状均匀，燃烧效率明显高于垃圾发电站；②环保，RDF 经干燥、脱臭处理和加入石灰后，烟气和二噁英等污染物的排放量少且比焚烧烟气易治理，但干燥和加工需耗热；③残渣，RDF 制造过程产生的不燃物占 1%～8%，需适当处理，燃后残渣约占 8%～25%，比焚烧炉渣少，且干净，含钙高，易利用；④维修管理，RDF 无高温部，寿命长，维修管理容易，利于处理废塑料。

1990 年日本北海道札幌市垃圾资源化工厂建成了一套 2t/h 的 RDF 生产装置。以垃圾中的废木屑、废纸、废塑料按 5：4：1 的配比，生产热值 4500 kcal/kg，尺寸为 $\phi40 \times 100$ mm 的柱形 RDF，取得了较好的效果。

9. 热解技术

废塑料的热解技术是在惰性环境中进行的高温分解反应，主要应用于聚合型塑料。一般来说，热分解反应能生成四类反应产物：烃类气体（碳分子数为 C1～C5）、油品（汽油碳分子数为 C5～C11，柴油碳分子数为 C12～C20，重油碳分子数大于 C20）、石蜡和焦炭。产物的品质主要取决于塑料种类、反应条件、反应器类型和操作方法等。反应温度是影响反应的最关键因素。反应温度升高时，气体和焦炭产量增加，而油品产量却减少。

热分解反应主要是自由基反应，塑料聚合物分子链的断裂分为末端断裂和随机断裂两种，其中 PS 和 PMMA 主要通过末端断裂反应产生相应的单体，其他种类塑料则主要由随机反应生成混合产物。塑料热分解反应的模式见图 7.53。

聚烯烃类塑料的热分解速度与支、侧链取代基有关。热分解速度的排序是：HDPE＜LDPE＜PP＜PS。HDPE 热解温度为 447℃，LDPE 的热解温度为 417℃，PP 的热解温度为 407℃，PS 的热解温度为 376℃，PVC 塑料热分解时先在较低温度（200～360℃）释放出 HCl 产生多烃，然后再在较高温度（＜500℃）下进一步分解。

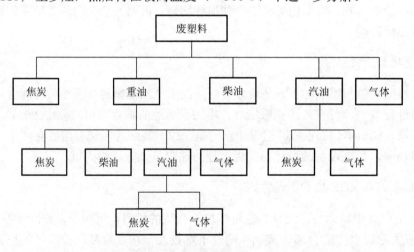

图 7.53　塑料热分解反应机理模式

目前，已经应用的废塑料热分解反应温度往往高于 600℃，主要产生烯烃以及少量芳香族烃类。当升温速度较快或停留时间较短时，可大量生成乙烯和丙烯。在水蒸气存在的条件下，烯烃产量也可大幅提高。

10. 催化裂解技术

废塑料的催化裂解是在催化剂存在下进行的热分解反应。催化裂解反应的产物是汽油、柴油、燃气和焦炭，应用范围主要是聚烯烃类塑料。催化剂是反应的关键，常用催化剂包括 ZMS-5 沸石催化剂、H-Y 沸石催化剂、REY 沸石催化剂 Ni-REY 催化剂等。

催化裂解与热分解相比具有以下优点：①分解温度低，比如，聚烯烃塑料在催化剂存在下，200℃可明显分解，而它们的热分解在 400℃才开始，典型的热分解反应在 500～

800℃，而催化裂解一般在 300～400℃进行；②同温度下，催化裂解反应速度比热分解反应速度快；③产物质量高，通过催化剂的选择和改性，可以控制不同产物的生成量。催化裂解反应可生成支链、环化和芳化结构的烃类产物，增加油品标号。

热分解与催化裂解相结合的二步法热解工艺应用较多。热分解可降低塑料黏度，分离杂质，然后再对热解气体进行催化裂解与重整，提高产品质量。

除了上述的几种主要的回收利用技术外，废塑料还可通过其他的方式回收利用，如可利用废聚苯乙烯泡沫塑料（EPS）制备乳液涂料等。废塑料回收利用技术主要受技术和经济两方面的制约。直接影响因素包括：原料来源、对塑料原料的纯度要求、再生产品的价格、投资及运行成本、可行性、生产规模、厂址选择等。

几种资源化技术对塑料原料纯度要求的排序为：简单焚烧＜制作 RDF 焚烧≈气化＜热分解≈氢化＜催化裂解＜成型加工＜熔融加工＜化学解聚＜溶解再生≈改性。纯度要求高的技术需要对塑料进行严格的预处理（比如分离、清洗和干燥等），这将增加投资及运行成本。再生产品价格的排序为：热能＜简单塑料再生制品＜混塑板材＜热油≈混合气＜氢化油≈裂解油＜单体≈化工原料。由此可见，对原料纯度要求低、不需复杂预处理的技术产品价格往往也较低。

废塑料垃圾卫生填埋处理中不能被资源化利用，实践证明还将带来许多负面潜在危害。塑料耐酸、耐碱、耐气候老化等，耐腐蚀不易分解的特性决定了它最终处置不易填埋，废塑料的资源化再生利用替代填埋处置方式是废塑料处理处置发展的必然趋势。

### 7.4.3　废橡胶的再生利用

#### 1. 废橡胶的产生及特性

随着汽车工业的飞速发展，日益增加的废橡胶已经成为一个全球性关注的问题。全世界每年要产生 1000 多万吨的废橡胶，每年有数十亿条废旧轮胎待处理；2000 年我国的废橡胶量接近 100 万 t。废橡胶具有稳定的二维化学网络结构，既不熔化也不溶解，积攒在大自然中，对环境构成了严重的威胁。由于橡胶原材料的70%以上来源于石油，估算 1kg 橡胶消耗石油 3L，如果能对废橡胶实现再生循环，就意味着每年节约大量石油，意义深远。另外，废橡胶本身又是一种高热值的燃料，如能得到有效的利用，对缓解日趋紧张的能源危机具有重要的意义。

#### 2. 废橡胶的种类

（1）按橡胶来源分

按橡胶的来源，废橡胶可分为天然橡胶和合成橡胶，其中合成橡胶又可以根据其成分与结构分为丁苯胶、顺丁胶、氯丁胶、丁基胶、丁腈胶、硅橡胶、氟橡胶等。

（2）按橡胶制品用途分

按原橡胶制品用途，废橡胶可分为外胎类、内胎类、胶管胶带类、胶鞋类、工业杂品类。

### 3. 废橡胶的处理和资源化利用

以废轮胎为主的废橡胶的处理方法可分为三大类，即整体利用、再加工和用作能源。

#### （1）整体利用

轮胎翻修是主要的整体利用方式，它是指旧轮胎经局部修补、加工、重新贴覆胎面胶之后，进行硫化，恢复其使用价值的一种工艺流程。轮胎在使用过程中最普遍的破坏方式是胎面的严重破损，轮胎翻修既可延长轮胎的使用寿命，又可以减少废轮胎的产量。因此，轮胎翻修引起了世界各国的普遍重视。美国 60% 以上的废轮胎得到翻新，中国新胎总数的 20% 是翻新轮胎，欧共体规定 2000 年废轮胎的 25% 必须得到翻新。

此外，废轮胎还可直接用于渔礁、护舷、救生圈、牧场栅栏、水上保护用材、树木保护用材、体育游戏用材、轨道缓冲用材、道路铺垫、鞋底、马具等。

#### （2）再加工

1）制造再生胶。再生胶是指废橡胶经过粉碎、加热、机械处理等物理化学过程，使其弹性状态变成具有塑性和黏性的，能够再硫化的橡胶。制造再生胶的原料除废橡胶以外，还需加入软化剂、增黏剂、活化剂、炭黑和填料等配合剂。

再生胶再生机理的实质为：硫化胶在热、氧、机械力和化学再生剂的综合作用下发生降解反应，破坏硫化胶的立体网状结构，从而使废旧橡胶的可塑性有一定的恢复，达到再生目的。再生过程中硫化胶结构的变化为：交联键（S—S、S—C—S）和分子键（C—C）都部分断裂，再生胶处在生胶和硫化胶之间的结构状态。

再生胶的生产工艺主要有油法（直接蒸气静态法）、水油法（蒸煮法）、高温动态脱硫法、压出法、化学处理法、微波法等。我国目前采用传统的油法和水油法工艺流程如下。

① 油法流程为废胶—切胶—洗胶—粗碎—细碎—筛选—纤维分离—拌油—脱硫—捏炼—滤胶—精炼出片—成品。

② 水油法流程为废胶—切胶—洗胶—粗碎—细碎—筛选—纤维分离—称量配合—脱硫—捏炼—滤胶—精炼出片—成品。

由于这两种工艺流程长、能耗高、污染重、效益低，国外已经不再采用。再生胶生产的新工艺不断出现，如美国发表了微波脱硫法专利和低温相位移脱硫法专利，瑞士发表了常温塑化专利等。世界上很多国家最近对废旧合成橡胶的再生利用都十分重视，特别是对昂贵的硅、氟橡胶以及用量极大的顺丁橡胶的再生利用更为重视。美国对硅橡胶进行蒸气粉碎法处理，可得到再生硅橡胶，作为填料减少硅橡胶配方的成本。得到的胶料有优秀的抗老化性能，并能保持硅橡胶原有的杰出电性能，硅橡胶的价格昂贵，而再生硅橡胶的价格较低，能够推广使用。

2）生产胶粉。我国以生产再生胶为主，胶粉比例仅占再生胶的 2%。国外以生产胶粉为主，再生胶为辅，且多为精细胶粉。

① 胶粉。胶粉是将废胎整体粉碎后得到的粒度极小的橡胶粉粒。粒径小于 60 目的可称为精细胶粉。在显微镜下观察，普通胶粉表面呈立方体的颗粒状态，而精细胶粉表面呈不规则毛刺状，表面布满微观裂纹，这种表面性质使精细胶粉具有三个主要性质：能悬浮于较高浓度的浆状液体中；能够较快速地溶入加热的沥青中；受热后易脱硫。

把废橡胶制备成胶粉或精细胶粉有很多优点。

a．与生产再生胶相比，制成精细胶粉可省去脱硫、清洗、干燥、捏炼、滤胶、精炼等工序，可大幅度节约设备、能源动力消耗。

b．节约脱硫时所需的软化剂、活化剂。

c．精细胶粉掺于生胶中，可取代部分生胶，降低制品成本。

d．精细胶粉生产时环境污染小。

e．在掺入胶粉的制品中，精细胶粉比再生胶掺入量大且力学性能好。

所以，把废橡胶制成胶粉是其循环/再生利用的主导方向，经济效益和社会效益明显。

② 胶粉的制造方法。利用橡胶等高分子材料处在玻璃化温度以下时，本身脆化，此时受机械作用很容易被粉碎成粉末状物质的性质，可采用低温粉碎的方式。目前应用已较成熟的工业化的胶粉生产的方法有：冷冻粉碎工艺和常温粉碎法。冷冻粉碎工艺包括：低温冷冻粉碎工艺、低温和常温并用粉碎工艺。

a．预加工。由于废橡胶的种类繁多，并且含有很多杂质，在废橡胶粉碎之前都要预先进行加工处理，预加工工序包括分拣、切割、清洗等。

b．初步粉碎，预加工后的废橡胶再经初步粉碎，其工艺过程是将割去侧面的钢丝圈后的废轮胎投入开放式的破胶机破碎成胶粒后，用电磁铁将钢丝分离出来，剩下的钢丝圈投入破胶机碾压，将胶块与钢丝分离，然后用振动筛分离出所需粒径的胶粉。剩余粉料经旋风分离器除去帘子线。可分别回收钢丝、帘子线和粗粉料。

c．精细粉碎。将初步粉碎工段制造的胶粒送至细胶粉粉碎机内进行连续粉碎操作。至今橡胶细粉料只能用冷磨工艺制得，即用液氮将粒料冷却至－150℃使其变脆，此时粒料可被研磨成很小的粒径。

d．分级处理。将精细粉碎产生的不同粒径分布的混合物料进行分级处理，提取符合规定粒径的物料，将这些物料经分离装置除去纤维杂质装袋即成成品。

e．胶粉的改性。表面改性主要是利用化学、物理等方法将胶粉表面改性，改性后的胶粉能与生胶或其他高分子材料等很好地混合，复合材料的性能与纯物质近似，但可大大降低制品的成本，同时可回收资源，解决污染问题。胶粉改性技术发展呈两种趋势：一是表面活性剂的全面应用；二是新型材料技术的渗透。改性胶粉可分为交联胶粉、活化胶粉、塑化胶粉、阻尼胶粉、接枝胶粉等。

③ 胶粉的应用。胶粉的应用主要分为两大领域：一是用于橡胶工业，直接成型或与新橡胶并用做成产品；二是用于非橡胶工业，如改性沥青路面、改性沥青生产防水卷材，建筑工业中用作涂覆层和保护层等。胶粉的应用如表 7.15 和表 7.16 所示。

表 7.15　橡胶颗粒和粗粉料的应用

| 应用 | 产品 | 粒径 |
| --- | --- | --- |
| 运动场地垫层 | 体育场地面、跑道 | 2～5mm/3～7mm |
| | 模制的橡胶砖（儿童游乐园） | |
| | 板球和足球场地（人造草坪的底层） | |

续表

| 应用 | 产品 | 粒径 |
|---|---|---|
| 地毯工业 | 垫层 | 0.8～1.6mm/0.8～2.5mm |
| | 地毯背衬 | 0.2～1.6mm |
| | 汽车地毯 | 小于 0.8mm |
| 土木建筑 | 屋面材料 | 小于 0.8mm |
| | 街头设施和铁路岔道栏杆 | 0.8～2.5mm/1.6～4mm/2.5～4mm |
| | 外表涂覆层 | 小于 0.4mm |
| | 砖石保护层 | 0.8～25mm |

表 7.16　橡胶细粉料的应用

| 应用 | 产品 | 粒径 |
|---|---|---|
| 橡胶工业 | 用于固态橡胶混合物、轮胎、鞋底、橡胶垫等的橡胶掺和料 | 粒径取决于特定的要求：<br>小于 0.2mm/小于 0.4mm<br>小于 0.8mm/0.4～0.8mm |
| 建筑业中应用的化学品 | 改性沥青 | 小于 0.8mm |
| | 防护涂层（和聚氨酯一起使用） | 小于 0.4mm |
| 其他应用 | 地下排水软管 | 0.2～0.8mm |
| | 聚合混合物（橡胶与塑料的混合物） | 小于 0.2mm/0.2～0.8mm |
| | 用于表面处理的橡胶粉末 | 小于 0.8mm |
| | 吸油剂 | 0.8～3mm |

（3）热分解利用

1）废橡胶的热解。废橡胶热分解既可处理废物，又可回收炭黑、燃料油、煤气等油品和化学品，因而近年来成为发达国家研究和开发的热点。人工合成的氯丁橡胶、丁腈橡胶由于热解时会产生 HCl 及 HCN，不宜热解。

热分解利用一般要经过粉碎、热分解、油回收、气体处理、二次公害的防止等工序。目前国外开发的废轮胎热解技术有常压惰性气体热解、真空热解、熔融盐热解、催化热解等。

根据德国汉堡大学研究，废轮胎热解的产物非常复杂，所得产品的组成中气体占22%（重量），液体占 27%，炭灰占 39%，钢丝占 12%。气体组成主要为甲烷（15.13%）、乙烷（2.95%）、乙烯（3.99%）、丙烯（2.5%）、一氧化碳（3.8%）、水、$CO_2$ 和丁二烯。液体组成主要是苯（4.75%）、甲烷（3.62%）和其他芳香族化合物（8.5%）。在气体和液体中还有微量的硫化氢及噻吩，但硫含量都低于标准。

2）热解流程。废轮胎的热解炉主要应用流化床及回转窑，现已达到实用阶段，图 7.54 为某实验厂的流程图。废轮胎破碎至小于 5 mm，轮缘及钢丝帘子布等大部分被分离出来，用磁选去除金属丝，轮胎粒子经螺旋加料器等进入电加热反应器中。流化床的气流速率为 500 L/h，流化气体由氮及循环热解气组成。热解气流经除尘器与固体分离，再经静电沉积器除去炭灰，在深度冷却器和气液分离器中将热解所得油品冷凝下来，未冷凝的气体作为燃料气为热解提供热能或作流化气体使用。

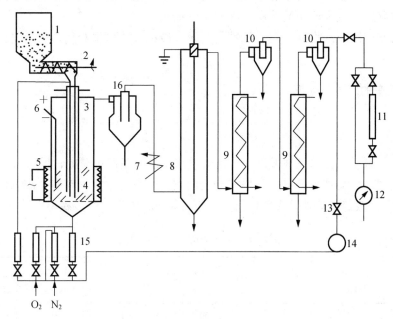

图 7.54　某实验厂流化床热解橡胶的工艺流程图

1. 橡胶加料斗　2. 螺旋输送器　3. 冷却下伸管　4. 流化床反应器　5. 加热器
6. 热电偶　7. 冷却器　8. 静电沉积器　9. 深度冷却器　10. 气旋　11. 气体取样器
12. 气量计　13. 节气阀　14. 压气机　15. 转子流量计　16. 气旋

由于上述工艺要求进料切成小块，预加工费用较大。故日本 Cobe Steel 公司、美国 God year 公司和 Tosco 公司，德国 GMu 和 Herk-Kiener 与汉堡公 C.R.Eskel-Mann 合作，在汉堡研究院建立了日加工 1.5～2.5 t 的废轮胎的实验性流化床反应器。该流化床内部尺寸为 900mm×900 mm，整轮胎不经破碎即能进行加工，可节省大量破碎费用。

整轮胎通过气锁进入反应器，轮胎到达流化床后，慢慢地沉入砂内，热的砂粒覆盖在它的表面，使轮胎热透而软化，流化床内的砂粒与软化的轮胎不断交换能量、发生摩擦，使轮胎渐渐分解。两三分钟后轮胎全部分解完，在砂床内残留的是一堆弯曲的钢丝，由伸入流化床内的移动式格栅把它移走。

热解产物连同流化气体经过旋风分离器及静电除尘器将橡胶、填料、炭黑和氧化锌分离除去。气体通过油洗涤器冷却，分离出含芳香族化合物高的油品。最后得到含甲烷和乙烯较高的热解气体。整个过程所需能量不仅可以自给，还有剩余热量可供给它用。

（4）用作能源

20 世纪 70 年代日本将大量废轮胎燃烧作为热源应用于各个方面，燃烧废轮胎可产生 27.31～33.49 MJ/kg 的热能。燃烧方法有三种。

1）单纯废轮胎燃烧。

2）废轮胎与其他杂品混合燃烧。

3）与煤混合作水泥窑的燃料。

废轮胎用于水泥厂的再生能源既可以充分利用水泥厂的原有设备，又有利于废橡胶的就地回收利用，减少运输的费用。

发达国家废橡胶回收利用的方法都是先发展废橡胶的再生利用，随后是翻修利用，最后是热能利用。

### 7.4.4　废汽车的回收与处理

#### 1. 概述

随着我国汽车工业的飞速发展，使得大量汽车进入新旧更替期，报废汽车如果没有得到及时处理，将会带来严重的环境和安全问题。汽车的主要材料有金属材料、塑料、橡胶、玻璃、油漆等。其中钢铁和有色金属约占 80%。废汽车的金属材料组成见表 7.17。

**表 7.17　废汽车的金属材料组成**

| 项目 | 轿车 /（kg/台） | 含量 /% | 卡车 /（kg/台） | 含量 /% | 公共汽车 /（kg/台） | 含量 /% |
|------|------|------|------|------|------|------|
| 生铁 | 35.7 | 3.2 | 50.8 | 3.3 | 191.1 | 3.9 |
| 钢材 | 871.2 | 77.7 | 1176.7 | 76.1 | 3791.1 | 76.6 |
| 有色金属 | 52.4 | 4.7 | 72.3 | 4.7 | 146.7 | 3.0 |
| 其他 | 161.8 | 14.4 | 246.1 | 15.9 | 817.8 | 16.5 |
| 合计 | 1121.1 | 100 | 1545.9 | 100 | 4946.7 | 100 |

由表 7.17 可见，钢铁材料占废汽车总重量的 80%左右，有色金属占 3.0%~4.7%。汽车中使用的有色金属主要是铝、铜、镁合金和少量的锌、铅及轴承合金。铝的含量最多，主要以铝合金的形式应用。

在发达国家，汽车的回收与处置也形成了一定的规模。在德国，目前 75%的废汽车上的材料是可回收的，与日美等国差不多，其余 25%为不可回收材料，需堆放和填埋。德国奔驰汽车公司金属回收率已达到 95%。我国在加强管理的同时，也陆续出台了一系列法规：中华人民共和国国务院颁布了《报废汽车回收管理办法》、国内贸易部和国家经济贸易委员会下发了《报废汽车回收（拆解）企业资格认证实施管理暂行办法》等。《报废汽车回收（拆解）企业资格认证实施管理暂行办法》，对报废汽车回收、拆解企业等做出详细规定。

#### 2. 废汽车材料的回收工艺

废旧汽车的回收再生利用，首先要将其"肢解"，钢铁、有色金属、玻璃、轮胎等橡胶制品和塑料，海绵等有机材料，一般进行专门的回收利用。

（1）废汽车材料回收的工艺流程

废钢铁生产线主体是破碎机，辅助设备是输送、分选、清洗装置。先由破碎机用锤击方法将废钢铁破碎成小块，再经磁选、分选、清洗，把有色金属和非金属、塑料、油漆等杂物分离出去，得到的洁净废钢铁是优质炼钢原料。目前这样的处理废旧汽车生产线在世界上已有600多条，但大多集中在汽车工业发达的国家。

从废旧汽车中回收金属材料的莱茵哈特法工艺流程（美国专利 4014681 号）见图 7.55。

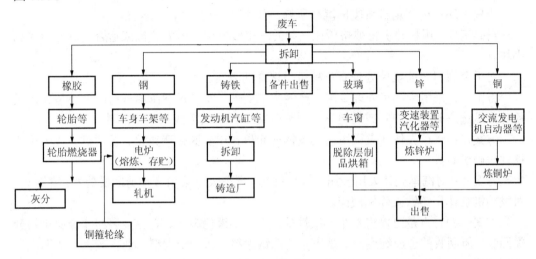

图 7.55　莱茵哈特法工艺流程

废旧汽车主要组成为金属材料，因此旧汽车的回收利用主要是针对其中的金属材料的，其回收利用率的高低直接影响到一辆汽车回收价值的大小。国内汽车回收的典型流程如图 7.56 所示。

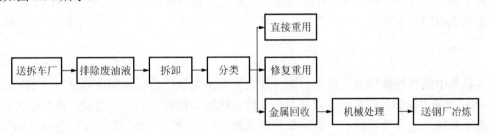

图 7.56　国内汽车回收的典型流程

（2）部分配件的再生

报废汽车中许多零配件是可以再生利用的。这些零配件的再生利用可以减少再加工的成本，同时也会降低维修、制造的成本。为了保证再生利用的零配件质量，建立相应的质量保证体系十分重要。可以考虑对再生零配件分成不可再生零件、直接再生零件、有条件再生零件几类分别处理。关于零配件的梯级利用，其实质也是零件利用的方法问题。当零件不能在原车上使用时，在要求较低的车辆上使用或转为它用，发挥其使用价值。由于汽车是一个复杂的综合技术产品，零件的梯级利用较难。目前汽车工业发展中已在新车设计时研究、考虑零件的梯级利用。

（3）金属材料回收

废旧汽车经拆卸、分类后作为材料回收的必须经机械处理，然后将钢材送钢厂冶炼，铸铁送铸造厂，有色金属送相应的冶炼炉。当前机械处理的方法有剪切、打包、压扁和粉碎等。

剪切工序：用废钢剪断机将废钢剪断，以便运输和冶炼。

打包工序：用金属打包机将驾驶室在常温下挤压成长方形包块。

压扁工序：用压扁机将废旧汽车压扁，使之便于运输剪切或粉碎。

粉碎工序：用粉碎机将被挤压在一起的汽车残骸用锤击方式撕成适合冶炼厂冶炼的小块。

对于金属材料的机械处理有三种可供选择的方案。

方案一：采用废汽车处理专用生产线整车处理，即送料→压扁→剪断→小型粉碎机粉碎→风选→磁选→出料或送料→大型粉碎机粉碎→风选或水选→出料。

方案二：汽车壳体和大梁用门式废钢剪断机预压剪断；变速箱、发动机壳体等用铸铁件破碎机破碎。

方案三：对汽车壳体采用金属打包机打包；汽车大梁采用废钢剪断机剪断；变速箱、对发动机缸体用铸铁破碎机破碎。

方案一的特点是可以将整车一次性处理，可将黑色金属、有色金属和非金属材料分类回收，所回收的金属纯度高，是优质的炼钢原料，适合于大型企业报废大量废旧汽车处理使用。此方案的生产效率很高，如英国群鸟集团公司安装的粉碎生产线，小时处理能力可达到 250t，但是它的占地面积也大，功率大（小型粉碎机的功率在 1000kW 以上，大型的在 4000kW 以上），需要的投资也较多，适合于大量处理旧车的专用厂。方案二的主要特点在于对钢件的处理投资较多，处理后废钢质量好，所选用的机器寿命长，生产效率高，适合于中型企业使用。方案三的特点是投资少，处理灵活，占地面积小，适合于私人或较小企业使用。

3. 废汽车中有色金属的回收

汽车中的有色金属主要是铝、铜、镁合金和少量的锌、铅及轴承合金。自 20 世纪 70 年代世界"能源"危机爆发以来，汽车轻量化运动得到了极大的发展，铝、镁合金的用量不断加大。尽管铝只占一辆轿车总质量的 5%～10%，但它却相当于 35%～50%回收材料的价值。随着铝材在轿车和轻型车上使用量的增加，铝回收技术的研究就越发显得重要。

（1）废汽车再生铝的必要性

汽车重量对燃料用量起着决定性的作用，铝合金比其他金属密度小，所以成为最佳的汽车轻量化用材，单车用铝量在逐年增加。据预测，汽车零部件的极限铝化率可达到50%左右。

汽车用铝主要是通过铝合金的形式，一些车上采用了少量的铝基复合材料。铝合金零件中，以铸件为主（约占 70%），以变形加工件为辅（约占 30%）。

由于铝在汽车中的用量越来越多，因此对于铝的再生非常有必要。报废汽车上的有些铝制零件，比如发电机的外壳，经清理翻新后可以直接再用，但多数只可能按材料形式回收。据美国铝业协会统计，目前全世界铝的回收率约85%，有60%的汽车用铝来自回收的旧废料。预计到2010年将上升到90%。生产1t新的铝锭要消耗能量5090kcal（即1.7万kWh），而再生铝锭每吨耗能只有新铝的2.6%。同时回收时产生的$CO_2$量比生产新铝时小得多，所以从发展汽车的循环经济来看，铝的回收再生是非常必要的。

铝再生行业目前以日本、美国最为发达，1995年日本生产二次铝锭92万t，美国次之。日本国家标准JIS（H119）根据铝合金废料的合金种类、新旧程度、形状、来源等分成28种，对二次合金的制造工艺和质量的评定均有规定的要求。相比之下，我国金属再生行业还比较落后，近年来随着汽车铝合金铸造的发展以及市场竞争的加剧已相继建立起现代化的二次铝锭的生产基地，引进了一批先进的设备。废旧铝料再生利用以及再生铝锭料的重要性将逐渐为人们所认识。

（2）废汽车用铝再生工艺

报废汽车上铝料常与其他有色金属、钢铁件以及非金属夹杂，为便于废旧铝料熔炼及保证再生合金化学成分符合技术要求，提高金属回收率，必须先进行废旧铝料预处理。

1）预处理。

拆解：去除与铝料连接的钢铁件及其他有色金属件，经清洗、破碎、磁选、烘干等制成废铝备料。

分类：废旧铝料应分类分级堆放，以便为后续工作提供方便，如纯铝、变形铝合金、铸造铝合金、混合料等。

打包：对于轻薄松散的片状废旧铝件如锁紧管、速度齿轮轴套以及铝屑等，用金屑打包液压机打包。钢芯铝绞线分离钢芯，铝线绕成卷。

2）再生利用。

① 配料。根据废铝料的质量状况，按照再生产品的技术要求，选用搭配并计算出各类料的用量，配料应考虑金属的氧化烧损程度。废铝料的物理规格及表面洁净度直接影响到再生成品质量及金属实收率，熔点较高及易氧化烧损的金属最好配制成中间合金加入。

② 制备变形铝合金。选用一级或二级废旧铝料中的金屑铝或变形铝合金废料，可生产3003、3105、3004、3005、5050等变形铝合金，其中主要是生产3105合金，另外也可生产6063合金，为保证合金材料的化学成分符合技术要求及后续压力加工的便捷性，最好配加部分铝锭。

③ 再生铸造铝合金。废旧铝料只有一小部分再生成变形铝合金，约1/4再生成炼钢用的脱氧剂，而大部分则生成铸造用的铝合金，主要是压铸用铝合金。美、日等国广泛应用的压铸铝合金A380、ADC10等，基本上是用废旧铝料再生的。目前国内广泛应用的压铸铝合金Y112，依据原机械工业部压铸铝合金标准，可利用废旧铝再生。

废旧铝料熔炼设备多为火焰反射炉，一般为室状（卧式），分一室或二室，容量一般为2～10t，还有火焰炉。另外也可采用工频感应电炉，电力充足的地方最好用电炉。

在铝合金中，一般为多元合金，常含有硅、铜、锰，有的含钛、铬、稀土等。熔点较高或易氧化烧损的金属配制成熔点较低的中间合金，可避免熔体过热而增加烧损及吸气量，并且金属成分分散能更均匀。中间合金主要有 Al-10%Mg，Al-10%Mn，Al-10%Cu，Al-5%Ti，Al-5%Cr、Al-10%Re 等。紫铜可直接入炉，电解铜块最好与其他金属配制成 1∶1 的中间合金。

再生铸造铝合金的工艺流程示意见图 7.57。

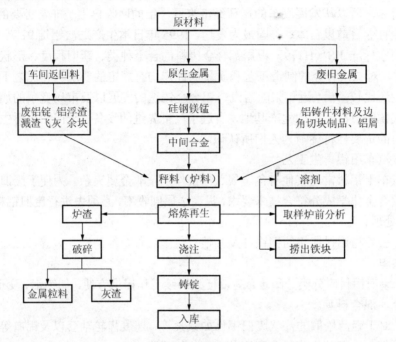

图 7.57　再生铸造铝合金的工艺流程

炉料过秤，分批加入充分预热的炉内。先加铸锭或厚实的大块料，使之形成一定量的熔体，此时温度不能过高；捞出熔体中的铁件后，加热升温，将薄片零碎料压入熔体，以减少氧化烧损。熔体表面若有一定量的熔渣，需加熔剂精炼去气、除渣。熔体加热到 800～850℃加硅加铜，硅块也应浸没于熔体中。最后加入铝锰中间合金及铝镁中间合金，以减少氧化烧损，降低熔体温度。充分搅拌熔化后取样分析，成分符合要求后浇注成锭。熔体的浇注温度控制在 750℃左右，浇注过程中，应搅拌炉料，以使成分比较均匀，模温为 150℃。

精炼熔剂的加入量视炉渣量而定，形成的炉渣以粉状为佳，湿度应该合适。熔剂成分一般为 50%$Na_3AlF_6$＋25%KCl＋25%NaCl，也可用氯化锌。

④ 炼钢脱氧用的杂铝锭的再生。对含铁、锌、铅等杂质过高的废铝料，只能再生成铝锭作炼钢脱氧用。从混合炉渣中回收出来的铝料含铁硅较高，有的废旧铝料的铁含量超过 1%，锌超过 2%，有的被氧化锈蚀严重，将这些料用来熔化成炼钢脱氧用的杂铝锭。

⑤ 炉渣灰再生成硫酸铝或碱式氯化铝。炉渣灰中还含有一定量的金屑铝及三氧化二铝，经湿法浸出、过滤、浓缩、蒸发后再生成化工产品，可用于配制灭火药剂、印染工业的媒染剂等。

（3）废汽车镁合金的再生工艺

废旧镁合金的再生工艺流程与铝合金类似，首先进行重熔，然后进行熔体净化和铸造。但因为镁合金极易燃烧，所以废料的重熔再生工序要复杂得多。下面介绍两种有代表性的镁合金废料重熔方法。

1）加拿大 Norsk Hyd 公司采用的盐炉熔化法。盐炉既是熔炼炉又是静置炉，不采用熔剂保护，而是在惰性气体下熔炼和精炼。

2）双炉法。欧洲几家镁压铸公司用双炉系统重熔再生镁废料，一个炉子为熔炼炉，另一个是精炼/铸造炉，用导管将熔体低压转注，最终直接将熔体注入压铸机，铸出铸件。

铜合金的回收利用方法与铝镁合金的再生利用方法类似。

### 4. 废汽车的热解与焚烧处理

采用人工拆卸方法处理废汽车，虽然简单，但劳动强度很大，成本也不低。另外，废汽车中所含的油漆、塑料、橡胶等制品含有重金属和有毒有害有机物。这些废物大部分与金属制品粘附在一起，很难分离。因此，瑞士、日本等国家已经建造一定规模的废汽车焚烧厂。

废汽车经冲压后送入焚烧炉或热解炉内，控制适当温度和空气量，使废汽车中的有机物能够充分焚烧或热解而离开金属表面，同时也要保证金属尽可能不被氧化。如果是采用焚烧，则尾气必须得到有效处理，如果采用热解，其产生的燃气经处理可加以利用。

## 7.4.5 废旧家用电器的回收利用

我国是世界上最大的家电生产国和消费国。据统计，目前我国家电的社会保有量分别为：电视机约 3.5 亿台，洗衣机约 1.7 亿台，电冰箱约 1.3 亿台。这些家电大多是在 20 世纪 80 年代中后期进入家庭的，按照家电的正常寿命 10～15 年计算，从 2003 年起我国已开始进入家电报废高峰期。

作为一种典型的固体废弃物，家用电器废弃物如果不经处理直接进入环境，其中含有的有毒有害物质将污染土壤和地下水等或者通过植物、动物进入人们的生活。如果对这些废弃家电仅进行简单的处理，那么处理不当也会造成对大气和水体等的二次污染。

### 1. 家电回收利用的价值

在电器产品的某些电子元件中，含有镓、锗、硅、铟等电子材料，对其进行再利用具有很好的经济效益。而电冰箱、空调机的配件压缩机、热交换器经处理后，可回收部分铁、铜、铝；电视机阴极射线管（CRT）玻璃、印刷电路板上的焊锡处理后也可以再利用。此外，各种废弃家电中的塑料都可以回收气化或油化后用作燃料。

日本横滨金属公司从报废手机中提取贵重金属，7 年来处理了大约 900 t 报废手机，从中回收了金、银、铜、钯等多种贵重金属，获得相当可观的收益。美国以及德国一些厂家在废旧电脑与其他电子产品中回收黄金，每星期可处理 10 t 电子垃圾，一年可获取 700 万美元左右的利润。美国环保局确认，用从废家电中回收的废钢代替通过采矿、运输、冶炼得到的新钢材，可减少 97% 的矿废物，减少 86% 的空气污染，76% 的水污染，减少 40%的用水量，节约 90%的原材料，74%的能源，而且废钢材与新钢材的性能基本相同。

### 2. 家电回收利用技术

（1）电视机

电视机由显像管、印刷板、外壳等部分组成，材料主要是显像管玻璃、机壳塑料等。显像管由前面的屏板，后面的漏斗状部分及缩颈构成。其中玻璃除要求耐热、耐电压外，还要求有防止射线透过的性能，屏板是含碱、硅酸等的玻璃，而漏斗状部分则用含铅的玻璃，故显像管玻璃再利用时，屏板玻璃中不能混入漏斗部分中的铅玻璃。分离后的玻璃将按不同种类粉碎后送往玻璃厂再变成所需要的玻璃。另外，其也可用作铺路材料、建设用配料等。碎塑料也用比重筛选机将各种不同种类的塑料区分开来，按不同比例混合热解而油化用作燃料。电视机回收处理流程见图 7.58。

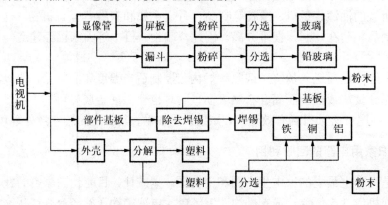

图 7.58　电视机回收处理流程图

（2）空调器

空调器主要由压缩机、机壳、元件基板、热交换器等组成，关键技术是将热交换器的铜管和铝叶片做到完全分离。空调器是在回收冷媒氟利昂后，解体区分主要部件。可将热交换器冲压成薄板状，然后采取适当手段将铜、铝分离，再分别送往各相关厂商，重新以铜或铝制品面市。空调器回收处理流程见图 7.59。

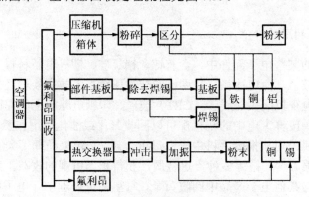

图 7.59　空调器回收处理流程图

（3）电冰箱

电冰箱再利用，同样有解体、粉碎、区分、回收等手段。旧电冰箱隔热材料中发泡剂含有氟利昂，再利用时要对其作无害化有效处理。将箱体和隔热材料一道粉碎，再进行干馏处理，通过瓦斯变换装置将所生气体在 1200℃ 以上高温分解，用作清洁氧化燃料。电冰箱回收处理流程见图 7.60。

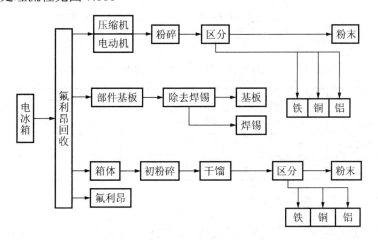

图 7.60　电冰箱回收处理流程图

（4）洗衣机

对洗衣机来说，塑料的组成比例高，有聚丙烯、聚乙烯、氯乙烯等，通过在混合塑料中将氯乙烯区分除去或脱氯处理等关键技术实现再利用。洗衣机回收处理流程如图 7.61 所示。

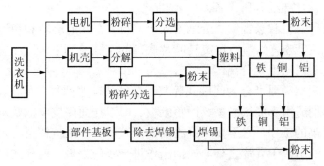

图 7.61　洗衣机回收处理流程图

一家名为"生态电子公司"的电子垃圾处理工厂已于 2001 年 2 月在芬兰北部的电子城奥鲁市正式建成并投入生产。该工厂采用类似矿山冶炼的生产工艺，把废旧手机和个人计算机以及家用电器进行粉碎和分类处理，然后对材料重新回收利用。生态电子公司声称每年可以处理电子垃圾 1500～2000 t，而且由于建有良好的环保处理系统，工厂将不会给地下水源和空气造成污染。此外，德国也建成了年处理废电冰箱 10 万台、废电视机 50 万台、其他电器制品 1500 t 的废家电再利用工厂。

### 7.4.6　废纸再生处理工序与设备

随着纸产量和消耗量的快速增长，废纸作为造纸工业原料也显得日益重要，我国是一个造纸大国，然而森林资源匮乏，造纸所需的原料十分短缺。用废纸作原料造纸每吨可节约 $2\sim3\ m^3$ 的木材以及大量的水、煤和电力资源。

在废纸的回收利用中了解废纸的成分是必要的，表 7.18 列出了废纸的主要组分及特点。

**表 7.18　废纸主要组分及特点**

| 类型 | 比例/% | 主要组分 | 特点 |
| --- | --- | --- | --- |
| 废黄板纸和杂废纸 | 60 | 半化学草浆 | 纤维短，木质素和半纤维素含量高 |
| 书本杂志办公用纸 | 20 | 化学草浆和化学木浆 | 长短纤维混杂 |
| 废旧报纸 | 10 | 机械木浆和少量化学木浆 | |

**1. 废纸的再生处理方法和工艺**

回收废纸的方法可分为两种，即机械处理法和化学处理法。机械法不用化学药品，废纸经破碎纸浆后，通过除渣器除去杂物，用水量很少，水污染较轻，但由于没有脱墨，只能用来制造低档纸或纸板。化学法主要用于废纸脱墨，原料常用新闻纸、印刷纸和书写纸等。

废纸的再生技术包括拆开废纸纤维的解离工序和除去废纸中油墨及其他异物的工序，具体可分为制浆、筛选、除渣、洗涤和浓缩、分散和搓揉、浮选、漂白、脱墨等。

（1）解离设备（纤维分离设备）

解离设备有碎浆机和蒸馏锅。废纸给入碎浆机，在水的旋转和高速旋转叶片的剪切作用下被碎成纸浆状态，然后通过旋转叶片底部的空隙流到下一道工序，纸浆中的丝状异物不能通过空隙而与纸浆分离。

水力碎浆机根据需要可分为间歇式碎浆和连续式碎浆两种。间歇式碎浆机大多用于废纸的疏解，特别适用于废纸脱墨、旧箱纸板、旧双挂面牛皮卡的疏解。连续式碎浆机大部分用于产量高的工厂，它不要求纤维的完全疏解，纤维疏解至一定程度即通过转子下的孔板（孔板伸出转子翼片之外）被抽出作进一步的处理。连续式碎浆机配套有自动绞绳装置、废物井和去除轻、重杂质的抓斗，抓斗既可抓起沉于废物井底的重杂质，也可除去浮在废物井面的轻杂质。

（2）筛选

筛选是为了将大于纤维的杂质除去，尽量减少合格浆料中的干扰物质，如黏胶物质、尘埃颗粒以及纤维束等，是二次纤维生产过程的主要步骤。

碎浆机、鼓筛、纤维离解机的组合使用原理如图 7.62 所示。

当今在制浆造纸生产线包括在废纸处理流程中使用的筛绝大部分为压力筛。压力筛的筛选区主要由一圆筒形筛鼓和转子组成，当转子回转时，转子上的旋翼在靠近筛板面处产生水力脉冲，脉冲产生的回流可达每秒 50 次以防止纤维或污染物堵塞筛板开口。在两次脉冲之间，来自输浆泵的压力将水和可用纤维通过筛板的开口来完成筛选的过程。

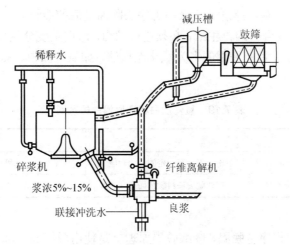

图 7.62　碎浆机、鼓筛、纤维离解机的组合使用

（3）除渣

除渣和筛选类似，也是要去除杂质，一般由专门的除渣器进行。除渣器一般可分为正向除渣器、逆向除渣器和通流式除渣器。逆向除渣器能有效地除去热熔性杂质、蜡、黏状物、泡沫聚苯乙烯和其他轻杂质。一个除渣系统通常采用 4～5 段。第一段应考虑到最大生产能力的需要，进浆浓度在不影响净化效率的前提下尽可能提高，以减少除渣器个数和投资、动耗费用。其后的每一段进浆浓度均应比上一段为低（低 0.02%～0.05%），这样会增加净化效率，并增加排渣量。

（4）洗涤和浓缩

洗涤是为了去除灰分、细小纤维及小的油墨颗粒。洗涤设备根据其洗浆浓缩范围大致分为三类：①低浓洗浆机，出浆浓度最高至 8%，诸如斜筛、圆网浓缩机等。②中浓洗浆机，出浆浓度 8%～15%，诸如斜螺旋浓缩机、真空过滤机等。③高浓洗浆机，出浆浓度超过 15%，诸如螺旋挤浆机、双网洗浆机等。

洗涤系统通常采用三段逆流洗涤，来自气浮澄清器的补充水通常只加在最后一段洗涤前供稀释纸浆用，二段洗涤出来的过滤水送碎浆机，一段洗涤出来的过滤水含油墨等杂质最多，可直接送澄清器进行处理。

（5）分散和搓揉

分散和搓揉指的是在废纸处理过程中用机械方法使油墨和废纸分离或分离后将油墨和其他杂质进一步碎解成肉眼看不见的大小并使其均匀地分布于废纸浆中，从而改善纸成品外观质量的一道工序。

分散系统由冷分散系统和热分散系统两种。分散系统通常设置在整个废纸处理流程的末端，以把住废纸浆进入造纸车间抄纸前的质量关（除去肉眼可见的杂质）。

搓揉机有单轴和双轴两种。在搓揉机中，主要靠高浓度（30%～40%）纤维间产生的高摩擦力和因摩擦产生的温度（44～47℃）使油墨和污染物从纤维上脱落，搓揉结果是较少油墨的残留和较高的白度。

（6）漂白

经去除轻重杂质，提高浮选、洗涤等工序去除油墨后的废纸浆，色泽一般会发黄和发暗。为了生产出质量合格的再生纸，必须进行漂白。漂白主要分氧化漂白和还原漂白。其区别如表 7.19 所示。目前采用的多为氧化漂白法，如氧气漂白、臭氧漂白、高温过氧化氢漂白等。

表 7.19　氧化漂白和还原漂白的区别

| 分类 | 原理 | 主要漂白剂 |
| --- | --- | --- |
| 氧化漂白 | 氧化降解，脱除残留木质素，有一定的脱色功能 | 次氯酸盐、二氧化氯、过氧化氢、臭氧 |
| 还原漂白 | 减少纤维本身发色团，有效脱去染料颜色而提高白度 | 二亚硫酸钠、二氧化硫鸟脲、亚硫酸钠 |

（7）脱墨

废纸回用的关键程序是脱墨，废纸脱墨原理就是使用脱墨药剂降低废纸上的印刷油墨的表面张力，从而产生润湿、渗透、乳化、分散等多种作用，这些作用的综合效果就是使油墨从纸面上脱离下来。从废纸中去除油墨粒子的方法有两种，一种是通过水力碎浆机将油墨分散为微粒，并使油墨粒子小于 15μm，然后通过二段或三段洗涤，将油墨粒子洗掉，这种方法称为洗涤法。另一种方法是通过水力碎浆机碎浆后，加入脱墨剂，使油墨凝聚成大于 15μm 的粒子，然后通过浮选，使油墨粒子从废纸浆中分离出来，这便是浮选脱墨法。

脱墨的目的是为了使废纸纤维恢复甚至超过原来的白度、净化度、原纤维的柔软性及其他特性，从而使纸浆具有好的抄纸性能，并能达到所要求的产品指标，保证产品品质。

**2. 废纸的再生技术新发展**

废纸的再生技术方面的进展是向着节约能源、降低成本、使废物充分资源化的方向进行的，主要包括下面几个方向。

1）供料技术向自动化发展。这可以大大节约劳动力并保证安全运行，还可提高供料质量。

2）碎浆技术向高浓连续化发展。这使得碎浆过程连续且能耗小，得到纸浆的浓度和数量都有所提高，投资费用也下降了。

3）粗选技术可由高浓连续碎浆系统组合完成。这样在净化阶段就只剩下除去沙粒和泥土的任务，大大节约了能源。

4）浮选设备向多级整体性浮选装置发展。浮选装置的多级化可大大降低能耗，而且浮选效率也比多组浮选装置要好。

5）脱墨将推广酶处理技术。将生物酶用于脱墨技术上会降低其成本，因为它取代了使用的大量化学药品，也减少了随之而来的水处理设施的投资。

6）脱墨污泥向彻底利用发展。可用它来生产造纸用填料和涂布颜料，制造建筑板材、改良土壤等。

# 主要参考文献

蒋建国．2005．固体废物处理处置工程．北京：化学工业出版社．

李国鼎．2003．环境工程手册——固体废物污染防治卷．北京：高等教育出版社．

李国建，赵爱华，张益．2003．城市垃圾处理工程．北京：科学出版社．

李晓东，陆胜勇，徐旭．2001．中国部分城市生活垃圾热值的分析．中国环境科学，21（2）：156-160．

李秀金．2003．固体废物工程．北京：中国环境科学出版社．

聂永丰，白庆中，周北海，等．2000．三废处理工程技术手册：固体废物卷．北京：化学工业出版社．

聂永丰．2000．三废处理技术手册——固体废物卷．北京：化学工业出版社．

宁平．2007．固体废物处理与处置．北京：高等教育出版社．

汪群慧．2004．固体废物处理及资源化．北京：化学工业出版社．

王罗春，赵由才．2004．建筑垃圾处理与资源化．北京：化学工业出版社．

王绍文，梁富智，王纪曾．2003．固体废弃物资源化技术与应用．北京：冶金工业出版社．

温俊明，池涌，蒋旭光，等．2004．国内外废旧家电回收处理的进展与对策．科技通报，20（2）：133-137．

吴文伟．2003．城市生活垃圾资源化．北京：科学出版社．

杨国清，刘康怀．2000．固体废物处理工程．北京：科学出版社．

于凤，张蕊，王玉海．2006．用世界首创"RF"法实现"垃圾"发电的新突破．中国环境科学学会学术年会优秀论文集．
　　北京：中国环境科学出版社．

张益，赵由才．2000．生活垃圾焚烧技术．北京：化学工业出版社．

赵由才．2002．固体废物污染控制与资源化（实用环境工程手册）．北京：化学工业出版社．

赵由才．2002．生活垃圾资源化原理与技术．北京：化学工业出版社．

赵由才．2002．实用环境工程手册：固体废物污染控制与资源化．北京：化学工业出版社．

庄伟强．2001．固体废物处理及利用．北京：化学工业出版社．

Sivapalan Kathiravale，Muhd Noor Muhd Yunus，K. Sopia. 2003．Modeling the heating value of municipal solid waste. Fuel，
　　82（9）：1119-1125．

# 第八章　建筑垃圾处理工程

"建筑垃圾"是指在城镇建筑工地、装修场所产生的城市垃圾。我国住房和城乡建设部制定的《城市建筑垃圾管理规定》第二条指出："所称建筑垃圾，是指建设单位、施工单位新建、改建、扩建和拆除各类建筑物、构筑物、管网等以及居民装饰装修房屋过程中所产生的弃土、弃料及其他废弃物。"显然，这里所指的建筑垃圾包括了工程渣土，即是指建设、施工单位或个人对各类建筑物、构筑物等进行建设、拆迁、修缮及居民装修房屋过程中所产生的余泥、余渣、泥浆及其他废弃物。建筑垃圾大多为固体废物，不同结构类型的建筑所产生的垃圾各种成分的含量虽有所不同，但其基本组成是一致的，主要由土、渣土、散落的砂浆和混凝土、剔凿产生的砖石和混凝土碎块、打桩截下的钢筋混凝土桩头、金属、竹木材、装饰装修产生的废料、各种包装材料和其他废弃物等组成。据有关资料介绍，经对砖混结构、全现浇结构和框架结构等建筑的施工材料损耗的粗略统计，在每万平方米建筑的施工过程中，仅建筑废渣就会产生 500～600t。若按此测算，我国每年仅施工建设所产生和排出的建筑废渣就有 4000 万 t。

综合利用建筑垃圾是循环利用和节约资源、保护生态环境的有效途径，也是建设资源节约型和环境友好型和谐社会的迫切需要。建筑垃圾中的许多废物经分拣、剔除或粉碎后，大多是可以作为再生资源重新利用的，如废钢筋、废铁丝、废电线和各种废钢配件等金属，经分拣、集中、重新回炉后，可以再加工制造成各种规格的钢材；废竹木材则可以用于制造人造木材；砖、石、混凝土等废料经破碎后，可以代砂，用于砌筑砂浆、抹灰砂浆、打混凝土垫层等，还可以用于制作砌块、铺道砖、花格砖等建材制品。可见，综合利用建筑垃圾的途径是多种多样的，国外已有专门的混凝土建筑垃圾回收利用技术，可以一边拆除混凝土建筑，一边将其弄碎成小石子铺路。近年来，国内很多城市和单位也在开展建筑垃圾综合利用与处理的试验研究，已经有了好的开端。因此，对建筑垃圾的处理要树立资源循环综合利用的观点，以节约资源，实现可持续发展战略。

## 8.1　建筑垃圾概况

### 8.1.1　城区建筑垃圾的组成、分类及其产生量

#### 1. 建筑垃圾组成

建筑垃圾中，土地开挖、道路开挖和建材生产垃圾，一般成分较为单一，其再生利用或处置比较容易，本书只论及建筑施工垃圾和旧建筑物拆除垃圾。

新建筑物建设施工垃圾和旧建筑物拆除垃圾组成成分相差较大，根据桂林市并参考其他城市的统计资料，现列表如下（表8.1）。

表 8.1　城市旧建筑垃圾和新建筑施工垃圾组成比较

| 成分 | 旧建筑物拆除垃圾/% | 新建筑物建筑施工垃圾/% |
|---|---|---|
| 沥青 | 1.61 | 0.13 |
| 混凝土 | 54.21 | 18.42 |
| 石块、碎石 | 11.78 | 23.87 |
| 泥土、灰尘 | 11.91 | 30.55 |
| 砖块 | 6.33 | 5.00 |
| 沙 | 1.44 | 1.70 |
| 金属（含铁） | 3.41 | 4.36 |
| 塑料管 | 0.61 | 1.13 |
| 竹、木料 | 7.46 | 10.95 |
| 其他有机物 | 1.30 | 3.05 |
| 其他杂物 | 0.11 | 0.27 |
| 合计 | 100.00 | 100.00 |

资料来源：杨国清等编《桂林市城区建筑垃圾处理系统一期工程项目可行性研究》（2006）。

由表可看出，新建筑物建设施工垃圾和旧建筑物拆除垃圾主要组成的物质成分为混凝土、石块和碎石、泥土和灰尘三大类，三大类组分在新建筑物建设施工垃圾和旧建筑物拆除垃圾中所占比例之和分别达到 77.9% 和 72.84%，其他组分的百分比含量不大。所不同的是：旧建筑物拆除垃圾中废混凝土块较多，而新建筑物建设施工垃圾中石块和碎石、泥土和灰尘成分较多；此外，旧建筑物拆除垃圾的成分还与建筑物的种类和结构类型有关。

从表 8.1 所列的物质组成还可看出，建筑垃圾的化学成分虽然没有生活垃圾复杂和具有活性，但在自然环境下还是不十分稳定的，一般需要经过数十年才可趋于稳定。如果建筑垃圾不做任何处理直接运往建筑垃圾堆放场堆放，其中的废砂浆和混凝土块中的含有的大量水合硅酸钙和氢氧化钙使水呈强碱性，废石膏中含有大量硫酸根离子在厌氧条件下会转化为硫化氢，废纸板和废木材在厌氧条件下可溶出木质素和单宁酸并分解生成挥发性有机酸，废金属料可使渗滤水中含有大量的金属离子，从而污染周边的地下水、地表水、土壤和空气。即或建筑垃圾已达到稳定化程度，堆放场不再有有害气体释放，渗滤水不再污染环境，大量的无机物仍然会停留在原地，占用大量土地，并继续导致持久的环境问题，这是要引起注意的。

上述统计资料表明，建筑垃圾中占比重最大的是旧混凝土。因此，要实现建筑垃圾的资源化，最值得综合利用的还是旧混凝土。

**2.　建筑垃圾的分类**

根据《城市建筑垃圾和工程渣土管理规定（修订稿）》，按照建筑垃圾的来源，可将其分为土地开挖、道路开挖、建材生产垃圾、旧建筑物拆除和建筑施工垃圾五类，主要

由渣土、碎石块、废砂浆、砖瓦碎块、混凝土块、沥青块、废塑料、废金属料、废竹木
等混合物组成。

（1）土地开挖垃圾

土地开挖垃圾可分为表土层和深土层，前者可用于种植，后者主要用于回填、造
景等。

（2）道路开挖垃圾

道路开挖垃圾分为混凝土道路开挖和沥青道路开挖垃圾，包括废混凝土块、沥青混
凝土块，可全部再生用于道路路面或道路基层。

（3）建材生产垃圾

建材生产垃圾主要是指为生产各种建筑材料所产生的废料、废渣，也包括建材成品
在加工和搬运过程中所产生的碎块、碎片等，可全部在建材生产厂家利用。

（4）旧建筑物拆除垃圾

主要分为砖和石头、混凝土、木材、塑料、石膏和灰浆、屋面废料、钢铁和非铁金
属等几类，数量巨大。因此，如何减少旧建筑物拆除和建筑施工垃圾的产生量、提高其
再生利用率、减少其排放量是建筑垃圾减量化的关键所在。

（5）建筑施工垃圾

本类垃圾分为剩余混凝土、建筑碎料以及房屋装饰装修产生的废料。剩余混凝土是
指工程中没有使用完而多余出来的混凝土，也包括由于某种原因而暂停施工未能及时使
用的混凝土。建筑碎料包括凿除、抹灰等产生的旧混凝土、砂浆等矿物材料以及木材、
纸、金属和其他废料等类型。房屋装饰装修产生的废料主要有：废钢筋、废铁丝和各种
废钢配件、金属管线废料，废竹木、木屑、刨花，各种装饰材料的包装箱、包装袋，散
落的砂浆和混凝土、碎砖和碎混凝土块，搬运过程中散落的黄砂、石子和块石等。其中，
主要成分为碎砖、混凝土、砂浆、桩头、包装材料等，约占建筑施工垃圾的80%。

3. 建筑垃圾产生量

据统计，在世界多数国家中，旧建筑物拆除和建筑施工垃圾之和一般占固体废物总
量的20%～30%，其中建筑施工垃圾的量不及旧建筑物拆除垃圾的一半。目前，我国建
筑垃圾的数量已占到城市垃圾总量的30%～40%，其中建筑施工垃圾占城市垃圾重量的
5%～10%，每年产生的建筑垃圾达4000万t以上，绝大部分未经处理而直接运往郊外
堆放或简易填埋。

建筑垃圾产生量的计算，目前国内外尚无成熟可靠与统一公认的计算方法，加上因
垃圾类型的不同其计算方法也有差异，因而使情况更为复杂。下面就国内现在常用的计
算方法作一简要介绍。

（1）建筑施工垃圾产生量计算方法

目前主要采用经验统计及调查的方法计算。常用的方法如下。

1）按建筑面积计算。通常，对于砖混结构的住宅，按建筑面积计算，每进行1000m²
建筑物的施工，平均生成的废渣量在30m³左右，10000m²建筑物的施工，平均生成的
废渣量在300m³左右。此外，还可按每立方米建筑约产生1%～4%的建筑垃圾来进行
估算。

2）按施工材料购买量计算。这种计算方法还与施工单位的管理情况有关，调查结果表明，各类材料未转化到工程上而变为垃圾废料的数量为材料购买量的5%～10%。

3）按人口计算。按城市人口平均每人每年产生100kg建筑工地垃圾的近似值计算。如我国约4亿城镇人口，则年建筑工地垃圾约4000万t，这一估算与前述按建筑面识估算得出的数据很接近。

（2）几种主要建筑垃圾的产生量计算

1）建筑施工垃圾产生量的计算。

在建筑工程的施工中，各类建筑材料变为垃圾废料的数量为材料购买量的5%～10%，商品混凝土产生的施工垃圾量占购买量的1%～4%，桩头产生的施工垃圾量占其购买量的5%～15%，以上表明由于施工情况与管理状况的不同，产生施工垃圾量的差异很大。

2）建筑装潢垃圾产生量计算。据调查统计，建筑装潢垃圾量可按建筑施工垃圾总量的10%进行计量。

3）旧建筑物拆除垃圾产生量计算。旧建筑物拆除时所产生的垃圾与建筑物的结构密切相关，通常拆除每平方米所产生的建筑垃圾达0.5～1m³甚至更多。经有关住宅建筑公司多年来的拆除工程的统计表明，每平方米住宅可产生1.35t的建筑垃圾。

4. 桂林市建筑垃圾产生量统计

以桂林市的建筑垃圾为例，桂林市建筑垃圾产生量的统计就采用了综合调查统计的方法来获得数据。根据桂林市市容管理局的统计资料，桂林市2001～2004年度建筑垃圾产量为249.8万t，其中七星区2001～2004年为4.8万t，象山区59万t，秀峰区128万t，叠彩区58万t。

## 8.1.2　建筑垃圾的环境危害

随着城市化快速发展，建筑业进入了高速发展期，大量的建筑垃圾随之产生，我国通常采用堆放、填埋及焚烧等简单处理方式，不仅浪费了自然资源，而且还产生了许多危害。

（1）占用土地

目前我国绝大部分建筑垃圾未经处理而直接运往郊外堆放。据估计，每堆积1万t建垃圾约需占用67m²的土地。住房和城乡建设部预测中国大规模城市建设还将会持续30～35年，新建筑建设和旧建筑拆除产生了大量的建筑垃圾，占用了大量的土地。随着我国经济的发展，城市建设规模的扩大以及人们居住条件的提高，建筑垃圾的产生量会越来越大。如不及时有效的处理和利用，建筑垃圾侵占土地的问题会变得更加严重，越发加剧城市化进程中的人地冲突，降低土地使用率。

（2）污染水体

建筑垃圾在堆放和填埋过程中，由于发酵和雨水的淋溶、冲刷以及地表水和地下水的浸泡而渗滤出的渗沥液或淋沥液，会造成周围地表水和地下水的严重污染。废砂浆和混凝土块中含有的大量水合硅酸钙和氢氧化钙，废石膏中含有的大量硫酸根离子，废金属料中含有的大量金属离子，同时废纸板和废木材自身发生厌氧降解产生木质素和单宁酸并分解生成有机酸，堆放场所建筑废弃物产生的渗滤水一般为强碱性并且还有大量的重金属离子、硫化氢以及一定量的有机物，如不加控制让其流入江河、湖泊或渗入地下，就会导致地表和地下水的污染。水体被污染后会直接影响和危害水生生物的生存和水资源的利用。一旦饮用这种受污染的水，将会对人体健康造成很大的危害。

（3）污染空气

大量建筑垃圾被运往郊区堆放和填埋，在其清运、堆放和填埋过程中会产生粉尘、灰沙飞扬等空气污染问题。少量可燃性建筑垃圾在焚烧过程中又会产生有毒的致癌物质，造成对空气的二次污染。因此，建筑垃圾也是城市 PM 2.5、PM 10 的重要来源之一。建筑垃圾在堆放过程中，在阳光照射和雨水侵蚀等作用下，某些有机物质会发生分解，产生有害气体，如废石膏中含有大量硫酸根离子，硫酸根离子在厌氧条件下会转化成具有臭鸡蛋味的硫化氢；废纸板和废木材在厌氧条件下可溶出木质素和单宁酸并分解生成挥发性的有机酸。

（4）破坏土壤

堆放建筑垃圾对土壤的破坏是极其严重的。露天堆放的城市建筑垃圾及其渗沥液会改变土壤的物质组成和结构，降低土壤的生产力。有些建筑垃圾中甚至含有重金属，在多种环境因素作用下重金属会发生迁移转化，使得周围土壤中重金属含量升高，从而有可能通过食物链传播进入人体，破坏人类身体健康。

（5）影响市容

目前我国建筑废弃物的综合利用率很低，大部分建筑垃圾都是被施工单位直接运往郊外或乡村，采用露天堆放或简易填埋的方式进行处理。工程建设过程中未能及时转移的建筑垃圾往往成为城市的卫生死角，混有生活垃圾的城市建筑垃圾如不能进行适当的处理，一旦遇到雨天，脏水污物四溢，恶臭难闻，往往成为细菌的滋生地。而且建筑废弃物运输大多采用非封闭式运输车，随意穿梭在城市道路中，不可避免地引起运输过程中的废弃物遗撒、粉尘和灰砂飞扬等问题，严重影响了城市的容貌和景观。可以说城市建筑垃圾已成为损害城市绿地的重要因素，是市容的直接或间接破坏者。

### 8.1.3　建筑垃圾处理现状

#### 1. 国内建筑垃圾的处理现状

我国大中城市建筑垃圾的处理处置形势还比较严峻。尤其在绝大多数中小城镇还刚刚起步。许多地区的建筑垃圾未经任何处理便被施工单位运往郊外或乡村，采用露天堆放或填埋的方式进行处理，不但侵占了宝贵的土地资源，耗用了大量的征地费、垃圾清运费等建设经费，而且浪费了大量宝贵资源，并且在清运和堆放过程中遗撒和粉尘、灰砂飞扬等问题又造成了严重的环境污染。随着我国人口、社会和经济建设的快速发展，建筑垃圾的产量逐年增多，由此而引发的环境问题日渐突出。有人预测，我国每年的房屋施工面积已超过 6.5 亿 $m^2$，到 2010 年，中国城镇有一半的房子是 20 世纪建造的，这些房子折旧建新时所产生的建筑垃圾量将达到 5 亿～7 亿 $m^3$，这是一个令人震撼的数字！据不完全统计，海口在建的建筑项目大大小小有近 200 处，每天产生的建筑垃圾可达 600t；武汉一年产生的建筑垃圾高达 1000 多万 t，北京每年产生的建筑垃圾在 300 万 t

以上。我国建设部城建司负责人指出，"随着城市建设的加快，建设量的增大，城市建筑垃圾的数量也急剧增加，目前年生产量已经达到了 7 亿 t，是城市生活垃圾的 5 倍。"这么多的建筑垃圾给人类生存环境和人们的生活来了什么影响？这可用五句话来概括：侵占土地资源、浪费建设资金、积压再生资源、破坏生态环境、影响人类健康。

针对我国城镇建筑垃圾综合利用处理起步较晚的严峻形势，现在国家已经采取了相应的措施：一是加强了管理工作。2003 年国家有关部门出台了《城市建筑垃圾和工程渣土管理规定》，2005 年 3 月国家建设部即正式颁布了《城市建筑垃圾管理规定》，对于城市建筑垃圾的管理和处理处置起到了积极的推动作用。二是加快了建筑垃圾资源化综合开发的力度，许多高校、科研院所与企业联合正在开展建筑垃圾综合利用的试验与产品的推广应用工作，探索建筑垃圾资源化、产业化的新路子。三是积极推行墙体材料改革。国家强制性的推行新型墙体材料取代实心黏土砖，并逐步向着清洁生产、节约资源、降低能耗、减少污染、实现循环经济的主体方向发展。为了淘汰实心黏土砖，国务院办公厅［1999］72 号文件，住房和城乡建设部、国家经贸委、国土资源部、国家质量技术监督局、农业部等［1999］295 号文件明确规定，自 2000 年 6 月 1 日起，人均耕地 0.8 亩以下的 170 个大中城市，率先在住宅建筑中禁止使用实心黏土砖瓦，限时截止期限为 2003 年 6 月 30 日。为进一步落实此项工作，国家发改委、住房和城乡建设部、国土资源部和农业部于 2004 年 3 月联合下达了《关于进一步做好禁止使用实心黏土砖工作的意见》；广西壮族自治区 2003 年 2 月 1 日开始实施《广西壮族自治区发展新型墙体材料管理办法》。国务院 2005 年下发国发办［2005］33 号文件《国务院办公厅关于进一步推进墙体材料革新和推广节能建筑的通知》，推动第二批城市禁止使用实心黏土砖。国家通过立法等手段颁布了一系列的法律、法规控制实心黏土砖的使用，倡导和鼓励发展新型墙体材料。国家关于墙体材料改革的政策，大大地促成了将建筑垃圾开发成新型墙体材料的试验研究，近年来已取得了不少研究成果，各类垃圾砖纷纷面世。我国不少城市在建筑垃圾砖产业化方面已经初见成效。据报道，进入 21 世纪后，我国一些城市在开展建筑垃圾资源化方面已取得了初步成效，现简介于下。

1）上海已建成了全国最大的建筑垃圾制砖基地，上海首家、全国最大的建筑垃圾制砖厂，已经落户嘉定区祝家村，开始"吃"进渣土，"吐"出砖块。

2）武汉市用建筑垃圾变废为宝制成建筑砖材，占地 700 多亩、日处理 1000t 建筑垃圾的武汉市锅顶山建筑垃圾综合处理厂即将开工。

3）由天津瑞祥科技发展有限公司与天津市环卫工程设计研究所、天津市建筑科学院合作研制开发的垃圾制砖技术已于 2005 年通过鉴定，以该项技术为依托的天津市南开区垃圾资源化处理工程项目即将上马，拟建规模为日处理垃圾 300t 的生产线，年产彩色路面砖 200 多万 m²，预计可实现年产值 5000 余万元，创利税 1000 余万元，设备运行当年可收回投资。项目完成后，天津市南开区的垃圾将得到零排放处理。

4）沈阳市东北金城建设股份有限公司与外商合资，拟在沈阳市周边建 4 座建筑垃圾处理厂，各厂占地 100 亩，年处理建筑垃圾 30 万 m³，生产系列建筑垃圾混凝土砌块 25 万 m³ 的建筑垃圾处理中心。

5）江苏泰州市建设工程质量检测中心用建筑废渣生产多孔砖，其原料除了利用建筑废渣外，还配以青石粉，水泥用量较大，工艺为振捣成型、自然养护，其特点是工艺过程耗能低、但设备振动噪声大，且砖的密度大（2070～2360kg/m³），质重，成本较高。该砖抗压强度可以按配比达到 MU10、MU7.5、MU5.0、MU3.0 四个等级强度，目前处于生产应用的初级阶段，示范应用建筑物承重结构和非承重结构内外墙。

6）兰州市 2003 年利用城市建筑垃圾生产新型轻质复合保温砌块，其原料利用了建筑废渣和废弃塑料泡沫，工艺为振动挤压工艺，为低能耗制造工艺和生产技术，其技术成熟，并推广应用，砌块密度低（600～800kg/m³）、轻质，且具一定的保温效果，但其抗压强度较低，为 MU3.5，仅适合做框架结构的内外填充墙和围护结构，适用范围有限。2003 年被科技部、国家质检总局、国家环保局等五部委认定为"国家重点新产品"。目前正在生产应用阶段。

7）石家庄市在东部开发区建成了"现代循环经济"的建筑垃圾处理厂。建筑垃圾经过破碎、筛选、配料、挤压一条龙工艺处理后，变成了新型的建筑"环保砖"。从 2000 年起，河北富华康土特环保有限公司开始建设该厂，经过一年多的紧张建设，终于投产成功，并通过了省级鉴定。富华公司共有生活和建筑两个垃圾处理厂，全部采用世界一流工艺和美国'康土特'公司的技术，设备由该公司消化、改革后变成了'中国制造'的成套设备，并和国内外很多公司签订了供应合同。目前，建筑垃圾处理厂采用了该市天同集团先进的液压制砖设备，平均两秒钟生产一块砖，由于质量好、价格廉（每块仅 0.07 元，现市场红砖每块 0.12 元），很多客户早已交了订购款。据介绍，该公司共投资 1.3 亿元建设了日处理 1600t 垃圾的两个厂：日处理 1000t 的生活垃圾厂和日处理 600t 的建筑垃圾厂。

综上所述，从各地综合处理建筑垃圾的实例再次提示人们，"建筑垃圾"首先是一种可再生利用的资源，然后才是垃圾，建筑垃圾资源产业化必将成为发展的大势所趋。

从我国所开展的建筑垃圾资源化利用的试验研究范畴可看出，目前的开发利用领域主要集中在免烧新型墙体材料——建筑垃圾混凝土砖的制造方面，如建筑垃圾混凝土多孔砖、环保节能多孔砖、粉煤灰砖等。这与我国大力推行墙体材料改革的政策导向是完全相吻合的。

尽管上述一些城市在建筑垃圾资源化的试验研究和推广应用方面开展了一系列工作，并取得了明显的成果，但事物的发展是不平衡的，全国大多数城市还没有引起足够的重视，并且认为"建筑垃圾一埋了事"。因此，提高对建筑垃圾处理重要性的认识，加大对建筑垃圾资源化处理的力度和加强科学管理已经成为当务之急。

众所周知，建筑行业一方面为人类创造了一个良好的生存环境，同时建筑业也破坏了生态和环境。建筑业是资源消耗大户，实质上建筑物本身就是矿产资源的重新组合。从矿产资源到建筑材料，从建筑材料到建筑物，直至建筑物投入使用，每一个阶段都要消耗大量的资源。以广东为例，仅每年新建住宅的建筑面积就达 3000 多万 m²，1m² 建筑物需要的建筑材料超过 1t，3000 多万 m² 的建筑面积，需要的材料超过 4000 多万 t。4000 多万 t 的材料需要开采大量的黏土矿产资源，而且还需要经过各个环节的筛选和运输。有限的资源面对无限的日益膨胀的需求，如果不能未雨绸缪，总有一天会陷入资源枯竭的地步。充分利用建筑垃圾无疑是解决这一矛盾的最好的途径之一。将建筑垃圾加以循环利用，可以大量减少开采矿产资源，减少对生态环境的破坏，不但节约了资源，而且保护了环境。因此，把建筑垃圾全部当成垃圾处置是资源的最大浪费，建筑垃圾的处理一定要走资源循环的道路。

在建筑垃圾的循环利用中是否需要大量的投资？这就要看如何开发利用了。根据经验，要建立一个建筑垃圾回收利用的简略处理场，投入并不大，技术要求也不高，初始阶段，只要在城市的郊区租用一块场地，购置一台碎石机，再雇上几名工人，总共投资只需要几十万元，就可以开工运作。若要建立一个现代化高科技多产品的建筑垃圾综合开发利用的处理场，技术要求高，设备也多，投入可能要上千万元。

总之，要想推动建筑垃圾回收利用，不但需要投资者有这方面的意识，还需要各个方面的关注和支持。建筑垃圾回收利用利国利民，政府不但要加大宣传的力度，还要在政策上加以鼓励和扶持，同时还需要建筑材料消费者更新观念，积极、大胆地使用建筑垃圾回收之后生产的产品，共同为建筑垃圾回收利用创造一个良好的社会氛围和市场氛围，为建筑垃圾找到一个真正的出路。

中华人民共和国人民代表大会于 1995 年 11 月通过了《城市固体垃圾处理法》，随即住房和城乡建设部于 1996 年就颁布了《城市建筑垃圾管理规定》，对促进建筑垃圾管理、维护良好的市容环境发挥着积极作用，有效地推动了城市建筑垃圾和工程渣土的专业管理。2000 年开始，建设部又重新修订了《城市建筑垃圾管理规定》，并于 2005 年 6 月 1 日起实施，这标志着我国对建筑垃圾处理的认识进入到了一个新的阶段。

为了提高对建筑垃圾处理重要性的认识，必须进一步加深中共中央关于坚持科学发展观和发展资源循环型和节约型社会经济理论的理解，坚持走资源循环利用之路，完成从传统的建筑原料→建筑物→建筑垃圾向建筑原料→建筑物→建筑垃圾→再生原料的循环利用模式观念的转变。

2. 国外建筑垃圾处理现状及处理技术

（1）国外建筑垃圾处理现状

世界上许多发达国家早已把资源化作为城市垃圾处理发展的重点，相关的新技术新工艺不断涌现，资源化在城市垃圾处理中所占的比例也不断增加。一些国家在建筑垃圾的再生利用方面做了大量工作，取得了较好的效果，尤其是日本、美国、德国、丹麦等工业发达国家走在了前面。如丹麦 20 世纪末就有约 80%的建筑垃圾被再生利用；日本 2000 年的建筑垃圾再生利用率达到了 90%。

1）日本。日本由于国土面积小，资源相对匮乏，因此，将建筑垃圾视为"建筑副产品"，十分重视将其作为可再生资源而重新开发利用。日本政府制定了《再生骨料和再生混凝土使用规范》后，相继在各地建立了以处理混凝土废弃物为主的再生加工厂，生产再生水泥和再生骨料，其生产规模最大的每小时可加工生产 100 吨。1991 年日本政府又制定了《资源重新利用促进法》，规定建筑施工过程中产生的渣土、混凝土块、沥青混凝土块、木材、金属等建筑垃圾，必须送往"再资源化设施"进行处理。日本对于建筑垃圾的主导方针是：①尽可能不从施工现场排出建筑垃圾；②建筑垃圾要尽可能的重新利用；③对于重新利用有困难的则应适当予以处理。

2）美国。美国政府制定的《超级基金法》对促进垃圾的回收利用起着非同小可的作用。如美国加州回收垃圾取得了明显成效。美国加利福尼亚州 1989 年通过一项减少掩埋垃圾的法律，规定全州所有县市的垃圾分类率在 2000 年底达到 50%。根据加州公布的资料，在全州 466 个城市中已有 113 个达到了 50%的指标，另有 114 个达到了 40%。洛杉矶、旧金山、圣迭戈等几个加州大城市都在 40%以上，硅谷 16 个城市平均也达到 45%。根据法律，执法不力的城市将受到每天 1 万美元的罚款，迄今已有 3 个城市受到了处罚。

美国每天产出的垃圾约为 2 亿 t，平均每人每天约 2 kg。加州有关垃圾处理的立法为美国的垃圾危机提供了一个可行的解决方案。现在许多州正在效法加州。这几年美国回收垃圾的努力已经形成了一个年产值 150 亿美元的产业。

美国在旧金山南郊建设了将建筑垃圾变废为宝的旧金山诺考尔建筑垃圾处理厂，它是一个巨大却没有窗户的长方形"神秘"建筑——1 座建筑垃圾回收处理厂，回收的是被认为几乎无法再利用的建筑垃圾。

该厂目前每天可分选近 200 卡车或约 300t 来自旧金山建筑和装修工地的建筑垃圾，年处理量超过 10 万 t。其中，钢铁等金属可以回炉，木料可以燃烧发电，纸箱可以沤制有机肥料，塑料可以再生，石膏水泥粉碎后可以筑路，因此其对建筑垃圾的回收和再利用率可达 70%，只有难以分选的 30%垃圾被当成固体垃圾进行填埋。

旧金山市所在的加利福尼亚州 15 年前通过一项环保法律，要求在 1995 年回收和利用 25%的固体垃圾，到 2000 年回收和利用 50%的固体垃圾，以减少填埋固体垃圾对环境造成的破坏。该市计划使固体垃圾的回收和再利用率在 2010 年达到 75%，并争取在 2020 年达到接近 100%，最终实现零填埋。目前诺考尔废物系统公司正在努力增加回收和处理建筑垃圾的能力，并提高建筑垃圾回收的比重。

美国的 CYCLEAN 公司采用微波技术，可以 100%的回收利用再生旧沥青路面料，其质量与新拌沥青路面料相同，而成本可降低 1/3，同时节约了垃圾清运和处理等费用，大大减轻了城市的环境污染；对于已经过预处理的建筑垃圾，则运往"再资源化处理中心"，采用焚烧法进行集中处理。

3）德国。德国西门子公司开发的干馏燃烧垃圾处理工艺，可使垃圾中的各种可再生材料十分干净地分离出来，再回收利用，对于处理过程中产生的燃气则用于发电，每吨垃圾经干馏燃烧处理后仅剩下 2～3kg 的有害重金属物质，有效地解决了垃圾占用大片耕地的问题。

从发达国家对建筑垃圾资源化这一领域的实例可看出，国外多数国家施行的是"建筑垃圾源头削减策略"，即在建筑垃圾形成之前，就通过科学管理和有效的控制措施将其减量化；对于产生的建筑垃圾则采用科学手段，使其具有再生资源的功能。

（2）国外建筑垃圾处理技术

综观国外建筑垃圾处理技术，对于废混凝土类建立再生工厂，仍以常温下的破碎—筛分—再加工回收利用为主，对于废沥青块采用冷溶回收和热溶回收法，美国已将微波技术利用在废沥青块的回收上。20 世纪末，国外发展了一种处理城市垃圾（生活和建筑混合垃圾）的新方法，被称为"生态水泥法"，简称"水泥厂法"，并认为该法处理垃圾是现代化垃圾处理的首选方法，因而成为了 21 世纪的发展方向。

国外生态水泥法处理城市垃圾使之无害化已经有 20 多年的历史，积累了丰富的经验。目前，欧美水泥工业对工业废弃物的焚烧处理正日益受到各界的重视并得到广泛推广，美国、加拿大、瑞典等欧美发达国家已经建有数百家这样的水泥厂，大大缓解了城市垃圾的压力和建设垃圾处理厂的投资。国际上把这些水泥厂生产出来的水泥称为"生态水泥"，并作为 21 世纪水泥工业的发展方向。其中，瑞典诺迪克公司（Nordic）加工各种废油和化学溶剂用作水泥窑的二次燃料。瑞士则计划在 2010 年将水泥工业处置利用二次燃料的比例提高到 60%，届时将有两三家水泥厂实现全部用二次燃料代替煤作燃料。

生态水泥法处理城市垃圾的实践表明，这一方法具有以下特点。

1）水泥法通过酸碱化合而不影响水泥质量。水泥法处理垃圾是通过高温燃烧处理垃圾，水泥窑中的碱性物质可以和城市垃圾中的酸性物质相化合为稳定的盐类，便于废气的净化处理。同时，城市垃圾中的建筑垃圾经过水泥回转窑加热，再次变为能够直接应用的资源。令治污界最为头疼的重金属和废渣加热分解后，与水泥生料一起充分搅拌、煅烧，最终固定在水泥熟料的晶体中，使有害物质不可能再扩散出来，不会对环境造成污染。经充分论证及燃烧试验的结果表明，这一处理城市垃圾的方法对水泥产品的质量没有丝毫影响。

2）水泥法通过高温焚烧可使垃圾处理无害化。从理论上讲，城市垃圾焚烧处理的条件之一是从温度上达到垃圾无害化处理的要求，即要求温度大于 1200℃，在高温区时间超过两秒，充分搅拌，特别是有毒有害废物的处理需要更高的温度。而实际上一般的垃圾焚烧炉都难以满足这个温度条件。水泥厂回转窑则能完全符合这些条件。据介绍，水泥厂回转窑内气体温度一般为 1300～1800℃，大型回转窑甚至可达到 2000℃以上，在如此高的温度下，无论是有机物还是无机物将全部被分解。窑体上方 100 多米高的烟囱把窑内空气抽走，形成负压操作，使有害气体聚在窑内不可能冒出来。同时，窑尾有严格的电收尘或袋除尘设施，若再有针对性地附加净化效率很高的尾气处理装置，就不会对环境造成污染。

3）分类利用可降低水泥生产成本。近 10 年来，随着经济发展，垃圾成分发生很大变化，纸和塑料等可燃物增加，垃圾热值明显提高。例如日本 20 世纪 60 年代垃圾热值为 800～1000kJ/kg，现在已经达到 2000kJ/kg。因此，在水泥厂一次性无害化处理城市垃圾工艺中，垃圾可以部分替代煤；焚烧后的垃圾残渣化学组成与黏土接近，又可以替代黏土最终成为水泥熟料，这样既节省能源、保护耕地，又大大降低了水泥厂生产成本。

利用水泥厂回转窑处理城市垃圾，只需要建立和完善垃圾分拣、除铁、破碎和喂料系统，而不需要建立专门的焚烧炉，不需要专门的气体净化装置，不产生废渣，真正实现了垃圾的"减量、再用、循环"的无害化处理。

根据垃圾中不同组分的物质，用于水泥厂回转窑的垃圾可分选为用作原料和燃料两部分。热值较低且其中有机物含量较低的垃圾可作为原料，热值较高的垃圾可将其粒径处理变小后，作为回转窑的部分替代燃料，直接喂入分解炉内或垂直烟道内进行燃烧。

4）综合测算处理成本低于填埋、焚烧处理法。专家们做过经济效益测算：以每天新产生城市垃圾超过 2500t 计，并以 10%的速度逐年递增，则用于处理城市垃圾的固定投资超过 5.6 亿元，每年用于处理城市垃圾的维持运行费用超过 1000 万元。如果全部采用水泥厂一次性无害化处理，需固定资产投资 1.6 亿元左右，大大低于建设垃圾堆场、焚烧处理厂和垃圾电厂所需要的费用。运营后每年可节约专门的城市垃圾处理费用 548 万元，节约燃料 80 万元，节约黏土采掘运输费 200 万元，每年的综合经济效益超过 820 万元。

国外水泥厂一次性无害化处理城市垃圾这一新技术其经验值得我国借鉴和尝试。

# 8.2　建筑垃圾资源化处理工程

生活垃圾处理已有较为成熟的处理技术，建筑垃圾的处理尚没有公认和成熟的工艺，通用的简易方法就是填埋。目前世界上很多国家已经借用生活垃圾处理的工艺方式先行对建筑垃圾进行预处理，通过预处理使其减量化和资源化。预处理包括分类收集、压实、破碎、筛分和分选，进行资源化回收，然后将无回收价值的剩余建筑垃圾进行填埋处置。

## 8.2.1　建筑垃圾的减量化

建筑垃圾减量化是指减少建筑垃圾的产生量和排放量，是对建筑垃圾的数量、体积、种类、有害物质的全面管理。

（1）建筑垃圾减量化存在的问题

1）施工工艺、施工技术的落后是产生大量建筑垃圾的主要原因。

2）缺乏对企业产生大量建筑垃圾的约束机制。

3）对建筑垃圾的资源化综合利用缺乏积极的推动措施。

（2）建筑垃圾的减量化对策

1）优化建筑设计，保证建筑物的质量和耐久性。

2）使用绿色建材，提倡构件标准化，减少建材生产过程中建筑垃圾的产生。

3）优化拆除方法，提倡源头分类，提高废旧构筑物的再生利用率。

4）加强建筑施工的组织和管理工作，减少建筑施工垃圾的产生。

5）加强建筑垃圾再生利用新技术的研发，提高建筑垃圾再生利用率，减少建筑垃圾的排放量。

综上所述，建筑垃圾的减量化在我国还有很多问题，需要引起重视，只有首先做好减量化，控制好源头，才能把资源化的工作做得更好。

## 8.2.2　建筑垃圾的资源化

建筑垃圾资源化是指采取管理和技术从建筑垃圾中回收有用的物质和能源。主要包括：建筑垃圾回填资源化和建筑垃圾回收资源化。

（1）建筑垃圾回填资源化

建筑垃圾回填资源化主要针对建筑垃圾中的渣土、碎石、碎混凝土及碎砖块等为主

（不含其他垃圾）。回填资源化对资源化技术要求较低，一般根据使用要求和标准，把渣土、碎石、碎混凝土及碎砖瓦块等建筑垃圾不经过处理或者是经过简单分类、破碎、分级等技术处理回填利用。主要用于场地平整、道路路基、基坑和洼地填充等。

（2）建筑垃圾回收资源化

建筑垃圾回收资源化是根据建筑垃圾的特点、组成、特性及种类，遵循因地制宜、就近利用、性能可靠和经济合理的原则，回收分类加工生产后形成新能源或资源，包括物质直接资源化、物质转化资源化和能量转化资源化。

物质直接资源化是对回收的建筑垃圾进行分类分拣，简单清洁加工修复处理，不改变物质性质、形态，直接再次投入使用。例如，从建筑垃圾中回收废金属、废竹木、废纸板、废玻璃、废塑料等未损坏的成型构件或家具，可通过二手交易市场等方式直接再次利用。

物质转化资源化是将建筑垃圾通过一定的深加工技术、先进设备和管理措施等，形成新物质形态再投入使用。例如，利用废旧砖块资源化技术生产再生砖，或者基层填埋料；利用砂浆或混凝土土块生产再生骨料砂浆或混凝土再生骨料；利用沥青屋面废料用作沥青路面的施工辅助材料以及用作冷拌材料等。

物质能量转化资源化有两种方式：第一，在建筑垃圾物质转化资源化过程中，对于其产生的能量用于发电或供热，比如冶炼钢材时产生大量的热能，可用于冬季供热系统；第二，对可燃性的建筑垃圾直接进行无害化焚烧，产生热能或电能。例如，建筑垃圾中的废竹木和废纸板等可直接用于发电厂发电，或供热企业供热。

### 8.2.3　建筑垃圾的处理处置技术

建筑垃圾的处理处置技术一直是国内外同仁们关注的问题。通过多年来的试验与实践，已开辟了建筑垃圾资源化的多种途径，并积累了较丰富的经验，其处理处置技术方法因建筑垃圾的不同而有所不同。归纳起来，现阶段比较流行的有两种处理处置方法：资源化综合利用处理和填埋处置方法。现就主要的两种处理处置工艺技术方法进行介绍。

1. 建筑垃圾资源化综合利用处理技术

建筑垃圾的资源化处理——综合利用工艺技术因建筑垃圾种类的不同而有不同的回收工艺方法。

（1）废木、竹材的资源化

1）废木材的废料制作新型建筑材料。目前利用木材废料制作新型建筑材料的品种有：常见的木材废料有方料、片（扁）材、碎料、刨花、锯末等。这些木材废料经预处理后，可制成下列产品。

① 拼接—粘接制成的新型建筑材料—薄木拼接制成装饰板、木地板，拼压成的层合门、窗等。粘接工艺过程为：木材预处理→接头制作→表面处理→涂胶晾置→二个接头装配→定位压紧→加热固化→卸压清理→成品。用于拼接的胶黏剂主要有环氧树脂胶黏剂、鱼胶等。

② 废弃木料作增强纤维制成树脂板，如纤维板、刨花板、木纤维波形瓦、薄锯末板等。此外，废木料、木屑还可用于生产黏土-木料-水泥复合材料。其详细的工艺流程可参考有关专著。

对于经防腐处理废木材的资源化，要采取特殊的处理方法，去除有害防腐剂后才能资源化利用。

2）废竹材的废料制作新型建筑材料。废竹材的来源有：竹林场开采时的剩余物、竹工业加工的剩余物、建筑工地淘汰的废竹材等。

通过预处理后的废竹材已加工成的产品有：竹簟篾层压板材、树脂碎料板、水泥刨花板、废竹材复合板等。限于篇幅，其工艺流程可参考有关专著。

（2）废旧建筑混凝土的资源化

利用废弃混凝土开发为再生混凝土始于第二次世界大战后的苏联、德国和日本等国。由于城镇建设的发展和废弃混凝土产量的增大，如何处理这些废弃物已成为一个迫切的问题，加上天然骨料趋于枯竭，利用废弃混凝土生产再生混凝土日益得到重视。自20世纪90年代以来，再生混凝土的利用已成为发达国家的共同课题。1995年，日本废弃混凝土的利用率为65%，2000年达到了90%；德国将再生混凝土用于公路路面，并已将80%的再生骨料用于10%～15%的混凝土工程中；此外奥地利、比利时、荷兰、法国等也进行了开发研究。我国在这一领域虽然起步较晚，但已对再生混凝土的开发利用进行了较多的试验研究，其产品也早已问世，只是目前为止还没有一套完整的规范。

根据国内外的经验，废旧建筑混凝土资源化的产品不同，其工艺过程也不同。

① 制造废渣砖、砌块。其处理工艺主要为破碎—筛分—搅拌—挤压成型—产品。

② 制造再生混凝土骨料。处理工艺主要为破碎—清洗—分级—混合（按比例）—产品。

（3）废旧道路水泥混凝土的资源化

在20世纪40年代中期，人们常用混凝土再生骨料铺筑稳定和非稳定基层，到70年代后期已广泛将再生骨料摊铺路面。目前在美国已形成了比较成熟的水泥混凝土再生利用技术，许多州已经完成了大量的混凝土再生利用项目，并计划实施更多的再生项目，其重要原因是可以降低成本。如密歇根州某些项目的骨料，现场成本节省50%～60%。所以在美国普遍认为再生技术是一个可行的重建施工方案。

在我国，道路废旧水泥混凝土的再生利用技术的研究和运用工作还刚刚起步，目前尚没有在实际工程中大规模运用。但由于我国各方面的资源紧缺和环境保护的要求，因此道路废旧水泥混凝土的再生利用在我国更具有紧迫性和必要性。

根据我国的实际情况，废旧道路水泥混凝土的再生利用可以分为现场再生技术和骨料厂再生技术。

目前，废旧道路水泥混凝土的再生利用途径如下。

1）废旧道路水泥混凝土作骨料拌制路面混凝土。

2）废旧道路水泥混凝土作路面基层材料。

3）废旧道路水泥混凝土的其他资源化途径，如利用混凝土废弃块当块石替代天然石头，用来维修、加固挡土墙等。

（4）废旧混凝土砂（渣）的资源化

废旧混凝土砂（渣）的利用途径如下。

1）混凝土工厂淤渣(或废旧混凝土砂)＋水淬矿渣＋石膏——生产再生水泥。

2）废弃混凝土作生产水泥的部分原料——生产再生水泥。

（5）废旧砖瓦的资源化

经长期使用后的废旧红砖与青砖矿物成分十分相似但含量不同，烧结时未进行反应的 $SiO_2$ 大量存在，青砖中含有较多的 $CaCO_3$，因此它们在本质上存在被利用的基础与价值。其被利用的范围如下。

1）碎砖块生产混凝土砌块。

2）废砖瓦替代骨料配制再生轻骨料混凝土。

3）破碎废砖块作粗骨料生产耐热混凝土。

4）废砖瓦的其他用途，如作免烧砌筑水泥原料、水泥混合材，再生烧砖瓦等。

（6）废旧屋面材料的资源化

资料表明，屋面废料中，有 36%的沥青，22%坚硬碎石和 8%的矿粉和纤维。这些废料均是较好的建构材料，如处理得当，可获得较好的经济效益。但应注意到，在回收利用沥青屋面废料之前，应将其中的钉子、塑料以及其他杂物清除掉。目前已知的使用范围如下。

1）回收沥青废料作热拌沥青路面的材料。

2）回收沥青废料作冷拌材料。

（7）旧沥青路面料的资源化

沥青混凝土再生利用技术就是将需要翻修或废弃的旧沥青混合料或旧沥青路面，经过翻挖回收—破碎—筛分，再和再生剂、新骨料、新沥青材料等按适当配比重新拌和，形成具有一定路用性能的再生沥青混凝土，用于铺筑路面面层或基层的整套工艺技术。

沥青混凝土的再生工艺有热再生和冷再生两种方法。这两种工艺既可以在现场进行就地再生，也可以进行厂拌再生（详见本章 8.3 节）。

（8）建筑垃圾作桩基填料加固软土地基

建筑垃圾具有足够的强度和耐久性，置入地基中，不受外界影响，不会产生风化而变为酥松体，能够长久地起到骨料作用。因此，在建筑上常用建筑垃圾（渣土）来作桩基填充料，加固软土地基。它综合了换填、强夯、挤密桩和袋装砂井等处理软土地基方法的优点，具有造价低、工期短、施工工艺简单、振动小和效果好的特点，具有较高的经济、社会及环境效益。

（9）建筑垃圾微粉的资源化

建筑垃圾微粉一般是指在建筑工地或建筑垃圾处理中心产生的粒径小于 5mm（也有指小于 0.15mm）的微小粉末。

目前除了单独将废旧混凝土微粉作细骨料拌制再生混凝土外，主要将其用于生产硅酸钙砌块和用作生活垃圾填埋场的日覆盖材料两方面。

（10）建筑废渣的资源化

这里所讲的是指建设过程中或旧建筑物维修、拆除过程中产生的混合物，主要有土、渣土、泥浆固结物、散落的砂浆和混凝土、砖石、混凝土碎块及装饰装修产生的废料等废弃物。目前对建筑废渣的处理已引起了学术界和企业界的注意，许多地方已作了不少试验研制与推广工作。但归根结底主要还是两种方案：一是就地掩埋，二是作建筑废渣混凝土砖。

建筑废渣混凝土砖的制作方法是以建筑废渣为原料，经破碎、筛分处理后作为集料加入水泥、附加剂等压制成型的一种混凝土制品，其工艺流程为原料分选→破碎→配料→搅拌→振压成型→养护→检验出厂。

综上所述，建筑垃圾资源化是大有前途的。"建筑垃圾"首先是一种潜在的资源，是可以大力开发利用的再生资源，然后才是"垃圾"再加以填埋处置。

### 2. 建筑垃圾的填埋处置技术

由于建筑垃圾具有与生活垃圾完全不同的特点，建筑垃圾的填埋处置工艺要比生活垃圾填埋处置的工艺过程要简单得多，即建筑垃圾的填埋处置工艺技术流程为收集—清运—填埋压实—终场覆盖。

由以上工艺看出，建筑垃圾的填埋过程简化了许多环节，与生活垃圾填埋在实施施工的要求上应有较大的区别。一是建筑垃圾填埋场填埋前的场地平整中，可省去地下水及渗沥液导排系统，不需要铺设防渗层；二是不需要建独特的垃圾坝。但到目前为止，国内尚未见统一的建筑垃圾填埋规范。因此，只能参照生活垃圾填埋处理的程序，建议建筑垃圾填埋场建设工程的主要内容应包括以下 7 项：①场地修整；②排水系统的布置；③填埋场地分区；④建筑垃圾的铺平压实；⑤场地的供电照明系统；⑥进场道路的修建和运输车辆的清洗设施；⑦管理场所（办公室、值班室等）建设。

# 8.3　废混凝土块和废沥青混凝土块处理的工程实例

废混凝土块和废沥青混凝土块是建筑垃圾中最常见和量最大的固体废物。本节仅以此两类固体废物的处理工程为例进行介绍。

## 8.3.1　废混凝土块的再生利用处理工程

### 1. 用废旧建筑混凝土块生产再生骨料工程实例

构成废混凝土块的混凝土一般是指以石子或碎石为粗骨架材料，砂或细砂为细骨架材料，通过与硅酸盐水泥为主体的其他类型水泥的水合物黏合硬化而制成的混凝土，密度为 2.3～2.4 t/m³。构成废混凝土块的混凝土也包括建筑上常用的密度小于 2.0 t/m³ 的轻质骨架材料混凝土和钢筋混凝土。

废混凝土块经破碎后可作为天然粗骨料的代用材料制作混凝土，也可作为碎石直接用于地基加固、道路和飞机跑道的垫层、室内地坪垫层等，若进一步粉碎后可作为细骨料，用于拌制砌筑砂浆和抹灰砂浆。

现以建设日处理 100 t 废旧建筑混凝土块的再生骨料的小型工厂为例。要求建筑垃圾产生单位在清运建筑垃圾前将废旧建筑混凝土与其他建筑垃圾分开装车，运到指定的工厂原料库堆放待用。

骨料厂区总占地 4000 m², 车间平房 1 座, 面积 3000 m²（长 150 m, 宽 20 m）, 砖混结构。

废旧建筑混凝土再生骨料生产的基本工艺流程如下: 该工艺是将废弃混凝土块经过破碎—清洗—分级—混合（按比例）成为再生骨料, 用以部分或全部代替天然骨料配制成新混凝土。再生骨料按粒径大小可分为再生粗骨料（5～40 mm）和再生细骨料（0.15～2.5 mm）。利用再生骨料作为部分或全部骨料配制的混凝土称为"再生骨料混凝土", 简称"再生混凝土"。

用废弃混凝土块制造再生混凝土的过程和天然碎石骨料的制造过程相似, 都是把不同的破碎设备、筛分设备、传送设备合理组合在一起的生产工艺过程, 其生产工艺原理见图 8.1。

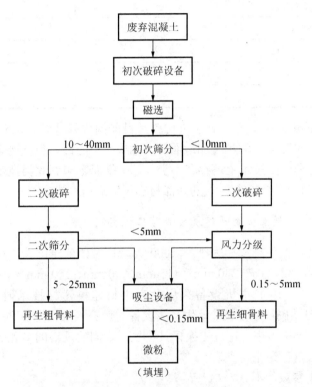

图 8.1 废弃混凝土块生产再生骨料混凝土的工艺流程

对废弃混凝土块中混杂的钢筋用磁选分离, 其他木块、塑料碎片、玻璃、建筑石膏等各种杂质, 采取措施除去, 微粉用于填埋处置。

再生骨料与天然骨料相比, 具有孔隙率高、吸水性大、强度低等特征, 目前其应用范围还较窄, 主要用来配制中低强度的混凝土。若通过改性, 则可提高其抗压强度、抗压弹性模量、抗裂性等性能。

再生骨料厂总投资 90 万元。若按生产 90t/d（以原料的 90%）计, 以 100 元/t 的价格计, 年生产日期以 300 天计, 年产 2.7 万 t, 其年产值 270 万元。

现将废旧建筑混凝土再生骨料厂所需主要设备列于表 8.2 中。

表 8.2　旧建筑混凝土再生骨料厂主要设备清单

| 序号 | 设备名称 | 规格型号 | 单位 | 数量 | 价格/万元 |
|---|---|---|---|---|---|
| 1 | 颚式破碎机 | PEF 250×400 | 台 | 2 | 9 |
| 2 | 筛分机 | 辊筒筛 | 台 | 1 | 4 |
| 3 | 球磨机 | | 台 | 2 | 8 |
| 4 | 皮带机 | | 台 | 7 | 1.5 |
| 5 | 铲斗车 | | 台 | 1 | 4 |
| 6 | 自卸车 | 8t | 台 | 2 | 60 |
| 7 | 装料斗 | | 台 | 1 | 1 |
| 8 | 吸尘设备 | | 套 | 1 | 3.5 |
| 9 | 风力分选机 | | 台 | 1 | 5 |
| 10 | 磁选机 | | 台 | 1 | 4 |
| 合计 | | | | | 100 |

用废旧建筑混凝土块生产各类建筑材料是目前国内外建筑垃圾资源化处理中最为火爆的技术方法，仅废渣砖的种类如地面砖、砌块、空心砖、免烧砖等就有十余种。但在生产设备、工艺和生产技术上还存在不少问题，因而影响到此类技术在我国的推广应用。为此，本节仅以年产 5000 万块的西江村小型废渣砖厂进行介绍。

**2. 用废旧建筑混凝土块生产建筑废渣砖工程实例**

该小型废渣砖厂的生产规模为年产 5000 万块用废旧建筑混凝土块生产的建筑废渣砖，设计有两条生产线，生产 240 mm×115 mm×90 mm、240 mm×190 mm×90 mm 等多种规格的废渣砖。生产主机设备采用北京中材建科建材技术研究所研制生产的QTY6-20 液压全自动砌块成型机。该生产线设备的优势为液压全自动一体化，成型周期短，生产效率高；一机多用，通过更换模具可生产不同的规格的多孔砖、标砖及空心砌块等多种产品；投资额适中。

生产线的基本参数如下。

1）生产能力：日产 480m³，年生产以 300 天计，年生产标准砖 5000 万块，日消化建筑垃圾约 400t。

2）厂区用地：该砖厂需用地约 12 000 m²，其中砖混结构的生产厂房 500 m²，原料、物料库 1000 m²，办公室 25×4＝100 m²，产品堆放场地 10000 m²。

3）定员：16 人，其中破碎 2 人，主机及皮带输送机 2 人，搅拌机 2 人，推车 4 人，养护码垛 4 人，管理兼供销 2 人。

4）水电：总装机容量 120 kW；平均耗电 60 kW /h，平均耗水 16t/天。

5）环保：生产过程中无废水、废渣、废气产生，符合环境保护要求。

6）QTY6-20 液压全自动砌块成型机生产线投资总额：155.5 万元。

建筑废渣砖的生产工艺流程为：材料破碎（激活）→配料→搅拌→输送→挤压成型→

码垛→养护→出厂。

　　生产建筑废渣混凝土砖的工艺路线是：从工地运回的建筑废渣中分拣出其中的废木料、废铁、废塑料等杂物，然后将建筑废渣粉碎至 8mm，加入水泥、熟石灰等胶凝材料及适量的水进行搅拌，送入压力机模具内压制成型，人工堆码到场地，自然养护 28d 后可销售出厂。

　　主要原料有：主原料有建筑废渣（包括碎砖、混凝土块、废旧砂浆等），辅料有熟石灰、水泥等胶凝材料。

　　建筑废渣砖试验车间所需主要设备见表 8.3。

表 8.3　西江村废渣混凝土砖厂主要设备清单

| 序号 | 设备名称 | 规格型号 | 单位 | 数量 | 价格/万元 |
|---|---|---|---|---|---|
| 1 | 液压全自动成型机 | QTY6-20 | 台 | 2 | 53.8 |
| 2 | 破碎机 | 型号 150×240 | 台 | 2 | 9.0 |
| 3 | 搅拌机 | JS500 双卧轴搅拌机 | 台 | 2 | 9.4 |
| 4 | 铲斗车 | | 台 | 1 | 4.0 |
| 5 | 自卸车 | 8t | 台 | 2 | 60.0 |
| 6 | 皮带输送机 | | 台 | 4 | 4.8 |
| 7 | 装料斗 | | 台 | 1 | 1.0 |
| 8 | 吸尘设备 | | 套 | 1 | 3.5 |
| 9 | 其他配套设备 | | | | 10.0 |
| 合计 | | | | | 155.5 |

　　效益分析：按设计规模为 2 条生产线，生产 240 mm×115 mm×90 mm、240 mm×190 mm×90 mm 等多种规格的废渣砖 5000 万块/年。

　　若年产 5000 万块标准砖，以桂林市目前市场价 0.20 元/块计算，年产值可达 1000 万元，可获利润 500 万元以上，经济效益较显著。

## 8.3.2　废沥青混凝土块的再生利用处理工程

### 1. 废沥青混凝土块的特点和来源

　　沥青混凝土是骨架材料与沥青的混合物，所用的骨架材料与水泥混凝土一样，也分为粗、细骨架材料。粗骨架材料是指粒径为 2.5～20 mm 的碎石头，细骨架材料则为粒径 2.5 mm 以下的砂子。所用的沥青为直馏沥青，是从石油中蒸馏取出各种各样油之后的残留物直接制成的沥青，在常温下呈固态，40～50℃时变软，达到 150℃时则变为液体，可与骨架材料混合，温度下降后又返回固态。为了满足涂覆在骨架材料表面沥青厚度的要求和混合物稳定性的要求，通常加入石粉作为填料。粗骨材、细骨材、填实和沥青的质量比为（50～70）：（20～40）：（3～8）：（5～7）。

　　废沥青混凝土块有 79% 来自于道路修补工程和上、下水管道埋设等市政工程，其余21% 来自其他工程。废沥青混凝土块的大小与废混凝土块相同，最大者直径为 50～

100 cm。路面上铺设的沥青混凝土的厚度为 5～20 cm，拆除路面时，会夹杂一些路基碎石和残留在路面上的白色路标涂料，较易分离。

**2. 废沥青混凝土块的处理工程——再生利用工艺**

重铺沥青混凝土路面前，常因拆除旧路面而产生大量废沥青混凝土。发达国家对废沥青混凝土的回收利用予以高度重视，将建筑垃圾作为建筑材料的主要来源之一加以利用。我国随着公路建设的发展，每年产生的废沥青混凝土数量也在不断增加。从目前的动向看，废沥青混凝土回收利用的主要途径是作为铺筑新沥青混凝土路面的建筑材料。

目前的回收方法主要有两种。

（1）冷溶回收法

冷溶回收法是最简陋、方便的回收处理方法，就是将经粉碎后的废沥青混凝土直接冷溶铺在欲建公路的下层，再在其上铺设新沥青混凝土路面。

（2）热溶回收法

热溶回收法是将经粉碎后的废沥青混凝土作为部分骨料掺入新沥青混凝土中，制成再生沥青混凝土。废沥青混凝土的掺入量可达 15%～50%。再生沥青混凝土的质量受废沥青混凝土的质量和掺入量的影响较大，废沥青混凝土的质量越好，可掺入的比例越大。

热溶法制备再生沥青混凝土的工艺流程如图 8.2 所示。

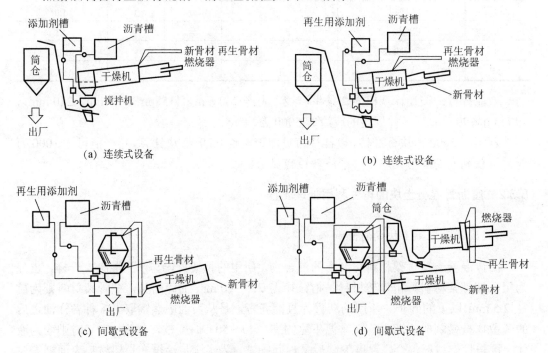

图 8.2　废沥青混凝土块再生利用工艺流程

由于制备再生沥青混凝土的加热设备和混合方式的差别可分为以下两种情况。

1）连续式干燥混合机械加热法。连续式干燥混合机械加热法是将再生骨料与新骨料一起混合加热，或者各类骨料分别加热至同一温度后再混合。完成该加热混合方式的设备有两种：一种是筒状干燥混合机械，如图 8.2（a）所示，再生骨料和新骨料同时从筒的燃烧室侧投入加热。另一种是分批式混合机械，将再生骨料与新骨料分别从辊筒中间、燃烧室侧投入加热干燥，加热至同一温度后再混合，见图 8.2（b）。

　　2）间歇式干燥混合机械加热法。间歇式（间接式）干燥混合机械加热法是将高温加热后的新骨料与常温的或经预加热后的再生骨料再一同加热的混合方式，采用分批式混合机械加热。图 8.2（c）为用高温加热后的新骨料的热量来加热常温再生骨料的再混合方法，图 8.2（d）为将再生骨料预加热至某种程度后再一同加热的混合方式。

　　无论用哪种方式加热处理，都必须严格控制沥青的加热温度，使其不变质，并能保证原料的充分混合。

# 主要参考文献

冯国伟. 2005.《城市建筑垃圾管理规定》实施手册. 北京：中国建筑工业出版社.

李海明. 2013. 我国城市建筑垃圾资源化利用研究进展与展望. 建筑技术，44（9）：795-797.

李秋义. 2001. 建筑垃圾资源化再生利用技术. 北京：中国建材工业出版社.

汪群慧. 2004. 固体废物处理及资源化. 北京：化学工业出版社.

吴贤国，李惠强. 2000. 垃圾废料作为建筑材料的综合回收利用途径. 建筑技术，31（5）：318，319.

杨慧芬，张强. 2004. 固体废物资源化. 北京：化学工业出版社.

# 第九章　农业固体废物处理工程

## 9.1　概　　述

### 9.1.1　来源、分类及特点

#### 1. 来源及分类

按照环保部 2010 年批准的《农业固体废物污染控制技术导则》（HJ 588—2010）规定，农业固体废物是指"农业生产建设过程中产生的固体废物，主要来自于农业种植业、动物养殖业及农用塑料残膜等"，具体包括农业植物性废物，指的是"农作物在种植、收割、交易、加工利用和食用等过程中产生的源自作物本身的固体废物，主要包括作物秸秆及蔬菜、瓜果等加工后的残渣"；畜禽养殖废物，指的是"畜禽养殖过程中产生的畜禽粪便、畜禽舍垫料、脱落毛羽等固体废物"；农业薄膜废物，指的是"用于农作物栽培的，具有透光性和保温性特点的塑料薄膜。可提高温度和湿度，防止霜冻或暴雨的机械损伤，促使作物提前萌发，并提高农产品产量和质量。包括棚膜和地膜两大类"。

#### 2. 特点

（1）数量极大

据估计，每年地球上由光合作用生产的生物质约 1500 亿 t，其中 11%（约 160 亿 t）是由耕地或草产生的，可做人类的食物或动物的饲料部分约占其中的 1/4（约为 40 亿 t），而这 40 亿 t 产品经加工最后供人类直接食用的仅约 3.6 亿 t，绝大部分有机物成为废物，亟待开发利用或将其转化成食品或饲料。据联合国环境规划署（UNEP）报道，世界上种植的各种谷物每年可提供秸秆 17 亿 t，其中大部分未加工利用。我国的各类农作物秸秆资源十分丰富，总产量达 7 亿多 t，其中稻草 2.3 亿 t，玉米秆 2.2 亿 t，豆类和秋杂粮作物秸秆 1.0 亿 t，花生和薯类藤蔓、甜菜叶等 1.0 亿 t。此外，我国是一个农业大国，随着农业的发展，副产品的数量也不断增加，如农作物皮壳、饼粕、酒糟、甜菜渣、蔗渣、废糖蜜、食品工业下脚料、禽畜制品下脚料、蔗叶及各种树叶、锯末、木屑等。据统计，我国每年的农作物秸秆约为 5 亿 t，稻壳 3030 万 t，薯蔓 854 万 t，花生蔓 300 万 t，甜菜渣 330 万 t，废糖蜜 402 万 t，酒糟 1 583 万 t，禽粪 7300 万 t，其中除豆饼用作高蛋白质饲料、部分农产品加工废物和作物秸秆用作饲料、少量的棉秆用于纤维板的生产、部分作物秸秆作为造纸的原料外，大部分副产品没有得到利用或没有得到充分利用。

（2）含水率高

农业种植及其农产品加工固废如秸秆和食用菌渣等含水率一般都在 60%～70%，但酒糟与糖厂滤泥含水率可高达85%左右；农业养殖废物如牛粪、猪粪等含水率更高，一般都为85%～90%。

（3）含碳量高

主要为有益有用组分，但生物降解缓慢。一般情况下，作物秸秆中碳占绝大部分，主要粮食作物水稻、小麦、玉米等秸秆的含碳量约占40%以上，食用菌渣的含碳量甚至高达60%以上。其次为钾、硅、氮、钙、镁、磷、硫等元素，均为农作物生长所必需的营养组分。但秸秆的有机成分以纤维素、半纤维素为主，其次为木质素、树脂、单宁等，生物降解非常缓慢。

（4）可综合利益潜力和价值巨大

农业固废主要成分为碳、氢、氧及钾、硅、氮、钙、镁、磷、硫等，适宜作为有机质和肥料还田，也适宜作为饲料原材料和生物质能源（沼气发酵和裂解气生产）的材料；农业固废有机成分主要是纤维素、半纤维素、木质素、树脂等，适宜作为板材加工和造纸纤维的原材料。我国人口众多、资源相对贫乏，因此，把数量巨大的农业废弃物加以充分开发利用，变废为宝，不仅可以产生巨大的经济效益，还会收到重要的环境效益和社会效益。

### 9.1.2　污染和治理情况

#### 1. 污染情况

随着我国改革开放政策与城市"菜篮子工程"的实施，各地规模化养殖业如雨后春笋蓬勃发展，为居民提供了丰富的蛋、肉、奶及其制品，繁荣了市场，满足了广大人民的生活需要，使人民的营养水平和健康水平有了显著提高，并促进了畜禽养殖业向高产优质高效发展，但同时也使畜禽养殖业脱离了种植业，成为高度专业化生产，畜禽排放的大量粪尿与养殖场的大量废水，大多未经妥善处理、处置即直接排放，对环境造成严重污染，产生极其不良的影响。根据国外资料，1头450 kg体重的肉牛每年排泄氮量达430 kg。一个具有3200头肉牛的规模化养牛场每年排放氮量达1400t/a，它相当于26万人口当量的排氮量（每人每年排氮量按5.4 kg计）。城市生活污水的$BOD_5$一般200～400 mg/L，而牛粪水$BOD_5$高达10 000～30 000 mg/L、猪粪水$BOD_5$高达16 000～30 000mg/L。畜禽养殖业废水是一般生活污水$BOD_5$值50～150倍，是一种污染十分严重的废水。

根据湖南省畜牧污染放量的资料（表9.1），近9年间湖南省主要畜禽污染五项排污指标中，以COD和BOD污染最高，其次是TP（总磷）和TN（总氮）。COD和BOD排放总量高达2 947 791.86 t和2 637 369.28 t。1999年国家环保总局调查显示：我国畜禽粪便产生总量约为19亿t，而同期全国各工业行业工业固体废弃物为7.8亿t，畜禽粪便产生量是工业固体废弃物的2.4倍，部分地区如湖南、河南、江西这一比例甚至超过4倍。城市畜禽养殖业已经成为或正在成为与工业废水和生活污水相当甚至更大的污染源。

**表 9.1　湖南省畜牧污染放量（2000～2008 年）（t）**

| 项目 | COD | BOD | NH₃-N | TN | TP |
|---|---|---|---|---|---|
| 猪粪 | 1 036 609.01 | 1 136 881.26 | 61 399.49 | 67 977.51 | 117 216.28 |
| 牛粪 | 1 213 757 | 960 434.21 | 66 952.33 | 46 201.16 | 171 100.35 |
| 羊粪 | 26 689.15 | 23 634.26 | 4 611.17 | 14 987.42 | 43 233.32 |
| 禽粪 | 257 244.98 | 273 651.49 | 27 325.13 | 30 697.9 | 56 250.9 |
| 猪牛尿 | 413 491.72 | 242 768.06 | 114 967.41 | 24 934.74 | 265 158.83 |
| 总量 | 2 947 791.86 | 2 637 369.28 | 275 255.53 | 184 798.73 | 652 959.68 |

大量研究表明，畜禽养殖场的粪尿、废水与粪尿堆置场的地面径流是造成地表水、地下水及农田污染的一大污染源。畜禽粪尿的溶淋性极强，如不妥善处理，粪尿中所含氮、磷及 BOD₅ 就会通过地表通流和土壤渗滤进入地表水体、地下水层或在土壤中积累，致使水体严重污染，土地丧失生产能力、树木枯死、绿草不生。据北京调查，一个饲养母猪 100 头、年繁殖肥猪 1500 头规模的养猪场，为堆粪侵占的土地一般为 0.3～1.0 ha，这些土地一般难以恢复使用。在上海，郊区某畜禽养殖场的粪尿未经处理流入河道，平均单位水面畜禽粪尿负荷量达 18 t/ha，最高达 360 t/ha，已成为上海人民的饮用水源的主要污染源。太湖流域环境污染调查也表明，每年排入该流域的畜禽粪尿大约相当于200 万 t 猪粪，是太湖流域最大的氮、磷及有机污染源，也是太湖富营养化的罪魁祸首。

畜禽养殖场的粪尿与废水长期堆置或排放到附近的低洼地，往往造成恶臭熏天、蚊蝇攀生，严重影响周边大气质量和居民的居住环境。畜禽粪尿在某些微生物的作用下产生氨、H₂S 等臭气。这些臭气严重地恶化了养殖场内外环境的大气质量，对畜禽业工作人员产生危害，并影响畜禽的生产性能、降低其生产力水平。北京种鸡舍的监测资料表明，其气体中 NH₃ 浓度平均高达 18 ppm，最高达 32 ppm，大大超过最适宜发挥鸡生产性能的临界 NH₃ 值，严重影响了鸡的生产力水平。

畜禽养殖场的粪尿与废水的排放还会导致有害微生物的传播。据世界卫生组织和联合国粮农组织有关资料，目前已有 200 种"人畜共患传染病"，即指那些由共同病原体引起的人与脊椎动物之间相互传染和感染的疾病，其中严重者至少有 89 种，可由猪传染的约 25 种，由鸟（含家禽）传染的约 24 种，由牛传染的约 26 种，由羊传染的约 25种，由马传染的约 13 种。这些人畜（禽）共患传染病的传播载体主要是畜禽粪尿排泄物。如国外某地畜牧场通过鼠类将猪、牛钩端螺旋体带入水库，使水库受到污染，在水库游泳的少儿及捕鱼者由此而感染了钩端螺旋体病。西方一些科学家研究报道，很多新的流感病毒都是原有的人类流感病毒和鸟类流感病毒在猪身上相互作用之后产生的。

除此之外，农业秸秆、食用菌菌渣以及农产品加工产生的有机废物如不及时处理处置，也会造成类似的水环境污染、大气污染，并影响农村环境卫生。

**2. 综合利用与治理情况**

**（1）畜禽粪便**
畜禽粪便经发酵后就地还田作为肥料使用，是减轻其环境污染、充分利用农业资源最经济有效的措施。从我国畜禽粪便的利用情况来看，不同畜禽粪便使用差异较大。鸡粪含有的营养成分较高、含水量较低，大中型养鸡场、养鸡专业户、专业村的鸡粪都充分供给农民作为肥料，得到充分的利用。而牛粪和猪粪含水量较高，运输极为不便，在一些地区猪、牛粪随意堆放，加之畜禽粪便的产生与农业使用存在季节性差异，猪、牛粪的还田利用率较低，据对部分地区调查，一些地区的猪、牛粪还田利用率仅达30%～50%，有一半以上的粪便没有得到利用，造成了资源的极大浪费。

随着集约化畜禽养殖的发展，畜禽粪便也日趋集中，在一些地区也兴建了一批畜禽有机肥生产厂。采用的方法有厌氧发酵法、快速烘干法、微波法、膨化法、充氧动态发酵法。目前在北京地区广泛采用快速烘干法利用鸡粪，用这种方法可以将排出的大量湿鸡粪及时进行烘干，避免了污染，减少了堆放场所，便于贮存、运输、出售。及时烘干的鲜鸡粪也可用于再生饲料。北京市峪口鸡场等已建成鸡粪加工厂，合计每年可生产干鸡粪1万t。上海市松江区利江有机复合肥厂自筹资金1000万元，从大江集团下属的51家禽养殖场收集鸡粪，经过发酵、高温杀菌、干燥粉碎，制成复合肥，计划形成年产5万t的有机复合肥厂。随着我国有机食品和绿色食品的发展，有机肥料的需求量也不断增加，用畜禽粪便制作有机肥具有一定的市场前景。但用畜禽粪便生产有机肥作为资源化利用所占的比例仍很低，据对上海市有机肥生产的调查，上海市商品有机肥的产量仅占畜禽粪便总量的2%～3%。

尽管畜禽粪便是十分有效的有机肥，但从当前的利用来看还不很乐观。由于农业上大量使用化肥，很多地方化肥的使用取代了传统的有机肥。特别是随着畜禽业集约化养殖迅速发展，使养殖业有机固废产生量远远大于当地种植业的有机肥需求量，因而畜禽粪便的利用率极低。据有关部门对上海郊区调查，约有25%的畜禽粪便堆放在养殖场内或粪便池中未被利用，而常被堆置在农户房前屋后，甚至堆放在河道旁，降雨时粪便随雨水到处流淌，造成了严重污染环境和资源的极大浪费。

（2）秸秆类

秸秆和野草是农村最广泛的有机资源，它们在农村被作为燃料直接燃烧、作为干饲料用于深秋、冬季和初春养殖已有数千年历史。近年来，部分秸秆被用于还田，部分被农户用于和畜禽粪便一起沼气发酵。这不仅能使大量有机质回归土壤，为居民提供清洁能源，解决我国广大农村燃料短缺和焚烧秸秆、污染大气的矛盾。秸秆和畜禽粪便发酵生产沼气可直接为农户提供能源，沼液可以直接肥田，沼渣还可以用来养鱼，形成养殖、种植、渔业紧密结合的物质循环的生态模式，并创造和开发了下列多种综合利用农业固废的物质循环型生态工程形式。

1）种植业—养殖业—沼气工程三结合的生态工程。

2）种植业—养殖业—加工业—沼气工程四结合的生态工程。

3）养殖业—渔业—种植业三结合的生态工程。

物质循环利用型生态工程使系统中的废物在农业生产过程中得到利用，从而提高了资源的利用率，预防了农业固废对环境的污染，保持了土壤中有机成分的含量，有利于农业生产的发展。研究显示，秸秆和养殖业粪便经过厌氧发酵，能使寄生虫卵和野草种子灭活，减轻土壤污染和杂草丛生。将沼渣与无机肥制成复合肥，能增加土壤有机质、TN和速效磷含量，提高土壤酶活性，使作物病害降低，减少农药施用量，提高农作物产量与质量。沼液含有 17 种氨基酸、多种活性酶及微量元素，可作畜禽饲料添加剂和植物叶面肥。

（3）食用菌菌渣

食用菌菌渣是利用棉麸、稻草、木屑等有机物料添加氮磷钾营养组分、接种菌种、生产食用菌后的废料。由于其生产食用菌后，不仅含有大量有机质以及氮、磷、钾，也含有一定量的菌丝和氨基酸，食用菌菌渣成为食用菌、生物饲料、生物有机肥生产的适宜原材料。近年来，随着人们生活水平不断提高以及人们对营养、健康食品的日益追求，城郊结合部食用菌生产规模不断扩大，而食用菌生产出菇的季节性强，菌渣的排放与农业废物利用存在时间差异，导致大宗菌渣利用困难。目前，食用菌菌渣主要被用于作花卉和果树肥料或营养土，部分被用于生产有机肥，少量被倾倒于环境中。

（4）农产品加工废物

典型的农产品加工废物有皮壳（糠）、饼粕、酒糟、甜菜渣、蔗渣与滤泥、木薯渣、食品工业下脚料（如水果榨汁后的废渣、果皮等）。这些废物源自于农产品，含有农作物生长所必需的有机质、氮、磷、钾以及微量元素，可以直接用于加工饲料，也可以作为有机肥和生物有机肥的原材料。

纵观国内外对于规模化（集约化）畜禽养殖、食用菌生产以及秸秆还田所积累的经验教训，为保证这些产业的可持续发展，应认真考虑这些产业的发展与环境保护相协调，充分利用生态技术，把饲料-养殖-废物综合利用（沼气工程）与种植等紧密结合，充分利用资源和能源，做到变废为宝、化害为利、保护环境、促进生产；加强养殖业、种植业和食品加工业等有机废物的利用、处理及处置，加强对这些废物处理处置的立法及环境管理，使其污染的发展早日得到遏止，以保护生态环境和人体身体健康，并促进其可持续发展。

# 9.2　畜禽养殖业固体废物处理工程

## 9.2.1　简述

### 1. 畜禽养殖业污染的基本概念

畜禽养殖污染是指在畜禽养殖过程中，畜禽养殖场排放的废渣，清洗畜禽体和饲养场地、器具产生的污水及恶臭等对环境造成的危害和破坏。其中，畜禽养殖废渣是指养殖场外排的畜禽粪便、畜禽舍垫料、废饲料及散落的毛羽等固体废物；畜禽养殖废水主要是指畜禽养殖过程中冲洗粪便的废水、各类畜禽尿液排泄物及其他生产过程中造成的废水；恶臭物质是指一切刺激嗅觉器官，引起人们不愉快及损害生活环境的气体物质。

### 2. 我国畜禽粪便的污染状况

改革开放 30 余年来，我国畜牧业得到了持续快速发展，主要畜禽产品产量连续 20 年以 10%左右的速度增长。1985 年和 1990 年，我国的禽蛋和肉类产量先后跃居世界第一位。1999 年我国人均占有肉类 17.3kg，超过世界平均占有水平；禽蛋 16.5kg，超过发达国家平均占有水平。2001 年畜牧业产值在农林牧渔业总产值中的比重达到了 30.4%。城市畜禽养殖业取得了举世瞩目的成就。农业部 1997 年的调查显示，全国拥有 100 家以上饲养规模超过 5000 头猪的养殖场的省（直辖市）有福建、河南、北京、安徽、山东和湖南；拥有 30 家以上饲养规模超过 400 头牛的养殖场的省份有山东和四川；拥有 50 家以上饲养规模超过 30 万只鸡的养殖场的省（直辖市）有广东、山东和上海。农业年鉴 2001 年统计数字显示，全国猪饲养总量超过 3000 万头的省（自治区）有四川、河南、湖南、广西；全国牛饲养总量超过 1000 万头的省份有河南、四川、山东；全国羊饲养总量超过 2000 万只的省（自治区）有新疆、内蒙古、河南、山东、河北。表 9.2 为我国大中型畜禽养殖场分布资料，城市集中大规模养殖非常普遍。

表 9.2　全国大中型畜禽养殖场分布情况

| 省、自治区、直辖市 | 1000～5000 头猪场/个 | 100～400 头牛场/个 | 10 万～30 万只鸡场/个 | 5000 头以上猪场/个 | 400 头以上牛场/个 | 30 万只鸡以上鸡场/个 | 合计/个 | 人口总数/万人 | 土地面积/×10⁴km² | 人口密度/（人/km²） |
|---|---|---|---|---|---|---|---|---|---|---|
| 北京市 | 746 | 40 | 218 | 125 | 12 | 47 | 1188 | 1240 | 1.68 | 738.1 |
| 天津市 | 360 | 3 | 41 | 50 | 20 | | 474 | 953 | 1.13 | 843.4 |
| 上海市 | 344 | 145 | 425 | 78 | 22 | 51 | 1065 | 1457 | 0.63 | 2312.7 |
| 重庆市 | 106 | 121 | 11 | 17 | 23 | | 278 | 3042 | 8.24 | 369.2 |
| 河北省 | 60 | 32 | 10 | 18 | 27 | 2 | 149 | 6525 | 18.77 | 347.6 |
| 山西省 | 110 | 181 | 44 | 15 | 22 | 8 | 380 | 3141 | 15.63 | 201.0 |
| 内蒙古自治区 | 2 | 1 | 26 | | 2 | | 31 | 2326 | 118.3 | 19.7 |
| 辽宁省 | 254 | 427 | 154 | 76 | 25 | 6 | 942 | 4138 | 14.59 | 283.6 |
| 吉林省 | 34 | 96 | 11 | 7 | 25 | 2 | 175 | 2628 | 18.74 | 140.2 |
| 黑龙江省 | 65 | 28 | 478 | 14 | 13 | 10 | 608 | 3751 | 45.46 | 82.5 |
| 江苏省 | 347 | 21 | 67 | 41 | 10 | 6 | 492 | 7148 | 10.26 | 696.7 |
| 浙江省 | 505 | 20 | 64 | 76 | 4 | | 669 | 4435 | 10.18 | 435.7 |
| 安徽省 | 310 | 21 | 46 | 120 | 18 | 15 | 530 | 6127 | 13.96 | 438.9 |
| 福建省 | 650 | 25 | 8 | 226 | 19 | 11 | 949 | 3282 | 12.14 | 270.3 |
| 江西省 | 1586 | 380 | 37 | 77 | 9 | | 2089 | 4150 | 16.69 | 248.7 |
| 山东省 | 235 | 144 | 275 | 112 | 32 | 97 | 895 | 8785 | 15.67 | 560.6 |
| 河南省 | 250 | 90 | 176 | 150 | 25 | 10 | 701 | 9243 | 16.7 | 553.5 |
| 湖北省 | 322 | 19 | 175 | 53 | 6 | 14 | 589 | 5873 | 18.59 | 315.9 |
| 湖南省 | 778 | 18 | 17 | 112 | 4 | 6 | 935 | 6465 | 21.18 | 305.2 |
| 广东省 | 256 | 36 | 285 | 98 | 15 | 105 | 795 | 7051 | 17.79 | 396.3 |
| 广西壮族自治区 | 78 | 7 | 21 | 4 | 3 | 2 | 115 | 4633 | 23.6 | 196.3 |
| 海南省 | | 2 | 2 | 18 | | | 22 | 743 | 3.39 | 219.2 |

| 省、自治区、直辖市 | 1000~5000头猪场/个 | 100~400头牛场/个 | 10万~30万只鸡场/个 | 5000头以上猪场/个 | 400头以上牛场/个 | 30万只鸡场以上鸡场/个 | 合计/个 | 人口总数/万人 | 土地面积/×10⁴km² | 人口密度/（人/km²） |
|---|---|---|---|---|---|---|---|---|---|---|
| 四川省 | 41 | 87 | 38 | 10 | 30 | 22 | 228 | 8430 | 48.5 | 173.8 |
| 贵州省 | 10 | 6 | 1 | | 5 | | 22 | 3606 | 17.6 | 204.9 |
| 云南省 | 27 | 6 | 16 | 4 | 5 | 2 | 61 | 4094 | 39.4 | 103.9 |
| 陕西省 | 40 | 66 | 10 | 20 | 10 | 2 | 148 | 3570 | 20.56 | 173.6 |
| 甘肃省 | 75 | 65 | 10 | 37 | 19 | 5 | 211 | 2494 | 45.4 | 54.9 |
| 青海省 | | | | | | | | 496 | 72.12 | 6.9 |
| 宁夏回族自治区 | 1 | 1 | 1 | 11 | | | 14 | 530 | 5.18 | 102.3 |
| 新疆维吾尔自治区 | | | | | | | | 1718 | 165 | 10.4 |
| 全　国 | 7592 | 2088 | 2677 | 1569 | 405 | 424 | 14755 | | | |

　　随着城市化进程的加快，城市人口的迅速膨胀和高度集中，对畜禽产品的需求极度增长，为便于运输、加工和销售，畜禽养殖场多设在城市近郊，导致养殖废弃物在城市周边产生局域集中。由于畜禽粪便体积大、肥效慢，运输、贮存、使用不便，如果将其加工处理成商品有机肥，往往价格偏高，与化学肥料在价格、肥效、运输、贮存、使用等方面都不具有可比的优势。受此因素制约，畜禽粪便往往成为废物，而在城郊结合部形成较为严重的环境污染。

　　把畜禽养殖环境污染作为一个社会问题提出来，是 20 世纪中后期的事情。随着世界人口的迅速增长、畜禽繁育和饲养科技的进步，集约化养殖在欧美、日本等发达国家得以飞速发展，养殖规模越来越大，由此产生的畜禽废弃物污染问题越来越突出。日本由于人口稠密，于 20 世纪 60 年代发生了严重的"畜产公害"，这也是首次把畜禽污染作为一个社会"公害"问题提出来。在欧洲，荷兰、比利时、德国、丹麦、法国等国畜禽养殖业发达的城市也都产生了畜禽粪尿与废水造成的严重环境危害。

　　在我国，集约化畜禽养殖业起步较晚，但发展势头十分迅猛，并呈规模化高速发展，畜禽养殖场排放的大量而集中的粪尿与废水已成为许多城市及农村的新兴污染源。城市畜禽养殖业已经成为或正在成为与工业废水和生活污水相当甚至更大的污染源，有些城市畜禽养殖业的污染负荷量已超过工业废水与生活污水的污染负荷的总和。统计年鉴数字显示，2001 年，全国畜禽的饲养量分别为猪 45 743 万头、牛 12 824.2 万头、羊 29 826.4 万只、鸡 377148.5 万羽、鸭 63587.4 万羽. 参照国家环保总局推荐的排泄系数可以计算出2001 年全国畜禽粪便的产生总量为 217 121.13 万 t，污染物 $BOD_5$ 为 3757.5 万 t，$COD_{cr}$ 为 4536.6 万 t，$NH_3\text{-}N$ 为 434.8 万 t，TP 为 220.8 万 t，TN 为 1159.1 万 t，畜禽养殖业所产生的固体废弃物和废水 $COD_{cr}$ 已经超过工业和城镇生活排污，成为不可忽视的重大污染源，见表 9.3 和表 9.4。在上海，年排放畜禽粪尿和废水量超过 1200 万 t/a，达到并超过了工业废渣（663 万 t/a）及生活垃圾（663 万 t/a）的排放总量（表 9.5）。因此，可以说畜禽粪便已成为城市中占第一位的超级排污产业。

表 9.3　2001 年全国畜禽粪便排放量（万 t）

| 粪便类型 | 粪 | 尿 | BOD$_5$ | COD | NH$_3$−N | TP | TN |
|---|---|---|---|---|---|---|---|
| 牛粪 | 93 616.7 | 46 808.3 | 2484.0 | 3183.0 | 322.5 | 129.1 | 783.6 |
| 猪粪 | 18 205.7 | 30 039.4 | 1188.4 | 1217.2 | 94.7 | 77.8 | 206.3 |
| 羊粪 | 28 335.1 | | 80.5 | 131.2 | 17.0 | 13.4 | 68.0 |
| 家畜 | 115.9 | | 4.5 | 5.1 | 0.6 | 0.5 | 1.2 |
| 合计 | 140 273.4 | 76 847.8 | 3757.5 | 4536.6 | 434.8 | 220.8 | 1059.1 |

表 9.4　2001 年全国畜禽粪便排放量与工业及城镇生活污水排放量比较（万 t）

| 项目 | 固体废物 | COD |
|---|---|---|
| 畜禽粪便 | 140 273.4 | 4536.6 |
| 工业污水 | 88 745.7 | 607.5 |
| 城镇生活污水 | | 798.0 |

表 9.5　上海郊区 10 县畜禽粪便排放量

| 畜禽粪便种类 | 排泄物量/（×10$^4$t/a） | 所占比例/% |
|---|---|---|
| 猪粪 | 518.7 | 73.1 |
| 畜禽粪便 | 96.6 | 13.5 |
| 羊与兔粪 | 9.4 | 1.3 |
| 牛粪 | 86.2 | 12.1 |
| 总计 | 710.9 | 100 |

　　由于在建设现代化养殖场时，忽略了西方国家脱离农村在城市兴办大型现代化畜牧场的经验教训。因此，大型现代化养殖场多数建在城郊，场址多选择在取水方便、水量充足的地上或地下水系沿线或交通方便的公路沿线。虽然满足了养殖场对水的大量需要，免去了修建公路的投资，方便了原料和产品的进出，却使疫病流行的机会加大了，同时靠近水源、离市区较近，这对城市水环境安全和城市居民健康构成了极大威胁。

　　**3. 畜禽养殖业废物的特点**

　　（1）畜禽养殖业废物是一种宝贵的资源

　　1）畜禽养殖业废物是一种肥料资源。畜禽粪便除含有丰富的有机物质外，还含有作物所需的大量元素如氮、磷、钾等（表 9.6），施用到农田后，对于提高土壤肥力，改善土壤结构，增强土壤持续生产能力具有重要的作用。以 1995 年为例，我国全年畜禽粪便所含的氮、磷含量分别为 1597 万 t 和 363 万 t，畜禽粪便中的氮、磷含量相当于我国同期农业生产施用化肥量的 78.9%和 57.4%，畜禽粪便可以成为我国农业生产中重要的肥力资源。

表 9.6　畜禽粪便化学成分（%）

| 粪便种类 | 水分 | N | $P_2O_5$ | $K_2O$ | MgO |
|---|---|---|---|---|---|
| 牛粪 | 80.1 | 0.42 | 0.34 | 0.34 | 0.16 |
| 牛尿 | 99.3 | 0.56 | 0.10 | 0.87 | 0.02 |
| 猪粪 | 69.4 | 1.09 | 1.76 | 0.43 | 0.50 |
| 猪尿 | 98.0 | 0.48 | 0.07 | 0.16 | 0.04 |
| 蛋鸡粪 | 63.7 | 1.76 | 2.75 | 1.39 | 0.73 |
| 肉鸡粪 | 40.4 | 2.38 | 2.65 | 1.76 | 0.46 |

2）畜禽养殖业废物是一种宝贵的饲料资源。畜禽粪便中的粗蛋白含量比畜禽采食饲料中的粗蛋白含量高 30%，畜禽粪便中含有 17 种氨基酸，其含量达 8%～10%。此外，其还含有粗脂肪、磷、钙、镁、铁、铜、锰、锌等多种营养物质（表 9.7 和表 9.8）。其中，鸡的肠道较短，对饲料的消化吸收能力差，饲料中约有 70%的营养成分未被消化吸收而排出体外，鸡粪中的粗蛋白质含量占鸡粪干物质的 25%，相当于豆饼的 57%～66%，而且氨基酸的种类齐全，并含有丰富的矿物质和微量元素，因此，经过特殊加工处理，鸡粪可以成为优质高效的饲料资源。

表 9.7　新鲜禽畜粪便的养分含量（%）

| 养分种类 | 水 | 有机质 | N | $P_2O_5$ | $K_2O$ |
|---|---|---|---|---|---|
| 鸡粪 | 50 | 25.5 | 1.63 | 1.54 | 0.85 |
| 鸭粪 | 55.6 | 26.2 | 1.10 | 1.40 | 0.62 |
| 鹅粪 | 71.1 | 23.4 | 0.55 | 0.50 | 0.95 |
| 猪粪 | 82 | 15.0 | 0.56 | 0.40 | 0.44 |
| 牛粪 | 83 | 14.5 | 0.32 | 0.25 | 0.15 |
| 马粪 | 76 | 20.0 | 0.55 | 0.30 | 0.24 |
| 羊粪 | 65 | 28.0 | 0.65 | 0.50 | 0.25 |

表 9.8　烘干鸡粪与几种常见饲料营养成分比较（%）

| 养分种类 | 粗蛋白 | 粗脂肪 | 粗纤维 | 水分 | 钙 | 磷 | 灰分 |
|---|---|---|---|---|---|---|---|
| 豆饼 | 39.97 | 16.32 | 6.30 | 9.28 | 0.28 | 0.61 | 4.51 |
| 玉米 | 9.27 | 5.80 | 5.50 | 10.50 | 0.08 | 0.44 | 5.30 |
| 麦麸 | 15.18 | 4.94 | 9.78 | 10.18 | 0.13 | 1.29 | 5.96 |
| 烘干鸡粪 | 30.32 | 4.82 | 10.62 | 4.86 | 10.01 | 2.46 | 38.64 |

由表 9.8 可以看出，烘干鸡粪中粗蛋白的含量较豆饼低，但比玉米、麦麸高；粗脂肪含量明显低于大豆，而与玉米、麦麸基本相当；钙含量明显高于表 9.9 中所列的其他常用饲料；磷含量与麦麸相当，显著高于其他饲料；水分低于所列几种饲料，粗灰分含量则高出其他饲料 8 倍左右。烘干鸡粪所含营养成分丰富，完全可以替代部分精、粗饲料和钙、磷等添加剂，可较大程度地降低饲料成本，提高经济效益，促进养殖业的发展。

3）畜禽粪便可以作为生物质能源的资源。将畜禽粪便厌氧发酵可以产生沼气，不仅能解决畜禽养殖粪便的环境污染，还能为农户提供清洁能源，解决我国广大农村燃料短缺问题，尤其是喀斯特地区的生态环境保护问题。据研究，每头猪每天排泄的粪便可产沼气量约 150～200L；每头牛每天排泄的粪便可产沼气量为 700～1200L。在一个 10 万只规模的养鸡场，收集其鸡粪进行厌氧发酵，每年产的沼气作为燃料可相当于 232t 的标准燃煤，完全能解决该养殖场的生活耗能、养猪场冬季保温以及粪便的干燥等问题。

（2）污染负荷大

饲养 1 只鸡、1 头猪、1 头牛每年所产生的污染负荷（按 $BOD_5$ 计算），其人口当量分别约为 0.5～0.7 人、10～13 人、30～35 人。1 个万头猪场的污染负荷几乎相当于一个 10 万～13 万人口的城镇。据李民（2001 年）估算，每年全国猪、牛、家禽（按鸡计）所产生的粪尿和废水的污染负荷，其人口当量约为全国总人口的 5～6 倍。

（3）污染成分复杂

畜禽养殖污染物的污染成分极为复杂，主要包括：氮、磷等水体富营养化物质；氨气、硫化氢、甲烷、甲胺、二甲基硫酸等恶臭气体；铁、锌、锰等矿物元素；铜、砷、汞等重金属物质；抗生素、抗氧化剂、激素等兽药残留物；大肠杆菌、炭疽、禽流感、布氏杆菌病、结核病等人畜共患传染病病菌。此外，还包括畜禽尸体、死胚、蛋壳等固体废弃物，焚烧疫病畜禽尸体所散布出来的烟尘等。

（4）治理难度大

畜禽养殖业污染物成分复杂、污染负荷大，难以治理，主要表现在以下几个方面。

1）畜禽养殖业废水排放量大，废水温度低。

2）冲洗栏舍的时间相对集中，冲击负荷高。

3）废水固液混杂，有机质浓度较高，黏稠度大，大气充满恶臭感。

4）畜禽养殖业属微利行业，环保投入有限。

所以，从技术经济性看，畜禽养殖业粪便含水率高，回用农田时运输、贮放、施用都十分不便；其采用接触氧化、生化曝气等污水处理方法也十分困难。

## 9.2.2　畜禽养殖业固体废物处理工程

### 1. 畜禽粪便的组成

畜禽粪便固液混杂，有机质浓度较高，其化学组分与浓度分别列于表 9.9 和表 9.10，从这些数值可以看出养殖业废物是一种污染十分严重的固液混合物。成官文、冯国杰、胡乐宁等对桂林市桂柳养鸡场鸡粪、桂林奶牛场牛粪和一些养殖场的猪粪进行了分析测试（表 9.11），结果表明，这些粪水的碳、氮、磷营养比例适宜堆肥和用于产沼气。

表 9.9　畜禽粪便的化学组分与浓度

| 项目 | 猪 | | 牛 | | 鸡粪 |
|---|---|---|---|---|---|
| | 粪 | 尿 | 粪 | 尿 | |
| TSS/（mg/L） | 216 700 | — | 120 000 | 5000 | — |
| BOD/（mg/L） | 63 000 | 5000 | 24 500 | 4000 | 65 000 |
| TN/（mg/L） | 4660 | 7780 | 9430 | 8340 | 16 300 |
| $P_2O_5$/% | 1.68 | 0.16 | 0.44 | 0.004 | 0.54 |
| $K_2O$/% | 0.14 | 0.33 | 0.15 | 1.89 | 0.85 |

表 9.10　畜禽粪便与生活污水组成对比

| 指标 | 单位 | 猪粪 | 牛粪 | 生活污水 |
|---|---|---|---|---|
| pH | | 7.8～8.1 | 7.2 | 8.1 |
| SS | mg/L | 1500～12 000 | 19 000～60 000 | 211.8 |
| 透明度 | cm | 0.7～1.0（1∶10） | 2.0～2.5（1∶5） | |
| $BOD_5$ | mg/L | 2000～6000 | 3000～8000 | 56.7 |
| COD | mg/L | 5000～10 000 | 6000～25 000 | 320.1 |
| 氯化物 | mg/L | 100～150 | | 37.1 |
| 氨氮 | mg/L | 100～600 | 300～1400 | |
| 亚硝酸盐 | mg/L | 0 | 0 | |
| 硝酸盐 | mg/L | 1.0～2.0 | | |
| 细菌总数 | 个/L | $1\times10^5$～$1\times10^7$ | $1\times10^7$ | $1.6\times10^6$ |
| 蛔虫卵数 | 个/L | 5.0～7.0 | 10～20 | |

表 9.11　畜禽粪便的组成（%）

| 粪便种类 | 水分 | 有机质 | 氮 | 磷 | 钾 |
|---|---|---|---|---|---|
| 牛粪 | 83.3 | 14.6 | 0.30～0.45 | 0.15～0.25 | 0.05～0.15 |
| 鸡粪 | 50.5 | 25.5 | 1.63 | 1.54 | 0.85 |
| 猪粪 | 90.8 | 7.8 | 0.60 | 0.19 | 0.10 |

**2. 畜禽粪便的处理工程**

规模化养殖促进了我国城乡畜禽养殖业的迅速发展，改善了人们的生活，但它也造成了养殖业与种植业的脱节，使畜禽粪便超过了局域环境承载能力，对维护生态环境良性循环十分不利。我国的实践表明，畜禽粪便的处理单纯依靠环境终端治理，在我国是行不通的，其在技术、经济、管理以及土地资源方面皆不堪承受。因此，规模化养殖业发展应从建设生态农业和保护环境的原则出发，合理地将畜禽养殖业与种植业紧密结合起来，运用生物工程技术对畜禽排泄物进行堆肥、发酵，使之综合利用，形成畜禽粪便资源的物质循环。目前，我国开发的畜禽粪便综合利用典型工程类型如下。

　　1）种植业—养殖业—沼气工程三结合的生态工程。

　　2）种植业—养殖业—加工业—沼气工程四结合的生态工程。

　　3）养殖业内部物质循环型的生态工程。

　　4）养殖业—渔业—种植业三结合的生态工程。

　　5）养殖业—渔业—林业三结合的生态工程。

　　物质循环利用是一种按照生态系统内能量流和物质流的循环规律而设计的一种生态工程系统，某一生产环节的产出（如畜禽粪尿及废水）可作为另一生产环节的投入，使系统中的废物在农业生产过程中得到利用，从而提高了资源的利用率，预防了废弃物对环境的污染，使有机成分回归土壤，从而利于农业的可持续发展。这种处理工程符合生态学原理，实现了环境、经济、社会效益的协同，成为我国畜禽养殖业可持续发展的必由之路。

　　在种植—养殖—沼气工程三结合的物质循环利用工程中，利用沼气工程将种植业和畜禽养殖业有机结合起来。例如，在桂林市恭城，1983年就将农村沼气建设列入全县农村工作的重点来抓，并在1995年初步形成了以沼气为纽带的"猪-沼-果"生态农业模式，全县共建有6万余坐沼气池、沼气入户率85%以上。畜禽养殖生产中排出的畜禽粪便进入沼气池，经厌氧发酵产生沼气，供民用炊事、照明、采暖（如温室），乃至发电；沼渣可用作培养食用菌或作农肥，用于种植业；沼液可用作优质饵料，用于喂鱼，或用作速效肥料，用于作物。

　　在养殖业—种植业—加工业—沼气工程中，将农田秸秆和粮食加工产生的米糠、鼓皮等作为饲料供给养殖场；畜禽粪便和剩余秸秆进入沼气池进行厌氧发酵；发酵后的沼渣成为养蚯蚓和培养蘑菇的好饲料；鱼塘底泥供作农田、果园的肥料；豆制品厂的下脚料用于喂奶牛和猪；鸡粪用作肥料或经生物发酵除臭后作为猪饲料等。经多样化综合利用或多级物质循环，使畜禽养殖、种植生产、加工业互相配合，相互依存，共同促进，形成一个物质循环利用有机体，并改变了农业生产结构，改善了土壤生态系统，防治了生态环境污染，实现了环境—社会—经济的协调发展。

　　（1）厌氧发酵

　　厌氧发酵主要是利用厌氧或兼性微生物以粪料中的原糖和氨基酸为养料生长繁殖，进行乳酸发酵和乙醇发酵或沼气发酵。粪料含水量较低（60%～70%）的以乳酸发酵为主，粪料含水量高（>80%）的则以沼气发酵为主。其优点是无需通气，也不需要翻堆，能耗省，运行费用低，但发酵周期长，占地面积大，脱水干燥效果差。通过厌氧生物处理，可大量除去可溶性有机物（去除率可达75%～85%），而且可杀死传染性病菌，有利于防疫。

　　参与有机物厌氧分解过程的微生物主要是产酸和产甲烷两大类菌群，在厌氧条件下这些微生物对有机物的代谢分水解、产酸和产甲烷三阶段进行。

　　第一阶段为水解阶段，在微生物胞外酶的作用下，固体有机物转化为可溶于水的物质。

第二阶段为产酸阶段，产酸菌群对水解产物进一步进行分解，将大分子有机物转化为小分子有机物，主要是一些低级挥发性脂肪酸，其中又以乙酸为主，约占 50%。

第三阶段为产甲烷阶段，甲烷菌将酸化的中间产物和代谢产物分解成二氧化碳、甲烷、氨和硫化氢。

许多实践与研究证明，通过畜禽粪便的厌氧发酵不仅能产生清洁能源，同时也能使沼液和沼渣综合利用，并改善农村或养殖场的环境卫生状况。将沼渣与无机肥制成复合肥，能增加土壤有机质、总氮、碱解氮、速效磷及土壤酶活性，使作物病害减少，因此可节约农药施用量 77.5%，提高农作物产量与质量。沼液含有 17 种氨基酸、多种活性酶及微量元素，可作畜禽饲料添加剂。在鸡粪发酵的沼渣中，含有粗蛋白 16%，粗脂肪 2.5%，钙 12%，磷 3.5%。因此，发展以沼气工程为中心的畜禽粪便处理工程，可充分利用肥、能源及营养物，具有极其显著的环境—经济—社会效益。如上海星火沼气站于 1991 年投产运行，处理 2200～2900 头奶牛的牛粪，共建有厌氧发酵塔 6 座（$6 \times 450m^3$，$V = 2700m^3$），7 座贮气罐（$7 \times 200m^3$，$V = 1400m^3$）。厌氧发酵塔为升流式混合改进型，装置每月处理牛粪 3200t，鸡粪水 7300t 及工业有机废渣 4300t，年产沼气 $147 \times 10^4 m^3/a$，COD 去除率达 80% 以上，$NH_3$-N 去除率达 90% 以上。在上海金山县浦江蛋禽公司，鸡粪经干燥后制成颗粒肥料，作农肥用，或作为鱼、猪的饲料。鸡粪水送至均化他（酸化发酵），再送入沼气池厌氧发酵，出水至氧化沟进行好氧处理，再经水生植物塘深度处理，最终入养鱼塘。在北京京华集团种禽公司，将鸡粪制成有机复合肥，年加工鸡粪 2 万 t，生产有机复合肥 3 万 t，制成适合小麦、玉米、蔬菜、瓜果、花卉及西洋参等专用有机复合肥。

（2）好氧堆肥

堆肥是在微生物的作用下通过高温发酵使有机物矿质化、腐殖化和无害化而变成腐熟肥料的过程，在微生物分解有机质的过程中，不但生成大量可被植物吸收的有效态氮、磷、钾化合物，而且又合成新的高分子化合物——腐殖质，它是构成土壤肥力的重要活性物质。

堆肥过程中微生物的活动程度直接影响堆肥的产品质量。堆肥过程的控制参数如下。

1）含水率。含水量是控制堆肥过程的一个重要参数。因为水分是微生物生存繁殖的必需物质。一般认为含水量控制在 45%～65%。

2）通气状况。通风供氧是堆肥成功的关键因素之一。堆肥需氧的多少与堆肥材料中有机物含量息息相关，堆肥材料中有机碳越多，其好氧率越大。一般认为，堆体中的氧含量保持在 8%～18%。氧含量低于 8% 会导致厌氧发酵而产生恶臭；氧含量高于 15%，则会使堆体冷却，导致病原菌的大量存活。

3）C/N 和 C/P。C/N 比和 C/P 比是微生物活动的重要营养条件。为了使参与有机物分解的微生物营养处于平衡状态，堆肥 C/N 比应满足微生物所需的最佳值 25～35，最多不能超过 40。猪粪 C/N 平均为 14，鸡粪为 8。单纯粪肥不利于发酵，需要掺和高 C/N 比的物料进行调节。磷是磷酸和细胞核的重要组成元素，也是生物能 ATP 的重要组成部分，一般要求堆肥料的 C/P 比在 75～150 为宜。

4）温度。对堆肥而言，温度是堆肥得以顺利进行的重要因素，温度的作用是影响微生物的生长。一般认为高温菌对有机物的降解效率高于中温菌，现在的快速、高温、好氧堆肥正是利用了这一点。初堆肥时，堆体温度一般与环境温度相一致，经过中温菌1～2d 的作用，堆肥温度便能达到高温菌的理想温度 50～65℃，在这样的高温下，一般堆肥只需 5～6d 即可达到无害化。过低的温度将大大延长堆肥达到腐熟的时间，而过高的堆温（>70℃）将对堆肥微生物产生有害影响。

5）酸碱度。酸碱度对微生物活动和氮元素的保存有重要影响。微生物的降解活动，需要一个微酸性或中性的环境条件。一般要求原料的 pH 为 6.5。好氧发酵有大量铵态氮生成，使 pH 升高，发酵全过程均处于碱性环境，高 pH 环境不利影响主要是增加氮素损失。工厂化快速发酵应注意抑制 pH 的过高增长。

（3）外接菌剂快速堆肥

外接菌剂快速堆肥一般采用从土壤和堆肥中分离出来的各种有益微生物作为微生物接种剂，如高温菌、中温菌、放线菌和真菌等。用于生物有机肥生产的菌种，首先必须具备对固体有机物发酵的性能，即能通过发酵作用使有机废物腐熟、除臭、干燥。目前用于固体有机腐物发酵的菌种有丝状真菌（fialrnentous fnugi）、担子菌（basidiomycetes）、酵母菌（yeasts）和放线菌（actinomycetes）等。在实际生产中常采用复合微生物发酵剂，包括：适用于原料降解腐熟去臭的菌，如纤维分解菌、半纤维分解菌，尤其是木质素分解菌以及高温发酵菌、固氮微生物、解磷微生物、芽孢杆菌等。由于大量接种微生物，使得堆肥发酵过程大大加快，尤其是在微生物作用下的高温发酵过程。微生物接种剂好气性高温堆肥是由群落结构演替非常迅速的多个微生物群体共同作用而实现的动态过程，在该过程中每一个微生物群体都有在相对较短时间内适合自身生长繁殖的环境条件，并且对某一种或某一类特定的有机物质的分解起作用。研究表明，由细菌、真菌和放线菌三类微生物等多种有益菌组成的微生物群体，它们在生理活动和新陈代谢中产生多种酶和活性物质，因此增强了其对难溶矿质元素、纤维素等的分解能力。单一的细菌、真菌、放线菌群体，无论其活性多高，在加快堆肥化进程中作用都比不上多种微生物群体的共同作用。

外接菌剂快速堆肥过程类似普通堆肥，其堆肥过程中微生物的活动程度及其控制参数基本与普通好氧堆肥相同。

外接菌剂快速堆肥的产品叫生物有机肥。生物有机肥是指采用畜禽粪便为主要原料，经接种微生物复合菌剂，利用生化工艺和微生物技术. 彻底杀灭病原菌、寄生虫卵，消除恶臭，利用微生物分解有机质，将大分子物质变为小分子，然后达到除臭、腐熟、干燥的目的，制成具有优良物理性状，碳氮比适中、肥效优异的有机肥。生物有机肥属于生物肥料，它与其他有机肥的有机质、氮、磷、钾等主要肥料成分基本相似，但其微生物和腐殖酸含量差异巨大，肥料的作用机理也与普通有机肥有所差异。生物有机肥的微生物主要由酵母菌、放线菌等有益微生物组成，具有糖化酶、蛋白分解酶、纤维素分解酶、蔗糖分解酶、酒精分解酶、乳糖分解酶、氧化还原酶、麦芽糖分解酶、尿素分解酶等，能分解、催化有机质，加速纤维素、半纤维素等纤维质废弃物的降解，积累好气性微生物，显著增加土壤好气性微生物的总量和有机质含量，抑制或降低寄生性微生物的比例，改善土壤微生态环境，减少农作物病虫害，活化并促进植物对肥料和土壤中营养元素的吸收，提高氮磷钾的利用率和有效转化率，从而减少主要无机营养组分的补充量，降低农业生产成本，提高农产品品质，保护生态环境，实现土地持续利用。生物有机肥在微生物发酵过程中产生大量抗生素、生物激素及活性物质，如赤霉素、叶酸和泛酸等，因而生物有机肥具有促进农作物抵抗病虫害、促进果实膨大、改善农产品品质的作用。

传统的自然堆肥法不仅耗时长，而且发酵温度也不高，难以杀灭粪中所含的大量杂草种子和虫卵病菌，且肥效较生物有机肥差距较大。因此，国内外对外接菌剂快速堆肥均给予了极大的关注。如 Ichida 等认为用羽毛降解菌可以加快畜禽废物的降解进程，电镜扫描结果表明，接种细菌比不接种细菌的处理角蛋白降解更完全。在国内，用鸡粪、稻壳和猪粪堆肥，添加质量分数为 0.5%的快速发酵菌剂，能显著缩短发酵时间，一般堆制 14～21d 即达到要求。成官文、冯国杰采用外接菌剂对鸡粪、食用菌菌渣、牛粪等进行快速发酵，发现：①堆肥前期有机质降解较快，后期有机质的降解较为缓慢。②堆肥周期大大缩短，夏天一般 7～8d 就可完成前发酵，15d 左右就可完成后发酵；冬季前发酵和后发酵时间仅比夏天长 2～3d。③鸡粪易降解成分较多，纤维素含量低、几乎不含木质素，所以其发酵过程较牛粪和猪粪相对要快些。

生物有机肥是一种集微生物、有机、无机特性于一体的长效肥料，它具有如下特点：①具有生物、有机、无机复合作用和协调功能。生物有机肥原料以禽、畜粪便为主，富含有机、无机养分，包括 N、P、K，各种中量元素（Ca、Mg、S 等）和微量元素（Fe、Mn、Cu、Zn、B、Mo 等）以及其他对作物生长有益的元素（Si、Co、Se、Na 等）。②有抑制植物根际病原菌的能力。生物有机肥有益微生物种类多、数量大。经发酵制成的生物有机肥一般含有益微生物数亿个/g，当其用于农业种植后，能显著增加土壤好气性微生物的总量和有机质含量，抑制或降低寄生性微生物的比例，改善土壤团粒结构和土壤微生态环境，有些微生物具有拮抗某些病原微生物而产生的抑制病害作用，减少农作物病虫害，活化并促进植物对肥料和土壤中营养元素的吸收，提高作物抗旱、抗逆能力。③具有固氮、解磷和解钾功能，能提高肥料的利用率。好的生物有机肥一般含有固氮菌、解磷菌和解钾菌等功能微生物，这种肥料的使用能增加土壤中的氮素来源，能将土壤中难溶的磷、钾分解出来，转变为作物能吸收利用的磷、钾化合物，从而使作物生产环境中的营养元素供应量增加。同时，由于异养微生物、固氮菌、解磷菌、解钾菌数量的增加，氨氮的硝化作用被抑制，避免了氮素转化成硝酸盐和亚硝酸盐而流失，也防止磷和钾在土壤中淀积而钝化，使氮磷钾等肥素得到充分利用，利于提高肥料的利用率。④可产生某些植物激素和生物活性物质，促进植物生长和发育。微生物在有机物发酵过程中能产生较多植物激素，如吲哚乙酸、赤霉素、多种维生素以及氨基酸、核酸、生长素、尿囊素等生理活动物质，促进植物生理活动与生长发育。⑤改良土壤，培肥地力。生物有机肥中的有益微生物及其代谢产物能与有机质、有机酸等胶体结合在一起，有助于形成土壤团粒结构，增强土壤的物理性能；同时，微生物发酵过程中形成的多种有机酸可与钙、镁、铁、铝等金属元素形成稳定的络合物，从而减少磷、钾、镁等的固定，可明显提高这些元素的利用率。除此之外，生物肥是一种"绿色肥料"，不含人工合成的化学物质，适应发展绿色食品的要求。

（4）制作动物饲料

由于畜禽动物在消化道结构特点上的差异性，其排出的粪便中粗蛋白质含量以鸡粪为最高，干鸡粪中有 20%～35% 的未被消化的粗蛋白质，可被用作其他动物（如牛、羊、鱼、猪等）的补充饲料。

鸡粪制饲料有多种方法，如青贮、发酵、添加化学物质、脱水干燥、膨化制粒等。

青贮是一种简便易行且经济效益较高的方法，通过将鸡粪与青贮料按一定比例调配，在厌氧条件下控制含水量（40%～70%），经过 10～21d 就可完成发酵过程。青贮不仅可防止粗蛋白质的过多损失，还可将部分非蛋白氮转化成蛋白氮，并杀灭几乎所有的有害微生物。

发酵加工处理可以杀灭致病微生物和寄生虫卵，加工过程中可以不散发臭气。通过发酵处理的鸡粪养分损失较少、适口性较好。鸡粪发酵处理的方法，目前有纯鸡粪自然发酵、纯鸡粪真空发酵、鸡粪加饲料自然发酵、鸡粪加曲种（黑曲霉或放线菌曲种）等。

添加化学物质的主要目的是消灭病原菌、保存养分、提高营养价值、提高动物的适口性和采食量。可供参考试用的化学处理方法为鸡粪中添加甲醛、丙酸、醋酸、氢氧化钠、过磷酸钠或磷酸等。

脱水干燥是最常被采用的加工处理方法，脱水后的鸡粪容易保存、运输。通常干燥的方法主要有：日光晒干风干、人工加热烘干、电力干燥和微波杀菌干燥等。

膨化制粒，是将经干燥破碎后的鸡粪、固液分离后的湿鸡粪、发酵后的鸡粪，加入50%～60%饲料（含水率控制在 15% 左右），放在膨化机中进行膨化，再压制成膨化颗粒饲料。

鸡粪制备饲料应注意以下几个问题：①鸡粪制作饲料过程中应注意各种营养成分的配比，即达到国家规定的牛、猪、鱼等不同动物的饲养标准。②鸡粪制作的饲料不宜久贮，否则会降低营养。

# 9.3　农作物秸秆的综合利用

2000 年世界人口已超过 61 亿。人类为了增加食物生产，过多地使用机器、化肥、农药等，最终增加了单位耕地面积上矿物能的投入。虽然粮食产量明显提高，但能量转化食物的效率却显著降低。在人类千方百计为增加粮食生产的同时，却又有许多可以转化成人类食物的东西并没有得到应有的利用而被丢弃。据估计，每年地球上由光合作用生产的生物质约 1500 亿 t，其中 11%（约 160 亿 t）是由耕地或草地产生的，可作人类食物或动物饲料部分约占其中的 1/4（约为 40 亿 t），也就是说 75% 为废弃物。在可作人类食物或动物饲料部分的 40 亿 t 生物质中，经生产、加工最后供人类直接食用的大约仅3.6 亿 t，剩余的绝大部分生物质成为废物，有待开发利用，将其转化成食品或饲料。

据联合国环境规划署（UNEP）报道，世界上种植的各种谷物每年可提供秸秆 17 亿 t，其中大部分未加工利用。我国的各类农作物秸秆资源十分丰富，总产量达 7 亿多 t，其中稻草 2.3 亿 t，玉米秆 2.2 亿 t，豆类和秋杂粮作物秸秆 1.0 亿 t，花生和薯类藤蔓、甜菜叶等 1.0 亿 t。一般情况下，作物秸秆中碳占绝大部分，主要粮食作物水稻、小麦、玉米等秸秆的含碳量约占 40%以上，其次为钾、硅、氮、钙、镁、磷、硫等元素。秸秆的有机成分以纤维素、半纤维素为主，其次为木质素、蛋白质、氨基酸、树脂、丹宁等（表 9.12 及表 9.13）。

表 9.12　几种作物秸秆的营养成分（%）

| 种类 | N | P | K | Ca | Mg | Mn | Si |
|---|---|---|---|---|---|---|---|
| 水稻 | 0.6 | 0.09 | 1.00 | 0.14 | 0.12 | 0.02 | 7.99 |
| 小麦 | 0.5 | 0.03 | 0.73 | 0.14 | 0.02 | 0.003 | 3.95 |
| 大豆 | 1.95 | 0.03 | 1.55 | 0.84 | 0.07 | — | — |
| 油菜 | 0.52 | 0.03 | 0.65 | 0.42 | 0.05 | 0.004 | 0.18 |

表 9.13　几种作物秸秆中的有机成分（%）

| 种类 | 灰分 | 纤维素 | 脂肪 | 蛋白质 | 木质素 |
|---|---|---|---|---|---|
| 水稻 | 17.8 | 35.0 | 3.82 | 3.28 | 7.95 |
| 冬小麦 | 4.3 | 34.3 | 0.67 | 3.00 | 21.2 |
| 燕麦 | 4.8 | 35.4 | 2.02 | 4.70 | 20.4 |
| 油菜 | 6.2 | 30.6 | 0.77 | 3.50 | 14.8 |

我国是一个农业大国，随着农业的发展，副产品的数量也不断增加，如农作物枯秆、藤蔓、皮壳、饼粕、酒糟、甜菜渣、蔗渣、废糖蜜、食品工业下脚料、禽畜制品下脚料、蔗叶及各种树叶、锯末、木屑等，数量极大。在这些秸秆中，除豆饼用作高蛋白质饲料、部分农产品加工废物和作物秸秆用作饲料、少量的棉秆用于纤维板的生产、部分作物秸秆作为造纸的原料外，大部分副产品没有得到利用或没有得到充分利用。我国是个人口多、人均资源相对较少的国家，因此，把数量巨大的农业废弃物（特别是农作物秸秆）加以充分开发利用，变废为宝，不仅可以产生巨大的经济效益，还会收到重要的环境效益和社会效益。

秸秆是一种宝贵的有机肥资源。在我国，焚烧秸秆的现象仍然十分严重，不但浪费了资源，而且污染空气，甚至还会引起火灾，如成都双流机场从 1996 年开始每逢农作物收获季节都深受燃烧秸秆危害，有时机场能见度低于 400m，严重影响机场航班的正常起飞和降落，据统计 1997 年 5 月 14 日至 18 日期间，双流机场有 10 个航班无法降落，而不得不降落到其他机场，有 22 架进出港的航班延误，滞留旅客 1000 多人。1998 年 5月 13 日至 18 日又有 13 个航班被取消，67 个航班延误或受到影响，滞留旅客 8000 人。焚烧秸秆对机场能见度的影响时间也由 1997 年的 7 个小时，增加到 1998 年的 17 个小时，在国内外造成不良影响。此外，随处堆放秸秆不但占用场地，而且会堵塞道路，妨碍交通，污染水源，并严重影响农村环境卫生，因此，实行秸秆还田意义重大。当前我国秸秆利用的方式主要是还田利用、饲料化处理、作为工业生产原料和沼气发酵原料等。

### 9.3.1　秸秆还田

秸秆还田的方法分为整株还田技术、根茬粉碎还田技术和传统沤肥还田技术。

目前，经过对秸秆还田技术和配套操作规程等研究，秸秆直接还田在我国已有了一定的推广应用。在"八五"期间，秸秆直接还田技术规程研究取得了重要突破，已经制定出了包括华北、西南、长江中游区、江苏水旱轮作区和浙江三熟制种植区的麦秸、玉米秸、稻草直接翻压还田的技术规程，包括还田方式、秸秆数量、施氮量、土壤水分、粉碎程度、还田时间及防治病虫害、防治杂草等方面的技术要求，并分析了秸秆还田增产效果的作用机理。秸秆还田增产因素是多方面的，概括起来主要是养分效应、改良土壤效应和农田环境优化效应三个方面。

一些研究显示，实行秸秆还田后一般都能增产 10%以上；水稻秸秆中含硅高达 8%～12%，秸秆还田有利于增加土壤中有效硅的含量和水稻植株对硅的吸收；稻草含有机碳 42.2%，每公顷施 3 t 稻草，能提供腐殖质 379.5 kg；每公顷还田 7.5t 玉米秸秆，土壤有机碳有盈余。没有秸秆还田，0～20 cm 耕层土壤有机质则要亏损 186～264 kg/hm$^2$，约占原有机质的 0.98%～1.39%；秸秆还田后，肥土上细菌数增加 0.5～2.5 倍，瘦土上增加 2.6～3.0 倍。

此外，秸秆覆盖地面，干旱期减少土壤水的地面蒸发量，保持了耕田蓄水量；雨季缓冲了雨水对土壤的侵蚀，减少了地面径流，增加了耕层蓄水量；覆盖秸秆隔离了阳光对土壤的直射，对土体与地表稳热的交换起了调剂作用；秸秆覆盖对抑制杂草效果十分明显，其比对照减少杂草 40.6%～246%。

由于秸秆还田增加了土壤养分，特别是钾素营养；增加了土壤有机质，改良了土壤结构，容重下降，孔隙度增加；秸秆覆盖具有保墒、调温、抑制杂草生长、减轻盐碱等作用。这样就大大改善了土壤的水分、养分、通气和温度状况，优化了农田生态环境，为夺取作物高产、稳产、优质打下基础。

实践证明，秸秆还田后，土壤中氮、磷、钾养分都有所增加，尤其是速效钾的增加最明显，土壤活性有机质也有一定的增加，对降低土壤容重，增加土壤孔隙度，促进微生物的生长、繁殖，提高土壤的生物活性有重要作用。秸秆覆盖和翻压对土壤有良好的保墒作用，并可抑制杂草生长。实践证明，秸秆还田能有效增加土壤的有机质含量，改良土壤，培肥地力，特别是对解决我国氮、磷、钾比例失调的矛盾，补充磷、钾化肥不足有十分重要的意义。

### 9.3.2　秸秆饲料化

随着生产的发展、人民生活的提高，人民要求有更多的动物食品，而畜牧业的发展又受饲料的制约。目前我国人均粮食拥有量不足 400kg，难于拿出更多的粮食满足畜牧业发展的需要，必须扩大饲料来源，开发新的饲料资源。一些植物残体（纤维性废弃物）往往因其营养价值低或可消化性低，不能直接用作饲料，但如果将它们进行适当处理，能大大提高其营养价值和可消化性。具体处理方法一般有微生物处理和饲料化加工两类。

（1）微生物处理

秸秆主要为碳水化合物、蛋白质、脂肪、木质素、醇类、醛、酮和有机酸等，这些成分都可被微生物分解利用。当秸秆接种微生物发酵后，这些组分会被微生物利用而不断增殖，同时产生大量活性物质和维生素等，成为富含微生物的产品。由于微生物含有较多的蛋白质，秸秆经发酵后，会有较多蛋白质、氨基酸和维生素等，而成为饲料。

（2）饲料化加工

我国饲料化加工方法有秸秆氨化、青贮和微生物发酵贮存、压饼等，主要是利用薯类藤蔓、玉米秸秆、豆类秸秆、甜菜叶等加工制成氨化、青贮饲料，而稻草常作为草食性动物的食料。目前，我国饲料化加工处理量约 1000 万 t。秸秆作为饲料的影响因素主要是纤维素含量高，粗蛋白质和矿物质含量低，并缺乏动物生长所必需的维生素 A、维生素 D、维生素 F 等以及矿质元素，能量值很低，这对充分利用秸秆生产饲料带来较大影响，亟待寻找一条提高秸秆饲料营养价值的有效途径。20 世纪 70 年代，饲料工业开始应用酶制剂，近几年已获得广泛应用，研究也日趋强化。目前应用比较广泛而且作用明显的酶制剂包括淀粉酶、纤维酶、β-葡萄糖酶、乳糖酶、肽酶以复合酶制剂等。

秸秆氨化技术是用含氨源的化学物质（例如液氨、氨水、尿素、碳酸氢铵等）在一定条件下处理作物秸秆，使秸秆更适合草食牲畜饲用的一种方法。

秸秆氨化技术具有下列特点。

1）提高消化率。经氨化处理后，粗纤维素的消化率可提高 6.4%～11.7%，有机物质的消化率可提高 4.7%～8.0%，粗蛋白质的消化率可提高 10.6%～12.2%。

2）增加被处理秸秆的含氮量。经氨化处理后，被处理秸秆的含氮量一般增加 1～1.5 倍，相当于粗蛋白质含量提高 4%～6%。

3）提高适口性。秸秆经氨化处理后，质地变得松软，具有糊香味，牛爱吃，采食速度可提高 16%～43%，采食量提高 20%～30%。

4）提高秸秆能量价值。秸秆经氨化后，其能量价值一般可提高 80%左右。

5）提高被处理秸秆的总营养价值。经测定，秸秆氨化后总营养价值提高 1～1.78 倍，可达到 0.4～0.5 个饲料单位。也就是说，1kg 氨化秸秆相当于 0.4～0.5kg 燕麦的营养价值。

6）可以显著提高反当家畜饲料供应的稳定性。我国草原在冬、春季载畜能力很低。若无后备饲料帮助家畜越冬度春，则在冬、春季能够饲养的畜群总头数将下降。为此，应充分利用我国草原上夏、秋季生产的饲料，并用氨处理作物秸秆和其他劣质粗饲料，可以显著提高我国反刍家畜饲料供应的稳定性。

将秸秆进行氨化处理，可以提高秸秆的消化率，从而提高秸秆的营养价值。其基本原理如下。

首先，氨的水溶液呈碱性，它对秸秆的碱化作用（即氨解反应）能破坏木质素与多糖之间的脂键结合，使纤维素、半纤维素与木质素分离，将不溶的木质素变成较易溶的羟基木质素，引起细胞壁膨胀，结构（细胞之间的镶嵌物质）变得疏松，使结晶纤维素变成无定形纤维素，进而使得秸秆易于消化。其次，氨与有机物形成有机酸的铵盐，它是一种非蛋白质氮化合物，是反刍家畜瘤胃微生物的营养源。氨还可中和秸秆中潜在的酸度，为瘤胃微生物活动创造良好的环境。

近年来，一些国家将尿素作为安全的氨源用于处理秸秆。研究表明，秸秆经尿素处理可显著提高干物质消化率，可使有机物体外消化率提高 6%以上。在德国，工厂化规模的尿素处理有很大发展。压粒之前，向磨碎的秸秆加入尿素，压料时所产生的热使尿素分解成二氧化碳和氨。当温度达 133℃时，尿素完全分解，起到提高秸秆消化率的作用。在国内，许多农业科技工作者也开始了试验研究，并取得一系列的成果。1991 年，毛华明进行了"尿素和氢氧化钙处理作物秸秆提高营养价值的研究"；舒惠玲进行了"稻草尿素氨化技术研究"。1995 年，陈继富等进行了"玉米秸秆露地整秸氨化技术及喂饲效果研究"。1999 年，杨文达、毛华明等研究用尿素、氢氧化钙等复合处理秸秆，并加工成颗粒。

### 9.3.3　生产沼气

　　沼气是由生物质和有机质如秸秆、畜禽粪便等经微生物发酵产生的一种可燃性混合气体，其主要成分是甲烷（$CH_4$），大约占 60%，其次是二氧化碳（$CO_2$）大约占 35%，此外还有少量其他气体，如水蒸气、硫化氢、一氧化碳、氮气等。不同条件下产生的沼气，成分有一定差异。例如人粪、鸡粪、屠宰废水发酵时，所产沼气中的甲烷含量有时可达 70%以上，农作物秸秆发酵所产沼气的甲烷一般为 55%左右。沼气发酵过程中除产生沼气外，还产生其他一些物质，这些物质的种类、浓度变化较大，它们存在于发酵料液中，这些物质通常均可作为农业肥料或饲料，对农业生产有很好的作用。目前，我国农村沼气无论是在建池数量还是在技术水平上都处于世界领先水平。

　　沼气发酵是由多种微生物在绝氧条件下分解有机物实现的。通常把参与沼气发酵的微生物分为三类。第一类叫发酵细菌，包括各种有机物分解菌，它们通过分泌的胞外酶，将复杂的有机物分解成较为简单的物质。例如多糖转化为单糖，蛋白质转化为甘油或氨基酸，脂肪转化为甘油和脂肪酸；第二类叫产氢产乙酸菌。它们的主要作用是将前一类细菌分解的产物进一步分解成乙酸和二氧化碳；第三类细菌叫产甲烷菌。其作用是利用乙酸、氢气和二氧化碳生产甲烷。在沼气发酵过程中这三类微生物既相互协调，又相互制约，共同完成产沼气过程。

　　沼气发酵所利用的主要原料有畜禽粪便污水，食品加工业和化工废等高浓度有机废水。在农村常用农作物秸秆、畜禽粪便和豆制品加工废渣等制取沼气。常见农村沼气发酵原料产气率见表 9.14。

表 9.14　农村有机废物总固体含量及产气率

| 原料类型 | 总固体含量/% | 实验室产气率/（$m^3/kg$） | 生产实际产气率估计/（$m^3/kg$） |
|---|---|---|---|
| 稻草 | 80～90 | 0.40 | 0.30 |
| 麦草 | 80～90 | 0.45 | 0.30 |
| 玉米秆 | 80～90 | 0.50 | 0.30 |
| 高粱秆 | 80～90 | 0.40 | 0.30 |
| 人粪 | 18～20 | 0.50 | 0.35 |
| 鸡粪 | 30 | 0.50 | 0.35 |
| 牛粪 | 14 | 0.40 | 0.30 |
| 猪粪 | 18～20 | 0.45 | 0.35 |

　　农村沼气发酵原料尽管很多，但从沼气利用的角度考虑，主要为秸秆类与粪便类。粪便类分解速度相对较快，入池和出料都很方便，单独使用产气效果也很好，因而许多地方只采用粪便入池发酵。但随着农业产业化的发展，农村种植和养殖模式发生了显著的变化，家庭养猪养牛数量不断减少，沼气发酵的粪便量严重不足，秸秆作为发酵主要原材料成为必然。秸秆随农事活动批量获得，能长时间存放不影响产气。但秸秆发酵速度较慢，需要较长时间才能分解达到预期的沼气产量，且出渣较为困难，为此，入池前需要进行切短、堆沤等预处理，或和粪便一起发酵，并采用批量入池、批量出渣的方法。

　　秸秆的预处理关系到发酵的好坏。通常需要切短，以有利于产气和发酵后出料。其切后长度最好不超过 20 cm。切好的秸秆先用水发湿，大约半天后按质量 1：1：1 的比例将接种物、粪便和秸秆混合好，然后放入沼气池内。每立方米容积放秸秆（干物料）50～60 kg，秸秆在池内的堆沤时间为 2～3 d，气温较低时，可增加到四五天，堆沤时间不宜太长，以减少物料损失。

　　秸秆沼气发酵的影响因素有温度、接种物浓度、进料浓度、氧化还原电位和 pH 等。沼气发酵可在较为广泛的温度范围内进行，随着温度的升高产气速度加快。表 9.15 为不同温度条件下的产气速度。当温度为 10℃时尽管发酵了 90 d，但其产气率只有 30℃发酵 27 d 时的 59%。我国南方农村水压式沼气池池内温度一般在 8～30℃，因此，全年沼气产量在不同季节会有一定的变化。

表 9.15　温度对沼气发酵产气速率的影响

| 发酵温度/℃ | 10 | 15 | 20 | 25 | 30 |
|---|---|---|---|---|---|
| 发酵时间/d | 90 | 60 | 45 | 30 | 27 |
| 有机物产气率/（mL/g） | 450 | 530 | 610 | 710 | 760 |

　　正常沼气发酵是由一定数量和种类的微生物来完成的。若沼气池修好投料时微生物数量和种类都不够，应人工加入微生物。一般粪便中含有一定量的沼气微生物，启动时适当补充一些粪便，经过一段时间可以达到正常产气，不过浪费了时间。因此，沼气池启动时，尽可能添加足够的沼渣，接种一定数量和种类的微生物。

　　进料浓度关系到发酵浓度。在总固体含量不高于 40% 的条件下，沼气发酵都能进行，只是速度较慢；作物秸秆采用总固体浓度为 25% 时，发酵很好。农作物秸秆、非冲洗式猪舍粪便发酵时可以稀释调节，因而可以使秸秆总固体浓度控制在 25% 左右，以改善发酵效果。

　　沼气发酵需要在厌氧环境下进行。判断厌氧程度可用氧化还原电位表示。沼气发酵正常进行时，氧化还原电位一般在 $-300\sim-350$ mV。沼气发酵过程中，沼气池内的 pH 会有所升高，并维持微碱性环境，一般 pH 在 7.0～7.5。当 pH 发生下降时，应及时调整进料或采取其他措施使之恢复正常。

　　由于秸秆发酵速度慢，采用生物技术预处理秸秆技术受到高度重视。成官文、胡乐宁在常温下接种以放线菌为主的复合微生物菌对秸秆剂进行预处理小试验（兼氧发酵 4～7 d，发酵池体积 50 L，有效容积 42 L），在进料浓度基本相同的条件下，经秸秆预处理的 3 号反应器产气速率及产气量均优于纯猪粪 1 号反应器（表 9.16 和图 9.1）。

表 9.16　不同反应器填料配比

| 原料 | 3 号反应器 | | | | | 1 号反应器 | | | | |
|---|---|---|---|---|---|---|---|---|---|---|
| | 实投 /kg | 含水率 /% | 折合干重 /kg | 占总重百分比/% | 占干重百分比/% | 实投 /kg | 含水率 /% | 折合干重 /kg | 占总重百分比/% | 占干重百分比/% |
| 猪粪 | 5 | 94 | 0.30 | 1 | 4.54 | 37 | 94 | 2.22 | 3.79 | 35.52 |
| 秸秆 | 3.5 | 35 | 2.28 | 7.58 | 34.44 | — | — | — | — | — |
| 沼渣 | 10 | 80 | 4.00 | 13.33 | 60.56 | 10 | 80 | 4.00 | 6.84 | 64 |
| 菜叶 | 0.5 | 98 | 0.01 | 0.033 | 0.15 | 0.5 | 98 | 0.01 | 0.017 | 0.16 |
| 果皮 | 1.0 | 98 | 0.02 | 0.067 | 0.30 | 1.0 | 98 | 0.02 | 0.034 | 0.32 |

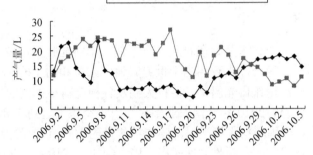

图 9.1　不同反应器中秸秆产气量曲线图

### 9.3.4　作为生产原料

秸秆较多地应用于造纸和编织行业、食用菌生产等，近年又兴起了秸秆制炭技术、纸质地膜、纤维密度板、纤维气化等处理技术。利用农作物秸秆等纤维素废料作原料，采取生物技术手段发酵生产乙醇、糠醛、苯酚、燃料油气、单细胞蛋白、工业酶制剂、纤维素酶制剂等，在日本、美国等发达国家已有深入研究和一定的生产规模，我国在这方面的研究和应用相对落后。

食用菌大都以有机碳化合物为碳素营养，许多农业废弃物或农产品加工过程中生产的废物可以作为食用菌生产的原料，如纤维素、半纤维素、木质素、淀粉、果胶、戊聚糖、醇、有机酸等。目前我国常用的有棉籽壳、稻草、麦秆、玉米秆、高粱秆、米糠、麦麸、豆秸、花生壳、甘蔗渣、莲子壳、废棉絮、锯末、木屑等。农业废弃物或农产品加工过程中生产的废物添加适量氮磷钾及微量元素后蒸煮一定时间后，即可菌种接种生产食用菌。食用菌一般是真菌中能形成大型子实体或菌核类组织并能提供食用的种类，绝大部分属于担子菌，极小部分属于囊菌。较大面积栽培的有 20 多种。我国栽培的主要有各种平菇、香菇、金针菇、白蘑菇、草菇、白木耳、黑木耳以及兼有医用价值的猴头菇、灵芝等。

在石油资源日益枯竭的今天，生物能源如生物乙醇、生物柴油、生物制氢等成为世界关注的重大技术。

美国、巴西是燃料乙醇的典范。2001 年，美国生物乙醇产量为 496 万 t，2002 年又有 10 套装置投入生产，增加生产能力 93 万 t，2003 年再增加 13 套装置，使美国生物乙醇的生产能力达到 840 万 t。目前，许多农业资源发达的国家如英国、德国、南非等均在积极发展生物乙醇生产。

美国、德国、法国、意大利等发达国家对生物柴油进行了大量地研究工作。目前，美国已有四个生物柴油工厂，生产能力达 45 万 t；德国有 8 个生物柴油工厂，2002 年生产能力达 200 万 t；法国有 7 个生物柴油工厂，生产能力达 40 万 t；意大利有 9 个生物柴油工厂，生产能力达 80 万 t。韩国在生物能源方面也开展了大量研究工作，2003 年生物柴油产量已达到 15 万 t。

# 9.4　农用薄膜污染控制

## 9.4.1　农用薄膜污染

我国于 20 世纪 70 年代末开始在农业生产上使用塑料地膜覆盖技术，目前塑料农膜产量和使用量位居世界第一，大致相当于世界其他国家总和的 1.6 倍。农用塑料薄膜主要是地膜和棚膜，广泛用作日光温室、塑料大棚及各种塑料小拱棚的覆盖材料。据《中国农业统计资料》测算，2010 年全国农业塑料地膜年销售量达到 118.4 万 t，覆盖面积达 3.5 亿亩；2011 年全国塑料大棚塑料薄膜年销售量约 100 万 t，覆盖面积达 5440 多万亩。由于农用薄膜质量较差，回收方法滞后，极大制约了我国农用薄膜回收率。目前多数农用薄膜为聚乙烯成分组成，在自然环境中，其光解和生物分解性均较差，残膜仍留在土壤中很难降解。据农业部组织的地膜残留污染调查结果表明，地膜残留污染较重的地区，其残留量在 90～135kg/hm$^2$，高者达 270kg/hm$^2$，我国农膜年残留量高达 35 万 t，残膜率达 42%。

当土壤中含废旧农膜过多时，耕作层土壤结构遭到破坏，土壤孔隙减少，土壤通气性和透水性降低，影响了水分和营养物质在土壤中的传输，使微生物和土壤动物的活力受到抑制。同时，也阻碍了农作物种子发芽、出苗和根系生长，造成作物减产。据黑龙江农垦环保部门测定，当土壤中残膜含量为每亩 3.9kg 时，可使玉米减产 11%～23%，小麦减产 9.0%～16.0%，蔬菜减产 14.6%～59.2%。新疆生产建设兵团 130 团测定，连续覆膜 35 年的土壤，种小麦产量下降 2%～3%，种玉米产量下降 10%，种棉花下降 10%～23% 连续覆膜的时间越长，残留量越大，对农作物产量影响越大，连续使用 15 年以后，耕地将颗粒无收。此外，在农膜生产过程中往往要添加一些助剂，如增塑剂磷苯二甲酸二丁酯，该物质毒性很大，对土壤造成污染同时还有明显的富集作用，会通过土壤富集于蔬菜、粮食及动物体中，人食用后会影响身体健康。这些化学助剂遇有降水或灌溉时，还会发生迁移，进而对地下水或者地表水造成污染。

## 9.4.2　废弃农用薄膜处置

废弃农膜带来的白色污染已经成为全球公害，因此对废旧农膜进行收集、处理和处置已成为当务之急。焚烧法是处理废旧农膜的最简便的方法，但是塑料燃烧会产生大量的 $CO_2$、HCl、二噁英等有毒物质，会造成二次污染；如果采用掩埋法处理，需占用大量土地，人口密集的国家难以承受，而且可能会对土壤和地下水造成污染。因此，对废弃农用薄膜进行回收和再生利用是世界各国处理农用废膜的主要方法，不仅可以解决白色污染问题，而且可以实现废物再生利用，从而实现环保利益与经济利益上的双赢。废旧农膜的回收技术总体上分为废旧农膜能源化回收和废旧农膜资源化回收两个方面。

（1）废旧农膜能源化

废旧农膜能源化的回收技术主要是把废旧农膜通过高温催化裂解，以获得低分子量的聚合单体、柴油、汽油和燃料气、石蜡等。该法不仅可以处理广泛收集的废旧农膜，同时还可以获得一定数量的新能源。废旧农膜油化技术是近年来发展起来的，据媒体报道已有多处在试生产。目前，中国石化集团公司组织开发的废旧塑料回收再生利用技术已通过鉴定，这项技术，可把废旧地膜、棚膜回收后再生为油品、石蜡、建筑材料等，既解决了环保问题，又提高了可再生资源的利用率和经济效益，为治理废旧农膜对环境造成的白色污染开辟了一条经济有效的途径。把废弃农膜经催化裂解制成燃料的技术，采用该项技术设备在连续生产的情况下，日处理废弃农膜能力强，出油率可达 40%～80%，汽柴油转化率高，符合车用燃油的标准和环境排放标准。

尽管在废旧农膜油化技术研究方面我国已取得了一定成果，但是，裂解油化技术工艺复杂，对裂解原料、裂解催化剂和裂解条件要求较高，而且投资较大，因此整体上还处于摸索推广中。这方面技术研究工作日本、美国等进行的比较多，我国中国石油大学（北京）、中国科学院大连化物所、山西煤化所等都开展烯烃类塑料热裂解催化剂的研究，并在催化裂解聚乙烯（PE）、聚丙烯（PP）等回收汽油领域取得一定的进展，但由于生产规模小，成本高，导致回收的燃油价格比市场上现有成品油还高，缺乏市场竞争力。而且，裂解催化剂的效率和寿命的提高，还有待于进行更深入的研究。

另外一种使废旧农膜能源化的回收技术就是利用其燃烧产生的热能。由于废旧农膜的热值极高，可达到 44 707～45 356 kJ，其热能回收颇具潜力，许多发达国家都已建立了专门的处理工厂。在美国已经建立了 200 余座废物能源回收工厂。在日本和德国，能量回收作为一种废塑料的处理方案正在获得效益。我国尚未有专门的塑料焚化炉，废旧塑料往往是和市政垃圾一同燃烧，如深圳引进的日本三菱重工马丁炉排放垃圾焚烧炉以及上海浦东引进的法国垃圾焚烧设备。焚化法获取能量产生蒸汽或发电的优点是可最大限度地减少对自然环境的污染，与掩埋和滞留在土壤中相比这个优点格外突出。焚烧方法省去了废旧农膜前期分离等繁杂工作，但设备投资大、成本高、易造成大气污染，因此，目前该方法还仅限于发达富裕的国家和我国局部地区。

（2）废旧农膜资源化

将废旧农膜进行燃烧来利用其热能和高温裂解回收原料油的方法，设备投资较大，回收成本高，限制了它们的应用。目前，大部分废旧农膜还是被作为原材料资源加以回收和利用。在我国，废旧农膜回收后主要用于造粒。废旧农膜加工成颗粒后，只是改变了其外观形状，并没有改变其化学特性，依然具有良好的综合材料性能，可满足吹膜、拉丝、拉管、注塑、挤出型材等技术要求，大量应用于塑料制品的生产。目前，我国有许多中、小型企业从事回收造粒，生产出的粒子作为原料供应给各塑料制品公司。

另外，废旧农膜回收后还可以生产出一种类似"木材"的塑料制品，这种用回收废旧农膜制得的"再生木材"可像普通木材一样用锯子锯，用钉子钉，用钻头钻，加工成各种用品，据测算，这种"再生木材"的使用寿命在 50 年以上，可以取代化学处理的木材，由于这种"木材"不怕潮、耐腐蚀，特别适合于有流水、潮湿和腐蚀性介质的地方代替木材制品（公园长椅、船坞组件等）。除此之外，废旧农膜回收加工后还可以用作混凝土原料和制土木材料等。

### 9.4.3　农用薄膜污染控制措施

农用薄膜的污染已经引起了国家的高度重视，环保部于 2010 年颁布的《农业固体废物污染控制技术导则》中把农用薄膜和农业植物性废物及畜禽养殖废物并列为农业固体三大废物，并对农用薄膜的概念进行了界定，提出了控制农用薄膜污染具体措施。

（1）农用薄膜的选用

农用薄膜的选用应注意以下几点。

1）选用的农膜应具有安全性、适用性、经济性的特点。

2）提倡选用厚度不小于 0.008mm、耐老化、低毒性或无毒性、可降解的树脂农膜。

3）鼓励与推广使用天然纤维制品替代塑料农膜。

（2）污染控制技术措施

1）优化覆膜技术，推广侧膜栽培技术、适时揭膜技术，降低连续覆盖年限。

一是侧膜栽培技术。将农用地膜覆盖在作物行间，作物栽培在农膜两侧，既保持土壤水分，提高了土壤温度，促进了作物生长，又不易被作物扎破地膜。待作物生长到一定阶段，即可把地膜收回，防止地膜对土壤的污染。

二是适时揭膜技术。技术要点：海拔高度不同，揭膜时间有所差异。1000m 以上的高山地区，适时揭膜可缩短到在覆盖地膜后 80 天揭膜，1000m 以下地区，可在覆盖地膜后 45 天揭膜。不同作物，适时揭膜期不同。如花生在封行期揭膜、棉花在现蕾期揭膜、玉米在大喇叭期揭膜。适时揭膜技术可缩短覆盖地膜的时间，提高地膜的回收率，减少地膜对土壤的污染，有利于农业生产的高产高效和可持续发展。

2）选用适宜的栽培种植方式，如整地时间、整地方式和起垄方式等。

3）注重废旧膜的回收和再加工利用，在手工操作的基础上，合理采用清膜机械，加强废旧膜回收利用。结合回收地膜再生加工技术，开发深加工产品，促进废旧膜回收。

（3）污染控制管理措施

1）大力推广可降解农膜的生产和使用。

2）改进农艺管理措施，有效降低农膜在土壤中的残留，减少污染。

3）开发优质农膜，提高塑料地膜的使用寿命，以利于农膜回收或重复使用。

4）加强农膜回收工作力度，不断提高回收技术水平，建立农膜回收相关办法，提高农膜的回收率。

5）加大宣传力度，提高公众对农膜残留危害的认识。

# 主要参考文献

卞有生. 2000. 生态农业废弃物的处理与再生利用. 北京: 化学工业出版社.

高定, 郑玉琪, 陈同斌, 等. 2007. 猪粪好氧堆肥过程中氧气的剖面分布特征. 农业环境科学学报, 26 (6): 2189-2194.

劳德坤, 张陇利, 李永斌, 等. 2015. 不同接种量的微生物秸秆腐熟剂对蔬菜副产物堆肥效果的影响. 环境工程学报, 9 (6): 2979-2985.

李梅, 周恭明, 陈德珍. 2004. 中国废旧农用塑料薄膜的回收与利用. 再生资源研究, (6): 18-21.

欧阳平凯, 曹竹安, 马宏建, 等. 2005. 发酵工程关键技术及其应用. 北京: 化学工业出版社.

彭训广, 王彩虹, 孙力, 等. 2010. 农用薄膜对土壤污染现状、原因与治理对策. 价值工程, (4): 83.

任南琪, 王爱杰. 2004. 厌氧生物技术原理与应用. 北京: 化学工业出版社.

杨艳, 卢滇楠. 2002. 面向 21 世纪的生物能源. 化工进展, 21 (5): 299-302.

张忠祥, 钱易. 1998. 城市可持续发展与水污染防治对策. 北京: 中国建筑工业出版社.

中国环境保护部. 2010. 农业固体废物污染控制技术导则 (HJ 588—2010).

# 第十章　特殊危险废物管理与处置

危险废物是指具有毒性、易燃性、腐蚀性、化学反应性和传染性的，会对生态环境和人类健康构成危害的废物。我国在《中华人民共和国固体废物污染环境防治法》中将危险废物规定为"列入国家危险废物名录或者根据国家规定的危险废物鉴别标准和鉴别方法认定的具有危险特性的废物"。

危险废物具有物理化学和生物特性，包括毒害性、爆炸性、易燃性、腐蚀性、反应性、浸出毒性和传染疾病性等一种或几种以上危害特性，并具有持久性、潜伏性和环境迁移性，易造成长久的、难以恢复或逆转的后果，因此国内外都把危险废物作为废物管理的重点，采取一切措施使之得到妥善处置。

## 10.1　危险废物的来源及其处置概况

危险废物具有危险废物种类多、产生危险废物企业规模小、地理和行业分布相对分散、但排放量相对集中的特点。根据 2013 年我国危险废物最新统计数据（表 10.1），全国危险废物产生量为 3156.9 万 t，比上年减少 8.9%；综合利用量为 1700.1 万 t，比上年减少 15.2%；处置量为 701.2 万 t，比上年增加 0.43%；贮存量为 810.8 万 t，比上年减少 4.3%。工业危险废物处置利用率为 74.8%，比上年下降 1.3 个百分点。

从工业危险废物产生量构成来看，产生量较大的危险废物种类为石棉废物 651.3 万 t，占重点调查工业企业的 20.6%；废酸 373.8 万 t，占重点调查工业企业的 11.8%；废碱 361.0 万 t，占重点调查工业企业的 11.4%。有色金属冶炼废物 298.3 万 t，占重点调查工业企业的 9.4%；无机氰化物废物 211.8 万 t，占重点调查工业企业的 6.7%。

表 10.1　我国近年来工业废物和工业危险废物处理处置情况一览表（万 t）

| 年份 | 产生量 | | 排放量 | | 综合利用量 | | 贮存量 | | 处置量 | |
|---|---|---|---|---|---|---|---|---|---|---|
| | 合计 | 危险废物 | 合计 | 危险废物 | 合计 | 危险废物 | 合计 | 危险废物 | 合计 | 危险废物 |
| 2009 | 203 943 | 1430 | 711 | —— | 138 186 | 831 | 20 929 | 219 | 47 488 | 428 |
| 2010 | 240 944 | 1580 | 498 | | 161 772 | 977 | 23 918 | 166 | 57 264 | 513 |
| 2011 | 326 204 | 3431 | 433 | —— | 196 988 | 1773 | 61 248 | 824 | 71 382 | 916 |
| 2012 | 332 509 | 3465 | 144 | | 204 467 | 2005 | 60 633 | 847 | 71 443 | 698 |
| 2013 | 330 859 | 3157 | 129 | | 207 616 | 1700 | 43 445 | 811 | 83 671 | 701 |
| 变化率/% | −0.50 | −8.90 | −10.33 | | 1.54 | −15.19 | −28.35 | −4.25 | 17.12 | 0.43 |

注："——"表示数字远小于规定单位。

从危险废物产生的行业分布看，产生危险废物的近 15 万家企业几乎涉及了我国所有的各个行业，其中产生危险废物企业数最多的工业行业排名顺序为非金属矿物制造业（11.23%）、化学原料及化学制品制造业（6.53%）、金属制造业（5.76%）、机械制造业（5.10%）、医疗卫生（4.77%）、纺织业（4.69%）、造纸及纸制品业（3.37%），这七个行业危险废物企业数占全国危险废物企业总数的近一半；根据 2013 年环境统计数据，我国危险废物产生量最多的工业行业排名顺序为化学原料及化学制品制造业（681.4 万 t，占总量的 21.6%）、非金属矿采选业（652.3 万 t，占总量的 20.7%）、有色金属冶炼和压延加工业（564.4 万 t，占总量的 17.9%）、造纸及纸制品业（308.0 万 t，占总量的 9.8%），这四个行业排放了我国危险废物总量的 69.9%。在上海，1100 余家危险废物产生企业分布在 39 个行业中，其中约 90%的危险废物来自化学原料及化学制品制造业（61%）、冶金（8.4%）、医药（8.3%）、金属加工、石油化工、机械、纺织等行业。

从危险废物产生的地区分布看，除西藏、青海以及香港、澳门和台湾未参加申报登记外，其他各省（自治区、直辖市）均有危险废物企业分布，其中产生危险废物企业数最多的省份（直辖市）排序是：浙江省（23.0%）、河南省（19.7%）、广东省（11.0%）、黑龙江省（6.4%）、福建省（5.0%）、江苏省（4.2%）、天津市（3.9%）、辽宁省（3.2%）、贵州省（3.1%），这九个省（直辖市）占了全国危险废物企业总数的近 80%；由于各地方经济发展和工业企业数量的不同，各省（自治区、直辖市）产生的危险废物数量也存在较大的地域差异。2012 年，全国危险废物产生量地区分布排序为山东（820.3 万 t，占危险废物产生总量的 23.7%）、新疆（444.2 万 t，占总量的 12.8%）、青海（404.3 万 t，占总量的 11.7%）、湖南（267.5 万 t，占总量的 7.7%）、江苏（208.6 万 t，占总量的 6.0%）、云南（208.0 万 t，占总量的 6.0%），这六个省（自治区）占据了全国危险废物产生总量的 67.9%（表 10.2）。

表 10.2　2012 年各省市自治区危险废物产生及处理处置情况（×10⁴t）

| 省、自治区、直辖市 | 产生总量 | 综合利用量 | 处置量 | 贮存量 |
|---|---|---|---|---|
| 北京市 | 13.41 | 4.50 | 8.91 | — |
| 天津市 | 11.47 | 3.96 | 7.51 | — |
| 河北省 | 49.18 | 27.03 | 21.91 | 0.32 |
| 山西省 | 18.53 | 13.33 | 5.09 | 0.16 |
| 内蒙古自治区 | 69.99 | 41.65 | 39.84 | 7.61 |
| 辽宁省 | 73.21 | 49.46 | 30.54 | 0.35 |
| 吉林省 | 71.21 | 67.01 | 4.20 | 0.02 |
| 黑龙江省 | 21.33 | 4.20 | 16.99 | 0.14 |
| 上海市 | 54.96 | 30.34 | 24.60 | 0.14 |
| 江苏省 | 208.59 | 109.98 | 97.64 | 2.79 |
| 浙江省 | 80.58 | 27.94 | 51.56 | 1.97 |
| 安徽省 | 24.74 | 18.32 | 6.21 | 0.29 |
| 福建省 | 10.36 | 4.62 | 5.73 | 0.17 |
| 江西省 | 30.56 | 25.22 | 5.10 | 0.33 |

续表

| 省、自治区、直辖市 | 产生总量 | 综合利用量 | 处置量 | 贮存量 |
|---|---|---|---|---|
| 山东省 | 820.31 | 761.13 | 66.14 | 6.29 |
| 河南省 | 50.10 | 42.29 | 7.81 | 0.42 |
| 湖北省 | 63.50 | 39.86 | 23.70 | 0.41 |
| 湖南省 | 267.48 | 207.65 | 41.66 | 21.37 |
| 广东省 | 130.17 | 67.01 | 62.82 | 0.40 |
| 广西壮族自治区 | 78.79 | 55.45 | 22.89 | 7.61 |
| 海南省 | 1.53 | 0.10 | 1.56 | 0.03 |
| 重庆市 | 49.03 | 37.18 | 11.80 | 0.05 |
| 四川省 | 110.44 | 63.14 | 46.63 | 0.90 |
| 贵州省 | 33.87 | 13.91 | 0.36 | 19.61 |
| 云南省 | 208.04 | 97.44 | 53.13 | 76.47 |
| 陕西省 | 30.65 | 11.54 | 12.11 | 7.63 |
| 甘肃省 | 29.09 | 13.04 | 11.44 | 10.07 |
| 青海省 | 404.34 | 61.30 | 0.12 | 347.51 |
| 宁夏回族自治区 | 5.62 | 3.66 | 0.80 | 1.17 |
| 新疆维吾尔自治区 | 444.17 | 102.39 | 9.40 | 332.49 |
| 合计 | 3465.24 | 2004.64 | 698.21 | 846.91 |

从危险废物产生的种类看，危险废物名录中的 49 类危险废物在我国均有产生，产生量较大的危险废物种类为石棉废物 651.3 万 t，占 20.6%；废酸 373.8 万 t，占 11.8%；废碱 361.0 万 t，占 11.4%。有色金属冶炼废物 298.3 万 t，占 9.4%；无机氰化物废物 211.8 万 t，占 6.7%。石棉废物产生量较大的省（自治区）为青海 382.2 万 t 和新疆 268.8 万 t，两省（自治区）的石棉废物产生量占重点调查工业企业的 99.9%。废酸产生量较大的省（自治区）为江苏 59.2 万 t，广西 52.6 万 t，山东 46.8 万 t，安徽 30.4 万 t，这 4 个省（自治区）废酸产生量占重点调查工业企业的 50.5%。废碱产生量较大的省份为山东 193.8 万 t，其次分别为湖南 58.2 万 t 和浙江 25.0 万 t，这 3 个省废碱产生量占重点调查工业企业的 76.9%。有色金属冶炼废物产生量较大的省份（自治区）为云南 94.4 万 t、内蒙古 48.8 万 t、广西 36.9 万 t，这 3 个省（自治区）有色金属冶炼废物产生量占重点调查工业企业的 60.4%。无机氰化物废物产生量较大的省份为山东 169.3 万 t，占重点调查工业企业的 79.9%。其中，碱溶液或固态碱、废酸或固态酸、无机氟化物、含铜废物和无机氰化物位列前五位，其危险废物总量达到了 57.75%。在上海，危险废物产生量排序为碱溶液或固态碱、废酸或固态酸、重金属废物、有机树脂类废物、废油及乳化液列前五位，分别达到了 30.9%、16.6%、10.7%、10.5%和 8.3%。

目前，我国申报登记危险废物综合利用量为 $1187.81 \times 10^4$ t，综合利用率最高的是多氯苯并二噁英类废物（97.02%）、含木材防腐剂废物（94.96%）、卤化有机溶剂废物

（92.30%）、焚烧处理残渣（88.35%）和黄磷废渣（88.05%），综合利用率达到了 45.4%，但实际综合利用率还处于一个较低水平。由于理解的差异，很多申报单位把固化处理、焚烧处理、回收能源当作综合利用，如含重金属的污泥（电镀污泥和冶炼污泥等）烧砖，其实这种利用方式只是固化了其中的主要污染物——重金属，并不是利用了其中的重金属。此外，对于大宗危险废物如碱溶液或固态碱、废酸或固态酸、无机氟化物、含铜废物等综合利用率很低。所以，在目前和今后很长时间内，我国危险废物处理与处置的重点需要放在提高危险废物综合利用技术水平以及主要危险废物的综合利用率上。

根据危险废物申报登记统计结果，我国 1995 年危险废物处置量为 $255.30 \times 10^4 t$，占废物总量的 9.8%，其中处置率排前五位的危险废物为感光材料废物（86.40%）、含有机溶剂废物（76.91%）、易爆炸废物（60.83%）、含铍废物（59.30%）、含钡废物（48.34%）。目前我国危险废物处置对象主要是那些没有利用价值的废物，以及危险性较大，虽有一定利用价值但目前技术水平和条件难以实现有效利用的废物。从现有处理处置的设施看，我国危险废物处置场所少，符合处理处置标准的场所更少。当前，我国危险废物处理与处置均处于较低水平，很多填埋场没有进行防渗处理和渗沥液处理，一些焚烧装置没有进行尾气净化处理，非常容易造成环境的二次污染。

我国危险废物累计贮存量为 $1.198 \times 10^8 t$，其中 1995 年的贮存量为 $756.13 \times 10^4 t$，占当年危险废物总量的 28.9%。我国危险废物贮存方式有两种：是对于产生量较大的危险废物，一般都有专门的贮存场所，多采取了砖砌、筑坝、水封或覆盖等措施，以防止扬尘、渗漏和雨水冲刷；二是对于贮存量小、危害性大的废物多采用桶装、池封或袋装形式贮存。由于这种贮存方式分散，技术设施和管理不够规范，存在非常严重的安全隐患，需要给予极大的关注和尽早地处理。2006 年 9 月，湖南宁乡县某化工厂因含砷废水渗漏，进入新墙河，导致严重的水环境污染。据岳阳县自来水厂监测，该水厂取水口 As 含量达 0.31～0.62 mg/L，超标 10 倍左右，致使岳阳县 8 万多居民饮用水污染，而从外地紧急调水解决饮水问题。

目前许多危险废物未经任何处理就直接排放到水体或环境中。据统计，1995 年我国危险废物排放总量为 $414.71 \times 10^4 t$，占危险废物总量的 15.8%。在全部 49 类危险废物中，排放率在 10% 以上的占 19 类，有 21 类危险废物的排放量超过了 $1 \times 10^4 t$，排放量排序位于前五位的危险废物为：表面处理废物（95.93%）、乳化剂（42.23%）、装饰废物（油漆、涂料和颜料等占 40.40%）、含锌废物（37.57%）、精（蒸）馏残渣（31.48%）。

## 10.2 危险废物的危害

### 10.2.1 有机组分

有机物种类繁多，对于许多有机物人们尚不清楚其对人体健康的危害和对生态环境的影响。下面列举某些类别有机物，对其毒性进行讨论。

（1）有机溶剂

有机溶剂可按理化特性、毒作用特点或化学结构进行分类。化学结构相近的同类有机溶剂毒作用性质基本相似，如卤代烃类多是肝脏有毒有害化学物质，而带有醛基的有机溶剂一般均具有刺激作用。有机溶剂的基本化学结构为脂肪烃类（如己烷）、脂环烃类（如环己烷）和芳香烃类（如苯、苯乙烯），在此基础上，与不同的化学取代基团结合形成不同的有机溶剂。取代基团可以是醇基（如甲醇、异丙醇）、卤素（如三氯乙烷）、酮基（如丙酮、甲基异丁基酮）、脂肪族二元醇类（如乙二醇）、酯（如甲酸甲酯、乙酸甲酯）、醚（如乙醚、二氧六环）、羧基（如乙酸、丙酸）、氨基（如丁胺、环己胺）和酰胺基（如二甲基甲酰胺）。此外，有机溶剂还包括石油馏出物（如溶剂汽油、煤焦油精）和混溶溶剂类（如二甲基甲酰胺、二甲基亚砜）。在工业生产中较为常见的有机溶剂有苯、甲苯、二甲苯、溶剂汽油、二氯乙烷和四氯化碳等。有机溶剂产生的毒害作用多种多样。几乎所有的有机溶剂都是原发性皮肤刺激物，对皮肤、呼吸道黏膜和眼结膜具有不同程度的刺激作用，能引起中枢神经系统的非特异性抑制、周围神经疾患和全身麻醉作用，其中有些有机溶剂可特异性地作用于周围神经系统、肺、心、肝、肾、血液系统和生殖系统，造成特殊损害，有的甚至具有致癌或潜在的致癌作用，如氯乙烯在动物实验中可引起 DNA 烷基化，对沙门伤寒杆菌有致突变作用，可引起大鼠和小鼠的乳腺癌、肝癌等，在职业接触人群中，可导致肝血管肉瘤；苯可致大鼠和小鼠的乳腺癌、皮肤癌和口腔癌，对人可造成染色体畸变、白血病，这两种化学物质已被确认为对人类有致癌危害的一类化学物质。

二硫化碳是常用的工业溶剂，会影响中央神经系统，心血管系统以及听觉和视觉系统。暴露量大时，这些目标器官会受到影响。然而，更敏感的结束点是胎儿的发展。长期吸入少量二硫化碳，会引起对胎儿的毒害及畸形。

（2）持久性有机污染物

持久性有机污染物（POPs）是指具有毒性、生物蓄积性和半挥发性，在环境中持久存在的，且能在大气环境中长距离迁移并可沉积到地球的偏远极地地区，对人类健康和环境造成严重危害的有机化学污染物质。根据国际上对 POPs 的定义，这些物质必须符合下列条件：①在所释放和迁移的环境中是持久的；②能蓄积在食物链中，对有较高营养价值的生物造成影响；③进入环境后，经长距离迁移能进入偏远的极地地区；④在相应环境浓度下，对接触该物质的生物造成有毒有害或有毒效应。持久性是 POPs 的一个重要特征。由于 POPs 对生物降解、光解、化学分解作用有较高抵抗能力，一旦排放到环境中，它们难于被分解，可以在水体、土壤和底泥等环境中存留数年时间。衡量化学物质在环境中持久性的评价参数为半衰期。生物蓄积性是 POPs 的另一重要持性。由于具有低水溶性、高脂溶性特性，POPs 能够从周围媒介物质中富集到生物体内，并通过食物链的生物放大作用达到中毒浓度。由于 POPs 多为对人类、动物和水生生物有较高毒性的物质，通过饮食和环境污染接触到 POPs 后，能够造成健康危害。POPs 的第 3 个特性是半挥发性。这一特性使其能够以蒸汽形式存在或者吸附在大气颗粒物上，便于在大气环境中作远距离迁移，同时这一适度挥发性又使得它们不会永久停留在大气中，能重新沉降到地球上。1997 年联合国环境署提出了需要采取国际行动的首批 12 种 POPs，包括艾氏剂、狄氏剂、异狄氏剂、DDT、氯丹、六氯苯、灭蚁灵、毒杀芬、七氯、多氯联苯、二噁英和苯并呋喃。其中前 9 种是农药，多氯联苯是工业化品，后 2 种是化学产品的杂质衍生物和含氯废物焚烧的产物。这 12 种物质大多具有高急性毒性和水生生物毒性，其中有 1 种已被国际癌症研究机构确认为人体致癌物，7 种为可能人体致癌物。它们在水体中半衰期大多在几十天至 20 年，个别长达 100 年；在土壤中半衰期大多在 1～12 年，个别长达 600 年。BCF 值在 4000～70 000。POPs 的这些性质决定它们对人体健康和生态环境具有极高危害。例如，多氯联苯中毒时，会引起眼睑肿胀、指甲和黏膜色素沉着、皮肤变黑、痤疮样疹、恶心、呕吐、胳臂和腿水肿、慢性支气管炎症状。日本 1968 年曾发生过因食用被多氯联苯污染的米糠油而导致上千人中毒的事件，我国台湾省在 1979 年也发生过此类事件。中毒者不仅发生急性中毒症状，而且接触多氯联苯的女性 7 年后生下的婴儿出现色素过度、指甲和牙齿变形，到 7 岁时仍智力发育不全、行为异常。多氯联苯还具有高生物蓄积性，难于生物降解，对环境和水生生物有很大危害。正是由于 POPs 的高持久性和半挥发性，使得全球的每一个角落，包括大陆、沙漠、海洋和南北极地区都可检测出 POPs 的存在。日前已经获得的数据表明，在北极的哺乳动物体内，各种 POPs 的浓度已经分别达到（ng/g 湿重）：DDT 2～39 000，二噁英 300 ～118 000，氯丹 0.6～7096，多氯联苯 1～12 900，毒杀芬 84～9160。

（3）有机氟化合物

有机氟化合物是指分子结构中有氟碳键的化合物，是一类新型高分子合成材料。有机氟是一个总称，其品种繁多，从化学结构来分，可分为为氟烯烃和氟烷烃，从产品来分，可分为有机氟单体（三氟氯乙烯、四氟乙烯、六氟丙烯等）、氟聚合体（氟塑料、氟橡胶、氟硅橡胶）、制冷剂、发泡剂、灭火剂、麻醉剂和有机氟农药。从氟聚合物生产过程中产生各种裂解气、裂解残液气以及加工、成型和使用过程中产生的各种热解物均是混合性的有机氟单体，其中包括极毒的八氟异丁烯、氟光气等组分。以前认为氟烷烃类毒性小于氟烯烃类，故对制冷剂、灭火剂、发泡剂、麻醉剂等的毒性认识不足，生产工人常随意放料而导致群体中毒，甚至危及生命。氟塑料分解物包括多种有毒有害化学物质组分：二氟一氯甲烷（F22）裂解气含有四氟乙烯、六氟丙烯、二氟一氯甲烷及少量偏氟乙烯，其残液中尚有极毒的八氟异丁烯。氟塑料热分解物的组分含量和毒性随着温度的升高而增高，以聚四氟乙烯为例：250℃以下无明显热解现象；300℃时产生极微量热解物；400℃以上生成水解性氟化物，如氟光气和氟化氢；450℃生成四氟乙烯、六氟丙烯及八氟环丁烷；475℃以上出现八氟异丁烯；500℃以上八氟异丁烯可氧化生成氟光气等。上述混合气及单体均为无色无臭无味，一旦吸入后，由于早期中毒症状不明显，如不与接触史相联系，易发生误诊、漏诊。

有关有机氟烯烃类和烷烃类的单体。毒性强弱不一，分别属低、中、高毒类至剧毒类物质。一般说烯烃类主要对肺产生急性损伤，烷烃类有毒有害化学物质主要损伤心肌及心脏传导系统，但二者对中枢神经系统及肾、肝亦有损害。F22 裂解气、裂解残液气和氟热分解物，八氟异丁烯及氟光气均系亲肺有毒有害化学物质，早期以肺泡渗出、变性、坏死为主。肺毛细血管的损伤在病变发展中起着重要作用，初期即可造成严重的大面积的毛细血管损伤，导致血管通透性增高，大量红细胞和纤维蛋白渗出到肺间质和肺泡腔，损害广泛。动物实验证实，于中毒后 6h 肺泡上皮全部破坏，此后可见增生性反应，破坏的肺泡膈中有成纤维细胞增生。氟烷烃对心血管系统具有特殊的损伤，表现为提高心肌对肾上腺素或去甲肾上腺素的敏感性，使心肌应激性增强，诱发心律失常，促使室性心动过速或心室颤动以致心搏骤停。而氟烯烃类对心脏也有相同的毒性作用，有毒有害化学物质进入体内后可损害心脏功能部位的窦房结和房室结，引起心律不齐；有毒有害化学物质对心脏的毒性与心肌糖代谢紊乱有关，使心肌细胞受损，并在阳离子缺乏后，出现异常起搏；由于低氧血症继发心肌缺氧，使心肌传导系统的供氧减少而导致心律不齐。氟烷烃类和氟烯烃类化合物均可引起肾脏损害，但损害程度与有毒有害化学物质品种及剂量、效应有关；与处理得当与否有关。三氟氯乙烯、六氟丙烯、F22裂解气残液气中毒的部分病例中已发现肾浓缩功能和酚红排泄率降低，尿常规异常（红、白细胞、尿蛋白阳性及颗粒、透明管型），肾功能（尿素氮、肌酐）异常。三氟氯乙烯的动物实验证实，在肾脏的病变表现为近曲管上皮细胞核肿大、异形，部分近曲管管腔中脱落上皮细胞增多，曲管上皮细胞增生、复层化。远曲小管和集合管也有病变，肾细胞内线粒体受到损害，以致发生坏死性肾病。三氟氯乙烯、四氟乙烯、六氟丙烯、F22裂解气等对肝脏毒性表现在肝脏中的糖原和核糖核酸的含量下降，血清谷丙转氨酶、异柠檬酸酶、山梨醇脱氢酶的活力均有不同程度升高。可致肝细胞肿胀、变性。综上所述，氟碳化合物的毒性可致人体的多脏器损害，其损害脏器的多少和程度，与吸入有毒有害化学物质的组分、量及早期处理得当与否有密切关系，但毒作用较大的脏器损害仍以肺、心为主。

## 10.2.2　无机组分

无机物种类繁多，许多无机物人们尚不清楚其对人体健康的危害和生态环境的影响。下面仅举出一些无机物，讨论其毒性。

（1）砷

砷是一种灰黑色非金属，熔点450℃（升华），沸点615℃。砷不溶于水、醇或酸类，无毒性。砷化物有三价和五价二种。无论无机砷还是有机砷，均有毒性。其中三价砷的毒性较五价砷强。

砷的人为来源有矿山开采、冶炼，毛皮处理和脱毛剂生产，颜料生产和使用，含砷农药、杀虫剂、除草剂制造和使用，煤燃烧等。砷对人体危害主要通过呼吸道、消化道和皮肤接触而进入人体内。砷的吸入与人的肺癌发生密切相关，而消化道的吸收与皮肤癌关系密切，此外还与癌、肺癌和肝血管肉瘤的发生有关。在一些动物试验中，还认为砷具有胚胎和胎儿毒性以及致畸性。美国在越南战争期间，大量使用含砷除草剂，致使越南大量新生儿致畸，而且这种危害持续了约30年。砷污染中毒的最大一次事故发生在1900年英国的曼彻斯特，其因啤酒发酵中使用了含砷的葡萄糖，引起1000人死亡，7000余人发病。此外，砷还能导致皮肤损伤和心血管疾病。

砷化合物的毒性作用主要是与人体细胞中酶系统的巯基相结合，使酶系统失去作用，而影响细胞的新陈代谢。基于流行病学研究结果，美国国家环境保护局致癌物评价组（CAG）计算出砷的单位危险度，终身暴露在饮水中为 $4.3 \times 10^{-4}$ L/μg，在空气中为 $4.3 \times 10^{-3}$ m$^3$/μg。

（2）镉

镉是一种微带蓝色而具有银白色光泽的柔软金属，抗腐蚀，耐磨，具有延展性，相对原子质量 112.4，熔点 320.9℃，沸点 767℃，相对密度 8.65。镉易溶于稀硝酸，缓溶于热盐酸，不溶于稀硫酸和冷硫酸。室温下在空气中不被氧化，粉末状态的镉在空气中能燃烧。在空气中加热时，发生褐色浓烟。镉蒸气迅速氧化成为氧化镉烟。

越来越多的迹象显示，肺肿瘤与镉的职业性暴露有关，这一点在小鼠体内已证实。镉在肾脏，引起肾小管功能障碍，慢性暴露时可能还与高血症、贫血、嗅觉减弱、内分泌改变和免疫抑制等症状有关。CAG 用流行病调查资料估计出的镉的单位危险度为 $1.8 \times 10^{-3}$ μg/m³。美国国家环境保护局（EPA）公布的经口参考剂量（RfD）为 0.5μg/(kg·d)。镉的一级饮用水卫生标准为 10μg/L。

金属镉本身无毒，但其化合物毒性很大。金属镉及其化合物进入环境的主要途径是采矿、冶炼、合金制造、电镀、玻璃生产、油漆和颜料生产、照相器材、电池生产、原子反应堆等。镉是对人体健康威胁最大、影响最广的一种重金属。镉急性中毒时的症状为恶心、呕吐、腹痛，较严重常伴有眩晕、大汗和感觉障碍。长期接触低浓度镉化物会出现慢性中毒，其症状为头痛头晕、鼻溃疡、咳嗽、胃痛和体重减轻，随后可出现肺气肿、呼吸机能降低、蛋白尿和肾功能减退等症状。同时，还有可能出现骨骼疼痛、骨质疏松、肾结石、肝脏损坏等。1972 年日本富山县所发现的"骨痛病"就是镉慢性中毒的典型实例。

（3）铅

铅是灰白色的金属，性软，可延展。熔点 329.4℃，沸点 1490℃，加热至 400～500℃时就有大量铅烟逸出。铅的主要来源有矿山开采、金属冶炼、金属加工、颜料和涂料生产以及含铅汽油（四乙基铅）等。

铅对人体的危害主要是经呼吸道吸入，其次为消化道吸入。过量铅暴露的主要危险是损伤造血、神经系统。早期铅中毒表现为乏力，少数患者可能会出现尿铅和血铅增多，随着病情的加重，会出现便秘、腹痛、腹泻、失眠，甚至手脚麻痹、铅绞痛脑死亡等。如 2006 年，甘肃省曾发生两次大的铅中毒事件：一是天水市麦积区吴家河村因铅冶炼厂排放超标烟尘、未经处理的废水，致使大气和水严重污染，土壤、粮食、蔬菜铅含量严重超标，导致 800 余人出现铅中毒症状，血铅含量一般为 200 mg/L 左右，部分达 400～500 mg/L；二是陇南市徽县有色金属冶炼有限责任公司的血铅超标事件，据甘肃省政府 2006 年 9 月 14 日通报的最新数字，至 2006 年 9 月 13 日止，陇南市徽县水阳乡新寺、牟坝两村因"血铅超标"而住院的人数已达 258 人，其中 250 名是儿童。经查明，该公司造成血铅超标事件的主要原因有三：一是 2004 年技改扩能时没进行环境影响评价；二是采用国家明令淘汰的烧结锅炼铅工艺；三是现有污染设施不能达标排放。

此外，铅易导致交通民警血铅超标，是交通民警身体健康的潜在杀手。

铅对各种组织具有毒性作用，其中尤以神经系统、造血系统和血管病变有显著影响。铅对血红蛋白合成具有抑制作用，并在一定程度上有溶血作用。虽然铅毒性的急性神经系统影响的域值已经确定，但还没有确定对儿童血红蛋白合成和学习障碍的域值。铅也会引起肾功能不全，对动物有致畸性。由于儿童对铅毒性最为敏感，且对污染土壤接触最多，因此对铅的接触和危险性评价以儿童为目标人群。体内的铅负荷可以反应对铅的接触情况，常用的指标为血铅浓度。通常将儿童血铅浓度大于 0.25 mg/L 作为过量铅吸收的界定值。

（4）镍

镍为银白色金属，主要物理性质为：原子序数 28，相对原子质量 58.71，熔点 1453℃，沸点 2140℃。镍在水溶液介质中较为稳定，其离子很难与卤素离子络合，具有较大的水合能。镍对人体最大的影响是过敏反应。对于镍过敏的人皮肤直接接触到含镍珠宝和其他物质时，会产生接触区的皮疹。其次，一些对镍过敏的人在接受镍暴露后会引起哮喘。大量吸入含镍空气的职业工人会发生慢性支气管炎和肺功能衰减。动物实验表明吸入大量含镍化合物会引起呼吸道发炎。对于狗和老鼠的实验也表明食用或饮用大量含镍食品和饮水会引起肺部疾病，同时会对老鼠的胃、肝、肾、免疫系统、新陈代谢系统造成影响。根据美国公众健康服务部（DHHS）的调查，镍和一些含镍化合物属于致癌物质。镍精炼厂和表面镀镍厂的职业工人，由于大量吸入含镍空气，会引起肺癌和鼻窦癌。

（5）汞

汞是人体非必需元素，常温下呈液态，俗称水银，密度 13.596g/cm$^3$，熔点 $-38.87$℃，沸点 356.9℃，能在常温下挥发。汞的化合物分无机汞和有机汞，其中后者的毒性较无机汞更强。汞进入环境主要通过矿山开采、冶炼（含金的冶炼）和煤的燃烧等进行。

汞对人体健康的危害与汞的化学形态、环境条件和侵入人体的途径、方式有关。元素汞毒性不大，通过食物和饮水摄入的金属一般不会引起中毒。但金属汞蒸气有高度扩散性和较大脂溶性，侵入呼吸道后可被肺泡吸收并经血液循环至全身。血液中的汞，可通过血脂屏障进入脑组织，然后在脑组织中被氧化成汞离子．并在脑组织中蓄积，损害脑组织。在其他组织中的金属汞也可被氧化成离子状态并转移到肾中蓄积起来。金属汞慢性中毒的临床表现主要是神经性症状，如头痛、头晕、肢体麻木和疼痛、肌肉震颤、运动失调等。大量吸入汞蒸气会出现急性中毒，其表现为肝炎、肾炎、尿血和尿毒症等。可通过尿汞化验来诊断其症状。急性中毒常见于生产环境，一般生活环境很少见。无机汞化合物中汞有剧毒，甘汞毒性较小。汞化合物在水中溶解度较小，低浓度的汞化合物进入胃肠道，因难于被吸收，不会对人体构成危害。但有机汞（如甲基汞）进入人体容易被吸收并输送到全身各器官，特别是肝、肾和脑组织，首先受害的是脑组织。1953 年日本九州水俣湾发现一种怪病就是甲基汞中毒造成的，称水俣病。患者精神失常、四肢麻痹和刺痛，痛苦万状，发病死亡率达 40%。

（6）铜

铜是一种延展性好的金属，密度 8.92 g/cm$^3$，熔点 1083℃，沸点 2325℃。铜的化合物有一价和二价两种，它们在水合时都呈蓝色，具有毒性。因此，当水体中有铜板或铜币时，能使蚊虫及其虫卵致死，而成为防蚊灭蚊的最好办法。

铜是生命所必需的微量元素之一。在动物机体内，铜主要以有机络合物的形式存在，对造血过程起重大作用，并刺激血红素的形成、细胞的发育以及促进某些酶的活性。当铜缺乏时，易引起贫血。而过量的铜则有毒性，易引起头痛、头晕、乏力、腹痛等，严重时可出现心动加速、溶血性贫血和血红蛋白尿。高浓度铜引起溶血的机理如下：其一，二价铜与血红蛋白、红细胞以及其他细胞膜的疏水基结合，增加了红细胞的通透性而发生溶血；其二，铜抑制谷胱甘肽还原酶，使细胞内还原型谷胱甘肽减少，血红蛋白变性发生溶血性贫血。

肉仔鸡采食低钙饲料，肠道对铜的吸收增加，对高铜（中毒）更加敏感，易导致铜中毒。饲料中钼缺乏加重铜毒性，适当补充含硫氨基酸、锌和铁可缓解铜中毒。铜的中毒剂量因动物种类和饲料类型不同而各异。同一种动物、饲料类型不同，铜的毒性作用程度不同。已有报道表明，绵羊和猪铜中毒剂量分别为 25mg/kg 和 300～500mg/kg。牛、绵羊、猪和禽的铜最大耐受量分别为 100mg/kg、25 mg/kg、250 mg/kg 和 300mg/kg。铜进入机体途径不同，毒性也不相同，同样剂量腹膜内注射铜制剂毒性高于静脉注射。急性铜中毒引起晕脑、呕吐、腹泻、流涎、剧烈腹泻、脉搏频数、痉挛、麻痹和虚脱。亚急性型中毒时伴有肝损害、溶血、胃肠道出血以及腹腔器官和肺水肿。Jensen（1991）报道高铜还损伤口腔。

（7）铬

铬是一种钢灰色的耐腐蚀硬金属，密度 6.92 g/cm³，熔点 1615℃，沸点 2200℃。环境中的铬主要以无机铬和有机铬两种主要形态存在，其中无机铬的含量远比有机铬大得多。常见的有毒无机铬化合物有三价和六价二种。由于铬（III）和铬（IV）在环境体系中可相互转化，使得铬在环境中的污染控制难度加大。

近代临床化学研究表明，铬是哺乳动物和人类生命与健康必需的微量元素之一，缺乏铬可引起动脉粥样硬化。在人体内部，铬（III）与β-球蛋白络合，为球蛋白的正常新陈代谢所不可缺少。铬（III）的主要功能是调节血糖代谢，并与核酸、酯类和胆固醇的合成以及氨基酸的利用有关。资料还表明，水生生物对铬有明显的浓集作用。海藻浓集系数为 60～120 000 倍，无脊椎动物为 2～9000 倍，鱼类为 2000 倍左右。

由于价态的不同，导致铬（III）和铬（IV）无论是地球化学性质、生物学理化性质，还是毒性水平均有显著差异。铬（IV）以阴离子的形态存在，具有较高的活性，且其溶解度大，对植物和动物易产生危害，若被人体吸收后，可危害肾和心肌。离子态的铬（IV）对消化道和皮肤具有刺激性，与皮肤接触时引起皮炎和湿疹，有致癌作用，并发生变态反应。三价铬化合物是一种蛋白凝聚剂对人体也有害，其在水体中对鱼类的毒性较六价铬大。此外，铬及其化合物是一种较常见的致敏物质，其可以引起支气管炎气喘。长期接触铬化合物铬引起慢性中毒，出现头痛、消瘦、肠胃炎和溃疡、肺炎等疾病。

对于水体微生物和土壤微生物，铬的化合物均有致死作用，从而会阻滞水体（土壤）的自净作用和污水处理系统的净化过程。当废水（土壤）中六价铬离子浓度为 1mg/L（1mg/kg）时，生物滤池（土壤）中的有机物降解过程和硝化作用就会减弱；当废水中六价铬离子浓度为 10mg/L 时，废水生物净化效果会下降 5%。当废水中三价铬离子浓度为 1mg/L 时，生物厌氧发酵作用会受到抑制。

对于鱼类，铬对鱼类的毒性随鱼种和环境条件而异。当铬离子浓度 5mg/L 时，就对鱼类产生毒性；浓度达 20mg/L 时，可使鱼类致死。浓度达 30～50mg/L 时，将有 50% 的鱼类死亡。对于水蚤，六价铬离子浓度大 0.01mg/L 时就能使水蚤致死。

（8）铍及其化合物

铍是一种很轻的黑灰色金属，密度 1.85 g/cm³，熔点 1280℃，沸点 2417℃。铍具有很高的硬度和韧性，在航天航空工业、原子能工业、机械制造、特种工具及仪器零件中有广泛用途。铍及其化合物可致急慢性铍病、接触性皮炎和皮肤溃疡，且可使动物及人体致癌，而成为人类重点关注的环境污染物之一。在我国的国家标准《职业性接触有毒有害化学物质危害程度分级》（GB 504485）中被定为 I 级危害（极度危害）。

铍及其化合物主要是以粉尘和蒸气的形式经呼吸道进入人体，对人体的毒性很大。当浓度高于 $1000\mu g/m^3$ 时，几乎所有接触者都发病；当一天内吸入量达 0.5～4.0mg，即能引起急性中毒；若较长时间接触，则易形成慢性中毒。据研究，急性铍病主要是由高浓度的铍及其化合物直接刺激呼吸道而致的化学性肺炎、化学性气管炎和支气管炎。慢性铍病是一种肺部肉芽肿疾病，可导致肺破坏，甚至发生呼吸衰竭而死亡。当消化系统受害时，食欲减退，肝脏肿大，脾脏增大。

（9）硒

硒是一种与硫相似的类金属元素，其较广泛地应用于工业。硒被认为是人类和哺乳动物所必需的微量元素之一，元素硒的缺乏与多种疾病有关，如克山病、甲状腺肿大、冠心病、癌症等，但当硒的浓度高于 $2000\mu g/L$ 时，则易出现不良反应。

自然界存在游离的纯硒，但硒主要以化合物的形式在各种矿物中与硫的化合物共存，如黄铁矿和磁黄铁矿等。金属硒的毒性较小，而硒的化合物毒性较强。硒的化合物在性质上与砷化合物类似，且亚硒酸及其盐类的致毒作用较硒酸及其盐类要强。硒及其化合物常用于铜和不锈钢的生产，还用于陶瓷、玻璃、染料、橡胶、塑料、电机以及有机合成、半导体、光电元件、整流器、农药等生产。此外，硒也存在于制造硫酸时铁矿燃烧的烟雾及尘雾中。

食品中的硒一般是和蛋白质结合，而其含量又与区域地质背景和土壤含硒量有关，在含硒量较高的地区易形成富硒农产品，如富硒茶、富硒水果等。在天然水体中硒的含量随区域地质背景而异，一般每升水中含硒量只有几微克，仅在局部地下水中可能出现较高的含硒量，而成为富硒矿泉水。

硒被认为是人类和哺乳动物所必需的微量营养元素，补硒能预防某些疾病，并有利于健康，但硒对人和动物有较强的生物毒性和明显的累积毒性，当食物中含硒量超过 5ppm 时即可对人带来危害；此外，在熔化含硒矿石时，温度低于硒熔点，硒即逸出，高于硒熔点，直接形成二氧化硒。早年有人报道硒精炼厂加热工区空气硒达到 $20.6mg/m^3$ 以上，并报道长期暴露于高硒环境的工人出现鼻炎、头痛、体重减轻、烦躁等中毒症状。据 Alderman 等报告，美国某一电气工程研究室的一名 21 岁女性硒中毒病例，患者每周至少接触一次硒化氢，共一年，接触时感到有强烈的臭味和胸部压迫感，不久出现慢性腹泻和腹痛，检查时发现有结膜炎、鼻炎和龋齿，呼出气有蒜臭味，指甲有白线。顾秋萍等也对硒生产的劳动卫生作了调查，当作业环境中硒浓度几何均数为 $0.024mg/m^3$ 时，接触组工人头晕、乏力、胸闷、咳嗽、食欲缺乏、皮肤红斑等出现率与硒接触量有正相关趋势。血硒、尿硒亦分别与硒接触量呈正相关，并提出车间空气中硒的最高容许浓度为 $0.1mg/m^3$。

硒主要通过消化道和呼吸道侵入人体。其毒理作用是对人的多种酶和含硫氨基酸的硫基有抑制作用，并对体内氧化作用带来影响。硒化合物对皮肤和黏膜有强烈刺激性，能引起接触性皮炎，甚至严重灼伤和形成水泡等；当发生急性中毒时，会出现头痛、头晕、乏力、嗜睡、恶心、呕吐、腹泻以及腹痛等症状，严重者发生肝脏损坏、呼吸困难和呼吸衰竭；当发生慢性中毒时，除有头痛、头晕、乏力、嗜睡等急性中毒症状外，常呈现营养不良症状，皮肤呈类黄疸色，牙龈釉质易损坏，出现关节病变、进行性贫血、肝肿大和肝功能异常。

对家畜，当硒中毒后，首先出现"蹒跚"，主要表现为走路不稳，同时出现类似人类的各种伤害。

（10）铊

铊是一种灰白色、柔软无弹性、易熔的重金属，铊在地壳中的含量并不高，约为 3ppm。铊的密度 11.85 g/cm³，在 174℃时开始挥发，不溶于水，能溶于硝酸和硫酸，难溶于盐酸。多数铊盐易溶于水，但铊能以碳酸盐和氢氧化物的形式沉淀，因而可以通过投加石灰乳使之沉淀于废水处理厂的沉淀池中。铊及其化合物在工业上的应用，是其进入环境的主要人为来源，如金属铊用于制造合金，特别是耐酸合金；铊汞齐用于制造低温温度计；醋酸亚铊用于制造农药和脱毛剂；碳酸铊用于光学玻璃和假宝石生产以及制造焰火。此外，硫酸和磷肥生产过程中也有可能产生含铊废水。桂林漓江化肥厂生产硫酸和磷肥产生的废水中就含有一定量的铊，由于该厂位于桂林市上游，给桂林市的饮用水安全带来隐患而被关闭。

铊是人体非必需元素，能在人体中产生蓄积毒性，为剧烈的细胞毒素，其作用机理与砷和铅相似，比氧化砷毒三倍，主要损坏人的中枢神经系统、肠胃道和肾肝等脏器。铊的生理毒性与临床表明铊是最毒的重金属元素之一。其毒性大于砷，可通过消化道、皮肤接触、漂尘烟雾的吸入进入人体，导致人体铊中毒。早期许多发展中国家将它用作灭鼠剂。经口摄入人体的铊（Ti）离子比 Pb、Cd 和 Hg 毒性更强。铊离子及化合物都有毒，能导致急性中毒，呈现严重胃肠炎、剧烈腹绞痛、惊厥和昏迷等，并可导致成为植物人。联邦德国北部地区某水泥厂由于含铊粉尘污染，导致附近居民长期食用污染蔬菜和水果而发生慢性铊中毒。铊慢性中毒的病症表现为迟发性毛发脱落。当人误食少量铊时易导致毛发脱落，一般在接触二周左右发病，严重者全身毛发脱落，出现恶心、呕吐、腹痛、肢体疼痛，后期出现肌肉萎缩，甚至发生痴呆。

对于鱼类和其他水生生物，资料报道，20 mg/L 和 10mg/L 的铊能使海洋中的微生物和甲壳动物致毒。铊对水生生物的致病浓度为：水蚤 2~4mg/L，端足类 4mg/L，采鳟 10~15mg/L，鲈鱼 60mg/L，石斑鱼 40~60mg/L。对于动物和植物，实验证明，狗口服含乙酸铊 0.00185% 的食物达一定量则致死；浓度为 1mg/L 的铊会使植物中毒；土壤微生物对铊很敏感，它可抑制硝化菌的形成，造成对农业的影响。

（11）钡

碳酸钡经呼吸道和消化道进入体内可引起急慢性中毒，严重者可致死。关于碳酸钡对人体的危害已有较多报道。职业接触碳酸钡对入肺部、血清钾及胆碱酯酶等影响的报道甚少，且国内尚未公开碳酸钡车间空气浓度卫生标准和急、慢性中毒诊断标准。有研究表明，通过食物链作用，肺癌、大肠癌、鼻咽癌、乳腺癌的发生与土壤环境中的钡元素确实有关。居住在钡元素含量高地区的人群，肺癌、大肠癌、乳腺癌死亡率一般较高，鼻咽癌死亡率一般较低；而居住在钡元素含量较低的地区的人群，肺癌、大肠癌、乳腺癌死亡率一般较低，鼻咽癌死亡率一般较高。

# 10.3　危险废物的分类

　　根据危险废物来源或危害特征，我国《国家危险废物名录》（2008 版）将危险废物共分为如下 49 类。

　　（1）HW01 医疗废物

　　医疗废物包括医疗卫生机构在医疗、预防、保健以及其他相关活动中产生的具有直接或者间接感染性、毒性以及其他危害性的废物以及为防治动物传染病而需要收集和处置的废物。

　　（2）HW02 医药废物

　　从医用药品的生产制作过程中产生的废物，具体包括化学药品原料和制剂、兽用药品以及利用生物技术生产生物化学药品或基因工程药物生产过程中蒸馏及反应残渣、母液及反应基和培养基废物、脱色过滤（包括载体）物、废弃的吸附剂、催化剂和溶剂、报废药品及过期原料以及使用砷或有机砷化合物生产兽药过程中产生的废水处理污泥、苯胺化合物蒸馏工艺产生的蒸馏残渣、使用活性炭脱色产生的残渣。

　　（3）HW03 废药物、药品

　　《国家危险废物名录》中的废药物、药品指的是生产、销售及使用过程中产生的失效、变质、不合格、淘汰、伪劣的药物和药品，但是不包括 HW01、HW02 以及未经使用而被所有人抛弃或者放弃的；淘汰、伪劣、过期、失效；有关部门依法收缴以及接收的公众上交的危险化学品。

　　（4）HW04 农药废物

　　来自杀虫、杀菌、除草、灭鼠和植物生物调节剂的生产、经销、配制和使用过程产生的废物，具体包括氯丹生产过程中六氯环戊二烯过滤产生的残渣、氯丹氯化反应器的真空汽提器排放的废物，乙拌磷生产过程中甲苯回收工艺产生的蒸馏残渣，甲拌磷生产过程中二乙基二硫代磷酸过滤产生的滤饼，2,4,5-三氯苯氧乙酸（2,4,5-T）生产过程中四氯苯蒸馏产生的重馏分及蒸馏残渣，2,4-二氯苯氧乙酸（2,4-D）生产过程中产生的含 2,6-二氯苯酚残渣，乙烯基双二硫代氨基甲酸及其盐类生产过程中产生的过滤、蒸发和离心分离残渣及废水处理污泥、产品研磨和包装工序产生的布袋除尘器粉尘和地面清扫废渣，溴甲烷生产过程中反应器产生的废水和酸干燥器产生的废硫酸、生产过程中产生的废吸附剂和废水分离器产生的固体废物，其他农药生产过程中产生的蒸馏及反应残渣，农药生产过程的母液及（反应罐及容器）清洗液、吸附过滤物（包括载体、吸附剂、催化剂）、废水处理污泥、生产和配制过程中的过期原料、销售及使用过程中产生的失效、变质、不合格、淘汰、伪劣的农药产品（如：废有机磷杀虫剂、有机氯杀虫剂、有机氮杀虫剂、氨基甲酸酯类杀虫剂、拟除虫菊酯类杀虫剂、杀螨剂、有机磷杀菌剂、有机氯杀菌剂、有机硫杀菌剂、有机锡杀菌剂、有机氮杀菌剂、醌类杀菌剂、无机杀菌剂、有机砷杀菌剂、氨基甲酸酯类除草剂、醚类除草剂、醚类除草剂、取代脲类除草剂、苯氧羧酸类除草剂、无机除草剂等）。

　　（5）HW05 木材防腐剂废物

　　木材防腐剂废物主要来自于锯材、木片加工和专用化学产品制造行业，具体包括使用五氯酚进行木材防腐过程中产生的废水处理污泥、木材保存过程中产生的沾染防腐剂的废弃木材残片，使用杂芬油进行木材防腐过程中产生的废水处理污泥、木材保存过程中产生的沾染防腐剂的废弃木材残片，使用含砷、铬等无机防腐剂进行木材防腐过程中产生的废水处理污泥、木材保存过程中产生的沾染防腐剂的废弃木材残片，木材防腐化学品生产过程中产生的反应残余物、吸附过滤物及载体，木材防腐化学品生产过程中产生的废水处理污泥，木材防腐化学品生产、配制过程中产生的报废产品及过期原料，销售及使用过程中产生的失效、变质、不合格、淘汰、伪劣的木材防腐剂产品，诸如含五氯酚、苯酚、2-氯酚、甲酚、对氯间甲酚、三氯酚、四氯酚、杂酚油、萤蒽、苯并（a）芘、2,4-二甲酚、2,4-二硝基酚、苯并（b）萤蒽、苯并（α）蒽、二苯并（α）蒽的废物。

（6）HW06 有机溶剂废物

有机溶剂废物主要来自于基础化学原料制造行业，硝基苯-苯胺生产过程中产生的废液，羧酸肼法生产 1,1-二甲基肼过程中产品分离和冷凝反应器排气产生的塔顶流出物，羧酸肼法生产 1,1-二甲基肼过程中产品精制产生的废过滤器滤芯，甲苯硝化法生产二硝基甲苯过程中产生的洗涤废液，有机溶剂的合成、裂解、分离、脱色、催化、沉淀、精馏等生产过程的反应残留物、废催化剂、吸附过滤物及载体材料，有机溶剂的生产、配制、使用过程中产生的含有有机溶剂的清洗杂物。

（7）HW07 热处理含氰废物

热处理含氰废物主要来自于金属表面处理及热处理加工行业，具体包括使用氰化物进行金属热处理产生的淬火池残渣和淬火废水处理污泥，含氰热处理炉维修过程中产生的废内衬，热处理渗碳炉产生的热处理渗碳氰渣，金属热处理过程中的盐浴槽釜清洗工艺产生的废氰化物残渣和其他热处理和退火作业中产生的含氰废物。

（8）HW08 废矿物油

废矿物油主要来自天然原油和天然气开采、精炼石油产品制造、精炼石油产品制造、油墨及相关产品制造、黏合剂和密封剂化学产品制造和船舶及浮动装置制造等行业，具体包括石油开采和炼制产生的油泥和油脚、废弃钻井液处理产生的污泥、清洗油罐（池）或油件过程中产生的油/水和烃/水混合物矿物、石油初炼过程中产生的废水处理污泥以及贮存设施、油-水-固态物质分离器、积水槽、沟渠及其他输送管道、污水池、雨水收集管道产生的污泥，石油炼制过程中 API 分离器产生的污泥、汽油提炼工艺废水和冷却废水处理污泥，石油炼制过程中溶气浮选法产生的浮渣，石油炼制过程中的溢出废油或乳剂，石油炼制过程中的换热器管束清洗污泥，石油炼制过程中隔油设施的污泥，石油炼制过程中贮存设施底部的沉渣，石油炼制过程中原油贮存设施的沉积物，石油炼制过程中澄清油浆槽底的沉积物，石油炼制过程中进油管路过滤或分离装置产生的残渣，石油炼制过程中产生的废弃过滤黏土，油墨的生产、配制产生的废分散油，黏合剂和密封剂生产、配置过程产生的废弃松香油，拆船过程中产生的废油和油泥，珩磨、研磨、打磨过程产生的废矿物油及其含油污泥，使用煤油、柴油清洗金属零件或引擎产生的废矿物油，使用切削油和切削液进行机械加工过程中产生的废矿物油，使用淬火油进行表面硬化产生的废矿物油，使用轧制油、冷却剂及酸进行金属轧制产生的废矿物油，使用镀锡油进行焊锡产生的废矿物油，锡及焊锡回收过程中产生的废矿物油，使用镀锡油进行蒸汽除油产生的废矿物油，使用镀锡油（防氧化）进行热风整平（喷锡）产生的废矿物油，废弃的石蜡和油脂，油/水分离设施产生的废油、污泥，其他生产、销售、使用过程中产生的废矿物油。

（9）HW09 油/水、烃/水混合物或乳化液

油/水、烃/水混合物或乳化液主要包括来自于水压机定期更换的油/水、烃/水混合物或乳化液，使用切削油和切削液进行机械加工过程中产生的油/水、烃/水混合物或乳化液，其他工艺过程中产生的废弃的油/水、烃/水混合物或乳化液。

（10）HW10 多氯（溴）联苯类废物

多氯（溴）联苯类废物包括含多氯联苯（PCBs）、多氯三联苯（PCTs）、多溴联苯（PBBs）的废线路板、电容和变压器，含有多氯联苯（PCBs）、多氯三联苯（PCTs）和多溴联苯（PBBs）的电力设备的清洗液，含有多氯联苯（PCBs）、多氯三联苯（PCTs）、多溴联苯（PBBs）的电力设备中倾倒出的介质油、绝缘油、冷却油及传热油，含有或直接沾染多氯联苯（PCBs）、多氯三联苯（PCTs）、多溴联苯（PBBs）的废弃包装物及容器，含有或沾染 PCBs、PCTS、PBBs 和多氯（溴）萘，且含量≥50mg/kg 的废物、物质和物品。

（11）HW11 精（蒸）馏残渣

从精炼、蒸馏和任何热解处理中产生的废焦油状残留物，具体包括石油精炼过程中产生的酸焦油，炼焦过程中蒸氨塔产生的压滤污泥，炼焦过程中澄清设施底部的焦油状污泥，炼焦副产品回收过程中萘回收及再生产生的残渣，炼焦和炼焦副产品回收过程中焦油贮存设施中的残渣，煤焦油精炼过程中焦油贮存设施中的残渣，煤焦油蒸馏残渣、蒸馏釜底物，煤焦油回收过程中产生的残渣、炼焦副产品回收过程中的污水池残渣，轻油回收过程中产生的残渣、炼焦副产品回收过程中的蒸馏器、澄清设施、洗涤油回收单元产生的残渣，轻油精炼过程中的污水池残渣，煤气及煤化工生产行业分离煤油过程中产生的煤焦油渣，焦炭生产过程中产生的其他酸焦油和焦油，乙烯法制乙醛生产过程中产生的蒸馏底渣，乙烯法制乙醛生产过程中产生的蒸馏次要馏分，苄基氯生产过程中苄基氯蒸馏产生的蒸馏釜底物，四氯化碳生产过程中产生的蒸馏残渣，表氯醇生产过程中精制塔产生的蒸馏釜底物，异丙苯法生产苯酚和丙酮过程中蒸馏塔底焦油，萘法生产邻苯二甲酸酐过程中蒸馏塔底残渣和轻馏分，邻二甲苯法生产邻苯二甲酸酐过程中蒸馏塔底残渣和轻馏分，苯硝化法生产硝基苯过程中产生的蒸馏釜底物，甲苯二异氰酸酯生产过程中产生的蒸馏残渣和离心分离残渣，1,1,1-三氯乙烷生产过程中产生的蒸馏底渣，三氯乙烯和全氯乙烯联合生产过程中产生的蒸馏塔底渣，苯胺生产过程中产生的蒸馏底渣，苯胺生产过程中苯胺萃取工序产生的工艺残渣，二硝基甲苯加氢法生产甲苯二胺过程中干燥塔产生的反应废液，二硝基甲苯加氢法生产甲苯二胺过程中产品精制产生的冷凝液体轻馏分，二硝基甲苯加氢法生产甲苯二胺过程中产品精制产生的废液，二硝基甲苯加氢法生产甲苯二胺过程中产品精制产生的重馏分，甲苯二胺光气化法生产甲苯二异氰酸酯过程中溶剂回收塔产生的有机冷凝物，氯苯生产过程中的蒸馏及分馏塔底物，使用羧酸肼生产 1,1-二甲基肼过程中产品分离产生的塔底渣，乙烯溴化法生产二溴化乙烯过程中产品精制产生的蒸馏釜底物，α-氯甲苯、苯甲酰氯和含此类官能团的化学品生产过程中产生的蒸馏底渣，四氯化碳生产过程中的重馏分，二氯化乙烯生产过程中二氯化乙烯蒸馏产生的重馏分，氯乙烯单体生产过程中氯乙烯蒸馏产生的重馏分，1,1,1-三氯

乙烷生产过程中产品蒸汽汽提塔产生的废物，1,1,1-三氯乙烷生产过程中重馏分塔产生的重馏分，三氯乙烯和全氯乙烯联合生产过程中产生的重馏分，有色金属火法冶炼产生的焦油状废物，废油再生过程中产生的酸焦油和其他精炼、蒸馏和任何热解处理中产生的废焦油状残留物。

（12）HW12 染料、涂料废物

染料、涂料废物主要来自颜料、油墨、涂料及相关产品制造和纸浆制造等行业，具体包括铬黄和铬橙颜料、钼酸橙颜料、锌黄颜料、铬绿颜料、氧化铬绿颜料和铁蓝颜料生产过程中产生的废水处理污泥，氧化铬绿颜料生产过程中产生的烘干炉残渣，使用色素、干燥剂、肥皂以及含铬和铅的稳定剂配制油墨过程中清洗池槽和设备产生的洗涤废液和污泥，油墨的生产、配制过程中产生的废蚀刻液，其他油墨、染料、颜料、油漆、真漆、罩光漆生产过程中产生的废母液、残渣、中间体废物、废水处理污泥、废吸附剂，油漆、油墨生产、配制和使用过程中产生的含颜料、油墨的有机溶剂废物，废纸回收利用处理过程中产生的脱墨渣，使用溶剂、光漆进行光漆涂布、喷漆工艺过程中产生的染料和涂料废物，使用油漆、有机溶剂进行阻挡层涂敷过程中产生的染料和涂料废物，使用油漆、有机溶剂进行喷漆、上漆过程中产生的染料和涂料废物，使用油墨和有机溶剂进行丝网印刷过程中产生的染料和涂料废物，使用遮盖油、有机溶剂进行遮盖油的涂敷过程中产生的染料和涂料废物，使用各种颜料进行着色过程中产生的染料和涂料废物，使用酸、碱或有机溶剂清洗容器设备的油漆、染料、涂料等过程中产生的剥离物，生产、销售及使用过程中产生的失效、变质、不合格、淘汰、伪劣的油墨、染料、颜料、油漆、真漆、罩光漆产品。

（13）HW13 有机树脂类废物

有机树脂类废物来源于基础化学原料制造行业，具体包括从树脂、胶乳、增塑剂、胶水/胶合剂的生产、配制和使用过程中产生的不合格产品以及生产过程中精馏、分离、精制等工序产生的釜残液、过滤介质和残渣及废水处理污泥，如含邻苯二甲酸酯类、脂肪酸二元酸酯类、磷酸酯类、环氧化合物类、偏苯三甲酸酯类、氯化石蜡、二元醇和多元醇酯类、磺酸衍生物等。还包括废弃黏合剂和密封剂、饱和或者废弃的离子交换树脂和使用酸、碱或溶剂清洗容器设备剥离下的树脂状、黏稠杂物。

（14）HW14 新化学品废物

从研究和开发或教学活动中产生的尚未鉴定的和（或）新的并对人类和（或）环境的影响未明的化学废物。

（15）HW15 爆炸性废物

爆炸性废物主要来源于炸药及火工产品制造行业，具体包括炸药生产和加工过程中产生的废水处理污泥，含爆炸品废水处理过程中产生的废炭，生产、配制和装填铅基起爆药剂过程中产生的废水处理污泥，三硝基甲苯（TNT）生产过程中产生的粉红水、红水以及废水处理污泥以及拆解后收集的尚未引爆的安全气囊。

（16）HW16 感光材料废物

感光材料废物主要来自专用化学产品制造、印刷、电子元件制造、电影及摄影扩印服务行业，具体包括显、定影液、正负胶片、像纸、感光原料及药品生产过程中产生的不合格产品、过期产品、残渣及废水处理污泥，使用显影剂进行胶卷显影和定影剂进行胶卷定影以及使用铁氰化钾、硫代硫酸盐进行影像减薄（漂白）产生的废显（定）影液、胶片及废相纸，使用显影剂进行印刷显影、抗蚀图形显影以及凸版印刷产生的废显（定）影液、胶片及废相纸，使用显影剂、氢氧化物、偏亚硫酸氢盐、醋酸进行胶卷显影产生的废显（定）影液、胶片及废相纸，电影厂在使用和经营活动中产生的废显（定）影液、胶片及废相纸，摄影扩印服务行业在使用和经营活动中产生的废显（定）影液、胶片及废相纸以及其他行业在使用和经营活动中产生的废显（定）影液、胶片及废相纸等感光材料废物。

（17）HW17 表面处理废物

表面处理废物主要来源于金属表面处理及热处理加工，具体包括使用氯化亚锡进行敏化产生的废渣和废水，使用氯化锌、氯化铵进行敏化产生的废渣和废水处理污泥，使用锌和电镀化学品进行镀锌产生的槽液、槽渣和废水处理污泥，使用镉和电镀化学品进行镀镉产生的槽液、槽渣和废水处理污泥，使用镍和电镀化学品进行镀镍产生的槽液、槽渣和废水处理污泥、使用镀镍液进行镀镍产生的槽液、槽渣和废水处理污泥，硝酸银、碱、甲醛进行敷金属法镀银产生的槽液、槽渣和废水处理污泥，使用金和电镀化学品进行镀金产生的槽液、槽渣和废水处理污泥，使用镀铜液进行化学镀铜产生的槽液、槽渣和废水处理污泥，使用钯和锡盐进行活化处理产生的废渣和废水处理污泥，使用铬和电镀化学品进行镀黑铬产生的槽液、槽渣和废水处理污泥，使用高锰酸钾进行钻孔除胶处理产生的废渣和废水处理污泥，使用铜和电镀化学品进行镀铜产生的槽液、槽渣和废水处理污泥，其他电镀工艺产生的槽液、槽渣和废水处理污泥，金属和塑料表面酸（碱）洗、除油、除锈、洗涤工艺产生的废腐蚀液、洗涤液和污泥、金属和塑料表面磷化、出光、化抛过程中产生的残渣（液）及污泥以及镀层剥除过程中产生的废液及残渣和其他工艺过程中产生的表面处理废物。

（18）HW18 焚烧处置残渣

焚烧处置残渣主要来自环境治理中的生活垃圾焚烧飞灰、危险废物焚烧、热解等处置过程产生的底渣和飞灰（医疗废物焚烧处置产生的底渣除外）、危险废物等离子体、高温熔融等处置后产生的非玻璃态物质及飞灰和固体废物及液态废物焚烧过程中废气处理产生的废活性炭、滤饼。

（19）HW19 含金属羰基化合物废物

在金属羰基化合物制造以及使用过程中产生的含有羰基化合物成分的废物，具体包括精细化工产品生产、金属羰基化合物（五羰基铁、八羰基二钴、羰基镍、三羰基钴、氢氧化四羰基钴）的合成废物。

（20）HW20 含铍废物

含铍废物主要来自基础化学原料制造行业，具体包括铍及其化合物生产过程中产生的熔渣、集（除）尘装置收集的粉尘和废水处理污泥，如稀有金属冶炼、铍化合物合成所产生的硼氢化铍、溴化铍、氢氧化铍、碘化铍、碳酸铍、硝酸铍、氧化铍、硫酸铍、氟化铍、氯化铍、硫化铍的废物。

（21）HW21 含铬废物

含铬废物主要来自于毛皮鞣制及制品加工行业，印刷业，基础化学原料制造、金属表面处理及热处理加工以及电子元件制造行业，具体包括使用铬鞣剂进行铬鞣、再鞣工艺产生的废水处理污泥、皮革切削工艺产生的含铬皮革碎料；使用含重铬酸盐的胶体有机溶剂、黏合剂进行漩流式抗蚀涂布（抗蚀及光敏抗蚀层等）产生的废渣及废水处理污泥；使用铬化合物进行抗蚀层化学硬化产生的废渣及废水处理污泥；使用铬酸镀铬产生的槽渣、槽液和废水处理污泥，有钙焙烧法生产铬盐产生的铬浸出渣（铬渣）；有钙焙烧法生产铬盐过程中，中和去铝工艺产生的含铬氢氧化铝湿渣（铝泥）；有钙焙烧法生产铬盐过程中，铬酐生产中产生的副产废渣（含铬硫酸氢钠）、有钙焙烧法生产铬盐过程中产生的废水处理污泥；铬铁硅合金生产过程中尾气控制设施产生的飞灰与污泥、铁铬合金生产过程中尾气控制设施产生的飞灰与污泥；铁铬合金生产过程中金属铬冶炼产生的铬浸出渣；使用铬酸进行阳极氧化产生的槽渣、槽液及废水处理污泥；使用铬酸进行塑料表面粗化产生的废物；使用铬酸进行钻孔除胶处理产生的废物。

（22）HW22 含铜废物

来自常用有色金属矿采选、印刷、玻璃及玻璃制品制造以及电子元件制造行业，具体包括硫化铜矿、氧化铜矿等铜矿物采选过程中集（除）尘装置收集的粉尘，使用酸或三氯化铁进行铜板蚀刻产生的废蚀刻液及废水处理污泥，使用硫酸铜还原剂进行敷金属法镀铜产生的槽渣、槽液及废水处理污泥，使用蚀铜剂进行蚀铜产生的废蚀铜液，使用酸进行铜氧化处理产生的废液及废水处理污泥。

（23）HW23 含锌废物

含有锌化合物的废物主要来自金属表面处理及热处理加工、电池制造行业，具体包括热镀锌工艺尾气处理产生的固体废物、热镀锌工艺过程产生的废弃熔剂、助熔剂、焊剂，碱性锌锰电池生产过程中产生的废锌浆以及使用氢氧化钠、锌粉进行贵金属沉淀过程中产生的废液及废水处理污泥。

（24）HW24 含砷废物

含砷及砷化合物废物主要来自常用有色金属矿采选中的硫砷化合物（雌黄、雄黄及砷硫铁矿）或其他含砷化合物的金属矿石采选过程中集（除）尘装置收集的粉尘。

（25）HW25 含硒废物

含硒及硒化合物废物主要来自基础化学原料制造行业中硒化合物生产过程中产生的熔渣、集（除）尘装置收集的粉尘和废水处理污泥。

（26）HW26 含镉废物

含镉及其化合物废物指来自电池制造行业中镍镉电池生产过程中产生的废渣和废水处理污泥。

（27）HW27 含锑废物

含锑及其化合物废物来自基础化学原料制造行业。具体包括氧化锑生产过程中除尘器收集的灰尘、锑金属及粗氧化锑生产过程中除尘器收集的灰尘、氧化锑生产过程中产生的熔渣、锑金属及粗氧化锑生产过程中产生的熔渣。

（28）HW28 含碲废物

含碲及其化合物废物指来自基础化学原料制行中碲化合物生产过程中产生的熔渣、集（除）尘装置收集的粉尘和废水处理污泥。

（29）HW29 含汞废物

含汞废物主要来自天然原油和天然气开采、贵金属矿采选、印刷、合成材料制造、电池制造、照明器具制造、通用仪器仪表制造及基础化学原料制造行业，具体包括天然气净化过程中产生的含汞废物，"全泥氰化-炭浆提金"黄金选矿生产工艺产生的含汞粉尘、残渣，汞矿采选过程中产生的废渣和集（除）尘装置收集的粉尘，使用显影剂、汞化合物进行影像加厚（物理沉淀）以及使用显影剂、氨氯化汞进行影像加厚（氧化）产生的废液及残渣、水银电解槽法生产氯气过程中盐水精制产生的盐水提纯污泥，水银电解槽法生产氯气过程中产生的废水处理污泥，氯气生产过程中产生的废活性炭，氯乙烯精制过程中使用活性炭吸附法处理，含汞废水过程中产生的废活性炭，氯乙烯精制过程中产生的吸附微量氯化汞的废活性炭，含汞电池生产过程中产生的废渣和废水处理污泥，含汞光源生产过程中产生的荧光粉、废活性炭吸收剂，含汞温度计生产过程中产生的废渣、卤素和卤素化学品生产过程中产生的含汞硫酸钡污泥以及废弃的含汞催化剂，生产、销售及使用过程中产生的废含汞荧光灯管，生产、销售及使用过程中产生的废汞温度计、含汞废血压计。

（30）HW30 含铊废物

含铊及其化合物废物来自基础化学原料制造中的金属铊及铊化合物生产过程中产生的熔渣、集（除）尘装置收集的粉尘和废水处理污泥。

（31）HW31 含铅废物

含铅废物主要来自玻璃及玻璃制品制造、印刷、炼钢、电池制造、工艺美术品制造、废弃资源和废旧材料回收加工业，具体包括使用铅盐和铅氧化物进行显像管玻璃熔炼产生的废渣、印刷线路板制造过程中镀铅锡合金产生的废液、电炉粗炼钢过程中尾气控制设施产生的飞灰与污泥、铅酸蓄电池生产过程中产生的废渣和废水处理污泥、使用铅箔进行烤钵试金法工艺产生的废烤钵、铅酸蓄电池回收工业产生的废渣、铅酸污泥以及使用硬脂酸铅进行抗黏涂层产生的废物。

（32）HW32 无机氟化物废物

含无机氟化物的废物包括使用氢氟酸进行玻璃蚀刻产生的废蚀刻液、废渣和废水处理污泥。

（33）HW33 无机氰化物废物

无机氰化物废物主要来自贵金属矿采选、金属表面处理及热处理加工行业，具体包括"全泥氰化-炭浆提金"黄金选矿生产工艺中含氰废水的处理污泥、使用氰化物进行浸洗产生的废液以及使用氰化物进行表面硬化、碱性除油、电解除油产生的废物、使用氰化物剥落金属镀层产生的废物、使用氰化物和过氧化氢进行化学抛光产生的废物。

（34）HW34 废酸

废酸主要来自精炼石油产品的制造、基础化学原料制造、钢压延加工、金属表面处理及热处理加工以及电子元件制造行业，具体包括石油炼制过程产生的废酸及酸泥，硫酸法生产钛白粉（二氧化钛）过程中产生的废酸和酸泥，硫酸和亚硫酸、盐酸、氢氟酸、磷酸和亚磷酸、硝酸和亚硝酸等的生产、配制过程中产生的废酸液、固态酸及酸渣，卤素和卤素化学品生产过程产生的废液和废酸，钢的精加工过程中产生的废酸性洗液、青铜生产过程中浸酸工序产生的废酸液，使用酸溶液进行电解除油、酸蚀、活化前表面敏化、催化、锡浸亮产生的废酸液，使用硝酸进行钻孔蚀胶处理产生的废酸液，液晶显示板或集成电路板的生产过程中使用酸浸蚀剂进行氧化物浸蚀产生的废酸液以及使用酸清洗产生的废酸液，使用硫酸进行酸性碳化产生的废酸液，使用硫酸进行酸蚀产生的废酸液，使用磷酸进行磷化产生的废酸液，使用酸进行电解除油、金属表面敏化产生废酸液，使用硝酸剥落不合格镀层及挂架金属镀层产生的废酸液，使用硝酸进行钝化产生的废酸液，使用酸进行电解抛光处理产生的废酸液，使用酸进行催化（化学镀）产生的废酸液，其他生产、销售及使用过程中产生的失效、变质、不合格、淘汰、伪劣的强酸性擦洗粉、清洁剂、污迹去除剂以及其他废酸液、固态酸及酸渣。

（35）HW35 废碱

废碱主要来自精炼石油产品的制造，基础化学原料制造，毛皮鞣制及制品加工，纸浆制造行业，具体包括石油炼制过程产生的碱渣、氢氧化钙、氨水、氢氧化钠、氢氧化钾等的生产、配制中产生的废碱液、固态碱及碱渣，使用氢氧化钙、硫化钙进行灰浸产生的废碱液，碱法制浆过程中蒸煮制浆产生的废液、废渣以及使用氢氧化钠进行煮炼过程中产生的废碱液，使用氢氧化钠进行丝光处理过程中产生的废碱液，使用碱清洗产生的废碱液、使用碱进行清洗除蜡、碱性除油、电解除油产生的废碱液，使用碱进行电镀阻挡层或抗蚀层的脱除产生的废碱液，使用碱进行氧化膜浸蚀产生的废碱液，使用碱溶液进行碱性清洗、图形显影产生的废碱液，其他生产、销售及使用过程中产生的失效、变质、不合格、淘汰、伪劣的强碱性擦洗粉、清洁剂、污迹去除剂以及其他废碱液、固态碱及碱渣。

（36）HW36 石棉废物

石棉废物主要来自石棉采选，基础化学原料制造，水泥及石膏制品制造，耐火材料制品制造，汽车制造以及船舶及浮动装置制造行业，具体包括石棉矿采选过程产生的石棉渣，卤素和卤素化学品生产过程中电解装置拆换产生的含石棉废物，石棉建材生产过程中产生的石棉尘、废纤维、废石棉绒，石棉制品生产过程中产生的石棉尘、废纤维、废石棉绒，车辆制动器衬片生产过程中产生的石棉废物，拆船过程中产生的废石棉以及其他生产工艺过程中产生的石棉废物，含有石棉的废弃电子电器设备、绝缘材料、建筑材料等，石棉隔膜、热绝缘体等含石棉设施的保养拆换，车辆制动器衬片的更换产生的石棉废物。

（37）HW37 有机磷化合物废物

有机磷化合物废物主要来自基础化学原料制造行业，具体包括除农药以外其他有机磷化合物生产、配制过程中产生的反应残余物、除农药以外其他有机磷化合物生产、配制过程中产生的过滤物、催化剂（包括载体）及废弃的吸附剂，除农药以外其他有机磷化合物生产、配制过程中产生的废水处理污泥以及来自非特定行业的生产、销售及使用过程中产生的废弃磷酸酯抗燃油。

（38）HW38 有机氰化物废物

有机氰化物废物主要来自基础化学原料制造行业，具体包括丙烯腈生产过程中废水汽提器塔底的流出物，丙烯腈生产过程中乙腈蒸馏塔底的流出物，丙烯腈生产过程中乙腈精制塔底的残渣，有机氰化物生产过程中的合成、缩合等反应中产生的母液及反应残余物，有机氰化物生产过程中的催化、精馏和过滤过程中产生的废催化剂、釜底残渣和过滤介质、有机氰化物生产过程中的废水处理污泥。

（39）HW39 含酚废物

含酚废物主要来自炼焦、基础化学原料制造行业。具体包括炼焦行业酚氰生产过程中的废水处理污泥，煤气生产过程中的废水处理污泥，酚及酚化合物生产过程中产生的反应残渣、母液，酚及酚化合物生产过程中产生的吸附过滤物、废催化剂、精馏釜残液。

（40）HW40 含醚废物

含醚废物主要来自基础化学原料制造行业中的生产、配制过程中产生的醚类残液、反应残余物、废水处理污泥及过滤渣。具体包括含苯甲醚、乙二醇单乙醚、甲乙醚、丙烯醚、二氯乙醚、苯乙基醚、二苯醚、二氧基乙醇乙醚、乙二醇甲基醚、乙二醇醚、异丙醚、二氯二甲醚、甲基氯甲醚、丙醚、三硝基苯甲醚、四氯丙醚、乙二醇二乙醚、亚乙基二醇丁基醚、二甲醚、乙二醇异丙基醚、乙二醇苯醚、乙二戊基醚、氯甲基乙醚、丁醚、乙醚、二甘醇二乙基醚、乙二醇二甲基醚、的废物。

（41）HW41 废卤化有机溶剂

废卤化有机溶剂主要来自印刷、基础化学原料制造，电子元件制造行业，具体包括使用有机溶剂进行橡皮版印刷以及清洗印刷工具产生的废卤化有机溶剂氯苯生产过程中产品洗涤工序从反应器分离出的废液，卤化有机溶剂生产、配制过程中产生的残液、吸附过滤物、反应残渣、废水处理污泥及废载体，卤化有机溶剂生产、配制过程中产生的报废产品，使用聚酰亚胺有机溶剂进行液晶显示板的涂敷，液晶体的填充产生的废卤化有机溶剂以及塑料板管棒生产中织品应用工艺使用有机溶剂黏合剂产生的废卤化有机溶剂，使用有机溶剂进行干洗、清洗、油漆剥落、溶剂除油和光漆涂布产生的废卤化有机溶剂，使用有机溶剂进行火漆剥落产生的废卤化有机溶剂，使用有机溶剂进行图形显影、电镀阻挡层或抗蚀层的脱除、阻焊层涂敷、上助焊剂（松香）、蒸汽除油及光敏物料涂敷产生的废卤化有机溶剂，其他生产、销售及使用过程中产生的废卤化有机溶剂、水洗液、母液、污泥。

（42）HW42 废有机溶剂

废有机溶剂主要来自印刷、基础化学原料制造、电子元件制造、皮革鞣制加工、毛纺织和染整精加工行业，具体包括使用有机溶剂进行橡皮版印刷以及清洗印刷工具产生的废有机溶剂，有机溶剂生产、配制过程中产生的残液、吸附过滤物、反应残渣、水处理污泥及废载体，有机溶剂生产、配制过程中产生的报废产品，使用聚酰亚胺有机溶剂进行液晶显示板的涂敷，液晶体的填充产生的废有机溶剂，皮革工业中含有有机溶剂的除油废物，纺织工业染整过程中含有有机溶剂的废物，塑料板管棒生产中织品应用工艺使用有机溶剂黏合剂产生的废有机溶剂，使用有机溶剂进行脱碳、干洗、清洗、油漆剥落、溶剂除油和光漆涂布产生的废有机溶剂，使用有机溶剂进行图形显影、电镀阻挡层或抗蚀层的脱除、阻焊层涂敷、上助焊剂（松香），蒸汽除油及光敏物料涂敷产生的废有机溶剂，其他生产、销售及使用过程中产生的废有机溶剂、水洗液、母液、废水处理污泥。

（43）HW43 含氯苯并呋喃类废物

含任何多氯苯并呋喃类同系物的废物。

（44）HW44 含多氯苯并二噁英废物

含任何多氯苯并二噁英同系物的废物。

（45）HW45 含有机卤化物废物

含有机卤化物废物来自基础化学原料制造等行业，具体包括乙烯溴化法生产二溴化乙烯过程中反应器排气洗涤器产生的洗涤废液，乙烯溴化法生产二溴化乙烯过程中产品精制过程产生的废吸附剂，α-氯甲苯、苯甲酰氯和含此类官能团的化学品生产过程中氯气和盐酸回收工艺产生的废有机溶剂和吸附剂，α-氯甲苯、苯甲酰氯和含此类官能团的化学品生产过程中产生的废水处理污泥，氯乙烷生产过程中的分馏塔重馏分，电石乙炔生产氯乙烯单体过程中产生的废水处理污泥，其他有机卤化物的生产、配制过程中产生的高浓度残液、吸附过滤物、反应残渣、废水处理污泥、废催化剂（不包括上述 HW39，HW41，HW42 类别的废物），其他有机卤化物的生产、配制过程中产生的报废产品（不包括上述 HW39，HW41，HW42 类别的废物），石墨作阳极隔膜法生产氯气和烧碱过程中产生的污泥，其他生产、销售及使用过程中产生的含有机卤化物废物（不包括 HW41 类）。

（46）HW46 含镍废物

含镍废物来自基础化学原料制造、电池制造等行业，具体包括镍化合物生产过程中产生的反应残余物及废品，镍镉电池和镍氢电池生产过程中产生的废渣和废水处理污泥、报废的镍催化剂。

（47）HW47 含钡废物

含钡化合物的废物主要来自基础化学原料制造和金属表面处理及热处理加工过程中，钡化合物（不包括硫酸钡）生产过程中产生的熔渣、集（除）尘装置收集的粉尘、反应残余物、废水处理污泥，热处理工艺中的盐浴渣。

（48）HW48 有色金属冶炼废物

铜火法冶炼过程中尾气控制设施产生的飞灰和污泥，粗锌精炼加工过程中产生的废水处理污泥，铅锌冶炼过程中锌焙烧矿常规浸出法产生的浸出渣、锌焙烧矿热酸浸出黄钾铁矾法产生的铁矾渣、锌焙烧矿热酸浸出针铁矿法产生的硫渣、锌焙烧矿热酸浸出针铁矿法产生的针铁矿渣，铅锌冶炼过程中锌浸出液净化产生的净化渣，包括锌粉-黄药法、砷盐法、反向锑盐法、铅锑合金锌粉法等工艺除铜、锑、镉、钴、镍等杂质产生的废渣，铅锌冶炼过程中阴极锌熔铸产生的熔铸浮渣、氧化锌浸出处理产生的氧化锌浸出渣、鼓风炉炼锌锌蒸气冷凝分离系统产生的鼓风炉浮渣、锌精馏炉产生的锌渣、各干式除尘器收集的各类烟尘，铅锌冶炼过程中铅冶炼、湿法炼锌和火法炼锌时，金、银、铋、镉、钴、铟、锗、铊、碲等有价金属的综合回收产生的回收渣，铜锌冶炼过程中烟气制酸产生的废甘汞，粗铅熔炼过程中产生的浮渣和底泥，铅锌冶炼过程中炼铅鼓风炉产生的黄渣、粗铅火法精炼产生的精炼渣、铅电解产生的阳极泥、阴极铅精炼产生的氧化铅渣及碱渣，铅锌冶炼过程中，锌焙烧矿热酸浸出黄钾铁矾法、热酸浸出针铁矿法产生的铅银渣，铅锌冶炼过程中产生的废水处理污泥，粗铝精炼加工过程中产生的废弃电解电池列，铝火法冶炼过程中产生的初炼炉渣，粗铝精炼加工过程中产生的盐渣、浮渣，铝火法冶炼过程中产生的易燃性撇渣，铜、锌再生过程中产生的飞灰和废水处理污泥，铅再生过程中产生的飞灰和残渣，以及贵金属行业汞金属回收工业产生的废渣及废水处理污泥。

（49）HW49　其他废物

其他废物主要来自于非特定行业，包括危险废物物化处理过程中产生的废水处理污泥和残渣，液态废催化剂，其他无机化工行业生产过程产生的废活性炭和收集的烟尘，含有或直接沾染危险废物的废弃包装物、容器、清洗杂物，突发性污染事故产生的废弃危险化学品及清理产生的废物，突发性污染事故产生的危险废物污染土壤，在工业生产、生活和其他活动中产生的废电子电器产品、电子电气设备，经拆散、破碎、砸碎后分类收集的铅酸电池、镉镍电池、氧化汞电池、汞开关、阴极射线管和多氯联苯电容器等部件，废弃的印刷电路板，离子交换装置再生过程产生的废液和污泥，研究、开发和教学活动中，化学和生物实验室产生的废物（不包括 HW03），未经使用而被所有人抛弃或者放弃的；淘汰、伪劣、过期、失效的；有关部门依法收缴以及接收的公众上交的危险化学品。

# 10.4　一般危险废物的处置

## 10.4.1　医疗废物管理与处置

医疗废物是在诊断、化验、处置、疾病预防以及人或动物残废治疗过程等医疗活动和医务人员进行相关研究过程中产生的固态或液态废物，包括医院临床废物、医药废物、废药物和废药品。医疗废物被认为是对公共卫生和环境安全影响最大和最危险的废物，其所携带的细菌比生活垃圾多成千上万倍，由于具有极大的传染性和危害性，若管理处置不当，不仅会污染环境，而且直接危害人们身体健康，因此对其贮存、运输处理处置都有特殊的要求。

### 1. 医疗废物的来源

传染性废物：含有病原体的废物，例如传染病隔离室废物、传染性病变组织、接触过传染性病人的材料、器具或排泄物、实验室用品等。

病理废物：人体组织或流体，例如人体器官、血液或别的体液、胎儿。

利器废物：任何可以刺破皮肤，被血液或别的体液污染的东西，包括尖锐的骨头、玻璃针剂瓶、皮下注射和缝合用的针和刀片等。废弃的利器被列为最危险的废物之一。注射器针头常被病人的血液传染，由于它们在利器中数量最大，与人群的接触最多，因此受到最普遍关注。

废药物及其包装物：过期的或不再使用的药品，被污染的或含有被污染药品的物品（瓶、盒子等）。

基因污染物：含有与基因有关的废物，例如含有细胞毒素（常用于癌症治疗）、基因化学品。

化学废物：含废弃化学品的废物，如实验室药剂，薄膜显影剂，过期或不再使用的消毒剂、溶剂等。

重金属含量高的废物：例如电池、破碎的温度计、血压计等。

放射性废物：从放射线疗法治疗室或实验室排出的废弃液体、被污染的玻璃器皿、包裹或吸收纸等。

### 2. 医疗废物对环境的污染与危害

医疗废物含有大量病毒病菌，其含量要高出其他生活垃圾几十倍、几百倍甚至更高。在检验过程中，产生的血、尿、粪便、组织切片等废物，混有传染性和致病性微生物；在治疗及诊断废物中，所用的物品也都可能受到致病微生物的污染，即使是非传染病院排出的废物也往往能检出伤寒、痢疾、沙门菌等致病菌。若医疗废物在环境中任意排放或处理不当，会造成对水体、大气、土壤的污染及对人体的直接危害；同时，如果医疗废物混入生活垃圾而露天堆放，细菌和病毒很容易获得滋生条件，从而大量繁衍。不仅给城市景观造成影响，还直接危害人体健康。

在医疗废物焚烧过程中，会产生烟气以及焚烧残渣。医疗废物焚烧烟气中存在 $SO_2$、$NO_x$、HCl 以及其他有毒有害化学物质，如二噁英类、呋喃类等物质；残渣中也会有较高含量的重金属。

医院排出的生活污水、污水处理设施产生的污泥以及冲地废水等也会有多种污染物。

总之，医疗废物具有极强的传染性、生物毒性和腐蚀性，并具有空间传播、急性传染和潜伏传染等特征，是比其他危险废物具有更大危害性的废物。这些传染性和致病性废物危害极大，如果管理不好，会造成对大气、地表水和地下水的严重污染。国内外因地面水受污染，而引起传染病流行的记载很多。1955 年，印度某城市因水源遭病菌污染，造成 68%的城市人口受到甲型黄疸性肝炎感染。1986 年上海市流行甲型肝炎，也是由于江苏省一家医院排放带病毒的污水和污物到河流中，致使水中毛蚶受到污染，病毒在毛蚶体内滋生繁衍。毛蚶在上海市销售后，使 30 多万人感染甲型肝炎。天津市河北区民主道废物转运站是当地四家医院的废物聚集地，1994 年，该转运站的两名工作人员由于长期接触大量医疗废物而感染，患上了传染性疾病。

### 3. 医疗废物的处置

（1）国内外医疗废物处置概况

目前，医疗废物最适宜的处理方法是焚烧。在我国多数大中城市，大多数医院都没有标准的焚烧设施。医疗废物与生活垃圾混放，或在医疗废物表层洒上消毒液露天堆放，或把医疗废物交给小商贩处理。事实上，许多医院将清运医疗废物的任务承包给环卫局，有的承包给个体农民。清运人只要清运到指定的废物场就行，无形中忽视了消毒灭菌这一重要环节，给卫生防疫带来一大隐患。一些"三无"人员甚至到医院上门收购使用过的注射器、药瓶等医疗废物，这些用过的医疗器相当部分又流回社会，如葡萄糖注射液瓶用于装鲜牛奶、食用油等，对社会带来了极大的危害。

随着 SARS、禽流感的广泛传播，医疗废物的环境无害化管理已越来越引起人们的广泛关注。一些大中城市已经意识到医疗废物的危害，开始要求对医疗废物实行集中处置。一些城市，如广州，已在全市建立了一个或数个医疗废物处置中心，采用先进的高温焚烧或高温高压粉碎设备处理医疗废物，解决了各医院分别建焚烧炉的问题。广州医疗废物集中处置始于 1998 年建立的"广东废物环境无害化处理中心"，该中心领取了广州市环境保护局颁发的"危险废物经营许可证"，受"危险废物转移联单"控制，现有三台引进美国布朗公司技术的 W-W 型燃煤焚烧炉，每台处理能力为 12t/d，二用一备，每天处理量可达 24t。沈阳市是全国首家医疗废物无害化集中处理的大城市，医疗废物由沈阳市城建局环境卫生管理处统一收集，用封闭运输车清运，沈阳市医疗废物处理中心集中焚烧。该中心建于 1997 年，焚烧全市 214 家医疗单位的医疗废物。桂林也采用了类似的医疗废物的处理处置模式。在北京，市内各大医院基本实现了医疗废物的分类装袋，如天坛医院、北京医院、同仁医院等都对废物进行了分类装袋。在天坛医院，废物袋分为黑色和白色两种，黑色袋盛装生活垃圾和非接触性的不传染性废物，白色袋盛装体液和接触性的传染废物。

我国中小城市也开始意识到医疗废物的严重危害，开始进行集中处理处置。但总的看来，我国对医疗废物的管理重视不够，目前还没有实现医疗废物的分类收集和全过程跟踪控制。

而在发达国家，如瑞士、德国和瑞典等在医疗废物处置方面已建立了很好的处理处置模式。美国、法国等也有一些宝贵的经验值得借鉴。早在 20 世纪 50 年代，医疗废物的处理问题就在国际上引起了重视，世界上许多国家对医疗废物的处理做出详细的规定，并采取了相应的管理措施。国外关于医疗废物的主要管理法规、政策一般涉及以下几个方面。

1）医疗废物定义或管理的范围。

2）医疗废物的减量化。

3）医疗废物的分类收集和源头控制。

4）医疗废物的贮存和运输限制。

5）医疗废物容器的特殊要求及标志。

6）医疗废物的处理处置方法。

7）医疗废物的焚烧和填埋。

8）处置医疗废物的人员防护与培训等。

9）责任者限制。

10）医疗废物产生、贮存、运输及处理处置等全过程记录的管理计划。

在德国，对医疗废物的范围、分类、收集、运输、贮存、特殊标识、处理处置都作了详细规定。并要求做好医疗废物的源头控制，尽可能避免或减少医疗废物的产生，包括：尽可能使用耐久性产品；尽可能使用"环境友好产品"；使用最少包装的产品；使用高技术手段减少实验室、X 射线室和其他操作的废物产生；确保能再利用和回收的材料不进入废物流。贮存和运输医疗废物需在结实的容器中与环境隔离，并在容器上清晰地标识，同时标上产生地、产生时间以及所盛装的物质。医疗废物由专用运输工具运输，在运输至转运站的过程中，禁止打开和转运装有医疗废物的容器；所有的医疗废物须运到区域性的焚烧炉进行集中处理处置，医疗废物通过特殊送料系统输送，以使操作人员远离废物。所有参与焚烧处理处置废物的操作人员必须是有执照的专业人员。此外，必须配备配套的污染控制装置，并进行严格的排放物和飞灰的检验，妥善或安全处置飞灰、底灰和残渣。完全保留医疗废物从产生地，到收集、运输、处置的全过程跟踪记录。

在美国，1988 年美国环境保护局（EPA）制定了医疗废物追踪法案（MWTA）。1989 年又出台了有关法规。1989～1991 年，医疗废物追踪法案（MWTA）在五个州生效。EPA关于医疗废物的法规包括以下内容。

　　1）医疗废物定义。

　　2）对医疗废物进行分类、收集、标识和追踪。

　　3）医疗废物的包装、标识，运输跟踪、记录保存。

　　4）医疗废物的处理、处置，包括焚烧、填埋、破碎、蒸汽灭菌、消毒、热处理、放射性处理等。

　　5）医疗废物最终处置的全过程管理，包括传染性废物的鉴别、分类隔离、收集、封装、贮存、运输、处理、处置、意外事件计划和人员培训等。

　　6）对混杂医疗废物的处理处置，可采用下列技术方法：

　　① 外科手术室和解剖室废物——焚烧和蒸汽灭菌；

　　② 混杂的实验室废物——焚烧和蒸汽灭菌；

　　③ 透析废物——焚烧和蒸汽灭菌；

　　④ 污染器具——蒸汽灭菌。

　　处理过的不再具有生物毒性废物，可以和普通固体废物混合在一起处置。

　　（2）医疗废物的处置技术

　　医疗废物的处理处置技术包括焚烧、蒸气高压灭菌、微波辐射、化学处理等。医疗废物处理处置技术的选择需要根据医疗废物组成、体积、处理总量，并考虑医疗废物的处理程度、处理能力、持续处理的技术经济性、管理人员素质、大气排放等要求。

　　焚烧具有使病理性废物彻底灭菌、减容好（减容率 90%左右）等优点，使其成为医疗废物处理处置常见的方法（表 10.4）。焚烧分别在二个燃烧室完成，前室限制空气流速，控制炉膛温度 871～982℃；而后膛则采用过量空气燃烧，使燃烧温度在 982～1400℃，以确保燃烧完全，并减少二噁英、呋喃、热力氮氧化物产生。由于医疗废物焚烧处置存在空气污染问题、费用较高等不足，随着医疗废物焚烧炉烟气排放标准的提高和人们对医疗废物危害意识的不断加强，使得焚烧技术需要大力改进，许多焚烧炉需要改造或关闭。

　　自 1876 年 Charles Chamberland 建造了第一个压力消毒器后，高压灭菌器就被广泛用于外科手术器具、医疗器械等消毒处理中。采用高压灭菌技术具有比焚烧处置更多的优点，可以减少或消除医疗废物中潜在的微生物危害（表 10.4）。但高压蒸气在温度升高会导致医疗废物中许多有机物反应加速，有些有机物会随高压蒸气流排放出来；有效废物如放射性废物、病理废物等高压灭菌器不能处理；此外，高压灭菌器容积有限，即使其使用先进的真空系统，也难以显著提高高压灭菌器的处理数量。

　　化学处理能够使医疗废物得到安全处理处置。医疗废物化学处理前需要破碎或切碎，以提供适宜的粒度，提高废物与化学药品的混合程度，控制化学药品与医疗废物的反应速度、反应时间和反应温度，确保反应的彻底性。化学处理速度快，稳定性较好，但有二次污染（包括大气污染）的可能性，处理费用较高。

　　热处理是医疗废物处理中常用的技术，它包括低温处理——微波处理、高温处理——高温热解等（表 10.3）。目前，日本和我国台湾利用炼钢的电弧炉处理医疗废物，即把医疗废物装在铁制容器中，一起投入电弧炉中，有机物被燃烧，铁等金属融化成钢水，而其他不可燃物质则漂浮在钢水上。这种方法为医疗废物提供了一种完全清洁的处理处置途径。

表 10.3　常见医疗废物处理处置技术的比较

| 处理处置技术 | 技术影响因素 | 优点 | 缺点 |
|---|---|---|---|
| 焚烧 | 废物湿度<br>燃烧室填充度<br>燃烧温度和炉膛停留时间<br>炉膛维护和维修 | 显著减容和减量<br>可处理任何医疗废物<br>可回收能量 | 投资和运行费用高<br>会导致大气污染，公众反对<br>炉膛维护和维修困难 |
| 蒸气高压灭菌 | 灭菌室温度和压力<br>蒸气渗透压<br>废物粒径或尺寸<br>废物处理周期<br>灭菌室气体排放 | 投资和运行费用低<br>灭菌效果好 | 减容和减量效果差<br>能耗较高<br>排放气态污染物和大量废液<br>仅适宜含微生物的废物<br>处理残余废物必须填埋处置 |
| 化学处理 | 反应温度<br>反应 pH<br>反应时间<br>废物和化学品的混合程度<br>废物粒径 | 减容效果较好<br>反应速度较快<br>安全性较好 | 渣量增加，减量效果差<br>投资高、运行操作难度较大<br>存在大气污染<br>不适宜所有医疗废物 |
| 微波处理 | 废物类型或特点<br>废物湿度<br>微波频率或长度<br>处理时间<br>废物混合程度 | 减容效果较好<br>没有渗沥液产生 | 减量效果差<br>投资和运行费用高<br>存在大气污染<br>不适宜所有医疗废物 |
| 高温裂解 | 废物类型或特点<br>裂解时间<br>反应温度 | 显著减容和减量<br>可回收能量 | 存在大气污染<br>投资和运行费用较高<br>运行操作和运行管理要求高 |

表 10.4　1950～1954 年炼利物浦大气中 3,4-苯并（a）芘浓度及肺癌死亡率

| 地点 | 城乡类型 | 3,4-苯并 [a] 芘浓度/（$\mu g/m^3$） | 肺癌死亡率/%（按标准肺癌死亡率为 100 计） |
|---|---|---|---|
| 康韦谷 | 小村庄 | 1.0 | 59 |
| 连给弗尼 | 小村庄 | 3.0 | 53 |
| 鲁森 | 小镇 | 5.0 | 15 |
| 布莱荽 | 集镇 | 7.0 | 62 |
| 费林特 | 工业城镇 | 18.5 | 74 |
| 奥姆斯克尔克 | 工业城镇 | 22.0 | 95 |
| 布特尔 | 郊区 | 37.5 | 146 |
| 瓦伦顿 | 工业城 | 44.0 | 115 |
| 圣海伦斯 | 工业城 | 47.5 | 111 |
| 伯肯黑德 | 港口 | 33.0 | 132 |
| 利物浦市区 | 港口工业城 | 67.5 | 158 |

### 10.4.2　石棉废物的管理与处置概况

石棉是一种重要的非金属矿物，具有较高的抗拉强度、良好的耐热性、不燃性、抗酸性、电绝缘性等一系列优异性能，在 20 世纪广泛用于生产耐火材料、建筑材料、滤网、绳索、汽车刹车片和离合器等，但石棉属于有毒有害物质，长期吸入石棉粉尘可引起肺部纤维化（即所谓的石棉肺），并可导致癌症。1987 年，国际癌症研究机构（ICRA）根据流行病学调查和动物实验研究，将石棉列为致癌物之一。

#### 1. 石棉废物的来源

石棉废物产生过程包括：石棉矿开采及其石棉产品加工、石棉建材生产；含石棉设施的保养（石棉隔膜、热绝缘体等）；车辆制动器衬片的生产与更换。产生的石棉废物有石棉尘、石棉废纤维、废石棉绒、石棉隔热废料、石棉尾矿渣等。根据申报登记，我国 1995 年石棉废物产生量为 54 435.29t，其中 31 625.89t 得到综合利用，7228.33t 得到处置，9732.64t 处于贮存状态，6209.23t 排放至环境中。

目前，产生石棉废物的石棉制品行业有：原棉处理、石棉梳棉和编织、石棉摩擦材料、石棉橡胶制造、石棉保温和隔热制品、石棉水泥制品加工等。在石棉制品行业中，产生粉尘的主要工艺有：原棉处理、梳棉、捻线、合股、打筒、整经、织布、扭绳、编绳、包装、炼胶和刹车片磨削等。其中石棉尘主要出现在原棉处理和梳纺两个工艺过程。根据上海市劳动保护科学研究所提供的资料，全国 16 家重点石棉制品企业工作场所的石棉粉尘浓度符合（工业企业设计卫生标准）的仅为 36.8%，不仅粉尘浓度超标严重，且二次扬尘问题普遍存在。例如：上海石棉厂梳棉机作业点的最高粉尘浓度为 $33.25mg/m^3$，超过国家标准 15 倍多；天津石棉制品厂原棉车间平均粉尘浓度为 $9.04mg/m^3$；南京摩擦材料厂原棉处理车间最高粉尘浓度为 $86.7mg/m^3$，超过国家标准 42 倍。不少单位生产现场的地面、设备上积尘严重，人员的走动，设备的运转或自然风均能使积尘重新扬起，污染车间空气。

#### 2. 石棉废物的粉尘危害

石棉属于有毒有害和致癌物质，长期吸入石棉粉尘可逐渐引起肺间质纤维化，造成石棉肺，并可导致癌症。据对 16 家重点企业的调查，到 1988 年末，患有各期石棉肺的职工为 2263 人，占累计职工总数的 10.57%，其中已死亡 573 人。石棉肺患者的平均寿命比社会人群的平均寿命低 10 年左右，患石棉肺死亡年龄最小的仅 31 岁。目前，石棉制品的使用已进入生命周期末端，但其产生的危害仍然存在，且还在很长时间内对环境和人体健康产生很大的危害。

石棉呈细小纤维状，其纤维的几何形状和长短对致癌作用有重要影响。据研究，在一定范围内，石棉纤维的长度与其诱发细胞毒性呈正相关，长纤维比短纤维导致皮间细胞增生更为明显。细长纤维在肺中滞留时间长，更容易引起肿瘤。

#### 3. 石棉废物的处置技术

我国石棉矿产资源丰富，贮量占世界第 3 位，产量占世界第四位。但由于石棉矿石品位低（仅为 1%～4%），尾矿排放量很大（每年排放量约 $1000 \times 10^4$t）。石棉尾矿成分为蛇纹石，可以用于提取 MgO 及多孔 $SiO_2$，生产农用矿物肥料，作建筑材料和陶瓷原料等。

马哥拉木（Magram）熔融法提取镁的技术工艺成本低，比传统镁生产法（马里纳熔渣导电半连续硅热还原法）低 20%～30%。传统镁生产法是在真空条件下，高温硅热还原 $CaO\text{-}SiO_2\text{-}MgO\text{-}Al_2O_3$ 矿渣中的氧化镁。而马哥拉木工艺采用含 40%石棉水泥废物作原材料，减少了矿渣中的无效成分，并能在常压下生产，避免了由于漏气而引起的镁损失。

石棉摩擦材料是我国工业用摩擦材料的主要品种。石棉摩擦材料废物一般含 30%左右的高分子材料、50%左右的石棉、少量的无机添加剂和微量的有色金属。高分子材料经高温处理可制得炭质吸附剂，无机镁化合物可制得对染料吸附性能良好的镁型吸附剂，因此，石棉摩擦材料废物可以制成碳——镁复合型吸附剂。赵玉明等以石棉摩擦材料加工废物为材料制得吸附剂。制备过程为：将石棉摩擦材料废粉（块状的需先粉碎）与添加剂混合后过筛、称量，置于带盖的瓷坩埚中，略压紧，尽量装满以减少坩埚中剩余空气量；将坩埚置于马弗炉中，按一定的速度升温，到设定温度后，保温若干时间，再自然降温至室温，取出并称量，计算烧失率。成品吸附剂为青灰色，烧失率为 31%～32%。制得的吸附剂在色度 50 000 倍的溶液中对阳离子黄 X-5GL 的静态吸附量为 159.68mg/g；在色度 5000 倍的溶液中对阳离子艳蓝 RL 的静态吸附量为 79.68mg/g；对毛纺厂腈纶染缸废水的处理量可达 280mL/g；对活性染料亦有较好的吸附效果。吸附饱和后的吸附剂可通过后处理实现资源化。

等离子体焚烧是一个很有发展前途的工艺，尤其是石棉废物处理。在一个等离子体焚烧炉中，金属蒸发并被回收，同时非挥发物质被转变成炉渣，复杂的有机化合物被分解成较简单的分子。如一氧化碳和甲烷，其中一些能通过燃烧以获取能量，但氯和氟在烟道气被释放到大气以前必须除去。美国进行的研究表明，在烟道气中这些成分的浓度只有常规焚烧炉的 1/1000。由于美国面临着处理过去建房时大量使用的石棉这个令人头痛的问题，美国国防部正在调研使用等离子体电弧炉使石棉玻璃化，生成一种能被送去作废清埋掉或再循环的安全玻璃残渣。

石棉废物在不能综合利用时应进行安全填埋。凡含有石棉的废物都应视为危险废物。在任何条件下，石棉废物不得与生活垃圾、商业垃圾混合处理。对于石棉和含有石棉的废物应采用坚硬薄膜袋包装，并用胶纸完全密封，以防该类纤维被风吹落。石棉废物运输最好采用桶装，当采用坚硬薄膜袋装时应控制废物堆放高度（三层为宜），以免损坏底层包装；废物装卸时，搬运工必须戴面罩及相应安全服饰，卸货严禁扔抛，防治损坏保证造成石棉外泄。同时，受污染的吊箱和运输车辆必须在处置场地进行清洗。石棉废物放至指定填埋区后，应立即进行泥土回填或掩埋，上方覆土厚度以 0.5m 左右为宜。此外，对不符合安全填埋的石棉粉尘，还可以通过稳定化/固化处理后进行填埋。

### 10.4.3　废矿物油的处理处置

#### 1. 废矿物油的来源

原油经加工、混合和配制后可制成各类产品，如作燃油、润滑剂、液压和传动油、热传送液体和绝缘体。所有油及油产品加工、使用过程中都会产生废油。废油是因受杂质污染、氧化和热的作用，改变了原有的理化性能而不能继续使用时被更换下来的油。废矿物油主要来自于石油开采和炼制产生的油泥和油脚；矿物油类仓贮过程中产生的沉积物；机械、动力、运输等设备的更换油及清洗油（泥）；金属轧制机械加工过程中产生的废油（渣）；含油废水处理过程中产生的废油及油泥；油加工和油再生过程中产生的油渣及过滤介质。废矿物油的主要类型有：润滑剂、油船废油和电力设备废油等。

润滑剂是废油的一个主要来源。润滑油需要定期更换，机动车、飞机、铁路机车和其他大型机器润滑油定期更换会产生的大量润滑剂及其添加剂等废油。油船废油主要来自含油船底污水、含油压船水、船只或陆地冲洗油罐用水、清洗油罐等。这些污水（物）中含有许多废油。电力设备（包括变压器和电容器）使用绝缘和隔热介质（或油）。在正常情况下，在整个使用期内无需更换设备中的油，有些设备是"永久封闭"的，但是必须特别注意到这类设备产生的废物，因为有些设备可能采用了其他非油类物质（如多氯联苯），而这些物质的性质不同，需要按完全不同的管理和处置规定。

全世界每年产生数量巨大的废油。美国环境保护局（EPA）估计在美国每年大约卖出 $29×10^8$ USgal 的油，同时产生 $12×10^8$ USgal 的废油（1USgal＝3.785L）。我国也是一个废油产生大国。根据 1995 年的申报登记统计，当年产生废矿物油 444948.05t。由于申报登记的覆盖范围缺陷，实际废矿物油的产生量还应更大。我国是润滑油生产和消费大国，年综合生产能力已达到 $360×10^4$t，润滑油消耗量在世界排名第 3，每年可回收废润滑剂 $10×10^8$t 以上。在秦皇岛市，全市每年产生各类废矿物油约 $3×10^4$t，其中约有 70%～80% 的废矿物油未经任何处理，通过各种途径直接排入近岸海域。这些废矿物油的主要来源如下。

1）各输油公司、石油化工厂等企业产生的废原油和跑、冒、滴、漏的原油，约 $1.2×10^4$t。

2）车辆修理站、车检所等单位产生的机动车废机油，约 $0.4×10^4$t。

3）船舶废机油、拆船和修船业废机油、机舱含油废水、压舱废水等，约含废机油 $1.1×10^4$t。

4）各大型企业的机械废机油，约 $0.3×10^4$t。

## 2. 废矿物油的危害

废矿物油进入水体后，漂浮在水面上的油会将水和空气隔绝，减少大气复氧，降低水体溶解氧浓度，黏附水生生物、鸟类外表及呼吸系统，使其失去浮力和呼吸能力而致死。1976 年"托里·卡尼翁"号油船在英吉利海峡失事，造成海洋污染，使大量海生生物窒息致死、海草死亡；溶解于水中的油还会影响鱼类生长。据实验研究，海水中含矿物油 0.1mg/L 时，孵出的鱼苗均有缺陷，并只能存活 1～2d；含矿物油 0.01mg/L 时，畸形鱼苗占 23%～40%，而在正常情况下则不超过 10%。此外，沉积于水体底部的油经厌氧分解后，产生硫化氢，而对水环境及水生生物带来严重影响。

废矿物油含有大量有机化合物，如酚、氰、胺、醇、有机氯、有机硫、卤代烃、多环芳香烃等。这些物质毒性大（如多环芳香烃，尤其是四环、五环和六环结构的，是公认的致癌和致突变化合物），且溶解度较大，不易被去除，对环境影响极大。如果废油进入耕地，可导致土壤污染、土壤微生态环境改变，植物死亡。多环芳香族化合物（PNAs）是指具有多环结构的一类碳氢化合物，如苯并（a）芘、二苯并芘、苯并蒽、二苯并蒽、苯并萤蒽、芘、蒽、菲等，其中以3,4-苯并（a）芘最受关注。3,4-苯并（a）芘已被多方证实为强致癌物之一，其熔点179℃，沸点310～312℃，不溶于水，自然条件下也不易分解。据长期调查发现，长期接触多环芳香族化合物（PNAs）的工人，如焦炉工、烟囱清扫工、筑路沥青工、炼油工、采油工、页岩油厂工等，患皮癌、阴囊癌、唇癌、喉癌以及肺癌的比率相当高。此外，工业城市中大气中3,4-苯并（a）芘浓度较其他类型城市和郊区浓度要高。表10.4为20世纪中叶英国利物浦及其郊区大气中3,4-苯并（a）芘浓度与居民肺癌死亡率的调查数据，可见肺癌死亡率与3,4-苯并（a）芘浓度成正比，且城市肺癌死亡率与3,4-苯并（a）芘浓度均高于郊区数倍。

　　废矿物油含有各种添加剂和助剂，以改善油的使用性能和燃烧反应过程的催化作用。有些重金属被作为润滑添加剂和抗氧化剂添加于油中，如铅、锌、铬、钡、铝、锡、钒、镍等。当它们进入环境中，会产生有毒有害作用，尤其是进入人体发生生物积累时，能导致人体器官损伤；有些多环芳香族化合物（PNAs）和氯化物溶剂作为添加剂，但它们被公认为致癌和致突变化合物。

　　此外，油在燃烧过程中，油中的部分烃类物质迅速氧化、脱氢和环化等化学反应，生成苯并（a）芘等多环芳香族有毒有害化学物质，并随燃烧烟气一起排入大气中。苯并（a）芘在水中的溶解度很小，但能溶解于许多有机溶剂中，它可以通过人体和动物的表皮渗透到血液中，并在体内积累，导致各种细胞丧失正常功能和致癌。

　　3. 废矿物油的处置概况

　　废矿物油具有回收燃料和润滑油的潜力，是一种有用资源，但废矿物油中有许多有毒有害化学物质，不良的处理处置方法极易带来严重的环境污染。当废矿物油作为二次燃料时，燃烧会产生氯化氢、二噁英和呋喃类有毒有害燃烧产物，除此之外，其黏度、着燃点以及燃烧残留物数量还会对燃烧锅炉产生影响。因此，废矿物油处理与处置需要通过必要的标准加以控制，以有效保护环境。

　　在国外，欧盟于1991年要求用于公共土木工程机械的液压设备一律使用可生物降解液压油；进而瑞士立法禁止在环境敏感地区使用非生物降解润滑油。在美国，1985年11月颁布了废油燃烧的联邦规范，符合这些标准的废油可以直接在各种锅炉中燃烧，否则将被认定为危险废物燃料，需要进行必要的处理才能加以利用。为搞好废矿物油的管理，我国1997年颁布了《废润滑油回收与再生利用技术导则》（GB/T 17145-1997），国家环境保护总局、国家经贸委、公安部等联合制定了《国家危险废物名录》，把废矿物油列为47类危险废物之一，并对其从产生、分类、运输、贮存、处理和处置等各个环节都作了严格的规定。下面就常见的废矿物油处理处置技术进行概述。

　　① 废油减量化。生产过程中废油的产生是不可避免的，但可以通过生产工艺技术的优化，使废油的产生降到最低程度。例如，通过改进发动机的设计，提高机械设备的性能，减少润滑油的换油次数，从而减少废油的产生。在石油采炼过程中，可以对油水

混合物和乳化油等进行破乳、隔油、除盐等处理措施，使油水分离，废水再循环使用，实现废物的减量化。

② 废油用作二次燃烧。一般说来，废油往往含有一定量的水分，含油高时可直接回收，含水高时则需要先进行油水分离和浓缩。由于废油含有重金属、燃烧副产物以及添加剂、催化剂等有毒有害化学物质，作二次燃料使用前，必须对废油进行相应的处理，以去除悬浮物、重金属等有毒有害物质。一般的处理工艺流程为混凝、沉淀、过滤和脱水。

③ 废油精炼。废油的再生利用不仅可以节省能源，还可以减轻和消除其对环境的污染。受原料、产品价格以及利润的限制，废油的再生利用途径非常有限，常见的多为润滑油的再生利用。润滑油废油的再生利用在世界上已有 80 多年的历史，再生工艺中硫酸-白土法使用最早，也较普遍。硫酸-白土法工艺简单、投资小、产品质量较好，效益不错，但产生的酸渣难以处理，易造成环境污染。针对酸渣环境污染问题，目前开发了多种无硫酸废油再生工艺，如蒸馏-加氢精制工艺、蒸馏-溶剂精制-白土精制工艺、高真空蒸馏-白土精制工艺等，这些工艺不用硫酸，技术先进，但工艺及设备复杂、投资高，要求经济规模大（表 10.5）。由于废油回收量的局限，废油再生的规模适宜小型化，废油再生产品的价格难以形成竞争力，加上废油再生过程中还需要相应的环境安全和环境保护投入，使得无硫酸废油再生工艺技术经济性较差。因此，国内废油再生有向小型化和改进硫酸工艺方向发展的趋势。

表 10.5　废油回收工艺技术比较

| 生产工艺 | 硫酸-白土法工艺 | 真空蒸馏-白土精制工艺 | 蒸馏-加氢精制工艺 |
|---|---|---|---|
| 润滑油产量 | 低 | 中等 | 中等 |
| 精制润滑油油料 | 回收 | 丧失 | 丧失 |
| 动力消耗 | 低 | 低 | 高 |
| 能源需求 | 高 | 低 | 中等 |
| 需要危险化学品 | 硫酸 | 苛性碱 | 苛性碱 |
| 产生污泥量 | 较多酸性污泥 | 少许碱性污泥或废碱 | 少许碱性污泥或废碱 |
| 产生含有黏土废物 | 多 | 少许 | 无 |
| 加工用水 | 少 | 中等 | 多 |

### 10.4.4　多氯联苯类废物管理与处置

自 1930 年多氯联苯（PCBs）在工业上被广泛使用以来，多氯联苯（PCBs）是一系列氯代烃的总称，它们的结构就是两个苯环以碳碳键相连，氯原子取代任何或所有碳原子。根据取代程度不同，PCBs 可以表现为流动的油状液体以及坚硬的树脂两种形式。

多氯联苯（PCBs）有许多有用的特性，它们非常稳定、沸点低、可燃性差、热容高、导电性差、电容率高，其水溶性随着氯原子数量的增加而减弱。鉴于多氯联苯这种独特的电绝缘特性，PCBs 被广泛地用于电子设备、电力设备（如作为变压器的制冷剂和电容器的电介质）以及作润滑油、油漆添加剂等。在多氯联苯（PCBs）使用过程中，PCBs会出现泄漏或设备损坏而进入环境，并通过皮肤、呼吸和饮食等进入人体，由于多氯联苯（PCBs）生物降解能力弱，易于在食物链中富集和在脂肪组织中积累，而对人的生殖系统产生负面影响、引起肿瘤和癌变。因此，多氯联苯（PCBs）被列入持久性有机污染物和危险废物名录。

### 1. 多氯联苯（PCBs）类废物的来源

多氯联苯（PCBs）系化学合成生产。我国于1965年开始生产多氯联苯（PCBs），到20世纪80年代初停止生产，估计历年累计生产约10 000t。在我国主要生产有二氯联苯、三氯联苯和五氯联苯三种。

在我国二氯联苯从1965年开始生产，终止于1974年，生产和使用厂家有上海电化厂、西安化工厂、苏州溶剂厂，主要用作电力电容器的导电介质；生产和使用三氯联苯的厂家有西安电力电容器厂、桂林电力电容器厂、浙江电力电容器厂、无锡电力电容器厂，主要用于生产电力电容器；五氯联苯在我国生产时断时续，主要生产和使用厂家多为油漆添加剂化工厂和油漆加工厂。多氯联苯（PCBs）类废物通过电力电容设备生产和使用、油漆生产和使用、润滑剂生产和使用不断进入环境。

### 2. PCBs 的危害

PCBs为持久性有机危险废物，在1937~1987年的50年间，世界发达国家生产了约$160×10^4$t PCBs，其中有近$90×10^4$t PCBs通过不同的途径排入环境，这必然会对生态环境造成的严重污染、对人体健康产生不良影响。

PCBs对生态环境的污染主要来自PCBs生产过程中排放的废水和废物，燃烧PCBs及含有PCBs的固体废物排放的废气，电容器和变压器使用过程中因破损导致PCBs外溢等环节。其主要污染特征如下。

1）高残留性。PCBs为化学合成产物，微生物无此类物质的降解酶，其在环境中的不易被生物降解，也难以从体内排出。

2）高生物富集性。PCBs能通过食物链富集和转移，对人和动物有高度的蓄积毒性。据测定，PCBs非职业接触人群血液中PCBs浓度为0.3~1.2μg/100 mL，脂肪组织中PCBs的含量为0.1 mg/kg，约是每天平均摄食量的1000倍。据研究，在1ppb含量的PCBs海水中养鱼，饲养1天后，鱼体内PCBs含量浓集了100倍，3天后浓集了3500倍，7天后达到了7200倍，28天后达到了37 000倍。资料表明，在一般情况下，鱼类可至水域浓集PCBs约10万倍，而鸟类可达100万倍。

3）远距离迁移性和污染广泛性。PCBs具有稳定的化学特性，使得其能远距离迁移，而在全球产生PCBs污染。目前，无论是南极的企鹅和水体，还是北极的空气和北冰洋的鲸鱼，都能检出PCBs的存在。PCBs在全球大气、水、土壤、沉积物、植物、人体和动物组织中均能检出。其中土壤中的PCBs的浓度比自然降水中高2~3个数量级，在城市土壤和植物根部中的浓度土壤显著高于郊区和农村。

PCBs对人体健康的影响主要在于它的致癌性和环境类激素特性，并对生物的繁殖系统、免疫系统有重要影响。PCBs 是亲脂性的，易在脂肪组织中富集，所以动物较植物更容易积累。田鼠试验观察表明，PCBs 对田鼠肝脏、皮肤、繁殖系统、免疫系统、肠胃道系统和甲状腺有明显影响。PCBs 的环境类激素特性表现在具有抗雌性激素特性和抗雄性激素特性，它们可导致蛋壳畸形生长，造成鸟类等某些动物繁殖能力下降，使动物免疫能力失调，甚至出现致畸变等。20 世纪 70 年代初，在美国长岛的大鸥岛上，发现燕鸥的雏鸟中有明显的变异现象，如出现四条腿、十字形的嘴、畸形的小眼等。因此，国际癌症研究中心已将 PCBs 列为可能的致癌物质，且其性状具有滞后性。PCBs 污染最严重的国家为日本，据 20 世纪 70 年代报道，日本近海海水和底质中 PCBs 总蓄集量达 3 万 t。PCBs 污染导致对人体健康影响的典型案例是 1968 年日本九州爱知县发生的米糠油事件。米糠油生产过程中采用 PCBs 作载热体，因管理不善，PCBs 进入米糠油中（PCBs 含量达 2000～3000mg/L），造成 5000 余人因食用米糠油而感染，10 000 多人受到伤害，16 人死亡。主要致病症状为嗜睡、全身起红疙瘩、食欲缺乏、恶心、腹胀、肝大、腹水、腹肿、肝功能下降等，严重者可发生急性重型肝炎、肝肾综合征，甚至死亡。

### 3. PCBs 的管理

我国对多氯联苯的污染问题非常重视，1974 年下发了关于"改用电力电容器浸渍材料的通知"，规定我国不再制造含多氯联苯的电力电容器；1979 年国家经济委员会、国务院环境保护工作领导小组下发了"防止多氯联苯有毒有害物质污染问题的通知"，要求对已经不再使用的多氯联苯电力装置进行贮存，同时还规定不再进口以多氯联苯为介质的电力装置；1991 年国家环境保护局和能源部下发了"防止多氯联苯电力装置及其废物污染环境的规定"，强调了必须对废多氯联苯电力装置进行封存，封存年限不超过二十年，并且封存的电力装置必须是可回取的；1992 年实施了《含多氯联苯废物污染控制标准》（GB 1305—1991）国家标准，规定了含有毒有害多氯联苯废物的处置要求：多氯联苯含量 50～500 mg/g（包括 50 mg/g 和 500 mg/g）的危险废物允许采用安全土地填埋技术处置，或采用高温焚烧技术处置；多氯联苯含量大于 500 mg/g 的危险废物及废电力电容器中用作浸渍剂的多氯联苯必须采用高温焚烧技术处置。含有毒有害多氯联苯废物暂时无条件处理、处置时，应集中暂贮或封存，集中暂贮或封存库的建设应符合人民政府环境保护行政主管部门的有关规定；1995 年国家环境保护局和电力部联合下发了"关于进行全国多氯联苯电力装置及其废物调查的通知"，要求各有关单位配合国家对多氯联苯电力装置的使用贮存情况进行调查；1999 年国家环境保护总局发布了"危险废物焚烧污染控制标准"，规定了 PCBs 焚烧过程中的工艺指标。

在国外，美国于 1976 年制定了有毒有害化学物质控制法（TSCA），用以指导美国环境保护局控制 PCBs 的生产、处理、销售、使用、处置和标注。1978 年 1 月 1 日后禁止使用 PCBs。1979 年 3 月 31 日，美国环境保护局开始颁布法规执行 TSCA，禁止 PCBs 和含 PCBs 产品的制造、处理、在市场上销售和使用，要求对含 PCBs 的容器、装置、贮存地区和交通工具等作记号、贴标签，并进行贮存和处置。

4. PCBs 的处置概况

1）PCBs 的焚烧。焚烧是使用最广泛且已被证实有效的处置技术。如果工艺操作适当，PCBs 的破坏效率可达到 99.999 9%。为确保 PCBs 焚烧的环境保护要求，必须提高 PCBs 的破坏效率或焚烧效率。由于焚烧效率是燃烧温度、炉膛停留时间、炉膛湍流度以及氧浓度（或过氧系数）的函数，因此，PCBs 焚烧必须控制好工艺技术参数。如美国环境保护局制定 PCBs 焚烧的准则为：燃烧温度 $1200 \pm 100$℃，过氧系数 3%，炉膛停留时间 2s，或燃烧温度 $1600 \pm 100$℃，过氧系数 2%，炉膛停留时间 1.5s。

2）PCBs 的脱氯。PCBs 脱氯工艺包括化学脱氯、加氢脱氯等工艺。化学脱氯工艺采用强碱或其金属氧化物与 PCBs 反应，处理液体 PCBs 和含有 PCBs 的油，使氯转变成无机盐，后过滤或离心去除；加氢脱氯工艺采用高温氢作还原剂，在 850℃ 或更高温度下使之与 PCBs 反应，破坏氯环或去卤分解，形成小分子化合物，而实现对 PCBs 的处理。

3）现场玻璃化技术。现场玻璃化技术（ISV）是一种已经工业化的污染修复技术，它采用一队石墨电极提供电源，并用导电材料连接，当强大电流通过时，使周围介质（包括土壤）加热熔解，被污染介质不断熔化向外扩展，最终使被污染空间成为整块玻璃化制品。现场玻璃化工艺能大规模处理土壤和各种被污染的导电废物，包括重金属污染物、有机污染物、放射性污染物和含 PCBs 的污染物，处理温度 1600～2000℃，PCBs 的破坏效率可达到 99.9999%。

4）稳定化/固化处理。稳定化/固化处理是一种危险废物常用的处理技术。它通常采用水泥固化、热塑封装液体 PCBs 和含有 PCBs 的油，限制 PCBs 等毒性成分溶解、渗漏和迁移。

5）生物修复技术。生物修复是指利用驯化培养的微生物分解污染土壤的有机物，使 PCBs 和含有 PCBs 的油被逐步清理。实施该工艺技术，要求 PCBs 含量较低，并控制适宜的微生物营养、土壤湿度和含氧量，确保微生物数量和生物活性。

6）填埋处置。在我国，填埋场接受含 PCBs 浓度$(50 \sim 500) \times 10^{-6}$ 的废物，必须经过稳定化/固化处理预处理，之后才能安全填埋。在美国，填埋场接受含 PCBs 浓度$(50 \sim 500) \times 10^{-6}$ 的废物，必须满足以下特定技术条件：

① 填埋场底部垫层渗透率应小于 $10^{-7}$cm/s;

② 填埋场底层高度必须高于历史最高地下水位至少 15.2m;

③ 填埋场地基必须高于百年一遇洪水位 0.6m;

④ 填埋场必须有监控井和渗沥液收集处理系统，同时要做好记录。

在 1988 年，美国有 7 个焚烧炉，10 个填埋场，18 个热处理、物理处理、化学处理或生物处理公司具有处理 PCBs 废物的资格。有些公司还可以提供移动的 PCBs 销毁设施。而在中国，目前还没有规模化的 PCBs 处置设施，只有沈阳建成一台年处理能力 300t 的 PCBs 试验焚烧炉。其焚烧工艺流程为：从库房中取出含多氯联苯电力电容器，放入操作平台，后用电锯切割成 15kg 左右大小块状物→切割好的电容器进入一段焚烧炉，同时炉中通入柴油和空气，在 800～1000℃温度条件下焚烧→焚烧后的灰渣从炉中取出，放入冷却池中用水冷却，后装袋送至灰渣库集中进行安全填埋处置；一段炉焚烧产生的烟气进入二段焚烧炉，在 1200～1300℃的温度下将烟气混合物充分焚烧，再进入文丘里急冷塔，用冷却水将废气冷却至 100℃以下，然后废气进入喷淋塔用碱液洗涤，从喷淋塔出来的废气经引风机后送至烟囱外排。

### 10.4.5　二噁英类废物的管理与处理处置

20 世纪中叶，随着 DDT、六六六等杀虫剂的广泛使用，二噁英类化合物对人类健康的影响逐渐引起人们的关注。1962 年，美国的卡逊女士在她的《寂静的春天》一书写到，为了杀灭榆树上的甲虫，美国密歇根州东兰辛市用 DDT 喷洒杀虫，秋天树叶落在地上，蠕虫吃了树叶，来年春天，树上的知更鸟吃了蠕虫，一周之内，全市的知更鸟几乎全部死光。卡逊女士描写的使用有机氯杀虫剂后荒芜、寂静的地球景象震惊了整个世界。20 世纪 80 年代，人们发现二噁英不仅仅来源于杀虫剂，还来源于更广泛的其他含氯工业品。到 80 年代末，世界上的每一个人都暴露在二噁英的污染之下。从局部的农场到海洋深处，甚至北极，无所不在。直到 20 世纪 90 年代，二噁英对人类健康和环境的危害才有了较明确的定论。1994 年美国环境保护局（EPA）发布了人们期待已久的"二噁英再评估"报告，认为二噁英能带来公众健康长时间、大范围的损害。新的毒理和内分泌学研究也证明，二噁英除对人和动物具有致癌作用外，极小剂量的二噁英也会造成激素分泌的紊乱，影响青春期发育以及引起神经、免疫系统的损害。1999 年 5 月比利时的二噁英污染事件，引起全球震惊，美国、加拿大、中国、日本、中国香港等 40 多个国家和地区的政府禁止进口和销售比利时、法国等四国可能受污染的食品。这一事件造成的社会影响被认为是 20 世纪最大的有毒有害化学物质污染食品事件。

1. 二噁英的来源

二噁英是一类有机氯芳香族化合物的俗称，由二组共 210 种氯代三环芳香类化合物组成，包括 75 种多氯代二苯并-对-二噁英（PCDDs）和 135 种多氯代二苯并呋喃（PCDFs），此外还有 209 种多氯联苯为二噁英类似物。二噁英难溶于水，有一定的脂溶性，在较低大气压下易挥发，具有良好的热传递性和非可燃性，化学性质稳定。二噁英为持久性有机污染物，它没有任何产品用途或商品价值，任何一种二噁英都对人体健康和生态环境均具有不良影响。在所有的二噁英中，四氯代物的异构体即 2,3,7,8-四氯苯环-$p$-二噁英（2,3,7,8-TCDD）为最毒的合成化合物之一。由于 2,3,7,8-TCDD 易附着在土壤颗粒上，而很难浸出、迁移，2,3,7,8-TCDD 能在水、土壤中长期存在，并对生态环境和人体健康产生持久的影响。

二噁英产生于城市垃圾、工业废物、木材和废木料等物质的焚烧过程，氯酚、除草剂、杀虫剂、脱叶剂等含氯化合物加工和使用过程，造纸制浆和漂白过程，森林大火，火山活动等。氯在冶金、水消毒和一些无机化工中的使用，也是二噁英重要的来源。美国环境保护局估计，大约有 100 种左右的杀虫剂含二噁英。在美国，二噁英年排放总量约 40kg，其中固体废物焚烧所产生的二噁英占 60.3 %，燃料燃烧占 15.4 %，废铜冶炼占 11.2%，森林火灾占 4.5%，民用废物处理占 2.6%，镁的生产占 2.4%，医院废物焚烧占 1.4%，工业废物和危险废物焚烧占 0.8%，制浆造纸占 0.8%，石油脱焦占 0.3%，车辆废气占 0.2%，其他占 0.1%。

**2. 二噁英的环境影响**

二噁英类化合物系合成产物，具有稳定的物理、化学性质，难以生物降解，消除污染需要几十年甚至更长时间。由于二噁英在环境中长时间的积累，二噁英能在水体沉淀物和食物链中达到非常高的含量水平。由于它们非常长的半衰期以及能通过大气长距离的转移，因此可以说二噁英无处不在。例如在加拿大北极地区，由于工业污染和食物链的传递作用，出现了二噁英和呋喃类、多氯联苯（PCBS）含量高的机体。其次，二噁英是高脂溶性而非水溶性，可在脂肪组织中产生生物积累，在食物链上浓度不断上升。在食物链的上层，二噁英蓄积在机体中的浓度高出周围空气、土壤和沉淀物中含量几百万倍。二噁英同样可在人体组织中蓄积，在人体的半衰期是 5～10 年。二噁英对人体的污染主要通过食物链。二噁英主要污染鱼、肉、蛋及奶制品。作为食物链的最顶端，人体受到污染的可能性很大。人体脂肪组织、血液和母乳常常受到二噁英类化合物的污染。人体二噁英的另一个污染途径是通过母婴传递，胎儿通过胎盘从母体受到污染，而婴儿通过母乳受到污染。在美国，一个婴儿每天的获得量是成人平均水平的 10～20 倍，所以婴儿在生命的第一年中将得到他一生中所得到的总量的 10%。借助高灵敏度的仪器，正常人体中可测得一定量的二噁英，只是含量非常低，一般血清中其质量分数在一百二十亿分之一至一百亿分之一。到目前为止，人类 TCDD 中毒并没有针对性的解毒药物。由于 TCDD 的蓄积性，人体的排泄速度很慢，目前也没有有效的促进其排泄的手段。

**3. 二噁英对人体的危害**

二噁英具有类似人体激素的作用，称为"环境激素"。二噁英可以通过细胞膜进入细胞内，任何一个二噁英类分子能与细胞内的特殊蛋白受体结合成复合物，这一复合物能进入细胞核，作用于 DNA，影响某些基因的表达。这一变化的结果可激发一连串的生物物理化学反应，包括激素的合成和分泌，还影响激素受体、酶、生长因子和其他物质。二噁英不像天然激素，它不被代谢和降解，对受体有高亲和力，因此非常小剂量的"错误信号"能对激素调控产生极大的作用，包括影响细胞分裂、组织再生、生长发育、代谢和免疫功能。被称为二噁英"毒素传递素"，影响和危害正常人体系统，如内分泌、免疫、神经系统等。二噁英暴露于尤其是 2,3,7,8-TCDD 的实验动物，有明显的剂量反应关系。二噁英的很多损害发生在长期的低剂量接触。例如猴暴露于质量分数为 $5 \times 10^2$ 的 2,3,7,8-TCDD，影响神经系统的发育和引起子宫内膜异位；怀孕的大鼠在孕期中接受小剂量的 TCDD，其雄性子代在出生时看上去很正常，但在发育期，雄性特征消失，随后产生解剖学改变，精子数减少，雌性激素上升，雌性化行为等症状交替出现。极小量的二噁英可以导致大鼠和猴免疫系统的改变。最近发现艾滋病病毒染色体能与二噁英受体复合物结合，激活病毒基因的转录，对疾病的感染起促进作用。

二噁英的非致癌影响虽然较少引起人们的注意，但有证据证明，PCDD 和（或）PCDF 能减少雄性激素的水平及引起性欲下降，增加糖尿病的危险性以及相关代谢疾病的危险性。许多试验证明在婴儿期，二噁英影响机体生理、智力和性发育。一些证据表明，在欧洲、加拿大长期暴露于 PCDDs、PCDFs 和 PCBs 者，出现胸腺素水平下降，颅内出血倾向增加以及免疫抑制。

　　二噁英还可以导致癌症，引起极大关注。有关 2,3,7,8-TCDD 的所有 18 个致癌试验，均呈阳性结果。试验证明二噁英能引起无论何种性别的大鼠、小鼠、仓鼠及所有试验组动物的肿瘤。因职业原因暴露于 TCDD 的流行病学调查得出这样的结论：TCDD 与人类呼吸系统、肺、胸腺、结缔组织和软组织、造血系统、肝等几乎所有肿瘤有关。毒性最大的二噁英类化合物 2,3,7,8-TCDD 最近被国际癌症研究所（IARC）认定为致癌物，也被美国 EPA 以及美国国家劳动与职业安全研究所认定为能引起人类肿瘤的致癌物。新的 IARC 总结性报告提供了重要的全球性的共识：二噁英对人类健康有重要的影响。

　　4. 二噁英对全球性公众健康的威胁

　　地球上的每一个人，从一出生直到生命结束，都暴露于二噁英类化合物之下。下述几个事实能证明暴露于二噁英类化合物对公众健康产生重要的影响。

　　① 二噁英没有一个明显的不引起健康损害的安全剂量或"阈值"，不能认为低剂量的二噁英是安全的。

　　② 目前人体的负荷等于或相当于引起实验动物代谢、生殖、生长发育和免疫影响的 1~2 个剂量，这说明目前人体最低的受二噁英污染状况，也具有对健康损害的危险。

　　③ 二噁英类化合物在环境中的含量水平，已经引起了野生动物大范围的污染，尤其是食鱼的鸟类和海洋动物。最重要的影响表现为对内分泌主导下的生长发育、生殖、神经以及免疫功能的影响。如果野生动物体内的二噁英水平高到足以引起上述影响，人类作为食物链上更高层次的生物，也同样是十分危险的。美国 EPA 参与二噁英重新评估的主要毒理学家强调这样一个结论，普通人群的健康正处在最近科学界公布的二噁英危险性之下。从试验小鼠和大鼠获得的酶诱导的结果可以类推到人类，在目前的环境污染水平 [1~10Pg（kg/ d）]，人们的体内均有一定的含量。动物试验研究表明产生免疫毒性的小鼠及生殖毒性的大鼠和一定量负荷的人体一样，均发生肝脏酶的诱变，因此有理由认为这些敏感的效应可能在受到污染的人群中发生。另外有多人追踪报道了自 20 世纪 50 年代以来，人类男性生殖机能和精子数下降可能与二噁英污染有关。普遍存在的二噁英类化合物污染，可能已经对人类健康造成大范围的影响。二次大战前，没有人知道二噁英类化合物在干扰内分泌系统中起重要作用，随着污染的加重，此类危害越来越明确。虽然实验室研究、流行病学调查和野生动物研究都不能直接说明二噁英对人类健康的损害和引起肿瘤的概率，但这些实验足以提示人们需要进行关注。

# 10.5　放射性固体废物

　　自从 1942 年人类实现了第一次自持链式反应以来，核工业得到迅速的发展。随着核工业的发展，放射性废物也越来越多。因此，放射性废物的处理和控制成为环境保护的重要课题。

### 10.5.1　放射性的基本概念

核工业主要包括核燃料的制备，热核材料的加工和生产，各类反应堆的建造和辐射后的燃料处理以及核武器的研制等工业过程。具有放射性的同位素有几百种，目前作为核燃料的裂变物质为铀 $^{235}$、铀 $^{233}$ 和钚 $^{239}$。铀是天然存在的，但铀中含铀 $^{235}$ 只占 0.7% 左右。铀 $^{233}$ 和钚 $^{239}$ 只能人工生产，用中子分别轰击钍 $^{232}$ 和铀 $^{238}$ 来制取。铀 $^{235}$ 和钚 $^{239}$ 亦可用作核武器的装料，也可作反应堆的燃料。热核材料有氘、氚、锂 $^6$ 及其化合物。氘可用重水制备，氚主要用锂在反应堆中经过中子照射生成，这些热核材料是氢弹的主要装料。

核工业产生的放射性废物涉及 100 多种元素，900 多种放射性同位素。放射性同位素辐射的射线有α、β、γ三种，α射线是带两个正电荷的氦离子流，具有很强的电离作用，能使所经过的物质电离，产生离子对，而α本身由于动能的消耗，在穿过物质中越走越慢，最后被物质吸收。β$^-$射线是负电荷的电子流，β$^+$是带正电荷的电子流，β粒子闯过物质时电离作用弱，不像α粒子那样容易被物质吸收，因此，穿透能力比α粒子大。γ射线是不带电的，波长很短的电磁波，电离作用最弱，但是射线能量最大，因此穿透力很强，γ射线穿过物质时把全部能量或者部分能量传给原子中的电子，而自身变成能量较低的电磁波。放射性同位素衰变辐射不受外界环境的影响，每一种同位素的衰变都有其自身特有的速率，与其存在的状态、温度、压力、外加化学试剂无关。尽管放射性废物可以是气体、液体、固体，无论怎样处理，它都按自身特有的速率衰变下去，因此，放射性同位素的自然衰变是消除其放射性的唯一实际方法。但是，各种放射性同位素衰变到安全水平需要的时间不一，有些衰变很快，而有些则需要几百年、甚至更长的时间，因此对放射性废物的处理与其他工业污染物的处理有根本的不同。

放射性物质放射性的强弱是以单位时间内衰变的原子数目来衡量的，用居里表示，即放射性的物质一秒钟内有 $3.7 \times 10^{10}$ 个原子发生衰变，其辐射强度为 1 居里（ci）。通常也用毫居里（mci）、微居里（μci）、毫微居里（mμci）表示。

射线对生物损伤取决于射线粒子沿其径迹能量损失的大小。为了量度采用了以下几个单位。

伦琴（R）是度量γ射线照射量的单位。1R 的照射量能在 1kg 空气中产生 $2.58 \times 10^{-4}$C 的电荷，即 $1R = 2.58 \times 10^{-4}$C/kg。

拉德（rad）是吸收剂量的专用单位，1rad 等于电离辐射给予 1kg 物质 $10^{-2}$J 的能量。

雷姆（rem）是剂量当量的专用单位，用来衡量各种辐射所产生的生物效应。

在防护工作中常常要求限制单位时间内的接受剂量，即计量率。吸收计量率是单位时间内的拉德数。用 rad/s、mrad/h 表示。伦琴和雷姆也有类似表示法，国际原子能机构就是按剂量率（rem/h）建议将固体放射物分成四类。

第 1 类，表面剂量率 $D \leqslant 0.2$ 的低水平放射物，运输中不用特殊防护。主要是β及γ放射体，所含α放射体忽略不计。

第 2 类，$0.2 < D \leqslant 2$ 的中水平放射性废物，运输中需加薄层水泥或铅屏蔽。主要是β及γ放射体，所含α放射体忽略不计。

第 3 类，$D>2$ 的高水平放射性废物，运输中要求特殊防护，主要是β及γ放射体，所含α放射体忽略不计。

第 4 类，α放射体（$Ci/m^3$），要求不存在超临界问题，主要为 α 放射体。

### 10.5.2　放射体废物来源及对人的危害

#### 1. 放射体废物的来源

只要使用放射性物质，就有放射性废物。到目前为止，放射性废物来源主要有开矿、矿石加工、制备反应堆燃料和核武器转料等加工过程产生的含放射性同位素废物、核燃料和辐射后产生的裂变产物、反应堆内废核燃料物质、经辐射后产生的污化产物以及从制造和使用放射性产生的放射性废物。

铀矿石的种类很多，在自然界铀常与钍、钒、钼、铜、镍、铅、钴和锡等金属组成。在磷酸盐岩、硫化矿物、煤中也常有铀存在。铀矿的品位高低不一，单一铀矿石的最低工业品位是 0.05%，作为副产品从其他矿石中回收铀时含铀量可低到 0.01%～0.03%。铀矿石根据矿床埋藏的深浅和技术经济条件不同采用露天和地下两种开采方式。由于铀矿品位低，无论采用何种开采方式，固体废物量都很大，主要是废石，包括由地下挖出的岩石和围岩，覆盖的岩层以及预分选中拣出来的不合格矿石。此外，为了利用低品位矿石和提高矿石的品位，进行堆浸和洗泥等预处理的作业也会产生矿渣及尾矿。因此，矿山的固体废物产量是很大的。尾矿和原矿石的化学组成基本相同，尾矿中残留铀一般不超过原矿石铀含量的 10%，但原矿中铀衰变的子体除氡气及短寿命的子体外，其余绝大部分均留在尾矿中，其中镭占原矿中铀含量的 95%～99.5%，尾矿中保留了原矿石中总放射性的 70%～80%。在尾矿中粒度较小的尾泥比粗砂含铀、镭高，是值得重视的废物。除尾矿外还有在加工过程中污染的废弃设备、管道、滤布、包装材料和劳保用具等以及铀精制及元件热加工过程所用的金属保护套，这些金属量很大，但污染都很轻。

#### 2. 辐照对人的危害

放射性物质对人的危害主要是由辐射引起的。人类在生活环境中经常受到存在于土壤和饮用水中天然放射性物质的辐照，这种辐照量是很低的，有资料报道平均每年约 100mrem。X 透视一次所接受的辐照量要比一年的天然本底辐照量大 10～100 倍。由于射线以人们不能感觉到的形式对人产生作用，其损伤人体的作用机理目前仍然尚未彻底搞清。

辐照对人的损伤可分为成急性效应和慢性效应，急性效应是在短期内接受大剂量辐照引起的效应。临床表现大致分为成四个时期。①前驱期：出现恶心、呕吐、腰痛、腹泻、头昏无力，嗜睡等前期反应。受照剂量越大反应越明显，持续时间长，1～3 天后症状消失。②潜伏期：初期反应症状全部消失，一般情况良好，但血液、内脏的病变继续发展，随辐照量和个体反应而异，长者可达 3～4 周，短期数天左右，受照射剂量越大潜伏期越短。③危险期：初期症状再度出现，且更加严重。病人一般状况迅速恶化，出现严重感染和皮肤、内脏出血（如尿血、便血）、骨髓空虚等，病人衰竭死亡。④恢复期：倘若病人度过险期，则转入恢复期，各种症状减轻和消失，病人恢复健康。引人注意的是辐照会引发白血病或身体各种脏器的癌肿等恶性疾病，眼晶体混浊或其他机能障碍，甚至还会引起机体过早衰老和提前死亡，但这种效应只有在反应堆里或核设施发生重大事故的情况下才会发生。正常运转情况下放射性污染是一个慢性的小剂量长期照射问题。人类除受自然辐照外，还受到核武器试验的沉降物、从事放射性物质生产和放射性操作的职业照射，病人在诊断治疗方面受到的照射和其他来自家庭用具的照射以及核工业向环境排放的放射性废物的照射。这些小剂量辐照对人有无危害，危害有多大，现在还没有充分的实际资料，没有明确的结论。国际放射防护委员会认为辐照剂量与效应之间有线性关系，而且剂量效应是累积的。以此提醒人们不要低估辐射的危险。表 10.6 为职业照射最大容许剂量当量和居民中个人限制剂量当量。

表 10.6　不同人群的辐照容许剂量当量

| 器官和组织 | 职业照射最大容许剂量当量 / （rem/年） | 居民中个人限制剂量当量 / （rem/年） |
| --- | --- | --- |
| 性腺、骨髓 | 5 | 0.5 |
| 皮肤、骨骼、甲状腺 | 30 | 3.0 |
| 手和前臂、脚和踝 | 75 | 7.5 |
| 其他单一器官 | 15 | 1.5 |

放射性物质进入人体的途径有三条途径：呼吸道吸入、消化道吸入、皮肤和黏膜侵入。进入人体的放射性同位素有些全身均匀分布，有些选择性分布，如钠、钾、碳、氢、氧等稳定性同位素在正常肌体内均匀分布，他们的放射性同位素也是均匀分布的。化学性质与他们相似的放射性同位素如铯、铌、钌、碲、锡等也是均匀分布的，但有些放射性同位素是选择性分布在某个或某几个器官和组织内。如碘$^{131}$绝大部分在甲状腺组织，锶$^{90}$主要在骨组织内累积，钇、锆、钚主要分布于骨的有机质中。由于放射性物质在这些器官中蓄积，使该器官受照射最多，往往也是受损伤最大的器官。

### 10.5.3　放射性固体废物处置

放射性固体废物的处置通常是埋入地下或抛入海洋。为了节省隔离空间和设施建造费用，在处置前，常需进行减容。减容的方法主要有焚烧和压缩，而对机械和反应器等大型废物采用切割减容，对玻璃制品进行粉碎减容，对金属和塑料制品进行加热、熔融、冷却来减容。减容后的固体废物经固化后再进行处置，固化的方法有水泥固化、沥青固化及玻璃固化等。

1. 减容处理

（1）压缩减容

用压力机压缩放射性固体废物减容的方法叫做压缩减容。无论可燃性和不燃性的废弃物都可压缩减容。为了防止在压缩过程中产生灰尘飞扬，使操作人员吸入形成内照射，压缩减容最好在密闭室进行,四周用透明的聚丙烯树脂板围起来,或用上面装有透明的观察窗的铁制罩子,同时应在负压下操作。经压缩后的固体废物约减容至原体积的 1/6～1/3。

（2）焚烧法减容

这种方法适合于处理大量的可燃性废物,如纸、布、木材、防护服、动物尸体和可燃性粉尘的减容。合成高分子废弃物在焚烧时应当避免所产生的氯化氢混入。燃烧处理的废弃物一般含水在 20%（重量）以下,可燃成分占 70%～75%（重量）、不燃分（灰分＋金属＋玻璃等）占 5%～10%,发热量 10 056kJ/kg。

焚烧炉出来的气体经过水洗及旋风洗涤器,从烟囱排出的气体一般含β射线小于 $7 \times 10^{-11} \mu Ci/m^3$,灰分用水喷淋出灰,排到备有聚乙烯袋的废物处置鼓中,鼓的体积为 $0.25m^3$,每一袋用 3～5kg 水泥吸湿固化成块,体积减到原来的 1/20。

焚烧法减容比压缩法好,可减至原体积的 1/100～1/30,而压缩法只减到 1/6～1/3。而且焚烧后变成稳定的灰分也是比较理想的。焚烧法的缺点是在进入焚烧炉前要将废物分类,去除不可燃废物,而且燃料气中含有烟尘、气溶胶、挥发性物质、有害物质等。需要有净化装置和深度处理技术,增加设备费、运输费和装置的维修保养费,不如压缩法简单。若固体废弃物中含有氯化烯树脂等,燃烧会生成有腐蚀性气体,因而焚烧炉需要耐腐蚀的特殊材料制成。

### 2. 固化处理

固化处理是将减容后的放射性废弃物封闭在固化体中,不使有害物质溢出的稳定化、无害化、减容化的一种方法。固化方式可以将放射性废物与水泥、沥青、塑料、石膏、水玻璃等凝结剂混炼固化,也可在放射性废物中加入硅酸钠、黏土等添加剂,烧结固化。目前常用的固化处理方法有水泥固化法和沥青固化法。

（1）水泥固化法

水泥固化法用的水泥可以是普通的波特兰水泥,为了改善水泥性能,也可用混合水泥。废物与水泥的比例可根据废物的形状、固化体处置的方法而定,如制填埋固化体时废物与水泥的比例为非污泥∶普通波特兰水泥∶凝结助剂＝60∶30∶10,固化 3～15h,再养护 20～30d。

（2）沥青固化法

把放射性固体废物与沥青混合、加热、蒸发而固化的方法叫沥青固化法。沥青固化处理后的固化体致密、空隙少、不易渗水,比水泥固化体中有害物质浸入率低,浸出率为 $10^{-6} \sim 10^{-4} g/(cm^2 \cdot d)$。沥青固化与废物的种类和形状无关,都能得到稳定的固化体,处理后立即硬化,不需养护。但是沥青固化法也有缺点,因为沥青不易导热,加热蒸发效率差,若废物中含水量大,在蒸发时易发泡并产生飞沫,随废气排入大气,污染环境。因此沥青固化前应进行冷却脱水。此外,沥青具有可燃性,在加热蒸发过程中,沥青可着火,应注意防火。

## 10.5.4 放射性固体废物的回收利用

上面介绍的是中低等级废弃物的处理,对高能级废物处理正处于研究阶段,高能级废物主要是核动力装置和人工燃料的裂变产物，包括 30 多种元素、300 多个同位素，其中绝大部分裂变产物的半衰期很短或裂变产额很低，只有十多种裂变同位素的寿命较长，裂变产额较高，这些同位素大多是自然界中不存在的，如能在短时间内开展综合利用，不仅可以充分利用资源，发展经济，而且可以减少废物排放量，改善和保护环境。

现在已能从核反应堆和人工核燃料钚 $^{239}$、铀 $^{233}$ 生产过程的裂变产物中回收有用的同位素。

国外回收利用最多的是锶，美国用锶制成长期不用充电的核电池，核电池是一种新型的电池，是利用辐射能通过热-电转换变成电能的一种装置，它具有使用寿命长、运行可靠、结构紧凑、长期供电、不受外界影响等优点，可作宇宙飞船、人造卫星、海上灯塔、海面航标、边远地区无人气象站的能源。

利用核反应产物钚 $^{238}$ 制成核电池。美国阿波罗登月舱的动力核电池 SNAP-27 就是用钚 $^{238}$ 作热源材料，其功率为 56W。由钚 $^{238}$ 作能源的心脏起搏器使用寿命可达 10 年，比一般化学电池作能源的寿命增长 5 倍。法国在 1970 年已将这种起搏器植入人体。

回收铯 $^{137}$ 作为辐照源。反射性同位素的辐照技术早已广泛用于工业、农业、医疗和科学研究，以铯 $^{137}$ 作为 γ 辐照源，铯 $^{137}$ 的 γ 能量较钴 $^{60}$ 小，半衰期比钴 $^{60}$ 长 5 倍，原料来自高能级废液，成本较低，防护要求也较低。西欧、美国已制成铯 $^{137}$ 的辐照机供医疗消毒、防腐、杀虫等应用。前苏联也制成小型辐照机，应用于农业辐照，改良品种。

此外，氪 $^{85}$ 可用作自发光标志，夜间可视距离为 153m，锶 $^{90}$、氪 $^{85}$ 和钷 $^{147}$ 等可以作为自发光物质活化剂。国际上推荐用钷 $^{147}$ 作永久性发光粉，锝 $^{99}$ 作超导体和合金的抗蚀剂。

# 主要参考文献

陈扬，吴安华，冯钦忠，等. 2012. 医疗废物处理处置技术与源头分类对策. 中国感染控制杂志，11（6）：401-404.

国家环境保护局. 1992. 钢铁工业固体废物治理. 北京：中国环境科学出版社.

国家环境保护局污染控制司. 1994. 控制危险废物越境转移及其处置文件和技术准则汇编. 北京：中国环境科学出版社.

国家环境保护总局危险废物管理培训与技术转让中心. 2003. 危险废物管理与处理处置技术. 北京：化学工业出版社.

韩丽明. 2014. 多氯联苯（PCBs）焚烧企业处理工艺与污染物减排研究. 环境保护与循环经济，（9）：39-42.

聂永丰. 2002. 三废处理工程技术手册. 北京：化学工业出版社.

彭怀生，古德生. 2001. 矿床无废开采的规划与评价. 北京：冶金工业出版社.

邵敏，刘淑蕃. 1997. 超临界流体萃取分馏再生废润滑油工艺. 石油炼制与化工，28（10）：16-19.

赵玉明，梁霖，黄华. 1997. 石棉摩擦材料废物制吸附剂对染料的吸附研究. 环境科学，18（6）：63-65.

祝玉学，戚国庆，鲁兆明，等. 1999. 尾矿库工程分析与管理. 北京：冶金工业出版社.

Chan M., Agamuthu P., Mahalingam R. 2000. Solidification and stabilization of asbestos Waste from an automobile brake manufacturing facility using cement. Journal of Hazardous Materials，77（1）：209-226.